机械设计手册

第6版

单行本

齿轮传动

主　编　闻邦椿
副主编　鄂中凯　张义民　陈良玉　孙志礼
　　　　宋锦春　柳洪义　巩亚东　宋桂秋

机械工业出版社

《机械设计手册》第6版 单行本共26分册，内容涵盖机械常规设计、机电一体化设计与机电控制、现代设计方法及其应用等内容，具有系统全面、信息量大、内容现代、突显创新、实用可靠、简明便查、便于携带和翻阅等特色。各分册分别为：《常用设计资料和数据》《机械制图与机械零部件精度设计》《机械零部件结构设计》《连接与紧固》《带传动和链传动 摩擦轮传动与螺旋传动》《齿轮传动》《减速器和变速器》《机构设计》《轴 弹簧》《滚动轴承》《联轴器、离合器与制动器》《起重运输机械零部件和操作件》《机架、箱体与导轨》《润滑 密封》《气压传动与控制》《机电一体化技术及设计》《机电系统控制》《机器人与机器人装备》《数控技术》《微机电系统及设计》《机械系统概念设计》《机械系统的振动设计及噪声控制》《疲劳强度设计 机械可靠性设计》《数字化设计》《工业设计与人机工程》《智能设计 仿生机械设计》。

本单行本为《齿轮传动》，主要介绍齿轮传动概述、渐开线圆柱齿轮传动、圆弧齿轮传动、锥齿轮和准双曲面齿轮传动、蜗杆传动等内容。

本书供从事机械设计、制造、维修及有关工程技术人员作为工具书使用，也可供大专院校的有关专业师生使用和参考。

图书在版编目（CIP）数据

机械设计手册. 齿轮传动/闻邦椿主编. —6版. —北京：机械工业出版社，2020.1（2024.1重印）

ISBN 978-7-111-64744-7

Ⅰ.①机… Ⅱ.①闻… Ⅲ.①机械设计-技术手册②齿轮传动-技术手册 Ⅳ.①TH122-62②TH132.41-62

中国版本图书馆CIP数据核字（2020）第024376号

机械工业出版社（北京市百万庄大街22号 邮政编码100037）
策划编辑：曲彩云 责任编辑：曲彩云 高依楠
责任校对：徐 强 封面设计：马精明
责任印制：任维东
北京中兴印刷有限公司印刷
2024年1月第6版第4次印刷
184mm×260mm·20印张·496千字
标准书号：ISBN 978-7-111-64744-7
定价：65.00元

电话服务　　　　　　　　　网络服务

客服电话：010-88361066　　机 工 官 网：www.cmpbook.com
　　　　　010-88379833　　机 工 官 博：weibo.com/cmp1952
　　　　　010-68326294　　金 书 网：www.golden-book.com
封底无防伪标均为盗版　　机工教育服务网：www.cmpedu.com

出 版 说 明

《机械设计手册》自出版以来，已经进行了 5 次修订，2018 年第 6 版出版发行。截至 2019 年，《机械设计手册》累计发行 39 万套。作为国家级重点科技图书，《机械设计手册》深受广大读者的欢迎和好评，在全国具有很大的影响力。该书曾获得中国出版政府奖提名奖、中国机械工业科学技术奖一等奖、全国优秀科技图书奖二等奖、中国机械工业部科技进步奖二等奖，并多次获得全国优秀畅销书奖等奖项。《机械设计手册》已成为机械设计领域的品牌产品，是机械工程领域最具权威和影响力的大型工具书之一。

《机械设计手册》第 6 版共 7 卷 55 篇，是在前 5 版的基础上吸收并总结了国内外机械工程设计领域中的新标准、新材料、新工艺、新结构、新技术、新产品、新的设计理论与方法，并配合我国创新驱动战略的需求编写而成的。与前 5 版相比，第 6 版无论是从体系还是内容，都在传承的基础上进行了创新。重点充实了机电一体化系统设计、机电控制与信息技术、现代机械设计理论与方法等现代机械设计的最新内容，将常规设计方法与现代设计方法相融合，光、机、电设计融为一体，局部的零部件设计与系统化设计互相衔接，并努力将创新设计的理念贯穿其中。《机械设计手册》第 6 版体现了国内外机械设计发展的新水平，精心诠释了常规与现代机械设计的内涵、全面荟萃凝练了机械设计各专业技术的精华，它将引领现代机械设计创新潮流、成就新一代机械设计大师，为我国实现装备制造强国梦做出重大贡献。

《机械设计手册》第 6 版的主要特色是：体系新颖、系统全面、信息量大、内容现代、突显创新、实用可靠、简明便查。应该特别指出的是，第 6 版手册具有较高的科技含量和大量技术创新性的内容。手册中的许多内容都是编著者多年研究成果的科学总结。这些内容中有不少依托国家 "863 计划" "973 计划" "985 工程" "国家科技重大专项" "国家自然科学基金" 重大、重点和面上项目资助项目。相关项目有不少成果曾获得国际、国家、部委、省市科技奖励、技术专利。这充分体现了手册内容的重大科学价值与创新性。如仿生机械设计、激光及其在机械工程中的应用、绿色设计与和谐设计、微机电系统及设计等前沿新技术；又如产品综合设计理论与方法是闻邦椿院士在国际上首先提出，并综合 8 部专著后首次编入手册，该方法已经在高铁、动车及离心压缩机等机械工程中成功应用，获得了巨大的社会效益和经济效益。

在《机械设计手册》历次修订的过程中，出版社和作者都广泛征求和听取各方面的意见，广大读者在对《机械设计手册》给予充分肯定的同时，也指出《机械设计手册》卷册厚重，不便携带，希望能出版篇幅较小、针对性强、便查便携的更加实用的单行本。为满足读者的需要，机械工业出版社于 2007 年首次推出了《机械设计手册》第 4 版单行本。该单行本出版后很快受到读者的欢迎和好评。《机械设计手册》第 6 版已经面市，为了使读者能按需要、有针对性地选用《机械设计手册》第 6 版中的相关内容并降低购书费用，机械工业出版社在总结《机械设计手册》前几版单行本经验的基础上推出了《机械设计手册》第 6 版单行本。

《机械设计手册》第 6 版单行本保持了《机械设计手册》第 6 版（7 卷本）的优势和特色，依据机械设计的实际情况和机械设计专业的具体情况以及手册各篇内容的相关性，将原手册的 7 卷 55 篇进行精选、合并，重新整合为 26 个分册，分别为：《常用设计资料和数据》《机械制图与机械零部件精度设计》《机械零部件结构设计》《连接与紧固》《带传动和链传动　摩擦轮传动与螺旋传动》《齿轮传动》《减速器和变速器》《机构设计》《轴　弹簧》《滚动轴承》《联轴器、离合器与制动器》《起重运输机械零部件和操作件》《机架、箱体与导轨》《润滑　密封》《气压传动与控制》《机电一体化技术及设计》《机电系统控制》《机器人与机器人装备》《数控技术》《微机电系统及设计》《机械系统概念设计》《机械系统的振动设计及噪声控制》《疲劳强度设计　机械可靠性设计》《数字化设计》《工业设计与人机工程》《智能设计　仿生机械设计》。各分册内容针对性强、篇幅适中、查阅和携带方便，读者可根据需要灵活选用。

　　《机械设计手册》第 6 版单行本是为了助力我国制造业转型升级、经济发展从高增长迈向高质量，满足广大读者的需要而编辑出版的，它将与《机械设计手册》第 6 版（7 卷本）一起，成为机械设计人员、工程技术人员得心应手的工具书，成为广大读者的良师益友。

　　由于工作量大、水平有限，难免有一些错误和不妥之处，殷切希望广大读者给予指正。

机械工业出版社

前　　言

本版手册为新出版的第 6 版 7 卷本《机械设计手册》。由于科学技术的快速发展，需要我们对手册内容进行更新，增加新的科技内容，以满足广大读者的迫切需要。

《机械设计手册》自 1991 年面世发行以来，历经 5 次修订，截至 2016 年已累计发行 38 万套。作为国家级重点科技图书的《机械设计手册》，深受社会各界的重视和好评，在全国具有很大的影响力，该手册曾获得全国优秀科技图书奖二等奖（1995 年）、中国机械工业部科技进步奖二等奖（1997 年）、中国机械工业科学技术奖一等奖（2011 年）、中国出版政府奖提名奖（2013 年），并多次获得全国优秀畅销书奖等奖项。1994 年，《机械设计手册》曾在我国台湾建宏出版社出版发行，并在海内外产生了广泛的影响。《机械设计手册》荣获的一系列国家和部级奖项表明，其具有很高的科学价值、实用价值和文化价值。《机械设计手册》已成为机械设计领域的一部大型品牌工具书，已成为机械工程领域权威的和影响力较大的大型工具书，长期以来，它为我国装备制造业的发展做出了巨大贡献。

第 5 版《机械设计手册》出版发行至今已有 7 年时间，这期间我国国民经济有了很大发展，国家制定了《国家创新驱动发展战略纲要》，其中把创新驱动发展作为了国家的优先战略。因此，《机械设计手册》第 6 版修订工作的指导思想除努力贯彻"科学性、先进性、创新性、实用性、可靠性"外，更加突出了"创新性"，以全力配合我国"创新驱动发展战略"的重大需求，为实现我国建设创新型国家和科技强国梦做出贡献。

在本版手册的修订过程中，广泛调研了厂矿企业、设计院、科研院所和高等院校等多方面的使用情况和意见。对机械设计的基础内容、经典内容和传统内容，从取材、产品及其零部件的设计方法与计算流程、设计实例等多方面进行了深入系统的整合，同时，还全面总结了当前国内外机械设计的新理论、新方法、新材料、新工艺、新结构、新产品和新技术，特别是在现代设计与创新设计理论与方法、机电一体化及机械系统控制技术等方面做了系统和全面的论述和凝练。相信本版手册会以崭新的面貌展现在广大读者面前，它将对提高我国机械产品的设计水平、推进新产品的研究与开发、老产品的改造，以及产品的引进、消化、吸收和再创新，进而促进我国由制造大国向制造强国跃升，发挥出巨大的作用。

本版手册分为 7 卷 55 篇：第 1 卷　机械设计基础资料；第 2 卷　机械零部件设计（连接、紧固与传动）；第 3 卷　机械零部件设计（轴系、支承与其他）；第 4 卷　流体传动与控制；第 5 卷　机电一体化与控制技术；第 6 卷　现代设计与创新设计（一）；第 7 卷　现代设计与创新设计（二）。

本版手册有以下七大特点：

一、构建新体系

构建了科学、先进、实用、适应现代机械设计创新潮流的《机械设计手册》新结构体系。该体系层次为：机械基础、常规设计、机电一体化设计与控制技术、现代设计与创新设计方法。该体系的特点是：常规设计方法与现代设计方法互相融合，光、机、电设计融为一体，局部的零部件设计与系统化设计互相衔接，并努力将创新设计的理念贯穿于常规设计与现代设计之中。

二、凸显创新性

习近平总书记在 2014 年 6 月和 2016 年 5 月召开的中国科学院、中国工程院两院院士大会上分别提出了我国科技发展的方向就是"创新、创新、再创新"，以及实现创新型国家和科技强国的三个阶段的目标和五项具体工作。为了配合我国创新驱动发展战略的重大需求，本版手册突出了机械创新设计内容的编写，主要有以下几个方面：

（1）新增第 7 卷，重点介绍了创新设计及与创新设计有关的内容。

该卷主要内容有：机械创新设计概论，创新设计方法论，顶层设计原理、方法与应用，创新原理、思维、方法与应用，绿色设计与和谐设计，智能设计，仿生机械设计，互联网上的合作设计，工业通信网络，面向机械工程领域的大数据、云计算与物联网技术，3D 打印设计与制造技术，系统化设计理论与方法。

（2）在一些篇章编入了创新设计和多种典型机械创新设计的内容。

"第 11 篇　机构设计"篇新增加了"机构创新设计"一章，该章编入了机构创新设计的原理、方法及飞剪机剪切机构创新设计，大型空间折展机构创新设计等多个创新设计的案例。典型机械的创新设计有大型全断面掘进机（盾构机）仿真分析与数字化设计、机器人挖掘机的机电一体化创新设计、节能抽油机的创新设计、产品包装生产线的机构方案创新设计等。

（3）编入了一大批典型的创新机械产品。

"机械无级变速器"一章中编入了新型金属带式无级变速器，"并联机构的设计与应用"一章中编入了数十个新型的并联机床产品，"振动的利用"一章中新编入了激振器偏移式自同步振动筛、惯性共振式振动筛、振动压路机等十多个典型的创新机械产品。这些产品有的获得了国家或省部级奖励，有的是专利产品。

（4）编入了机械设计理论和设计方法论等方面的创新研究成果。

1）闻邦椿院士团队经过长期研究，在国际上首先创建了振动利用工程学科，提出了该类机械设计理论和方法。本版手册中编入了相关内容和实例。

2）根据多年的研究，提出了以非线性动力学理论为基础的深层次的动态设计理论与方法。本版手册首次编入了该方法并列举了若干应用范例。

3）首先提出了和谐设计的新概念和新内容，阐明了自然环境、社会环境（政治环境、经济环境、人文环境、国际环境、国内环境）、技术环境、资金环境、法律环境下的产品和谐设计的概念和内容的新体系，把既有的绿色设计篇拓展为绿色设计与和谐设计篇。

4）全面系统地阐述了产品系统化设计的理论和方法，提出了产品设计的总体目标、广义目标和技术目标的内涵，提出了应该用 IQCTES 六项设计要求来代替 QCTES 五项要求，详细阐明了设计的四个理想步骤，即"3I 调研""7D 规划""1+3+X 实施""5（A+C）检验"，明确提出了产品系统化设计的基本内容是主辅功能、三大性能和特殊性能要求的具体实现。

5）本版手册引入了闻邦椿院士经过长期实践总结出的独特的、科学的创新设计方法论体系和规则，用来指导产品设计，并提出了创新设计方法论的运用可向智能化方向发展，即采用专家系统来完成。

三、坚持科学性

手册的科学水平是评价手册编写质量的重要方面，因此，本版手册特别强调突出内容的科学性。

（1）本版手册努力贯彻科学发展观及科学方法论的指导思想和方法，并将其落实到手册内容的编写中，特别是在产品设计理论方法的和谐设计、深层次设计及系统化设计的编写中。

（2）本版手册中的许多内容是编著者多年研究成果的科学总结。这些内容中有不少是国家 863、973 计划项目，国家科技重大专项，国家自然科学基金重大、重点和面上项目资助项目的研究成果，有不少成果曾获得国际、国家、部委、省市科技奖励及技术专利，充分体现了本版手册内容的重大科学价值与创新性。

下面简要介绍本版手册编入的几方面的重要研究成果：

1）振动利用工程新学科是闻邦椿院士团队经过长期研究在国际上首先创建的。本版手册中编入了振动利用机械的设计理论、方法和范例。

2）产品系统化设计理论与方法的体系和内容是闻邦椿院士团队提出并加以完善的，编写者依据多年的研究成果和系列专著，经综合整理后首次编入本版手册。

3）仿生机械设计是一门新兴的综合性交叉学科，近年来得到了快速发展，它为机械设计的创新提供了新思路、新理论和新方法。吉林大学任露泉院士领导的工程仿生教育部重点实验室开展了大量的深入研究工作，取得了一系列创新成果且出版了专著，据此并结合国内外大量较新的文献资料，为本版手册构建了仿生机械设计的新体系，编写了"仿生机械设计"篇（第50篇）。

4）激光及其在机械工程中的应用篇是中国科学院长春光学精密机械与物理研究所王立军院士依据多年的研究成果，并参考国内外大量较新的文献资料编写而成的。

5）绿色制造工程是国家确立的五项重大工程之一，绿色设计是绿色制造工程的最重要环节，是一个新的学科。合肥工业大学刘志峰教授依据在绿色设计方面获多项国家和省部级奖励的研究成果，参考国内外大量较新的文献资料为本版手册首次构建了绿色设计新体系，编写了"绿色设计与和谐设计"篇（第48篇）。

6）微机电系统及设计是前沿的新技术。东南大学黄庆安教授领导的微电子机械系统教育部重点实验室多年来开展了大量研究工作，取得了一系列创新研究成果，本版手册的"微机电系统及设计"篇（第28篇）就是依据这些成果和国内外大量较新的文献资料编写而成的。

四、重视先进性

（1）本版手册对机械基础设计和常规设计的内容做了大规模全面修订，编入了大量新标准、新材料、新结构、新工艺、新产品、新技术、新设计理论和计算方法等。

1）编入和更新了产品设计中需要的大量国家标准，仅机械工程材料篇就更新了标准126个，如GB/T 699—2015《优质碳素结构钢》和GB/T 3077—2015《合金结构钢》等。

2）在新材料方面，充实并完善了铝及铝合金、钛及钛合金、镁及镁合金等内容。这些材料由于具有优良的力学性能、物理性能以及回收率高等优点，目前广泛应用于航空、航天、高铁、计算机、通信元件、电子产品、纺织和印刷等行业。增加了国内外粉末冶金材料的新品种，如美国、德国和日本等国家的各种粉末冶金材料。充实了国内外工程塑料及复合材料的新品种。

3）新编的"机械零部件结构设计"篇（第4篇），依据11个结构设计方面的基本要求，编写了相应的内容，并编入了结构设计的评估体系和减速器结构设计、滚动轴承部件结构设计的示例。

4）按照GB/T 3480.1~3—2013（报批稿）、GB/T 10062.1~3—2003及ISO 6336—2006等新标准，重新构建了更加完善的渐开线圆柱齿轮传动和锥齿轮传动的设计计算新体系；按照初步确定尺寸的简化计算、简化疲劳强度校核计算、一般疲劳强度校核计算，编排了三种设计计算方法，以满足不同场合、不同要求的齿轮设计。

5）在"第4卷　流体传动与控制"卷中，编入了一大批国内外知名品牌的新标准、新结构、新产品、新技术和新设计计算方法。在"液力传动"篇（第23篇）中新增加了液黏传动，它是一种新型的液力传动。

（2）"第5卷　机电一体化与控制技术"卷充实了智能控制及专家系统的内容，大篇幅增加了机器人与机器人装备的内容。

　　机器人是机电一体化特征最为显著的现代机械系统，机器人技术是智能制造的关键技术。由于智能制造的迅速发展，近年来机器人产业呈现出高速发展的态势。为此，本版手册大篇幅增加了"机器人与机器人装备"篇（第26篇）的内容。该篇从实用性的角度，编写了串联机器人、并联机器人、轮式机器人、机器人工装夹具及变位机；编入了机器人的驱动、控制、传感、视角和人工智能等共性技术；结合喷涂、搬运、电焊、冲压及压铸等工艺，介绍了机器人的典型应用实例；介绍了服务机器人技术的新进展。

　　（3）为了配合我国创新驱动战略的重大需求，本版手册扩大了创新设计的篇数，将原第6卷扩编为两卷，即新的"现代设计与创新设计（一）"（第6卷）和"现代设计与创新设计（二）"（第7卷）。前者保留了原第6卷的主要内容，后者编入了创新设计和与创新设计有关的内容及一些前沿的技术内容。

　　本版手册"现代设计与创新设计（一）"卷（第6卷）的重点内容和新增内容主要有：

　　1）在"现代设计理论与方法综述"篇（第32篇）中，简要介绍了机械制造技术发展总趋势、在国际上有影响的主要设计理论与方法、产品研究与开发的一般过程和关键技术、现代设计理论的发展和根据不同的设计目标对设计理论与方法的选用。闻邦椿院士在国内外首次按照系统工程原理，对产品的现代设计方法做了科学分类，克服了目前产品设计方法的论述缺乏系统性的不足。

　　2）新编了"数字化设计"篇（第40篇）。数字化设计是智能制造的重要手段，并呈现应用日益广泛、发展更加深刻的趋势。本篇编入了数字化技术及其相关技术、计算机图形学基础、产品的数字化建模、数字化仿真与分析、逆向工程与快速原型制造、协同设计、虚拟设计等内容，并编入了大型全断面掘进机（盾构机）的数字化仿真分析和数字化设计、摩托车逆向工程设计等多个实例。

　　3）新编了"试验优化设计"篇（第41篇）。试验是保证产品性能与质量的重要手段。本篇以新的视觉优化设计构建了试验设计的新体系、全新内容，主要包括正交试验、试验干扰控制、正交试验的结果分析、稳健试验设计、广义试验设计、回归设计、混料回归设计、试验优化分析及试验优化设计常用软件等。

　　4）将手册第5版的"造型设计与人机工程"篇改编为"工业设计与人机工程"篇（第42篇），引入了工业设计的相关理论及新的理念，主要有品牌设计与产品识别系统（PIS）设计、通用设计、交互设计、系统设计、服务设计等，并编入了机器人的产品系统设计分析及自行车的人机系统设计等典型案例。

　　（4）"现代设计与创新设计（二）"卷（第7卷）主要编入了创新设计和与创新设计有关的内容及一些前沿技术内容，其重点内容和新编内容有：

　　1）新编了"机械创新设计概论"篇（第44篇）。该篇主要编入了创新是我国科技和经济发展的重要战略、创新设计的发展与现状、创新设计的指导思想与目标、创新设计的内容与方法、创新设计的未来发展战略、创新设计方法论的体系和规则等。

　　2）新编了"创新设计方法论"篇（第45篇）。该篇为创新设计提供了正确的指导思想和方法，主要编入了创新设计方法论的体系、规则，创新设计的目的、要求、内容、步骤、程序及科学方法，创新设计工作者或团队的四项潜能，创新设计客观因素的影响及动态因素的作用，用科学哲学思想来统领创新设计工作，创新设计方法论的应用，创新设计方法论应用的智能化及专家系统，创新设计的关键因素及制约的因素分析等内容。

　　3）创新设计是提高机械产品竞争力的重要手段和方法，大力发展创新设计对我国国民经济发展具有重要的战略意义。为此，编写了"创新原理、思维、方法与应用"篇（第47篇）。除编入了创新思维、原理和方法，创新设计的基本理论和创新的系统化设计方法外，还编入了29种创新思维方法、30种创新技术、40种发明创造原理，列举了大量的应用范例，为引领机械创新设计做出了示范。

4）绿色设计是实现低资源消耗、低环境污染、低碳经济的保护环境和资源合理利用的重要技术政策。本版手册中编入了"绿色设计与和谐设计"篇（第48篇）。该篇系统地论述了绿色设计的概念、理论、方法及其关键技术。编者结合多年的研究实践，并参考了大量的国内外文献及较新的研究成果，首次构建了系统实用的绿色设计的完整体系，包括绿色材料选择、拆卸回收产品设计、包装设计、节能设计、绿色设计体系与评估方法，并给出了系列典型范例，这些对推动工程绿色设计的普遍实施具有重要的指引和示范作用。

5）仿生机械设计是一门新兴的综合性交叉学科，本版手册新编入了"仿生机械设计"篇（第50篇），包括仿生机械设计的原理、方法、步骤，仿生机械设计的生物模本，仿生机械形态与结构设计，仿生机械运动学设计，仿生机构设计，并结合仿生行走、飞行、游走、运动及生机电仿生手臂，编入了多个仿生机械设计范例。

6）第55篇为"系统化设计理论与方法"篇。装备制造机械产品的大型化、复杂化、信息化程度越来越高，对设计方法的科学性、全面性、深刻性、系统性提出的要求也越来越高，为了满足我国制造强国的重大需要，亟待创建一种能统领产品设计全局的先进设计方法。该方法已经在我国许多重要机械产品（如动车、大型离心压缩机等）中成功应用，并获得重大的社会效益和经济效益。本版手册对该系统化设计方法做了系统论述并给出了大型综合应用实例，相信该系统化设计方法对我国大型、复杂、现代化机械产品的设计具有重要的指导和示范作用。

7）本版手册第7卷还编入了与创新设计有关的其他多篇现代化设计方法及前沿新技术，包括顶层设计原理、方法与应用，智能设计，互联网上的合作设计，工业通信网络，面向机械工程领域的大数据、云计算与物联网技术，3D打印设计与制造技术等。

五、突出实用性

为了方便产品设计者使用和参考，本版手册对每种机械零部件和产品均给出了具体应用，并给出了选用方法或设计方法、设计步骤及应用范例，有的给出了零部件的生产企业，以加强实际设计的指导和应用。本版手册的编排尽量采用表格化、框图化等形式来表达产品设计所需要的内容和资料，使其更加简明、便查；对各种标准采用摘编、数据合并、改排和格式统一等方法进行改编，使其更为规范和便于读者使用。

六、保证可靠性

编入本版手册的资料尽可能取自原始资料，重要的资料均注明来源，以保证其可靠性。所有数据、公式、图表力求准确可靠，方法、工艺、技术力求成熟。所有材料、零部件、产品和工艺标准均采用新公布的标准资料，并且在编入时做到认真核对以避免差错。所有计算公式、计算参数和计算方法都经过长期检验，各种算例、设计实例均来自工程实际，并经过认真的计算，以确保可靠。本版手册编入的各种通用的及标准化的产品均说明其特点及适用情况，并注明生产厂家，供设计人员全面了解情况后选用。

七、保证高质量和权威性

本版手册主编单位东北大学是国家211、985重点大学、"重大机械关键设计制造共性技术"985创新平台建设单位、2011国家钢铁共性技术协同创新中心建设单位，建有"机械设计及理论国家重点学科"和"机械工程一级学科"。由东北大学机械及相关学科的老教授、老专家和中青年学术精英组成了实力强大的大型工具书编写团队骨干，以及一批来自国家重点高校、研究院所、大型企业等 30 多个单位、近 200 位专家、学者组成了高水平编审团队。编审团队成员的大多数都是所在领域的著名资深专家，他们具有深广的理论基础、丰富的机械设计工作经历、丰富的工具书编纂经验和执着的敬业精神，从而确保了本版手册的高质量和权威性。

在本版手册编写中，为便于协调，提高质量，加快编写进度，编审人员以东北大学的教师为主，并组织邀请了清华大学、上海交通大学、西安交通大学、浙江大学、哈尔滨工业大学、吉林大学、天津大学、华中科技大学、北京科技大学、大连理工大学、东南大学、同济大学、重庆大学、北京化工大学、南京航空航天大学、上海师范大学、合肥工业大学、大连交通大学、长安大学、西安建筑科技大学、沈阳工业大学、沈阳航空航天大学、沈阳建筑大学、沈阳理工大学、沈阳化工大学、重庆理工大学、中国科学院长春光学精密机械与物理研究所、中国科学院沈阳自动化研究所等单位的专家、学者参加。

在本版手册出版之际，特向著名机械专家、本手册创始人、第 1 版及第 2 版的主编徐灏教授致以崇高的敬意，向历次版本副主编邱宣怀教授、蔡春源教授、严隽琪教授、林忠钦教授、余俊教授、汪恺总工程师、周士昌教授致以崇高的敬意，向参加本手册历次版本的编写单位和人员表示衷心感谢，向在本手册历次版本的编写、出版过程中给予大力支持的单位和社会各界朋友们表示衷心感谢，特别感谢机械科学研究总院、郑州机械研究所、徐州工程机械集团公司、北方重工集团沈阳重型机械集团有限责任公司和沈阳矿山机械集团有限责任公司、沈阳机床集团有限责任公司、沈阳鼓风机集团有限责任公司及辽宁省标准研究院等单位的大力支持。

由于编者水平有限，手册中难免有一些不尽如人意之处，殷切希望广大读者批评指正。

主编　闻邦椿

目 录

第8篇 齿轮传动

第1章 概 述

第2章 渐开线圆柱齿轮传动

第8篇 齿轮传动

主　编　陈良玉　巩云鹏

编写人　陈良玉　巩云鹏　张伟华

审稿人　鄂中凯　陈良玉　王延忠

第5版
第8篇 齿轮传动

主 编 陈良玉 巩云鹏

编写人 陈良玉 巩云鹏 张伟华 洪 滢

审稿人 鄂中凯 陈良玉 虞忠顺

第1章 概 述

齿轮传动是机械传动中应用最广泛的一种传动形式。它的传动比准确,效率高,结构紧凑,工作可靠,寿命长。目前齿轮技术可达到的指标:圆周速度 $v = 300\text{m/s}$, 转速 $n = 10^5\text{r/min}$, 传递的功率 $P = 10^5\text{kW}$, 模数 $m = 0.004 \sim 100\text{mm}$, 直径 $d = 1\text{mm} \sim 152.3\text{m}$。

1 齿轮传动的分类和特点

1.1 分类

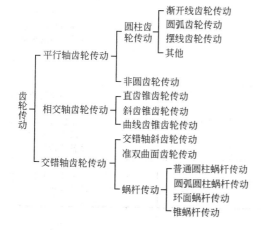

1.2 特点

1)瞬时传动比恒定。非圆齿轮传动的瞬时传动比能按需要的变化规律来设计。

2)传动比范围大,可用于减速或增速。

3)速度(指节圆圆周速度)和传递功率的范围大,可用于高速($v > 40\text{m/s}$)、中速和低速($v < 25\text{m/s}$)的传动;功率可从小于1W到 10^5kW。

4)传动效率高。一对高精度的渐开线圆柱齿轮,效率可达99%以上。

5)结构紧凑,适用于近距离传动。

6)制造成本较高。某些具有特殊齿形或精度很高的齿轮,因需要专用的或高精度的机床、刀具和量仪等,故制造工艺复杂,成本高。

7)精度不高的齿轮,传动时噪声、振动和冲击大,污染环境。

8)无过载保护作用。

2 齿轮传动类型选择的原则

1)满足使用要求,如对传动结构尺寸、重量、功率、速度、传动比、寿命、可靠性的要求等。对以上要求应做全面的深入分析,满足主要的要求,兼顾其他。如对大功率长期运转的固定式设备,则着重于齿轮的寿命长和提高齿轮的传动效率;对短期间歇运转的移动式设备,应要求结构紧凑为主;对重要的齿轮传动,则要求可靠性高。

2)考虑工艺条件,如制造厂的工艺水平、设备条件、生产批量等。

3)考虑合理性、先进性和经济性等。

表8.1-1列出各类齿轮传动的主要特点和适用范围,供选型时参考。

表 8.1-1 各类齿轮传动的主要特点和适用范围

名 称		主 要 特 点	适 用 范 围			
			传动比	传递功率	速度	应用举例
渐开线圆柱齿轮传动		传动的速度和功率范围很大;传动效率高,一对齿轮可达98%~99.5%,精度越高,效率越高;对中心距的敏感性小,装配和维修比较简便;可以进行变位切削及各种修形、修缘,以适应提高传动质量的要求;易于进行精确加工	单级1~8,最大为10 两级,45 三级,75	25000kW,最大达 10^5kW	150m/s,最高300m/s	应用非常广泛
圆弧齿轮传动	单圆弧齿轮传动	接触强度高;效率高;磨损小而均匀;没有根切现象。不能做成直齿	单级1~8,最大为10 两级,45 三级,75	高速传动可达6000kW 低速传动输出转矩达1.2MN·m,功率达5000kW	100m/s	高速传动,如用于鼓风机、制氧机、汽轮机等的传动;低速传动,如用于轧钢机械、矿山机械、起重运输机械等的传动
	双圆弧齿轮传动	具有单圆弧齿轮的优点,可用同一把滚刀加工一对齿轮;传动平稳,振动和噪声较单圆弧齿轮小,抗弯强度比单圆弧齿轮高				

（续）

名　　　称		主　要　特　点	适　用　范　围			
			传动比	传递功率	速度	应用举例
锥齿轮传动	直齿锥齿轮传动	轴向力小；比曲线齿锥齿轮制造容易；可制成鼓形齿	1~8	370kW	<5m/s	用于机床、汽车、拖拉机及其他机械中轴线相交的传动
	曲线齿锥齿轮传动	比直齿锥齿轮传动平稳，噪声小，承载能力大。由于螺旋角产生轴向力，转向变化时，此轴向力方向亦改变，轴承应考虑止推问题	1~8	3700kW	>5m/s，≥40m/s 需磨齿	用于汽车驱动桥传动，机床、拖拉机等传动
准双曲面齿轮传动		比曲线齿锥齿轮传动更平稳。利用偏置距增加小齿轮直径，因而可以增加小齿轮刚度，实现两端支承。沿齿长方向有滑动，需用准双曲面齿轮油润滑	1~10，用于代替蜗杆传动时可达 50~100	735kW	>5m/s	广泛用于越野及小客车的传动，也用于货车的传动
蜗杆传动	圆柱蜗杆传动（普通圆柱蜗杆传动）	传动比大；工作平稳；噪声较小；结构紧凑；在一定条件下有自锁性，效率低	8~80	到 200kW	v_s≤15~35m/s	多用于中、小载荷、间歇工作的机器设备中的传动
	圆柱蜗杆传动（圆弧圆柱蜗杆传动）	接触齿形状优于普通圆柱蜗杆传动，有利于形成油膜；中间平面共轭齿廓为凸凹齿啮合，传动效率及承载能力均高于普通圆柱蜗杆传动				
	环面蜗杆传动	接触线和相对速度夹角接近 90°，有利于形成油膜；同时接触齿数多，当量曲率半径大，因而承载能力大，一般比普通圆柱蜗杆传动大 2~3 倍	5~100	到 4500kW	—	多用于轧机压下装置、各种绞车、冷挤压机、转炉、军工产品以及其他重型设备的传动
	锥蜗杆传动	同时接触齿数多，齿面得到充分润滑和冷却，易形成油膜，承载能力高；传动平稳；效率高于圆柱蜗杆传动；制造和装配简单	10~359	—	—	适用于特定结构的传动场合

3　常用符号（见表 8.1-2）

表 8.1-2　常用符号表

符号	名　　　称	单位	符号	名　　　称	单位
a	中心距	mm	c	顶隙和根隙	mm
a'	名义中心距（角变位齿轮的中心距）	mm	c_γ	啮合刚度	N/(mm·μm)
a_0	切齿中心距	mm	c'	单对齿刚度	N/(mm·μm)
a_v	当量圆柱齿轮中心距	mm	c^*	顶隙系数	
b	齿宽	mm	d	直径，分度圆直径	mm
b_1	小轮齿宽	mm	d_w	节圆直径	mm
b_2	大轮齿宽	mm	d_a	齿顶圆直径	mm
b_{cal}	计算齿宽	mm	d_{a1}	小轮齿顶圆直径，蜗杆齿顶圆直径	mm
b_{eF}	抗弯强度计算的有效齿宽	mm	d_{a2}	大轮齿顶圆直径，蜗轮喉圆直径	mm
b_{eH}	接触强度计算的有效齿宽	mm	d_b	基圆直径	mm
C	节点，系数		d_{e2}	蜗轮顶圆直径	mm
C_a	齿顶修缘量	μm	d_{e1}、d_{e2}	小轮、大轮大端分度圆直径	mm
C_{ay}	由磨合产生的齿顶修缘量	μm	d_f	齿根圆直径	mm
C_{eff}	有效修缘量	μm	d_{f1}、d_{f2}	小轮、大轮齿根圆直径	mm

（续）

符号	名　称	单位	符号	名　称	单位
d_g	发生圆直径,滚圆直径	mm	F'_{i12}	蜗杆副单面啮合偏差	μm
d_{m1}、d_{m2}	小轮、大轮齿宽中点分度圆直径	mm	F_{r1}	蜗杆径向跳动偏差 小齿轮径向跳动偏差	μm
d_{v1}、d_{v2}	小轮、大轮的当量圆柱齿轮分度圆直径	mm	F_{r2}	蜗轮径向跳动偏差 大齿轮径向跳动偏差	μm
d_{va1}、d_{va2}	小轮、大轮的当量圆柱齿轮齿顶圆直径	mm	F_t	端面内分度圆周上的名义切向力	N
d_{van1} d_{van2}	小轮、大轮的当量圆柱齿轮法向齿顶圆直径	mm	f_x	x 方向轴线的平行度公差,蜗杆副的中间平面极限偏差,中间平面传动极限偏差	μm
d_{vb1}、d_{vb2}	小轮、大轮的当量圆柱齿轮基圆直径	mm	f_{x0}	中间平面加工极限偏差	μm
d_{vbn1} d_{vbn2}	小轮、大轮的当量圆柱齿轮法向基圆直径	mm	f_y	y 方向轴线的平行度公差,轴线垂直度公差	μm
d_{vn1}、d_{vn2}	小轮、大轮的当量圆柱齿轮法向分度圆直径	mm	F_β	齿轮螺旋线总偏差	μm
			$F_{\beta x}$	初始啮合螺旋线偏差	μm
d_0、r_0	刀具直径、半径	mm	$F_{\beta y}$	磨合后的啮合螺旋线偏差	μm
d_1	小轮分度圆直径,蜗杆分度圆直径	mm	f_Σ	蜗杆副的轴交角极限偏差	μm
d_{w1}	小轮节圆直径,蜗杆节圆直径	mm	$f_{\Sigma0}$	轴交角加工极限偏差	μm
d_2	大轮分度圆直径,蜗轮分度圆直径	mm	F_α	齿廓总偏差	μm
d_{w2}	大轮节圆直径,蜗轮节圆直径	mm	$F_{\alpha1}$	蜗杆齿廓总偏差 小齿轮齿廓总偏差	μm
D_M	量柱(球)直径	mm	$F_{\alpha2}$	蜗轮齿廓总偏差 大齿轮齿廓总偏差	μm
E	弹性模量	MPa	f_{AM}	齿圈轴向位移极限偏差	μm
E_{red}	综合弹性模量	MPa	f_a	齿轮副的中心距极限偏差,蜗杆副的中心距极限偏差,齿条副的安装距极限偏差	μm
E_{yns}	量柱(球)直径测量跨距上偏差	μm			
E_{yni}	量柱(球)直径测量跨距下偏差	μm	f_{a0}	蜗杆副的中心距加工极限偏差	μm
E_{sn}	齿轮齿厚偏差	μm	F_{bn}	法面内基圆周上的名义切向力	N
E_{sns}	齿轮齿厚上偏差	μm	F_{bt}	端面内基圆周上的名义切向力	N
E_{sni}	齿轮齿厚下偏差	μm	$f_{f\beta}$	齿轮螺旋线形状偏差	μm
E_{bn}	公法线长度偏差	μm	F'_i	齿轮切向综合偏差	μm
E_{si1}	蜗杆齿厚极限下偏差	μm	F''_i	齿轮径向综合偏差	μm
E_{ss1}	蜗杆齿厚极限上偏差	μm	f'_i	齿轮一齿切向综合偏差,蜗杆传动单面一齿啮合偏差	μm
E_{si2}	蜗轮齿厚极限下偏差	μm			
E_{ss2}	蜗轮齿厚极限上偏差	μm	f''_i	齿轮一齿径向综合偏差	μm
E_{bni}	公法线长度下偏差	μm	f'_{i1}	蜗杆单面一齿啮合偏差,小齿轮一齿切向综合偏差	μm
E_{bns}	公法线长度上偏差	μm			
E_Σ	轴交角极限偏差	μm	f'_{i2}	蜗轮单面一齿啮合偏差,大齿轮一齿切向综合偏差	μm
e	齿槽宽	mm			
e_n	分度圆法向槽宽	mm	f'_{i12}	蜗杆副单面一齿啮合偏差	μm
e_t	分度圆端面槽宽	mm	F'_{ic}	蜗杆副的切向综合公差,齿条副的切向综合公差	μm
e_x	分度圆轴向槽宽	mm			
F'_{i1}	蜗杆单面啮合偏差,小齿轮切向综合偏差	μm	f'_{ic}	蜗杆副的一齿切向综合公差,齿条副的一齿切向综合公差	μm
			$F''_{i\Sigma}$	轴交角综合公差	μm
			$f''_{i\Sigma}$	一齿轴交角综合公差	μm
F'_{i2}	蜗轮单面啮合偏差,大齿轮切向综合偏差	μm	$F''_{i\Sigma c}$	齿轮副轴交角综合公差	μm
			$f''_{i\Sigma c}$	齿轮副一齿轴交角综合公差	μm

（续）

符号	名　　称	单位	符号	名　　称	单位
F_{mt}	齿宽中点分度圆上的名义切向力	N	h_{fe1}、h_{fe2}	小轮、大轮大端齿根高	mm
F_p	齿距累积总偏差	μm	h_{fm1}、h_{fm2}	小轮、大轮齿宽中点齿根高	mm
F_{pk}	k 个齿距累积公差，齿距累积偏差	μm	h_{f0}	刀具齿根高	mm
f_{pt}	齿轮单个齿距偏差	μm	h_0	刀具齿高	mm
f_{pxk}	蜗杆 k 个轴向齿距累积偏差	μm	h'	蜗杆副接触面的工作高度，工作齿高	mm
f_{px}	蜗杆轴向齿距偏差	μm	h''	蜗杆副接触痕迹的平均高度	mm
f_{p2}	蜗轮单个齿距偏差	μm	i	总传动比	
f_{ux}	蜗杆相邻轴向齿距偏差	μm	invα	α 角的渐开线函数	
f_{u2}	蜗轮相邻齿距偏差	μm	j	侧隙	μm
F_{pz}	蜗杆导程偏差	μm	j_{wt}	圆周侧隙	μm
F_{p2}	蜗轮齿距累积总偏差	μm	j_{bn}	法向侧隙	μm
$f_{f\alpha}$	齿廓形状偏差	μm	j_r	径向侧隙	μm
$f_{f\alpha1}$	蜗杆齿廓形状偏差，小轮齿廓形状偏差	μm	j_{wtmin}	最小圆周侧隙	μm
$f_{f\alpha2}$	蜗轮齿廓形状偏差，大轮齿廓形状偏差	μm	j_{wtmax}	最大圆周侧隙	μm
			j_{bnmin}	最小法向侧隙	μm
$f_{H\alpha}$	齿廓倾斜偏差	μm	j_{bnmax}	最大法向侧隙	μm
$f_{H\alpha1}$	蜗杆齿廓倾斜偏差，小轮齿廓倾斜偏差	μm	k	跨越齿数，跨越槽数（用于内齿轮），给定范围内的齿数或齿距数	
$f_{H\alpha2}$	蜗轮齿廓倾斜偏差，大轮齿廓倾斜偏差	μm	K_A	使用系数	
$f_{H\beta}$	齿轮螺旋线倾斜偏差	μm	$K_{B\alpha}$	胶合承载能力计算的齿间载荷分配系数	
$f_{\Sigma\delta}$	轴线平面内的轴线平行度偏差	μm	$K_{B\beta}$	胶合承载能力计算的齿向载荷分布系数	
$f_{\Sigma\beta}$	垂直平面内的轴线平行度偏差	μm	$K_{B\gamma}$	螺旋线系数	
G	切变模量	MPa	$K_{F\alpha}$	弯曲疲劳强度计算的齿间载荷分配系数	
g	接触轨迹长度	mm	$K_{F\beta}$	弯曲疲劳强度计算的齿向载荷分布系数	
g_α	端面啮合线长度	mm	$K_{H\alpha}$	接触疲劳强度计算的齿间载荷分配系数	
g_β	纵向作用线长度	mm	$K_{H\beta}$	接触疲劳强度计算的齿向载荷分布系数	
$g_{v\alpha}$	当量圆柱齿轮端面啮合线长度	mm	$k_{H\beta be}$	支承系数	
HBW	布氏硬度		K_v	动载系数	
HRC	洛氏硬度		M	量柱或量球的测量距	mm
HV1	$F=9.8$N 时的维氏硬度		m	模数，蜗杆轴向模数，蜗轮端面模数	mm
HV10	$F=9.81$N 时的维氏硬度		m	当量重量	kg/mm
h	齿高（全齿高、齿顶高、齿根高）	mm	m_{et}	大端端面模数	mm
h_a	齿顶高	mm	m_{it}	小端端面模数	mm
h_a^*	齿顶高系数		m_m	中点模数	mm
$\overline{h}_a$	弦齿高	mm	m_{nm}	齿宽中点法向模数	mm
h_{ae1}、h_{ae2}	小轮、大轮大端齿顶高	mm	m_{tm}	齿宽中点端面模数	mm
h_{am1}、h_{am2}	小轮、大轮齿宽中点齿顶高	mm	m_n	法向模数	mm
h_{a0}	刀具齿顶高	mm	m_{red}	诱导质量	kg/mm
h_{a0}^*	刀具齿顶高系数		m_t	端面模数	mm
$\overline{h}_c$	固定弦齿高	mm	m_x	轴向模数	mm
h_{Fa}	载荷作用于齿顶时的弯曲力臂	mm	m_0	刀具模数	mm
h_{Fe}	载荷作用于单对齿啮合区上界点时的弯曲力臂	mm	N	临界转速比，指数	
			N_L	应力循环次数	
			n	转速	r/min
h_f	齿根高	mm	n_{g1}	小轮临界转速	r/min

（续）

符号	名　称	单位	符号	名　称	单位
P	名义功率	kW	$\bar{s}_e$	固定弦齿厚	mm
P	径节		s_f	齿根厚	mm
p	齿距,导程	mm	s_n	法向齿厚,蜗杆分度圆柱的法向齿厚	mm
p_b	基圆齿距	mm			
p_n	法向齿距	mm	$\bar{s}_n$	法向弦齿厚	mm
p_x	蜗杆轴向齿距	mm	s_{nil}	曲线齿锥齿轮的小轮小端法向齿厚	mm
p_z	蜗杆导程	mm	s_t	端面齿厚	mm
p_t	蜗轮分度圆齿距,齿轮端面齿距	mm	s_x	蜗杆分度圆柱的轴向齿厚	mm
p_{r0}	凸台量	mm	s_0	刀具齿厚	mm
q	蜗杆的直径系数		T_{sn}	齿厚公差	μm
q_s	齿根圆角参数		T_{s2}	蜗轮齿厚公差	μm
R	锥距	mm	T_1、T_2	小轮、大轮名义转矩	N·m
R_a	表面粗糙度算术平均值	μm	u	齿数比	
R_e	外锥距	mm	u_v	当量圆柱齿轮齿数比	
R_i	内锥距	mm	v	线速度,分度圆上的线速度	m/s
R_m	中点锥距	mm	v_m	齿宽中点分度圆圆周速度	m/s
R_v	背锥距	mm	v_x	两轮在啮合点处沿齿廓切线方向速度之和	m/s
R_x	平均表面粗糙度	mm			
R_z	轮廓最大高度	μm	w	公法线长度	mm
r	半径,分度圆半径	mm	w_k	跨 k 齿测量的公法线长度(对于外齿轮),跨 k 槽测量的公法线长度(对于内齿轮)	mm
r_w	节圆半径	mm			
r_a	齿顶圆半径	mm	W_m	单位齿宽平均载荷	N/mm
r_b	基圆半径	mm	W_{max}	单位齿宽最大载荷	N/mm
r_f	齿根圆半径	mm	w_t	单位齿宽载荷	N/mm
r_g	发生圆半径,滚圆半径	mm	X_{BE}	小轮齿顶 E 点的几何系数	
r_{g2}	蜗轮咽喉母圆半径	mm	X_{ca}	齿顶修缘系数	
S_{intS}	胶合承载能力的计算安全系数		X_M	热闪系数	
S_{Smin}	胶合承载能力的最小安全系数		X_Q	啮入冲击系数	
S_F	弯曲疲劳强度的计算安全系数		X_S	润滑方式系数	
S_{Fmin}	弯曲疲劳强度的最小安全系数		X_W	材料焊合系数	
s_{Fn}	危险截面上的齿厚	mm	X_ε	重合度系数	
S_H	接触疲劳强度的计算安全系数		x	径向变位系数	
S_{Hmin}	接触疲劳强度的最小安全系数		x_t	切向变位系数	
s_{mt}	齿宽中点端面齿厚	mm	x_{t2}	大轮切向变位系数	
s'_{mt}	无侧隙时齿宽中点端面齿厚	mm	x_1	小轮径向变位系数	
s_t	大端端面齿厚	mm	x_2	大轮径向变位系数,蜗轮变位系数	
s	齿厚	mm	Y_B	弯曲疲劳强度计算的轮缘厚度系数	
$\bar{s}$	弦齿厚,分度圆弦齿厚	mm	Y_{DT}	弯曲疲劳强度计算的深齿系数	
s_a	齿顶厚	mm	Y_F	载荷作用于单对齿啮合区上界点时的齿形系数	
s_b	基圆齿厚	mm	Y_{Fa}	载荷作用于齿顶时的齿形系数	
			Y_K	弯曲强度计算的锥齿轮系数	

（续）

符号	名　称	单位	符号	名　称	单位
Y_{NT}	弯曲疲劳强度计算的寿命系数		α_{et}	单对齿啮合区外界点处的端面压力角	(°)
Y_{RrelT}	相对齿根表面状况系数		α_{Fan}	齿顶法向载荷作用角	(°)
Y_S	载荷作用于单齿啮合区外界点时的应力修正系数		α_{Fat}	齿顶端面载荷作用角	(°)
Y_{Sa}	载荷作用于齿顶时的应力修正系数		α_{Fen}	单对齿啮合区外界点处法向载荷作用角	(°)
Y_{ST}	试验齿轮的应力修正系数				
Y_X	弯曲疲劳强度计算的尺寸系数		α_{Fet}	单对齿啮合区外界点处端面载荷作用角	(°)
Y_β	弯曲疲劳强度计算的螺旋角系数				
$Y_{\delta relT}$	相对齿根圆角敏感系数		α_n	法向、分度圆压力角	(°)
Y_ε	弯曲疲劳强度计算的重合度系数		α_t	端面、分度圆压力角	(°)
y	中心距变动系数		α_{wt}	端面、分度圆啮合角	(°)
y_α	齿廓磨合量		α_{vt}	当量圆柱齿轮端面压力角	(°)
y_β	螺旋线磨合量	mm	α_y	任意点 y 的压力角	(°)
Z_B	小齿轮单对齿啮合系数,单对齿啮合区下界点系数		α_0	刀具齿形角	(°)
Z_D	大齿轮单对齿啮合系数		β	分度圆螺旋角	(°)
Z_E	弹性系数		β'	节圆螺旋角	(°)
Z_H	节点区域系数		β_b	基圆螺旋角	(°)
Z_K	接触疲劳强度计算的锥齿轮系数		β_e	单对齿啮合区外界点处的螺旋角	(°)
Z_L	润滑剂系数		β_m	齿宽中点分度圆螺旋角	(°)
$Z_{NT}(Z_N)$	接触强度计算的寿命系数		β_{vb}	当量圆柱齿轮基圆螺旋角	(°)
Z_R	表面粗糙度系数		γ	螺杆导程角	(°)
Z_v	速度系数		γ_b	基圆柱导程角	(°)
Z_W	齿面工作硬化系数		ν	润滑油运动黏度	mm²/s
Z_X	接触疲劳强度计算的尺寸系数		ν	泊松比	
Z_β	接触疲劳强度计算的螺旋角系数		δ	分锥角	(°)
Z_ε	接触疲劳强度计算的重合度系数		δ'	节锥角	(°)
z	齿数		δ_a	顶锥角	(°)
z_v	当量齿数		δ_f	根锥角	(°)
z_{v1}、z_{v2}	斜齿轮的小轮、大轮的当量齿数		δ_v	背锥角	(°)
z_{vn1}、z_{vn2}	小轮、大轮当量圆柱齿轮法截面上的齿数		ε	重合度	
			ε_α	端面重合度	
			ε_β	纵向重合度	
z_0	刀具齿数		ε_γ	总重合度	
z_1	小轮齿数,蜗杆齿数(头数)		η	槽宽半角,滑动率	(°)
z_2	大轮齿数,蜗轮齿数		η	润滑油动力黏度	mPa·s
α	压力角	(°)	η_M	润滑油在本体下的动力黏度	mPa·s
α_w	啮合角,工作压力角	(°)	J_1、J_2	小轮、大轮的转动惯量	kg·mm²
α'	和基准齿轮双面啮合的压力角	(°)	θ_a	齿顶角	(°)
α_a	齿顶压力角	(°)	θ_f	齿根角	(°)
α_{an}	齿顶法向压力角	(°)	Θ_{flaE}	假定载荷全部作用在小齿轮齿顶 E 点时该点的瞬时闪温	℃
α_{at}	齿顶端面压力角	(°)	Θ_{flaint}	平均闪温,是指齿面各啮合点瞬时温升沿啮合线的积分平均值	℃
α_{en}	单对齿啮合区外界点处的法向压力角	(°)	Θ_{int}	积分温度	℃

（续）

符号	名　　称	单位	符号	名　　称	单位
Θ_{intS}	胶合积分温度（容许积分温度）	℃	σ_{F0}	计算齿根应力基本值	MPa
$\Theta_M(\Theta_{M-C})$	本体温度	℃	σ_H	计算接触应力	MPa
μ_{mc}	平均摩擦因数		σ_{Hlim}	试验齿轮的接触疲劳极限	MPa
ρ	曲率半径，齿廓曲线的曲率半径	mm	σ_{HP}	许用接触应力	MPa
ρ	密度	kg/mm³	σ_{H0}	计算接触应力基本值	MPa
ρ'	材料滑移层厚度	μm	τ	齿距角，冠轮上的齿距角	(°)
ρ_a	齿顶圆角半径	mm	φ	作用角	(°)
ρ_{a0}	基本齿条齿顶圆角半径	mm	ϕ	齿宽系数	
ρ_{fP}	基本齿条齿根过渡圆角半径	mm	φ_α	端面作用角	(°)
ρ_{red}	当量半径，啮合点处的综合曲率半径	mm	φ_β	纵向作用角	(°)
ρ_f	齿根圆角半径	mm	φ_γ	总作用角	(°)
Σ	轴交角	(°)	ψ	齿厚半角	(°)
σ_F	计算齿根应力	MPa	ψ_b	基圆齿厚半角	(°)
σ_{FP}	许用齿根应力	MPa	ω	角速度	rad/s
σ_{Flim}	试验齿根的弯曲疲劳极限	MPa	ω_1	小轮角速度	rad/s
			ω_2	大轮角速度	rad/s

注：表中的符号及名称因不同的齿轮传动方式可能有所区别，使用时请参照具体传动方式的规定。

第2章 渐开线圆柱齿轮传动

1 渐开线圆柱齿轮基本齿廓和模数系列（见表8.2-1～表8.2-5）

表 8.2-1 渐开线标准基本齿条齿廓（摘自 GB/T 1356—2001）

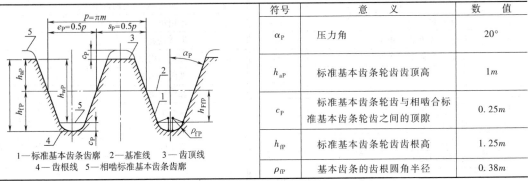

符号	意 义	数 值
α_P	压力角	20°
h_{aP}	标准基本齿条轮齿齿顶高	$1m$
c_P	标准基本齿条轮齿与相啮合标准基本齿条轮齿之间的顶隙	$0.25m$
h_{fP}	标准基本齿条轮齿齿根高	$1.25m$
ρ_{fP}	基本齿条的齿根圆角半径	$0.38m$

1—标准基本齿条齿廓　2—基准线　3—齿顶线
4—齿根线　5—相啮合标准基本齿条齿廓

表 8.2-2 不同使用场合下推荐的基本齿条齿廓（摘自 GB/T 1356—2001）

项目代号	基本齿条齿廓类别			
	A	B	C	D
α_P	20°	20°	20°	20°
h_{aP}	$1m$	$1m$	$1m$	$1m$
c_P	$0.25m$	$0.25m$	$0.25m$	$0.4m$
h_{fP}	$1.25m$	$1.25m$	$1.25m$	$1.4m$
ρ_{fP}	$0.38m$	$0.3m$	$0.25m$	$0.39m$

注：1. A 型标准基本齿条齿廓推荐用于传递大转矩的齿轮。
　2. B 型和 C 型基本齿条齿廓推荐用于普通的场合。用标准滚刀加工时，可以用 C 型。
　3. D 型基本齿条齿廓的齿根圆角为单圆弧。当保持最大齿根圆角半径时，增大的齿根高（$h_{fP}=1.4m$，齿根圆角半径 $\rho_{fP}=0.39m$）使得精加工刀具能在没有干涉的情况下工作。这种齿廓推荐用于高精度、传递大转矩的齿轮；齿廓精加工用磨齿或剃齿，并要小心避免齿根圆角处产生凹痕，凹痕会导致应力集中。

表 8.2-3 具有挖根的基本齿条齿廓（摘自 GB/T 1356—2001）

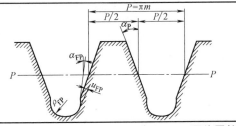

具有给定挖根量 u_{FP} 和挖根角 α_{FP} 的基本齿条齿廓见左图。这种齿廓用带凸台的刀具切齿并用磨齿或剃齿精加工齿轮。u_{FP} 和 α_{FP} 的值取决于一些影响因素，如加工方法等

表 8.2-4 国外圆柱齿轮常用基本齿廓主要参数

国 别	齿形种类	标 准 号	α	h_a^*	c^*	ρ_f
国际标准化组织	标准齿高	ISO 53—1998	20°	1	0.25	$0.38m$
德 国	标准齿高	DIN 867	20°	1	0.1～0.3	
	短 齿		20°	0.8	0.1～0.3	
日 本	标准齿高	JIS B1701-1:2012	20°	1	0.25	$0.38m$
法 国	标准齿高	NF ISO 53—1998	20°	1	0.25	$0.38m$
瑞 士	标准齿高	VSM 15520	20°	1	0.25	
	马格齿形		15°	1	0.167	
			20°	1	0.167	
英 国	标准齿高	BS ISO 53—1998	20°	1	0.25	$0.38m$
苏 联	标准齿高	ГОСТ 13755—1968	20°	1	0.25	$0.4m$
	短 齿	ГОСТ 13755—1968	20°	0.8	0.3	

注：表中 $m=\dfrac{25.4}{P}$mm，径节 $P=\dfrac{z}{d}$1/in，d 为分度圆直径，z 为齿数。

表 8.2-5　通用机械和重型机械用渐开线圆柱齿轮法向模数（摘自 GB/T 1357—2008）　（mm）

第 I 系列	1		1.25		1.5		2		2.5		3	
第 II 系列		1.125		1.375		1.75		2.25		2.75		3.5
第 I 系列	4		5		6		8		10		12	
第 II 系列		4.5		5.5		(6.5)	7		9		11	
第 I 系列		16		20		25		32		40		50
第 II 系列	14		18		22		28		36		45	

注：1. 优先选用第 I 系列法向模数，避免采用括号内数值。

　　2. 本标准不适用于汽车齿轮。

2　渐开线圆柱齿轮传动的几何尺寸计算

2.1　标准圆柱齿轮传动的几何尺寸计算

2.1.1　外啮合标准圆柱齿轮传动的几何尺寸计算

外啮合标准圆柱齿轮传动如图 8.2-1 所示，其几何尺寸计算公式见表 8.2-6。

2.1.2　内啮合标准圆柱齿轮传动的几何尺寸计算

内啮合标准圆柱齿轮传动如图 8.2-2 所示，其几何尺寸计算公式见表 8.2-7。

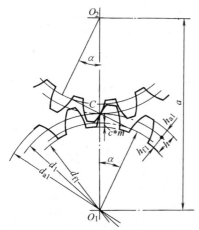

图 8.2-1　外啮合标准圆柱齿轮传动

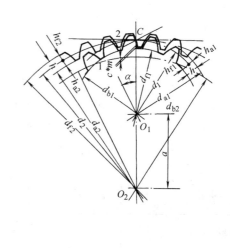

图 8.2-2　内啮合标准圆柱齿轮传动

表 8.2-6　外啮合标准圆柱齿轮传动的几何尺寸计算公式

名称	代号	直齿轮	斜齿（人字齿）轮
模数	m 或 m_n	m 按强度计算或结构设计确定，并按表 8.2-5 取标准值	m_n 按强度计算或结构设计确定，并按表 8.2-5 取标准值。$m_t = m_n/\cos\beta$
压力角	α 或 α_n	α 取标准值	α_n 取标准值，$\tan\alpha_t = \tan\alpha_n/\cos\beta$
分度圆直径	d	$d = zm$	$d = zm_t = zm_n/\cos\beta$
齿顶高	h_a	$h_a = h_a^* m$	$h_a = h_{an}^* m_n$
齿根高	h_f	$h_f = (h_a^* + c^*) m$	$h_f = (h_{an}^* + c_n^*) m_n$
全齿高	h	$h = h_a + h_f$	$h = h_a + h_f$
齿顶圆直径	d_a	$d_a = d + 2h_a$	$d_a = d + 2h_a$
齿根圆直径	d_f	$d_f = d - 2h_f$	$d_f = d - 2h_f$
中心距	a	$a = \dfrac{d_1 + d_2}{2} = \dfrac{m(z_1 + z_2)}{2}$	$a = \dfrac{d_1 + d_2}{2} = \dfrac{m_n(z_1 + z_2)}{2\cos\beta}$
基圆直径	d_b	$d_b = d\cos\alpha$	$d_b = d\cos\alpha_t$
齿顶压力角	α_a 或 α_{at}	$\alpha_a = \arccos\dfrac{d_b}{d_a}$	$\alpha_{at} = \arccos\dfrac{d_b}{d_a}$

（续）

名称		代号	直齿轮	斜齿（人字齿）轮
重合度	端面重合度	ε_α	$\varepsilon_\alpha = \dfrac{1}{2\pi}[z_1(\tan\alpha_{a1}-\tan\alpha)+z_2(\tan\alpha_{a2}-\tan\alpha)]$	$\varepsilon_\alpha = \dfrac{1}{2\pi}[z_1(\tan\alpha_{at1}-\tan\alpha_t)+z_2(\tan\alpha_{at2}-\tan\alpha_t)]$
			$\alpha=20°$（或 $\alpha_n=20°$）时，可由图 8.2-7 查出	
	纵向重合度	ε_β	$\varepsilon_\beta = 0$	$\varepsilon_\beta = \dfrac{b\sin\beta}{\pi m_n}$
				可由图 8.2-9 查出
	总重合度	ε_γ	$\varepsilon_\gamma = \varepsilon_\alpha + \varepsilon_\beta$	
当量齿数		z_v	$z_v = z$	$z_v = \dfrac{z}{\cos^3\beta}$

表 8.2-7　内啮合标准圆柱齿轮传动的几何尺寸计算公式

名称		代号	直齿轮	斜齿（人字齿）轮
模数		m 或 m_n	m 按强度计算或结构设计确定，并按表 8.2-5 取标准值	m_n 按强度计算或结构设计确定，并按表 8.2-5 取标准值。$m_t = m_n/\cos\beta$
压力角		α 或 α_n	α 取标准值	α_n 取标准值，$\tan\alpha_t = \tan\alpha_n/\cos\beta$
分度圆直径		d	$d_1 = z_1 m$ $d_2 = z_2 m$	$d_1 = z_1 m_t = \dfrac{z_1 m_n}{\cos\beta}$ $d_2 = z_2 m_t = \dfrac{z_2 m_n}{\cos\beta}$
齿顶高		h_a	$h_{a1} = h_a^* m$ $h_{a2} = (h_a^* - \Delta h_a^*)m$ $\Delta h_a^* = \dfrac{h_a^{*2}}{z_2\tan^2\alpha}$ 是为了避免过渡曲线干涉的齿顶高系数减少量。当 $h_a^*=1$，$\alpha=20°$ 时，$\Delta h_a^* = \dfrac{7.55}{z_2}$	$h_{a1} = h_{an}^* m_n$ $h_{a2} = (h_{an}^* - \Delta h_{an}^*)m_n$ $\Delta h_{an}^* = \dfrac{h_{an}^{*2}\cos^3\beta}{z_2\tan^2\alpha_n}$ 是为了避免过渡曲线干涉的齿顶高系数减少量。当 $h_{an}^*=1$，$\alpha_n=20°$ 时，$\Delta h_a^* = \dfrac{7.55\cos^3\beta}{z_2}$
齿根高		h_f	$h_f = (h_a^* + c^*)m$	$h_f = (h_{an}^* + c_n^*)m_n$
全齿高		h	$h_1 = h_{a1} + h_f$ $h_2 = h_{a2} + h_f$	$h_1 = h_{a1} + h_f$ $h_2 = h_{a2} + h_f$
齿顶圆直径		d_a	$d_{a1} = d_1 + 2h_{a1}$ $d_{a2} = d_2 - 2h_{a2}$	$d_{a1} = d_1 + 2h_{a1}$ $d_{a2} = d_2 - 2h_{a2}$
齿根圆直径		d_f	$d_{f1} = d_1 - 2h_f$ $d_{f2} = d_2 + 2h_f$	$d_{f1} = d_1 - 2h_f$ $d_{f2} = d_2 + 2h_f$
中心距		a	$a = \dfrac{d_2 - d_1}{2} = \dfrac{m(z_2 - z_1)}{2}$	$a = \dfrac{d_2 - d_1}{2} = \dfrac{m_n(z_2 - z_1)}{2\cos\beta}$
基圆直径		d_b	$d_{b1} = d_1\cos\alpha$ $d_{b2} = d_2\cos\alpha$	$d_{b1} = d_1\cos\alpha_t$ $d_{b2} = d_2\cos\alpha_t$
齿顶压力角		α_a 或 α_{at}	$\alpha_{a1} = \arccos\dfrac{d_{b1}}{d_{a1}}$ $\alpha_{a2} = \arccos\dfrac{d_{b2}}{d_{a2}}$	$\alpha_{at1} = \arccos\dfrac{d_{b1}}{d_{a1}}$ $\alpha_{at2} = \arccos\dfrac{d_{b2}}{d_{a2}}$
重合度	端面重合度	ε_α	$\varepsilon_\alpha = \dfrac{1}{2\pi}[z_1(\tan\alpha_{a1}-\tan\alpha)-z_2(\tan\alpha_{a2}-\tan\alpha)]$	$\varepsilon_\alpha = \dfrac{1}{2\pi}[z_1(\tan\alpha_{at1}-\tan\alpha_t)-z_2(\tan\alpha_{at2}-\tan\alpha_t)]$
			$\alpha=20°$（或 $\alpha_n=20°$）时，可由图 8.2-8 查出	
	纵向重合度	ε_β	$\varepsilon_\beta = 0$	$\varepsilon_\beta = \dfrac{b\sin\beta}{\pi m_n}$
				可由图 8.2-9 查出
	总重合度	ε_γ	$\varepsilon_\gamma = \varepsilon_\alpha + \varepsilon_\beta$	
当量齿数		z_v	$z_v = z$	$z_v = \dfrac{z}{\cos^3\beta}$

2.2　变位圆柱齿轮传动的几何尺寸计算

2.2.1　变位齿轮传动的特点与功用

各种变位齿轮传动的特点及其与标准齿轮传动的比较见表 8.2-8。

应用渐开线变位齿轮传动，可以解决以下几方面问题：

1）避免根切。当齿轮的齿数 $z < z_{min}$ 时，利用正变位可以避免根切，提高齿根抗弯强度。

2）得到不同的中心距。在齿数 z_1、z_2 不变的情况下，通过改变啮合角 α_w，可以得到不同的中心距。

3）提高齿面接触强度，减小或平衡齿面的磨损。采用正传动，并适当分配变位系数 x_1、x_2，既可降低齿面接触应力，又可降低齿面间的滑动率。

4）修复被磨损的齿轮。在齿轮传动中，小齿轮比大齿轮磨损的严重，利用负变位把大齿轮齿面磨损部分切去，配一个正变位的小齿轮使用。

表 8.2-8　变位齿轮传动的特点及其与标准齿轮传动的比较

名称	代号	特点比较			
		标准齿轮传动 $x_\Sigma = x_1 = x_2 = 0$	高度变位齿轮传动 $x_\Sigma = x_1 + x_2 = 0$	角度变位齿轮传动 $x_\Sigma = x_1 + x_2 \neq 0$	
				$x_\Sigma = x_1 + x_2 > 0$	$x_\Sigma = x_1 + x_2 < 0$
名称	代号				
分度圆直径	d	$d = mz$			
基圆直径	d_b	$d_b = mz\cos\alpha$			
分度圆齿距	p	$p = \pi m$			
中心距	a	$a = \dfrac{1}{2}m(z_1 + z_2)$		$a' > a$	$a' < a$
啮合角	α_w	$\alpha_w = \alpha = \alpha_0$		$\alpha_w > \alpha$	$\alpha_w < \alpha$
节圆直径	d_w	$d_w = d$		$d_w > d$	$d_w < d$
分度圆齿厚	s	$s = \dfrac{1}{2}\pi m$		$x > 0, s > \dfrac{1}{2}\pi m; x < 0, s < \dfrac{1}{2}\pi m$	
齿顶厚	s_a	$s_a = d_a\left(\dfrac{\pi}{2z} + \text{inv}\alpha - \text{inv}\alpha_a\right)$		$x > 0, s_a$ 减小; $x < 0, s_a$ 增大	
齿根厚	s_f	小齿轮齿根较薄		$x > 0$, 齿根增厚; $x < 0$, 齿根变薄	
齿顶高	h_a	$h_a = h_a^* m$		$x > 0, h_a > h_a^* m; x < 0, h_a < h_a^* m$	
齿根高	h_f	$h_f = (h_a^* + c^*)m$		$x > 0, h_f < (h_a^* + c^*)m; x < 0, h_f > (h_a^* + c^*)m$	
全齿高	h	$h = (2h_a^* + c^*)m$	$h = (2h_a^* + c^*)m$	$h < (2h_a^* + c^*)m$	$h < (2h_a^* + c^*)m$
重合度	ε	一般可保证 ε 大于许用值	略减小	减小	增大
滑动率	η	小齿轮齿根有较大的 η_{1max}	η_{1max} 减小, 可使 $\eta_{1max} = \eta_{2max}$		增大
几何压力系数	ψ	小齿轮齿根有较大的 ψ_{1max}	ψ_{1max} 减小, 可使 $\psi_{1max} = \psi_{2max}$		增大
效率			提高	提高	降低
齿数限制		$z_1 > z_{min}, z_2 > z_{min}$	$z_1 + z_2 \geqslant 2z_{min}$	$z_1 + z_2$ 可以小于 $2z_{min}$	$z_1 + z_2 > 2z_{min}$

2.2.2　外啮合圆柱齿轮传动的变位系数选择

正确地选择变位系数(包括选定 x_Σ 以及将 x_Σ 适当地分配为 x_1 和 x_2)是设计变位齿轮的关键,应根据所设计的齿轮传动的具体工作要求认真考虑,如果变位系数选择不适当,也可能出现齿顶变尖、齿廓干涉等一系列问题,破坏正常啮合。

表 8.2-9 列出了选择外啮合齿轮变位系数的限制条件。

许多变位系数表和线图所推荐的变位方案都是在满足上述基本限制条件下分别侧重于某些传动性能指标的改善(如为了获得最大的接触强度,或为了使一对齿轮均衡地磨损等)。利用"封闭线图"有可能综合考虑各种性能指标,较合理地选择变位系数。

图 8.2-3~图 8.2-5 所示为一种比较简明的外啮合渐

表 8.2-9　选择外啮合齿轮变位系数的限制条件

限制条件	校验公式	说　　明
加工时不根切	用齿条型刀具加工时 $$z_{min} = 2h_a^* / \sin^2\alpha$$ $$x_{min} = h_a^* \frac{z_{min} - z}{z_{min}} = h_a^* - \frac{z\sin^2\alpha}{2}$$ 用插齿刀加工时 $$z'_{min} = \sqrt{z_0^2 + \frac{4h_{a0}^*}{\sin^2\alpha}(z_0 + h_{a0}^*)} - z_0$$ $$x_{min} = \frac{1}{2}\left[\sqrt{(z_0 + 2h_{a0}^*)^2 + (z^2 + 2zz_0)\cos^2\alpha} - (z_0 + z)\right]$$	齿数太少($z < z_{min}$)或变位系数太小($x < x_{min}$),或负变位系数过大时,都会产生根切 h_a^*—齿轮的齿顶高系数 z—被加工齿轮的齿数 α—插齿刀或齿轮的分度圆压力角 z_0—插齿刀齿数 h_{a0}^*—插齿刀的齿顶高系数
加工时不顶切	用插齿刀加工标准齿轮时 $$z_{max} = \frac{z_0^2\sin^2\alpha - 4h_a^{*2}}{4h_a^* - 2z_0\sin^2\alpha}$$	当被加工齿轮的齿顶圆超过刀具的极限啮合点时,将产生"顶切"
齿顶不过薄	$$s_a = d_a\left(\frac{\pi}{2z} + \frac{2x\tan\alpha}{z} + \text{inv}\alpha - \text{inv}\alpha_a\right) \geq (0.25 \sim 0.4)m$$ 一般要求齿厚 $s_a \geq 0.25m$ 对于表面淬火的齿轮,要求 $s_a > 0.4m$	正变位的变位系数过大(特别是齿数较少)时,就可能发生齿顶过薄 d_a—齿轮的齿顶圆直径 α—齿轮的分度圆压力角 α_a—齿轮的齿顶压力角 $\alpha_a = \arccos(d_b/d_a)$
保证重合度	$$\varepsilon_\alpha = \frac{1}{2\pi}\left[z_1(\tan\alpha_{a1} - \tan\alpha_w) + z_2(\tan\alpha_{a2} - \tan\alpha_w)\right] \geq 1.2$$	变位齿轮传动的端重合度 ε_α 随着啮合角 α_w 的增大而减小 α_w—齿轮传动的啮合角 α_{a1}, α_{a2}—齿轮1、2的齿顶压力角
不产生过渡曲线干涉	用齿条型刀具加工的齿轮啮合时 1) 小齿轮齿根与大齿轮齿顶不产生干涉的条件 $$\tan\alpha_w - \frac{z_2}{z_1}(\tan\alpha_{a2} - \tan\alpha_w) \geq \tan\alpha - \frac{4(h_a^* - x_1)}{z_1\sin2\alpha}$$ 2) 大齿轮齿根与小齿轮齿顶不产生干涉的条件 $$\tan\alpha_w - \frac{z_1}{z_2}(\tan\alpha_{a1} - \tan\alpha_w) \geq \tan\alpha - \frac{4(h_a^* - x_2)}{z_2\sin2\alpha}$$ 用插齿刀加工的齿轮啮合时 1) 小齿轮齿根与大齿轮齿顶不产生干涉的条件 $$\tan\alpha_w - \frac{z_2}{z_1}(\tan\alpha_{a2} - \tan\alpha_w) \geq \tan\alpha_{w01} - \frac{z_0}{z_1}(\tan\alpha_{a0} - \tan\alpha_{w01})$$ 2) 大齿轮齿根与小齿轮齿顶不产生干涉的条件 $$\tan\alpha_w - \frac{z_1}{z_2}(\tan\alpha_{a1} - \tan\alpha_w) \geq \tan\alpha_{w02} - \frac{z_0}{z_2}(\tan\alpha_{a0} - \tan\alpha_{w02})$$	当一齿轮的齿顶与另一齿轮根部的过渡曲线接触时,不能保证其传动比为常数,此种情况称为过渡曲线干涉 当所选的变位系数的绝对值过大时,就可能发生这种干涉 用插齿刀加工的齿轮比用齿条型刀具加工的齿轮容易产生这种干涉 α—齿轮1、2的分度圆压力角 α_w—该对齿轮的啮合角 α_{a1}, α_{a2}—齿轮1、2的齿顶压力角 x_1, x_2—齿轮1、2的变位系数

注:本表给出的是直齿轮的公式,对斜齿轮,可用其端面参数按本表计算。

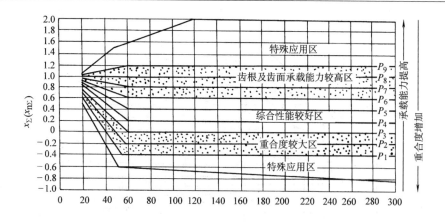

图 8.2-3　变位系数和 $x_\Sigma(x_{n\Sigma})$ 的选择

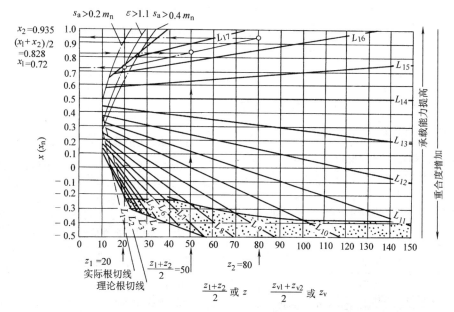

图 8.2-4　将 $x_\Sigma(x_{n\Sigma})$ 分配为 $x_1(x_{n1})$ 及 $x_2(x_{n2})$ 的线图（用于减速传动）

开线齿轮变位系数选择线图。它在满足基本的限制条件之下，提供了根据各种具体的工作条件多方面改进传动性能的可能性，而且按这种方法选择变位系数，不会产生轮齿不完全切削的现象，因此，对于用标准滚刀切削的齿轮不需要进行齿数和模数的验算。

　　利用图 8.2-3 可以根据不同的要求在相应的区间按 $z_\Sigma = z_1 + z_2$ 选定 $x_\Sigma = x_1 + x_2$。$P_6 \sim P_9$ 为齿根弯曲及齿面接触承载能力较高的区域，$P_3 \sim P_6$ 为轮齿承载能力和运转平稳性等综合性能比较好的区域，$P_1 \sim P_3$ 为重合度较大的区域。P_9 以上的"特殊应用区"是具有大啮合角而重合度相应减少的区域。P_1 以下的"特殊应用区"是具有较小的啮合角而重合度相应增大的区域。在这个特殊应用区内，对减速传动，当 $1 < i < 2.5$ 时，有齿廓干涉危险；对增速传动，

当 $x \leqslant -0.6$ 时，有齿廓干涉危险。

　　利用图 8.2-4 和图 8.2-5 将 x_Σ 分配为 x_1 和 x_2。图 8.2-4 用于减速传动，图 8.2-5 用于增速传动。图 8.2-4 和图 8.2-5 所示的变位系数分配线 $L_1 \sim L_{17}$ 及 $S_1 \sim S_{13}$ 是根据两齿轮的齿根抗弯强度近似相等，主动轮齿顶的滑动速度稍大于从动轮齿顶的滑动速度，避免过大的滑动比的条件而绘出的。当变位系数 x_1 或 x_2 位于图 8.2-4 下部的阴影区内时，应验算过渡曲线干涉。图 8.2-5 下部的"特殊应用区"是具有较小的啮合角而重合度相应增大的区域。

　　利用图 8.2-4（或图 8.2-5）分配变位系数时，首先在图 8.2-4（或图 8.2-5）上找出由 $\dfrac{z_1 + z_2}{2}$ 和 $\dfrac{x_\Sigma}{2}$ 所决定的点，由此点按 L（或 S）射线的方向做一射线，

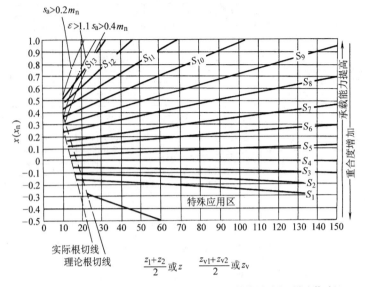

图 8.2-5　将 $x_\Sigma(x_{n\Sigma})$ 分配为 $x_1(x_{n1})$ 及 $x_2(x_{n2})$ 的线图（用于增速传动）

在此射线上找出与 z_1 和 z_2 相应的点，然后即可从纵坐标轴上查得 x_1 和 x_2。

当齿数 $z>150$ 时，按 $z=150$ 处理。

图 8.2-4、图 8.2-5 也可用于斜齿轮传动，这时变位系数应按当量齿数 $z_v=\dfrac{z}{\cos^3\beta}$ 来选择。

例 8.2-1　已知直齿圆柱齿轮，$z_1=20$、$z_2=80$、$m=10\text{mm}$，减速传动，希望提高承载能力，试选择变位系数。

解：按 $z_\Sigma=z_1+z_2=100$ 从图 8.2-3 中 P_9 线的上方区域初选 $x_\Sigma=1.6$。

按表 8.2-17，有

$$\mathrm{inv}\alpha_w=\frac{2(x_1+x_2)\tan\alpha}{z_1+z_2}+\mathrm{inv}\alpha$$

$$\mathrm{inv}\alpha_w=\frac{2\times1.6\times\tan20°}{100}+\mathrm{inv}20°=0.026547$$

查表 8.2-21，$\alpha_w=24.0568°$。

按表 8.2-17，有

$$y=\frac{z_1+z_2}{2}\left(\frac{\cos\alpha}{\cos\alpha_w}-1\right)$$

$$y=\frac{100}{2}\left(\frac{\cos20°}{\cos24.0568°}-1\right)=1.454$$

按表 8.2-17，有

$$a'=m\left(\frac{z_1+z_2}{2}+y\right)$$

$$a'=10\times\left(\frac{100}{2}+1.454\right)=514.54\text{mm}$$

圆整中心距 $a'=515\text{mm}$，则

$$y=\frac{a'}{m}-\frac{z_1+z_2}{2}=1.5$$

$$\cos\alpha_w=\frac{\cos20°}{\dfrac{2y}{z_1+z_2}+1},\quad\alpha_w=24.1716°$$

$$x_\Sigma=(\mathrm{inv}\alpha_w-\mathrm{inv}20°)\frac{z_1+z_2}{2\tan20°}=1.655$$

在图 8.2-4 中找出 $\dfrac{z_\Sigma}{2}=50$ 和 $\dfrac{x_\Sigma}{2}=0.828$ 决定的点，由此点按 L 射线的方向引一射线，在此射线上按 $z_1=20$、$z_2=80$ 选定 $x_1=0.72$，$x_2=0.935$。

例 8.2-2　重型机械设备中的减速齿轮，$z_1=40$、$z_2=250$，$m_n=10\text{mm}$、$\beta=25°$，希望大小齿轮有均衡的承载能力和耐磨损性能，试选择变位系数。

解： $z_{v1}=\dfrac{z_1}{\cos^3\beta}=\dfrac{40}{\cos^325°}\approx54$，$z_{v2}=\dfrac{z_2}{\cos^3\beta}=\dfrac{250}{\cos^325°}\approx337$，因为 $z_{v2}>150$，取 $z_{v2}=150$。

根据所提出的要求，从图 8.2-4 中按 $z_{v1}+z_{v2}=54+150=204$ 选取 $x_{n\Sigma}=0.4$。

在图 8.2-4 中，从 $\dfrac{54+150}{2}=102$ 及 $\dfrac{x_{n\Sigma}}{2}=0.2$ 决定的点引 L 射线，在此射线上按 $z_{v1}=54$，$z_{v2}=150$ 选得 $x_{n1}=0.32$，$x_{n2}=0.08$。

2.2.3　内啮合圆柱齿轮传动的干涉及变位系数选择

表 8.2-10 列出了内啮合齿轮的干涉现象及防止干涉的条件。

内齿轮采用正变位（$x_2>0$）有利于避免渐开线干涉和径向干涉。采用正传动（$x_2-x_1>0$）有利于避免过渡曲线干涉、重叠干涉和提高齿面接触强度（由于内啮合是凸齿面和凹齿面的接触，齿面接触强度高，往往不需要再通过变位来提高接触强度），但重合度

随之降低。

　　内啮合齿轮推荐采用高变位，也可以采用角变位。

　　选择内啮合齿轮的变位系数以不使齿顶过薄、重合度不过小、不产生任何形式的干涉为限制条件。

　　对高变位齿轮，一般可选取：

$$x_1 = x_2 = 0.5 \sim 0.65$$

　　对角变位齿轮，目前尚无选择变位系数的较好方法，需要时可以参考有关资料。

　　行星齿轮传动内啮合齿轮副的变位系数的选择见其他篇章。

表 8.2-10　内啮合齿轮的干涉现象和防止干涉的条件

名称	简　图	定　义	不产生干涉的条件	防止干涉的措施	说　明
渐开线干涉		当实际啮合线的端点 B_2 落在理论啮合线的极限点 N_1 的左侧时，便发生渐开线干涉	$\dfrac{z_{02}}{z_2} \geqslant 1 - \dfrac{\tan\alpha_{a2}}{\tan\alpha_{w02}}$ 对于标准齿轮 $(x_1 = x_2 = 0)$ $z_2 \geqslant \dfrac{z_1^2 \sin^2\alpha - 4(h_{a2}/m)^2}{2z_1 \sin^2\alpha - 4(h_{a2}/m)}$	1）加大压力角 2）加大内齿轮和小齿轮的变位系数	用插齿刀加工内齿轮时，在这种干涉下，内齿轮产生展成顶切。不产生顶切的插齿刀最少齿数见表 8.2-11～表 8.2-13
齿廓重叠干涉		结束啮合的小齿轮的齿顶在退出内齿轮齿槽时，与内齿轮齿顶发生的重叠干涉称为齿廓重叠干涉	$z_1(\text{inv}\alpha_{a1} + \delta_1) - z_2(\text{inv}\alpha_{a2} + \delta_2) + (z_2 - z_1)\text{inv}\alpha_w \geqslant 0$ 式中 $\delta_1 = \arccos\dfrac{r_{a2}^2 - r_{a1}^2 - a'^2}{2r_{a1}a'}$ $\delta_2 = \arccos\dfrac{a'^2 + r_{a2}^2 - r_{a1}^2}{2r_{a2}a'}$	1）增大压力角 2）减小齿顶高 3）加大内齿轮和小齿轮的齿数差 4）加大内齿轮的变位系数（增大小齿轮的变位系数，容易引起干涉）	用插齿刀加工内齿轮时，在这种干涉下，内齿轮的齿顶渐开线部分将遭到顶切，不产生重叠干涉时的 $(z_2 - z_1)_{\min}$ 值见表 8.2-14 α_{a1}、α_{a2}—齿轮 1、2 的齿顶压力角 α_w—啮合角
过渡曲线干涉		当小齿轮的齿顶与内齿轮的齿根过渡曲线部分接触，或者内齿轮的齿顶与小齿轮的齿根过渡曲线部分接触时，便引起过渡曲线干涉	1）不产生内齿轮齿根过渡曲线干涉的条件 $(z_2 - z_1)\tan\alpha_w + z_1\tan\alpha_{a1}$ $\leqslant (z_2 - z_{02})\tan\alpha_{w02} + z_{02}\tan\alpha_{a02}$ 2）不产生小齿轮齿根过渡曲线干涉的条件 小齿轮用齿条型刀具加工时 $z_2\tan\alpha_{a2} - (z_2 - z_1)\tan\alpha_w$ $\geqslant z_1\tan\alpha - \dfrac{4(h_a^* - x_1)}{\sin 2\alpha}$ 小齿轮用插齿刀加工时 $z_2\tan\alpha_{a2} - (z_2 - z_1)\tan\alpha_w$ $\geqslant (z_1 + z_{01})\tan\alpha_{w01} - z_{01}\tan\alpha_{a01}$	1）增大内齿轮的变位系数 2）减少齿顶高	小齿轮齿根容易发生过渡曲线干涉，尤其是标准、高变位及啮合角小的角变位齿轮。相反，内齿轮齿根过渡曲线干涉较不易发生，只有当 $z_1 \gg z_0$、$x_1 \gg x_0$ 时才会发生 z_{01}、z_{02}—加工齿轮 1、齿轮 2 时的插齿刀齿数 α_{w01}、α_{w02}—加工齿轮 1、齿轮 2 时的啮合角 α_{a01}、α_{a02}—加工齿轮 1、齿轮 2 时的插齿刀的齿顶压力角

（续）

名称	简　图	定　义	不产生干涉的条件	防止干涉的措施	说　明
径向干涉		当把小齿轮从内齿轮的中心位置沿径向装入啮合位置时，若 $DE > FG$，则引起径向干涉	$\arcsin\sqrt{\dfrac{1-\left(\dfrac{\cos\alpha_{a1}}{\cos\alpha_{a2}}\right)^2}{1-\left(\dfrac{z_1}{z_2}\right)^2}} +$ $\mathrm{inv}\alpha_{a1}-\mathrm{inv}\alpha_w-$ $\dfrac{z_2}{z_1}\left[\arcsin\sqrt{\dfrac{\left(\dfrac{\cos\alpha_{a2}}{\cos\alpha_{a1}}\right)^2-1}{\left(\dfrac{z_2}{z_1}\right)^2-1}} +\right.$ $\left.\mathrm{inv}\alpha_{a2}-\mathrm{inv}\alpha_w\right]\geqslant 0$ 对标准齿轮 $(x_1=x_2=0)$ 可用以下近似式计算：$\begin{cases} z_2-z_1\geqslant\dfrac{2(h_{a1}+h_{a2})}{m\sin^2\delta} \\ \dfrac{2\delta-\sin2\delta}{1-\cos2\delta}=\tan\alpha \end{cases}$	1）增大压力角 2）减小齿顶高 3）加大内齿轮和小齿轮的齿数差 4）加大内齿轮的变位系数（增大小齿轮的变位系数时，容易引起干涉）	1）用插齿刀加工内齿轮时，在这种干涉下，内齿轮将产生径向切入顶切 2）满足径向干涉条件，自然满足齿廓重叠干涉条件 不产生径向切入顶切的内齿轮最少齿数见表 8.2-15

表 8.2-11　加工标准内齿轮不产生展成顶切的插齿刀最少齿数 $z_{0\min}$

$(x_2=0,\ x_{02}=0,\ \alpha=20°)$

插齿刀最少齿数 $z_{0\min}$		29	28	27	26	25	24	23	22	21	20	19	18	17	16	15	14
齿顶高系数	$h_a^*=1$	内齿轮齿数 z_2	34	35	36	37	38~39	40~41	42~45	46~52	53~63	64~85	86~160	≥160			
	$h_a^*=0.8$							27	—	28	29	30~31	32~34	35~40	41~50	51~76	77~269	≥270

表 8.2-12　加工内齿轮不产生展成顶切的插齿刀最少齿数 $z_{0\min}$

$(x_2-x_{02}\geqslant 0,\ h_a^*=0.8,\ \alpha=20°)$

x_{02}	0								−0.105							
x_2	0	0.2	0.4	0.6	0.8	1.0	1.2	1.4	0	0.2	0.4	0.6	0.8	1.0	1.2	1.4
$z_{0\min}$	内　齿　轮　齿　数　z_2															
10					20~35	20~53	20~74	20~97					20~27	20~39	20~53	20~69
11				20~28	36~52	54~79	75~100	98~100				20~21	28~36	40~52	54~71	70~100
12				29~48	53~89	80~100						22~30	37~50	53~73	72~98	
13			20~27	49~100	90~100							31~44	51~75	74~100	99~100	
14			28~100								20~28	45~78	76~100			
15	≥77	≥39									29~94	79~100				
16	51~76	28~38								≥57	≥95					
17	41~50	24~27							≥67	29~56						
18	35~40	22、23							47~66	23~28						
19	32~34	21							39~46	21、22						
20	30、31								34~38							
21	29								31~33							
22	28								30							
23	—								29							
24	27								28							
25									27							

（续）

内齿轮齿数 z_2（z_{0min} 为插齿刀最少齿数）

x_{02}	−0.263								−0.315							
x_2	0	0.2	0.4	0.6	0.8	1.0	1.2	1.4	0	0.2	0.4	0.6	0.8	1.0	1.2	1.4
z_{0min}																
10				20~21	20~30	20~39	20~49					20	20~28	20~36	20~46	
11				22~27	31~37	40~48	50~60					21~25	29~34	37~44	47~56	
12			20~22	28~34	38~47	49~61	61~77				20~21	26~31	35~42	45~55	57~69	
13			23~38	35~43	48~60	62~78	78~98				22~26	32~39	43~53	56~69	70~86	
14			29~37	44~57	61~79	79~100	99~100				27~33	40~50	54~68	70~88	87~100	
15		20~26	38~52	58~79	80~100					20~23	34~44	51~66	69~90	89~100		
16		27~40	53~79	80~100						24~33	45~61	67~92	91~100			
17		41~77	80~100							34~51	62~95	93~100				
18		78~100								52~100	96~100					
19	≥94	≥22								≥23						
20	51~93								≥77	22						
21	39~50								46~76							
22	34~38								36~45							
23	31~33								32~35							
24	29~30								29~31							
25	28								28							

注：1. 此表是按内齿轮齿顶圆公式 $d_{a2}=m(z_2-2h_a^*+2x_2)$ 做出的。

2. 当设计内齿轮齿顶圆直径应用 $d_{a2}=m(z_2-2h_a^*+2x_2-2\Delta y)$ 计算时，内齿轮齿顶高比用注 1. 公式计算的高 Δym，即内齿轮的实际齿顶高系数应为 $(h_a^*+\Delta y)$，则查此表时所采用的齿顶高系数应等于或略大于内齿轮的实际齿顶高系数。例如，一内齿轮 $h_a^*=0.8$，计算得 $\Delta y=0.1316$，其实际齿顶高系数 $h_a^*+\Delta y=0.9316$，则应按 $h_a^*=1$ 查表 8.2-13 有关数值。

表 8.2-13　加工内齿轮不产生展成顶切的插齿刀最少齿数 z_{0min}

$$(x_2-x_{02}\geqslant 0,\ h_a^*=1,\ \alpha=20°)$$

内齿轮齿数 z_2

x_{02}	0								−0.105							
x_2	0	0.2	0.4	0.6	0.8	1.0	1.2	1.4	0	0.2	0.4	0.6	0.8	1.0	1.2	1.4
z_{0min}																
10					20~23	20~33	20~43							20	20~28	20~37
11					24~29	34~41	44~55							21~25	29~35	38~45
12				20~24	30~38	42~54	56~71						20、21	26~31	36~43	46~56
13				25~32	39~51	55~72	72~95						22~26	32~39	44~54	57~70
14				20	33~45	52~71	73~100	96~100					27~34	40~51	55~70	71~90
15				21~32	46~70	72~100						20~23	35~45	52~68	71~93	91~100
16				33~64	71~100							24~34	46~64	69~98	94~100	
17				65~100								35~54	65~100	97~100		
18		≥95	≥27									55~100				
19	≥86	53~94	22~26								≥23					
20	64~85	41~52								≥69	22					
21	53~63	35~40							≥79	44~68						
22	46~52	32~34							60~78	36~43						
23	42~45	30、31							50~59	32~35						
24	40、41	28、29							45~49	29~31						
25	38、39								41~44	28						
26	37								39、40							
27	36								37、38							
28	35								36							
29	34								35							
30									—							
31									34							

（续）

x_{02}			-0.263								-0.315					
x_2	0	0.2	0.4	0.6	0.8	1.0	1.2	1.4	0	0.2	0.4	0.6	0.8	1.0	1.2	1.4
z_{0min}					内　齿　轮　齿　数　z_2											
10						20~24	20~30								20~23	20~29
11						20~22	25~29	31~37						20、21	24~27	30~35
12						23~26	30~34	38~44						22~25	28~33	36~41
13					20~22	27~31	35~41	45~53					20、21	26~30	34~39	42~49
14					23~27	32~38	42~50	54~64					22~25	31~36	40~46	50~58
15					28~33	39~47	51~62	65~78					26~31	37~43	47~56	59~70
16				20~25	34~41	48~58	63~77	79~97				20~23	32~38	44~52	57~69	71~86
17				26~32	42~52	59~75	78~98	98~100				24~29	39~47	53~65	70~86	87~100
18				33~43	53~70	76~100	99~100					30~38	48~60	66~84	87~100	
19				44~62	71~100							39~51	61~81	85~100		
20			22~38	63~100							20~30	52~74	82~100			
21			39~100								31~55	75~100				
22		≥89									56~100					
23	≥98	40~88								≥56						
24	65~97	32~39							≥87	34~55						
25	52~64	29~31							61~86	29~33						
26	45~51	28							49~60	28						
27	41~44								43~48							
28	39、40								40~42							
29	37、38								37~39							
30	36								36							
31	35								35							
32	34								34							

注：与表 8.2-12 同。

表 8.2-14　不产生重叠干涉的 $(z_2-z_1)_{min}$ 值

z_2	34~77	78~200	z_2	22~32	33~200
$(z_2-z_1)_{min}$ 当 $d_{a2}=d_2-2m_n$ 时	9	8	$(z_2-z_1)_{min}$ 当 $d_{a2}=d_2-2m_n+\dfrac{15.1m_n}{z_2}\cos^3\beta$ 时	7	8

表 8.2-15　新直齿插齿刀的基本参数和被加工内齿轮不产生径向切入顶切的最少齿数 z_{2min}

插齿刀形式	插齿刀分度圆直径 d_0/mm	模　数 m/mm	插齿刀齿数 z_0	插齿刀变位系数 x_0	插齿刀顶圆直径 d_{a0}/mm	插齿刀齿高系数 h_{a0}^*	x_2								
							0	0.2	0.4	0.6	0.8	1.0	1.2	1.5	2.0
							z_{2min}								
盘形直齿插齿刀 碗形直齿插齿刀	76	1	76	0.630	79.76	1.25	115	107	101	96	91	87	84	81	79
	75	1.25	60	0.582	79.58		96	89	83	78	74	70	67	65	62
	75	1.5	50	0.503	80.26		83	76	71	66	62	59	57	54	52
	75.25	1.75	43	0.464	81.24		74	68	62	58	54	51	49	47	45
	76	2	38	0.420	82.68		68	61	56	52	49	46	44	42	40
	76.5	2.25	34	0.261	83.30		59	54	49	45	43	40	39	37	36
	75	2.5	30	0.230	82.41		54	49	44	41	38	34	34	33	31
	77	2.75	28	0.224	85.37		52	47	42	39	36	34	33	31	30
	75	3	25	0.167	83.81		48	43	38	35	33	31	29	28	26
	78	3.25	24	0.149	87.42	1.3	46	41	37	34	31	29	28	27	25
	77	3.5	22	0.126	86.98		44	39	35	31	29	27	26	25	23
盘形直齿插齿刀	75	3.75	20	0.105	85.55		41	36	32	29	27	25	24	22	21
	76	4	19	0.105	87.24		40	35	31	28	26	24	23	21	20
	76.5	4.25	18	0.107	88.46	1.3	39	34	30	27	25	23	22	20	19
	76.5	4.5	17	0.104	89.15		38	33	29	26	24	22	21	19	18

（续）

插齿刀形式	插齿刀分度圆直径 d_0/mm	模数 m/mm	插齿刀齿数 z_0	插齿刀变位系数 x_0	插齿刀齿顶圆直径 d_{a0}/mm	插齿刀齿高系数 h_{a0}^*	x_2								
							0	0.2	0.4	0.6	0.8	1.0	1.2	1.5	2.0
							z_{2min}								
盘形直齿插齿刀碗形直齿插齿刀	100	1	100	1.060	104.6	1.25	156	147	139	132	125	118	114	110	105
	100	1.25	80	0.842	105.22		126	118	111	105	99	94	91	87	83
	102	1.5	68	0.736	107.96		110	102	95	89	85	80	77	74	71
	101.5	1.75	58	0.661	108.19		96	89	83	77	73	69	66	63	61
	100	2	50	0.578	107.31		85	78	72	67	63	60	57	55	52
	101.25	2.25	45	0.528	109.29		78	71	66	61	57	54	52	49	47
	100	2.5	40	0.442	108.46		70	64	59	54	51	48	46	44	42
	99	2.75	36	0.401	108.36		65	58	53	49	47	44	42	40	38
	102	3	34	0.337	111.28		60	54	50	46	44	41	39	37	35
	100.75	3.25	31	0.275	110.99		56	50	46	42	40	37	36	34	33
	98	3.5	28	0.231	108.72		54	46	43	39	37	34	33	31	30
	101.25	3.75	27	0.180	112.34		49	44	40	37	35	33	31	30	28
	100	4	25	0.168	111.74	1.3	47	42	38	35	33	31	29	28	26
	99	4.5	22	0.105	111.65		42	38	34	31	29	27	26	24	23
	100	5	20	0.105	114.05		40	36	32	29	27	25	24	22	21
	104.5	5.5	19	0.105	119.96		39	35	31	28	26	24	23	21	20
	102	6	17	0.105	118.86		37	33	29	26	24	22	21	20	18
	104	6.5	16	0.105	122.27		36	32	28	25	23	21	20	18	17
锥柄直齿插齿刀	25	1.25	20	0.106	28.39	1.25	40	35	32	29	26	24	24		21
	27	1.5	18	0.103	31.06		38	33	30	27	24	22	22		19
	26.25	1.75	15	0.104	30.99		35	30	26	23	21	20	19	17	16
	26	2	13	0.085	31.34		34	28	24	21	19	17	17	15	14
	27	2.25	12	0.083	33.0		32	27	23	20	18	16	16	14	13
	25	2.5	10	0.042	31.46		30	25	21	18	16	14	14	12	11
	27.5	2.75	10	0.037	34.58		30	25	21	18	16	14	14	12	11

注：表中数值是按新插齿刀和内齿轮齿顶圆直径 $d_{a2}=d_2-2m(h_a^*-x_2)$ 计算而得。若用旧插齿刀或内齿轮齿顶圆直径加大 $\Delta d_a=\dfrac{15.1}{z_2}m$ 时，表中数值是更安全的。

2.2.4 外啮合变位圆柱齿轮传动的几何尺寸计算

外啮合高变位圆柱齿轮传动的几何尺寸计算公式

见表 8.2-16，外啮合角变位圆柱齿轮传动的几何尺寸计算公式见表 8.2-17。

表 8.2-16　外啮合高变位圆柱齿轮传动的几何尺寸计算公式

名称	代号	直齿轮	斜齿（人字齿）轮
模数	m 或 m_n	m 按强度计算或结构设计确定，并按表 8.2-5 取标准值	m_n 按强度计算或结构设计确定，并按表 8.2-5 取标准值。$m_t=m_n/\cos\beta$
压力角	α 或 α_n	α 取标准值	α_n 取标准值，$\tan\alpha_t=\tan\alpha_n/\cos\beta$
分度圆直径	d	$d_1=z_1 m$ $d_2=z_2 m$	$d_1=z_1 m_t=\dfrac{z_1 m_n}{\cos\beta}$ $d_2=z_2 m_t=\dfrac{z_2 m_n}{\cos\beta}$
齿顶高	h_a	$h_{a1}=(h_a^*+x_1)m$ $h_{a2}=(h_a^*+x_2)m$	$h_{a1}=(h_{an}^*+x_{n1})m_n$ $h_{a2}=(h_{an}^*+x_{n2})m_n$
齿根高	h_f	$h_{f1}=(h_a^*+c^*-x_1)m$ $h_{f2}=(h_a^*+c^*-x_2)m$	$h_{f1}=(h_{an}^*+c_n^*-x_{n1})m_n$ $h_{f2}=(h_{an}^*+c_n^*-x_{n2})m_n$
全齿高	h	$h_1=h_{a1}+h_{f1}$ $h_2=h_{a2}+h_{f2}$	$h_1=h_{a1}+h_{f1}$ $h_2=h_{a2}+h_{f2}$

（续）

名称	代号	直齿轮	斜齿（人字齿）轮
齿顶圆直径	d_a	$d_{a1} = d_1 + 2h_{a1}$ $d_{a2} = d_2 + 2h_{a2}$	$d_{a1} = d_1 + 2h_{a1}$ $d_{a2} = d_2 + 2h_{a2}$
齿根圆直径	d_f	$d_{f1} = d_1 - 2h_{f1}$ $d_{f2} = d_2 - 2h_{f2}$	$d_{f1} = d_1 - 2h_{f1}$ $d_{f2} = d_2 - 2h_{f2}$
中心距	a	$a = \dfrac{d_1 + d_2}{2} = \dfrac{m(z_1 + z_2)}{2}$	$a = \dfrac{d_1 + d_2}{2} = \dfrac{m_n(z_1 + z_2)}{2\cos\beta}$
基圆直径	d_b	$d_{b1} = d_1 \cos\alpha$ $d_{b2} = d_2 \cos\alpha$	$d_{b1} = d_1 \cos\alpha_t$ $d_{b2} = d_2 \cos\alpha_t$
齿顶压力角	α_a 或 α_{at}	$\alpha_{a1} = \arccos\dfrac{d_{b1}}{d_{a1}}$ $\alpha_{a2} = \arccos\dfrac{d_{b2}}{d_{a2}}$	$\alpha_{at1} = \arccos\dfrac{d_{b1}}{d_{a1}}$ $\alpha_{at2} = \arccos\dfrac{d_{b2}}{d_{a2}}$
重合度 端面重合度	ε_α	$\varepsilon_\alpha = \dfrac{1}{2\pi}\left[z_1(\tan\alpha_{a1} - \tan\alpha_w) + z_2(\tan\alpha_{a2} - \tan\alpha_w)\right]$	$\varepsilon_\alpha = \dfrac{1}{2\pi}\left[z_1(\tan\alpha_{at1} - \tan\alpha_{wt}) + z_2(\tan\alpha_{at2} - \tan\alpha_{wt})\right]$
		$\alpha = 20°$（或 $\alpha_n = 20°$）时，可由图 8.2-8 查出	
重合度 纵向重合度	ε_β	$\varepsilon_\beta = 0$	$\varepsilon_\beta = \dfrac{b\sin\beta}{\pi m_n}$
			可由图 8.2-9 查出
重合度 总重合度	ε_γ	$\varepsilon_\gamma = \varepsilon_\alpha + \varepsilon_\beta$	
当量齿数	z_v	$z_v = z$	$z_v = \dfrac{z}{\cos^3\beta}$

表 8.2-17   外啮合角变位圆柱齿轮传动的几何尺寸计算公式

名称	代号	直齿轮	斜齿（人字齿）轮
模数	m 或 m_n	m 按强度计算或结构设计确定，并按表 8.2-5 取标准值	m_n 按强度计算或结构设计确定，并按表 8.2-5 取标准值。$m_t = m_n/\cos\beta$
压力角	α 或 α_n	α 取标准值	α_n 取标准值，$\tan\alpha_t = \tan\alpha_n/\cos\beta$
分度圆直径	d	$d_1 = z_1 m$ $d_2 = z_2 m$	$d_1 = z_1 m_t = \dfrac{z_1 m_n}{\cos\beta}$ $d_2 = z_2 m_t = \dfrac{z_2 m_n}{\cos\beta}$
给定 a' 求 x 不变位中心距	a	$a = \dfrac{d_1 + d_2}{2} = \dfrac{m(z_1 + z_2)}{2}$	$a = \dfrac{d_1 + d_2}{2} = \dfrac{m_n(z_1 + z_2)}{2\cos\beta}$
给定 a' 求 x 中心距变动系数	y	$y = \dfrac{a' - a}{m}$	$y_t = \dfrac{a' - a}{m_t}$ $y_n = \dfrac{a' - a}{m_n}$
给定 a' 求 x 啮合角	α_w 或 α_{wt}	$\cos\alpha_w = \dfrac{a}{a'}\cos\alpha$	$\cos\alpha_{wt} = \dfrac{a}{a'}\cos\alpha_t$
		α_w、α_{wt} 可由图 8.2-6 查出	
给定 a' 求 x 总变位系数	x_Σ	$x_\Sigma = (z_1 + z_2)\dfrac{\mathrm{inv}\alpha_w - \mathrm{inv}\alpha}{2\tan\alpha}$	$x_{n\Sigma} = (z_1 + z_2)\dfrac{\mathrm{inv}\alpha_{wt} - \mathrm{inv}\alpha_t}{2\tan\alpha_n}$
		$\mathrm{inv}\alpha_t$、$\mathrm{inv}\alpha_{wt}$、$\mathrm{inv}\alpha_w$、$\mathrm{inv}\alpha$ 可由表 8.2-21 查出	
给定 a' 求 x 变位系数分配	x_1、x_2	$x_\Sigma = x_1 + x_2$，按图 8.2-4 或图 8.2-5 分配 x_1、x_2	$x_{n\Sigma} = x_{n1} + x_{n2}$，按图 8.2-4 或图 8.2-5 分配 x_{n1}、x_{n2}

（续）

名称		代号	直齿轮	斜齿（人字齿）轮
给定 x 求 a'	啮合角	α_w 或 α_{wt}	$\mathrm{inv}\alpha_w = \dfrac{2(x_1+x_2)\tan\alpha}{z_1+z_2} + \mathrm{inv}\alpha$	$\mathrm{inv}\alpha_{wt} = \dfrac{2(x_{n1}+x_{n2})\tan\alpha_n}{z_1+z_2} + \mathrm{inv}\alpha_t$
			$\mathrm{inv}\alpha_t$、$\mathrm{inv}\alpha$ 可由表 8.2-21 查出	
	中心距变动系数	y	$y = \dfrac{z_1+z_2}{2}\left(\dfrac{\cos\alpha}{\cos\alpha_w} - 1\right)$	$y_t = \dfrac{z_1+z_2}{2}\left(\dfrac{\cos\alpha_t}{\cos\alpha_{wt}} - 1\right)$ $y_n = \dfrac{y_t}{\cos\beta}$
	中心距	a'	$a' = \dfrac{d_1+d_2}{2} + ym = m\left(\dfrac{z_1+z_2}{2} + y\right)$	$a' = \dfrac{d_1+d_2}{2} + y_t m_t = m_n\left(\dfrac{z_1+z_2}{2\cos\beta} + y_n\right)$
齿顶高变动系数		Δy	$\Delta y = x_1+x_2-y$	$\Delta y_n = x_{n1}+x_{n2}-y_n$
齿顶高		h_a	$h_{a1} = (h_a^* + x_1 - \Delta y)m$ $h_{a2} = (h_a^* + x_2 - \Delta y)m$	$h_{a1} = (h_{an}^* + x_{n1} - \Delta y_n)m_n$ $h_{a2} = (h_{an}^* + x_{n2} - \Delta y_n)m_n$
齿根高		h_f	$h_{f1} = (h_a^* + c^* - x_1)m$ $h_{f2} = (h_a^* + c^* - x_2)m$	$h_{f1} = (h_{an}^* + c_n^* - x_{n1})m_n$ $h_{f2} = (h_{an}^* + c_n^* - x_{n2})m_n$
全齿高		h	$h_1 = h_{a1}+h_{f1}$ $h_2 = h_{a2}+h_{f2}$	$h_1 = h_{a1}+h_{f1}$ $h_2 = h_{a2}+h_{f2}$
齿顶圆直径		d_a	$d_{a1} = d_1+2h_{a1}$ $d_{a2} = d_2+2h_{a2}$	$d_{a1} = d_1+2h_{a1}$ $d_{a2} = d_2+2h_{a2}$
齿根圆直径		d_f	$d_{f1} = d_1-2h_{f1}$ $d_{f2} = d_2-2h_{f2}$	$d_{f1} = d_1-2h_{f1}$ $d_{f2} = d_2-2h_{f2}$
基圆直径		d_b	$d_{b1} = d_1\cos\alpha$ $d_{b2} = d_2\cos\alpha$	$d_{b1} = d_1\cos\alpha_t$ $d_{b2} = d_2\cos\alpha_t$
齿顶压力角		α_a 或 α_{at}	$\alpha_{a1} = \arccos\dfrac{d_{b1}}{d_{a1}}$ $\alpha_{a2} = \arccos\dfrac{d_{b2}}{d_{a2}}$	$\alpha_{at1} = \arccos\dfrac{d_{b1}}{d_{a1}}$ $\alpha_{at2} = \arccos\dfrac{d_{b2}}{d_{a2}}$
重合度	端面重合度	ε_α	$\varepsilon_\alpha = \dfrac{1}{2\pi}[z_1(\tan\alpha_{a1}-\tan\alpha_w)+z_2(\tan\alpha_{a2}-\tan\alpha_w)]$	$\varepsilon_\alpha = \dfrac{1}{2\pi}[z_1(\tan\alpha_{at1}-\tan\alpha_{wt})+z_2(\tan\alpha_{at2}-\tan\alpha_{wt})]$
			$\alpha = 20°$（或 $\alpha_n = 20°$）时，可由图 8.2-8 查出	
	纵向重合度	ε_β	$\varepsilon_\beta = 0$	$\varepsilon_\beta = \dfrac{b\sin\beta}{\pi m_n}$
				可由图 8.2-9 查出
	总重合度	ε_γ	$\varepsilon_\gamma = \varepsilon_\alpha + \varepsilon_\beta$	
当量齿数		z_v	$z_v = z$	$z_v = \dfrac{z}{\cos^3\beta}$

2.2.5 内啮合变位圆柱齿轮传动的几何尺寸计算

内啮合高变位圆柱齿轮传动的几何尺寸计算公式

见表 8.2-18，内啮合角变位圆柱齿轮传动的几何尺寸计算公式见表 8.2-19。

表 8.2-18 内啮合高变位圆柱齿轮传动的几何尺寸计算公式

名称	代号	直齿轮	斜齿（人字齿）轮
模数	m 或 m_n	m 按强度计算或结构设计确定，并按表 8.2-5 取标准值	m_n 按强度计算或结构设计确定，并按表 8.2-5 取标准值。$m_t = m_n/\cos\beta$
压力角	α 或 α_n	α 取标准值	α_n 取标准值，$\tan\alpha_t = \tan\alpha_n/\cos\beta$
分度圆直径	d	$d_1 = z_1 m$ $d_2 = z_2 m$	$d_1 = z_1 m_t = \dfrac{z_1 m_n}{\cos\beta}$ $d_2 = z_2 m_t = \dfrac{z_2 m_n}{\cos\beta}$
齿顶高	h_a	$h_{a1} = (h_a^* + x_1)m$ $h_{a2} = (h_a^* - \Delta h_a^* - x_2)m$ $\Delta h_a^* = \dfrac{(h_a^* - x_2)^2}{z_2 \tan^2\alpha}$ 是为了避免过渡曲线干涉的齿顶高系数减少量。当 $h_a^* = 1, \alpha = 20°$ 时，$\Delta h_a^* = \dfrac{7.55(1-x_2)^2}{z_2}$	$h_{a1} = (h_{an}^* + x_{n1})m_n$ $h_{a2} = (h_{an}^* - \Delta h_{an}^* - x_{n2})m_n$ $\Delta h_{an}^* = \dfrac{(h_{an}^* - x_{n2})^2 \cos^3\beta}{z_2 \tan^2\alpha_n}$ 是为了避免过渡曲线干涉的齿顶高系减少量。当 $h_{an}^* = 1, \alpha_n = 20°$ 时，$\Delta h_a^* = \dfrac{7.55(1-x_{n2})^2 \cos^3\beta}{z_2}$
齿根高	h_f	$h_{f1} = (h_a^* + c^* - x_1)m$ $h_{f2} = (h_a^* + c^* + x_2)m$	$h_{f1} = (h_{an}^* + c_n^* - x_{n1})m_n$ $h_{f2} = (h_{an}^* + c_n^* + x_{n2})m_n$
全齿高	h	$h_1 = h_{a1} + h_{f1}$ $h_2 = h_{a2} + h_{f2}$	$h_1 = h_{a1} + h_{f1}$ $h_2 = h_{a2} + h_{f2}$
齿顶圆直径	d_a	$d_{a1} = d_1 + 2h_{a1}$ $d_{a2} = d_2 - 2h_{a2}$	$d_{a1} = d_1 + 2h_{a1}$ $d_{a2} = d_2 - 2h_{a2}$
齿根圆直径	d_f	$d_{f1} = d_1 - 2h_{f1}$ $d_{f2} = d_2 + 2h_{f2}$	$d_{f1} = d_1 - 2h_{f1}$ $d_{f2} = d_2 + 2h_{f2}$
中心距	a	$a = \dfrac{d_2 - d_1}{2} = \dfrac{m(z_2 - z_1)}{2}$	$a = \dfrac{d_2 - d_1}{2} = \dfrac{m_n(z_2 - z_1)}{2\cos\beta}$
基圆直径	d_b	$d_{b1} = d_1 \cos\alpha$ $d_{b2} = d_2 \cos\alpha$	$d_{b1} = d_1 \cos\alpha_t$ $d_{b2} = d_2 \cos\alpha_t$
齿顶压力角	α_a 或 α_{at}	$\alpha_{a1} = \arccos\dfrac{d_{b1}}{d_{a1}}$ $\alpha_{a2} = \arccos\dfrac{d_{b2}}{d_{a2}}$	$\alpha_{at1} = \arccos\dfrac{d_{b1}}{d_{a1}}$ $\alpha_{at2} = \arccos\dfrac{d_{b2}}{d_{a2}}$
重合度 端面重合度	ε_α	$\varepsilon_\alpha = \dfrac{1}{2\pi}[z_1(\tan\alpha_{a1} - \tan\alpha_w) - z_2(\tan\alpha_{a2} - \tan\alpha_w)]$	$\varepsilon_\alpha = \dfrac{1}{2\pi}[z_1(\tan\alpha_{at1} - \tan\alpha_{wt}) - z_2(\tan\alpha_{at2} - \tan\alpha_{wt})]$
		$\alpha = 20°$（或 $\alpha_n = 20°$）时，可由图 8.2-8 查出	
重合度 纵向重合度	ε_β	$\varepsilon_\beta = 0$	$\varepsilon_\beta = \dfrac{b\sin\beta}{\pi m_n}$ 可由图 8.2-9 查出
重合度 总重合度	ε_γ	$\varepsilon_\gamma = \varepsilon_\alpha + \varepsilon_\beta$	
当量齿数	z_v	$z_v = z$	$z_v = \dfrac{z}{\cos^3\beta}$

注：插齿加工的齿轮要求准确的标准顶隙时，d_a 和 d_f 按表 8.2-19 中的插齿加工计算。

表 8.2-19　内啮合角变位圆柱齿轮传动几何尺寸计算公式

名称	代号	直 齿 轮	斜齿(人字齿)轮
模数	m 或 m_n	m 按强度计算或结构设计确定,并按表 8.2-5取标准值	m_n 按强度计算或结构设计确定,并按表 8.2-5取标准值。$m_t = m_n/\cos\beta$
压力角	α 或 α_n	α 取标准值	α_n 取标准值,$\tan\alpha_t = \tan\alpha_n/\cos\beta$
分度圆直径	d	$d_1 = z_1 m$ $d_2 = z_2 m$	$d_1 = z_1 m_t = \dfrac{z_1 m_n}{\cos\beta}$ $d_2 = z_2 m_t = \dfrac{z_2 m_n}{\cos\beta}$

给定 a' 求 x

名称	代号	直 齿 轮	斜齿(人字齿)轮
不变位中心距	a	$a = \dfrac{d_2 - d_1}{2} = \dfrac{m(z_2 - z_1)}{2}$	$a = \dfrac{d_2 - d_1}{2} = \dfrac{m_n(z_2 - z_1)}{2\cos\beta}$
中心距变动系数	y	$y = \dfrac{a' - a}{m}$	$y_t = \dfrac{a' - a}{m_t}$ $y_n = \dfrac{a' - a}{m_n}$
啮合角	α_w 或 α_{wt}	$\cos\alpha_w = \dfrac{a}{a'}\cos\alpha$	$\cos\alpha_{wt} = \dfrac{a}{a'}\cos\alpha_t$
		α_w、α_{wt} 可由图 8.2-6 查出	
总变位系数	x_Σ	$x_\Sigma = (z_2 - z_1)\dfrac{\mathrm{inv}\alpha_w - \mathrm{inv}\alpha}{2\tan\alpha}$	$x_{n\Sigma} = (z_2 - z_1)\dfrac{\mathrm{inv}\alpha_{wt} - \mathrm{inv}\alpha_t}{2\tan\alpha_n}$
		$\mathrm{inv}\alpha_w$、$\mathrm{inv}\alpha$、$\mathrm{inv}\alpha_{wt}$、$\mathrm{inv}\alpha_t$ 可由表 8.2-21 查出	
变位系数分配	x_1、x_2	$x_\Sigma = x_2 - x_1$	$x_{n\Sigma} = x_{n2} - x_{n1}$

给定 x 求 a'

名称	代号	直 齿 轮	斜齿(人字齿)轮
啮合角	α_w 或 α_{wt}	$\mathrm{inv}\alpha_w = \dfrac{2(x_2 - x_1)\tan\alpha}{z_2 - z_1} + \mathrm{inv}\alpha$	$\mathrm{inv}\alpha_{wt} = \dfrac{2(x_{n2} - x_{n1})\tan\alpha_n}{z_2 - z_1} + \mathrm{inv}\alpha_t$
		$\mathrm{inv}\alpha_t$、$\mathrm{inv}\alpha$ 可由表 8.2-21 查出	
中心距变动系数	y	$y = \dfrac{z_2 - z_1}{2}\left(\dfrac{\cos\alpha}{\cos\alpha_w} - 1\right)$	$y_t = \dfrac{z_2 - z_1}{2}\left(\dfrac{\cos\alpha_t}{\cos\alpha_{wt}} - 1\right)$ $y_n = \dfrac{y_t}{\cos\beta}$
中心距	a'	$a' = \dfrac{d_2 - d_1}{2} + ym = m\left(\dfrac{z_2 - z_1}{2} + y\right)$	$a' = \dfrac{d_2 - d_1}{2} + y_t m_t = m_n\left(\dfrac{z_2 - z_1}{2\cos\beta} + y_n\right)$

滚齿加工

名称	代号	直 齿 轮	斜齿(人字齿)轮
齿顶高变动系数	Δy	$\Delta y = x_2 - x_1 - y$	$\Delta y_n = x_{n2} - x_{n1} - y_n$
齿顶高	h_a	$h_{a1} = (h_a^* + x_1 + \Delta y)m$ $h_{a2} = (h_a^* - x_2 + \Delta y)m$	$h_{a1} = (h_{an}^* + x_{n1} + \Delta y_n)m_n$ $h_{a2} = (h_{an}^* - x_{n2} + \Delta y_n)m_n$
齿根高	h_f	$h_{f1} = (h_a^* + c^* - x_1)m$ $h_{f2} = (h_a^* + c^* + x_2)m$	$h_{f1} = (h_{an}^* + c^* - x_{n1})m_n$ $h_{f2} = (h_{an}^* + c^* + x_{n2})m_n$
全齿高	h	$h_1 = h_{a1} + h_{f1}$ $h_2 = h_{a2} + h_{f2}$	$h_1 = h_{a1} + h_{f1}$ $h_2 = h_{a2} + h_{f2}$
齿顶圆直径	d_a	$d_{a1} = d_1 + 2h_{a1}$ $d_{a2} = d_2 - 2h_{a2}$	$d_{a1} = d_1 + 2h_{a1}$ $d_{a2} = d_2 - 2h_{a2}$
齿根圆直径	d_f	$d_{f1} = d_1 - 2h_{f1}$ $d_{f2} = d_2 + 2h_{f2}$	$d_{f1} = d_1 - 2h_{f1}$ $d_{f2} = d_2 + 2h_{f2}$

插齿加工

名称	代号	直 齿 轮	斜齿(人字齿)轮
插齿时啮合角	α_{w0}	$\mathrm{inv}\alpha_{w01} = \dfrac{2(x_1 + x_0)\tan\alpha}{z_1 + z_0} + \mathrm{inv}\alpha$ $\mathrm{inv}\alpha_{w02} = \dfrac{2(x_2 - x_0)\tan\alpha}{z_1 - z_0} + \mathrm{inv}\alpha$	$\mathrm{inv}\alpha_{wt01} = \dfrac{2(x_{n1} + x_{n0})\tan\alpha_n}{z_1 + z_0} + \mathrm{inv}\alpha_t$ $\mathrm{inv}\alpha_{wt02} = \dfrac{2(x_{n2} - x_{n0})\tan\alpha_n}{z_2 - z_0} + \mathrm{inv}\alpha_t$
插齿时中心距	a'_0	$a'_{01} = \dfrac{m(z_1 + z_0)}{2}\dfrac{\cos\alpha}{\cos\alpha_{w01}}$ $a'_{02} = \dfrac{m(z_2 - z_0)}{2}\dfrac{\cos\alpha}{\cos\alpha_{w02}}$	$a'_{01} = \dfrac{m_n(z_1 + z_0)}{2\cos\beta}\dfrac{\cos\alpha_t}{\cos\alpha_{wt01}}$ $a'_{02} = \dfrac{m_n(z_2 - z_0)}{2\cos\beta}\dfrac{\cos\alpha_t}{\cos\alpha_{wt02}}$

（续）

	名称	代号	直 齿 轮	斜齿（人字齿）轮
插齿加工	齿根圆直径	d_f	$d_{f1} = 2a'_{01} - d_{a0}$ $d_{f2} = 2a'_{02} + d_{a0}$	$d_{f1} = 2a'_{01} - d_{a0}$ $d_{f2} = 2a'_{02} + d_{a0}$
	齿顶圆直径	d_a	$d_{a1} = d_{f2} - 2a' - 2c^* m$ $d_{a2} = d_{f1} + 2a' + 2c^* m$	$d_{a1} = d_{f2} - 2a' - 2c_n^* m_n$ $d_{a2} = d_{f1} + 2a' + 2c_n^* m_n$
基圆直径		d_b	$d_{b1} = d_1 \cos\alpha$ $d_{b2} = d_2 \cos\alpha$	$d_{b1} = d_1 \cos\alpha_t$ $d_{b2} = d_2 \cos\alpha_t$
齿顶压力角		α_a 或 α_{af}	$\alpha_{a1} = \arccos \dfrac{d_{b1}}{d_{a1}}$ $\alpha_{a2} = \arccos \dfrac{d_{b2}}{d_{a2}}$	$\alpha_{at1} = \arccos \dfrac{d_{b1}}{d_{a1}}$ $\alpha_{at2} = \arccos \dfrac{d_{b2}}{d_{a2}}$
重合度	端面重合度	ε_α	$\varepsilon_\alpha = \dfrac{1}{2\pi}\left[z_1(\tan\alpha_{a1} - \tan\alpha_w) - z_2(\tan\alpha_{a2} - \tan\alpha_w) \right]$	$\varepsilon_\alpha = \dfrac{1}{2\pi}\left[z_1(\tan\alpha_{at1} - \tan\alpha_{wt}) - z_2(\tan\alpha_{at2} - \tan\alpha_{wt}) \right]$
			$\alpha = 20°$（或 $\alpha_n = 20°$）时，可由图 8.2-7 查出	
	纵向重合度	ε_β	$\varepsilon_\beta = 0$	$\varepsilon_\beta = \dfrac{b\sin\beta}{\pi m_n}$ 可由图 8.2-9 查出
	总重合度	ε_γ	$\varepsilon_\gamma = \varepsilon_\alpha + \varepsilon_\beta$	
当量齿数		z_v	$z_v = z$	$z_v = \dfrac{z}{\cos^3\beta}$

注：刀具参数 z_0、d_{a0} 按表 8.2-20 确定。

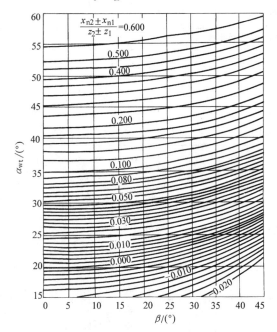

图 8.2-6　端面啮合角 α_w、α_{wt}（$\alpha = \alpha_n = 20°$；$\beta = 0$ 时，$\alpha_{wt} = \alpha_w$）

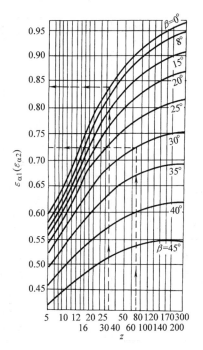

图 8.2-7　标准外啮合圆柱齿轮端面重合度
ε_α（$\alpha = \alpha_n = 20°$，$h_a^* = h_{an}^* = 1$）

注：一对标准斜齿圆柱齿轮传动，$z_1 = 48$，$z_2 = 69$，$\alpha = 20°$，$\beta = 30°$，$b/m_n = 10$。由图 8.2-7 查得 $\varepsilon_{\alpha1} = 0.71$，$\varepsilon_{\alpha2} = 0.725$，由图 8.2-9 查得 $\varepsilon_\beta = 1.6$，所以 $\varepsilon_\gamma = \varepsilon_{\alpha1} + \varepsilon_{\alpha2} + \varepsilon_\beta = 0.71 + 0.725 + 1.6 = 3.035$。

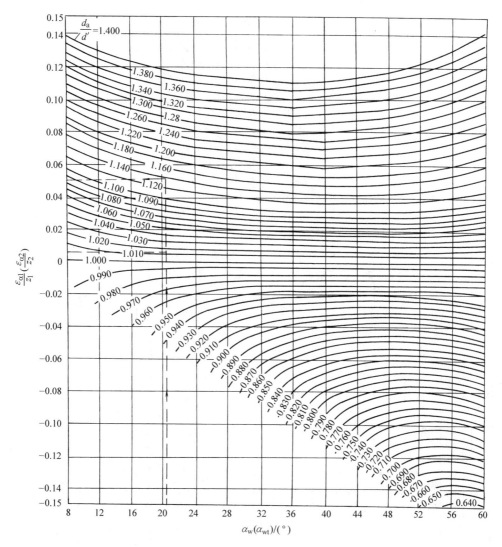

图 8.2-8　确定 $\dfrac{\varepsilon_{\alpha 1}}{z_1}\left(\dfrac{\varepsilon_{\alpha 2}}{z_2}\right)$ 的曲线图

注：1. 本图适用于 α（或 α_n）$= 20°$ 的各种平行轴齿轮传动。对于外啮合的标准齿轮传动，使用图 8.2-7 则更为方便。

2. 使用方法：按 α_{wt} 和 $\dfrac{d_{a1}}{d_{w1}}$ 查出 $\dfrac{\varepsilon_{\alpha 1}}{z_1}$，按 α_{wt} 和 $\dfrac{d_{a2}}{d_{w2}}$ 查出 $\dfrac{\varepsilon_{\alpha 2}}{z_2}$，则 $\varepsilon_\alpha = z_1\left(\dfrac{\varepsilon_{\alpha 1}}{z_1}\right) \pm z_2\left(\dfrac{\varepsilon_{\alpha 2}}{z_2}\right)$，式中 "+" 用于外啮合，"－" 用于内啮合。

3. α_{wt} 可由图 8.2-6 查得。

4. 例　一对外啮合斜齿圆柱齿轮传动，$z_1 = 21$，$z_2 = 74$，$m_n = 3mm$，$\beta = 12°$，$x_{n1} = 0.5$，$x_{n2} = -0.5$，求端面重合度 ε_α。

解　根据计算 $d_{w1} = 64.408mm$，$d_{a1} = 73.408mm$，$d_{w2} = 226.960mm$，$d_{a2} = 229.960mm$。

$\dfrac{d_{a1}}{d_{w1}} = \dfrac{73.408}{64.408} = 1.14$，$\dfrac{d_{a2}}{d_{w2}} = \dfrac{229.960}{226.960} = 1.013$。

按 $\beta = 12°$，$\dfrac{x_{n2} + x_{n1}}{z_2 + z_1} = 0$，由图 8.2-6 查得 $\alpha_{wt} \approx 20°24'$。

根据 $\alpha_{wt} \approx 20°24'$ 和 $\dfrac{d_a}{d_w}$，由图 8.2-8 查得 $\dfrac{\varepsilon_{\alpha 1}}{z_1} = 0.052$，$\dfrac{\varepsilon_{\alpha 2}}{z_2} = 0.006$。

所以 $\varepsilon_\alpha = z_1\left(\dfrac{\varepsilon_{\alpha 1}}{z_1}\right) + z_2\left(\dfrac{\varepsilon_{\alpha 2}}{z_2}\right) = 21 \times 0.052 + 74 \times 0.006 = 1.53$。

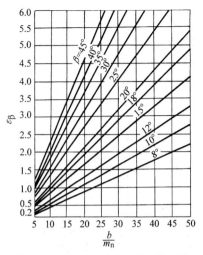

图 8.2-9　斜齿圆柱齿轮的纵向重合度

表 8.2-20　直齿插齿刀的基本参数（摘自 GB/T 6081—2001）

插齿刀形式	m/mm	z_0	d_{f0}/mm	d_{a0}/mm Ⅰ型	d_{a0}/mm Ⅱ型	h_{a0}^*	插齿刀形式	m/mm	z_0	d_{f0}/mm	d_{a0}/mm Ⅰ型	d_{a0}/mm Ⅱ型	h_{a0}^*
Ⅰ型盘形直齿插齿刀 Ⅱ型碗形直齿插齿刀 公称分度圆直径为75mm	1	76	76	78.50	78.72	1.25	Ⅰ型盘形直齿插齿刀 公称分度圆直径为200mm	8	25	200	221.60		1.25
	1.25	60	75	78.56	78.38			9	22	198	222.30		
	1.5	50	75	79.56	79.04			10	20	200	227.00		
	1.75	43	75.25	80.67	79.99			11	18	198	227.70		
	2	38	76	82.24	81.40			12	17	204	236.40		
	2.25	34	76.5	83.48	82.56		Ⅱ型碗形直齿插齿刀 公称分度圆直径为50mm	1	50	50		52.72	1.25
	2.5	30	75	82.34	81.76			1.25	40	50		53.38	
	2.75	28	77	84.92	84.42			1.5	34	51		55.04	
	3	25	75	83.34	83.10			1.75	29	50.75		55.49	
	3.25	24	78	86.96	86.78			2	25	50		55.40	
	3.5	22	77	86.44	86.44			2.25	22	49.5		55.56	
	3.75	20	75	84.90	85.14			2.5	20	50		56.76	
	4	19	76	86.32	86.80			2.75	18	49.5		56.92	
Ⅰ型盘形直齿插齿刀 Ⅱ型碗形直齿插齿刀 公称分度圆直径为100mm	1	100	100	102.62		$m_n \leqslant 4$mm $h_{a0}^* = 1.25$ $m_n > 4$mm $h_{a0}^* = 1.3$		3	17	51		59.10	
	1.25	80	100	103.94				3.25	15	48.75		57.53	
	1.5	63	102	107.14				3.5	14	49		58.44	
	1.75	58	101.5	107.62			Ⅲ型锥柄直齿插齿刀 公称分度圆直径为25mm	1	26	26		28.72	1.25
	2	50	100	107.00				1.25	20	25		28.38	
	2.25	45	101.25	109.00				1.5	18	27		31.04	
	2.5	40	100	108.36				1.75	15	26		30.89	
	2.75	36	99	107.86				2	13	26		31.24	
	3	34	102	111.54				2.25	12	27		32.90	
	3.25	31	100.75	110.71				2.5	10	25		31.26	
	3.5	29	101.5	112.08				2.75	10	27		34.48	
	3.75	27	101.25	112.35			Ⅲ型锥柄直齿插齿刀 公称分度圆直径为38mm	1	38	38		40.72	1.25
	4	25	100	111.46				1.25	30	37.5		40.88	
	4.5	22	99	111.78				1.5	25	37.5		41.54	
	5	20	100	113.90				1.75	22	38.5		43.24	
	5.5	19	104.5	119.68				2	19	38		43.40	
	6	18	108	124.56				2.25	16	36		41.98	
Ⅰ型盘形直齿插齿刀 Ⅱ型碗形直齿插齿刀 公称分度圆直径为125mm	4	31	124	136.80		1.3		2.5	15	37.5		44.26	
	4.5	28	126	140.14				2.75	14	38.5		45.88	
	5	25	125	140.20				3	12	36		43.74	
	5.5	23	126.5	143.00				3.25	12	39		47.58	
	6	21	126	143.52				3.5	11	38.5		47.52	
	6.5	19	123.5	141.96				3.75	10	37.5		46.88	
	7	18	126	145.74									
	8	16	128	149.92									
Ⅰ型盘形直齿插齿刀 公称分度圆直径为160mm	6	27	162	178.20		1.25							
	6.5	25	162.5	180.06									
	7	23	161	179.90									
	8	20	160	181.60									
	9	18	162	186.30									
	10	16	160	187.00									

表 8.2-21 渐开线函数 $inv\alpha_k = tan\alpha_k - \alpha_k$

$\alpha_k/(°)$		0′	5′	10′	15′	20′	25′	30′	35′	40′	45′	50′	55′
10	0.00	17941	18397	18860	19332	19812	20299	20795	21299	21810	22330	22859	23396
11	0.00	23941	24495	25057	25628	26208	26797	27394	28001	28616	29241	29875	30518
12	0.00	31171	31832	32504	33185	33875	34575	35285	36005	36735	37474	38224	38984
13	0.00	39754	40534	41325	42126	42938	43760	44593	45437	46291	47157	48033	48921
14	0.00	49819	50729	51650	52582	53526	54482	55448	56427	57417	58420	59434	60460
15	0.00	61498	62548	63611	64686	65773	66873	67985	69110	70248	71398	72561	73738
16	0.0	07493	07613	07735	07857	07982	08107	08234	08362	08492	08623	08756	08889
17	0.0	09025	09161	09299	09439	09580	09722	09866	10012	10158	10307	10456	10608
18	0.0	10760	10915	11071	11228	11387	11547	11709	11873	12038	12205	12373	12543
19	0.0	12715	12888	13063	13240	13418	13598	13779	13963	14148	14334	14523	14713
20	0.0	14904	15098	15293	15490	15689	15890	16092	16296	16502	16710	16920	17132
21	0.0	17345	17560	17777	17996	18217	18440	18665	18891	19120	19350	19583	19817
22	0.0	20054	20292	20533	20775	21019	21266	21514	21765	22018	22272	22529	22788
23	0.0	23049	23312	23577	23845	24114	24386	24660	24936	25214	25495	25778	26062
24	0.0	26350	26639	26931	27225	27521	27820	28121	28424	28729	29037	29348	29660
25	0.0	29975	30293	30613	30935	31260	31587	31917	32249	32583	32920	33260	33602
26	0.0	33947	34294	34644	34997	35352	35709	36069	36432	36798	37166	37537	37910
27	0.0	38287	38666	39047	39432	39819	40209	40602	40997	41395	41797	42201	42607
28	0.0	43017	43430	43845	44264	44685	45110	45537	45967	46400	46837	47276	47718
29	0.0	48164	48612	49064	49518	49976	50437	50901	51368	51838	52312	52788	53268
30	0.0	53751	54238	54728	55221	55717	56217	56720	57226	57736	58249	58765	59285
31	0.0	59809	60336	60866	61400	61937	62478	63022	63570	46122	64677	65236	65799
32	0.0	66364	66934	67507	68084	68665	69250	69838	70430	71026	71626	72230	72838
33	0.0	73449	74064	74684	75307	75934	76565	77200	77839	78483	79130	79781	80437
34	0.0	81097	81760	82428	83100	83777	84457	85142	85832	86525	87223	87925	88631
35	0.0	89342	90058	90777	91502	92230	92963	93701	94443	95190	95942	96698	97459
36	0.	09822	09899	09977	10055	10133	10212	10292	10371	10452	10533	10614	10696
37	0.	10778	10861	10944	11028	11113	11197	11283	11369	11455	11542	11630	11718
38	0.	11806	11895	11985	12075	12165	12257	12348	12441	12534	12627	12721	12815
39	0.	12911	13006	13102	13199	13297	13395	13493	13592	13692	13792	13893	13995
40	0.	14097	14200	14303	14407	14511	14616	14722	14829	14936	15043	15152	15261
41	0.	15370	15480	15591	15703	15815	15928	16041	16156	16270	16386	16502	16619
42	0.	16737	16855	16974	17093	17214	17336	17457	17579	17702	17826	17951	18076
43	0.	18202	18329	18457	18585	18714	18844	18975	19106	19238	19371	19505	19639
44	0.	19774	19910	20047	20185	20323	20463	20603	20743	20885	21028	21171	21315
45	0.	21460	21606	21753	21900	22049	22198	22348	22499	22651	22804	22958	23112
46	0.	23268	23424	23582	23740	23899	24059	24220	24382	24545	24709	24874	25040
47	0.	25206	25374	25543	25713	25883	26055	26228	26401	26576	26752	26929	27107
48	0.	27285	27465	27646	27828	28012	28196	28381	28567	28755	28943	29133	29324
49	0.	29516	29709	29903	30098	30295	30492	30691	30891	31092	31295	31498	31703
50	0.	31909	32116	32324	32534	32745	32957	33171	33385	33601	33818	34037	34257
51	0.	34478	34700	34924	35149	35376	35604	35833	36063	36295	36529	36763	36999
52	0.	37237	37476	37716	37958	38202	38446	38693	38941	39190	39441	39693	39947
53	0.	40202	40459	40717	40977	41239	41502	41767	42034	42302	42571	42843	43116
54	0.	43390	43667	43945	44225	44506	44789	45074	45361	45650	45940	46232	46526
55	0.	46822	47119	47419	47720	48023	48328	48635	48944	49255	49568	49882	50199
56	0.	50518	50838	51161	51486	51813	52141	52472	52805	53141	53478	53817	54159
57	0.	54503	54849	55197	55547	55900	56255	56612	56972	57333	57698	58064	58433
58	0.	58804	59178	59554	59933	60314	60697	61083	61472	61863	62257	62653	63052
59	0.	63454	63858	64265	64674	65086	65501	65919	66340	66763	67189	67618	68050

注：1. $inv27°15' = 0.039432$；

$inv27°17' = 0.039432 + \dfrac{2}{5} \times 0.000387 = 0.039432 + 0.000155 = 0.039587$。

2. $inv\alpha = 0.0060460$，由表求得 $\alpha = 14°55'$。

3. α_k 表示任意一点的压力角。

3 渐开线圆柱齿轮齿厚的测量与计算

3.1 齿厚测量方法的比较和应用（见表8.2-22）

3.2 公法线长度

3.2.1 公法线长度计算公式（见表8.2-23）

表8.2-22 齿厚测量方法的比较和应用

测量方法	简 图	优 点	缺 点	应 用
公法线长度		1）测量时不以齿顶圆为基准，因此不受齿顶圆误差的影响，测量精度较高并可放宽对齿顶圆的精度要求 2）测量方便 3）与量具接触的齿廓曲率半径较大，量具的磨损较轻	1）对斜齿轮，当 $b<w_k\sin\beta$ 时不能测量 2）当用于斜齿轮时，计算比较麻烦	广泛用于各种齿轮的测量，但是对于大型齿轮因受量具限制使用不多
分度圆弦齿厚		与固定弦齿厚相比，当齿轮的模数较小，或齿数较少时，测量比较方便	1）测量时以齿顶圆为基准，因此对齿顶圆的尺寸偏差及径向圆跳动有严格的要求 2）测量结果受齿顶圆误差的影响，精度不高 3）当变位系数较大（$x>0.5$）时，可能不便于测量 4）对斜齿轮，计算时要换算成当量齿数，增加了计算工作量 5）齿轮卡尺的卡爪尖部容易磨损	适用于大型齿轮的测量，也常用于精度要求不高的小型齿轮的测量
固定弦齿厚		计算比较简单，特别是用于斜齿轮时，可省去当量齿数 z_v 的换算	1）测量时以齿顶圆为基准，因此对齿顶圆的尺寸偏差及径向圆跳动有严格的要求 2）测量结果受齿顶圆误差的影响，精度不高 3）齿轮卡尺的卡爪尖部容易磨损 4）对模数较小的齿轮，测量不够方便	适用于大型齿轮的测量
量柱（球）测量距		测量时不以齿顶圆为基准，因此不受齿顶圆误差的影响，并可放宽对齿顶圆的加工要求	1）对大型齿轮测量不方便 2）计算麻烦	多用于内齿轮和小模数齿轮的测量

表 8.2-23　公法线长度计算公式

项　目		直齿轮（内啮合、外啮合）	斜齿轮（内啮合、外啮合）
标准齿轮	公法线跨齿数（内齿轮为跨齿槽数）k	$k=\dfrac{\alpha}{180°}z+0.5$ k 值四舍五入取整数 当 $\alpha=20°$ 时，k 值可按 z 查表 8.2-24	$k=\dfrac{\alpha_n}{180°}z'+0.5$ $z'=z\dfrac{\mathrm{inv}\alpha_t}{\mathrm{inv}\alpha_n}$ k 值四舍五入取整数 当 $\alpha_n=20°$ 时，比值 $\dfrac{\mathrm{inv}\alpha_t}{\mathrm{inv}\alpha_n}$ 可查表 8.2-25 当 $\alpha_n=20°$ 时，k 可按 z' 查表 8.2-24
	公法线长度 w_k 或 w_{kn}	$w_k=w_k^*\,m$ $w_k^*=\cos\alpha\big[\pi(k-0.5)+z\,\mathrm{inv}\alpha\big]$ 当 $\alpha=20°$ 时，w_k^* 可按 z 查表 8.2-24	$w_k=w_{kn}^*\,m_n$ $w_{kn}^*=\cos\alpha_n\big[\pi(k-0.5)+z'\,\mathrm{inv}\alpha_n\big]$ 当 $\alpha=20°$ 时，w_{kn}^* 可按 z' 查表 8.2-24
变位齿轮	公法线跨齿数（内齿轮为跨齿槽数）k	$k=\dfrac{\alpha}{180°}z+0.5+\dfrac{2x\cot\alpha}{\pi}$ k 值四舍五入取整数 当 $\alpha=20°$ 时，k 可按 z 查表 8.2-24	$k=\dfrac{\alpha_n}{180°}z'+0.5+\dfrac{2x_n\cot\alpha_n}{\pi}$ $z'=z\dfrac{\mathrm{inv}\alpha_t}{\mathrm{inv}\alpha_n}$ k 值四舍五入取整数 当 $\alpha_n=20°$ 时，比值 $\dfrac{\mathrm{inv}\alpha_t}{\mathrm{inv}\alpha_n}$ 可查表 8.2-25 当 $\alpha_n=20°$ 时，k 可按 z' 查表 8.2-24
	公法线长度 w_k 或 w_{kn}	$w_k=(w_k^*+\Delta w^*)m$ $w_k^*=\cos\alpha\big[\pi(k-0.5)+z\,\mathrm{inv}\alpha\big]$ $\Delta w^*=2x\sin\alpha$ 当 $\alpha=20°$ 时，w_k^* 可按 z 查表 8.2-24；Δw^* 查表 8.2-27	$w_{kn}=(w_{kn}^*+\Delta w_n^*)m_n$ $w_{kn}^*=\cos\alpha_n\big[\pi(k-0.5)+z'\,\mathrm{inv}\alpha_n\big]$ $\Delta w_n^*=2x_n\sin\alpha_n$ 当 $\alpha_n=20°$ 时，w_{kn}^* 可按 z' 查表 8.2-24；Δw_n^* 查表 8.2-27

3.2.2　公法线长度数值表（见表 8.2-24～表 8.2-27）

表 8.2-24　公法线长度 w_k^*（w_{kn}^*）（$\alpha_n=\alpha=20°$，$m_n=m=1\mathrm{mm}$）　　（mm）

$z(z')$	$x(x_n)$	k	$w_k^*(w_{kn}^*)$	$z(z')$	$x(x_n)$	k	$w_k^*(w_{kn}^*)$	$z(z')$	$x(x_n)$	k	$w_k^*(w_{kn}^*)$
7	≤0.80	2	4.526	23	≤0.60	3	7.702		≤0.60	4	10.781
8	≤0.80	2	4.540		>0.60~1.40	4	10.655	32	>0.60~1.30	5	13.733
9	≤0.80	2	4.554	24	≤0.55	3	7.716		>1.30~1.80	6	16.685
10	≤0.90	2	4.568		>0.55~1.20	4	10.669		≤0.55	4	10.795
11	≤0.90	2	4.582		>1.20~1.60	5	13.621	33	>0.55~1.30	5	13.747
12	≤0.80	2	4.596	25	≤0.50	3	7.730		>1.30~1.80	6	16.699
	>0.80~1.20	3	7.548		>0.50~1.20	4	10.683		≤0.50	4	10.809
13	≤0.70	2	4.610		>1.20~1.60	5	13.635	34	>0.50~1.20	5	13.761
	>0.70~1.20	3	7.562	26	≤0.40	3	7.744		>1.20~1.80	6	16.713
14	≤0.60	2	4.624		>0.40~1.20	4	10.697		≤0.40	4	10.823
	>0.60~1.20	3	7.576		>1.20~1.60	5	13.649	35	>0.40~1.10	5	13.775
15	≤0.60	2	4.638	27	≤0.80	4	10.711		>1.10~1.90	6	16.727
	>0.60~1.20	3	7.590		>0.80~1.60	5	13.663		≤0.30	4	10.837
16	≤0.50	2	4.652		>1.60~1.80	6	16.615	36	>0.30~1.0	5	13.789
	>0.50~1.20	3	7.604	28	≤0.80	4	10.725		>1.0~1.90	6	16.741
17	≤1.0	3	7.618		>0.80~1.60	5	13.677		≤0.70	5	13.803
	>1.0~1.20	4	10.571		>1.60~1.80	6	16.629	37	>0.70~1.70	6	16.755
18	≤1.0	3	7.632	29	≤0.70	4	10.739		>1.70~2.00	7	19.707
	>1.0~1.20	4	10.585		>0.70~1.50	5	13.691		≤0.70	5	13.817
19	≤0.90	3	7.646		>1.50~1.80	6	16.643	38	>0.70~1.70	6	16.769
	>0.90~1.20	4	10.599	30	≤0.60	4	10.753		>1.70~2.00	7	19.721
20	≤0.80	3	7.660		>0.60~1.40	5	13.705		≤0.70	5	13.831
	>0.80~1.25	4	10.613		>1.40~1.80	6	16.657	39	>0.70~1.70	6	16.783
21	≤0.70	3	7.674	31	≤0.60	4	10.767		>1.70~2.00	7	19.735
	>0.70~1.30	4	10.627		>0.60~1.40	5	13.719		≤0.60	5	13.845
22	≤0.65	3	7.688		>1.40~1.80	6	16.671	40	>0.60~1.60	6	16.797
	>0.65~1.40	4	10.641						>1.60~2.00	7	19.749

（续）

z(z')	x(x_n)	k	$w_k^*(w_{kn}^*)$	z(z')	x(x_n)	k	$w_k^*(w_{kn}^*)$	z(z')	x(x_n)	k	$w_k^*(w_{kn}^*)$
41	≤0.50	5	13.859	59	≤0.65	7	20.015	75	≤0.80	9	26.144
	>0.50~1.40	6	16.811		>0.65~1.3	8	22.967		>0.8~1.5	10	29.096
	>1.40~2.00	7	19.763		>1.3~2.0	9	25.919		>1.5~2.1	11	32.048
42	≤0.40	5	13.873		>2.0~2.4	10	28.872		>2.1~2.8	12	35.000
	>0.40~1.20	6	16.825	60	≤0.50	7	20.029	76	≤0.80	9	26.158
	>1.20~2.20	7	19.777		>0.5~1.2	8	22.981		>0.8~1.4	10	29.110
43	≤0.30	5	13.887		>1.2~2.0	9	25.933		>1.4~2.0	11	32.062
	>0.30~1.10	6	16.839		>2.0~2.6	10	28.886		>2.0~2.8	12	35.014
	>1.10~2.20	7	19.791	61	≤0.40	7	20.043	77	≤0.70	9	26.172
44	≤0.20	5	13.901		>0.40~1.1	8	22.995		>0.70~1.3	10	29.124
	>0.20~1.0	6	16.853		>1.1~1.9	9	25.947		>1.3~1.9	11	32.076
	>1.0~1.6	7	19.805		>1.9~2.6	10	28.900		>1.9~2.7	12	35.028
	>1.6~2.2	8	22.757	62	≤0.30	7	20.057	78	≤0.60	9	26.186
45	≤0.20	5	13.915		>0.30~1.0	8	23.009		>0.60~1.2	10	29.138
	>0.20~1.0	6	16.867		>1.0~1.8	9	25.961		>1.2~1.8	11	32.090
	>1.0~1.6	7	19.819		>1.8~2.6	10	28.914		>1.8~2.6	12	35.042
	>1.6~2.2	8	22.771	63	≤0.20	7	20.071	79	≤0.50	9	26.200
46	≤0.60	6	16.881		>0.20~0.9	8	23.023		>0.50~1.1	10	29.152
	>0.60~1.5	7	19.833		>0.9~1.7	9	25.975		>1.1~1.8	11	32.104
	>1.5~2.2	8	22.785		>1.7~2.6	10	28.928		>1.8~2.5	12	35.056
47	≤0.55	6	16.895	64	≤0.80	8	23.037	80	≤0.40	9	26.214
	>0.55~1.55	7	19.847		>0.80~1.6	9	25.989		>0.40~1.0	10	29.166
	>1.55~2.2	8	22.799		>1.6~2.4	10	28.942		>1.0~1.8	11	32.118
48	≤0.50	6	16.909		>2.4~2.6	11	31.894		>1.8~2.4	12	35.070
	>0.50~1.4	7	19.861	65	≤0.80	8	23.051	81	≤0.30	9	26.228
	>1.4~2.2	8	22.813		>0.80~1.5	9	26.003		>0.30~0.9	10	29.180
	>2.2~2.5	9	25.765		>1.5~2.3	10	28.956		>0.9~1.8	11	32.182
49	≤0.50	6	16.923		>2.3~2.6	11	31.908		>1.8~2.4	12	35.084
	>0.50~1.4	7	19.875	66	≤0.80	8	23.065	82	≤0.80	10	29.194
	>1.4~2.2	8	22.827		>0.80~1.5	9	26.017		>0.8~1.6	11	32.146
	>2.2~2.5	9	25.779		>1.5~2.2	10	28.970		>1.6~2.2	12	35.098
50	≤0.50	6	16.937		>2.2~2.6	11	31.922		>2.2~2.8	13	38.050
	>0.50~1.3	7	19.889	67	≤0.80	8	23.079	83	≤0.80	10	29.208
	>1.3~2.0	8	22.841		>0.80~1.4	9	26.031		>0.8~1.5	11	32.160
	>2.0~2.4	9	25.793		>1.4~2.1	10	28.984		>1.5~2.2	12	35.112
51	≤0.45	6	16.951		>2.1~2.8	11	31.936		>2.2~2.8	13	38.064
	>0.45~1.2	7	19.903	68	≤0.80	8	23.093	84	≤0.80	10	29.222
	>1.2~1.9	8	22.855		>0.80~1.3	9	26.045		>0.8~1.4	11	32.174
	>1.9~2.4	9	25.807		>1.3~2.0	10	28.998		>1.4~2.2	12	35.126
52	≤0.40	6	16.965		>2.0~2.8	11	31.950		>2.2~2.8	13	38.078
	>0.40~1.1	7	19.917	69	≤0.70	8	23.107	85	≤0.70	10	29.236
	>1.1~1.8	8	22.869		>0.70~1.2	9	26.059		>0.7~1.3	11	32.188
	>1.8~2.4	9	25.821		>1.2~1.9	10	29.012		>1.3~2.1	12	35.140
53	≤0.30	6	16.979		>1.9~2.7	11	31.964		>2.1~2.8	13	38.092
	>0.30~1.0	7	19.931	70	≤0.60	8	23.121	86	≤0.60	10	29.250
	>1.0~1.7	8	22.883		>0.60~1.2	9	26.073		>0.6~1.2	11	32.202
	>1.7~2.4	9	25.835		>1.2~1.8	10	29.026		>1.2~2.0	12	35.154
54	≤0.20	6	16.993		>1.8~2.6	11	31.978		>2.0~2.8	13	38.106
	>0.20~1.0	7	19.945	71	≤0.50	8	23.135	87	≤0.60	10	29.264
	>1.0~1.6	8	22.897		>0.50~1.1	9	26.087		>0.6~1.2	11	32.216
	>1.6~2.4	9	25.849		>1.1~1.7	10	29.040		>1.2~1.9	12	35.168
55	≤0.80	7	19.959		>1.7~2.5	11	31.992		>1.9~2.7	13	38.120
	>0.80~1.7	8	22.911	72	≤0.40	8	23.149	88	≤0.60	10	29.278
	>1.7~2.4	9	25.863		>0.4~1.0	9	26.101		>0.6~1.2	11	32.230
56	≤0.80	7	19.973		>1.0~1.6	10	29.054		>1.2~1.8	12	35.182
	>0.80~1.6	8	22.925		>1.6~2.4	11	32.006		>1.8~2.6	13	38.134
	>1.6~2.4	9	25.877	73	≤0.80	9	26.115	89	≤0.50	10	29.292
57	≤0.80	7	19.987		>0.80~1.7	10	29.068		>0.5~1.1	11	32.244
	>0.80~1.5	8	22.939		>1.7~2.3	11	32.020		>1.1~1.7	12	35.196
	>1.5~2.0	9	25.891		>2.3~2.8	12	34.972		>1.7~2.5	13	38.148
	>2.0~2.4	10	28.844	74	≤0.80	9	26.129	90	≤0.40	10	29.306
58	≤0.80	7	20.001		>0.8~1.6	10	29.082		>0.4~1.1	11	32.258
	>0.80~1.4	8	22.953		>1.6~2.2	11	32.034		>1.1~1.6	12	35.210
	>1.4~2.0	9	25.905		>2.2~2.8	12	34.986		>1.6~2.4	13	38.162
	>2.0~2.4	10	28.858								

（续）

$z(z')$	$x(x_n)$	k	$w_k^*(w_{kn}^*)$	$z(z')$	$x(x_n)$	k	$w_k^*(w_{kn}^*)$	$z(z')$	$x(x_n)$	k	$w_k^*(w_{kn}^*)$
91	≤0.80	11	32.272	112	≤0.60	13	38.470	129	≤0.50	15	44.612
	>0.8~1.5	12	35.224		>0.6~1.4	14	41.422		>0.5~1.5	16	47.565
	>1.5~2.2	13	38.176		>1.4~2.0	15	44.374		>1.5~2.0	17	50.517
	>2.2~2.8	14	41.128		>2.0~2.8	16	47.326		>2.0~2.5	18	53.469
92	≤0.80	11	32.286	113	≤0.60	13	38.484	130	≤0.50	15	44.626
	>0.8~1.4	12	35.238		>0.6~1.3	14	41.436		>0.5~1.5	16	47.579
	>1.4~2.2	13	38.190		>1.3~1.9	15	44.388		>1.5~2.0	17	50.531
	>2.2~2.8	14	41.142		>1.9~2.7	16	47.340		>2.0~2.5	18	53.483
93	≤0.70	11	32.300	114	≤0.60	13	38.498	131	≤0.50	15	44.641
	>0.7~1.3	12	35.252		>0.6~1.2	14	41.450		>0.5~1.5	16	47.593
	>1.3~2.1	13	38.204		>1.2~1.8	15	44.402		>1.5~2.0	17	50.545
	>2.1~2.8	14	41.156		>1.8~2.6	16	47.354		>2.0~2.5	18	53.497
94	≤0.60	11	32.314	115	≤0.50	13	38.512	132	≤0.50	15	44.654
	>0.6~1.2	12	35.266		>0.5~1.1	14	41.464		>0.5~1.5	16	47.607
	>1.2~2.0	13	38.218		>1.1~1.8	15	44.416		>1.5~2.0	17	50.559
	>2.0~2.8	14	41.170		>1.8~2.5	16	47.368		>2.0~2.5	18	53.511
95	≤0.60	11	32.328	116	≤0.40	13	38.526	133	≤0.50	15	44.668
	>0.6~1.2	12	35.280		>0.4~1.0	14	41.478		>0.5~1.5	16	47.621
	>1.2~2.0	13	38.232		>1.0~1.8	15	44.430		>1.5~2.0	17	50.573
	>2.0~2.6	14	41.148		>1.8~2.5	16	47.382		>2.0~2.5	18	53.525
96	≤0.60	11	32.342	117	≤0.80	14	41.492	134	≤0.50	15	44.682
	>0.6~1.2	12	35.294		>0.8~1.6	15	44.444		>0.5~1.5	16	47.635
	>1.2~2.0	13	38.246		>1.6~2.2	16	47.396		>1.5~2.0	17	50.587
	>2.0~2.6	14	41.198		>2.2~2.6	17	50.348		>2.0~2.5	18	53.539
97	≤0.50	11	32.356	118	≤0.80	14	41.506	135	≤0.50	16	47.649
	>0.5~1.1	12	35.308		>0.8~1.6	15	44.458		>0.5~1.5	17	50.601
	>1.1~1.9	13	38.260		>1.6~2.2	16	47.410		>1.5~2.0	18	53.553
	>1.9~2.5	14	41.212		>2.2~2.6	17	50.362		>2.0~2.5	19	56.505
98	≤0.40	11	32.370	119	≤0.80	14	41.520	136	≤0.50	16	47.663
	>0.4~1.0	12	35.322		>0.8~1.5	15	44.472		>0.5~1.5	17	50.615
	>1.0~1.8	13	38.274		>1.5~2.1	16	47.424		>1.5~2.0	18	53.567
	>1.8~2.5	14	41.226		>2.1~2.5	17	50.376		>2.0~2.5	19	56.519
99	≤0.30	11	32.384	120	≤0.80	14	41.534	137	≤0.50	16	47.671
	>0.3~0.9	12	35.336		>0.8~1.4	15	44.486		>0.5~1.5	17	50.629
	>0.9~1.7	13	38.288		>1.4~2.0	16	47.438		>1.5~2.0	18	53.581
	>1.7~2.4	14	41.240		>2.0~2.5	17	50.390		>2.0~2.5	19	56.533
100	≤0.80	12	35.350	121	≤0.50	14	41.548	138	≤0.50	16	47.691
	>0.8~1.6	13	38.302		>0.5~1.5	15	44.500		>0.5~1.5	17	50.643
	>1.6~2.2	14	41.254		>1.5~2.0	16	47.453		>1.5~2.0	18	53.595
	>2.2~2.8	15	44.206		>2.0~2.5	17	50.405		>2.0~2.5	19	56.547
102	≤0.60	12	35.378	122	≤0.50	14	41.562	139	≤0.50	16	47.705
	>0.6~1.4	13	38.330		>0.5~1.5	15	44.514		>0.5~1.5	17	50.657
	>1.4~2.0	14	41.282		>1.5~2.0	16	47.467		>1.5~2.0	18	53.609
	>2.0~2.8	15	44.234		>2.0~2.5	17	50.419		>2.0~2.5	19	56.561
104	≤0.40	12	35.406	123	≤0.50	14	41.576	140	≤0.50	16	47.719
	>0.4~1.2	13	38.358		>0.5~1.5	15	44.528		>0.5~1.5	17	50.671
	>1.2~2.0	14	41.310		>1.5~2.0	16	47.481		>1.5~2.0	18	53.623
	>2.0~2.7	15	44.262		>2.0~2.5	17	50.433		>2.0~2.5	19	56.575
105	≤0.40	12	35.420	124	≤0.50	14	41.590	141	≤0.50	16	47.733
	>0.4~1.2	13	38.372		>0.5~1.5	15	44.542		>0.5~1.5	17	50.685
	>1.2~1.9	14	41.324		>1.5~2.0	16	47.495		>1.5~2.0	18	53.637
	>1.9~2.6	15	44.276		>2.0~2.5	17	50.447		>2.0~2.5	19	56.589
106	≤0.40	12	35.434	125	≤0.50	14	41.604	142	≤0.50	16	47.747
	>0.4~1.2	13	38.386		>0.5~1.5	15	44.556		>0.5~1.5	17	50.699
	>1.2~1.8	14	41.338		>1.5~2.0	16	47.509		>1.5~2.0	18	53.651
	>1.8~2.5	15	44.290		>2.0~2.5	17	50.461		>2.0~2.5	19	56.603
108	≤0.20	12	35.462	126	≤0.50	15	44.570	143	≤0.50	16	47.761
	>0.2~1.0	13	38.414		>0.5~1.5	16	47.523		>0.5~1.5	17	50.713
	>1.0~1.6	14	41.366		>1.5~2.0	17	50.475		>1.5~2.0	18	53.665
	>1.6~2.4	15	44.318		>2.0~2.5	18	53.427		>2.0~2.5	19	56.617
110	≤0.80	13	38.442	127	≤0.50	15	44.585	144	≤0.50	17	50.727
	>0.8~1.5	14	41.394		>0.5~1.5	16	47.537		>0.5~1.5	18	53.679
	>1.5~2.2	15	44.346		>1.5~2.0	17	50.489		>1.5~2.0	19	56.631
	>2.2~2.8	16	47.298		>2.0~2.5	18	53.441		>2.0~2.5	20	59.583
111	≤0.70	13	38.456	128	≤0.50	15	44.598	145	≤0.50	17	50.741
	>0.7~1.4	14	41.408		>0.5~1.5	16	47.551		>0.5~1.5	18	53.693
	>1.4~2.1	15	44.360		>1.5~2.0	17	50.503		>1.5~2.0	19	56.645
	>2.1~2.8	16	47.312		>2.0~2.5	18	53.455		>2.0~2.5	20	59.597

（续）

$z(z')$	$x(x_n)$	k	$w_k^*(w_{kn}^*)$	$z(z')$	$x(x_n)$	k	$w_k^*(w_{kn}^*)$	$z(z')$	$x(x_n)$	k	$w_k^*(w_{kn}^*)$
146	≤0.50	17	50.755	158	≤0.50	18	53.875	170	≤0.50	19	56.995
	>0.5~1.5	18	53.707		>0.5~1.5	19	56.827		>0.5~1.5	20	59.947
	>1.5~2.0	19	56.659		>1.5~2.0	20	59.779		>1.5~2.0	21	62.900
	>2.0~2.5	20	59.611		>2.0~2.5	21	62.732		>2.0~2.5	22	65.852
147	≤0.50	17	50.769	159	≤0.50	18	53.889	171	≤0.50	20	59.961
	>0.5~1.5	18	53.721		>0.5~1.5	19	56.841		>0.5~1.5	21	62.914
	>1.5~2.0	19	56.673		>1.5~2.0	20	59.793		>1.5~2.0	22	65.866
	>2.0~2.5	20	59.625		>2.0~2.5	21	62.746		>2.0~2.5	23	68.818
148	≤0.50	17	50.783	160	≤0.50	18	53.903	172	≤0.50	20	59.975
	>0.5~1.5	18	53.735		>0.5~1.5	19	56.855		>0.5~1.5	21	62.928
	>1.5~2.0	19	56.687		>1.5~2.0	20	59.807		>1.5~2.0	22	65.880
	>2.0~2.5	20	59.639		>2.0~2.5	21	62.760		>2.0~2.5	23	68.832
149	≤0.50	17	50.797	161	≤0.50	19	56.869	173	≤0.50	20	59.990
	>0.5~1.5	18	53.749		>0.5~1.5	20	59.821		>0.5~1.5	21	62.942
	>1.5~2.0	19	56.701		>1.5~2.0	21	62.774		>1.5~2.0	22	65.894
	>2.0~2.5	20	59.653		>2.0~2.5	22	65.726		>2.0~2.5	23	68.846
150	≤0.50	17	50.811	162	≤0.50	19	56.883	174	≤0.50	20	60.003
	>0.5~1.5	18	53.763		>0.5~1.5	20	59.835		>0.5~1.5	21	62.956
	>1.5~2.0	19	56.715		>1.5~2.0	21	62.788		>1.5~2.0	22	65.908
	>2.0~2.5	20	59.667		>2.0~2.5	22	65.740		>2.0~2.5	23	68.860
151	≤0.50	17	50.825	163	≤0.50	19	56.897	175	≤0.50	20	60.017
	>0.5~1.5	18	53.777		>0.5~1.5	20	59.849		>0.5~1.5	21	62.970
	>1.5~2.0	19	56.729		>1.5~2.0	21	62.802		>1.5~2.0	22	65.922
	>2.0~2.5	20	59.681		>2.0~2.5	22	65.754		>2.0~2.5	23	68.874
152	≤0.50	17	50.839	164	≤0.50	19	56.911	176	≤0.50	20	60.031
	>0.5~1.5	18	53.791		>0.5~1.5	20	59.863		>0.5~1.5	21	62.984
	>1.5~2.0	19	56.743		>1.5~2.0	21	62.816		>1.5~2.0	22	65.936
	>2.0~2.5	20	59.695		>2.0~2.5	22	65.768		>2.0~2.5	23	68.888
153	≤0.50	18	53.805	165	≤0.50	19	56.925	177	≤0.50	20	60.045
	>0.5~1.5	19	56.757		>0.5~1.5	20	59.877		>0.5~1.5	21	62.998
	>1.5~2.0	20	59.709		>1.5~2.0	21	62.830		>1.5~2.0	22	65.950
	>2.0~2.5	21	62.662		>2.0~2.5	22	65.782		>2.0~2.5	23	68.902
154	≤0.50	18	53.819	166	≤0.50	19	56.939	178	≤0.50	20	60.059
	>0.5~1.5	19	56.771		>0.5~1.5	20	59.891		>0.5~1.5	21	63.012
	>1.5~2.0	20	59.723		>1.5~2.0	21	62.844		>1.5~2.0	22	65.964
	>2.0~2.5	21	62.676		>2.0~2.5	22	65.769		>2.0~2.5	23	68.916
155	≤0.50	18	53.833	167	≤0.50	19	56.953	179	≤0.50	20	60.074
	>0.5~1.5	19	56.785		>0.5~1.5	20	59.906		>0.5~1.5	21	63.026
	>1.5~2.0	20	59.737		>1.5~2.0	21	62.858		>1.5~2.0	22	65.978
	>2.0~2.5	21	62.690		>2.0~2.5	22	65.810		>2.0~2.5	23	68.930
156	≤0.50	18	53.847	168	≤0.50	19	56.967	180	≤0.50	21	63.040
	>0.5~1.5	19	56.799		>0.5~1.5	20	59.919		>0.5~1.5	22	65.992
	>1.5~2.0	20	59.751		>1.5~2.0	21	62.872		>1.5~2.0	23	68.944
	>2.0~2.5	21	62.704		>2.0~2.5	22	65.824		>2.0~2.5	24	71.896
157	≤0.50	18	53.861	169	≤0.50	19	56.981				
	>0.5~1.5	19	56.813		>0.5~1.5	20	59.933				
	>1.5~2.0	20	59.765		>1.5~2.0	21	62.886				
	>2.0~2.5	21	62.718		>2.0~2.5	22	65.838				

注：1. w_k^*（w_{kn}^*）为 $m=1mm$（或 $m_n=1mm$）时标准齿轮的公法线长度；当模数 $m\neq1mm$（或 $m_n\neq1mm$）时标准齿轮的公法线长度应为 $w_k=w_k^*m$（或 $w_{kn}=w_{kn}^*m_n$）。变位齿轮的公法线长度应按式 $w_k=m(w_k^*+\Delta w^*)$ 或 $w_{kn}=m_n(w_{kn}^*+\Delta w_n^*)$ 计算，式中 Δw^*（Δw_n^*）见表 8.2-27。

2. 对直齿轮表中 $z'=z$；对斜齿轮，$z'=z\dfrac{\text{inv}\alpha_t}{0.0149}$（比值 $\dfrac{\text{inv}\alpha_t}{0.0149}$ 见表 8.2-25），按此式算出的 z' 后面如有小数部分时，应利用表 8.2-26 的数值，按插入法进行补偿计算。

例　确定斜齿轮的公法线长度。已知 $z=23$，$m_n=4mm$，$\alpha_n=20°$，$\beta_0=29°48'$。

解　1）假想齿数 $z'=z\dfrac{\text{inv}\alpha_t}{0.0149}$，由表 8.2-25 查出 $\dfrac{\text{inv}\alpha_t}{0.0149}=1.4953$（插入法计算）；

$z'=1.4953\times23=34.39$（取到小数点后两位数值）。

2）查表 8.2-24，$z'=34$ 为 10.809mm $\Big\}$ $w_{kn}^*=$（10.809+0.0055）mm=10.8145mm。
查表 8.2-26，$z'=0.39$ 为 0.0055mm

3）$w_{kn}=w_{kn}^*m_n=10.8145\times4mm=43.258mm$。

表 8.2-25 比值 $\dfrac{\mathrm{inv}\alpha_t}{\mathrm{inv}\alpha_n}=\dfrac{\mathrm{inv}\alpha_t}{0.0149}$ （$\alpha_n = 20°$）

β	$\dfrac{\mathrm{inv}\alpha_t}{\mathrm{inv}\alpha_n}$	β	$\dfrac{\mathrm{inv}\alpha_t}{\mathrm{inv}\alpha_n}$	β	$\dfrac{\mathrm{inv}\alpha_t}{\mathrm{inv}\alpha_n}$	β	$\dfrac{\mathrm{inv}\alpha_t}{\mathrm{inv}\alpha_n}$	β	$\dfrac{\mathrm{inv}\alpha_t}{\mathrm{inv}\alpha_n}$	β	$\dfrac{\mathrm{inv}\alpha_t}{\mathrm{inv}\alpha_n}$	β	$\dfrac{\mathrm{inv}\alpha_t}{\mathrm{inv}\alpha_n}$
7.00°	1.021595	12.00°	1.065083	17.00°	1.135833	22.00°	1.240111	27.00°	1.387956	32.00°	1.595175	37.00°	1.886893
7.10°	1.022225	12.10°	1.066215	17.10°	1.137564	22.10°	1.242600	27.10°	1.391453	32.10°	1.600076	37.10°	1.893834
7.20°	1.022864	12.20°	1.067357	17.20°	1.139308	22.20°	1.245106	27.20°	1.394974	32.20°	1.605012	37.20°	1.900824
7.30°	1.023513	12.30°	1.068511	17.30°	1.141065	22.30°	1.247629	27.30°	1.398519	32.30°	1.609981	37.30°	1.907865
7.40°	1.024170	12.40°	1.069676	17.40°	1.142836	22.40°	1.250170	27.40°	1.402087	32.40°	1.614984	37.40°	1.914956
7.50°	1.024838	12.50°	1.070851	17.50°	1.144621	22.50°	1.252728	27.50°	1.405680	32.50°	1.620021	37.50°	1.922098
7.60°	1.025515	12.60°	1.072038	17.60°	1.146419	22.60°	1.255305	27.60°	1.409297	32.60°	1.625093	37.60°	1.929292
7.70°	1.026201	12.70°	1.073235	17.70°	1.148231	22.70°	1.257899	27.70°	1.412938	32.70°	1.630200	37.70°	1.936537
7.80°	1.026897	12.80°	1.074444	17.80°	1.150056	22.80°	1.260511	27.80°	1.416604	32.80°	1.635342	37.80°	1.943835
7.90°	1.027603	12.90°	1.075664	17.90°	1.151896	22.90°	1.263141	27.90°	1.420294	32.90°	1.640519	37.90°	1.951185
8.00°	1.028318	13.00°	1.076895	18.00°	1.153729	23.00°	1.265789	28.00°	1.424010	33.00°	1.645732	38.00°	1.958588
8.10°	1.029043	13.10°	1.078137	18.10°	1.155616	23.10°	1.268455	28.10°	1.427750	33.10°	1.650980	38.10°	1.966045
8.20°	1.029777	13.20°	1.079390	18.20°	1.157497	23.20°	1.271140	28.20°	1.431516	33.20°	1.656265	38.20°	1.973556
8.30°	1.030521	13.30°	1.080655	18.30°	1.159392	23.30°	1.273844	28.30°	1.435307	33.30°	1.661587	38.30°	1.981122
8.40°	1.031275	13.40°	1.081931	18.40°	1.161302	23.40°	1.276566	28.40°	1.439124	33.40°	1.666945	38.40°	1.988742
8.50°	1.032038	13.50°	1.083219	18.50°	1.163225	23.50°	1.279306	28.50°	1.442967	33.50°	1.672340	38.50°	1.996418
8.60°	1.032811	13.60°	1.084518	18.60°	1.165163	23.60°	1.282066	28.60°	1.446835	33.60°	1.677772	38.60°	2.004149
8.70°	1.033594	13.70°	1.085828	18.70°	1.167116	23.70°	1.284844	28.70°	1.450730	33.70°	1.683242	38.70°	2.011937
8.80°	1.034386	13.80°	1.087150	18.80°	1.169082	23.80°	1.287642	28.80°	1.454650	33.80°	1.688750	38.80°	2.019782
8.90°	1.035189	13.90°	1.088484	18.90°	1.171064	23.90°	1.290458	28.90°	1.458598	33.90°	1.694296	38.90°	2.027684
9.00°	1.036001	14.00°	1.089829	19.00°	1.173060	24.00°	1.293294	29.00°	1.462572	34.00°	1.699880	39.00°	2.035644
9.10°	1.036823	14.10°	1.091186	19.10°	1.175070	24.10°	1.296149	29.10°	1.466573	34.10°	1.705503	39.10°	2.043663
9.20°	1.037655	14.20°	1.092554	19.20°	1.177095	24.20°	1.299024	29.20°	1.470601	34.20°	1.711166	39.20°	2.051740
9.30°	1.038497	14.30°	1.093934	19.30°	1.179135	24.30°	1.301919	29.30°	1.474656	34.30°	1.716867	39.30°	2.059876
9.40°	1.039349	14.40°	1.095326	19.40°	1.181190	24.40°	1.304833	29.40°	1.478738	34.40°	1.722609	39.40°	2.068073
9.50°	1.040211	14.50°	1.096730	19.50°	1.183260	24.50°	1.307767	29.50°	1.482848	34.50°	1.728390	39.50°	2.076329
9.60°	1.041083	14.60°	1.098146	19.60°	1.185345	24.60°	1.310721	29.60°	1.486986	34.60°	1.734211	39.60°	2.084647
9.70°	1.041964	14.70°	1.099574	19.70°	1.187445	24.70°	1.313695	29.70°	1.491152	34.70°	1.740073	39.70°	2.093026
9.80°	1.042856	14.80°	1.101014	19.80°	1.189560	24.80°	1.316690	29.80°	1.495346	34.80°	1.745977	39.80°	2.101467
9.90°	1.043758	14.90°	1.102466	19.90°	1.191691	24.90°	1.319704	29.90°	1.499569	34.90°	1.751921	39.90°	2.109970
10.00°	1.044670	15.00°	1.103930	20.00°	1.193837	25.00°	1.322740	30.00°	1.503820	35.00°	1.757907	40.00°	2.118537
10.10°	1.045592	15.10°	1.105406	20.10°	1.195998	25.10°	1.325795	30.10°	1.508100	35.10°	1.763935	40.10°	2.127167
10.20°	1.046525	15.20°	1.106894	20.20°	1.198175	25.20°	1.328872	30.20°	1.512409	35.20°	1.770005	40.20°	2.135862
10.30°	1.047467	15.30°	1.108395	20.30°	1.200367	25.30°	1.331970	30.30°	1.516747	35.30°	1.776117	40.30°	2.144621
10.40°	1.048420	15.40°	1.109907	20.40°	1.202573	25.40°	1.335088	30.40°	1.521115	35.40°	1.782273	40.40°	2.153445
10.50°	1.049383	15.50°	1.111433	20.50°	1.204799	25.50°	1.338228	30.50°	1.525512	35.50°	1.788472	40.50°	2.162335
10.60°	1.050356	15.60°	1.112970	20.60°	1.207039	25.60°	1.341389	30.60°	1.529939	35.60°	1.794714	40.60°	2.171292
10.70°	1.051340	15.70°	1.114520	20.70°	1.209295	25.70°	1.344571	30.70°	1.534396	35.70°	1.801001	40.70°	2.180316
10.80°	1.052334	15.80°	1.116083	20.80°	1.211567	25.80°	1.347775	30.80°	1.538883	35.80°	1.807332	40.80°	2.189408
10.90°	1.053339	15.90°	1.117658	20.90°	1.213855	25.90°	1.351001	30.90°	1.543401	35.90°	1.813707	40.90°	2.198567
11.00°	1.054353	16.00°	1.119246	21.00°	1.216159	26.00°	1.354249	31.00°	1.547950	36.00°	1.820128		
11.10°	1.055379	16.10°	1.120847	21.10°	1.218479	26.10°	1.357518	31.10°	1.552529	36.10°	1.826594		
11.20°	1.056414	16.20°	1.122460	21.20°	1.220816	26.20°	1.360810	31.20°	1.557140	36.20°	1.833105		
11.30°	1.057461	16.30°	1.124086	21.30°	1.223169	26.30°	1.364124	31.30°	1.561782	36.30°	1.839663		
11.40°	1.058518	16.40°	1.125725	21.40°	1.225539	26.40°	1.367460	31.40°	1.566455	36.40°	1.846268		
11.50°	1.059585	16.50°	1.127377	21.50°	1.227925	26.50°	1.370819	31.50°	1.571161	36.50°	1.852919		
11.60°	1.060663	16.60°	1.129042	21.60°	1.230329	26.60°	1.374200	31.60°	1.575899	36.60°	1.859617		
11.70°	1.061752	16.70°	1.130720	21.70°	1.232749	26.70°	1.377604	31.70°	1.580669	36.70°	1.866364		
11.80°	1.062852	16.80°	1.132411	21.80°	1.235186	26.80°	1.381032	31.80°	1.585471	36.80°	1.873158		
11.90°	1.063962	16.90°	1.134115	21.90°	1.237640	26.90°	1.384482	31.90°	1.590306	36.90°	1.880001		

表 8.2-26　假想齿数的小数部分公法线长度 w_k^* (w_{kn}^*)

$(m_n = m = 1\text{mm}, \alpha_n = \alpha = 20°)$　　　　　　　　（mm）

z'	0.00	0.01	0.02	0.03	0.04	0.05	0.06	0.07	0.08	0.09
0.0	0.0000	0.0001	0.0003	0.0004	0.0006	0.0007	0.0008	0.0010	0.0011	0.0013
0.1	0.0014	0.0015	0.0017	0.0018	0.0020	0.0021	0.0022	0.0024	0.0025	0.0027
0.2	0.0028	0.0029	0.0031	0.0032	0.0034	0.0035	0.0036	0.0038	0.0039	0.0041
0.3	0.0042	0.0043	0.0045	0.0046	0.0048	0.0049	0.0051	0.0052	0.0053	0.0055
0.4	0.0056	0.0057	0.0059	0.0060	0.0061	0.0063	0.0064	0.0066	0.0067	0.0069
0.5	0.0070	0.0071	0.0073	0.0074	0.0076	0.0077	0.0079	0.0080	0.0081	0.0083
0.6	0.0084	0.0085	0.0087	0.0088	0.0089	0.0091	0.0092	0.0094	0.0095	0.0097
0.7	0.0098	0.0099	0.0101	0.0102	0.0104	0.0105	0.0106	0.0108	0.0109	0.0111
0.8	0.0112	0.0114	0.0115	0.0116	0.0118	0.0119	0.0120	0.0122	0.0123	0.0124
0.9	0.0126	0.0127	0.0129	0.0130	0.0132	0.0133	0.0135	0.0136	0.0137	0.0139

表 8.2-27　变位齿轮的公法线长度附加量 Δw^*

$(m_n = m = 1, \alpha_n = \alpha = 20°)$　　　　　　　　　　（mm）

x （或 x_n）	0.00	0.01	0.02	0.03	0.04	0.05	0.06	0.07	0.08	0.09
0.0	0.0000	0.0068	0.0137	0.0205	0.0274	0.0342	0.0410	0.0479	0.0547	0.0616
0.1	0.0684	0.0752	0.0821	0.0889	0.0958	0.1026	0.1094	0.1163	0.1231	0.1300
0.2	0.1368	0.1436	0.1505	0.1573	0.1642	0.1710	0.1779	0.1847	0.1915	0.1984
0.3	0.2052	0.2121	0.2189	0.2257	0.2326	0.2394	0.2463	0.2531	0.2599	0.2668
0.4	0.2736	0.2805	0.2873	0.2941	0.3010	0.3078	0.3147	0.3215	0.3283	0.3352
0.5	0.3420	0.3489	0.3557	0.3625	0.3694	0.3762	0.3831	0.3899	0.3967	0.4036
0.6	0.4104	0.4173	0.4241	0.4309	0.4378	0.4446	0.4515	0.4583	0.4651	0.4720
0.7	0.4788	0.4857	0.4925	0.4993	0.5062	0.5130	0.5199	0.5267	0.5336	0.5404
0.8	0.5472	0.5541	0.5609	0.5678	0.5746	0.5814	0.5883	0.5951	0.6020	0.6088
0.9	0.6156	0.6225	0.6293	0.6362	0.6430	0.6498	0.6567	0.6635	0.6704	0.6772
1.0	0.6840	0.6909	0.6977	0.7046	0.7114	0.7182	0.7251	0.7319	0.7388	0.7456
1.1	0.7524	0.7593	0.7661	0.7730	0.7798	0.7866	0.7935	0.8003	0.8072	0.8140
1.2	0.8208	0.8277	0.8345	0.8414	0.8482	0.8551	0.8619	0.8687	0.8756	0.8824
1.3	0.8893	0.8961	0.9029	0.9098	0.9166	0.9235	0.9303	0.9371	0.9440	0.9508
1.4	0.9577	0.9645	0.9713	0.9782	0.9850	0.9919	0.9987	1.0055	1.0124	1.0192
1.5	1.0261	1.0329	1.0397	1.0466	1.0534	1.0603	1.0671	1.0739	1.0808	1.0876
1.6	1.0945	1.1013	1.1081	1.1150	1.1218	1.1287	1.1355	1.1423	1.1492	1.1560
1.7	1.1629	1.1697	1.1765	1.1834	1.1902	1.1971	1.2039	1.2108	1.2176	1.2244
1.8	1.2313	1.2381	1.2450	1.2518	1.2586	1.2655	1.2723	1.2792	1.2860	1.2928
1.9	1.2997	1.3065	1.3134	1.3202	1.3270	1.3339	1.3407	1.3476	1.3544	1.3612

3.3　分度圆弦齿厚

3.3.1　分度圆弦齿厚计算公式（见表 8.2-28）

表 8.2-28　分度圆弦齿厚计算公式

	项　目		直齿轮（内啮合、外啮合）	斜齿轮（内啮合、外啮合）
外齿轮	标准齿轮	分度圆弦齿厚 $\bar{s}(\bar{s}_n)$	$\bar{s} = zm\sin\dfrac{90°}{z}$ $\bar{s}$ 查表 8.2-29	$\bar{s}_n = z_v m_n \sin\dfrac{90°}{z_v}$ $\bar{s}_n$ 查表 8.2-29
		分度圆弦齿高 $\bar{h}_a(\bar{h}_{an})$	$\bar{h}_a = m\left[1 + \dfrac{z}{2}\left(1 - \cos\dfrac{90°}{z}\right)\right]$ $\bar{h}_a$ 查表 8.2-29	$\bar{h}_{an} = m_n\left[1 + \dfrac{z_v}{2}\left(1 - \cos\dfrac{90°}{z_v}\right)\right]$ $\bar{h}_{an}$ 查表 8.2-29
	变位齿轮	分度圆弦齿厚 $\bar{s}(\bar{s}_n)$	$\bar{s} = zm\sin\Delta,\ \Delta = \dfrac{90° + 41.7°x}{z}$ $\bar{s}$ 查表 8.2-30	$\bar{s}_n = z_v m_n \sin\Delta,\ \Delta = \dfrac{90° + 41.7°x_n}{z_v}$ $\bar{s}_n$ 查表 8.2-30
		分度圆弦齿高 $\bar{h}_a(\bar{h}_{an})$	$\bar{h}_a = h_a + \dfrac{zm}{2}(1 - \cos\Delta)$ $\bar{h}_a$ 查表 8.2-30	$\bar{h}_{an} = h_a + \dfrac{z_v m_n}{2}(1 - \cos\Delta)$ $\bar{h}_{an}$ 查表 8.2-30

（续）

项目		直齿轮（内啮合、外啮合）	斜齿轮（内啮合、外啮合）
内齿轮	分度圆弦齿厚 $\bar{s}(\bar{s}_n)$	$\bar{s}_2 = z_2 m \sin\Delta_2$，$\Delta_2 = \dfrac{90° - 41.7° x_2}{z_2}$	$\bar{s}_{n2} = z_{v2} m_n \sin\Delta_2$，$\Delta_2 = \dfrac{90° - 41.7° x_{n2}}{z_{v2}}$
	分度圆弦齿高 $\bar{h}_a(\bar{h}_{an})$	$\bar{h}_{a2} = h_{a2} - \dfrac{z_2 m}{2}(1 - \cos\Delta_2) + \Delta h$ $\Delta h = \dfrac{d_{a2}}{2}(1 - \cos\delta_a)$ $\delta_a = \dfrac{\pi}{2z_2} - \mathrm{inv}\alpha - \dfrac{2x_2}{z_2}\tan\alpha + \mathrm{inv}\alpha_{a2}$	$\bar{h}_{an2} = h_{a2} - \dfrac{z_{v2} m_n}{2}(1 - \cos\Delta_2) + \Delta h$ $\Delta h = \dfrac{d_{a2}}{2}(1 - \cos\delta_a)$ $\delta_a = \dfrac{\pi}{2z_{v2}} - \mathrm{inv}\alpha_t - \dfrac{2x_{n2}}{z_{v2}}\tan\alpha_t + \mathrm{inv}\alpha_{at2}$

3.3.2　分度圆弦齿厚数值表（见表 8.2-29、表 8.2-30）

表 8.2-29　外啮合标准齿轮分度圆弦齿厚 $\bar{s}(\bar{s}_n)$ 和弦齿高 $\bar{h}_a(\bar{h}_{an})$

（$m_n = m = 1\mathrm{mm}$，$\alpha_n = \alpha = 20°$，$\bar{h}_a^* = \bar{h}_a^* = 1$）　　　　（mm）

齿数 $z(z_v)$	分度圆弦齿厚 $\bar{s}(\bar{s}_n)$	分度圆弦齿高 $\bar{h}_a(\bar{h}_{an})$	齿数 $z(z_v)$	分度圆弦齿厚 $\bar{s}(\bar{s}_n)$	分度圆弦齿高 $\bar{h}_a(\bar{h}_{an})$	齿数 $z(z_v)$	分度圆弦齿厚 $\bar{s}(\bar{s}_n)$	分度圆弦齿高 $\bar{h}_a(\bar{h}_{an})$	齿数 $z(z_v)$	分度圆弦齿厚 $\bar{s}(\bar{s}_n)$	分度圆弦齿高 $\bar{h}_a(\bar{h}_{an})$
6	1.5529	1.1022	40	1.5704	1.0154	74	1.5707	1.0084	108	1.5707	1.0057
7	1.5568	1.0873	41	1.5704	1.0150	75	1.5707	1.0083	109	1.5707	1.0057
8	1.5607	1.0769	42	1.5704	1.0147	76	1.5707	1.0081	110	1.5707	1.0056
9	1.5628	1.0684	43	1.5705	1.0143	77	1.5707	1.0080	111	1.5707	1.0056
10	1.5643	1.0616	44	1.5705	1.0140	78	1.5707	1.0079	112	1.5707	1.0055
11	1.5654	1.0559	45	1.5705	1.0137	79	1.5707	1.0078	113	1.5707	1.0055
12	1.5663	1.0514	46	1.5705	1.0134	80	1.5707	1.0077	114	1.5707	1.0054
13	1.5670	1.0474	47	1.5705	1.0131	81	1.5707	1.0076	115	1.5707	1.0054
14	1.5675	1.0440	48	1.5705	1.0129	82	1.5707	1.0075	116	1.5707	1.0053
15	1.5679	1.0411	49	1.5705	1.0126	83	1.5707	1.0074	117	1.5707	1.0053
16	1.5683	1.0385	50	1.5705	1.0123	84	1.5707	1.0074	118	1.5707	1.0053
17	1.5686	1.0362	51	1.5706	1.0121	85	1.5707	1.0073	119	1.5707	1.0052
18	1.5688	1.0342	52	1.5706	1.0119	86	1.5707	1.0072	120	1.5707	1.0052
19	1.5690	1.0324	53	1.5706	1.0117	87	1.5707	1.0071	121	1.5707	1.0051
20	1.5692	1.0308	54	1.5706	1.0114	88	1.5707	1.0070	122	1.5707	1.0051
21	1.5694	1.0294	55	1.5706	1.0112	89	1.5707	1.0069	123	1.5707	1.0050
22	1.5695	1.0281	56	1.5706	1.0110	90	1.5707	1.0068	124	1.5707	1.0050
23	1.5696	1.0268	57	1.5706	1.0108	91	1.5707	1.0068	125	1.5707	1.0049
24	1.5697	1.0257	58	1.5706	1.0106	92	1.5707	1.0067	126	1.5707	1.0049
25	1.5698	1.0247	59	1.5706	1.0105	93	1.5707	1.0067	127	1.5707	1.0049
26	1.5698	1.0237	60	1.5706	1.0102	94	1.5707	1.0066	128	1.5707	1.0048
27	1.5699	1.0228	61	1.5706	1.0101	95	1.5707	1.0065	129	1.5707	1.0048
28	1.5700	1.0220	62	1.5706	1.0100	96	1.5707	1.0064	130	1.5707	1.0047
29	1.5700	1.0213	63	1.5706	1.0098	97	1.5707	1.0064	131	1.5708	1.0047
30	1.5701	1.0205	64	1.5706	1.0097	98	1.5707	1.0063	132	1.5708	1.0047
31	1.5701	1.0199	65	1.5706	1.0095	99	1.5707	1.0062	133	1.5708	1.0047
32	1.5702	1.0193	66	1.5706	1.0094	100	1.5707	1.0061	134	1.5708	1.0046
33	1.5702	1.0187	67	1.5706	1.0092	101	1.5707	1.0061	135	1.5708	1.0046
34	1.5702	1.0181	68	1.5706	1.0091	102	1.5707	1.0060	140	1.5708	1.0044
35	1.5702	1.0176	69	1.5707	1.0090	103	1.5707	1.0060	145	1.5708	1.0042
36	1.5703	1.0171	70	1.5707	1.0088	104	1.5707	1.0059	150	1.5708	1.0041
37	1.5703	1.0167	71	1.5707	1.0087	105	1.5707	1.0059	齿条	1.5708	1.0000
38	1.5703	1.0162	72	1.5707	1.0086	106	1.5707	1.0058			
39	1.5704	1.0158	73	1.5707	1.0085	107	1.5707	1.0058			

注：1. 对于斜齿圆柱齿轮和锥齿轮，本表也可以用，所不同的是，齿数要改为当量齿数 z_v。

　　2. 如果当量齿数带小数，就要用比例插入法，把小数部分考虑进去。

　　3. 当模数 m（或 m_n）$\neq 1\mathrm{mm}$ 时，应将查得的 $\bar{s}(\bar{s}_n)$ 和 $\bar{h}_a(\bar{h}_{an})$ 乘以 $m(m_n)$。

表 8.2-30 外啮合变位齿轮的分度圆弦齿厚 $\bar{s}$ ($\bar{s}_n$) 和分度圆弦齿高 $\bar{h}_a$ ($\bar{h}_{an}$)

($\alpha = \alpha_n = 20°$, $m = m_n = 1$, $h_a = h_{an} = 1$)   (mm)

$z(z_v)$	10		11		12		13		14		15		16		17	
$x(x_n)$	$\bar{s}$ ($\bar{s}_n$)	$\bar{h}_a$ ($\bar{h}_{an}$)	$\bar{s}$ ($\bar{s}_n$)	$\bar{h}_a$ ($\bar{h}_{an}$)	$\bar{s}$ ($\bar{s}_n$)	$\bar{h}_a$ ($\bar{h}_{an}$)	$\bar{s}$ ($\bar{s}_n$)	$\bar{h}_a$ ($\bar{h}_{an}$)	$\bar{s}$ ($\bar{s}_n$)	$\bar{h}_a$ ($\bar{h}_{an}$)	$\bar{s}$ ($\bar{s}_n$)	$\bar{h}_a$ ($\bar{h}_{an}$)	$\bar{s}$ ($\bar{s}_n$)	$\bar{h}_a$ ($\bar{h}_{an}$)	$\bar{s}$ ($\bar{s}_n$)	$\bar{h}_a$ ($\bar{h}_{an}$)
0.02															1.583	1.057
0.05											1.604	1.093	1.604	1.090	1.605	1.088
0.08											1.626	1.124	1.626	1.121	1.626	1.119
0.10									1.639	1.148	1.640	1.145	1.641	1.142	1.641	1.140
0.12									1.654	1.169	1.655	1.166	1.655	1.163	1.655	1.160
0.15							1.675	1.204	1.676	1.200	1.677	1.197	1.677	1.194	1.677	1.192
0.18							1.697	1.236	1.698	1.232	1.698	1.228	1.699	1.225	1.699	1.223
0.20					1.710	1.261	1.711	1.257	1.712	1.253	1.713	1.249	1.713	1.246	1.713	1.243
0.22					1.725	1.282	1.726	1.278	1.726	1.273	1.727	1.270	1.728	1.267	1.728	1.264
0.25	1.744	1.327	1.745	1.320	1.746	1.314	1.747	1.309	1.748	1.305	1.749	1.301	1.749	1.298	1.750	1.295
0.28	1.765	1.359	1.767	1.351	1.768	1.346	1.769	1.341	1.770	1.336	1.770	1.332	1.771	1.329	1.771	1.326
0.30	1.780	1.380	1.781	1.373	1.782	1.367	1.783	1.362	1.784	1.357	1.785	1.353	1.785	1.350	1.786	1.347
0.32	1.794	1.401	1.796	1.394	1.797	1.388	1.798	1.383	1.798	1.378	1.799	1.374	1.800	1.371	1.800	1.308
0.35	1.815	1.433	1.817	1.426	1.819	1.419	1.820	1.414	1.820	1.410	1.821	1.405	1.822	1.402	1.822	1.399
0.38	1.837	1.465	1.839	1.457	1.841	1.451	1.841	1.446	1.842	1.441	1.843	1.437	1.843	1.433	1.844	1.430
0.40	1.851	1.486	1.853	1.479	1.855	1.472	1.856	1.467	1.857	1.462	1.857	1.458	1.858	1.454	1.858	1.451
0.42	1.866	1.508	1.867	1.500	1.870	1.493	1.870	1.488	1.871	1.483	1.872	1.479	1.872	1.475	1.873	1.472
0.45	1.887	1.540	1.889	1.532	1.891	1.525	1.892	1.519	1.893	1.514	1.893	1.510	1.894	1.506	1.895	1.503
0.48	1.908	1.572	1.910	1.564	1.917	1.557	1.913	1.551	1.914	1.546	1.915	1.541	1.916	1.538	1.916	1.534
0.50	1.923	1.593	1.925	1.585	1.926	1.578	1.928	1.572	1.929	1.567	1.929	1.562	1.930	1.558	1.931	1.555
0.52	1.937	1.615	1.939	1.606	1.941	1.599	1.942	1.593	1.943	1.588	1.944	1.583	1.945	1.579	1.945	1.576
0.55	1.959	1.647	1.961	1.638	1.962	1.631	1.964	1.625	1.965	1.620	1.966	1.615	1.966	1.611	1.967	1.607
0.58	1.980	1.679	1.982	1.670	1.984	1.663	1.985	1.656	1.986	1.651	1.987	1.646	1.988	1.642	1.988	1.638
0.60	1.994	1.700	1.996	1.691	1.998	1.684	1.999	1.677	2.001	1.673	2.002	1.667	2.002	1.663	2.003	1.659

$z(z_v)$	18		19		20		21		22		23		24		25	
$x(x_n)$	$\bar{s}$ ($\bar{s}_n$)	$\bar{h}_a$ ($\bar{h}_{an}$)	$\bar{s}$ ($\bar{s}_n$)	$\bar{h}_a$ ($\bar{h}_{an}$)	$\bar{s}$ ($\bar{s}_n$)	$\bar{h}_a$ ($\bar{h}_{an}$)	$\bar{s}$ ($\bar{s}_n$)	$\bar{h}_a$ ($\bar{h}_{an}$)	$\bar{s}$ ($\bar{s}_n$)	$\bar{h}_a$ ($\bar{h}_{an}$)	$\bar{s}$ ($\bar{s}_n$)	$\bar{h}_a$ ($\bar{h}_{an}$)	$\bar{s}$ ($\bar{s}_n$)	$\bar{h}_a$ ($\bar{h}_{an}$)	$\bar{s}$ ($\bar{s}_n$)	$\bar{h}_a$ ($\bar{h}_{an}$)
-0.12					1.482	0.908	1.482	0.906	1.482	0.905	1.482	0.904	1.483	0.903	1.483	0.902
-0.10			1.496	0.930	1.497	0.928	1.497	0.297	1.497	0.925	1.497	0.924	1.497	0.923	1.497	0.922
-0.08			1.511	0.950	1.511	0.949	1.511	0.947	1.511	0.946	1.511	0.945	1.511	0.944	1.512	0.943
-0.05	1.533	0.983	1.533	0.981	1.533	0.979	1.533	0.978	1.533	0.977	1.533	0.976	1.534	0.975	1.534	0.974
-0.02	1.554	1.014	1.554	1.012	1.555	1.010	1.555	1.009	1.555	1.008	1.555	1.006	1.555	1.005	1.555	1.004
0.00	1.569	1.034	1.569	1.032	1.569	1.031	1.569	1.029	1.569	1.028	1.569	1.027	1.570	1.026	1.570	1.025
0.02	1.583	1.055	1.584	1.053	1.584	1.051	1.584	1.050	1.584	1.049	1.584	1.047	1.584	1.046	1.584	1.045
0.05	1.605	1.086	1.605	1.084	1.605	1.082	1.606	1.081	1.606	1.079	1.606	1.078	1.606	1.077	1.606	1.076
0.08	1.627	1.117	1.627	1.115	1.627	1.113	1.627	1.112	1.628	1.110	1.628	1.109	1.628	1.108	1.628	1.107
0.10	1.641	1.138	1.642	1.136	1.642	1.134	1.642	1.132	1.642	1.131	1.642	1.130	1.642	1.128	1.642	1.127
0.12	1.656	1.158	1.656	1.156	1.656	1.154	1.656	1.153	1.657	1.151	1.657	1.150	1.657	1.149	1.657	1.147
0.15	1.678	1.189	1.678	1.187	1.678	1.185	1.678	1.184	1.678	1.182	1.678	1.181	1.679	1.179	1.679	1.178
0.18	1.699	1.220	1.700	1.218	1.700	1.216	1.700	1.215	1.700	1.213	1.700	1.212	1.700	1.210	1.701	1.209
0.20	1.714	1.241	1.714	1.239	1.714	1.237	1.714	1.235	1.715	1.234	1.715	1.232	1.715	1.231	1.715	1.229
0.22	1.728	1.262	1.729	1.259	1.729	1.257	1.729	1.256	1.729	1.254	1.729	1.253	1.729	1.251	1.730	1.250
0.25	1.750	1.293	1.750	1.290	1.750	1.288	1.751	1.287	1.751	1.285	1.751	1.283	1.751	1.281	1.751	1.280
0.28	1.772	1.324	1.772	1.321	1.772	1.319	1.773	1.318	1.773	1.316	1.773	1.314	1.773	1.313	1.773	1.311
0.30	1.786	1.344	1.787	1.342	1.787	1.340	1.787	1.338	1.787	1.336	1.787	1.335	1.788	1.333	1.788	1.332
0.32	1.801	1.365	1.801	1.363	1.801	1.361	1.802	1.359	1.802	1.357	1.802	1.355	1.802	1.354	1.802	1.353
0.35	1.822	1.396	1.823	1.394	1.823	1.392	1.823	1.390	1.824	1.388	1.824	1.386	1.824	1.385	1.824	1.383
0.38	1.844	1.427	1.844	1.425	1.845	1.423	1.845	1.421	1.845	1.419	1.845	1.417	1.846	1.415	1.846	1.414
0.40	1.858	1.448	1.859	1.446	1.859	1.443	1.859	1.441	1.860	1.439	1.860	1.438	1.860	1.436	1.860	1.435

（续）

$z(z_v)$	18		19		20		21		22		23		24		25	
$x(x_n)$	$\bar{s}(\bar{s}_n)$	$\bar{h}_a(\bar{h}_{an})$	$\bar{s}(\bar{s}_n)$	$\bar{h}_a(\bar{h}_{an})$	$\bar{s}(\bar{s}_n)$	$\bar{h}_a(\bar{h}_{an})$	$\bar{s}(\bar{s}_n)$	$\bar{h}_a(\bar{h}_{an})$	$\bar{s}(\bar{s}_n)$	$\bar{h}_a(\bar{h}_{an})$	$\bar{s}(\bar{s}_n)$	$\bar{h}_a(\bar{h}_{an})$	$\bar{s}(\bar{s}_n)$	$\bar{h}_a(\bar{h}_{an})$	$\bar{s}(\bar{s}_n)$	$\bar{h}_a(\bar{h}_{an})$
0.42	1.873	1.469	1.873	1.466	1.874	1.464	1.874	1.462	1.874	1.460	1.874	1.458	1.875	1.457	1.875	1.455
0.45	1.895	1.500	1.895	1.497	1.896	1.495	1.896	1.493	1.896	1.491	1.896	1.489	1.896	1.488	1.897	1.486
0.48	1.916	1.531	1.917	1.529	1.917	1.526	1.918	1.524	1.918	1.522	1.918	1.520	1.918	1.518	1.918	1.517
0.50	1.931	1.552	1.931	1.549	1.932	1.547	1.932	1.545	1.932	1.543	1.933	1.541	1.933	1.539	1.933	1.537
0.52	1.945	1.573	1.946	1.570	1.946	1.568	1.947	1.565	1.947	1.563	1.947	1.562	1.947	1.560	1.947	1.558
0.55	1.967	1.604	1.968	1.601	1.968	1.599	1.968	1.596	1.969	1.594	1.969	1.593	1.969	1.591	1.969	1.589
0.58	1.989	1.635	1.989	1.632	1.990	1.630	1.990	1.627	1.990	1.625	1.991	1.624	1.991	1.621	1.991	1.620
0.60	2.003	1.656	2.004	1.653	2.004	1.650	2.005	1.648	2.005	1.646	2.005	1.645	2.005	1.642	2.005	1.641

$z(z_v)$	26~30	31~69	70~200	26	28	30	40	50	60	70	80	90	100	150	200
$x(x_n)$	$\bar{s}(\bar{s}_n)$	$\bar{s}(\bar{s}_n)$	$\bar{s}(\bar{s}_n)$	$\bar{h}_a(\bar{h}_{an})$	$\bar{h}_a(\bar{h}_{an})$	$\bar{h}_a(\bar{h}_{an})$	$\bar{h}_a(\bar{h}_{an})$	$\bar{h}_a(\bar{h}_{an})$	$\bar{h}_a(\bar{h}_{an})$	$\bar{h}_a(\bar{h}_{an})$	$\bar{h}_a(\bar{h}_{an})$	$\bar{h}_a(\bar{h}_{an})$	$\bar{h}_a(\bar{h}_{an})$	$\bar{h}_a(\bar{h}_{an})$	$\bar{h}_a(\bar{h}_{an})$
-0.60	1.134	1.134	1.134	0.413	0.412	0.411	0.408	0.406	0.405	0.405	0.404	0.404	0.403	0.403	0.402
-0.58	1.148	1.149	1.149	0.433	0.432	0.431	0.428	0.427	0.426	0.425	0.424	0.424	0.423	0.423	0.422
-0.55	1.170	1.170	1.170	0.463	0.462	0.461	0.459	0.457	0.456	0.455	0.454	0.454	0.454	0.453	0.452
-0.52	1.192	1.192	1.192	0.494	0.493	0.492	0.489	0.487	0.486	0.485	0.485	0.484	0.484	0.483	0.482
-0.50	1.206	1.207	1.207	0.514	0.513	0.512	0.509	0.507	0.506	0.505	0.505	0.504	0.504	0.503	0.502
-0.48	1.221	1.221	1.221	0.534	0.533	0.532	0.529	0.528	0.526	0.525	0.525	0.524	0.524	0.523	0.522
-0.45	1.243	1.243	1.243	0.565	0.564	0.563	0.560	0.558	0.557	0.556	0.555	0.554	0.554	0.553	0.552
-0.42	1.265	1.265	1.266	0.595	0.594	0.593	0.590	0.588	0.587	0.586	0.585	0.584	0.584	0.583	0.582
-0.40	1.279	1.280	1.280	0.616	0.615	0.614	0.610	0.608	0.607	0.606	0.605	0.605	0.604	0.603	0.602
-0.38	1.294	1.294	1.294	0.636	0.635	0.634	0.630	0.628	0.627	0.626	0.625	0.625	0.624	0.623	0.622
-0.35	1.316	1.316	1.316	0.667	0.665	0.664	0.661	0.659	0.657	0.656	0.655	0.655	0.654	0.653	0.652
-0.32	1.337	1.338	1.338	0.697	0.696	0.695	0.691	0.689	0.687	0.686	0.686	0.685	0.685	0.683	0.682
-0.30	1.352	1.352	1.352	0.718	0.716	0.715	0.711	0.709	0.708	0.707	0.706	0.705	0.705	0.703	0.702
-0.28	1.366	1.367	1.367	0.738	0.737	0.736	0.732	0.729	0.728	0.727	0.726	0.725	0.725	0.723	0.722
-0.25	1.388	1.389	1.389	0.769	0.767	0.766	0.762	0.760	0.758	0.757	0.756	0.755	0.755	0.753	0.752
-0.22	1.410	1.411	1.411	0.799	0.798	0.797	0.792	0.790	0.788	0.787	0.786	0.786	0.785	0.784	0.783
-0.20	1.425	1.425	1.425	0.819	0.818	0.817	0.813	0.810	0.809	0.807	0.806	0.806	0.805	0.804	0.803
-0.18	1.439	1.440	1.440	0.840	0.838	0.837	0.833	0.830	0.829	0.827	0.826	0.826	0.825	0.824	0.823
-0.15	1.461	1.462	1.462	0.871	0.869	0.868	0.863	0.861	0.859	0.858	0.857	0.856	0.855	0.854	0.853
-0.12	1.483	1.483	1.483	0.901	0.899	0.898	0.894	0.891	0.889	0.888	0.887	0.886	0.886	0.884	0.883
-0.10	1.497	1.497	1.498	0.922	0.920	0.919	0.914	0.911	0.909	0.908	0.907	0.906	0.906	0.904	0.903
-0.08	1.512	1.512	1.513	0.942	0.940	0.939	0.934	0.931	0.929	0.928	0.927	0.926	0.926	0.924	0.923
-0.05	1.534	1.534	1.534	0.973	0.971	0.970	0.965	0.962	0.960	0.959	0.957	0.957	0.956	0.954	0.953
-0.02	1.555	1.555	1.556	1.003	1.001	1.000	0.995	0.992	0.990	0.989	0.988	0.987	0.986	0.984	0.983
0.00	1.570	1.571	1.571	1.024	1.022	1.021	1.015	1.012	1.010	1.009	1.008	1.007	1.006	1.004	1.003
0.02	1.585	1.585	1.585	1.044	1.042	1.041	1.036	1.033	1.031	1.029	1.028	1.027	1.026	1.025	1.023
0.05	1.606	1.607	1.607	1.075	1.073	1.072	1.066	1.063	1.061	1.059	1.058	1.057	1.057	1.055	1.053
0.08	1.628	1.629	1.629	1.106	1.104	1.102	1.097	1.093	1.091	1.089	1.088	1.088	1.087	1.085	1.083
0.10	1.643	1.643	1.644	1.126	1.124	1.122	1.117	1.114	1.111	1.110	1.108	1.108	1.107	1.105	1.103
0.12	1.657	1.658	1.658	1.147	1.145	1.143	1.137	1.134	1.132	1.130	1.129	1.128	1.127	1.125	1.124
0.15	1.679	1.679	1.680	1.177	1.175	1.173	1.168	1.164	1.162	1.160	1.159	1.158	1.157	1.155	1.154
0.18	1.701	1.702	1.702	1.208	1.206	1.204	1.198	1.195	1.192	1.190	1.189	1.188	1.187	1.186	1.184
0.20	1.715	1.716	1.716	1.228	1.226	1.224	1.218	1.215	1.212	1.210	1.209	1.208	1.207	1.206	1.204
0.22	1.730	1.731	1.731	1.249	1.247	1.245	1.239	1.235	1.233	1.231	1.229	1.228	1.228	1.226	1.224
0.25	1.752	1.753	1.753	1.280	1.278	1.276	1.269	1.265	1.263	1.261	1.260	1.259	1.258	1.256	1.254
0.28	1.774	1.774	1.775	1.310	1.308	1.306	1.300	1.296	1.293	1.291	1.290	1.289	1.288	1.286	1.284
0.30	1.788	1.789	1.789	1.331	1.329	1.327	1.320	1.316	1.313	1.311	1.310	1.309	1.308	1.306	1.304
0.32	1.803	1.804	1.804	1.351	1.349	1.347	1.340	1.336	1.334	1.332	1.330	1.329	1.328	1.326	1.324
0.35	1.824	1.825	1.826	1.382	1.380	1.378	1.371	1.367	1.364	1.362	1.360	1.359	1.358	1.356	1.354
0.38	1.846	1.847	1.847	1.413	1.410	1.408	1.401	1.397	1.394	1.392	1.391	1.389	1.389	1.386	1.384
0.40	1.861	1.862	1.862	1.433	1.431	1.429	1.422	1.417	1.414	1.412	1.411	1.410	1.409	1.407	1.404

（续）

$z(z_v)$	26~30	31~69	70~200	26	28	30	40	50	60	70	80	90	100	150	200
$x(x_n)$	$\bar{s}$ $(\bar{s}_n)$	$\bar{s}$ $(\bar{s}_n)$	$\bar{s}$ $(\bar{s}_n)$	$\bar{h}_a$ $(\bar{h}_{an})$	$\bar{h}_a$ $(\bar{h}_{an})$	$\bar{h}_a$ $(\bar{h}_{an})$	$\bar{h}_a$ $(\bar{h}_{an})$	$\bar{h}_a$ $(\bar{h}_{an})$	$\bar{h}_a$ $(\bar{h}_{an})$	$\bar{h}_a$ $(\bar{h}_{an})$	$\bar{h}_a$ $(\bar{h}_{an})$	$\bar{h}_a$ $(\bar{h}_{an})$	$\bar{h}_a$ $(\bar{h}_{an})$	$\bar{h}_a$ $(\bar{h}_{an})$	$\bar{h}_a$ $(\bar{h}_{an})$
0.42	1.875	1.876	1.877	1.454	1.451	1.449	1.442	1.438	1.435	1.433	1.431	1.430	1.429	1.427	1.424
0.45	1.897	1.898	1.898	1.485	1.482	1.480	1.473	1.468	1.465	1.463	1.461	1.460	1.459	1.457	1.455
0.48	1.919	1.920	1.920	1.516	1.513	1.511	1.503	1.498	1.495	1.493	1.492	1.490	1.489	1.487	1.485
0.50	1.933	1.934	1.935	1.536	1.533	1.531	1.523	1.519	1.516	1.513	1.512	1.510	1.509	1.507	1.505
0.52	1.948	1.949	1.949	1.557	1.554	1.552	1.544	1.539	1.536	1.534	1.532	1.531	1.530	1.527	1.525
0.55	1.970	1.970	1.971	1.587	1.585	1.582	1.574	1.569	1.566	1.564	1.562	1.561	1.560	1.557	1.555
0.58	1.992	1.993	1.993	1.618	1.615	1.613	1.605	1.600	1.597	1.594	1.592	1.591	1.590	1.587	1.585
0.60	2.006	2.007	2.008	1.639	1.636	1.634	1.625	1.620	1.617	1.614	1.613	1.611	1.610	1.608	1.605

注：1. 本表可直接用于高变位齿轮（$h_a = m$ 或 $h_{an} = m_n$），对于角变位齿轮，应将表中查出的 $\bar{h}_a(\bar{h}_{an})$ 减去齿顶高变动系数 $\Delta y(\Delta y_n)$。

2. 当模数 $m($ 或 $m_n) \neq 1mm$ 时，应将查得的 $\bar{s}(\bar{s}_n)$ 和 $\bar{h}_a(\bar{h}_{an})$ 乘以 $m(m_n)$。

3. 对于斜齿轮，用 z_v 查表，z_v 有小数时，按插入法计算。

3.4　固定弦齿厚

3.4.1　固定弦齿厚计算公式（见表8.2-31）

表 8.2-31　固定弦齿厚计算公式

项　目			直齿轮（内啮合、外啮合）	斜齿轮（内啮合、外啮合）
外齿轮	标准齿轮	固定弦齿厚 $\bar{s}_c$ $(\bar{s}_{cn})$	$\bar{s}_c = \dfrac{\pi m}{2}\cos^2\alpha$ 当 $\alpha = 20°$ 时,可查表 8.2-32	$\bar{s}_{cn} = \dfrac{\pi m_n}{2}\cos^2\alpha_n$ 当 $\alpha_n = 20°$ 时,可查表 8.2-32
		固定弦齿高 $\bar{h}_c$ $(\bar{h}_{cn})$	$\bar{h}_c = m\left(1 - \dfrac{\pi}{8}\sin 2\alpha\right)$ 当 $\alpha = 20°$ 时,可查表 8.2-32	$\bar{h}_{cn} = m_n\left(1 - \dfrac{\pi}{8}\sin 2\alpha_n\right)$ 当 $\alpha_n = 20°$ 时,可查表 8.2-32
	变位齿轮	固定弦齿厚 $\bar{s}_c$ $(\bar{s}_{cn})$	$\bar{s}_c = m\cos^2\alpha\left(\dfrac{\pi}{2} + 2x\tan\alpha\right)$ 当 $\alpha = 20°$ 时,可查表 8.2-33	$\bar{s}_{cn} = m_n\cos^2\alpha_n\left(\dfrac{\pi}{2} + 2x_n\tan\alpha_n\right)$ 当 $\alpha_n = 20°$ 时,可查表 8.2-33
		固定弦齿高 $\bar{h}_c$ $(\bar{h}_{cn})$	$\bar{h}_c = h_a - 0.182\bar{s}_c$ 当 $\alpha_n = 20°$ 时,可查表 8.2-33	$\bar{h}_{cn} = h_a - 0.182\bar{s}_{cn}$ 当 $\alpha_n = 20°$ 时,可查表 8.2-33
内齿轮	固定弦齿厚 $\bar{s}_c$		$\bar{s}_{c2} = m\cos^2\alpha\left(\dfrac{\pi}{2} - 2x_2\tan\alpha\right)$ 当 $\alpha = 20°$ 时,$\bar{s}_{c2} = (1.3870 - 0.6428x_2)m$	$\bar{s}_{cn2} = m_n\cos^2\alpha_n\left(\dfrac{\pi}{2} - 2x_{n2}\tan\alpha_n\right)$ 当 $\alpha_n = 20°$ 时,$\bar{s}_{cn2} = (1.3870 - 0.6428x_{n2})m_n$
	固定弦齿高 $\bar{h}_c$		$\bar{h}_{c2} = h_{a2} - 0.182\bar{s}_{c2} + \Delta h$ $\Delta h = \dfrac{d_{a2}}{2}(1 - \cos\delta_a)$ $\delta_a = \dfrac{\pi}{2z_2} - \mathrm{inv}\alpha - \dfrac{2x_2}{z_2}\tan\alpha + \mathrm{inv}\alpha_{a2}$	$\bar{h}_{cn2} = h_{a2} - 0.182\bar{s}_{cn2} + \Delta h$ $\Delta h = \dfrac{d_{a2}}{2}(1 - \cos\delta_a)$ $\delta_a = \dfrac{\pi}{2z_{v2}} - \mathrm{inv}\alpha_t - \dfrac{2x_{n2}}{z_{v2}}\tan\alpha_t + \mathrm{inv}\alpha_{at2}$

3.4.2 固定弦齿厚数值表（见表 8.2-32、表 8.2-33）

表 8.2-32 外啮合标准齿轮固定弦齿厚 $\bar{s}_c$ ($\bar{s}_{cn}$) 和固定弦齿高 $\bar{h}_c$ ($\bar{h}_{cn}$)

（$\alpha_n = \alpha = 20°$，$h_{an}^* = h_a^* = 1.0$） （mm）

$m(m_n)$	$\bar{s}_c(\bar{s}_{cn})$	$\bar{h}_c(\bar{h}_{cn})$	$m(m_n)$	$\bar{s}_c(\bar{s}_{cn})$	$\bar{h}_c(\bar{h}_{cn})$	$m(m_n)$	$\bar{s}_c(\bar{s}_{cn})$	$\bar{h}_c(\bar{h}_{cn})$	$m(m_n)$	$\bar{s}_c(\bar{s}_{cn})$	$\bar{h}_c(\bar{h}_{cn})$
1	1.387	0.748	3.5	4.855	2.617	12	16.645	8.971	30	41.612	22.427
1.25	1.734	0.934	4	5.548	2.990	14	19.419	10.466	33	45.773	24.670
1.5	2.081	1.121	5	6.935	3.738	16	22.193	11.961	36	49.934	26.913
1.75	2.427	1.308	6	8.322	4.485	18	24.967	13.456	40	55.482	29.903
2	2.774	1.495	7	9.709	5.233	20	27.741	14.952	45	62.417	33.641
2.25	3.121	1.682	8	11.096	5.981	22	30.515	16.447	50	69.353	37.379
2.5	3.468	1.869	9	12.483	6.728	25	34.676	18.690			
3	4.161	2.243	10	13.871	7.476	28	38.837	20.932			

注：$\bar{s}_c = 1.3870m$，$\bar{s}_{cn} = 1.3870m_n$；$\bar{h}_c = 0.7476m$，$\bar{h}_{cn} = 0.7476m_n$。

表 8.2-33 外啮合变位齿轮固定弦齿厚 $\bar{s}_c$ ($\bar{s}_{cn}$) 和固定弦齿高 $\bar{h}_c$ ($\bar{h}_{cn}$)

（$m_n = m = 1mm$，$\alpha_n = \alpha = 20°$，$h_{an}^* = h_a^* = 1.0$） （mm）

$x(x_n)$	$\bar{s}_c$ ($\bar{s}_{cn}$)	$\bar{h}_c$ ($\bar{h}_{cn}$)	$x(x_n)$	$\bar{s}_c$ ($\bar{s}_{cn}$)	$\bar{h}_c$ ($\bar{h}_{cn}$)	$x(x_n)$	$\bar{s}_c$ ($\bar{s}_{cn}$)	$\bar{h}_c$ ($\bar{h}_{cn}$)	$x(x_n)$	$\bar{s}_c$ ($\bar{s}_{cn}$)	$\bar{h}_c$ ($\bar{h}_{cn}$)
-0.40	1.1299	0.3944	-0.11	1.3163	0.6504	0.18	1.5027	0.9065	0.47	1.6892	1.1626
-0.39	1.1364	0.4032	-0.10	1.3228	0.6593	0.19	1.5092	0.9154	0.48	1.6956	1.1714
-0.38	1.1428	0.4120	-0.09	1.3292	0.6681	0.20	1.5156	0.9242	0.49	1.7020	1.1803
-0.37	1.1492	0.4209	-0.08	1.3356	0.6769	0.21	1.5220	0.9330	0.50	1.7084	1.1891
-0.36	1.1556	0.4297	-0.07	1.3421	0.6858	0.22	1.5285	0.9418	0.51	1.7149	1.1979
-0.35	1.1621	0.4385	-0.06	1.3485	0.6946	0.23	1.5349	0.9507	0.52	1.7213	1.2068
-0.34	1.1685	0.4474	-0.05	1.3549	0.7034	0.24	1.5413	0.9595	0.53	1.7277	1.2156
-0.33	1.1749	0.4562	-0.04	1.3613	0.7123	0.25	1.5477	0.9683	0.54	1.7342	1.2244
-0.32	1.1814	0.4650	-0.03	1.3678	0.7211	0.26	1.5542	0.9772	0.55	1.7406	1.2332
-0.31	1.1878	0.4738	-0.02	1.3742	0.7299	0.27	1.5606	0.9860	0.56	1.7470	1.2421
-0.30	1.1942	0.4827	-0.01	1.3806	0.7387	0.28	1.5670	0.9948	0.57	1.7534	1.2509
-0.29	1.2006	0.4915	0.00	1.3870	0.7476	0.29	1.5735	1.0037	0.58	1.7599	1.2597
-0.28	1.2071	0.5003	0.01	1.3935	0.7564	0.30	1.5799	1.0125	0.59	1.7663	1.2686
-0.27	1.2135	0.5092	0.02	1.3999	0.7652	0.31	1.5863	1.0213	0.60	1.7727	1.2774
-0.26	1.2199	0.5180	0.03	1.4063	0.7741	0.32	1.5927	1.0301	0.61	1.7791	1.2862
-0.25	1.2263	0.5268	0.04	1.4128	0.7829	0.33	1.5992	1.0390	0.62	1.7856	1.2951
-0.24	1.2328	0.5357	0.05	1.4192	0.7917	0.34	1.6056	1.0478	0.63	1.7920	1.3039
-0.23	1.2392	0.5445	0.06	1.4256	0.8006	0.35	1.6120	1.0566	0.64	1.7984	1.3127
-0.22	1.2456	0.5533	0.07	1.4320	0.8094	0.36	1.6185	1.0655	0.65	1.8049	1.3215
-0.21	1.2521	0.5621	0.08	1.4385	0.8182	0.37	1.6249	1.0743	0.66	1.8113	1.3304
-0.20	1.2585	0.5710	0.09	1.4449	0.8271	0.38	1.6313	1.0831	0.67	1.8177	1.3392
-0.19	1.2649	0.5798	0.10	1.4513	0.8359	0.39	1.6377	1.0920	0.68	1.8241	1.3480
-0.18	1.2713	0.5886	0.11	1.4578	0.8447	0.40	1.6442	1.1008	0.69	1.8306	1.3569
-0.17	1.2778	0.5975	0.12	1.4642	0.8535	0.41	1.6506	1.1096	0.70	1.8370	1.3657
-0.16	1.2842	0.6063	0.13	1.4706	0.8624	0.42	1.6570	1.1184	0.71	1.8434	1.3745
-0.15	1.2906	0.6151	0.14	1.4770	0.8712	0.43	1.6634	1.1273	0.72	1.8499	1.3834
-0.14	1.2971	0.6240	0.15	1.4835	0.8800	0.44	1.6699	1.1361	0.73	1.8563	1.3922
-0.13	1.3035	0.6328	0.16	1.4899	0.8889	0.45	1.6763	1.1449	0.74	1.8627	1.4010
-0.12	1.3099	0.6416	0.17	1.4963	0.8977	0.46	1.6827	1.1538	0.75	1.8691	1.4098

注：1. 模数 $m \neq 1mm$（$m_n \neq 1mm$）时的 $\bar{s}_c$（$\bar{s}_{cn}$）和 $\bar{h}_c$（$\bar{h}_{cn}$），应将表中数值乘以模数 m（m_n）。

2. 对角变位齿轮，表中的 $\bar{h}_c$（$\bar{h}_{cn}$）数值应减去 Δy（Δy_n）。Δy（Δy_n）为齿高变动系数。

3.5 量柱（球）测量跨距

3.5.1 量柱（球）测量跨距计算公式（见表8.2-34）

表8.2-34 量柱（球）测量跨距计算公式

名称			直齿轮（外啮合、内啮合）	斜齿轮（外啮合、内啮合）
标准齿轮	量柱（球）直径 d_p	外齿轮	对 α（或 α_n）$=20°$ 的齿轮，按 z（斜齿轮用 z_v）和 $x_n=0$ 查图8.2-10	
		内齿轮	$d_p=1.68m$ 或 $d_p=1.44m$	$d_p=1.68m_n$ 或 $d_p=1.44m_n$
	量柱（球）中心所在圆的压力角 α_M		$\mathrm{inv}\,\alpha_M=\mathrm{inv}\,\alpha\pm\dfrac{d_p}{mz\cos\alpha}\mp\dfrac{\pi}{2z}$	$\mathrm{inv}\,\alpha_{Mt}=\mathrm{inv}\,\alpha_t\pm\dfrac{d_p}{m_nz\cos\alpha_n}\mp\dfrac{\pi}{2z}$
	量柱（球）测量跨距 M	偶数齿	$M=\dfrac{mz\cos\alpha}{\cos\alpha_M}\pm d_p$	$M=\dfrac{m_tz\cos\alpha_t}{\cos\alpha_{Mt}}\pm d_p$
		奇数齿	$M=\dfrac{mz\cos\alpha}{\cos\alpha_M}\cos\dfrac{90°}{z}\pm d_p$	$M=\dfrac{m_tz\cos\alpha_t}{\cos\alpha_{Mt}}\cos\dfrac{90°}{z}\pm d_p$
变位齿轮	量柱（球）直径 d_p	外齿轮	对 α（或 α_n）$=20°$ 的齿轮，按 z（斜齿轮用 z_v）和 x_n 查图8.2-10	
		内齿轮	$d_p=1.68m$ 或 $d_p=1.44m$	$d_p=1.68m_n$ 或 $d_p=1.44m_n$
	量柱（球）中心所在圆的压力角 α_M		$\mathrm{inv}\,\alpha_M=\mathrm{inv}\,\alpha\pm\dfrac{d_p}{mz\cos\alpha}\mp\dfrac{\pi}{2z}+\dfrac{2x\tan\alpha}{z}$	$\mathrm{inv}\,\alpha_{Mt}=\mathrm{inv}\,\alpha_t\pm\dfrac{d_p}{m_nz\cos\alpha_n}\mp\dfrac{\pi}{2z}+\dfrac{2x_n\tan\alpha_n}{z}$
	量柱（球）测量跨距 M	偶数齿	$M=\dfrac{mz\cos\alpha}{\cos\alpha_M}\pm d_p$	$M=\dfrac{m_tz\cos\alpha_t}{\cos\alpha_{Mt}}\pm d_p$
		奇数齿	$M=\dfrac{mz\cos\alpha}{\cos\alpha_M}\cos\dfrac{90°}{z}\pm d_p$	$M=\dfrac{m_tz\cos\alpha_t}{\cos\alpha_{Mt}}\cos\dfrac{90°}{z}\pm d_p$

注：1. 有"$\pm$"或"$\mp$"号处，上面的符号用于外齿轮，下面的符号用于内齿轮。
　　2. 量柱（球）直径 d_p 按本表的方法确定后，推荐圆整成接近的标准钢球的直径（以便用标准钢球测量）。
　　3. 直齿轮可以使用量柱或球，斜齿轮使用球。
　　4. 标准直齿内齿圆柱齿轮的 M 可查表8.2-35。

3.5.2 量柱（球）测量跨距数值表（见表8.2-35）

表8.2-35 标准直齿内齿圆柱齿轮量柱直径 d_p 及测量跨距 M （mm）

模数 m	量柱直径 $d_p=1.44m$	测量跨距 M（$\alpha=20°$，$m=1\mathrm{mm}$，$d_p=1.44m$）								
			齿数奇数	齿数偶数			齿数奇数	齿数偶数	
1	1.44	13.5801	15	14	12.6627	67.6469	69	68	66.6649
1.25	1.80	15.5902	17	16	14.6630	69.6475	71	70	68.6649
1.5	2.16	17.5981	19	18	16.6633	71.6480	73	72	70.6649
1.75	2.52	19.6045	21	20	18.6635	73.6484	75	74	72.6649
2	2.88	21.6099	23	22	20.6636	75.6489	77	76	74.6649
2.25	3.24	23.6143	25	24	22.6638	77.6493	79	78	76.6649
2.5	3.60	25.6181	27	26	24.6639	79.6497	81	80	78.6649
3	4.32	27.6214	29	28	26.6640	81.6501	83	82	80.6649
3.5	5.04	29.6242	31	30	28.6641	83.6505	85	84	82.6649
4	5.76	31.6267	33	32	30.6642	85.6508	87	86	84.6650
4.5	6.48	33.6289	35	34	32.6642	87.6511	89	88	86.6650
5	7.20	35.6310	37	36	34.6643	89.6514	91	90	88.6650
5.5	7.92	37.6327	39	38	36.6643	91.6517	93	92	90.6650
6	8.64	39.6343	41	40	38.6644	93.6520	95	94	92.6650
7	10.08	41.6357	43	42	40.6644	95.6523	97	96	94.6650
8	11.52	43.6371	45	44	42.6645	97.6526	99	98	96.6650

（续）

模数 m	量柱直径	测量跨距 M　（$\alpha=20°$, $m=1\text{mm}$, $d_p=1.44m$)							
	$d_p=1.44m$	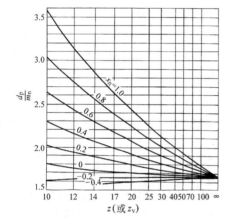	齿　数				齿　数		
			奇数	偶数			奇数	偶数	
9	12.96	45.6383	47	46	44.6645	99.6528	101	100	98.6650
10	14.40	47.6394	49	48	46.6646	101.6531	103	102	100.6650
12	17.28	49.6404	51	50	48.6646	103.6533	105	104	102.6650
14	20.16	51.6414	53	52	50.6646	105.6535	107	106	104.6650
16	23.04	53.6422	55	54	52.6647	107.6537	109	108	106.6650
18	25.92	55.6431	57	56	54.6647	109.6539	111	110	108.6651
20	28.80	57.6438	59	58	56.6648	111.6541	113	112	110.6651
22	31.68	59.6445	61	60	58.6648	113.6543	115	114	112.6651
25	36.00	61.6452	63	62	60.6648	115.6545	117	116	114.6651
28	40.32	63.6458	65	64	62.6648	117.6547	119	118	116.6651
30	43.20	65.6464	67	66	64.6649	119.6548	121	120	118.6651

图 8.2-10　测量外齿轮用的量柱（球）
直径 d_p（$\alpha_n=\alpha=20°$）

4　渐开线圆柱齿轮传动的设计计算

4.1　圆柱齿轮传动的作用力计算（见表 8.2-36）

4.2　主要参数的选择

1）齿数比 u。齿数比 $u=\dfrac{z_2}{z_1}$。对于一般减速传动，取 $u\leqslant 6\sim8$。对于开式传动或手动传动，有时 u 可达 $8\sim12$。

2）齿数 z。当中心距一定时，齿数取多，则重合度 ε_α 增大，改善了传动的平稳性；同时，齿数多则模数小、齿顶圆直径小，可使滑动比减小，因此磨

损小、胶合的危险性也小，并且又能减少金属切削量，节省材料，降低加工成本。但是齿数增多则模数减小，轮齿的弯曲疲劳强度降低，因此在满足弯曲疲劳强度的条件下，宜取较多的齿数。

通常取 $z_1\geqslant 18\sim30$。对于闭式传动，硬度小于 350HBW，过载不大，宜取较大值；硬度大于 350HBW，过载大，宜取较小值；对于开式传动宜取较小值。对于载荷平稳、不重要的手动机构，甚至可取到 $z_1=10\sim12$。而对高速胶合危险性大的传动，推荐用 $z_1\geqslant 25\sim27$。在一般减速器中，常取 $z_1+z_2=100\sim200$。

表 8.2-36　圆柱齿轮传动的作用力计算

作用力	计　算　公　式	
	直齿轮	斜齿（人字齿）轮
分度圆上的圆周力 F_t/N	$F_t=\dfrac{2000T}{d}$	
节圆上的圆周力 F_t'/N	$F_t'=\dfrac{2000T}{d_w}$	
径向力 F_r'/N	$F_r'=F_t'\tan\alpha_w$	$F_r'=F_t'\dfrac{\tan\alpha_{wn}}{\cos\beta}$
轴向力 F_x'/N	—	$F_x'=F_t'\tan\beta$（人字齿轮 $F_x'=0$)
转矩 T/N·m	$T=\dfrac{1000P}{\omega}=\dfrac{9549P}{n}$	
说明	P—齿轮传递的功率（kW） ω—齿轮的角速度（rad/s），$\omega=\dfrac{\pi n}{30}$ n—齿轮的转速（r/min）	

注：1. 表中 d、d_w 分别为齿轮的分度圆直径和节圆直径。
　　2. 计算齿轮的强度时应使用 F_t；计算轴和轴承时应使用 F_t'、F_r'、F_x'。

当齿轮的齿数 $z>100$ 时，为了便于加工，尽量不使齿数 z 为质数。在满足传动要求的前提下，尽量使 z_1、z_2 互为质数，以便分散和消除齿轮制造误差对传动的影响。

3）模数 m。模数由强度计算或结构设计确定，要求圆整为标准值。传递动力的齿轮传动 $m\geqslant 2mm$。

初步确定模数时，一般对于软齿面齿轮（齿面硬度 $\leqslant 350HBW$）外啮合传动 $m=(0.007\sim 0.02)a$；对于硬齿面齿轮（齿面硬度 $>350HBW$）外啮合传动 $m=(0.016\sim 0.0315)a$；载荷平稳、中心距大时取小值，反之取大值。开式齿轮传动 $m=0.02a$ 左右。

4）螺旋角 β。β 角太小，将失去斜齿轮的优点；但太大将会引起很大的轴向力。一般取 $\beta=8°\sim 15°$，常取 $8°\sim 12°$；对人字齿轮一般取 $\beta=25°\sim 40°$，常取稍大于 $30°$。

5）齿宽系数 ϕ。齿宽系数取大些，可使中心距及直径 d 减小；但是齿宽越大，载荷沿齿宽分布不均的现象越严重。

齿宽系数常表示为：$\phi_a=\dfrac{b}{a}$、$\phi_d=\dfrac{b}{d_1}$、$\phi_m=\dfrac{b}{m}$。

一般 $\phi_a=0.1\sim 1.2$。闭式传动常用 $\phi_a=0.3\sim 0.6$，通用减速器常取 $\phi_a=0.4$，变速箱中换档齿轮常用 $\phi_a=0.12\sim 0.15$。开式传动常用 $\phi_a=0.1\sim 0.3$。在设计标准减速器时，ϕ_a 要符合标准中规定的数值，其值为：0.2、0.25、0.3、0.4、0.5、0.6、0.8、1.0、1.2。

$\phi_d=0.5(i\pm 1)\phi_a$，一般 $\phi_d=0.2\sim 2.4$。对于闭式传动：当齿面硬度小于 $350HBW$、齿轮对称轴承布置并靠近轴承时，$\phi_d=0.8\sim 1.4$；齿轮不对称轴承或悬臂布置、结构刚度较大时，取 $\phi_d=0.6\sim 1.2$；结构刚度较小时，$\phi_d=0.4\sim 0.9$；当齿面硬度大于 $350HBW$ 时，ϕ_d 的数值应降低一半。对开式齿轮传动：$\phi_d=0.3\sim 0.5$。

$\phi_m=0.5(i\pm 1)\phi_a z_1=\phi_d z_1$。一般 $\phi_m=8\sim 25$。当加工和安装精度高时，可取大些；对于开式齿轮传动可取 $\phi_m=8\sim 15$；对重载低速齿轮传动，可取 $\phi_m=20\sim 25$。

4.3　主要尺寸的初步确定

一般设计齿轮传动时，已知的条件是：传递的功率 $P(kW)$ 或转矩 $T(N\cdot m)$；转速 $n(r/min)$；传动比 i；预定的寿命（h）；原动机及工作机的载荷特性；结构要求及外形尺寸限制等。

设计开始时，往往不知道齿轮的尺寸和参数，无法准确定出某些系数的数值，因而不能进行精确的计算。所以通常需要先初步选择某些参数，按简化计算方法初步确定出主要尺寸，然后再进行精确的校核计算。当主要参数和几何尺寸都已经合适之后，再进行齿轮的结构设计，并绘制零件工作图。

齿轮传动的主要尺寸（中心距 a 或小齿轮分度圆直径 d_1 或模数 m）可按下述方法之一初步确定。

1）参照已有的工作条件（相同或类似的齿轮传动），用类比方法初步确定主要尺寸。

2）根据齿轮传动在设备上的安装、结构要求，如中心距、中心高以及外廓尺寸等，确定主要尺寸。

3）根据表 8.2-37 的简化设计计算公式估算主要尺寸。

利用简化计算公式确定尺寸时，对闭式齿轮传动，若两个齿轮或两齿轮之一为软齿面（齿面硬度 $\leqslant 350HBW$），可只按接触疲劳强度确定尺寸；若两齿轮均为硬齿面（齿面硬度 $>350HBW$），则应同时按接触疲劳强度及弯曲疲劳强度确定尺寸，并取其中大值。对开式齿轮传动，可只按弯曲疲劳强度确定模数 m，并应将求得的 m 值加大 $10\%\sim 20\%$，以考虑磨损的影响。

表 8.2-37　圆柱齿轮传动简化设计计算公式（摘自 GB/T 10063—1988）

齿轮类型	a、d_1（按接触疲劳强度计算）	m（按弯曲疲劳强度计算）
直齿轮	$a\geqslant 483(u\pm 1)\sqrt[3]{\dfrac{KT_1}{\phi_a\sigma_{HP}^2 u}}$ $d_1\geqslant 766\sqrt[3]{\dfrac{KT_1}{\phi_d\sigma_{HP}^2}\dfrac{u\pm 1}{u}}$	$m\geqslant 12.6\sqrt[3]{\dfrac{KT_1}{\phi_m z_1}\dfrac{Y_{FS}}{\sigma_{FP}}}$
斜齿轮	$a\geqslant 476(u\pm 1)\sqrt[3]{\dfrac{KT_1}{\phi_a\sigma_{HP}^2 u}}$ $d_1\geqslant 756\sqrt[3]{\dfrac{KT_1}{\phi_d\sigma_{HP}^2}\dfrac{u\pm 1}{u}}$	$m_n\geqslant 12.4\sqrt[3]{\dfrac{KT_1}{\phi_m z_1}\dfrac{Y_{FS}}{\sigma_{FP}}}$

（续）

齿轮类型	a、d_1（按接触疲劳强度计算）	m（按弯曲疲劳强度计算）
人字齿轮	$a \geqslant 447(u \pm 1)\sqrt[3]{\dfrac{KT_1}{\phi_a \sigma_{HP}^2 u}}$ $d_1 \geqslant 709\sqrt[3]{\dfrac{KT_1}{\phi_d \sigma_{HP}^2}\cdot\dfrac{u \pm 1}{u}}$	$m_n \geqslant 11.5\sqrt[3]{\dfrac{KT_1}{\phi_m z_1}\cdot\dfrac{Y_{FS}}{\sigma_{FP}}}$

各式中的符号

　　a—中心距（mm）

　　d_1—小齿轮的分度圆直径（mm）

　　m、m_n—端面模数及法向模数（mm）

　　z_1—小齿轮的齿数

　　ϕ_a、ϕ_d、ϕ_m—齿宽系数，见本章 4.2 节

　　u—齿数比，$u = z_2/z_1$

　　Y_{FS}—复合齿形系数，按图 8.2-27 及图 8.2-28 确定

　　σ_{HP}—许用接触应力（MPa），简化计算中近似取 $\sigma_{HP} \approx \sigma_{Hlim}/S_{Hmin}$。$\sigma_{Hlim}$ 为试验齿轮的接触疲劳极限应力（MPa），按图 8.2-15 查取。S_{Hmin} 为接触疲劳强度计算的最小安全系数，可取 $S_{Hmin} \geqslant 1.1$

　　σ_{FP}—许用弯曲应力（MPa），简化计算中可近似取 $\sigma_{FP} \approx \sigma_{FE}/S_{Fmin}$，$\sigma_{FE}$ 为齿轮材料的弯曲疲劳极限基本值，按图 8.2-32 查取。S_{Fmin} 为弯曲疲劳强度计算的最小安全系数，可取 $S_{Fmin} \geqslant 1.4$

　　T_1—小齿轮传递的额定转矩（N·m）

　　K—载荷系数。若原动机采用电动机或汽轮机、燃气轮机时，一般可取 $K = 1.2 \sim 2$。当载荷平稳、精度较高（6 级以上）、速度较低及齿轮对称于轴承布置时，应取较小值；对直齿轮应取较大值。若采用单缸内燃机，应将 K 值加大 1.2 倍左右

注：1. 各式 $(u \pm 1)$ 项中，"+" 号用于外啮合传动，"－" 号用于内啮合传动。

　　2. 接触疲劳强度计算公式中的 σ_{HP} 应代入 σ_{HP1} 及 σ_{HP2} 中的小值；弯曲疲劳强度计算公式中的 $\dfrac{Y_{FS}}{\sigma_{FP}}$ 应代入 $\dfrac{Y_{FS1}}{\sigma_{FP1}}$ 及 $\dfrac{Y_{FS2}}{\sigma_{FP2}}$ 中的大值。

　　3. 按表中的接触疲劳强度计算公式求得的 a、d_1 适用于钢制齿轮；对于钢对铸铁，铸铁对铸铁齿轮传动，应将求得的 a 或 d_1 分别乘以表 8.2-38 中的修正系数。

表 8.2-38　修正系数

小齿轮	钢			铸　钢			球墨铸铁		灰铸铁
大齿轮	铸钢	球墨铸铁	灰铸铁	铸钢	球墨铸铁	灰铸铁	球墨铸铁	灰铸铁	灰铸铁
修正系数	0.997	0.970	0.906	0.994	0.967	0.898	0.943	0.880	0.836

　　根据简化计算定出主要尺寸之后，对重要的传动还应进行校核计算，并根据校核计算的结果重新调整初定尺寸。对低速不重要的传动，可不必进行强度校核计算。

4.4　齿面接触疲劳强度与齿根弯曲疲劳强度校核计算

　　本节内容主要依据 GB/T 3480—1997《渐开线圆柱齿轮承载能力计算方法》、GB/T 3480.5—2008《直齿轮和斜齿轮承载能力计算　第 5 部分：材料的强度和质量》和 GB/T 19406—2003《渐开线直齿和斜齿圆柱齿轮轮承载能力计算方法 工业齿轮应用》和 GB/T 3480—2013 报批稿《直齿轮和斜齿轮承载能力计算方法》（包括第一部分：基本原理、概述和通用影响系数 GB/T 3480.1；第二部分：齿面接触疲劳（点蚀）强度计算 GB/T 3480.2；第三部分：齿轮弯曲疲劳强度计算 GB/T 3480.3；第六部分：变载荷下的使用寿命计算 GB/T 3480.6）及 ISO 6336—2006 编写。为了方便读者使用，本节提供两个层次的强度校核计算方法：一般计算方法和简化计算方法，见表 8.2-39。一般计算方法适用于对计算精度要求较高的齿轮传动；简化计算方法是对一些比较烦琐的系数采用了简化计算，或做了适当简化，适用于一般要求的齿轮传动。当计算结果有争议时，以一般计算方法为准。

　　国家标准把赫兹应力作为齿面接触应力计算的基础，用来评价接触疲劳强度。本节中的公式适用于端面重合度 $\varepsilon_\alpha < 2.5$ 的齿轮副。

　　国家标准把载荷作用侧齿廓根部最大拉应力作为名义弯曲应力，经相应系数修正后作为计算弯曲应

力。本节的公式适用于具有一定轮缘厚度（外齿轮 $S_R > 0.5h_1$ 和内齿轮 $S_R > 1.75m_n$）的渐开线圆柱内、外齿轮和斜齿轮。

使用简化计算方法校核齿轮强度时，表 8.2-39 公式中的参数由本章 4.5 节中的简化计算方法确定；用一般计算方法校核齿轮强度时，表 8.2-39 公式中的参数由本章 4.5 节中的一般计算方法确定。表 8.2-40 中给出了表 8.2-39 公式中参数的意义和确定方法。

表 8.2-39　齿面接触疲劳强度与齿根弯曲疲劳强度校核计算方法

		简化计算方法	一般计算方法	
齿面接触疲劳强度	强度条件	$\sigma_H \leqslant \sigma_{HP}$　或　$S_H \geqslant S_{Hmin}$		
	计算应力	$\sigma_H = Z_H Z_E Z_{\varepsilon\beta} \sqrt{\dfrac{F_t}{bd_1} \dfrac{u \pm 1}{u} K_A K_v K_{H\beta} K_{H\alpha}}$	小轮	$\sigma_{H1} = Z_B Z_H Z_E Z_\varepsilon Z_\beta \sqrt{\dfrac{F_t}{bd_1} \dfrac{u+1}{u} K_A K_v K_{H\beta} K_{H\alpha}}$
			大轮	$\sigma_{H2} = Z_D Z_H Z_E Z_\varepsilon Z_\beta \sqrt{\dfrac{F_t}{bd_1} \dfrac{u+1}{u} K_A K_v K_{H\beta} K_{H\alpha}}$
	许用应力	$\sigma_{HP} = \dfrac{\sigma_{Hlim} Z_{NT} Z_L Z_v Z_R Z_W Z_X}{S_{Hmin}}$		
	安全系数	$S_H = \dfrac{\sigma_{Hlim} Z_{NT} Z_L Z_v Z_R Z_W Z_X}{\sigma_H}$		
齿根弯曲疲劳强度	强度条件	$\sigma_F \leqslant \sigma_{FP}$　或　$S_F \geqslant S_{Fmin}$		
	计算应力	$\sigma_F = \dfrac{F_t}{bm_n} K_A K_v K_{F\beta} K_{F\alpha} Y_{FS} Y_{\varepsilon\beta}$	$\sigma_F = \dfrac{F_t}{bm_n} K_A K_v K_{F\beta} K_{F\alpha} Y_F Y_S Y_\beta Y_B Y_{DT}$	
	许用应力	$\sigma_{FP} = \dfrac{\sigma_{FE} Y_{NT} Y_{\delta relT} Y_{RrelT} Y_X}{S_{Fmin}}$		
	安全系数	$S_F = \dfrac{\sigma_{FE} Y_{NT} Y_{\delta relT} Y_{RrelT} Y_X}{\sigma_F}$		

表 8.2-40　表 8.2-39 公式中参数的意义和确定方法

代　号	代号意义	确定方法	
		简化计算方法公式中	一般计算方法公式中
K_A	使用系数	表 8.2-41	
K_v	动载系数	表 8.2-49	表 8.2-42
$K_{H\beta}$	接触疲劳强度计算的齿向载荷分布系数	表 8.2-58 和表 8.2-59	表 8.2-50
$K_{F\beta}$	弯曲疲劳强度计算的齿向载荷分布系数	式 8.2-2	式 8.2-1
$K_{H\alpha}$	接触疲劳强度计算的齿间载荷分配系数	表 8.2-62	表 8.2-60
$K_{F\alpha}$	弯曲疲劳强度计算的齿间载荷分配系数		
Z_H	节点区域系数	式 8.2-3 或图 8.2-12	
Z_E	弹性系数	式 8.2-4 或表 8.2-64	
Z_ε	接触疲劳强度计算的重合度系数	式 8.2-5	
Z_β	接触疲劳强度计算的螺旋角系数	式 8.2-6	
$Z_{\varepsilon\beta}$	接触疲劳强度计算的重合度与螺旋角系数	式 8.2-5 和式 8.2-6 或图 8.2-13	
Z_B	小齿轮单对齿啮合系数	表 8.2-65	
Z_D	大齿轮单对齿啮合系数		
σ_{Hlim}	试验齿轮的接触疲劳极限	图 8.2-15	
Z_{NT}	接触疲劳强度计算的寿命系数	图 8.2-18 或表 8.2-66	
Z_L、Z_v、Z_R	润滑油膜影响系数	表 8.2-68	表 8.2-67 或图 8.2-19～图 8.2-21

（续）

代　号	代号意义	确定方法	
		简化计算方法公式中	一般计算方法公式中
Z_W	齿面工作硬化系数	式 8.2-8 或图 8.2-22	
Z_X	接触疲劳强度计算的尺寸系数	表 8.2-70 或图 8.2-23	
S_{Hmin}、S_{Fmin}	最小安全系数	表 8.2-71	
Y_F	齿形系数		表 8.2-72 和表 8.2-73
Y_S	应力修正系数		式 8.2-9
Y_{FS}	复合齿形系数	图 8.2-27 和图 8.2-28	
Y_ε	弯曲疲劳强度计算的重合度系数		式 8.2-11
Y_β	弯曲疲劳强度计算的螺旋角系数		式 8.2-12
$Y_{\varepsilon\beta}$	弯曲疲劳强度计算的重合度与螺旋角系数	式 8.2-11 和式 8.2-12 或图 8.2-29	
Y_B	弯曲疲劳强度计算的轮缘厚度系数		表 8.2-74 或图 8.2-30
Y_{DT}	弯曲疲劳强度计算的深齿系数		表 8.2-75 或图 8.2-31
σ_{FE}	齿轮材料的弯曲疲劳强度基本值	图 8.2-32	
Y_{NT}	弯曲疲劳强度计算的寿命系数	表 8.2-76 或图 8.2-33	
Y_X	弯曲疲劳强度计算的尺寸系数	表 8.2-77 或图 8.2-34	
$Y_{\delta relT}$	相对齿根圆角敏感系数	式 8.2-18	式 8.2-15 或图 8.2-35 和式 8.2-17
Y_{RrelT}	相对齿根表面状况系数	表 8.2-81	表 8.2-80 或图 8.2-36

4.5　齿轮传动设计与强度校核计算中各参数的确定

4.5.1　分度圆上的圆周力 F_t

可根据齿轮传递的额定转矩或额定功率按表 8.2-36 中的公式计算。当变动载荷时，如果已经确定了齿轮传动的载荷图谱，则应按当量转矩计算分度圆上的切向力，见本章 4.7 节。

4.5.2　使用系数 K_A

K_A 是考虑由于原动机和工作机械的载荷变动、冲击、过载等对齿轮产生的外部附加动载荷的系数。K_A 与原动机和工作机械的特性、质量比、联轴器的类型以及运行状态等有关。如有可能，K_A 应通过精确测量或对系统进行分析来确定。当按额定载荷计算齿轮时，一般可参考表 8.2-41 选取 K_A 值；当已知载荷图谱，按当量载荷计算齿轮时，则应取 $K_A = 1$。

表 8.2-41　使用系数 K_A

	工作机工作特性及其示例			
	均匀平稳	轻微冲击	中等冲击	严重冲击
原动机工作特性及其示例	载荷平稳的发电机,载荷平稳的带式或板式输送机,螺杆输送机,轻型升降机,包装机械,机床进给机械,通风机,轻型离心机,离心泵;用于轻质液体或均匀密度物料的搅拌机,混料机,剪切机,压力机,冲压机①;立式传动装置和往复移动齿轮装置②	载荷非均匀平稳的带式或板式输送机,机床主传动装置,重型升降机,起重机回转齿轮装置,工业或矿山用风机,重型离心机,离心泵;黏性介质或非均匀密度物料的搅拌机、混料机,多缸活塞泵,给水泵,通用挤压机,压延机,同转窑,轧机,连续的锌带、铅带轧机,线材和棒材轧机③	橡胶挤压机,连续工作的橡胶和塑料混料机,轻型球磨机,木工机械(锯片和车床),钢坯轧机③④,提升装置,单缸活塞泵	挖掘机(斗轮驱动、斗链驱动、筛分驱动),挖土机,重型球磨机,橡胶压轧机,破碎机(石料、矿石),铸造机械,重型给水泵,钻机,压砖机,卸载机,落砂机,带材冷压机③⑤,压坯机,轧碎机

（续）

载荷类型	工作机械	使用系数 K_A			
均匀平稳	电动机(如直流电动机)、平稳运行的蒸汽轮机或燃气轮机(起动转矩很小,起动不频繁)	1.00	1.25	1.50	1.75
轻微冲击	蒸汽轮机,燃气轮机、液压马达或电动机(具有大的、频繁的起动转矩)	1.10	1.35	1.60	1.85
中等冲击	多缸内燃机	1.25	1.50	1.75	2.00
严重冲击	单缸内燃机	1.50	1.75	2.00	2.25 或更大

① 额定载荷为最大转矩。
② 额定载荷为最大起动转矩。
③ 额定载荷为最大轧制转矩。
④ 转矩受限流器限制。
⑤ 带钢的频繁开裂会导致 K_A 上升到 2.0。

4.5.3 动载系数 K_v

K_v 是考虑齿轮传动在啮合过程中,大、小齿轮啮合振动所产生的内部附加动载荷影响的系数。影响 K_v 的主要因素有基节偏差、齿形误差、圆周速度、大小齿轮的质量、轮齿的啮合刚度,以及在啮合过程中的变化、载荷、轴及轴承的刚度、齿轮系统的阻尼特性等。

（1）K_v 的一般计算方法（见表 8.2-42）

表 8.2-42　K_v 的一般计算方法

运行转速区间	临界转速比 N	对运行的齿轮装置的要求	K_v 计算公式	说明
亚临界区	$N \leqslant N_s$	多数通用齿轮在此区工作	$K_v = NK + 1 = N(C_{v1}B_p + C_{v2}B_f + C_{v3}B_k) + 1$　（1）	在 $N=1/2$ 或 $2/3$ 时可能出现共振现象,K_v 大大超过计算值,直齿轮尤甚,此时应修改设计。在 $N=1/4$ 或 $1/5$ 时共振影响很小
主共振区	$N_s < N \leqslant 1.15$	一般精度不高的齿轮(尤其是未修缘的直齿轮)不宜在此区运行。$\varepsilon_\gamma > 2$ 的高精度斜齿轮可在此区工作	$K_v = C_{v1}B_p + C_{v2}B_f + C_{v4}B_k + 1$　（2）	在此区内 K_v 受阻尼影响极大,实际动载与按式(2)计算所得值相差可达 40%,尤其是对未修缘的直齿轮
过渡区	$1.15 < N < 1.5$		$K_v = K_{v(N=1.5)} + \dfrac{K_{v(N=1.15)} - K_{v(N=1.5)}}{0.35} \times (1.5 - N)$　（3）	$K_{v(N=1.5)}$ 按式(4)计算 $K_{v(N=1.15)}$ 按式(2)计算
超临界区	$N \geqslant 1.5$	绝大多数透平齿轮及其他高速齿轮在此区工作	$K_v = C_{v5}B_p + C_{v6}B_f + C_{v7}$　（4）	1)可能在 $N=2$ 或 3 时出现共振,但影响不大 2)当轴齿轮系统的横向振动固有频率与运行的啮合频率接近或相等时,实际动载与按式(4)计算所得值可相差 100%,应避免此情况

注：1. 表中各公式均将每一齿轮副按单级传动处理,略去多级传动的其他各级的影响。非刚性连接的同轴齿轮,可以这样简化,否则应按表 8.2-45 中第 2 种结构型式情况处理。

2. 当 $(F_t K_A)/b < 100$N/mm 时,$N_s = 0.5 + 0.35\sqrt{\dfrac{F_t K_A}{100b}}$；其他情况时,$N_s = 0.85$。

3. 表内各公式中,N 为临界转速比,见表 8.2-43。
$C_{v1} \sim C_{v7}$ 数值见表 8.2-46。
系数 B_p、B_f、B_k 的计算公式见表 8.2-47。

表 8.2-43　临界转速比 N

项目	单位	计算公式或图示	说　明
临界转速比 N		$$N = \frac{n_1}{n_{E1}}$$	m_{red}—齿轮副的诱导质量，即每个齿轮的单位齿宽质量的诱导质量，与其基圆半径或啮合线有关；对行星齿轮和其他较特殊的齿轮 m_{red} 见表 8.2-44、表 8.2-45
临界转速 n_{E1}	r/min	$$n_{E1} = \frac{30 \times 10^3}{\pi z_1} \sqrt{\frac{c_\gamma}{m_{red}}}$$	
齿轮副诱导质量 m_{red}	kg/mm	$$m_{red} = \frac{J_1^* J_2^*}{J_1^* r_{b2}^2 + J_2^* r_{b1}^2}$$	n_1—小轮转速(r/min) z_1—小轮齿数 c_γ—轮齿啮合刚度［MPa/(mm·μm)］，见本章 4.5.6 节
小、大齿轮的单位齿宽的转动惯量 $J_{1,2}^*$	kg·mm²/mm	$$J_1^* = \frac{\pi}{32} \rho_1 (1 - q_1^4) d_{m1}^4$$ $$J_2^* = \frac{\pi}{32} \rho_2 (1 - q_2^4) d_{m2}^4$$	
轮缘内腔直径比 q		$q_1 = d_{i1}/d_{m1}$ $q_2 = d_{i2}/d_{m2}$	ρ_1, ρ_2—小轮、大轮的材料密度（kg/mm³）
小、大轮齿高中部直径 d_{m1}, d_{m2}	mm	$d_{m1} = (d_{a1} + d_{f1})/2$ $d_{m2} = (d_{a2} + d_{f2})/2$	
齿轮结构参数	mm	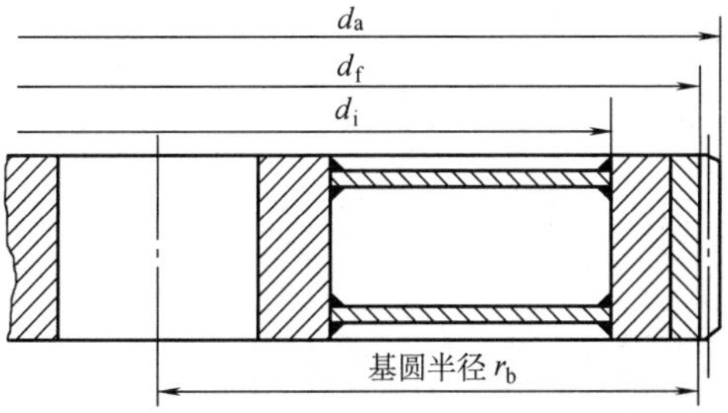	r_{b1}, r_{b2}—小轮、大轮的基圆半径（mm） d_{i1}, d_{i2}—小轮、大轮的内腔直径（mm） d_{a1}, d_{a2}—小轮、大轮的齿顶圆直径（mm） d_{f1}, d_{f2}—小轮、大轮的齿根圆直径（mm）

表 8.2-44　行星传动齿轮的诱导质量 m_{red}

齿轮组合	m_{red} 计算公式或提示	说　明
太阳轮和行星轮	$$m_{red} = \frac{J_{pla}^* J_{sun}^*}{(p J_{pla}^* r_{bsun}^2) + (J_{sun}^* r_{bpla}^2)}$$	J_{sun}^*, J_{pla}^*—太阳轮、一个行星轮单位齿宽的转动惯量（kg·mm²/mm）；可按表 8.2-43 计算 p—计算轮系中行星轮的个数 r_{bsun}, r_{bpla}—太阳轮、行星轮基圆半径(mm)
行星轮和固定内齿圈	$$m_{red} = \frac{J_{pla}^*}{r_{bpla}}$$	
行星轮和转动内齿圈	内齿圈的当量质量按外齿轮即表 8.2-43 处理；行星轮的诱导质量可按式 $m_{red} = \dfrac{J_{pla}^*}{r_{bpla}}$ 计算；有若干个行星轮时可按单个行星轮分别计算	

表 8.2-45　较特殊结构型式的齿轮的诱导质量 m_{red}

	齿轮结构型式	计算公式或提示	说　明
1	小轮的平均直径与轴颈相近	采用表 8.2-43 一般外啮合的计算公式 因为结构引起的小轮当量质量增大和扭转刚度增大(使实际啮合刚度 c_γ 增大)对计算临界转速 n_{E1} 的影响大体上相互抵消	

（续）

	齿轮结构型式	计算公式或提示	说　明
2	两刚性连接的同轴齿轮	较大的齿轮质量必须计入，而较小的齿轮质量可以略去	若两个齿轮直径无显著差别时，一起计入
3	两个小轮驱动一个大轮	可分别按小轮1-大轮和小轮2-大轮两个独立齿轮副分别计算	此时的大轮质量总是比小轮质量大得多
4	中间轮	$m_{red}=\dfrac{2}{\dfrac{r_{b1}^2}{J_1^*}+\dfrac{2r_{b2}^2}{J_2^*}+\dfrac{r_{b3}^2}{J_3^*}}$ 等效刚度 $c_\gamma=\dfrac{1}{2}(c_{\gamma1-2}+c_{\gamma2-3})$	J_1^*,J_2^*,J_3^*——主动轮、中间轮、从动轮单位齿宽的转动惯量 $c_{\gamma1-2}$——主动轮、中间轮啮合刚度，见4.5.6节 $c_{\gamma2-3}$——中间轮、从动轮啮合刚度，见4.5.6节

表 8.2-46　$C_{v1}\sim C_{v7}$ 数值

代号	代号意义	$1<\varepsilon_\gamma\leqslant2$	$\varepsilon_\gamma>2$
C_{v1}	考虑齿距偏差的影响系数	0.32	
C_{v2}	考虑齿廓偏差的影响系数	0.34	$\dfrac{0.57}{\varepsilon_\gamma-0.3}$
C_{v3}	考虑啮合刚度周期变化的影响系数	0.23	$\dfrac{0.096}{\varepsilon_\gamma-1.56}$
C_{v4}	考虑啮合刚度周期变化引起齿轮副扭转共振的影响系数	0.90	$\dfrac{0.57-0.05\varepsilon_\gamma}{\varepsilon_\gamma-1.44}$
C_{v5}	在超临界区内考虑齿距偏差的影响系数	0.47	
C_{v6}	在超临界区内考虑齿廓偏差的影响系数	0.47	$\dfrac{0.12}{\varepsilon_\gamma-1.74}$
C_{v7}	考虑因啮合刚度的变动，在恒速运行时与齿轮弯曲变形产生的分力有关的系数	$1<\varepsilon_\gamma\leqslant1.5$　　　　$1.5<\varepsilon_\gamma\leqslant2.5$　　　　$\varepsilon_\gamma>2.5$ 0.75　　$0.125\sin[\pi(\varepsilon_\gamma-2)]+0.875$　　1.0	

表 8.2-47　系数 B_p、B_f、B_k 的计算公式

项　目		计算公式	说　明
B_p		$B_p=\dfrac{c'f_{pbeff}}{(F_tK_A)/b}$	考虑齿距偏差的影响
B_f		$B_f=\dfrac{c'f_{feff}}{(F_tK_A)/b}$	考虑齿形偏差的影响
B_k		$B_k=\left\|1-\dfrac{c'C_a}{(F_tK_A)/b}\right\|$	考虑齿轮修缘的影响 齿轮精度低于5级时，$B_k=1$
c'——单对齿轮刚度，见4.5.6节 C_a——沿齿廓法线方向计量的修缘量（μm），无修缘时，用由跑合产生的齿顶磨合量 C_{ay}（μm）值代替 f_{pbeff}、f_{feff}——有效基节偏差和有效齿廓公差（μm），与相应的磨合量 y_p、y_f 有关	C_{ay}	当大、小轮材料相同时 $C_{ay}=\dfrac{1}{18}\left(\dfrac{\sigma_{Hlim}}{97}-18.45\right)^2+1.5$ 当大、小轮材料不同时 $C_{ay}=0.5(C_{ay1}+C_{ay2})$	C_{ay1}、C_{ay2} 分别按上式计算
	f_{pbeff}	$f_{pbeff}=f_{pb}-y_p$	如无 y_p、y_f 的可靠数据，可近似取 $y_p=y_f=y_\alpha$ y_α 见表 8.2-48
	f_{feff}	$f_{feff}=f_f-y_f$	f_{pb}、f_f 通常按大齿轮查取

表 8.2-48　齿廓磨合量 y_α

齿轮材料	齿廓磨合量 $y_\alpha/\mu m$	限制条件
结构钢、调质钢、珠光体和贝氏体球墨铸铁	$y_\alpha = \dfrac{160}{\sigma_{Hlim}} f_{pb}$	$v>10m/s$ 时，$y_\alpha \leqslant \dfrac{6400}{\sigma_{Hlim}}\mu m$，$f_{pb} \leqslant 40\mu m$ $5<v \leqslant 10m/s$ 时，$y_\alpha \leqslant \dfrac{12800}{\sigma_{Hlim}}\mu m$，$f_{pb} \leqslant 80\mu m$ $v \leqslant 5m/s$ 时，y_α 无限制
铸铁、铁素体球墨铸铁	$y_\alpha = 0.275 f_{pb}$	$v>10m/s$ 时，$y_\alpha \leqslant 11\mu m$，$f_{pb} \leqslant 40\mu m$ $5<v \leqslant 10m/s$ 时，$y_\alpha \leqslant 22\mu m$，$f_{pb} \leqslant 80\mu m$ $v \leqslant 5m/s$ 时，y_α 无限制
渗碳淬火钢或渗氮钢、氮碳共渗钢	$y_\alpha = 0.075 f_{pb}$	$y_\alpha \leqslant 3\mu m$

注：1. f_{pb}—齿轮基节极限偏差（μm）；σ_{Hlim}—齿轮接触疲劳极限（MPa）。

　　2. 当大、小齿轮的材料和热处理不同时，其齿廓磨合量可取为相应两种材料齿轮副磨合量的算术平均值。

（2）K_v 的简化计算方法（见表 8.2-49）

表 8.2-49　K_v 的简化计算方法

项　目		计算公式	说　明
传动精度系数 C		$C = -0.5048\ln(z) - 1.144\ln(m_n)$ $+2.852\ln(f_{pt}) + 3.32$	先用 $z_1\sqrt{f_{pt1}}$ 代入计算，再用 $z_2\sqrt{f_{pt2}}$ 代入计算，取其中较大值，C 应圆整成整数
K_v 值	$C \leqslant 5$ 的高精度齿轮	$K_v = 1.0 \sim 1.1$	齿轮具有良好的安装和对中精度以及合适的润滑条件
	$C \geqslant 6$ 的一般精度齿轮[①]	$K_v = \left[\dfrac{A}{A+\sqrt{200v}}\right]^{-B}$ $A = 50 + 56(1.0 - B)$ $B = 0.25(C - 5.0)^{0.667}$ 适用的条件： 1）法向模数 $m_n = 1.25 \sim 50mm$ 2）齿数 $z = 6 \sim 1200$ 　当 $m_n > 8.33mm$ 时，$z = 6 \sim \dfrac{10000}{m_n}$ 3）传动精度系数 $C = 6 \sim 12$ 4）齿轮节圆线速度 $v \leqslant \dfrac{[A+(14-C)]^2}{200}$	 按齿轮副节圆线速度 v(m/s) 和传动精度系数 C 查图确定 K_v

①　K_v 值可按表中公式计算，也可按右边图查取。

4.5.4　齿向载荷分布系数 $K_{H\beta}$、$K_{F\beta}$

　　齿向载荷分布系数是考虑沿齿向载荷分布不均匀的影响系数。在接触强度计算中记为 $K_{H\beta}$，在弯曲强度计算中记为 $K_{F\beta}$。影响 $K_{H\beta}$、$K_{F\beta}$ 的主要因素有：轮齿、轴系及箱体的刚度，齿宽系数、齿向误差、轴线平行度、载荷、磨合情况及齿向修形等。齿向载荷分布系数是影响齿轮承载能力的重要因素，应通过改善结构、改进工艺等措施使载荷沿齿向分布均匀，以降低它的影响。如果通过测量和检查能够确切掌握轮齿的接触情况，并做相应的修形（如螺旋角修形、鼓形修形等），可取 $K_{H\beta} = K_{F\beta} = 1$。如果对齿轮的结构做特殊处理或经过仔细磨合，能使载荷沿齿向均匀分布，也可取 $K_{H\beta} = K_{F\beta} = 1$。

（1）$K_{H\beta}$ 的一般计算方法

$K_{H\beta}$ 的计算公式见表 8.2-50，当 $K_{H\beta}>1.5$ 时，通常应采取措施降低 $K_{H\beta}$ 值。

基本假定和适用范围：

1）沿齿宽将轮齿视为具有啮合刚度 c_γ 的弹性体，载荷和变形都呈线性分布。

2）轴齿轮的扭转变形按载荷沿齿宽均布计算，弯曲变形按载荷集中作用于齿宽中点计算，没有其他额外的附加载荷。

3）箱体、轴承、大齿轮及其轴的刚度足够大，其变形可忽略。

4）等直径轴或阶梯轴，d_{sh} 为与实际轴产生同样弯曲变形量的当量轴径。

5）轴和小齿轮的材料都为钢；小齿轮轴可以是实心轴或空心轴（其内径应 $<0.5d_{sh}$），齿轮的结构支承形式见表 8.2-54。

（2）典型结构齿轮的 $K_{H\beta}$

适用条件：符合本章 4.5.4 节（1）中 1）、2）、3），并且小齿轮直径和轴径相近，轴齿轮为实心或空心轴（内孔径应小于 $0.5d_{sh}$），对称布置在两轴承之间（$s/l\approx 0$）；当非对称布置时，应把估算出的附加弯曲变形量加到 f_{ma} 上。

符合上述条件的单对齿轮、轧机齿轮和简单行星传动齿轮 $K_{H\beta}$ 的计算公式见表 8.2-55～表 8.2-57。

表 8.2-50　$K_{H\beta}$ 的计算公式

项　目		公　式
$K_{H\beta}$	$\sqrt{\dfrac{2F_t K_A K_v / b}{F_{\beta y} c_\gamma}} \leq 1$ 时	$K_{H\beta} = \sqrt{\dfrac{2F_{\beta y} c_\gamma}{F_t K_A K_v / b}}$
	$\sqrt{\dfrac{2F_t K_A K_v / b}{F_{\beta y} c_\gamma}} > 1$ 时	$K_{H\beta} = 1 + 0.5\dfrac{F_{\beta y} c_\gamma}{F_t K_A K_v / b}$
磨合后啮合螺旋线偏差 $F_{\beta y} / \mu m$		$F_{\beta y} = F_{\beta x} - y_\beta = F_{\beta x} x_\beta$
初始啮合螺旋线偏差 $F_{\beta x} / \mu m$	受载时接触不良	$F_{\beta x} = 1.33 f_{sh} + f_{ma}$; $F_{\beta x} \geq F_{\beta x min}$
	受载时接触良好	$F_{\beta x} = \mid 1.33 f_{sh} - f_{\beta 6} \mid$; $F_{\beta x} \geq F_{\beta x min}$
	受载时接触理想	$F_{\beta x} = F_{\beta x min}$
	$F_{\beta x min}$	$\max\{0.005 F_t K_A K_v / b, 0.5 F_\beta\}$
综合变形产生的啮合螺旋线偏差分量 $f_{sh} / \mu m$		$f_{sh} = \dfrac{F_t K_A K_v}{b} f_{sh0}$
单位载荷作用下的啮合螺旋线偏差 $f_{sh0} /$ $(\mu m \cdot mm \cdot N^{-1})$	一般齿轮	0.023γ
	齿端修薄的齿轮	0.016γ
	修形或鼓形修整的齿轮	0.012γ

注：1. y_β、x_β 分别为螺旋线磨合量和螺旋线磨合系数，其计算公式见表 8.2-51。

2. f_{ma} 为制造、安装误差产生的啮合螺旋线偏差分量，其计算公式见表 8.2-52。

3. $f_{\beta 6}$ 为 GB/T 10095.1 或 ISO 1328-1：1995 规定的 6 级精度的螺旋线总偏差的允许值 F_β。

4. γ 为小齿轮结构尺寸系数，见表 8.2-53。

5. c_γ 为轮齿啮合刚度，见本章 4.5.6 节。

表 8.2-51　y_β、x_β 的计算公式

齿轮材料	螺旋线磨合量 $y_\beta(\mu m)$，磨合系数 x_β	适用范围及限制条件
结构钢、调质钢、珠光体和贝氏体球墨铸铁	$y_\beta = \dfrac{320}{\sigma_{Hlim}} F_{\beta x}$ $x_\beta = 1 - \dfrac{320}{\sigma_{Hlim}}$	$v>10m/s$ 时，$y_\beta \leq 12800/\sigma_{Hlim}$，$F_{\beta x} \leq 40\mu m$ $5<v \leq 10m/s$ 时，$y_\beta \leq 25600/\sigma_{Hlim}$，$F_{\beta x} \leq 80\mu m$ $v \leq 5m/s$ 时，y_β 无限制
灰铸铁、铁素体球墨铸铁	$y_\beta = 0.55 F_{\beta x}$ $x_\beta = 0.45$	$v>10m/s$ 时，$y_\beta \leq 22\mu m$，$F_{\beta x} \leq 40\mu m$ $5<v \leq 10m/s$ 时，$y_\beta \leq 45\mu m$，$F_{\beta x} \leq 80\mu m$ $v \leq 5m/s$ 时，y_β 无限制
渗碳淬火钢、表面硬化钢、渗氮钢、氮碳共渗钢、表面硬化球墨铸铁	$y_\beta = 0.15 F_{\beta x}$ $x_\beta = 0.85$	$y_\beta \leq 6\mu m$，$F_{\beta x} \leq 40\mu m$

注：1. σ_{Hlim} —齿轮接触疲劳极限值（MPa），见本章 4.5.11 节。

2. 当大小齿轮材料不同时，$y_\beta = (y_{\beta 1}+y_{\beta 2})/2$，$x_\beta = (x_{\beta 1}+x_{\beta 2})/2$，式中下标 1，2 分别表示小、大齿轮。

表 8.2-52　f_{ma} 的计算公式　　　　　　　　　　　　　　　（μm）

类　　别		确定方法或公式
粗略数值	某些高精度的高速齿轮	$f_{ma} = 0$
	一般工业齿轮	$f_{ma} = 15$
给定精度等级	装配时无检验调整	$f_{ma} = 1.0 F_\beta$
	装配时进行检验调整（对研、轻载磨合、调整轴承、螺旋线修形、鼓形齿等）	$f_{ma} = 0.5 F_\beta$
	齿端修薄	$f_{ma} = 0.7 F_\beta$

（续）

类　　别	确定方法或公式
给定空载下接触斑点长度 b_{c0}	$$f_{ma} = \frac{b}{b_{c0}} S_c$$ 式中　S_c—涂色层厚度，一般为 $2 \sim 20\mu m$，计算时可取 $S_c = 6\mu m$ 如按最小接触斑点长度 b_{c0min} 计算 $$f_{ma} = \frac{2}{3} \times \frac{b}{b_{c0min}} S_c$$ 如测得最长和最短的接触斑点长度 $$f_{ma} = \frac{1}{2} \left(\frac{b}{b_{c0min}} + \frac{b}{b_{c0max}} \right) S_c$$

表 8.2-53　小齿轮结构尺寸系数 γ

齿轮形式	γ 的计算公式	B^*	
		功率不分流	功率分流，通过该对齿轮 $k\%$ 的功率
直齿轮及单斜齿轮	$\left[\left\| B^* + K' \dfrac{ls}{d_1^2} \left(\dfrac{d_1}{d_{sh}} \right)^4 - 0.3 \right\| + 0.3 \right] \left(\dfrac{b}{d_1} \right)^2$	$B^* = 1$	$B^* = 1 + 2(100-k)/k$
人字齿轮或双斜齿轮	$2 \left[\left\| B^* + K' \dfrac{ls}{d_1^2} \left(\dfrac{d_1}{d_{sh}} \right)^4 - 0.3 \right\| + 0.3 \right] \left(\dfrac{b_B}{d_1} \right)^2$	$B^* = 1.5$	$B^* = 0.5 + (200-k)/k$

注：l—轴承跨距（mm）；s—小轮齿宽中点至轴承跨距中点的距离（mm）；d_1—小轮分度圆直径（mm）；d_{sh}—小轮轴弯曲变形当量直径（mm）；K'—结构系数，见表 8.2-54；b_B—单斜齿轮宽度（mm）。

表 8.2-54　小齿轮的结构支承形式及结构系数 K'

	结构支承形式	条件	K'		说　　明
			刚性	非刚性	
a		$s/l < 0.3$	0.48	0.8	
b		$s/l < 0.3$	-0.48	-0.8	对人字齿轮或双斜齿轮，实线、虚线各代表半边斜齿轮中点的位置，s 按用实线表示的变形大的半边斜齿轮的位置计算
c		$s/l < 0.5$	1.33	1.33	$d_1/d_{sh} \geq 1.15$ 为刚性轴，$d_1/d_{sh} < 1.15$ 为非刚性轴，通常采用的键连接的套装齿轮属非刚性轴
d		$s/l < 0.3$	-0.36	-0.6	齿轮位于轴承跨距中心时（$s \approx 0$），$K_{H\beta}$ 最好按表 8.2-55 ~ 表 8.2-57 中的公式计算
e		$s/l < 0.3$	-0.6	-1.0	

表 8.2-55　单对齿轮 $K_{H\beta}$ 的计算公式

齿轮类型	修形情况	$K_{H\beta}$计算公式	
直齿轮、斜齿轮	不修形	$K_{H\beta}=1+\dfrac{4000}{3\pi}x_\beta\dfrac{c_\gamma}{E}\left(\dfrac{b}{d_1}\right)^2\left[5.12+\left(\dfrac{b}{d_1}\right)^2\left(\dfrac{l}{b}-\dfrac{7}{12}\right)\right]+\dfrac{x_\beta c_\gamma f_{ma}}{2F_m/b}$	(1)
	部分修形	$K_{H\beta}=1+\dfrac{4000}{3\pi}x_\beta\dfrac{c_\gamma}{E}\left(\dfrac{b}{d_1}\right)^4\left(\dfrac{l}{b}-\dfrac{7}{12}\right)+\dfrac{x_\beta c_\gamma f_{ma}}{2F_m/b}$	(2)
	完全修形	$K_{H\beta}=1+\dfrac{x_\beta c_\gamma f_{ma}}{2F_m/b}$，且 $K_{H\beta}\geqslant 1.05$	(3)
人字齿轮或双斜齿轮	不修形	$K_{H\beta}=1+\dfrac{4000}{3\pi}x_\beta\dfrac{c_\gamma}{E}\left[3.2\left(\dfrac{2b_B}{d_1}\right)^2+\left(\dfrac{B}{d_1}\right)^4\left(\dfrac{l}{B}-\dfrac{7}{12}\right)\right]+\dfrac{x_\beta c_\gamma f_{ma}}{F_m/b_B}$	(4)
	完全修形	$K_{H\beta}=1+\dfrac{x_\beta c_\gamma f_{ma}}{F_m/b_B}$，且 $K_{H\beta}\geqslant 1.05$	(5)

注：1. 本表各公式适用于全部转矩从轴的一端输入的情况，如同时从轴的两端输入或双斜齿轮从两半边斜齿轮的中间输入，则应做更详细的分析。

2. 部分修形指只补偿扭转变形的螺旋线修形；完全修形指同时可补偿弯曲、扭转变形的螺旋线修形。

3. B—包括空刀槽在内的双斜齿全齿宽（mm）；b_B—单斜齿轮宽度（mm），对因结构要求而采用超过一般工艺需要的大齿槽宽度的双斜齿轮，应采用一般方法计算；F_m—分度圆上平均切向力（N）。

表 8.2-56　轧机齿轮 $K_{H\beta}$ 的计算公式

是否修形	齿轮类型	$K_{H\beta}$计算公式
不修形	直齿轮、斜齿轮	$1+\dfrac{4000}{3\pi}x_\beta\dfrac{c_\gamma}{E}\left[\left(\dfrac{b}{d_1}\right)^2\left(5.12+7.68\dfrac{100-k}{k}\right)+\left(\dfrac{b}{d_1}\right)^2\left(\dfrac{l}{b}-\dfrac{7}{12}\right)\right]+\dfrac{x_\beta c_\gamma f_{ma}}{2F_m/b}$
	双斜齿轮或人字齿轮	$1+\dfrac{4000}{3\pi}x_\beta\dfrac{c_\gamma}{E}\left[\left(\dfrac{2b_B}{d_1}\right)^2\left(1.28+1.92\dfrac{100-k/2}{k/2}\right)+\left(\dfrac{B}{d_1}\right)^4\left(\dfrac{l}{B}-\dfrac{7}{12}\right)\right]+\dfrac{x_\beta c_\gamma f_{ma}}{F_m/b_B}$
完全修形	直齿轮、斜齿轮	按表 8.2-55 式（3）
	人字齿轮或双斜齿轮	按表 8.2-55 式（5）

注：1. 如不修形按双斜齿或人字齿轮公式计算的 $K_{H\beta}>2$，应检查设计，最好用更精确的方法重新计算。

2. B 为包括空刀槽在内的双斜齿全齿宽（mm）；b_B 为单斜齿轮宽度（mm）。

3. k 表示当采用一对轴齿轮，$u=1$，功率分流，被动齿轮传递 $k\%$ 的转矩，$(100-k)\%$ 的转矩由主动齿轮的轴端输出，两齿轮皆对称布置在两端轴承之间。

表 8.2-57　简单行星传动齿轮 $K_{H\beta}$ 的计算公式

齿轮副	轴承形式	修形情况	$K_{H\beta}$计算公式
直齿轮、单斜齿轮 太阳轮(S)|行星轮(P)	Ⅰ	不修形	$1+\dfrac{4000}{3\pi}n_P x_\beta\dfrac{c_\gamma}{E}\times5.12\left(\dfrac{b}{d_S}\right)^2\dfrac{x_\beta c_\gamma f_{ma}}{2F_m/b}$
		修形（仅补偿扭转变形）	按表 8.2-55 式（3）
	Ⅱ	不修形	$1+\dfrac{4000}{3\pi}x_\beta\dfrac{c_\gamma}{E}\left[5.12n_P\left(\dfrac{b}{d_S}\right)^2+2\left(\dfrac{b}{d_P}\right)^4\left(\dfrac{l_P}{b}-\dfrac{7}{12}\right)\right]+\dfrac{x_\beta c_\gamma f_{ma}}{2F_m/b}$
		完全修形（弯曲和扭转变形完全补偿）	按表 8.2-55 式（3）
内齿轮(H)|行星轮(P)	Ⅰ	修形或不修形	按表 8.2-55 式（3）
	Ⅱ	不修形	$1+\dfrac{8000}{3\pi}x_\beta\dfrac{c_\gamma}{E}\left(\dfrac{b}{d_P}\right)^4\left(\dfrac{l_P}{b}-\dfrac{7}{12}\right)+\dfrac{x_\beta c_\gamma f_{ma}}{2F_m/b}$
		修形（仅补偿弯曲变形）	按表 8.2-55 式（3）

（续）

齿轮副	轴承形式	修形情况	$K_{H\beta}$ 计算公式
人字齿轮或双斜齿轮 太阳轮（S）／行星轮（P）	I	不修形	$1+\dfrac{4000}{3\pi}n_P x_\beta \dfrac{c_\gamma}{E}\times 3.2\left(\dfrac{2b_B}{d_S}\right)^2+\dfrac{x_\beta c_\gamma f_{ma}}{F_m/b_B}$
		修形（仅补偿扭转变形）	按表 8.2-55 式（5）
	II	不修形	$1+\dfrac{4000}{3\pi}x_\beta \dfrac{c_\gamma}{E}\left[3.2 n_P\left(\dfrac{2b_B}{d_S}\right)^2+2\left(\dfrac{B}{d_P}\right)^4\left(\dfrac{l_P}{B}-\dfrac{7}{12}\right)\right]+\dfrac{x_\beta c_\gamma f_{ma}}{F_m/b_B}$
		完全修形（弯曲和扭转变形完全补偿）	按表 8.2-55 式（5）
内齿轮（H）／行星轮（P）	I	修形或不修形	按表 8.2-55 式（5）
	II	不修形	$1+\dfrac{8000}{3\pi}x_\beta \dfrac{c_\gamma}{E}\left(\dfrac{B}{d_P}\right)^4\left(\dfrac{l_P}{B}-\dfrac{7}{12}\right)+\dfrac{x_\beta c_\gamma f_{ma}}{F_m/b_B}$
		修形（仅补偿弯曲变形）	按表 8.2-55 式（5）

注：1. I、II 表示行星轮及其轴承在行星架上的安装形式；I—轴承装在行星轮上，转轴刚性固定在行星架上；II—行星轮两端带轴颈的轴齿轮，轴承装在转架上。

2. d_S—太阳轮分度圆直径（mm）；d_P—行星轮分度圆直径（mm）；l_P—行星轮轴承跨距（mm）；B—包括空刀槽在内的双斜齿全齿宽（mm）；b_B—单斜齿轮宽度（mm）。

3. $F_m=F_t K_A K_v K_r/n_P$

K_r—行星传动不均载系数；

n_P—行星轮个数。

（3）$K_{H\beta}$ 的简化计算方法

适用范围如下：

1）中等或较重载荷工况。对调质齿轮，单位齿宽载荷 F_m/b 为 400～1000N/mm；对硬齿面齿轮，F_m/b 为 800～1500N/mm。

2）刚性结构和刚性支承，受载时两轴承变形较小可忽略；齿宽偏置度 s/l（见表 8.2-54）较小，符合表 8.2-58、表 8.2-59 限定范围。

3）齿宽 b 为 50～400mm，齿宽与齿高比 b/h 为

3～12，小齿轮宽径比 b/d_1 对调质处理的应小于 2.0，对硬齿面的应小于 1.5。

4）轮齿啮合刚度 c_γ 为 15～25N/（mm·μm）。

5）齿轮制造精度对调质齿轮为 5～8 级，对硬齿面齿轮为 5～6 级；满载时齿宽全长或接近全长接触（一般情况下未经螺旋线修形）。

6）矿物油润滑。

符合上述范围齿轮的 $K_{H\beta}$ 值可按表 8.2-58 和表 8.2-59 中的公式计算。

表 8.2-58　软齿面齿轮 $K_{H\beta}$、$K_{F\beta}$ 的计算公式

是否调整	精度等级	结构布局及限制条件				
		对称支承		非对称支承	悬臂支承
装配时不做检验调整	5	$1.14+0.18\phi_d^2+2.3\times10^{-4}b$	（a）	式（a）$+0.108\phi_d^4$	式（a）$+1.206\phi_d^4$
	6	$1.15+0.18\phi_d^2+3\times10^{-4}b$	（b）	式（b）$+0.108\phi_d^4$	式（b）$+1.206\phi_d^4$
	7	$1.17+0.18\phi_d^2+4.7\times10^{-4}b$	（c）	式（c）$+0.108\phi_d^4$	式（c）$+1.206\phi_d^4$
	8	$1.23+0.18\phi_d^2+6.1\times10^{-4}b$	（d）	式（d）$+0.108\phi_d^4$	式（d）$+1.206\phi_d^4$
装配时检验调整或对研跑合	5	$1.10+0.18\phi_d^2+1.2\times10^{-4}b$	（e）	式（e）$+0.108\phi_d^4$	式（e）$+1.206\phi_d^4$
	6	$1.11+0.18\phi_d^2+1.5\times10^{-4}b$	（f）	式（f）$+0.108\phi_d^4$	式（f）$+1.206\phi_d^4$
	7	$1.12+0.18\phi_d^2+2.3\times10^{-4}b$	（g）	式（g）$+0.108\phi_d^4$	式（g）$+1.206\phi_d^4$
	8	$1.15+0.18\phi_d^2+3.1\times10^{-4}b$	（h）	式（h）$+0.108\phi_d^4$	式（h）$+1.206\phi_d^4$

注：经过齿向修形的齿轮，可取 $K_{H\beta}=1.2～1.3$。

表 8.2-59　硬齿面齿轮 $K_{H\beta}$、$K_{F\beta}$ 的简化计算公式

是否调整	精度等级	限制条件	结构布局及限制条件		
			对称支承	非对称支承	悬臂支承
装配时不做检验调整	5	$K_{H\beta} \leqslant 1.34$	$1.09 + 0.26\phi_d^2 + 2 \times 10^{-4}b$ （a）	式（a）$+ 0.156\phi_d^4$	式（a）$+ 1.742\phi_d^4$
		$K_{H\beta} > 1.34$	$1.05 + 0.31\phi_d^2 + 2.3 \times 10^{-4}b$ （b）	式（b）$+ 0.186\phi_d^4$	式（b）$+ 2.077\phi_d^4$
	6	$K_{H\beta} \leqslant 1.34$	$1.09 + 0.26\phi_d^2 + 3.3 \times 10^{-4}b$ （c）	式（c）$+ 0.156\phi_d^4$	式（c）$+ 1.742\phi_d^4$
		$K_{H\beta} > 1.34$	$1.05 + 0.31\phi_d^2 + 3.8 \times 10^{-4}b$ （d）	式（d）$+ 0.186\phi_d^4$	式（d）$+ 2.077\phi_d^4$
装配时检验调整或对研跑合	5	$K_{H\beta} \leqslant 1.34$	$1.05 + 0.26\phi_d^2 + 1.0 \times 10^{-4}b$ （e）	式（e）$+ 0.156\phi_d^4$	式（e）$+ 1.742\phi_d^4$
		$K_{H\beta} > 1.34$	$0.99 + 0.31\phi_d^2 + 1.2 \times 10^{-4}b$ （f）	式（f）$+ 0.186\phi_d^4$	式（f）$+ 2.077\phi_d^4$
	6	$K_{H\beta} \leqslant 1.34$	$1.05 + 0.26\phi_d^2 + 1.6 \times 10^{-4}b$ （g）	式（g）$+ 0.156\phi_d^2$	式（g）$+ 1.742\phi_d^2$
		$K_{H\beta} > 1.34$	$1.0 + 0.31\phi_d^2 + 1.9 \times 10^{-4}b$ （h）	式（h）$+ 0.186\phi_d^4$	式（h）$+ 2.077\phi_d^4$

注：1. 经过齿向修形的齿轮，可取 $K_{H\beta} = 1.2 \sim 1.3$。
　　2. 装配时不做检验调整；首先用 $K_{H\beta} \leqslant 1.34$ 计算。
　　3. 装配时检验调整或磨合；首先用 $K_{H\beta} \leqslant 1.34$ 计算。

（4）$K_{F\beta}$ 的一般计算方法

对于所有的实际应用范围，$K_{F\beta}$ 可按式（8.2-1）计算：

$$K_{F\beta} = (K_{H\beta})^N \qquad (8.2-1)$$

$$N = \frac{(b/h)^2}{1 + (b/h) + (b/h)^2}$$

式中　$K_{H\beta}$——接触疲劳强度计算的齿向载荷分布系数；
　　　N——幂指数；
　　　b——齿宽（mm），对人字齿或双斜齿齿轮，用单个斜齿轮的齿宽；
　　　h——齿高（mm）。

b/h 应取大小齿轮中的小值。

（5）$K_{F\beta}$ 的简化计算方法

在简化计算方法中，可按式（8.2-2）确定，这样取值偏于安全。

$$K_{F\beta} = K_{H\beta} \qquad (8.2-2)$$

4.5.5　齿间载荷分配系数 $K_{H\alpha}$、$K_{F\alpha}$

齿间载荷分配系数是考虑同时啮合的各对轮齿间载荷分配不均匀影响的系数。在齿面接触疲劳强度计算中记为 $K_{H\alpha}$，在轮齿弯曲强度计算中记为 $K_{F\alpha}$。影响 $K_{H\alpha}$ 和 $K_{F\alpha}$ 的主要因素有：轮齿啮合刚度、基节偏差、重合度、载荷及磨合情况等。

（1）$K_{H\alpha}$ 和 $K_{F\alpha}$ 的一般计算方法（表 8.2-60）

表 8.2-60　$K_{H\alpha}$ 和 $K_{F\alpha}$ 的一般计算方法

项　目	计 算 公 式	说　明
计算 $K_{H\alpha}$ 时的切向力 F_{tH}/N	$F_{tH} = F_t K_A K_v K_{H\beta}$	对于斜齿轮，如计算的 $K_{H\alpha}$ 值过大，应调整设计参数，使得 $K_{H\alpha}$ 及 $K_{F\alpha}$ 不大于 ε_α（端面重合度）
齿间载荷分配系数 $K_{H\alpha}$ $K_{F\alpha}$ $\varepsilon_\gamma \leqslant 2$	$K_{H\alpha} = \frac{\varepsilon_\gamma}{2}\left[0.9 + 0.4\dfrac{c_\gamma(f_{Pb} - y_\alpha)}{F_{tH}/b}\right] = K_{F\alpha}$	ε_γ——总重合度 c_γ——啮合刚度，见本章 4.5.6 节 f_{Pb}——基节极限偏差（μm），通常以大齿轮的基节极限偏差计算。当有适宜的修缘时，按此值的一半计算
$\varepsilon_\gamma > 2$	$K_{H\alpha} = 0.9 + 0.4\sqrt{\dfrac{2(\varepsilon_\gamma - 1)}{\varepsilon_\gamma}\dfrac{c_\gamma(f_{Pb} - y_\alpha)}{F_{tH}/b}} = K_{F\alpha}$	y_α——齿廓磨合量（μm），见表 8.2-61。Z_ε——接触疲劳强度计算的重合度系
限制条件	若 $K_{H\alpha} > \dfrac{\varepsilon_\gamma}{\varepsilon_\alpha Z_\varepsilon^2}$，则取 $K_{H\alpha} = \dfrac{\varepsilon_\gamma}{\varepsilon_\alpha Z_\varepsilon^2}$ 若 $K_{F\alpha} > \dfrac{\varepsilon_\gamma}{\varepsilon_\alpha Y_\varepsilon}$，则取 $K_{F\alpha} = \dfrac{\varepsilon_\gamma}{\varepsilon_\alpha Y_\varepsilon}$ 若 $K_{H\alpha} < 1.0$，则取 $K_{H\alpha} = 1.0$ 若 $K_{F\alpha} < 1.0$，则取 $K_{F\alpha} = 1.0$	数，见本章 4.5.9 节 Y_ε——弯曲疲劳强度计算的重合度系数，见本章 4.5.20 节

表 8.2-61　齿廓磨合量 y_α

齿轮材料	齿廓磨合量 y_α	限制条件	说　明
结构钢、调质钢、珠光体和贝氏体球墨铸铁	$y_\alpha = \dfrac{160}{\sigma_{Hlim}}f_{Pb}$	$v > 10\text{m/s}$ 时：$y_\alpha \leqslant \dfrac{6400}{\sigma_{Hlim}}\mu\text{m}$，$f_{Pb} \leqslant 40\mu\text{m}$ $5\text{m/s} < v \leqslant 10\text{m/s}$ 时：$y_\alpha \leqslant \dfrac{12800}{\sigma_{Hlim}}\mu\text{m}$，$f_{Pb} \leqslant 80\mu\text{m}$ $v \leqslant 5\text{m/s}$ 时，y_α 无限制	当大、小齿轮的材料和热处理不同时，其齿廓磨合量可取为两种材料齿轮副磨合量的平均值 f_{Pb}——基节极限偏差（μm），σ_{Hlim}——接触疲劳极限（MPa），见本章 4.5.11 节
铸铁、铁素体球墨铸铁	$y_\alpha = 0.275 f_{Pb}$	$v > 10\text{m/s}$ 时：$y_\alpha \leqslant 11\mu\text{m}$，$f_{Pb} \leqslant 40\mu\text{m}$ $5\text{m/s} < v \leqslant 10\text{m/s}$ 时：$y_\alpha \leqslant 22\mu\text{m}$，$f_{Pb} \leqslant 80\mu\text{m}$ $v \leqslant 5\text{m/s}$ 时，y_α 无限制	
渗碳淬火钢或渗氮钢、氮碳共渗钢	$y_\alpha = 0.075 f_{Pb}$	$y_\alpha \leqslant 3\mu\text{m}$	

（2）$K_{H\alpha}$和 $K_{F\alpha}$的简化计算方法

简化计算方法适用于满足下列条件的工业齿轮传动和类似的齿轮传动：钢制的基本齿廓符合 GB/T 1356 的外啮合和内啮合齿轮；直齿轮和$\beta \leqslant 30°$的斜齿轮；单位齿宽载荷 $K_{tH}/b \geqslant 350\text{N/mm}$（当 $F_{tH}/b \geqslant 350\text{N/mm}$ 时，计算结果偏于安全；当 $F_{tH}/b < 350\text{N/mm}$ 时，因 $K_{H\alpha}$、$K_{F\alpha}$的实际值较表中值大，计算结果偏于不安全）。

$K_{H\alpha}$和 $K_{F\alpha}$可按表 8.2-62 查取。

4.5.6　轮齿刚度 c'、c_γ

轮齿刚度定义为使一对或几对同时啮合的精确轮齿在 1mm 齿宽上产生 1μm 挠度所需的啮合线上的载荷。轮齿刚度分为单对齿刚度 c'和啮合刚度 c_γ。

单对齿刚度 c'是指一对轮齿在法向内的最大刚度。经计算可知，对标准齿轮传动，约在节点处的刚度最大。因此，c'通常指一对齿在节点啮合时的刚度。

啮合刚度 c_γ 是指啮合区中啮合轮齿在端截面内总刚度的平均值。

（1）c_γ 和 c'的一般计算方法

对于基本齿廓符合 GB/T 1356、单位齿宽载荷 $K_A F_t/b \geqslant 100\text{N/mm}$、轴-毂处圆周方向传力均匀（小齿轮为轴齿轮形式、大轮过盈连接或花键连接）、钢质直齿轮和螺旋角$\beta \leqslant 45°$的外啮合齿轮，c'和 c_γ 可按表 8.2-63 给出的公式计算。对于不满足上述条件的齿轮，如内啮合、非钢质材料的组合，以及其他形式的轴-毂连接、单位齿宽载荷 $K_A F_t/b < 100\text{N/mm}$ 的齿轮，也可近似应用。

表 8.2-62　齿间载荷分配系数 $K_{H\alpha}$和 $K_{F\alpha}$

$K_A F_t/b$		≥100N/mm							<100N/mm
公差等级		5	6	7	8	9	10	11~12	5 级及更低
硬齿面直齿轮	$K_{H\alpha}$	1.0		1.1	1.2	$1/Z_\varepsilon^2 \geqslant 1.2$			
	$K_{F\alpha}$					$1/Y_\varepsilon \geqslant 1.2$			
硬齿面斜齿轮	$K_{H\alpha}$	1.0	1.1	1.2	1.4	$\varepsilon_\alpha/\cos^2\beta_b \geqslant 1.4$			
	$K_{F\alpha}$								
非硬齿面直齿轮	$K_{H\alpha}$	1.0			1.1	1.2	$1/Z_\varepsilon^2 \geqslant 1.2$		
	$K_{F\alpha}$						$1/Y_\varepsilon \geqslant 1.2$		
非硬齿面斜齿轮	$K_{H\alpha}$	1.0		1.1	1.2	1.4	$\varepsilon_\alpha/\cos^2\beta_b \geqslant 1.4$		
	$K_{F\alpha}$								

注：1. 经修形的 6 级公差、硬齿面斜齿轮，取 $K_{H\alpha} = K_{F\alpha} = 1$。
2. 表右部第 5、8 行若计算 $K_{F\alpha} > \dfrac{\varepsilon_\gamma}{\varepsilon_\alpha Y_\varepsilon}$，则取 $K_{F\alpha} = \dfrac{\varepsilon_\gamma}{\varepsilon_\alpha Y_\varepsilon}$。
3. Z_ε 见 4.5.9 节，Y_ε 见本章 4.5.20 节。
4. 硬齿面和软齿面相啮合的齿轮副，齿间载荷分配系数取平均值。
5. 小齿轮和大齿轮公差等级不同时，则按公差等级较低的取值。
6. 本表也可以用于灰铸铁和球墨铸铁齿轮的计算。

表 8.2-63　c'、c_γ 计算公式

项　目		计 算 公 式	
钢对钢齿轮	单对齿刚度 $c'/\text{N}\cdot\text{mm}^{-1}\cdot\mu\text{m}^{-1}$	$\dfrac{K_A F_t}{b} \geqslant 100\text{N/mm}$	$c' = 0.8c'_{th} C_R C_B \cos\beta$①
		$\dfrac{K_A F_t}{b} < 100\text{N/mm}$	$c' = 0.8c'_{th} C_R C_B \cos\beta \left[\dfrac{F_t K_A}{100b}\right]^{0.25}$
	单对齿刚度的理论值 $c'_{th}/\text{N}\cdot\text{mm}^{-1}\cdot\mu\text{m}^{-1}$	$c'_{th} = \dfrac{1}{q}$ $q = 0.04723 + \dfrac{0.15551}{z_{v1}} + \dfrac{0.25791}{z_{v2}} - 0.00635x_{n1} - 0.11654\dfrac{x_{n1}}{z_{v1}} \mp 0.00193x_{n2} \mp 0.24188\dfrac{x_{n2}}{z_{v2}} + 0.0529x_{n1}^2 + 0.00182x_{n2}^2$ 式中　对于"∓"，"−"用于外啮合齿轮，"+"用于内啮合齿轮 x_{n1}、x_{n2}—小轮及大轮的法向变位系数 z_{v1}、z_{v2}—小轮及大轮的当量齿数，内齿轮，近似取 $z_v = \infty$	
	轮坯结构系数 C_R	对于实心齿轮，可取 $C_R = 1$ 对于非实心齿轮 $C_R = 1 + \dfrac{\ln(b_s/b)}{5e^{(S_R/5m_n)}}$或由图 8.2-11，查取 式中　b_s—腹板厚度（mm） S_R—轮缘厚度（mm） b—齿宽（mm） 若 $b_s/b<0.2$，取 $b_s/b=0.2$；若 $b_s/b>1.2$，取 $b_s/b=1.2$；若 $S_R/m_n<1$，取 $S_R/m_n=1$	

（续）

项　目		计　算　公　式	
钢对钢齿轮	基本齿廓系数 C_B	$C_B = [1+0.5(1.2-h_{fp}/m_n)] \times [1-0.02(20°-\alpha_n)]$ 对基本齿廓符合 $\alpha = 20°$, $h_{ap} = m_n$, $h_{fp} = 1.2m_n$, $\rho_{fp} = 0.2$ 的齿轮, $C_B = 1$ 若小轮和大轮的齿根高不一致, $C_B = 0.5(C_{B1}+C_{B2})$。C_{B1}、C_{B2} 分别为小、大齿轮基本齿廓系数, 按上式计算	
	啮合刚度 c_γ / N · mm^{-1} · μm^{-1}	$c_\gamma = (0.75\varepsilon_\alpha + 0.25)c'$ 上式适用于直齿圆柱齿轮和 $\beta \leqslant 30°$ 的斜齿圆柱齿轮；端面重合度 $\varepsilon_\alpha < 1.2$ 的直齿圆柱齿轮将计算值减少 10%	
其他材料齿轮	单对齿刚度 c'/N · mm^{-1} · μm^{-1}	$c' = c'_{st}\xi$	$\xi = \dfrac{E}{E_{st}}$　$E = \dfrac{2E_1 E_2}{E_1 + E_2}$ 式中　E_1、E_2—小齿轮和大齿轮材料的弹性模量 带有下标 st 的参数为钢的参数 钢对铸铁, 取 $\xi = 0.74$; 铸铁对铸铁, 取 $\xi = 0.59$
	啮合刚度 c_γ/N · mm^{-1} · μm^{-1}	$c_\gamma = c_{\gamma st}\xi$	

① 一对齿轮副中, 若一个齿轮为平键连接, 配对齿轮为过盈或花键连接, 由公式计算的 c' 增大 5%; 若两个齿轮都为平键连接, 由公式计算的 c' 增大 10%。

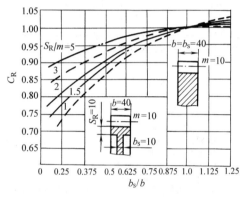

图 8.2-11　非实心齿轮轮坯结构系数 C_R

（2）c_γ 和 c' 的简化计算方法

对基本齿廓符合 GB/T 1356 的钢制刚性盘状齿轮, 当 $\beta \leqslant 30°$、$1.2 < \varepsilon_\alpha < 1.9$ 且 $K_A F_t / b \geqslant 100$N/mm 时, 取 $c' = 14$N/(mm · μm)、$c_\gamma = 20$N/(mm · μm)。非实心齿轮的 c'、c_γ 用轮坯结构系数 C_R 折算; 其他基本齿廓的齿轮的 c'、c_γ 可用表 8.2-63 中基本齿廓系数 C_B 折算; 非钢对钢配对的齿轮的 c'、c_γ 可用表 8.2-63 中 c'、c_γ 计算式折算。

4.5.7　节点区域系数 Z_H

Z_H 是考虑节点啮合处法向曲率与端面曲率的关系, 并把节圆上的圆周力换算为分度圆上的圆周力, 把法向圆周力换算为端面圆周力的系数, 其计算公式为

$$Z_H = \sqrt{\frac{2\cos\beta_b}{\cos^2\alpha_t \tan\alpha'_t}} \qquad (8.2\text{-}3)$$

式中　α_t——分度圆端面压力角；
　　　α'_t——节圆端面啮合角；
　　　β_b——基圆柱螺旋角。

对于 $\alpha = 20°$ 的外啮合和内啮合齿轮, 其 Z_H 值可

根据 $\dfrac{x_2 \pm x_1}{z_2 \pm z_1}$ 及 β 由图 8.2-12 查得。其中 "+" 号用于外啮合；"-" 号用于内啮合。

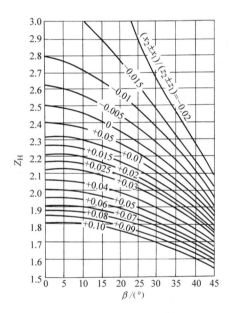

图 8.2-12　节点区域系数 Z_H（$\alpha = 20°$）

4.5.8　弹性系数 Z_E

Z_E 是考虑配对齿轮的材料弹性模量 E 和泊松比 ν 对接触应力影响的系数。其计算公式为

$$Z_E = \sqrt{\frac{1}{\pi\left(\dfrac{1-\nu_1^2}{E_1} + \dfrac{1-\nu_2^2}{E_2}\right)}} \qquad (8.2\text{-}4)$$

式中　E_1、E_2——小、大齿轮的弹性模量（MPa）；
　　　ν_1、ν_2——小、大齿轮材料的泊松比。

某些材料配对时的 Z_E 值, 见表 8.2-64。

表 8.2-64　弹性系数 Z_E

齿轮 1			齿轮 2			Z_E
材料	弹性模量 E_1/MPa	泊松比 ν_1	材料	弹性模量 E_2/MPa	泊松比 ν_2	$\sqrt{\text{MPa}}$
钢	206000	0.3	钢	206000	0.3	189.8
			铸钢	202000		188.9
			球墨铸铁	173000		181.4
			灰铸铁	118000~126000		162.0~165.4
			锡青铜	113000		159.8
			铸锡青铜	103000		155.0
			织物层压塑料	7850	0.5	56.4
铸钢	202000		铸钢	202000	0.3	188.0
			球墨铸铁	173000		180.5
			灰铸铁	118000		161.4
球墨铸铁	173000		球墨铸铁	173000		173.9
			灰铸铁	118000		156.6
灰铸铁	118000~126000		灰铸铁	118000		143.7~146.0

4.5.9　接触疲劳强度计算的重合度系数 Z_ε、螺旋角系数 Z_β 及重合度与螺旋角系数 $Z_{\varepsilon\beta}$

（1）接触疲劳强度计算的重合度系数 Z_ε

Z_ε 是考虑端面重合度 ε_α、纵向重合度 ε_β 对齿面接触应力影响的系数，其计算公式为

$$Z_\varepsilon = \sqrt{\frac{4-\varepsilon_\alpha}{3}\left(1-\varepsilon_\beta\right)+\frac{\varepsilon_\beta}{\varepsilon_\alpha}} \qquad (8.2\text{-}5)$$

当 $\varepsilon_\beta>1$ 时，按 $\varepsilon_\beta=1$ 代入式（8.2-5）计算。

（2）接触疲劳强度计算的螺旋角系数 Z_β

Z_β 是考虑螺旋角 β 对齿面接触应力影响的系数，其计算公式为

$$Z_\beta = \sqrt{\cos\beta} \qquad (8.2\text{-}6)$$

（3）接触疲劳强度计算的重合度与螺旋角系数 $Z_{\varepsilon\beta}$

在接触疲劳强度校核计算的简化计算方法中，重合度与螺旋角系数 $Z_{\varepsilon\beta}=Z_\varepsilon Z_\beta$。

$Z_{\varepsilon\beta}$ 可按式（8.2-5）和式（8.2-6）计算或由图 8.2-13 查取。

4.5.10　小齿轮及大齿轮单对齿啮合系数 Z_B、Z_D

$\varepsilon_\alpha \leqslant 2$ 时的单对齿啮合系数 Z_B 是把小齿轮节点 C 处的接触应力转化到小轮单对齿啮合区内界点 B 处的接触应力的系数；Z_D 是把大齿轮节点 C 处的接触应力转化到大轮单对齿啮合区内界点 D 处的接触应力的系数，见图 8.2-14。

单对齿的 Z_B 和 Z_D 由表 8.2-65 中的公式计算与判定。

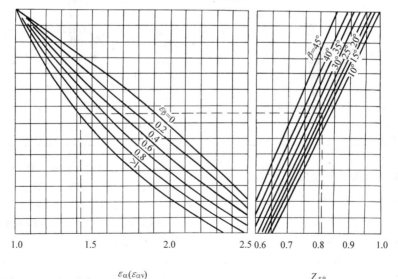

$$\varepsilon_\alpha(\varepsilon_{\alpha v}) \qquad\qquad Z_{\varepsilon\beta}$$

图 8.2-13　接触疲劳强度计算的重合度与螺旋角系数 $Z_{\varepsilon\beta}$

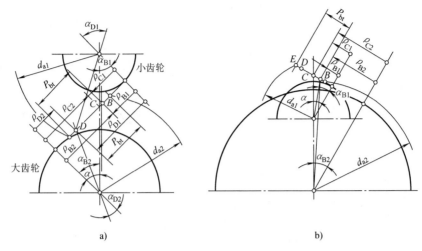

图 8.2-14　节点 C 及单对齿啮合区 B、D 处的曲率半径

a）外啮合　b）内啮合

表 8.2-65　单对齿 Z_B 和 Z_D 的计算公式

项　目		计　算　公　式	
直齿轮参数 M_1		$$M_1 = \dfrac{\tan\alpha'_t}{\sqrt{\left(\sqrt{\dfrac{d_{a1}^2}{d_{b1}^2}-1}-\dfrac{2\pi}{z_1}\right)\left(\sqrt{\dfrac{d_{a2}^2}{d_{b2}^2}-1}-(\varepsilon_\alpha-1)\dfrac{2\pi}{z_2}\right)}}$$	
直齿轮参数 M_2		$$M_2 = \dfrac{\tan\alpha'_t}{\sqrt{\left(\sqrt{\dfrac{d_{a2}^2}{d_{b2}^2}-1}-\dfrac{2\pi}{z_2}\right)\left(\sqrt{\dfrac{d_{a1}^2}{d_{b1}^2}-1}-(\varepsilon_\alpha-1)\dfrac{2\pi}{z_1}\right)}}$$	
		端面重合度 $\varepsilon_\alpha<2$	$\varepsilon_\alpha>2$ 时
	直齿轮 Z_B	当 $M_1>1$ 时,$Z_B=M_1$;当 $M_1\leqslant1$ 时,$Z_B=1$	对于 $2<\varepsilon_\alpha\leqslant3$ 的高精度齿轮副,任
	直齿轮 Z_D	当 $M_2>1$ 时,$Z_D=M_2$;当 $M_2\leqslant1$ 时,$Z_D=1$	何端截面内的总切向力由连续啮合的
外啮合齿轮	斜齿轮 Z_B　$\varepsilon_\beta\geqslant1$	$Z_B=1$	两对或三对轮齿共同承担。对于这样
	$\varepsilon_\beta<1$	按插值计算:$Z_B=M_1-\varepsilon_\beta(M_1-1)$,当 $Z_B<1$ 时取 $Z_B=1$	的齿轮副,取两对齿啮合外界点计算 其接触应力。可用本表中的公式计算
	斜齿轮 Z_D　$\varepsilon_\beta\geqslant1$	$Z_D=1$	M_1 和 M_2,但此时用表 8.2-39 中的公 式计算 σ_H 时,应用总切向力来代替式
	$\varepsilon_\beta<1$	按插值计算:$Z_D=M_2-\varepsilon_\beta(M_2-1)$,当 $Z_D<1$ 时取 $Z_D=1$	中的 F_t。这样计算的接触应力偏大, 因此,安全系数偏于保守
内啮合齿轮	Z_B	1	
	Z_D	1	

4.5.11　试验齿轮的接触疲劳极限 σ_{Hlim}

σ_{Hlim} 是指某种材料的齿轮经长期持续的重复载荷作用(对大多数材料,其应力循环数为 5×10^7)后,齿面不出现进展性点蚀时的极限应力。主要影响因素有:材料成分,力学性能,热处理及硬化层深度、硬度梯度,结构(锻、轧、铸),残余应力及材料的纯度和缺陷等。

σ_{Hlim} 可由齿轮的负荷运转试验或使用经验的统计数据得出,此时需说明线速度、润滑油黏度、表面粗糙度及材料组织等变化对许用应力的影响所引起的误差。无资料时,可由图 8.2-15 查取。图中的 σ_{Hlim} 值是试验齿轮的失效概率为 1% 时的轮齿接触疲劳极限。

图 8.2-15 中 ML 线表示齿轮材料质量和热处理质量达到最低要求时的疲劳极限取值线;MQ 线

表示齿轮材料质量和热处理质量达到中等要求时的疲劳极限取值线，此中等要求是有经验的工业齿轮制造者以合理的生产成本能达到的；ME 线表示齿轮材料质量和热处理质量达到很高要求时的疲劳极限取值线，这种要求只有在具备高水平的制造过程可控能力时才能达到。

工业齿轮通常按 MQ 级质量要求选取 σ_{Hlim} 值。

注意标准中的疲劳极限图不允许外延。

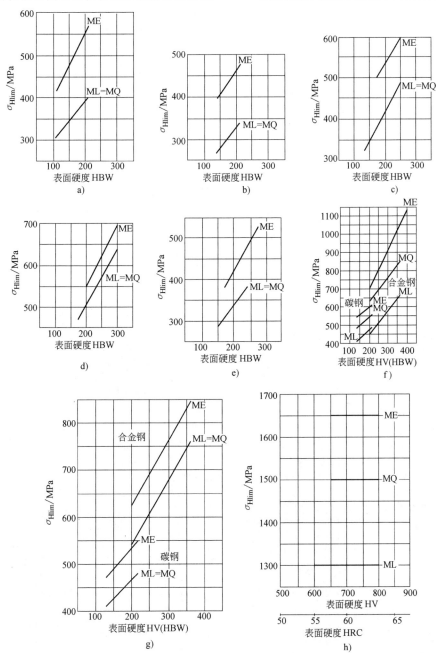

图 8.2-15　试验齿轮接触疲劳极限 σ_{Hlim}

a）正火低碳锻钢　b）铸钢　c）可锻铸铁[1]　d）球墨铸铁[1]　e）灰铸铁[1]

f）调质锻钢[2]　g）调质铸钢　h）渗碳锻钢[3]

① 当 HBW<180 时，组织中存在较多的铁素体，不推荐作为齿轮材料。

② 名义含碳量≥0.20%。

③ 图中疲劳极限是基于有效硬化层深度为 $0.15m_n \sim 0.2m_n$ 的精加工齿轮。

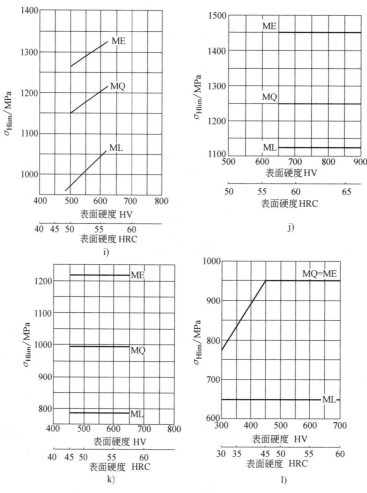

图 8.2-15　试验齿轮接触疲劳极限 σ_{Hlim}（续）

i）火焰或感应淬火铸、锻钢[④]　j）氮化钢：调质后气体渗氮[⑤]　k）调质钢：调质后气体渗氮[⑤]　l）氮碳共渗钢[⑤]

④ 要求的硬化层深度见图 8.2-16。

⑤ 建议进行工艺可靠性试验，要求的氮化层深度见图 8.2-17。

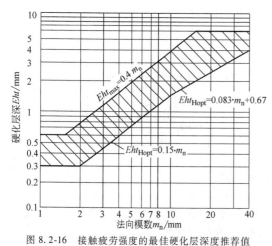

图 8.2-16　接触疲劳强度的最佳硬化层深度推荐值

Eht_{Hopt} 和综合考虑弯曲疲劳强度和接触疲劳强度的最大硬化层深度 Eht_{max}

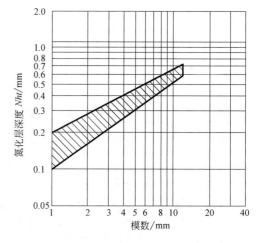

图 8.2-17　氮化层深度推荐值 Nht

4.5.12　接触疲劳强度计算的寿命系数 Z_{NT}

Z_{NT} 是考虑齿轮只要求有限寿命时，齿轮的齿面接触疲劳强度可以提高的系数。Z_{NT} 可根据齿面接触应力的循环次数 N_L 按图 8.2-18 查取，或按表 8.2-66 中的公式计算。齿面接触应力的循环次数按式（8.2-7）计算

$$N_L = 60nkh \qquad (8.2\text{-}7)$$

式中　n——齿轮的转速（r/min）；

$\quad\quad\ k$——齿轮转一周，同侧齿面的接触次数；

$\quad\quad\ h$——齿轮的工作寿命（h）。

当齿轮在变载荷工况下工作并有载荷图谱可用时，应按本章 4.7 节的方法核算其强度安全系数；对于缺乏工作载荷图谱的非恒定载荷齿轮，可近似地按名义载荷乘以使用系数 K_A 来核算其强度。

4.5.13　润滑油膜影响系数 Z_L、Z_v、Z_R

齿面间的润滑油膜影响齿面承载能力。润滑区的油黏度、相啮面间的相对速度、齿面表面粗糙度对齿面间润滑油膜状况的影响分别以润滑剂系数 Z_L、速度系数 Z_v 和表面粗糙度系数 Z_R 来考虑。齿面载荷

和齿面相对曲率半径对齿面间润滑油膜状况也有影响。

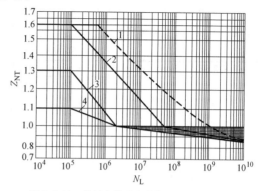

图 8.2-18　接触疲劳强度计算的寿命系数 Z_{NT}

1—允许有一定点蚀的正火低碳锻钢和铸钢、调质锻钢和铸钢、球墨铸铁（珠光体、贝氏体）、可锻铸铁（珠光体）、渗碳钢、火焰及感应淬火锻钢和铸钢。

2—不允许出现点蚀的正火低碳锻钢和铸钢、调质锻钢和铸钢、球墨铸铁（珠光体、贝氏体）、可锻铸铁（珠光体）、渗碳钢、火焰及感应淬火锻钢和铸钢。

3—灰铸铁、球墨铸铁（铁素体）、氮化钢和调质氮化钢。

4—碳氮共渗调质钢。

表 8.2-66　接触疲劳强度计算的寿命系数 Z_{NT}

材料及热处理		静强度最大循环次数 N_0	持久寿命条件循环次数 N_c	应力循环次数 N_L	Z_{NT} 计算公式
调质锻钢和铸钢、正火低碳锻钢和铸钢、球墨铸铁（珠光体、贝氏体）、可锻铸铁（珠光体）、渗碳钢、火焰及感应淬火锻钢和铸钢	允许有一定点蚀	$N_0 = 6 \times 10^5$	$N_c = 10^9$	$N_L \leqslant 6 \times 10^5$	$Z_{NT} = 1.6$
				$6 \times 10^5 < N_L \leqslant 10^7$	$Z_{NT} = 1.3 \left(\dfrac{10^7}{N_L} \right)^{0.0738}$
				$10^7 < N_L \leqslant 10^9$	$Z_{NT} = \left(\dfrac{10^9}{N_L} \right)^{0.057}$
				$10^9 < N_L \leqslant 10^{10}$	$Z_{NT} = \left(\dfrac{10^9}{N_L} \right)^{0.0706}$ ①
	不允许点蚀	$N_0 = 10^5$	$N_c = 5 \times 10^7$	$N_L \leqslant 10^5$	$Z_{NT} = 1.6$
				$10^5 < N_L \leqslant 5 \times 10^7$	$Z_{NT} = \left(\dfrac{5 \times 10^7}{N_L} \right)^{0.0756}$
				$5 \times 10^7 < N_L \leqslant 10^{10}$	$Z_{NT} = \left(\dfrac{5 \times 10^7}{N_L} \right)^{0.0306}$ ①
灰铸铁、球墨铸铁（铁素体）、氮化钢和调质氮化钢		$N_0 = 10^5$	$N_c = 2 \times 10^6$	$N_L \leqslant 10^5$	$Z_{NT} = 1.3$
				$10^5 < N_L \leqslant 2 \times 10^6$	$Z_{NT} = \left(\dfrac{2 \times 10^6}{N_L} \right)^{0.0875}$
				$2 \times 10^6 < N_L \leqslant 10^{10}$	$Z_{NT} = \left(\dfrac{2 \times 10^6}{N_L} \right)^{0.0191}$ ①
碳氮共渗调质钢				$N_L \leqslant 10^5$	$Z_{NT} = 1.1$
				$10^5 < N_L \leqslant 2 \times 10^6$	$Z_{NT} = \left(\dfrac{2 \times 10^6}{N_L} \right)^{0.0318}$
				$2 \times 10^6 < N_L \leqslant 10^{10}$	$Z_{NT} = \left(\dfrac{2 \times 10^6}{N_L} \right)^{0.0191}$ ①

① 当优选材料、制造工艺和润滑剂，并经生产实践验证时，这几个式子可取 $Z_{NT} = 1.0$。

确定润滑油膜影响系数的理想方法是总结现场使用经验或用类比试验。当所有试验条件(尺寸、材料、润滑剂及运行条件等)与设计齿轮完全相同并由此确定其承载能力或寿命系数时,Z_L、Z_v 和 Z_R 的值均等于 1.0。当无资料时,可按下述方法之一确定。

(1) Z_L、Z_v、Z_R 的一般计算方法

计算公式见表 8.2-67,也可查图 8.2-19、图 8.2-20 和图 8.2-21。

表 8.2-67 Z_L、Z_v、Z_R 的计算公式

有限寿命设计($N_L < N_c$ 时)	持久强度设计($N_L \geq N_c$ 时)	静强度($N_L \leq N_0$)时
$$Z_L = \left(\frac{N_0}{N_L}\right)^{\left(\frac{\lg Z_{LC}}{K_n}\right)}$$ $$Z_v = \left(\frac{N_0}{N_L}\right)^{\left(\frac{\lg Z_{vC}}{K_n}\right)}$$ $$Z_R = \left(\frac{N_0}{N_L}\right)^{\left(\frac{\lg Z_{RC}}{K_n}\right)}$$ $$K_n = \lg(N_0/N_c)$$ 对于结构钢、调质钢、球墨铸铁(珠光体、贝氏体)、珠光体可锻铸铁、渗碳淬火钢、感应加热淬火或火焰淬火的钢和球墨铸铁 $$K_n = -3.222(允许一定点蚀)$$ $$K_n = -2.699(不允许点蚀)$$ 对于可锻铸铁、球墨铸铁(铁素体)、渗氮处理的渗氮钢、调质钢、渗碳钢、氮碳共渗的调质钢、渗碳钢 $$K_n = -1.301$$ 式中,Z_{LC}、Z_{vC}、Z_{RC} 为 $N_L = N_c$ 时得到的持久强度的值(即表中按 $N_L = N_c$ 算得的 Z_L、Z_v、Z_R) N_0、N_c 值见表 8.2-66	$$Z_L = C_{ZL} + \frac{4(1.0 - C_{ZL})}{\left(1.2 + \dfrac{80}{\nu_{50}^{①}}\right)^2} = C_{ZL} + \frac{4(1.0 - C_{ZL})}{\left(1.2 + \dfrac{134}{\nu_{40}^{①}}\right)^2}$$ 当 $850\text{MPa} \leq \sigma_{Hlim} \leq 1200\text{MPa}$ 时 $$C_{ZL} = \frac{\sigma_{Hlim}}{4375} + 0.6357^{②}$$ 当 $\sigma_{Hlim} < 850\text{MPa}$ 时,取 $C_{ZL} = 0.83$ 当 $\sigma_{Hlim} > 1200\text{MPa}$ 时,取 $C_{ZL} = 0.91$ $$Z_v = C_{Zv} + \frac{2(1.0 - C_{Zv})}{\sqrt{0.8 + \dfrac{32}{v}}}$$ 当 $850\text{MPa} \leq \sigma_{Hlim} \leq 1200\text{MPa}$ 时 $$C_{Zv} = 0.85 + \frac{\sigma_{Hlim} - 850}{350} \times 0.08$$ 当 $\sigma_{Hlim} < 850\text{MPa}$ 时,以 850MPa 代入计算 当 $\sigma_{Hlim} > 1200\text{MPa}$ 时,以 1200MPa 代入计算 v—节点线速度(m/s) $$Z_R = \left(\frac{3}{Rz10}\right)^{C_{ZR}}(极限条件为:Z_R \leq 1.15)^{③}$$ 当 $850\text{MPa} \leq \sigma_{Hlim} \leq 1200\text{MPa}$ 时 $$C_{ZR} = 0.32 - 0.0002\sigma_{Hlim}$$ 当 $\sigma_{Hlim} < 850\text{MPa}$ 时,$C_{ZR} = 0.15$ 当 $\sigma_{Hlim} > 1200\text{MPa}$ 时,$C_{ZR} = 0.08$ Z_L、Z_v、Z_R 也可由图 8.2-19~图 8.2-21 查取^{②}	$$Z_L = Z_v = Z_R = 1$$

① ν_{50}—在 50℃时润滑油的名义运动黏度[mm²/s(cSt)];

   ν_{40}—在 40℃时润滑油的名义运动黏度[mm²/s(cSt)]。

② 表中公式及图 8.2-19 适用于矿物油(加或不加添加剂)。当应用某些具有较小摩擦因数的合成油时,对于渗碳钢齿轮 Z_L 应乘以系数 1.1,对于调质钢齿轮应乘以系数 1.4。

③ $Rz10$—相对(峰-谷)平均表面粗糙度

$$Rz10 = \frac{Rz_1 + Rz_2}{2} \sqrt[3]{\frac{10}{\rho_{red}}}$$

Rz_1,Rz_2—小齿轮及大齿轮的齿面微观不平度 10 点高度(μm)。如经事先磨合,则 Rz_1、Rz_2 应为磨合后的数值;若表面粗糙度以 Ra 值(Ra=CLA 值=AA 值)给出,则可近似取 $Rz \approx 6Ra$。

ρ_{red}—节点处诱导曲率半径(mm);$\rho_{red} = \rho_1\rho_2 / (\rho_1 \pm \rho_2)$。式中 "+" 用于外啮合,"-" 用于内啮合,$\rho_1$,$\rho_2$ 分别为小轮及大轮节点处曲率半径;对于小齿轮-齿条啮合,$\rho_{red} = \rho_1$;$\rho_{1,2} = 0.5d_{b1,2}\tan\alpha'_t$,式中 d_b 为基圆半径。

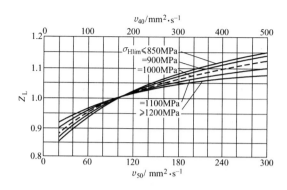

图 8.2-19 　润滑剂系数 Z_L

注：见表 8.2-67 注②。

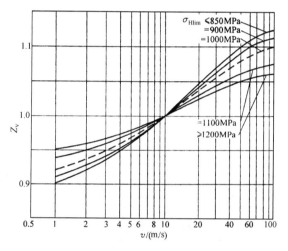

图 8.2-20 　速度系数 Z_v

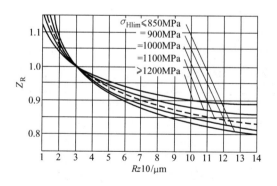

图 8.2-21 　表面粗糙度系数 Z_R

（2）Z_L、Z_v、Z_R 的简化计算方法

Z_L、Z_v、Z_R 的乘积在持久强度和静强度设计时由表 8.2-68 查得。对于应力循环次数 N_L 小于持久寿命条件循环次数 N_c 的有限寿命设计，$Z_L Z_v Z_R$ 值由其持久强度 $N_L \geqslant N_c$ 和静强度 $N_L \leqslant N_0$ 时的值，参照表 8.2-67 的公式插值确定。

表 8.2-68 　$Z_L Z_v Z_R$ 的值

计算类型	加工工艺及齿面表面粗糙度 $Rz10$	$Z_L Z_v Z_R$
持久强度 （$N_L \geqslant N_c$）	研磨、磨削或剃齿轮齿（$Rz10 > 4\mu m$）	0.92
	滚削、插削或刨削的齿轮与 $Rz10 \leqslant 4\mu m$ 磨削或剃削加工的轮齿啮合	0.92
	$Rz10 < 4\mu m$ 的磨削或剃削齿轮传动	1.0
	不符合以上三种情况或经滚削、插削或刨削的齿轮	0.85
静强度 （$N_L \leqslant N_0$）	各种加工方法	1.0

注：$Rz10$ 与 Ra 的对比参见表 8.2-69。

表 8.2-69 　Ra 与 $Rz10$ 对比 （参照）

$Ra/\mu m$	0.01	0.02	0.04	0.08	0.16	0.32	0.63	1.25	2.5
$Rz10/\mu m$	0.05	0.1	0.2	0.4	0.8	1.6	3.2	6.3	10

4.5.14 　齿面工作硬化系数 Z_W

Z_W 是考虑经光整加工的硬齿面小齿轮在运转过程中对调质钢大齿轮齿面产生冷作硬化，从而使大齿轮的齿面接触疲劳强度提高的系数。

对硬度范围为 $130 \sim 470 HBW$ 的调质钢或结构钢的大齿轮与齿面光滑（$Ra \leqslant 1\mu m$ 或 $Rz \leqslant 6\mu m$）的硬化小齿轮相啮合时，Z_W 按式（8.2-8）计算或按图 8.2-22查取

$$Z_W = 1.2 - \frac{HBW - 130}{1700} \quad (8.2-8)$$

HBW 是大齿轮齿面布氏硬度值。$HBW < 130$ 时，$Z_W = 1.2$；$HBW > 470$ 时，$Z_W = 1.0$。

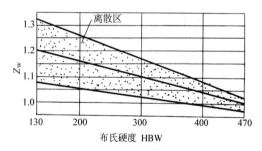

图 8.2-22 　工作硬化系数 Z_W

4.5.15 　接触疲劳强度计算的尺寸系数 Z_X

Z_X 是考虑计算齿轮的模数大于试验齿轮的模数时，由于尺寸效应使齿轮的齿面接触疲劳强度降低的系数。Z_X 可按图 8.2-23 查取，或按表 8.2-70 中公式计算。在强度的简化计算方法中，Z_X 可按持久寿命取值。

表 8.2-70 接触疲劳强度计算的尺寸系数 Z_X

材 料		Z_X	说 明
持久寿命 $N_L \geqslant N_c$	调质钢、结构钢	$Z_X = 1.0$	
	短时间液体渗氮钢、气体渗氮钢	$Z_X = 1.067 - 0.0056 m_n$	$m_n < 12$ 时，取 $m_n = 12$ $m_n > 30$ 时，取 $m_n = 30$
	渗碳淬火钢、感应或火焰淬火表面硬化钢	$Z_X = 1.076 - 0.0109 m_n$	$m_n < 7$ 时，取 $m_n = 7$ $m_n > 30$ 时，取 $m_n = 30$
有限寿命 $N_0 < N_L < N_c$		$Z_X = \left(\dfrac{N_0}{N_L} \right)^{\dfrac{\lg Z_{Xc}}{\lg \left(\dfrac{N_0}{N_c} \right)}}$	Z_{Xc}—持久寿命时的尺寸系数 N_0、N_L、N_c 见表 8.2-66
静强度 $N_L \leqslant N_0$		$Z_X = 1.0$	

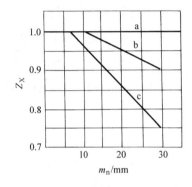

图 8.2-23 接触疲劳强度计算的尺寸系数 Z_X ($N_L \geqslant N_c$)

a—调质钢、正火钢疲劳强度；静强度所有材料

b—短时间液体或气体渗氮、长时间气体渗氮钢

c—渗碳淬火、感应或火焰淬火表面硬化钢

4.5.16 最小安全系数 S_{Hmin}、S_{Fmin}

S_{Hmin}、S_{Fmin} 是考虑齿轮工作可靠性的系数。齿轮的使用场合不同，对其可靠性的要求也不同，S_{Hmin}、S_{Fmin} 应根据对齿轮可靠性的要求来决定。

S_{Hmin}、S_{Fmin} 值可参考表 8.2-71 确定。

4.5.17 齿形系数 Y_F

齿形系数 Y_F 是考虑载荷作用于单对齿啮合区外界点时齿形对名义弯曲应力的影响。

（1）外齿轮的齿形系数 Y_F

对于 30°切线的切点位于由刀具齿顶圆角所展成的齿根过渡曲线上（见图 8.2-24），且刀具齿根过渡圆角 $\rho_{fP} \neq 0$（刀具的基本齿廓尺寸见图 8.2-25）的由齿条刀具加工的外齿轮，齿形系数 Y_F 可按表 8.2-72 中的公式计算。

表 8.2-71 最小安全系数 S_{Hmin}、S_{Fmin} 参考值

使用要求	失效概率	使用场合	S_{Fmin}	S_{Hmin}
高可靠度	1/10000	特殊工作条件下要求可靠性很高的齿轮	2.00	1.50 ~ 1.60
较高可靠度	1/1000	长期连续运转和较长的维修间隔；设计寿命虽不长，但可靠性要求较高，一旦失效可能造成严重的经济损失或安全事故	1.6	1.25 ~ 1.30
一般可靠度	1/100	通用齿轮和多数工业用齿轮，对设计寿命和可靠度有一定要求	1.25	1.00 ~ 1.10
低可靠度	1/10	齿轮设计寿命不长，易于更换的不重要齿轮；或者设计寿命虽不短，但对可靠度要求不高	1.00	0.85

注：1. 在经过使用验证或对材料强度、载荷工况及制造精度拥有较准确的数据时，可取表中 S_{Hmin} 的下限值。

2. 一般齿轮传动不推荐采用低可靠度的安全系数值。

3. 采用低可靠度的接触安全系数值时，可能在点蚀前先出现齿面塑性变形。

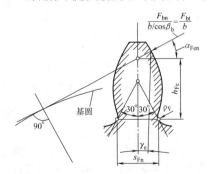

图 8.2-24 影响外齿轮齿形系数 Y_F 的各参数

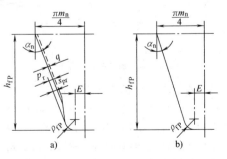

图 8.2-25 刀具基本齿廓尺寸

a）挖根型 b）普通型

表 8.2-72 　外齿轮齿形系数 Y_F 的计算公式

序号	名称	代号	计算公式	说明
1	刀尖圆心与刀齿对称线的距离	E	$\dfrac{\pi m_n}{4} - h_{fP}\tan\alpha_n + \dfrac{s_{pr}}{\cos\alpha_n} - (1-\sin\alpha_n)\dfrac{\rho_{fP}}{\cos\alpha_n}$	h_{fP}—刀具基本齿廓齿根高 $s_{pr}=p_r-q$，见图 8.2-25 ρ_{fP}—基本齿条的齿根过渡圆角半径 x—径向变位系数
2	辅助值	G	$\dfrac{\rho_{fP}}{m_n} - \dfrac{h_{fP}}{m_n} + x$	
3	基圆螺旋角	β_b	$\arccos\left[\sqrt{1-(\sin\beta\cos\alpha_n)^2}\right]$	
4	当量齿数	z_v	$\dfrac{z}{\cos^2\beta_b\cos\beta} \approx \dfrac{z}{\cos^3\beta}$	
5	辅助值	H	$\dfrac{2}{z_v}\left(\dfrac{\pi}{2} - \dfrac{E}{m_n}\right) - \dfrac{\pi}{3}$	
6	辅助角	θ	$(2G/z_v)\tan\theta - H$	用牛顿法解时可取初始值 $\theta = -H/(1-2G/z_v)$
7	危险截面齿厚与模数之比	$\dfrac{s_{Fn}}{m_n}$	$z_v\sin\left(\dfrac{\pi}{3} - \theta\right) + \sqrt{3}\left(\dfrac{G}{\cos\theta} - \dfrac{\rho_{fP}}{m_n}\right)$	
8	30° 切点处曲率半径与模数之比	$\dfrac{\rho_F}{m_n}$	$\dfrac{\rho_{fP}}{m_n} + \dfrac{2G^2}{\cos\theta(z_v\cos^2\theta - 2G)}$	
9	当量直齿轮端面重合度	$\varepsilon_{\alpha v}$	$\dfrac{\varepsilon_\alpha}{\cos^2\beta_b}$	
10	当量直齿轮分度圆直径	d_v	$\dfrac{d}{\cos^2\beta_b} = m_n z_v$	
11	当量直齿轮基圆直径	d_{bv}	$d_v\cos\alpha_n$	
12	当量直齿轮齿顶圆直径	d_{av}	$d_v + d_a - d$	d_a—齿顶圆直径 d—分度圆直径
13	当量直齿轮单对齿啮合区外界点直径	d_{ev}	$2\sqrt{\left[\sqrt{\left(\dfrac{d_{av}}{2}\right)^2 - \left(\dfrac{d_{bv}}{2}\right)^2} \mp \pi m_n\cos\alpha_n(\varepsilon_{\alpha v}-1)\right]^2 + \left(\dfrac{d_{bv}}{2}\right)^2}$ 注:式中"$\mp$"处对外啮合取"$-$",对内啮合取"$+$"	
14	当量齿轮单齿啮合外界点压力角	α_{ev}	$\arccos\left(\dfrac{d_{bv}}{d_{ev}}\right)$	
15	外界点处的齿厚半角	γ_e	$\dfrac{1}{z_v}\left(\dfrac{\pi}{2} + 2x\tan\alpha_n\right) + \mathrm{inv}\alpha_n - \mathrm{inv}\alpha_{ev}$	
16	当量齿轮单齿啮合外界点载荷作用角	α_{Fev}	$\alpha_{ev} - \gamma_e$	
17	弯曲力臂与模数比	$\dfrac{h_{Fe}}{m_n}$	$\dfrac{1}{2}\left[(\cos\gamma_e - \sin\gamma_e\tan\alpha_{Fev})\dfrac{d_{ev}}{m_n} - z_v\cos\left(\dfrac{\pi}{3} - \theta\right) - \dfrac{G}{\cos\theta} + \dfrac{\rho_{fP}}{m_n}\right]$	
18	齿形系数	Y_F	$\dfrac{6\left(\dfrac{h_{Fe}}{m_n}\right)\cos\alpha_{Fev}}{\left(\dfrac{s_{Fn}}{m_n}\right)^2\cos\alpha_n}$	

注：表中长度单位为 mm；角度单位为 rad。

（2）内齿轮的齿形系数 Y_F

内齿轮的齿形系数不仅与齿数和变位系数有关，且与插齿刀的参数有关。为了简化计算，可近似地按替代齿条计算（见图 8.2-26）。替代齿条的法向齿廓

与基本齿条相似，齿高与内齿轮相同，法向载荷作用角 α_{Fen} 等于 α_n，并以下角标 2 表示内齿轮，Y_F 可按表 8.2-73 中的公式计算。

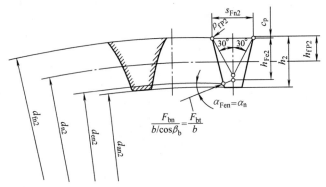

图 8.2-26 影响内齿轮齿形系数 Y_F 的各参数

表 8.2-73   内齿轮齿形系数 Y_F 的计算公式

序号	名称	代号	计算公式	说明
1	当量内齿轮分度圆直径	d_{v2}	$\dfrac{d_2}{\cos^2\beta_b}=m_n z_v$	d_2—内齿轮分度圆直径
2	当量内齿轮齿根圆直径	d_{fv2}	$d_{v2}+d_{f2}-d_2$	d_{f2}—内齿轮齿根圆直径
3	当量齿轮单齿啮合区外界点直径	d_{ev2}	同表 8.2-72	式中"±"、"∓"符号应采用内啮合的
4	当量内齿轮齿根高	h_{fP2}	$\dfrac{d_{fv2}-d_{v2}}{2}$	
5	内齿轮齿根过渡圆半径	ρ_{F2}	当 ρ_{F2} 已知时取已知值； 当 ρ_{F2} 未知时取为 $0.15m_n$	
6	刀具圆角半径	ρ_{fP2}	当齿轮型插齿刀顶端 ρ_{fP2} 已知时取已知值；当 ρ_{fP2} 未知时，取 $\rho_{fP2}\approx\rho_{F2}$	
7	危险截面齿厚与模数之比	$\dfrac{s_{Fn2}}{m_n}$	$2\left(\dfrac{\pi}{4}+\dfrac{h_{fP2}-\rho_{fP2}}{m_n}\tan\alpha_n+\dfrac{\rho_{fP2}-s_{pr}}{m_n\cos\alpha_n}-\dfrac{\rho_{fP2}}{m_n}\cos\dfrac{\pi}{6}\right)$	$s_{pr}=p_r-q$ 见图 8.2-25
8	弯曲力臂与模数之比	$\dfrac{h_{Fe2}}{m_n}$	$\dfrac{d_{fv2}-d_{ev2}}{2m_n}-\left[\dfrac{\pi}{4}-\left(\dfrac{d_{fv2}-d_{ev2}}{2m_n}-\dfrac{h_{fP2}}{m_n}\right)\tan\alpha_n\right]\tan\alpha_n-$ $\dfrac{\rho_{fP2}}{m_n}\left(1-\sin\dfrac{\pi}{6}\right)$	
9	齿形系数	Y_F	$\left(\dfrac{6h_{Fe2}}{m_n}\right)\bigg/\left(\dfrac{s_{Fn2}}{m_n}\right)^2$	

注：1. 表中长度单位为 mm；角度单位为 rad。
　　2. 表中公式适用于 $z_2>70$ 的内齿轮。

4.5.18　应力修正系数 Y_S

应力修正系数 Y_S 是将名义弯曲应力换算成齿根局部应力的系数。它考虑了齿根过渡曲线处的应力集中效应，以及弯曲应力以外的其他应力对齿根应力的影响。

应力修正系数 Y_S 用于载荷作用于单对齿啮合区外界点的计算方法。对于齿形角为 20°、$1\leqslant q_s<8$ 的齿轮，Y_S 可按式（8.2-9）计算；对其他压力角的齿轮，也可按此式近似计算。

$$Y_S=(1.2+0.13L)q_s^{\left(\frac{1}{1.21+2.3/L}\right)} \qquad (8.2-9)$$

式中　L——齿根危险截面处齿厚与弯曲力臂的比值：

$$L = \frac{s_{Fn}}{h_{Fe}}$$

s_{Fn}——齿根危险截面齿厚，外齿轮按表 8.2-72 中序号 7 的公式计算，内齿轮按表 8.2-73 中序号 7 的公式计算；

h_{Fe}——弯曲力臂，外齿轮按表 8.2-72 中序号 17 的公式计算，内齿轮按表 8.2-73 中序号 8 的公式计算；

q_s——齿根圆角参数：

$$q_s = \frac{s_{Fn}}{2\rho_F} \tag{8.2-10}$$

ρ_F——30°切线切点处的曲率半径，外齿轮按表 8.2-72 中序号 8 的公式计算，内齿轮按表 8.2-73 中序号 5 的公式计算。

4.5.19　复合齿形系数 Y_{FS}

$Y_{FS} = Y_{Fa} Y_{Sa}$，其中 Y_{Fa} 为力作用于齿顶时的齿形系数，它是考虑齿形对齿根弯曲应力影响的系数；Y_{Sa} 为力作用于齿顶时的应力修正系数，它是考虑齿根过渡曲线处的应力集中效应以及弯曲应力以外的其他应力对齿根应力影响的系数。

Y_{FS} 可根据齿数 $z(z_v)$、径向变位系数 x 由图 8.2-27 及图 8.2-28 查取。

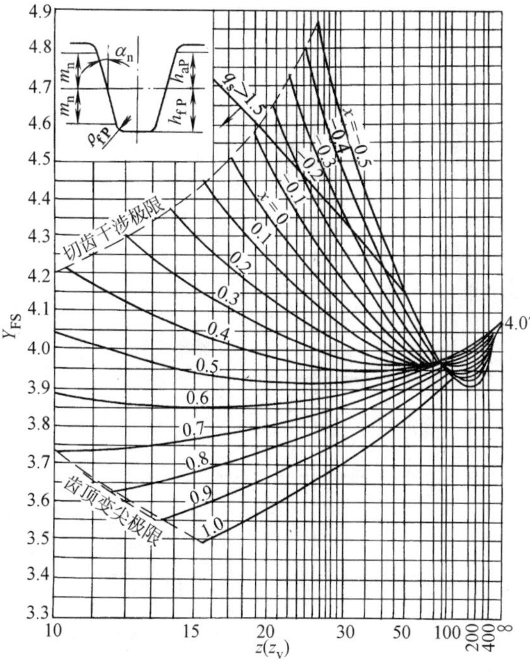

内齿轮的齿形系数 Y_{FS} 用替代齿条（$z = \infty$）来确定，见图 8.2-26 的图注。

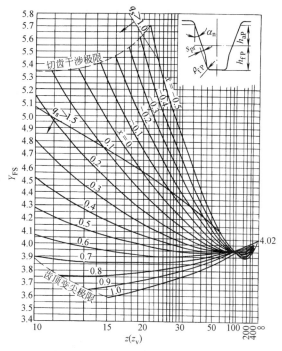

图 8.2-28　外齿轮的复合齿形系数 Y_{FS}

$\alpha_n = 20°$，$h_{aP}/m_n = 1.0$，$h_{fP}/m_n = 1.4$，

$\rho_{fP}/m_n = 0.4$，$s_{pr} = 0.02m_n$。

4.5.20　弯曲疲劳强度计算的重合度系数 Y_ε、螺旋角系数 Y_β 及重合度与螺旋角系数 $Y_{\varepsilon\beta}$

（1）弯曲疲劳强度计算的重合度系数 Y_ε

重合度系数 Y_ε 是将载荷由齿顶转换到单对齿啮合区外界点的系数。

Y_ε 可用下式计算

$$Y_\varepsilon = 0.25 + \frac{0.75}{\varepsilon_{\alpha v}} \tag{8.2-11}$$

式中　$\varepsilon_{\alpha v}$——当量齿轮的端面重合度

$$\varepsilon_{\alpha v} = \frac{\varepsilon_\alpha}{\cos^2\beta_b}$$

（2）弯曲疲劳强度计算的螺旋角系数 Y_β

螺旋角系数 Y_β 是考虑螺旋角造成的接触线倾斜对齿根应力产生影响的系数。其数值可由下式计算

$$Y_\beta = 1 - \varepsilon_\beta \frac{\beta}{120°} \geq Y_{\beta min} \tag{8.2-12}$$

$$Y_{\beta min} = 1 - 0.25\varepsilon_\beta \geq 0.75 \tag{8.2-13}$$

上面式中：当 $\varepsilon_\beta > 1$ 时，按 $\varepsilon_\beta = 1$ 计算；当 $Y_\beta < 0.75$ 时，取 $Y_\beta = 0.75$；当 $\beta > 30°$ 时，按 $\beta = 30°$ 计值。

图 8.2-27　外齿轮的复合齿形系数 Y_{FS}

$\alpha_n = 20°$，$h_{aP}/m_n = 1.0$，$h_{fP}/m_n = 1.25$，

$\rho_{fP}/m_n = 0.38$。对内齿轮，当 $\rho_{fP}/m_n = 0.15$，

$h_{aP}/m_n = 1.0$，$h_{fP}/m_n = 1.25$ 时，$Y_{FS} = 5.44$。

（3）弯曲疲劳强度计算的重合度与螺旋角系数 $Y_{\varepsilon\beta}$

在弯曲疲劳强度校核的简化计算方法中，重合度与螺旋角系数 $Y_{\varepsilon\beta} = Y_{\varepsilon}Y_{\beta}$，$Y_{\varepsilon\beta}$ 可按图 8.2-29 查取，或按式（8.2-11）和式（8.2-12）计算。

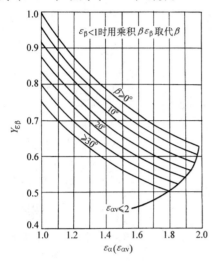

图 8.2-29 弯曲疲劳强度计算的重合度与螺旋角系数 $Y_{\varepsilon\beta}$

4.5.21 弯曲疲劳强度计算的轮缘厚度系数 Y_B

当轮缘厚度对齿根不能充分提供全部支承时，弯曲疲劳失效就会出现在齿轮的轮缘而不在齿根圆角处。Y_B 是修正薄轮缘齿轮计算齿根应力的系数。需要注意的是，对于外齿轮，应避免 $S_R \leqslant 0.5h_t$，对于内齿轮，应避免 $S_R \leqslant 1.75m_n$。Y_B 可按表 8.2-74 中公式计算或查图 8.2-30。

表 8.2-74 Y_B 的计算公式

齿轮	$\dfrac{S_R}{h_t}$	Y_B
外齿轮	$\dfrac{S_R}{h_t} \geqslant 1.2$	$Y_B = 1.0$
	$\dfrac{S_R}{h_t} > 0.5$ 和 $\dfrac{S_R}{h_t} < 1.2$	$Y_B = 1.6\ln\left(2.242\dfrac{h_t}{S_R}\right)$
内齿轮	$\dfrac{S_R}{m_n} \geqslant 3.5$	$Y_B = 1.0$
	$\dfrac{S_R}{m_n} > 1.75$ 和 $\dfrac{S_R}{m_n} < 3.5$	$Y_B = 1.15\ln\left(8.324\dfrac{m_n}{S_R}\right)$

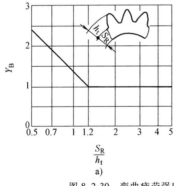
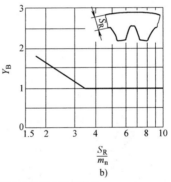

图 8.2-30 弯曲疲劳强度计算的轮缘厚度系数 Y_B

a）外齿轮 b）内齿轮

4.5.22 弯曲疲劳强度计算的深齿系数 Y_{DT}

对于 $2 \leqslant \varepsilon_{\alpha n} \leqslant 2.5$ 和进行实际齿廓修形达到沿啮合线梯形载荷分布的高精密齿轮（精度等级 $\leqslant 4$），可以用深齿系数 Y_{DT} 对名义齿根应力修正。Y_{DT} 可按表 8.2-75 中公式计算或查图 8.2-31。

表 8.2-75 Y_{DT} 的计算公式

$\varepsilon_{\alpha n}$ 和精度等级	Y_{DT}
$\varepsilon_{\alpha n} \leqslant 2.05$ 或 $\varepsilon_{\alpha n} > 2.05$ 和精度等级 >4	$Y_{DT} = 1.0$
$2.05 < \varepsilon_{\alpha n} \leqslant 2.5$ 和精度等级 $\leqslant 4$	$Y_{DT} = -0.666\varepsilon_{\alpha n} + 2.366$
$\varepsilon_{\alpha n} > 2.5$ 和精度等级 $\leqslant 4$	$Y_{DT} = 0.7$

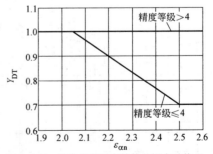

图 8.2-31 弯曲疲劳强度计算的深齿系数 Y_{DT}

4.5.23 齿轮材料的弯曲疲劳强度基本值 σ_{FE}

σ_{FE} 是用齿轮材料制成的无缺口试件，在完全弹性范围内经受脉动载荷作用时的名义弯曲疲劳强度。

$$\sigma_{FE} = \sigma_{Flim} Y_{ST} \qquad (8.2\text{-}14)$$

式中　σ_{Flim}——试验齿根的弯曲疲劳极限,它是指某
　　　　　　种材料的齿轮经长期持续的重复载荷
　　　　　　作用后(对大多数齿轮材料不少于 3×10^6),齿根保持不破坏时的极限应力;
　　　　Y_{ST}——试验齿轮的应力修正系数,$Y_{ST} = 2.0$。
σ_{FE} 及 σ_{Flim} 值可从图 8.2-32 中查取。图中的

ML、MQ、ME 和 MX 的意义与图 8.2-15 中的意义相同。对工业齿轮,通常按 MQ 级质量要求选取 σ_{FE} 及 σ_{Flim} 值。

对于在对称循环载荷下工作的齿轮(如行星齿轮、中间齿轮),应将从图中查出的 σ_{FE} 及 σ_{Flim} 值乘以系数 0.7。对于双向运转工作的齿轮,其 σ_{FE} 及 σ_{Flim} 值所乘系数可以稍大于 0.7。

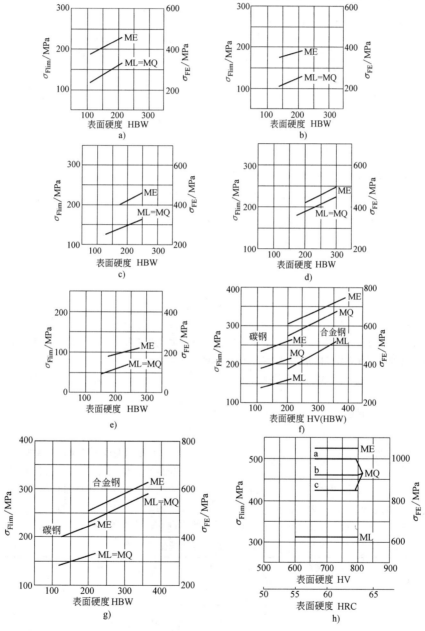

图 8.2-32　齿根弯曲疲劳极限 σ_{Flim} 及其基本值 σ_{FE}

a)正火低碳锻钢　b)铸钢　c)可锻铸铁[1]　d)球墨铸铁[1]　e)灰铸铁[1]　f)调质锻钢　g)调质铸铁　h)渗碳锻钢[2][6]

[1] 当 HBW<180 时,组织中存在较多的铁素体,不推荐作为齿轮材料。

[2] 图中疲劳极限是基于有效硬化层深度为 $0.15m_n \sim 0.2m_n$ 的精加工齿轮。

[6] a. 心部硬度≥30HRC; b. 心部硬度≥25HRC,J=12mm 处≥28HRC; c. 心部硬度≥25HRC,J=12mm 处<28HRC。

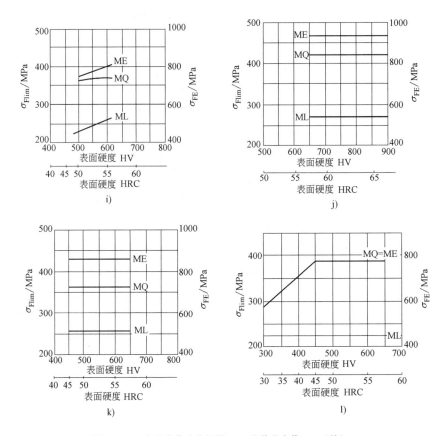

图 8.2-32　齿根弯曲疲劳极限 σ_{Flim} 及其基本值 σ_{FE}（续）

i）火焰或感应淬火铸、锻钢[3]　j）氮化钢：调质后气体渗氮[4]　k）调质钢、调质后气体渗氮[5]　l）氮碳共渗钢[5]

[3] 仅适用于齿根圆角处硬化的齿轮。要求有适当的硬化层深度，防止断齿失效的硬化层深度推荐值为 $0.1m_n \sim 0.2m_n$。综合考虑弯曲疲劳强度和接触疲劳强度的最大硬化层深度见图 8.2-16。

[4] 建议进行工艺可靠性试验。对齿面硬度 HV1>750，白亮层厚度超过 $10\mu m$ 时，由于脆性 σ_{FE} 会减低，要求的氮化层深度见图 8.2-17。

[5] 建议进行工艺可靠性试验，要求的氮化层深度见图 8.2-17。

4.5.24　弯曲疲劳强度计算的寿命系数 Y_{NT}

Y_{NT} 是考虑齿轮只要求有限寿命时，齿轮的齿根弯曲疲劳强度可以提高的系数。Y_{NT} 可根据齿根弯曲应力的循环次数 N_L 按图 8.2-33 查取，或按表 8.2-76 中的公式计算。齿根弯曲应力的循环次数按式（8.2-7）计算。

当齿轮在变载荷工况下工作并有载荷图谱可用时，应按本章 4.7 所述方法核算其强度安全系数，对于无载荷图谱的非恒定载荷齿轮，可近似地按名义载荷乘以使用系数 K_A 来核算其强度。

表 8.2-76　Y_{NT} 的计算公式

材料及热处理	静强度最大循环次数 N_0	持久寿命条件循环次数 N_c	应力循环次数 N_L	Y_{NT} 计算公式
调质锻钢和铸钢、球墨铸铁（珠光体、贝氏体）、可锻铸铁（珠光体）	$N_0 = 10^4$	$N_c = 3\times10^6$	$N_L \leqslant 10^4$	$Y_{NT} = 2.5$
			$10^4 < N_L \leqslant 3\times10^6$	$Y_{NT} = \left(\dfrac{3\times10^6}{N_L}\right)^{0.16}$
			$3\times10^6 < N_L \leqslant 10^{10}$	$Y_{NT} = \left(\dfrac{3\times10^6}{N_L}\right)^{0.02}$ [1]

（续）

材料及热处理	静强度最大循环次数 N_0	持久寿命条件循环次数 N_c	应力循环次数 N_L	Y_{NT} 计算公式
渗碳钢、火焰及感应淬火锻钢和铸钢			$N_L \leqslant 10^3$ $10^3 < N_L \leqslant 3 \times 10^6$ $3 \times 10^6 < N_L \leqslant 10^{10}$	$Y_{NT} = 2.5$ $Y_{NT} = \left(\dfrac{3 \times 10^6}{N_L}\right)^{0.115}$ $Y_{NT} = \left(\dfrac{3 \times 10^6}{N_L}\right)^{0.02 ①}$
正火低碳锻钢和铸钢、氮化钢、调质氮化钢、灰铸铁、球墨铸铁（铁素体）	$N_0 = 10^3$	$N_c = 3 \times 10^6$	$N_L \leqslant 10^3$ $10^3 < N_L \leqslant 3 \times 10^6$ $3 \times 10^6 < N_L \leqslant 10^{10}$	$Y_{NT} = 1.6$ $Y_{NT} = \left(\dfrac{3 \times 10^6}{N_L}\right)^{0.05}$ $Y_{NT} = \left(\dfrac{3 \times 10^6}{N_L}\right)^{0.02 ①}$
碳氮共渗调质钢			$N_L \leqslant 10^3$ $10^3 < N_L \leqslant 3 \times 10^6$ $3 \times 10^6 < N_L \leqslant 10^{10}$	$Y_{NT} = 1.1$ $Y_{NT} = \left(\dfrac{3 \times 10^6}{N_L}\right)^{0.012}$ $Y_{NT} = \left(\dfrac{3 \times 10^6}{N_L}\right)^{0.02 ①}$

① 当优选材料、制造工艺和润滑剂，并经生产实践验证时，这些计算式可取 $Y_{NT} = 1.0$。

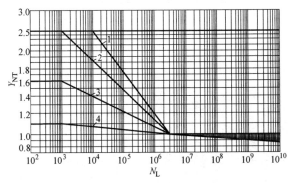

图 8.2-33　弯曲疲劳强度计算的寿命系数 Y_{NT}

1—调质锻钢和铸钢、球墨铸铁（珠光体、

贝氏体）、可锻铸铁（珠光体）

2—渗碳钢、火焰及感应淬火锻钢和铸钢

3—正火低碳锻钢和铸钢、氮化钢、调质

氮化钢、灰铸铁、球墨铸铁（铁素体）

4—碳氮共渗调质钢

4.5.25　弯曲疲劳强度计算的尺寸系数 Y_X

Y_X 是考虑计算齿轮的模数大于试验齿轮的模数，由于尺寸效应使齿轮的弯曲疲劳强度降低的系数。Y_X 可按图 8.2-34 查取，或按表 8.2-77 中公式计算。在强度计算的简化方法中，Y_X 可按持久寿命取值。

4.5.26　相对齿根圆角敏感系数 $Y_{\delta relT}$

相对齿根圆角敏感系数 $Y_{\delta relT}$ 是考虑所计算齿轮

的材料、几何尺寸等对齿根应力的敏感度与试验齿轮不同而引进的系数。定义为所计算齿轮的齿根圆角敏感系数与试验齿轮的齿根圆角敏感系数的比值。

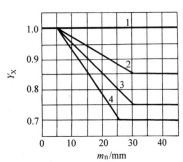

图 8.2-34　弯曲疲劳强度计算的尺寸系数 $Y_X (N_L \geqslant N_c)$

1—静强度计算时的所有材料

2—结构钢、调质钢、球墨铸铁（珠光

体、贝氏体）、珠光体可锻铸铁

3—渗碳淬火钢和全齿廓感应或火焰

淬火钢，渗氮或氮碳共渗钢

4—灰铸铁、球墨铸铁（铁素体）

（1）$Y_{\delta relT}$ 的一般计算方法

1）持久寿命时的相对齿根圆角敏感系数 $Y_{\delta relTc}$。持久寿命时的相对齿根圆角敏感系数 $Y_{\delta relTc}$ 可按式（8.2-15）计算得出，也可由图 8.2-35 查得（当齿根圆角参数在 $1.5 < q_s < 4$ 的范围内时，$Y_{\delta relTc}$ 可近似地取为 1，其误差不超过 5%）。

$$Y_{\delta relTc} = \frac{1 + \sqrt{\rho' X^*}}{1 + \sqrt{\rho' X_T^*}} \tag{8.2-15}$$

式中 ρ'——材料滑移层厚度（mm），可由表 8.2-78 按材料查取；

X^*——齿根危险截面处的应力梯度与最大应力的比值，其值

$$X^* \approx \frac{1}{5}(1+2q_s) \qquad (8.2\text{-}16)$$

q_s——齿根圆角参数，见式（8.2-10）;

X_T^*——试验齿轮齿根危险截面处的应力梯度与最大应力的比值，仍可用式(8.2-16)计算，式中 q_s 取为 $q_{sT} = 2.5$。此式适用于 $m = 5\text{mm}$，其尺寸的影响用 Y_x 来考虑。

表 8.2-77 Y_X 计算公式

	材 料	Y_X	说 明
持久寿命 $N_L \geqslant N_c$	结构钢、调质钢、球墨铸铁（珠光体、贝氏体）、珠光体可锻铸铁	$1.03 \sim 0.006 m_n$	当 $m_n < 5$ 时，取 $m_n = 5$
			当 $m_n > 30$ 时，取 $m_n = 30$
	渗碳淬火钢和全齿廓感应或火焰淬火钢和球墨铸铁、渗氮钢或氮碳共渗钢	$1.05 \sim 0.01 m_n$	当 $m_n < 5$ 时，取 $m_n = 5$
			当 $m_n > 25$ 时，取 $m_n = 25$
	灰铸铁、球墨铸铁（珠光体、贝氏体）	$1.075 \sim 0.015 m_n$	当 $m_n < 5$ 时，取 $m_n = 5$
			当 $m_n > 25$ 时，取 $m_n = 25$
有限寿命 $N_0 < N_L < N_c$		$Y_X = \left(\dfrac{N_0}{N_L}\right)^{\frac{\lg Y_{Xc}}{\lg\left(\frac{N_0}{N_c}\right)}}$	Y_{Xc}——持久寿命时的尺寸系数 N_0、N_L、N_c 见表 8.2-76
静强度 $N_L \leqslant N_0$		$Y_X = 1.0$	

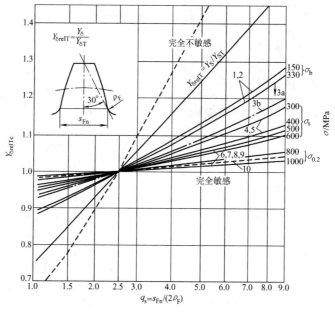

图 8.2-35   持久寿命时的相对齿根圆角敏感系数 $Y_{\delta relTc}$

注：图中材料数字代号见表 8.2-78 中的序号。

表 8.2-78   不同材料的滑移层厚度 ρ'

序号	材 料		滑移层厚度 ρ'/mm
1	灰铸铁	$\sigma_b = 150\text{MPa}$	0.3124
2	灰铸铁、球墨铸铁（铁素体）	$\sigma_b = 300\text{MPa}$	0.3095
3a	球墨铸铁（珠光体）		0.1005
3b	渗氮处理的渗氮钢、调质钢		

（续）

序号	材　　料		滑移层厚度 ρ'/mm
4	结构钢	$\sigma_s = 300\text{MPa}$	0.0833
5	结构钢	$\sigma_s = 400\text{MPa}$	0.0445
6	调质钢,球墨铸铁（珠光体、贝氏体）	$\sigma_s = 500\text{MPa}$	0.0281
7	调质钢,球墨铸铁（珠光体、贝氏体）	$\sigma_{0.2} = 600\text{MPa}$	0.0194
8	调质钢,球墨铸铁（珠光体、贝氏体）	$\sigma_{0.2} = 800\text{MPa}$	0.0064
9	调质钢,球墨铸铁（珠光体、贝氏体）	$\sigma_{0.2} = 1000\text{MPa}$	0.0014
10	渗碳淬火钢,火焰淬火或全齿廓感应加热淬火的钢和球墨铸铁		0.0030

2) 静强度的相对齿根圆角敏感系数 $Y_{\delta\text{relT0}}$。静强度的 $Y_{\delta\text{relT0}}$ 值可按表 8.2-79 中的相应公式计算得出（当应力修正系数在 $1.5 < Y_S < 3$ 的范围内时，静强度的相对敏感系数 $Y_{\delta\text{relT0}}$ 近似地可取为 Y_S/Y_{ST}；但此近似数不能用于渗氮的调质钢与灰铸铁）。

表 8.2-79　$Y_{\delta\text{relT0}}$ 的计算公式

计　算　公　式	说　　　明
结构钢 $$Y_{\delta\text{relT0}} = \dfrac{1 + 0.93(Y_S - 1)\sqrt[4]{\dfrac{200}{\sigma_s}}}{1 + 0.93\sqrt[4]{\dfrac{200}{\sigma_s}}}$$	Y_S—应力修正系数，见本章 4.5.18 节 σ_s—屈服强度
调质钢、铸铁和球墨铸铁（珠光体、贝氏体） $$Y_{\delta\text{relT0}} = \dfrac{1 + 0.82(Y_S - 1)\sqrt[4]{\dfrac{300}{\sigma_{0.2}}}}{1 + 0.82\sqrt[4]{\dfrac{300}{\sigma_{0.2}}}}$$	$\sigma_{0.2}$—发生残余变形 0.2% 时的条件屈服强度
渗碳淬火钢、火焰淬火和全齿廓感应加热淬火的钢、球墨铸铁 $$Y_{\delta\text{relT0}} = 0.44Y_S + 0.12$$	表层发生裂纹的应力极限
渗氮处理的渗氮钢、调质钢 $$Y_{\delta\text{relT0}} = 0.20Y_S + 0.60$$	表层发生裂纹的应力极限
灰铸铁和球墨铸铁（铁素体） $$Y_{\delta\text{relT0}} = 1.0$$	断裂极限

3) 有限寿命的齿根圆角敏感系数 $Y_{\delta\text{relT}}$。有限寿命的 $Y_{\delta\text{relT}}$ 可用线性插入法从持久寿命的 $Y_{\delta\text{relTc}}$ 和静强度的 $Y_{\delta\text{relT0}}$ 之间得到，见式（8.2-17）。

$$Y_{\delta\text{relT}} = Y_{\delta\text{relTc}} + \frac{\lg\left(\dfrac{N_L}{N_c}\right)}{\lg\left(\dfrac{N_0}{N_c}\right)} \times (Y_{\delta\text{relT0}} - Y_{\delta\text{relTc}})$$

（8.2-17）

式中　$Y_{\delta\text{relTc}}$、$Y_{\delta\text{relT0}}$——分别为持久寿命和静强度的相对齿根圆角敏感系数。

（2）$Y_{\delta\text{relT}}$ 的简化计算方法

在简化计算中，可取

$$Y_{\delta\text{relT}} = 1.0 \qquad (8.2\text{-}18)$$

4.5.27　相对齿根表面状况系数 $Y_{R\text{relT}}$

相对齿根表面状况系数 $Y_{R\text{relT}}$ 为所计算齿轮的齿根表面状况系数与试验齿轮的齿根表面状况系数的比值。

（1）Y_{RrelT}的一般计算方法

相对齿根表面状况系数 Y_{RrelT} 可按表 8.2-80 中的相应公式计算，持久寿命时的相对齿根表面状况系数 Y_{RrelTc} 也可由图 8.2-36 查出。

表 8.2-80 Y_{RrelT} 的计算公式

		计算公式或取值		
	材料	$Rz<1\mu m$	$1\mu m \leq Rz<40\mu m$	
持久寿命 $N_L \geq N_c$	调质钢、球墨铸铁（珠光体、贝氏体），渗碳淬火钢，火焰和全齿廓感应加热淬火的钢和球墨铸铁	$Y_{RrelTc}=1.120$	$Y_{RrelTc}=1.674-0.529(Rz+1)^{0.1}$	
	结构钢	$Y_{RrelTc}=1.070$	$Y_{RrelTc}=5.306-4.203(Rz+1)^{0.01}$	
	灰铸铁，球墨铸铁（铁素体），渗氮的渗氮钢、调质钢	$Y_{RrelTc}=1.025$	$Y_{RrelTc}=4.299-3.259(Rz+1)^{0.005}$	
有限寿命 $N_0<N_L<N_c$	$$Y_{RrelT}=Y_{RrelTc}+\dfrac{\lg\left(\dfrac{N_L}{N_c}\right)}{\lg\left(\dfrac{N_0}{N_c}\right)}\times(1-Y_{RrelTc})$$ Y_{RrelTc} 为持久寿命的相对齿根表面状况系数			
静强度 $N_L \leq N_0$	$Y_{RrelT0}=1.0$			

注：1. Rz 为齿根表面微观不平度 10 点高度，$Rz \approx 6Ra$。

2. N_0、N_c 见表 8.2-76。

3. 对经过强化处理（如喷丸）的齿轮，其 Y_{RrelT} 值要稍大于表中方法所确定的数值。

4. 对有表面氧化或化学腐蚀的齿轮，其 Y_{RrelT} 值要稍小于表中方法所确定的数值。

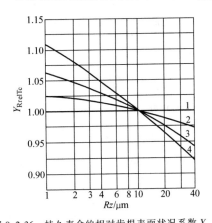

图 8.2-36 持久寿命的相对齿根表面状况系数 Y_{RrelTc}

1—静强度计算时的所有材料 2—灰铸铁，铁素体球墨铸铁，渗氮处理的渗氮钢、调质钢 3—结构钢 4—调质钢，球墨铸铁（珠光体、铁素体），渗碳淬火钢，全齿廓感应加热或火焰淬火钢

（2）Y_{RrelT} 的简化计算方法

在简化计算方法中，可按表 8.2-81 查取 Y_{RrelT}。

表 8.2-81 简化计算方法中 Y_{RrelT} 的取值

齿根表面粗糙度	Y_{RrelT}值	
	疲劳强度计算	静强度计算
$Rz \leq 16\mu m$ 或 $Ra \leq 2.6\mu m$	1.0	1.0
$Rz>16\mu m$ 或 $Ra>2.6\mu m$	0.9	

4.6 齿轮静强度校核计算（摘自 GB/T 3480—1997）

当齿轮工作可能出现短时间、少次数的（不大于表 8.2-66 和表 8.2-76 中规定的 N_0 值）超过额定工况的大载荷，如使用大起动转矩电动机、在运行中出现异常的重载荷或有重复性的中等甚至严重冲击时，应进行静强度校核计算。作用次数超过上述表中规定的载荷作用次数时，应纳入疲劳强度计算。

齿轮静强度校核的计算公式见表 8.2-82。

表 8.2-82 齿轮静强度核算的计算公式

条件	计算公式	说 明
强度条件	齿面静强度 $\sigma_{Hst} \leq \sigma_{HPst}$ 当大、小齿轮材料 σ_{HPst} 不同时，应取小者进行核算	σ_{Hst}—静强度最大齿面应力（MPa） σ_{HPst}—静强度许用齿面应力（MPa）

（续）

条件	计算公式	说　明
强度条件	弯曲静强度 $$\sigma_{Fst} \leqslant \sigma_{FPst}$$	σ_{Fst}—静强度最大齿根弯曲应力(MPa) σ_{FPst}—静强度许用齿根弯曲应力(MPa)
静强度最大的齿面应力 σ_{Hst}	$$\sigma_{Hst} = \sqrt{K_v K_{H\beta} K_{H\alpha}}\, Z_H Z_E Z_\varepsilon Z_\beta \sqrt{\frac{F_{cal}}{d_1 b}\frac{u\pm 1}{u}}$$	K_v—动载系数,对在起动或堵转时产生的最大载荷或低速工况,$K_v=1$;其余情况同本章 4.5.3 节 $K_{H\beta}$、$K_{F\beta}$—齿向载荷分布系数,见本章 4.5.4 节 $K_{H\alpha}$、$K_{F\alpha}$—齿间载荷分配系数,见本章 4.5.5 节 Z_H—节点区域系数,见本章 4.5.7 节 Z_E—弹性系数,见本章 4.5.8 节
静强度最大的齿根弯曲应力 σ_{Fst} 简化计算方法	$$\sigma_{Fst} = K_v K_{F\beta} K_{F\alpha} \frac{F_{cal}}{bm_n} Y_{FS} Y_{\varepsilon\beta}$$	Z_ε、Z_β—接触疲劳强度计算的重合度系数和螺旋角系数,见本章 4.5.9 节 Y_F—齿形系数,见本章 4.5.17 节 Y_S—应力修正系数,见本章 4.5.18 节 Y_{FS}—复合齿形系数,见本章 4.5.19 节
静强度最大的齿根弯曲应力 σ_{Fst} 一般计算方法	$$\sigma_{Fst} = K_v K_{F\beta} K_{F\alpha} \frac{F_{cal}}{bm_n} Y_F Y_S Y_\beta$$	Y_β—弯曲疲劳强度计算的螺旋角系数,见本章 4.5.20 节 $Y_{\varepsilon\beta}$—弯曲疲劳强度计算的重合度与螺旋角系数,见本章 4.5.20 节
静强度许用齿面接触应力 σ_{HPst}	$$\sigma_{HPst} = \frac{\sigma_{Hlim} Z_{NT}}{S_{Hmin}} Z_W$$	σ_{Hlim}—接触疲劳极限(MPa)见本章 4.5.11 节 Z_{NT}—静强度接触寿命系数,此时取 $N_L=N_0$,见表 8.2-66 Z_W—齿面工作硬化系数,见本章 4.5.14 节 S_{Hmin}—接触强度最小安全系数见本章 4.5.16 节
静强度许用齿根弯曲应力 σ_{FPst}	$$\sigma_{FPst} = \frac{\sigma_{Flim} Y_{ST} Y_{NT}}{S_{Fmin}} Y_{\delta relT}$$	σ_{Flim}—弯曲疲劳极限(MPa),见本章 4.5.23 节 Y_{ST}—试验齿轮的应力修正系数,$Y_{ST}=2.0$ Y_{NT}—抗弯强度寿命系数,此时取 $N_L=N_0$,见表 8.2-76 $Y_{\delta relT}$—相对齿根圆角敏感系数,见本章 4.5.26 节 S_{Fmin}—弯曲疲劳强度最小安全系数,见本章 4.5.16 节
计算切向力	$$F_{cal} = \frac{2000 T_{max}}{d}$$	F_{cal}—计算切向载荷(N) d—齿轮分度圆直径(mm) T_{max}—最大转矩(N·m)

注：1. 因已按最大载荷计算,取使用系数 $K_A=1$。

2. 应取载荷谱中或实测的最大载荷确定计算切向力。无上述数据时,可取预期的最大载荷 T_{max}（如起动转矩、堵转转矩、短路或其他最大过载转矩）为静强度计算载荷。

4.7　变动载荷作用下的齿轮强度校核计算

在变动载荷下工作的齿轮,应通过测定和分析计算确定其整个寿命的载荷图谱,按疲劳累积假说（Miner 法则）确定当量转矩 T_{eq},并以当量转矩 T_{eq} 代替名义转矩 T,按表 8.2-36 求出切向力 F_t,再应用表 8.2-39 中的公式分别进行齿面接触疲劳强度核算和轮齿弯曲疲劳强度核算,此时取 $K_A=1$。

当量载荷（当量转矩 T_{eq}）可按如下方法确定。

图 8.2-37 是以对数为坐标的某齿轮的承载能力曲线与其整个工作寿命的载荷图谱,图中 T_1、T_2、T_3… 为经整理后的实测的各级载荷,N_1、N_2、N_3… 为与 T_1、T_2、T_3… 相对应的应力循环次数。小于名义载荷 T 的 50% 的载荷（如图中 T_5）,认为对齿轮的疲劳损伤不起作用,故略去不计,则当量循环次数 N_{Leq} 为

$$N_{Leq} = N_1 + N_2 + N_3 + N_4 \qquad (8.2\text{-}19)$$

$$N_i = 60 n_i k h_i \qquad (8.2\text{-}20)$$

式中　N_i——第 i 级载荷应力循环次数；

　　n_i——第 i 级载荷作用下齿轮的转速；

　　k——齿轮每转一周同侧齿面的接触次数；

　　h_i——在 i 级载荷作用下齿轮的工作小时数。

根据 Miner 法则（疲劳累积假说），此时的当量

载荷为

$$T_{eq} = \left(\frac{N_1 T_1^p + N_2 T_2^p + N_3 T_3^p + N_4 T_4^p}{N_{Leq}} \right)^{1/p} \quad (8.2\text{-}21)$$

式中　p——齿轮材料的试验指数。

常用齿轮材料的特性数 N_0 及 p 值见表 8.2-83。

表 8.2-83　常用的齿轮材料的特性数 N_0 及 p 值

计算方法		齿轮材料及热处理方法	N_0	工作循环次数　N_L	p
接触疲劳强度	（疲劳点蚀）	结构钢、调质钢、珠光体、贝氏体球墨铸铁、珠光体可锻铸铁、调质钢、渗碳钢经表面淬火（允许有一定量点蚀）	6×10^5	$6 \times 10^5 < N_L \leqslant 10^7$	6.77
				$10^7 < N_L \leqslant 10^9$	8.78
				$10^9 < N_L \leqslant 10^{10}$	7.08
		结构钢、调质钢、珠光体、贝氏体球墨铸铁、珠光体可锻铸铁、调质钢、渗碳钢经表面淬火	10^5	$10^5 < N_L \leqslant 5 \times 10^7$	6.61
				$5 \times 10^7 < N_L \leqslant 10^{10}$	16.30
		调质钢、渗氮钢经渗氮，灰铸铁，铁素体球墨铸铁		$10^5 < N_L \leqslant 2 \times 10^6$	5.71
				$2 \times 10^6 < N_L \leqslant 10^{10}$	26.20
		调质钢、渗碳钢经碳氮共渗		$10^5 < N_L \leqslant 2 \times 10^6$	15.72
				$2 \times 10^6 < N_L \leqslant 10^{10}$	26.20
弯曲疲劳强度		调质钢、珠光体、贝氏体球墨铸铁、珠光体可锻铸铁	10^4	$10^4 < N_L \leqslant 3 \times 10^6$	6.23
				$3 \times 10^6 < N_L \leqslant 10^{10}$	49.91
		调质钢、渗碳钢经表面淬火	10^3	$10^3 < N_L \leqslant 3 \times 10^6$	8.74
				$3 \times 10^6 < N_L \leqslant 10^{10}$	49.91
		调质钢、渗氮钢经渗氮，结构钢，灰铸铁，铁素体球墨铸铁		$10^3 < N_L \leqslant 3 \times 10^6$	17.03
				$3 \times 10^6 < N_L \leqslant 10^{10}$	49.91
		调质钢、渗碳钢经碳氮共渗		$10^3 < N_L \leqslant 3 \times 10^6$	84.00
				$3 \times 10^6 < N_L \leqslant 10^{10}$	49.91

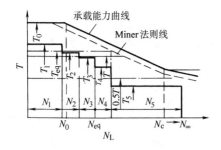

图 8.2-37　承载能力曲线与载荷图谱

当计算 T_{eq} 时，若 $N_{eq} < N_0$（材料疲劳破坏最少应力循环次数），取 $N_{eq} = N_0$；当 $N_{eq} > N_c$ 时，取 $N_{eq} = N_c$。

在变动载荷下工作的齿轮缺乏载荷图谱可用时，可近似地用常规的方法即用名义载荷乘以使用系数 K_A 来确定计算载荷。当无合适的数值可用时，使用系数 K_A 可参考表 8.2-41 确定。这样，就将变动载荷工况转化为非变动载荷工况来处理，并按表 8.2-39 有关公式核算齿轮强度。

4.8　齿面胶合承载能力校核计算（摘自 GB/Z 6413.2—2003）

齿轮齿面胶合承载能力计算方法，我国有两个标准，即 GB/Z 6413.1—2003《圆柱齿轮、锥齿轮和双曲面齿轮 胶合承载能力计算方法 第 1 部分：闪温法》（ISO/TR 13989.1：2000）和 GB/Z 6413.2—2003《圆柱齿轮、锥齿轮和双曲面齿轮 胶合承载能力计算方法 第 2 部分：积分温度法》（ISO/TR 13989.2：2000）。这两个计算方法标准，都可用来防止齿轮传动由于齿面载荷和滑动速度引起的高温导致润滑油膜破裂所造成的胶合（热胶合）。本节采用的是积分温度法。

4.8.1　计算公式（见表 8.2-84）

4.8.2　计算中的有关数据及系数的确定

（1）胶合承载能力计算的安全系数 S_{intS}

胶合承载能力计算的安全系数与温度有关，用它

乘以齿轮的转矩，并不能使积分温度 Θ_{int} 与胶合积分温度 Θ_{intS} 达到相同的数值。

$$S_{intS} = \frac{\Theta_{intS}}{\Theta_{int}} \geqslant S_{Smin} \qquad (8.2\text{-}22)$$

最小安全系数 S_{Smin} 可查表 8.2-85 确定。

表 8.2-84　胶合承载能力校核计算公式

项　目	计　算　公　式
计算准则	$\dfrac{\Theta_{intS}}{\Theta_{int}} \geqslant S_{Smin}$ 或 $S_{intS} = \dfrac{\Theta_{intS}}{\Theta_{int}} \geqslant S_{Smin}$
积分温度	$\Theta_{int} = \Theta_M + C_2 \Theta_{flaint}$
胶合积分温度	$\Theta_{intS} = \Theta_{MT} + X_{WrelT} C_2 \Theta_{flaintT}$

公式中符号意义如下。

Θ_{intS}—胶合积分温度（容许积分温度）（℃）；

Θ_{int}—积分温度（℃）；

S_{Smin}—胶合承载能力计算的最小安全系数，由表 8.2-85 确定；

S_{intS}—胶合承载能力计算的安全系数，由式（8.2-22）计算；

Θ_M—本体温度（℃），式（8.2-26）计算；

C_2—由试验得出的加权系数，对于直齿轮与斜齿轮，$C_2 = 1.5$；

Θ_{flaint}—平均闪温（℃），由式（8.2-24）计算；

Θ_{MT}—试验本体温度（℃），由式（8.2-50）计算；

X_{WrelT}—相对焊合系数，式（8.2-49）计算；

$\Theta_{flaintT}$—试验齿轮平均闪温（℃），由式（8.2-51）计算。

表 8.2-85　最小安全系数 S_{Smin}

类　　别	S_{Smin}
高胶合危险	$S_{Smin} < 1$
中等胶合危险	$1 \leqslant S_{Smin} \leqslant 2$
低胶合危险	$S_{Smin} > 2$

（2）积分温度 Θ_{int}

齿面本体温度与加权后的各啮合点瞬间温升的积分平均值之和作为计算齿面温度，即积分温度。积分温度可用下式计算，即

$$\Theta_{int} = \Theta_M + C_2 \Theta_{flaint} \qquad (8.2\text{-}23)$$

$$\Theta_{flaint} = \Theta_{flaE} X_\varepsilon \qquad (8.2\text{-}24)$$

式中　Θ_{flaint}——平均闪温，是指齿面各啮合点瞬时温升沿啮合线的积分平均值；

Θ_{flaE}——假定载荷全部作用在小齿轮齿顶 E 点时该点的瞬时闪温（℃），由式（8.2-25）确定；

X_ε——重合度系数，由表 8.2-91 中的公式计算。

（3）小轮齿顶的闪温 Θ_{flaE}

$$\Theta_{flaE} = \mu_{mc} X_M X_{BE} X_{\alpha\beta} \frac{(K_{B\gamma} w_{Bt})^{0.75} v^{0.5}}{|a|^{0.25}} \frac{X_E}{X_Q X_{Ca}}$$
$$(8.2\text{-}25)$$

式中　μ_{mc}——平均摩擦因数，由式（8.2-28）计算；

X_M——热闪系数，由式（8.2-35）计算；

X_{BE}——小轮齿顶 E 点几何系数，由式（8.2-42）计算；

$X_{\alpha\beta}$——压力角系数，由式（8.2-40）计算；

$K_{B\gamma}$——胶合承载能力计算的螺旋线系数，$K_{B\gamma}$ 的值可按图 8.2-38 查取，也可按表 8.2-86 中的公式计算；

w_{Bt}——单位齿宽载荷（N/mm），式（8.2-31）计算；

v——分度圆线速度（m/s）；

a——中心距（mm）；

X_E——跑合系数，由式（8.2-34）计算；

X_Q——啮入冲击系数，由表 8.2-89 中的公式计算；

X_{ca}——齿顶修缘系数，可从图 8.2-40 查取，也可由式（8.2-47）计算。

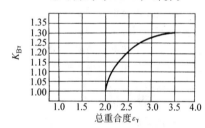

图 8.2-38　螺旋线载荷系数 $K_{B\gamma}$

表 8.2-86　螺旋线载荷系数 $K_{B\gamma}$

ε_γ	$K_{B\gamma}$
$\varepsilon_\gamma \leqslant 2$	$K_{B\gamma} = 1$
$2 < \varepsilon_\gamma < 3.5$	$K_{B\gamma} = 1 + 0.2\sqrt{(\varepsilon_\gamma - 2)(5 - \varepsilon_\gamma)}$
$\varepsilon_\gamma \geqslant 3.5$	$K_{B\gamma} = 1.3$

（4）本体温度 Θ_M

本体温度 Θ_M 是指即将进入啮合时的齿面温度。当本体温度的近似值是由油温加上沿啮合线上闪温的平均值的一部分确定时，Θ_M 用 $\Theta_{M\text{-}C}$ 表示。

$$\Theta_{M\text{-}C} = \Theta_{oil} + C_1 X_{mp} \Theta_{flaint} X_S \qquad (8.2\text{-}26)$$

$$X_{mp} = \frac{1 + n_p}{2} \qquad (8.2\text{-}27)$$

式中　Θ_{oil}——工作油温（℃）；

C_1——加权系数，根据试验结果，取 $C_1 = 0.7$；

X_{mp}——啮合系数；

n_p——同时啮合的齿轮的数量；

X_S——润滑系数，用来考虑润滑方式对传热的影响，由试验得出：喷油润滑，$X_S = 1.2$；油浴润滑，$X_S = 1.0$；将齿轮浸没油中，$X_S = 0.2$。

（5）平均摩擦因数 μ_{mc}

平均摩擦因数 μ_{mc} 是指齿廓各啮合点处的摩擦因数的平均值，可由测量得到或由式（8.2-28）估算出，即

$$\mu_{mc} = 0.045 \left(\frac{w_{Bt} K_{B\gamma}}{v_{\Sigma C} \rho_{redC}} \right)^{0.2} \eta_{oil}^{-0.05} X_R X_L$$

（8.2-28）

$$v_{\Sigma C} = 2v \tan\alpha_{wt} \cos\alpha_t \qquad (8.2\text{-}29)$$

$$\rho_{redC} = \frac{u}{(1+u)^2} a \frac{\sin\alpha_{wt}}{\cos\beta_b} \qquad (8.2\text{-}30)$$

$$w_{Bt} = K_A K_v K_{B\beta} K_{B\alpha} \frac{F_t}{b} \qquad (8.2\text{-}31)$$

$$X_R = 2.2(Ra/\rho_{redC})^{0.25} \qquad (8.2\text{-}32)$$

$$Ra = 0.5(Ra_1 + Ra_2) \qquad (8.2\text{-}33)$$

式中　$v_{\Sigma C}$——节点切线速度的和（m/s）；

α_{wt}——端面啮合角（°）；

α_t——端面压力角（°）；

η_{oil}——油温下的动力黏度（mPa·s）；

ρ_{redC}——节点处相对曲率半径（mm）；

u——齿数比；

a——中心距（mm）；

β_b——基圆螺旋角（°）；

w_{Bt}——单位齿宽载荷（N/mm），是考虑了工况、齿轮加工和安装误差等引起的动载、齿向载荷分布和齿间载荷分配影响后的单位齿宽的圆周力；

K_A——使用系数；

K_v——动载系数；

$K_{B\beta}$——胶合承载能力计算的齿向载荷系数，$K_{B\beta} = K_{H\beta}$；

$K_{B\alpha}$——胶合承载能力计算的齿间载荷系数，$K_{B\alpha} = K_{H\alpha}$；

F_t——分度圆上名义切向载荷（N）；

b——齿宽，取小轮或大轮的较小值（mm）；

X_R——粗糙度系数；

Ra——算术平均粗糙度（μm）；

Ra_1，Ra_2——小轮与大轮在加工过的新齿面上测量的齿面粗糙度值（μm）；

X_L——润滑剂系数，由表 8.2-87 查出。

表 8.2-87　润滑剂系数 X_L

润滑剂	X_L
矿物油	$X_L = 1.0$
聚 α 烯族烃	$X_L = 0.8$
非水溶性聚（乙）二醇	$X_L = 0.7$
水溶性聚（乙）二醇	$X_L = 0.6$
牵引液体	$X_L = 1.5$
磷酸酯体	$X_L = 1.3$

（6）跑合系数 X_E

现有的计算方法是假定齿轮已经过了较好的跑合。实际上，胶合损伤经常发生在运转开始时的几个小时内。研究表明，与适当跑合好的齿面相比，新加工的齿面的承载能力为 1/4～1/3，这要用一个跑合系数 X_E 加以考虑，即

$$X_E = 1 + (1 - \phi_E) \frac{30Ra}{\rho_{redC}} \qquad (8.2\text{-}34)$$

式中，$\phi_E = 1$，充分跑合（对于渗碳淬火与磨削过的齿轮，如果 $Ra_{run\text{-}in} = 0.6 Ra_{new}$ 则可认为已充分跑合）；$\phi_E = 0$，新加工的。

（7）热闪系数 X_M

热闪系数 X_M 是考虑小轮与大轮的材料特性对闪温的影响。

啮合线上任意点（符号 y）的热闪系数 X_M 由式（8.2-35）计算。

$$X_M = \left[\frac{1}{\dfrac{1-\nu_1^2}{E_1} + \dfrac{1-\nu_2^2}{E_2}} \right]^{-0.25} \frac{\sqrt{1+\Gamma_y} + \sqrt{1-\dfrac{\Gamma_y}{u}}}{B_{M1}\sqrt{1+\Gamma_y} + B_{M2}\sqrt{1-\dfrac{\Gamma_y}{u}}}$$

（8.2-35）

$$\Gamma_y = \frac{\tan\alpha_y}{\tan\alpha_{wt}} - 1 \qquad (8.2\text{-}36)$$

当大、小齿轮的弹性模量、泊松比、热接触系数相同时，可用以下简化公式计算，即

$$X_M = \frac{E^{0.25}}{(1-\nu^2)^{0.25} B_M} \qquad (8.2\text{-}37)$$

式（8.2-35）～式（8.2-37）中

ν_1、ν_2——小轮、大轮材料的泊松比；

E_1、E_2——小轮、大轮材料的弹性模量；

Γ_y——啮合线上的参数，见图 8.2-39；

α_y——啮合线上任意点 y 处的压力角（°）；

B_{M1}、B_{M2}——小轮、大轮的热啮系数，由式（8.2-38）计算。

$$B_{\mathrm{M}} = \sqrt{\lambda_{\mathrm{M}} C_{\mathrm{v}}} \qquad (8.2\text{-}38)$$

对于表面硬化钢，热导率 $\lambda_{\mathrm{M}} = 50\,\mathrm{N/(s \cdot K)}$，单

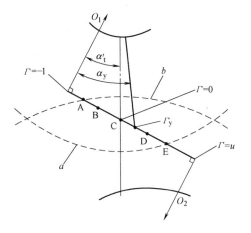

图 8.2-39 啮合线上的参数 Γ

位体积的比热容 $C_{\mathrm{v}} = 3.8\,\mathrm{N/(mm^2 \cdot K)}$，弹性模量 $E = 206000\,\mathrm{N/mm^2}$，泊松比 $\nu = 0.3$，其热闪系数可取为

$$X_{\mathrm{Ms}} = 50.0\mathrm{K} \cdot \mathrm{N}^{0.75} \cdot \mathrm{s}^{0.5}\mathrm{m}^{-0.5} \cdot \mathrm{mm} \qquad (8.2\text{-}39)$$

（8）压力角系数 $X_{\alpha\beta}$

压力角系数 $X_{\alpha\beta}$ 是用以考虑将分度圆上的载荷与切线速度转换到节圆上的系数。

方法 A：系数 $X_{\alpha\beta\text{-}A}$

$$X_{\alpha\beta\text{-}A} = 1.22 \frac{\sin^{0.25}\alpha_{\mathrm{wt}}\cos^{0.25}\alpha_{\mathrm{n}}\cos^{0.25}\beta}{\cos^{0.5}\alpha_{\mathrm{wt}}\cos^{0.5}\alpha_{\mathrm{t}}} \qquad (8.2\text{-}40)$$

方法 B：表 8.2-88 列出了具有压力角为 $\alpha_{\mathrm{n}} = 20°$ 的标准齿条的压力角系数 $X_{\alpha\beta\text{-}B}$ 值，标准啮合角 α_{wt} 与螺旋角 β 的常用范围。

表 8.2-88　方法 B（系数 $X_{\alpha\beta\text{-}B}$）

α_{wt}	$\beta = 0°$	$\beta = 10°$	$\beta = 20°$	$\beta = 30°$
19°	0.963	0.960	0.951	0.938
20°	0.978	0.975	0.966	0.952
21°	0.992	0.989	0.981	0.966
22°	1.007	1.004	0.995	0.981
23°	1.021	1.018	1.009	0.995
24°	1.035	1.032	1.023	1.008
25°	1.049	1.046	1.037	1.012

对于法向压力角为 20° 的齿轮，作为近似考虑，其压力角系数可近似取为

$$X_{\alpha\beta\text{-}B} = 1 \qquad (8.2\text{-}41)$$

（9）小轮齿顶几何系数 X_{BE}

小轮齿顶几何系数 X_{BE} 是考虑小齿轮齿顶 E 点处的几何参数对赫兹应力和滑动速度影响的系数，它是齿数比 u 与小轮齿顶 E 点处曲率半径 ρ_{E} 的函数。

$$X_{\mathrm{BE}} = 0.51\sqrt{\frac{|z_2|}{z_2}(u+1)} \times \frac{\sqrt{\rho_{\mathrm{E1}}} - \sqrt{\dfrac{\rho_{\mathrm{E2}}}{u}}}{(\rho_{\mathrm{E1}}|\rho_{\mathrm{E2}}|)^{0.25}} \qquad (8.2\text{-}42)$$

$$\rho_{\mathrm{E1}} = 0.5\sqrt{d_{\mathrm{a1}}^2 - d_{\mathrm{b1}}^2} \qquad (8.2\text{-}43)$$

$$\rho_{\mathrm{E2}} = a\sin\alpha_{\mathrm{wt}} - \rho_{\mathrm{E1}} \qquad (8.2\text{-}44)$$

式中　d_{a1}——小齿轮顶圆直径（mm）；
　　　d_{b1}——小齿轮基圆直径（mm）。

对于内啮合齿轮，齿数 z_2、齿数比 u、中心距 a 以及所有的直径必须用负值代入。

（10）啮入系数 X_{Q}

啮入系数 X_{Q} 是考虑滑动速度较大的从动轮齿顶啮入冲击载荷的影响的系数，可用啮入重合度 ε_{f} 与啮出重合度 ε_{a} 之比的函数来表示。

首先利用式（8.2-45）和式（8.2-46）求得小齿轮齿顶重合度 ε_1 和大齿轮齿顶重合度 ε_2，然后再从表 8.2-89 中查得 X_{Q} 值。

$$\varepsilon_1 = \frac{z_1}{2\pi}\left[\sqrt{\left(\frac{d_{\mathrm{a1}}}{d_{\mathrm{b1}}}\right)^2 - 1} - \tan\alpha_{\mathrm{wt}}\right] \qquad (8.2\text{-}45)$$

$$\varepsilon_2 = \frac{z_2}{2\pi}\left[\sqrt{\left(\frac{d_{\mathrm{a2}}}{d_{\mathrm{b2}}}\right)^2 - 1} - \tan\alpha_{\mathrm{wt}}\right] \qquad (8.2\text{-}46)$$

式中　d_{a1}、d_{a2}——小齿轮、大齿轮顶圆直径（mm）；
　　　d_{b1}、d_{b2}——小齿轮、大齿轮基圆直径（mm）。

当齿顶被倒棱或倒圆时，齿顶圆直径 d_{a} 必须用啮出开始点的有效顶圆直径 d_{Na} 来代替。

表 8.2-89　啮入系数 X_Q

驱动方式	啮出、啮入重合度	啮出、啮入重合度的比较	X_Q
小齿轮驱动大齿轮	$\varepsilon_f = \varepsilon_2,\ \varepsilon_a = \varepsilon_1$	$\varepsilon_f \leqslant 1.5\varepsilon_a$	1.00
		$1.5\varepsilon_a < \varepsilon_f < 3\varepsilon_a$	$1.40 - \dfrac{4}{15} \times \dfrac{\varepsilon_f}{\varepsilon_a}$
大齿轮驱动小齿轮	$\varepsilon_f = \varepsilon_1,\ \varepsilon_a = \varepsilon_2$	$\varepsilon_f \geqslant 3\varepsilon_a$	0.60

（11）齿顶修缘系数 X_{Ca}

受载轮齿的弹性变形在滑动较大的齿顶处会产生高的冲击载荷。齿顶修缘系数 X_{Ca} 考虑了齿廓修形对这种载荷的影响。X_{Ca} 是一个相对的齿顶修缘系数，它取决于相对于因弹性变形引起的有效齿顶修缘量 C_{eff} 的齿顶名义修缘量 C_a。

X_{Ca} 值可根据齿顶重合度 ε_1 和 ε_2 中的最大值 ε_{max} 和名义齿顶修缘量 C_a 从图 8.2-40 中查取。名义齿顶修缘量 C_a 由表 8.2-90 查取。

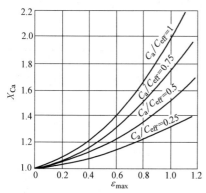

图 8.2-40　由试验数据得出的齿顶修缘系数 X_{Ca}

表 8.2-90　名义齿顶修缘量 C_a

驱动方式	齿顶重合度 ε	条件	C_a
小轮驱动大轮	$\varepsilon_1 > 1.5\varepsilon_2$	$C_{a1} \leqslant C_{eff}$	$C_a = C_{a1}$
		$C_{a1} > C_{eff}$	$C_a = C_{eff}$
	$\varepsilon_1 \leqslant 1.5\varepsilon_2$	$C_{a2} \leqslant C_{eff}$	$C_a = C_{a2}$
		$C_{a2} > C_{eff}$	$C_a = C_{eff}$
大轮驱动小轮	$\varepsilon_1 > (2/3)\varepsilon_2$	$C_{a1} \leqslant C_{eff}$	$C_a = C_{a1}$
		$C_{a1} > C_{eff}$	$C_a = C_{eff}$
	$\varepsilon_1 \leqslant (2/3)\varepsilon_2$	$C_{a2} \leqslant C_{eff}$	$C_a = C_{a2}$
		$C_{a2} > C_{eff}$	$C_a = C_{eff}$

注：1. ε_1、ε_2—小轮、大轮的齿顶重合度。
　　2. C_{a1}、C_{a2}—小轮、大轮的名义齿顶修缘量（法向值）（μm）；当相啮合的轮齿有修根时，应取修缘量与修根量之和。
　　3. C_{eff}—有效齿顶修缘量，用以补偿单对齿啮合时轮齿的弹性变形。

X_{Ca} 也可按下式近似计算，即

$$X_{Ca} = 1 + \left[0.06 + 0.18\left(\frac{C_a}{C_{eff}}\right) \right]\varepsilon_{max} + \left[0.02 + 0.69\left(\frac{C_a}{C_{eff}}\right) \right]\varepsilon_{max}^2 \qquad (8.2-47)$$

$$C_{eff} = \frac{K_A F_t}{b c_\gamma} \qquad (8.2-48)$$

式中　ε_{max}——ε_1 或 ε_2 中的最大值；

　　　ε_1、ε_2——由式（8.2-45）、式（8.2-46）计算；

　　　C_{eff}——有效齿顶修缘量（μm），以补偿单对齿啮合时轮齿的弹性变形；

　　　c_γ——啮合刚度 $\left(\dfrac{N}{mm \cdot \mu m}\right)$；直齿轮用单对齿刚度 c' 代替 c_γ。

上述确定 X_{Ca} 的方法适用于 GB/T 10095.1 中 6 级或更好的齿轮。对于低精度齿轮，规定 X_{Ca} 等于 1，也可参见 GB/T 3480。

（12）重合度系数 X_ε

重合度系数 X_ε 是将假定载荷全部作用于小齿轮齿顶时的局部瞬时闪温 Θ_{flaE} 折算成沿啮合线的平均闪温 Θ_{flaint} 的系数。

X_ε 的值按表 8.2-91 中的公式计算。

表 8.2-91　重合度系数 X_ε 的计算公式

条件	计算公式
$\varepsilon_\alpha < 1, \varepsilon_1 < 1,$ $\varepsilon_2 < 1$	$X_\varepsilon = \dfrac{1}{2\varepsilon_\alpha \varepsilon_1} \times (\varepsilon_1^2 + \varepsilon_2^2)$
$1 \leqslant \varepsilon_\alpha < 2, \varepsilon_1 < 1,$ $\varepsilon_2 < 1$	$X_\varepsilon = \dfrac{1}{2\varepsilon_\alpha \varepsilon_1} \times [\,0.70(\varepsilon_1^2 + \varepsilon_2^2) - 0.22\varepsilon_\alpha$ $+ 0.52 - 0.60\varepsilon_1\varepsilon_2\,]$
$1 \leqslant \varepsilon_\alpha < 2$ $\varepsilon_1 \geqslant 1, \varepsilon_2 < 1$	$X_\varepsilon = \dfrac{1}{2\varepsilon_\alpha \varepsilon_1} \times (0.18\varepsilon_1^2 + 0.70\varepsilon_2^2 + 0.82\varepsilon_1$ $- 0.52\varepsilon_2 - 0.30\varepsilon_1\varepsilon_2)$
$1 \leqslant \varepsilon_\alpha < 2$ $\varepsilon_1 < 1, \varepsilon_2 \geqslant 1$	$X_\varepsilon = \dfrac{1}{2\varepsilon_\alpha \varepsilon_1}(0.70\varepsilon_1^2 + 0.18\varepsilon_2^2 - 0.52\varepsilon_1$ $+ 0.82\varepsilon_2 - 0.30\varepsilon_1\varepsilon_2)$
$2 \leqslant \varepsilon_\alpha < 3$ $\varepsilon_1 \geqslant \varepsilon_2$	$X_\varepsilon = \dfrac{1}{2\varepsilon_\alpha \varepsilon_1}(0.44\varepsilon_1^2 + 0.59\varepsilon_2^2 + 0.30\varepsilon_1$ $- 0.30\varepsilon_2 - 0.15\varepsilon_1\varepsilon_2)$
$2 \leqslant \varepsilon_\alpha < 3$ $\varepsilon_1 < \varepsilon_2$	$X_\varepsilon = \dfrac{1}{2\varepsilon_\alpha \varepsilon_1}(0.59\varepsilon_1^2 + 0.44\varepsilon_2^2 - 0.30\varepsilon_1$ $+ 0.30\varepsilon_2 - 0.15\varepsilon_1\varepsilon_2)$

注：ε_1、ε_2 见式（8.2-45）和式（8.2-46），$\varepsilon_\alpha = \varepsilon_1 + \varepsilon_2$。

表 8.2-91 中的公式假定沿啮合线的闪温呈线性分布，这是一种近似处理。这种方法的可能误差不会超过 5%，且偏于安全。

（13）相对焊合系数 X_{WrelT}

相对焊合系数 X_{WrelT} 是考虑热处理或表面处理对胶合积分温度影响的一个经验性系数。它是一个相对比值，由不同材料及表面处理的试验齿轮与标准试验齿轮进行对比试验得出，其值可由下式计算：

$$X_{\mathrm{WrelT}} = \frac{X_{\mathrm{W}}}{X_{\mathrm{WT}}} \qquad (8.2\text{-}49)$$

式中，对于 FZG 齿轮试验、Ryder 齿轮试验以及 FZG L-42 试验，$X_{\mathrm{WT}} = 1$；X_{W} 为实际齿轮材料的焊合系数，见表 8.2-92。

表 8.2-92　实际齿轮材料的焊合系数 X_{W}

齿轮材料及表面处理		X_{W}
调质硬化钢		1.00
磷化钢		1.25
镀铜钢		1.50
液体与气体渗氮钢		1.50
表面渗碳钢	平均奥氏体含量少于 10%	1.15
	平均奥氏体含量 10%~20%	1.00
	平均奥氏体含量>20%~30%	0.85
奥氏体钢(不锈钢)		0.45

（14）试验齿轮的本体温度 Θ_{MT} 和试验齿轮的平均闪温 $\Theta_{\mathrm{flaintT}}$

试验齿轮的本体温度 Θ_{MT} 和试验齿轮的平均闪温 $\Theta_{\mathrm{flaintT}}$ 可根据齿轮试验的数据，用本体温度 $\Theta_{\mathrm{M-C}}$ 公式（8.2-26）和平均闪温 Θ_{flaint} 公式（8.2-24）计算得到。

当油品的承载能力是按照 NB/SH/T 0306—2013《润滑油承载能力的评定　FZG 目测法》试验时，则 Θ_{MT} 和 $\Theta_{\mathrm{flaintT}}$ 与载荷的关系曲线如图 8.2-41 所示。此时，Θ_{MT} 和 $\Theta_{\mathrm{flaintT}}$ 的值可根据设计齿轮所选用的润滑油的黏度 ν_{40} 和 FZG 胶合承载级从图 8.2-41 中查取，或由式（8.2-50）和式（8.2-51）计算。

$$\Theta_{\mathrm{MT}} = 80 + 0.23 T_{1\mathrm{T}} X_{\mathrm{L}} \qquad (8.2\text{-}50)$$

$$\Theta_{\mathrm{flaintT}} = 0.2 T_{1\mathrm{T}} \left(\frac{100}{\nu_{40}}\right)^{0.02} X_{\mathrm{L}} \qquad (8.2\text{-}51)$$

$$T_{1\mathrm{T}} = 3.726 (\mathrm{FZG}\ 载荷级)^2 \qquad (8.2\text{-}52)$$

式中　$T_{1\mathrm{T}}$——FZG 胶合载荷级相应的试验齿轮的小齿轮转矩（N·m）；见图 8.2-41；

ν_{40}——润滑油在 40℃ 时的名义运动黏度（$\mathrm{mm^2/s}$）。

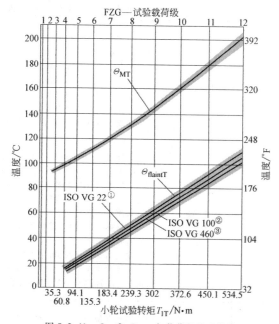

图 8.2-41　Θ_{MT} 和 $\Theta_{\mathrm{flaintT}}$ 与载荷的关系曲线

① $\nu_{40} = 19.8 \sim 24.2\mathrm{mm^2/s}$；② $\nu_{40} = 90.0 \sim 110\mathrm{mm^2/s}$；
③ $\nu_{40} = 414 \sim 506\mathrm{mm^2/s}$。

常用油品的 FZG 胶合载荷级见表 8.2-93。

表 8.2-93　常用油品的 FZG 胶合载荷级

油类		机械油、液压油	汽轮机油	工业用齿轮油	轧钢机油	气缸油	柴油机油	航空用齿轮油	准双曲面齿轮油
FZG 胶合载荷级	矿物油	2~4	3~5	5~7	6~8	6~8	6~8	5~8	
	加极压抗磨添加剂矿物油	5~8	6~9	中极压>9 全极压>9					>12
	高性能合成油	9~11	10~12	>12				8~11	

注：油品的胶合载荷级随原油产地、生产厂家的不同而有所不同，应以油品生产厂家提供的指标为准，重要场合应经专门试验确定。

4.9　开式齿轮传动的计算特点

开式齿轮传动的主要破坏形式是磨损，关于齿轮的磨损计算，目前尚没有成熟的计算方法。一般可在计入磨损的影响后，借用闭式齿轮传动强度计算的公式进行条件性计算。

通常，开式齿轮只需计算齿根弯曲疲劳强度，计算时可根据齿厚磨损量的指标，由表 8.2-94 查得磨损系数 K_{m}，并将计算弯曲应力 σ_{F} 乘以 K_{m}。

对低速重载的开式齿轮传动，除按上述方法计算齿根弯曲疲劳强度外，建议还进行齿面接触疲劳强度计算，不过这时齿面接触许用应力应取为 $\sigma_{\mathrm{HP}} =$

$(1.05 \sim 1.1)\sigma_{Hlimmin}$。当速度较低及润滑剂较净时，可取较大值。$\sigma_{Hlimmin}$ 是两轮 σ_{Hlim} 值中的较小值。

表 8.2-94　磨损系数 K_m

允许齿厚的磨损量占原齿厚的百分数(%)	K_m	说　明
10	1.25	这个百分数是开式齿轮传动磨损报废的主要指标,可按有关机器设备维修规程的要求确定
15	1.40	
20	1.60	
25	1.80	
30	2.00	

5　齿轮的材料

齿轮用各类钢材和热处理的特点及适用条件见表 8.2-95,调质及表面淬火齿轮用钢的选择见表 8.2-96,渗碳齿轮用钢的选择见表 8.2-97,渗氮齿轮用钢的选择见表 8.2-98,渗碳深度的选择见表 8.2-99,齿轮常用钢材的力学性能见表 8.2-100,齿轮工作齿面硬度及其组合应用示例见表 8.2-101。

表 8.2-95　齿轮用各类钢材和热处理的特点及适用条件

材料	热处理	特　点	适用条件
调质钢	调质或正火	1)经调质后具有较好的强度和韧性,常在 220~300HBW 的范围内使用 2)当受刀具的限制而不能提高调质小齿轮的硬度时,为保持大小齿轮之间的硬度差,可使用正火的大齿轮,但强度较调质者差 3)齿面的精切可在热处理后进行,以消除热处理变形,保持轮齿精度 4)不需要专门的热处理设备和齿面精加工设备,制造成本低 5)齿面硬度较低,易于磨合,但是不能充分发挥材料的承载能力	广泛用于对强度和精度要求不太高的一般中低速齿轮传动,以及热处理和齿面精加工比较困难的大型齿轮
	高频感应淬火	1)齿面硬度高,具有较强的抗点蚀和耐磨损性能;心部具有较好的韧性,表面经硬化后产生残余压缩应力,大大提高了齿根强度;通常的齿面硬度范围:合金钢 45~55HRC,碳素钢 40~50HRC 2)为进一步提高心部强度,往往在高频感应淬火前先调质 3)高频感应淬火时间短 4)为消除热处理变形,需要磨齿,增加了加工时间和成本,但是可以获得高精度的齿轮 5)当缺乏高频设备时,可用火焰淬火来代替,但淬火质量不易保证 6)表面硬化层深度和硬度沿齿面不等 7)由于急速加热和冷却,容易淬裂	广泛用于要求承载能力高、体积小的齿轮
渗碳钢	渗碳淬火	1)齿面硬度很高,具有很强的抗点蚀和耐磨损性能;心部具有很好的韧性,表面经硬化后产生残余压缩应力,大大提高了齿根强度;一般齿面硬度范围是 56~62HRC 2)加工性能较好 3)热处理变形较大,热处理后应磨齿,增加了加工时间和成本,但是可以获得高精度的齿轮 4)渗碳深度可参考表 8.2-99 选择	广泛用于要求承载能力高、耐冲击性能好、精度高、体积小的中型以下的齿轮
渗氮钢	渗氮	1)可以获得很高的齿面硬度,具有较强的抗点蚀和耐磨损性能;心部具有较好的韧性,为提高心部强度,对中碳钢往往先调质 2)由于加热温度低,所以变形很小,渗氮后不需要磨齿 3)硬化层较薄,因此承载能力不及渗碳淬火齿轮,不宜用于有冲击载荷的场合 4)成本较高	适用于较大且较平稳的载荷下工作的齿轮,以及没有齿面精加工设备而又需要硬齿面的场合
铸钢	正火或调质,以及高频感应淬火	1)可以制造复杂形状的大型齿轮 2)其强度低于同种牌号和热处理的调质钢 3)容易产生铸造缺陷	用于不能锻造的大型齿轮
铸铁		1)价钱便宜 2)耐磨性好 3)可以制造复杂形状的大型齿轮 4)有较好的铸造和可加工性 5)承载能力低	灰铸铁和可锻铸铁用于低速、轻载、无冲击的齿轮;球墨铸铁可用于载荷和冲击较大的齿轮

表 8.2-96　调质及表面淬火齿轮用钢的选择

齿轮种类			钢号选择	说　明
汽车、拖拉机及机床中的不重要齿轮			45	调　质
中速、中载车床变速箱、钻床变速箱次要齿轮及高速、中载磨床砂轮齿轮				调质+高频感应淬火
中速、中载较大截面机床齿轮			40Cr、42SiMn、35SiMn、45MnB	调　质
中速、中载并带一定冲击的机床变速箱齿轮及高速、重载并要求齿面硬度高的机床齿轮				调质+高频感应淬火
起重机械、运输机械、建筑机械、水泥机械、冶金机械、矿山机械、工程机械、石油机械等设备中的低速重载大齿轮	一般载荷不大、截面尺寸也不大，要求不太高的齿轮	I	35、45、55	1）少数直径大、载荷小、转速不高的末级传动大齿轮可采用 SiMn 钢正火 2）根据齿轮截面尺寸大小及重要程度，分别选用各类钢材（从 I 到 V，淬透性逐渐提高） 3）根据设计，要求表面硬度大于 40HRC 者应采用调质+表面淬火
		II	40Mn、50Mn2、40Cr、35SiMn、42SiMn	
	截面尺寸较大，承受较大载荷，要求比较高的齿轮	III	35CrMo、42CrMo、40CrMnMo、35CrMnSi、40CrNi、40CrNiMo、45CrNiMoV	
	截面尺寸很大，承受载荷大，并要求有足够韧性的重要齿轮	IV	35CrNi2Mo、40CrNi2Mo	
		V	30CrNi3、34CrNi3Mo、37SiMn2MoV	

表 8.2-97　渗碳齿轮用钢的选择

齿轮种类	选择钢号
汽车变速器、分动箱、起动机及驱动桥的各类齿轮	20Cr、20CrMnTi、20CrMnMo、25MnTiB、20MnVB、20CrMo
拖拉机动力传动装置中的各类齿轮	
机床变速箱、龙门铣电动机及立车等机械中的高速、重载、受冲击的齿轮	
起重、运输、矿山、通用、化工、机车等机械的变速箱中的小齿轮	
化工、冶金、电站、铁路、宇航、海运等设备中的汽轮发电机、工业汽轮机、燃气轮机、高速鼓风机、涡轮压缩机等的高速齿轮，要求长周期、安全可靠地运行的齿轮	12Cr2Ni4、20Cr2Ni4、20CrNi3、18Cr2Ni4W、20CrNi2Mo、20Cr2Mn2Mo、17CrNiMo6
大型轧钢机减速器齿轮、人字机座轴齿轮、大型带式运输机传动轴齿轮、锥齿轮、大型挖掘机传动箱主动齿轮，井下采煤机传动齿轮，坦克齿轮等低速重载、并受冲击载荷的传动齿轮	

注：其中一部分可进行碳氮共渗。

表 8.2-98　渗氮齿轮用钢的选择

齿轮种类	性能要求	选择钢号
一般齿轮	表面耐磨	20Cr、20CrMnTi、40Cr
在冲击载荷下工作的齿轮	表面耐磨、心部韧性高	18CrNiWA、18Cr2Ni4WA、30CrNi3、35CrMo
在重载下工作的齿轮	表面耐磨、心部强度高	30CrMnSi、35CrMoV、25Cr2MoV、42CrMo
在重载荷及冲击载荷下工作的齿轮	表面耐磨、心部强度高、韧性高	30CrNiMoA、40CrNiMoA、30CrNi2Mo
精密耐磨齿轮	表面高硬度、变形小	38CrMoAlA、30CrMoAl

表 8.2-99　渗碳深度的选择　　　　　　　　　（mm）

模　数	>1~1.5	>1.5~2	>2~2.75	>2.75~4	>4~6	>6~9	>9~12
渗碳深度	0.2~0.5	0.4~0.7	0.6~1.0	0.8~1.2	1.0~1.4	1.2~1.7	1.3~2.0

注：1. 本表是气体渗碳的概略值，固体渗碳和液体渗碳略小于此值。
　　2. 近来，对模数较大的齿轮，渗碳深度有大于表中数值的倾向。

表 8.2-100　齿轮常用钢材的力学性能

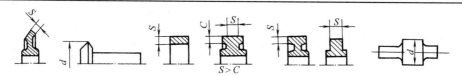

（续）

材　料	热处理种类	截 面 尺 寸 /mm		力 学 性 能		硬　度	
		直径 d	壁厚 S	R_{m} /MPa	R_{eL} /MPa	HBW	表面淬火（HRC） （渗氮 HV）
调　质　钢							
45	正　火	≤100	≤50	588	294	169~217	40~50
		101~300	51~150	569	284	162~217	
		301~500	151~250	549	275	162~217	
		501~800	251~400	530	265	156~217	
45	调　质	≤100	≤50	647	373	229~286	40~50
		101~300	51~150	628	343	217~255	
		301~500	151~250	608	314	197~255	
34CrNi3Mo	调　质	≤200	≤100	900	785	269~341	
		201~600	101~300	855	735		
S34CrNiMo	调　质	≤200	≤100	1000~1200	800	248	52~58
		201~320	101~160	900~1100	700		
		321~500	161~250	800~950	600		
40CrNiMo	调　质	25		980	833	心部>255 表层 293~330	
42CrMo4V	调　质		10~40	1000~1200	750	255~286	48~56
			41~100	900~1100	650		
			101~160	800~950	550		
			161~250	750~900	500		
			251~500	690~810	460		
42CrMo	调　质	25		1079	931	255~286	48~56
37SiMn2MoV	调　质	≤200	≤100	863	686	269~302	50~55
		201~400	101~200	814	637	241~286	
		401~600	201~300	765	588	241~269	
40Cr	调　质	≤100	≤50	735	539	241~286	48~55
		101~300	51~150	686	490	241~286	
		301~500	151~250	637	441	229~269	
		501~800	251~400	588	343	217~255	
35CrMo	调　质	≤100	≤50	735	539	241~286	45~55
		101~300	51~150	686	490	241~286	
		301~500	151~250	637	441	229~269	
		501~800	251~400	588	392	217~255	
渗碳钢、渗氮钢							
20Cr	渗碳、淬火、回火	≤60		637	392		渗碳 56~62
20CrMnTi	渗碳、淬火、回火	15		1079	834		渗碳 56~62
20CrMnMo	渗碳、淬火、回火 两次淬火、回火	15 ≤30 ≤100		1170 1079 834	883 786 490	28~33HRC	渗碳 56~62

（续）

材　料	热处理种类	截面尺寸/mm		力学性能		硬　度	
		直径 d	壁厚 S	R_m /MPa	R_{eL} /MPa	HBW	表面淬火（HRC）（渗氮 HV）
渗碳钢、渗氮钢							
16MnCr5	渗碳、淬火、回火		≤11	880~1180	640		渗碳 54~62
			>11~30	780~1080	590		
			>30~63	640~930	440		
17CrNiMo6	渗碳、淬火、回火		≤11	1180~1420	835		心部 30~42
			>11~30	1080~1320	785		
			>30~63	980~1270	685		
20CrNi3	渗碳、淬火、回火		≤11	931	735		
S16MnCr	渗碳、淬火、回火		≤30	780~1080	590	207	56~62
			31~63	640~930	440		
S17Cr2Ni2Mo	渗碳、淬火、回火		≤30	1080~1320	780	229	56~62
			31~63	980~1270	685		
38CrMoAlA	调　质	30		98	834	229	渗氮>850HV
30CrMoSiA	调　质	100		1079	883	210~280	渗氮 47~51
铸　钢							
ZG310-570	正火			570	310	163~197	
ZG340-640	正火			640	340	179~207	
ZG35SiMn	正火、回火			569	343	163~217	45~53
	调　质			637	412	197~248	
ZG42SiMn	正火、回火			588	373	163~217	45~53
	调　质			637	441	197~248	
ZG35CrMo	正火、回火			588	392	179~241	
	调　质			686	539	179~241	
ZG35CrMnSi	正火、回火			686	343	163~217	
	调　质			785	588	197~269	
铸　铁							
HT250			>4.0~10	270		175~263	
			>10~20	240		164~247	
			>20~30	220		157~236	
			>30~50	200		150~225	
HT300			>10~20	290		182~273	
			>20~30	250		169~255	
			>30~50	230		160~241	
HT350			>10~20	340		197~298	
			>20~30	290		182~273	
			>30~50	260		171~257	
QT500-7				500	320	170~230	
QT600-3				600	370	190~270	
QT700-2				700	420	225~305	
QT800-2				800	480	245~335	
QT900-2				900	600	280~360	

注：1. 表中合金钢的调质硬度可提高到 320~340HBW。

　　2. 钢号前加"S"为采用德国西马克公司（SMS）的钢号。

表 8.2-101 齿轮工作齿面硬度及其组合应用示例

齿面类型	齿轮种类	热处理		两轮工作齿面硬度差	工作齿面硬度示例		说　明
		小齿轮	大齿轮		小齿轮	大齿轮	
软齿面（≤350HBW）	直齿	调质	正火调质调质调质	$0<(HBW_1)_{min}-(HBW_2)_{max}\leqslant20\sim25$	240~270HBW 260~290HBW 280~310HBW 300~330HBW	180~220HBW 220~240HBW 240~260HBW 260~280HBW	用于重载中低速固定式传动装置
	斜齿及人字齿	调质	正火正火调质调质	$(HBW_1)_{min}-(HBW_2)_{max}\geqslant40\sim50$	240~270HBW 260~290HBW 270~300HBW 300~330HBW	160~190HBW 180~210HBW 200~230HBW 230~260HBW	
软硬组合齿面（>350HBW$_1$，≤350HBW$_2$）	斜齿及人字齿	表面淬火	调质	齿面硬度差很大	45~50HRC	200~230HBW 230~260HBW	用于冲击载荷及过载都不大的重载中低速固定式传动装置
		渗碳	调质		56~62HRC	270~300HBW 300~330HBW	
硬齿面（>350HBW）	直齿、斜齿及人字齿	表面淬火	表面淬火	齿面硬度大致相同	45~50HRC		用在传动尺寸受结构条件限制的情形和运输机器上的传动装置
		渗碳	渗碳		56~62HRC		

注：1. 重要齿轮的表面淬火，应采用高频或中频感应淬火；模数较大时，应沿齿沟加热和淬火。
　　2. 通常渗碳后的齿轮要进行磨齿。
　　3. 为了提高抗胶合性能，建议小轮和大轮采用不同牌号的钢来制造。

6　圆柱齿轮的结构（见表 8.2-102）

表 8.2-102 圆柱齿轮的结构

序号	齿坯	结　构　图	结构尺寸
1	齿轮轴		当 $d_a<2d$ 或 $X\leqslant2.5m_t$ 时，应将齿轮做成齿轮轴
2	锻造齿轮	$d_a\leqslant200mm$ 	$D_1=1.6d_h$ $l=(1.2\sim1.5)d_h,l\geqslant b$ $\delta=2.5m_n$，但不小于 8~10mm $n=0.5m_n$ $D_0=0.5(D_1+D_2)$ $d_0=10\sim29mm$，当 d_a 较小时不钻孔

（续）

序号	齿坯	结 构 图	结构尺寸
3	锻造齿轮	$d_a \leqslant 500mm$ 自由锻 模锻	$D_1 = 1.6d_h$ $l = (1.2 \sim 1.5)d_h, l \geqslant b$ $\delta = (2.5 \sim 4)m_n$, 但不小于 8 ~ 10mm $n = 0.5m_n$ $r \approx 0.5C$ $D_0 = 0.5(D_1 + D_2)$ $d_0 = 15 \sim 25mm$ $C = (0.2 \sim 0.3)b$, 模锻; $0.3b$ 自由锻
4	铸造齿轮	平辐板 $d_a \leqslant 500mm$ 斜辐板 $d_a \leqslant 600mm$ 平辐板 斜辐板	$D_1 = 1.6d_h$（铸钢） $D_1 = 1.8d_h$（铸铁） $l = (1.2 \sim 1.5)d_h, l \geqslant b$ $\delta = (2.5 \sim 4)m_n$, 但不小于 8 ~ 10mm $n = 0.5m_n$ $r \approx 0.5C$ $D_0 = 0.5(D_1 + D_2)$ $d_0 = 0.25(D_2 - D_1)$ $C = 0.2b$, 但不小于 10mm
5	铸造齿轮	$d_a = 400 \sim 1000mm \quad b \leqslant 200mm$	$D_1 = 1.6d_h$（铸钢） $D_1 = 1.8d_h$（铸铁） $l = (1.2 \sim 1.5)d_h, l > b$ $\delta = (2.5 \sim 4)m_n$, 但不小于 8mm $n = 0.5m_n$ $r \approx 0.5C$ $C = H/5$ $S = H/6$, 但不小于 10mm $e = 0.8\delta$ $H = 0.8d_h; H_1 = 0.8H$ $t = 0.8e$
6		$d_a > 1000, b = 200 \sim 450mm$（上半部） $b > 450mm$（下半部）	

（续）

序号	齿坯	结　构　图	结构尺寸
7	镶套齿轮	 $d_a > 600mm$	$D_1 = 1.6 d_h$（铸钢） $D_1 = 1.8 d_h$（铸铁） $l = (1.2 \sim 1.5) d_h, l \geqslant b$ $\delta = 4 m_n$，但不小于 15mm $n = 0.5 m_n$ $C = 0.15 b$ $e = 0.8 \delta$ $H_1 = 0.8 H, H = 0.8 d_h$ $d_1 = (0.05 \sim 0.1) d_h$ $l_2 = 3 d_1$
8	铸造轮辐剖面		图 a 椭圆形，用于轻载荷齿轮， 　$a = (0.4 \sim 0.5) H$ 图 b T 字形，用于中等载荷齿轮 　$C = H/5, S = H/6$ 图 c 十字形，用于中等载荷齿轮 　$C = H/5, S = H/6$ 图 d、e 工字形，用于重载荷齿轮，$C = S = H/5$
9	焊接齿轮	 $d_a < 1000mm$　$b < 240mm$	$D_1 = 1.6 d_h$ $l = (1.2 \sim 1.5) d_h, l \geqslant b$ $\delta = 2.5 m_n$，但不小于 8mm $n = 0.5 m_n$， $C = (0.1 \sim 0.15) b$，但不小于 8mm $S = 0.8 C$ $D_0 = 0.5 (D_1 + D_2)$ $d_0 = 0.2 (D_2 - D_1)$
10	焊接齿轮	 $d_a > 1000mm$　$b > 240mm$	$d_1 = 1.6 d_h$ $l = (1.2 \sim 1.5) d_h, l \geqslant b$ $\delta = 2.5 m_n$，但不小于 8mm $C = (0.1 \sim 0.15) b$，但不小于 8mm $S = 0.8 C$ $n = 0.5 m_n$ $H = 0.8 d_h$ $e = 0.2 d$

（续）

序号	齿坯	结　构　图	结构尺寸
11	焊接齿轮		图 a、b 用于焊接性良好的轮缘材料,低载荷及损伤危险性不严重场合。图 b 轮缘厚度可减小约 5mm 图 c 用于焊接含碳量较高,高合金成分及高强度的轮缘材料（如 45、34CrMo4、42CrMo4 等）,采用中介材料堆焊 图 d 应力集中小,较图 a、b、c 贵,但焊接性及可检验性好
12	剖分式齿轮		1. 轮辐数和齿数应取偶数 2. 剖分轮辐的尺寸 $D_1 = 1.8d$　　　　$1.5d_h > l \geqslant b$ $\delta = (4 \sim 5)m_t$　　　$H = 0.8d_h$ $H_1 = 0.8H$ $H_2 = (1.4 \sim 1.5)H$ $H_3 = 0.8H_2$　　　$c = 0.2b$ $S = 0.8c$　　　　$S_1 = 0.75S$ $e = 1.5\delta$　　　　$n = 0.5m_n$ 3. 连接螺栓直径 d_2 按下值选取 轮缘处:根据计算确定 轮毂处 单排螺栓（$b<100$mm） $d_2 = 0.15d_h + (8 \sim 15)$mm 双排螺栓（$b>100$mm） $d_2 = 0.12d_h + (8 \sim 15)$mm 4. 连接螺栓应尽量靠近轮缘或轴线;在轮缘处用双头螺柱;在轮毂处若螺栓为单排、轮辐数大于 4,应采用双头螺柱;若螺栓为双排,可采用螺栓

注: 1. 对工字形轮辐,若两肋板之间距离超过 400mm 时,需在中间增加第三根补强肋,见图 8.2-42。

2. 当 $d_h > 100$mm,轮毂长度 $l \geqslant d_h$ 时,则轮毂孔内中部要制出一个凹沟,其直径 $d'_h \approx d_h + 16$mm,长度 $E = \frac{1}{2} \sim 12$mm,轮毂长度 $l = (1.5 \sim 2)d_h$,但不应小于齿宽 b。

3. 对于 $b \leqslant 250$mm 和直径小于 1800mm 的镶套式齿轮,其轮心可采用单辐板式,辐板厚度由 δ 到 2δ（齿宽越大取较大值）。当 $v > 10$m/s 时,采用单辐板式结构尤为有利。

4. 镶套式结构齿圈与铸铁轮心的配合推荐采用 H7/s6（或 H7/u7）,也可按表 8.2-103 确定。

5. 对于采用镶套结构的大型重要齿轮,建议在轮心的缘部开出缝隙（见图 8.2-43）,缝隙的数目一般为轮辐数的 1/2,这时应在两侧加定位螺钉 6~12 个。

6. 用滚刀切制人字形齿轮时,中间退刀槽尺寸见表 8.2-104。焊接齿轮仅限于用在承载不大的不重要的传动。通常齿圈用 35 钢或 45 钢;轮毂、辐板和肋板用 Q235;电焊条为 T42。

7. 表中尺寸 δ 与模数的关系式,适用于 $m = (0.01 \sim 0.02)a$ 时,当模数小于以上范围时,δ 值应相应增大。

表 8.2-103　镶套式结构齿圈与铸铁轮心配合的推荐配合公差

名　义　直　径　D		孔　的　偏　差		轴　的　偏　差		配　合　公　差	
大于	到	下极限偏差	上极限偏差	上极限偏差	下极限偏差	最大值	最小值
mm				μm			
500	600	0	+80	+560	+480	560	400
600	700	0	+125	+700	+575	700	450
700	800	0	+150	+800	+650	800	500
800	1000	0	+200	+950	+750	950	550
1000	1200	0	+275	+1200	+925	1200	650
1200	1500	0	+375	+1500	+1125	1500	750
1500	1800	0	+500	+1900	+1400	1900	900
1800	2000	0	+600	+2200	+1600	2200	1000
2000	2200	0	+650	+2400	+1750	2400	1100
2200	2500	0	+700	+2600	+1900	2600	1200
2500	2800	0	+800	+2900	+2100	2900	1300
2800	3000	0	+900	+3200	+2300	3200	1400
3000	3200	0	+950	+3450	+2500	3450	1550
3200	3500	0	+1000	+3600	+2600	3600	1600
3500	3800	0	+1100	+4000	+2900	4000	1800
3800	4000	0	+1200	+4300	+3100	4300	1900

注：对于用两个齿圈镶套的人字齿轮(见图 8.2-44)应该用于转矩方向固定的场合，并在选择轮齿倾斜方向时应注意使轴向力方向朝齿圈中部。

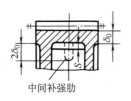
图 8.2-42　带有中间补强肋的齿轮结构

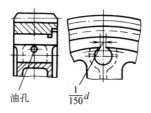
图 8.2-43　轮心缘部缝隙的结构和尺寸

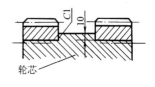
图 8.2-44　双齿圈人字齿轮

表 8.2-104　标准滚刀切制人字齿轮的中间退刀槽尺寸　　　　　　　　（mm）

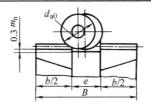

m_n	中　间　退　刀　槽　宽　e			m_n	中　间　退　刀　槽　宽　e		
	$\beta=15°\sim25°$	$\beta>25°\sim35°$	$\beta>35°\sim45°$		$\beta=15°\sim25°$	$\beta>25°\sim35°$	$\beta>35°\sim45°$
2	28	30	34	9	95	105	110
2.5	34	36	40	10	100	110	115
3	38	40	45	12	115	125	135
3.5	45	50	55	14	135	145	155
4	50	55	60	16	150	165	175
4.5	55	60	65	18	170	185	195
5	60	65	70	20	190	205	220
6	70	75	80	22	215	230	250
7	75	80	85	28	290	310	325
8	85	90	95				

注：用非标准滚刀切制人字齿轮的中间退刀槽宽 e 可按下式计算：

$$e = 2\sqrt{h(d_{a0}-h)\left[1-\left(\frac{m_n}{d_0}\right)^2\right]} + \frac{m_n}{d_0}\left[l_0 + \frac{(h_{a0}^*-x)m_n+c}{\tan\alpha_n}\right]$$

式中，l_0 为滚刀长度，其他代号意义同前。

7　渐开线圆柱齿轮精度

设计齿轮时，必须按照使用要求确定其精度等级。国家颁布了 GB/T 10095.1—2008 与 GB/T 10095.2—2008 两项渐开线圆柱齿轮精度标准和相应的 4 项有关检验实施规范的指导技术文件，形成了成套标准和技术文件体系，见表 8.2-105。GB/Z 18620《圆柱齿轮　检验实施规范》是关于齿轮检验方法的描述和意见，它包括四部分：第 1 部分：轮齿同侧齿面的检验（GB/Z 18620.1—2008，等同采用 ISO/TR 10064-1：1992），第 2 部分：径向综合偏差、径向跳动、齿厚和侧隙的检验（GB/Z 18620.2—2008 等同采用 ISO/TR 10064-2：1996），第 3 部分：齿轮坯、轴中心距和轴线平行度的检验（GB/Z 18620.3—2008，等同采用 ISO/TR 10064-3：1996），第 4 部分：表面结构和轮齿接触斑点的检验（GB/Z 18620.4—2008，等同采用 ISO/TR 10064-4：1998）。指导性技术文件所提供的数值不作为严格的精度判据，而作为共同协议的关于钢或铁制齿轮的指南来使用。GB/T 10095.1—2008 和 GB/T 10095.2—2008 适用的齿轮规格参数见表 8.2-106。

表 8.2-105　齿轮精度标准体系的构成

序号	项目	名称	采用 ISO 标准程度及文件号
1	GB/T 10095.1—2008	圆柱齿轮　精度制　第 1 部分：轮齿同侧齿面偏差的定义和允许值	等同采用 ISO 1328-1：1995
2	GB/T 10095.2—2008	圆柱齿轮　精度制　第 2 部分：径向综合偏差与径向跳动的定义和允许值	等同采用 ISO 1328-2：1997
3	GB/Z 18620.1—2008	圆柱齿轮　检验实施规范　第 1 部分：轮齿同侧齿面的检验	等同采用 ISO/TR 10064-1：1992
4	GB/Z 18620.2—2008	圆柱齿轮　检验实施规范　第 2 部分：径向综合偏差、径向跳动、齿厚和侧隙的检验	等同采用 ISO/TR 10064-2：1996
5	GB/Z 18620.3—2008	圆柱齿轮　检验实施规范　第 3 部分：齿轮坯、轴中心距和轴线平行度的检验	等同采用 ISO/TR 10064-3：1996
6	GB/Z 18620.4—2008	圆柱齿轮　检验实施规范　第 4 部分：表面结构和轮齿接触斑点的检验	等同采用 ISO/TR 10064-4：1998

表 8.2-106　适用范围　　（mm）

标准	法向模数 m_n	分度圆直径 d	齿宽 b
GB/T 10095.1—2008	≥0.5~70	≥5~10000	≥4~1000
GB/T 10095.2—2008	≥0.2~10	≥5~1000	—

GB/T 10095.1—2008 规定了单个渐开线圆柱齿轮轮齿同侧齿面的精度制、轮齿各项精度术语的定义、齿轮精度制的结构以及齿距偏差、齿廓偏差、螺旋线偏差和切向综合偏差的允许值，只适用于单个齿轮的每一要素，不包括齿轮副。

GB/T 10095.2—2008 规定了单个渐开线圆柱齿轮径向综合偏差和径向跳动的精度制，齿轮精度术语的定义、齿轮精度制的结构和所述偏差的允许值。径向综合偏差的公差仅适用于产品齿轮与测量齿轮的啮合检验，而不适用于两个产品齿轮的啮合检验。

使用 GB/T 10095.1 的各方，应十分熟悉 GB/Z 18620.1 所述方法和步骤，不采用上述方法和技术而采用 GB/T 10095.1 规定的允许值是不适宜的。

7.1　齿轮偏差的定义和代号（见表 8.2-107）

表 8.2-107　齿轮偏差的定义和代号

名称		定　义	说　明
齿距偏差	单个齿距偏差 f_{pt}	在端平面上，在接近齿高中部的一个与齿轮轴线同心的圆上，实际齿距与理论齿距的代数差（见图 8.2-45）	1）属于 GB/T 10095.1—2008 2）在接近齿高和齿宽中部测量。如果齿宽大于 250mm，应在距齿宽每侧约 15% 的齿宽处增加两个测量部位 3）f_{pt} 需对每个轮齿的两侧都进行测量 4）除非另有规定，F_{pk} 被限定在不大于 1/8 的圆周上评定。因此，F_{pk} 的允许值适用于齿距数 k 为 2 到小于 $z/8$ 的弧段内。通常，F_{pk} 取 $k=z/8$ 就足够了，但对于特殊的应用（如高速齿轮），还需要检验较小弧段，并规定相应的 k 值
	齿距累积偏差 F_{pk}	任意 k 个齿距的实际弧长与理论弧长的代数差。理论上它等于这 k 个齿距的各单个齿距偏差的代数和（见图 8.2-45）	
	齿距累积总偏差 F_p	齿轮同侧齿面任意弧段（$k=1$ 至 $k=z$）内的最大齿距累积偏差。它表现为齿距累积偏差曲线的总幅值（见图 8.2-45）	

(续)

名称		定 义	说 明
齿廓偏差	齿廓总偏差 F_α	在计值范围 L_α 内,包容实际齿廓迹线的两条设计齿廓迹线间的距离(见图 8.2-46a)	1)属于 GB/T 10095.1—2008 2)齿廓偏差是实际齿廓偏离设计齿廓的量,该量在端面内且垂直于渐开线齿廓的方向计算 3)设计齿廓指符合设计规定的齿廓,无其他限定时,指端面齿廓 4)平均齿廓是指设计齿廓迹线的纵坐标减去一条斜直线的相应纵坐标后得到的一条迹线。使得在计值范围内,实际齿廓迹线与平均齿廓迹线偏差的平方和最小 5)在齿宽中部测量。如果齿宽大于 250mm,应在距齿宽每侧约 15% 的齿宽处增加两个测量部位。应至少测量沿齿轮圆周均布的三个齿的两侧齿面 6)齿廓形状偏差和齿廓倾斜偏差不是强制性的单项检验项目
	齿廓形状偏差 $f_{f\alpha}$	在计值范围 L_α 内,包容实际齿廓迹线的与平均齿廓迹线完全相同的两条迹线间的距离,且两条曲线与平均齿廓的距离为常数(见图 8.2-46b)	
	齿廓倾斜偏差 $f_{H\alpha}$	在计值范围 L_α 内,两端与平均齿廓迹线相交的两条设计齿廓迹线间的距离(见图 8.2-46c)	
螺旋线偏差	螺旋线总偏差 F_β	在计值范围 L_β 内,包容实际螺旋线迹线的两条设计螺旋线迹线间的距离(见图 8.2-47a)	1)属于 GB/T 10095.1—2008 2)螺旋线偏差是在齿轮端面基圆切线方向测得的实际螺旋线偏离设计螺旋线的量,且应在沿齿轮圆周均布的至少三个齿的两侧齿面的齿高中部测量 3)设计螺旋线是指符合设计规定的螺旋线 4)平均螺旋线是指从设计螺旋线迹线的纵坐标减去一条斜直线的相应纵坐标后得到的一条迹线。使得在计值范围内,实际螺旋线迹线与平均螺旋线迹线偏差的平方和最小 5)螺旋线形状偏差和螺旋线倾斜偏差不是强制性的单项检验项目
	螺旋线形状偏差 $f_{f\beta}$	在计值范围 L_β 内,包容实际螺旋线迹线的与平均螺旋线迹线完全相同的、两条曲线间的距离,且两条曲线与平均螺旋线的距离为常数(见图 8.2-47b)	
	螺旋线倾斜偏差 $f_{H\beta}$	在计值范围 L_β 的两端与平均螺旋线迹线相交的、两条设计螺旋线迹线间的距离(见图 8.2-47c)	
切向综合偏差	切向综合总偏差 F_i'	被测齿轮与测量齿轮单面啮合检验时,被测齿轮一转内,齿轮分度圆上实际圆周位移与理论圆周位移的最大差值(图 8.2-48)	1)属于 GB/T 10095.1—2008 2)在检测过程,齿轮的同侧齿面处于单面啮合状态 3)切向综合偏差不是强制性检验项目。经供需双方同意时,这种方法最好与轮齿接触的检验同时进行,有时可以用来代替其他检测方法
	一齿切向综合偏差 f_i'	在一个齿距内的切向综合偏差值(见图 8.2-48)	
径向综合偏差	径向综合总偏差 F_i''	在径向(双面)综合检验时,产品齿轮的左右齿面同时与测量齿轮接触,并转过一整圈时出现的中心最大值和最小值之差(见图 8.2-49)	1)属于 GB/T 10095.2—2008 2)产品齿轮是指正在被测量或被评定的齿轮 3)产品齿轮所有轮齿的 f_i'' 的最大值不应超过规定的允许值
	一齿径向综合偏差 f_i''	当产品齿轮啮合一整圈时,对应一个齿距($360°/z$)的径向综合偏差(见图 8.2-49)	
径向跳动 F_r		适当的测头(球形、砧形、圆柱形)在齿轮旋转时逐齿地置于每个齿槽内,相对于齿轮基准轴线的最大和最小径向距离之差(见图 8.2-50)	1)属于 GB/T 10095.2—2008 2)检测中,测头在近似齿高中部与左右齿面接触。图 8.2-51 中所示的偏心量是径向跳动的一部分 3)当齿轮径向综合偏差被测量时,就不必再测量径向跳动

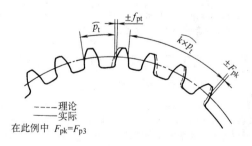

图 8.2-45 齿距偏差与齿距累积偏差

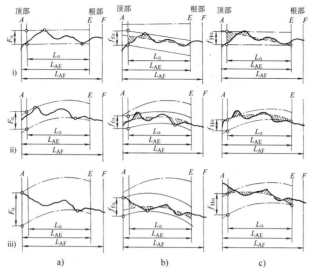

图 8.2-46　齿廓偏差

a）总偏差　b）形状偏差　c）倾斜偏差

注：1. 图中，— · — 设计齿廓；⌒⌒ 实际齿廓；--- 平均齿廓。
　　i）设计齿廓：未修形的渐开线；实际齿廓：在减薄区偏向体内。
　　ii）设计齿廓：修形的渐开线（举例）；实际齿廓：在减薄区偏向体内。
　　iii）设计齿廓：修形的渐开线（举例）；实际齿廓：在减薄区偏向体外。
　2. L_{AF} —可用长度等于两条端面基圆切线长之差。其中一条从基圆延伸到可用齿廓的外界限点，另一条从基圆延伸到可用齿廓的内界限点。依据设计，可用长度被齿顶、齿顶倒棱或齿顶倒圆的起始点（A 点）限定，对于齿根，可用长度被齿根圆角或挖根的起始点（F 点）限定。
　3. L_{AE} —有效长度，可用长度对应有效齿廓的部分。对于齿顶，与可用长度有同样的限定（点 A）。对于齿根，有效长度延伸到与之配对齿轮有效啮合的终止点 E（即有效齿廓起始点）。如不知道配对齿轮，则 E 点为与基本齿条相啮合的有效齿廓的起始点。
　4. L_{α} —齿廓计值范围，可用长度中的一部分，在 L_{α} 范围内应遵照规定精度等级的公差。除另有规定外，其长度等于从点 E 开始的有效长度 L_{AE} 的 92%。

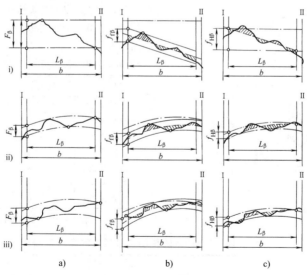

图 8.2-47　螺旋线偏差

a）总偏差　b）形状偏差　c）倾斜偏差

注：1. 图中，— · — 设计螺旋线；⌒⌒ 实际螺旋线；--- 平均螺旋线。
　　i）设计螺旋线：未修形的螺旋线；实际螺旋线：在减薄区偏向体内。
　　ii）设计螺旋线：修形的螺旋线（举例）；实际螺旋线：在减薄区偏向体内。
　　iii）设计螺旋线：修形的螺旋线（举例）；实际螺旋线：在减薄区偏向体外。
　2. L_{β} —螺旋线计值范围。除另有规定外，L_{β} 等于在轮齿两端各减去 5% 的齿宽或一个模数的长度后的数值较大者。
　3. b—齿宽。

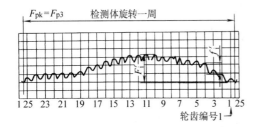

图 8.2-48　切向综合偏差

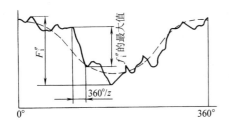

图 8.2-49　径向综合偏差

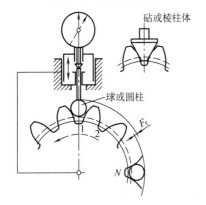

图 8.2-50　测量径向圆跳动的原理

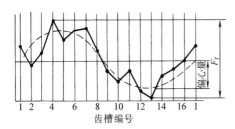

图 8.2-51　16 个齿的齿轮径向圆跳动

7.2　精度等级及其选择

GB/T 10095.1—2008 对轮齿同侧齿面偏差规定了 13 个精度等级，其中 0 级最高，12 级最低。如果要求的齿轮精度等级为 GB/T 10095.1—2008 的某一等级，而无其他规定时，则齿距、齿廓、螺旋线等各项偏差的允许值均按该精度等级确定。也可以按协议对工作和非工作齿面规定不同的精度等级，或对不同偏差项目规定不同的精度等级。另外，也可仅对工作齿面规定要求的精度等级。

GB/T 10095.2—2008 对径向综合偏差规定了 9 个精度等级，其中 4 级最高，12 级最低；对径向跳动规定了 13 个精度等级，其中 0 级最高，12 级最低。如果要求的齿轮精度等级为 GB/T 10095.2—2008 的某一等级，而无其他规定时，则径向综合与径向跳动的各项偏差的允许值均按该精度等级确定。也可根据协议，供需双方共同对任意质量要求规定不同的公差。

径向综合偏差的精度等级不一定与 GB/T 10095.1—2008 中的要素偏差(如齿距、齿廓、螺旋线等)选用相同的等级。当文件需要描述齿轮精度要求时，应注明 GB/T 10095.1—2008 或 GB/T 10095.2—2008。

齿轮的精度等级应根据传动的用途、使用条件、传递功率和圆周速度及其他经济、技术条件来确定。表 8.2-108 列出了各类机械传动中所应用的齿轮精度等级，表 8.2-109 列出了圆柱齿轮传动各级精度的应用范围。

表 8.2-108　各类机械传动中所应用的齿轮精度等级

产品类型	精度等级	产品类型	精度等级
测量齿轮	2~5	航空发动机	4~8
透平齿轮	3~6	拖拉机	6~9
金属切削机床	3~8	通用减速器	6~9
内燃机车	6~7	轧钢机	6~10
汽车底盘	5~8	矿用绞车	8~10
轻型汽车	5~8	起重机械	7~10
载重汽车	6~9	农业机械	8~11

注：本表不属于国家标准内容，仅供参考。

表 8.2-109　圆柱齿轮传动各级精度的应用范围

要　素	精　度　等　级					
	4	5	6	7	8	9
切齿方法	在周期误差很小的精密机床上用展成法加工	在周期误差小的精密机床上用展成法加工	在精密机床上用展成法加工	在较精密机床上用展成法加工	在展成法机床上加工	在展成法机床上或分度法精细加工

（续）

要　素		精　度　等　级					
		4	5	6	7	8	9
齿面最后加工		精密磨齿；对软或中硬齿面的大齿轮，精密滚齿后研齿或剃齿		磨齿、精密滚齿或剃齿	高精度滚齿、插齿和剃齿，对渗碳淬火齿轮必须做最后加工（磨齿、精刮齿、有修正能力的珩齿等）	滚齿、插齿，必要时剃齿或刮齿或珩齿	一般滚、插齿工艺
齿面表面粗糙度	齿面	硬化	调质	硬化	调质	硬化	调质	硬化	调质	硬化	调质	硬化	调质
	$Ra/\mu m$	≤0.4	≤0.8	≤1.6	≤0.8	≤1.6	≤3.2	≤6.3	≤3.2	≤6.3
	相当▽	8~9	7~8	6~7	7~8	6~7	5~6	4~5	5~6	4~5

工作条件及应用范围	动力传动	用于很高速度的透平传动齿轮　圆周速度 $v>70m/s$ 的斜齿轮	用于高速的透平传动齿轮，重型机械进给机构和高速重载齿轮　圆周速度 $v>30m/s$ 的斜齿轮	用于高速传动的齿轮，工业机器有高可靠性要求的齿轮，重型机械的大功率传动齿轮，作业率很高的起重运输机械齿轮　圆周速度 $v<30m/s$ 的斜齿轮	用于高速和适度功率或大功率和适度速度的传动齿轮，冶金、矿山、石油、林业、轻工、工程机械和小型工业齿轮箱（普通减速器）有可靠性要求的齿轮　圆周速度 $v<25m/s$ 的斜齿轮　圆周速度 $v<15m/s$ 的直齿轮	用于中等速度较平稳传动的齿轮，冶金、矿山、石油、林业、轻工、工程机械，起重运输机械和小型工业齿轮箱（普通减速器）的齿轮　圆周速度 $v<15m/s$ 的斜齿轮　圆周速度 $v<10m/s$ 的直齿轮	用于一般性工作和噪声要求不高的齿轮，受载低于计算载荷的传动齿轮，速度大于 $1m/s$ 的开式齿轮传动和转盘的齿轮　圆周速度 $v≤4m/s$ 的直齿轮　圆周速度 $v≤6m/s$ 的斜齿轮
	航空、船舶和车辆	需要很高的平稳性、低噪声的船用和航空齿轮　圆周速度 $v>35m/s$ 的直齿轮　圆周速度 $v>70m/s$ 的斜齿轮	需要高的平稳性、低噪声的船用和航空齿轮　圆周速度 $v>20m/s$ 的直齿轮　圆周速度 $v>35m/s$ 的斜齿轮	用于高速传动有平稳性低噪声要求的航空、船舶和轿车的齿轮　圆周速度 $v≤20m/s$ 的直齿轮　圆周速度 $v≤35m/s$ 的斜齿轮	用于有平稳性和噪声要求的航空、船舶和轿车的齿轮　圆周速度 $v≤15m/s$ 的直齿轮　圆周速度 $v≤25m/s$ 的斜齿轮	用于中等速度较平稳传动的载货汽车和拖拉机的齿轮　圆周速度 $v≤10m/s$ 的直齿轮　圆周速度 $v≤15m/s$ 的斜齿轮	用于较低速和噪声要求不高的载货汽车第一档与倒档，拖拉机和联合收割机齿轮　圆周速度 $v≤4m/s$ 的直齿轮　圆周速度 $v≤6m/s$ 的斜齿轮
	机床	高精度和精密的分度链末端齿轮　圆周速度 $v>30m/s$ 的直齿轮　圆周速度 $v>50m/s$ 的斜齿轮	一般精度的分度链末端齿轮　高精度和精密的分度链的中间齿轮　圆周速度 $v>15~30m/s$ 的直齿轮　圆周速度 $v>30~50m/s$ 的斜齿轮	V级机床主传动的重要齿轮　一般精度的分度链的中间齿轮　Ⅲ级和Ⅲ级以上精度等级机床的进给齿轮　油泵齿轮　圆周速度 $v>10~15m/s$ 的直齿轮　圆周速度 $v>15~30m/s$ 的斜齿轮	Ⅵ级和Ⅵ级以上精度等级机床的进给齿轮　圆周速度 $v>6~10m/s$ 的直齿轮　圆周速度 $v>8~15m/s$ 的斜齿轮	一般精度的机床齿轮　圆周速度 $v<6m/s$ 的直齿轮　圆周速度 $v<8m/s$ 的斜齿轮	没有传动精度要求的手动齿轮
	其他	检验7级精度齿轮的测量齿轮	检验8~9级精度齿轮的测量齿轮，印刷机印刷辊子用的齿轮	读数装置中特别精密传动的齿轮	读数装置的精密传动及具有非直齿轮的速度传动齿轮，印刷机传动齿轮	普通印刷机传动齿轮	
单级传动效率		不低于0.99（包括轴承不低于0.985）			不低于0.98（包括轴承不低于0.975）	不低于0.97（包括轴承不低于0.965）	不低于0.96（包括轴承不低于0.95）

注：本表不属国家标准内容，仅供参考。

7.3　齿轮偏差计算公式和数值表

7.3.1　5级精度的齿轮偏差计算公式（见表8.2-110）

表 8.2-110　5 级精度的齿轮偏差计算公式及使用说明

名　称	5 级精度的齿轮偏差计算公式	使 用 说 明
单个齿距偏差 f_{pt}	$f_{pt} = 0.3(m_n + 0.4\sqrt{d}) + 4$	
齿距累积偏差 F_{pk}	$F_{pk} = f_{pt} + 1.6\sqrt{(k-1)m_n}$	
齿距累积总偏差 F_p	$F_p = 0.3m_n + 1.25\sqrt{d} + 7$	
齿廓总偏差 F_α	$F_\alpha = 3.2\sqrt{m_n} + 0.22\sqrt{d} + 0.7$	
螺旋线总偏差 F_β	$F_\beta = 0.1\sqrt{d} + 0.63\sqrt{b} + 4.2$	
一齿切向综合偏差 f'_i	$f'_i = K(4.3 + f_{pt} + F_\alpha) = K(9 + 0.3m_n + 3.2\sqrt{m_n} + 0.34\sqrt{d})$ 式中：当 $\varepsilon_\gamma < 4$ 时，$K = 0.2\left(\dfrac{\varepsilon_\gamma + 4}{\varepsilon_\gamma}\right)$ 　　当 $\varepsilon_\gamma \geqslant 4$ 时，$K = 0.4$ 如果被测齿轮与测量齿轮齿宽不同，按较小的齿宽计算 ε_γ 如果对齿轮的齿廓和螺旋线进行了较大的修形，检测时 ε_γ 和 K 将受到较大影响，因而在评定测量结果时必须考虑这些因素。在这种情况下，对检测条件和记录曲线的评定应另定专门协议	1) 5 级精度的未圆整的偏差计算值乘以 $2^{0.5(Q-5)}$ 即可得到任意精度等级的待求值，Q 为待求值的精度等级数 2) 应用公式编制偏差或公差表时，参数 m_n、d 和 b 应取其分段界限值的几何平均值代入。例如：如果实际模数是 7mm，分段界限值为 $m_n = 6$mm 和 $m_n = 10$mm，计算表值用 $m_n = \sqrt{6 \times 10} = 7.746$mm。如果计算值大于 10μm，圆整到最接近的整数；如果计算值小于 10μm，圆整到最接近的尾数为 0.5μm 的小数或整数；如果计算值小于 5μm，圆整到最接近的尾数为 0.1μm 的小数或整数 3) 将实测的齿轮偏差值与偏差表（表 8.2-111～表 8.2-121）中的值比较，以评定齿轮的精度等级 4) 当齿轮参数不在给定的范围内，或供需双方同意时，可以在公式中代入实际的齿轮参数
切向综合总偏差 F'_i	$F'_i = F_p + f'_i$	
齿廓形状偏差 $f_{f\alpha}$	$f_{f\alpha} = 2.5\sqrt{m_n} + 0.17\sqrt{d} + 0.5$	
齿廓倾斜偏差 $f_{H\alpha}$	$f_{H\alpha} = 2\sqrt{m_n} + 0.14\sqrt{d} + 0.5$	
螺旋线形状偏差 $f_{f\beta}$ 螺旋线倾斜偏差 $f_{H\beta}$	$f_{f\beta} = f_{H\beta} = 0.07\sqrt{d} + 0.45\sqrt{b} + 3$	
径向综合总偏差 F''_i	$F''_i = F_r + f''_i = 3.2m_n + 1.01\sqrt{d} + 6.4$	1) 5 级精度的未圆整的偏差计算值乘以 $2^{0.5(Q-5)}$ 即可得到任意精度等级的待求值，Q 为待求值的精度等级数 2) 应用公式编制偏差或公差表时，参数 m_n 和 d 应取其分段界限值的几何平均值代入。如果计算值大于 10μm，圆整到最接近的整数；如果计算值小于 10μm，圆整到最接近的尾数为 0.5μm 的小数或整数 3) 采用偏差或公差表评定齿轮精度，仅用于供需双方有协议时。无协议时，用模数 m_n 和直径 d 的实际值代入公式计算公差值，评定齿轮精度 4) 当齿轮参数不在给定的范围内时，使用公式时供需双方协商一致
一齿径向综合偏差 f''_i	$f''_i = 2.96m_n + 0.01\sqrt{d} + 0.8$	
径向圆跳动公差 F_r	$F_r = 0.8F_p = 0.24m_n + 1.0\sqrt{d} + 5.6$	

7.3.2　齿轮偏差数值表（见表 8.2-111～表 8.2-121）

表 8.2-111　单个齿距偏差 $\pm f_{pt}$

分度圆直径 d/mm	模数 m/mm	精 度 等 级								
		4	5	6	7	8	9	10	11	12
		$\pm f_{pt}$/μm								
$5 \leqslant d \leqslant 20$	$0.5 \leqslant m \leqslant 2$	3.3	4.7	6.5	9.5	13.0	19.0	26.0	37.0	53.0
	$2 < m \leqslant 3.5$	3.7	5.0	7.5	10.0	15.0	21.0	29.0	41.0	59.0
$20 < d \leqslant 50$	$0.5 \leqslant m \leqslant 2$	3.5	5.0	7.0	10.0	14.0	20.0	28.0	40.0	56.0
	$2 < m \leqslant 3.5$	3.9	5.5	7.5	11.0	15.0	22.0	31.0	44.0	62.0
	$3.5 < m \leqslant 6$	4.3	6.0	8.5	12.0	17.0	24.0	34.0	48.0	68.0
	$6 < m \leqslant 10$	4.9	7.0	10.0	14.0	20.0	28.0	40.0	56.0	79.0
$50 < d \leqslant 125$	$0.5 \leqslant m \leqslant 2$	3.8	5.5	7.5	11.0	15.0	21.0	30.0	43.0	61.0
	$2 < m \leqslant 3.5$	4.1	6.0	8.5	12.0	17.0	23.0	33.0	47.0	66.0
	$3.5 < m \leqslant 6$	4.6	6.5	9.0	13.0	18.0	26.0	36.0	52.0	73.0
	$6 < m \leqslant 10$	5.0	7.5	10.0	15.0	21.0	30.0	42.0	59.0	84.0
	$10 < m \leqslant 16$	6.5	9.0	13.0	18.0	25.0	35.0	50.0	71.0	100.0
	$16 < m \leqslant 25$	8.0	11.0	16.0	22.0	31.0	44.0	63.0	89.0	125.0
$125 < d \leqslant 280$	$0.5 \leqslant m \leqslant 2$	4.2	6.0	8.5	12.0	17.0	24.0	34.0	48.0	67.0
	$2 < m \leqslant 3.5$	4.6	6.5	9.0	13.0	18.0	26.0	36.0	51.0	73.0
	$3.5 < m \leqslant 6$	5.0	7.0	10.0	14.0	20.0	28.0	40.0	56.0	79.0
	$6 < m \leqslant 10$	5.5	8.0	11.0	16.0	23.0	32.0	45.0	64.0	90.0
	$10 < m \leqslant 16$	6.5	9.5	13.0	19.0	27.0	38.0	53.0	75.0	107.0
	$16 < m \leqslant 25$	8.0	12.0	16.0	23.0	33.0	47.0	66.0	93.0	132.0
	$25 < m \leqslant 40$	11.0	15.0	21.0	30.0	43.0	61.0	86.0	121.0	171.0
$280 < d \leqslant 560$	$0.5 \leqslant m \leqslant 2$	4.7	6.5	9.5	13.0	19.0	27.0	38.0	54.0	76.0
	$2 < m \leqslant 3.5$	5.0	7.0	10.0	14.0	20.0	29.0	41.0	57.0	81.0
	$3.5 < m \leqslant 6$	5.5	8.0	11.0	16.0	22.0	31.0	44.0	62.0	88.0
	$6 < m \leqslant 10$	6.0	8.5	12.0	17.0	25.0	35.0	49.0	70.0	99.0
	$10 < m \leqslant 16$	7.0	10.0	14.0	20.0	29.0	41.0	58.0	81.0	115.0
	$16 < m \leqslant 25$	9.0	12.0	18.0	25.0	35.0	50.0	70.0	99.0	140.0
	$25 < m \leqslant 40$	11.0	16.0	22.0	32.0	45.0	63.0	90.0	127.0	180.0
	$40 < m \leqslant 70$	16.0	22.0	31.0	45.0	63.0	89.0	126.0	178.0	252.0
$560 < d \leqslant 1000$	$0.5 \leqslant m \leqslant 2$	5.5	7.5	11.0	15.0	21.0	30.0	43.0	61.0	86.0
	$2 < m \leqslant 3.5$	5.5	8.0	11.0	16.0	23.0	32.0	46.0	65.0	91.0
	$3.5 < m \leqslant 6$	6.0	8.5	12.0	17.0	24.0	35.0	49.0	69.0	98.0
	$6 < m \leqslant 10$	7.0	9.5	14.0	19.0	27.0	38.0	54.0	77.0	109.0
	$10 < m \leqslant 16$	8.0	11.0	16.0	22.0	31.0	44.0	63.0	89.0	125.0
	$16 < m \leqslant 25$	9.5	13.0	19.0	27.0	38.0	53.0	75.0	106.0	150.0
	$25 < m \leqslant 40$	12.0	17.0	24.0	34.0	47.0	67.0	95.0	134.0	190.0
	$40 < m \leqslant 70$	16.0	23.0	33.0	46.0	65.0	93.0	131.0	185.0	262.0

（续）

分度圆直径 d/mm	模数 m/mm	精 度 等 级								
		4	5	6	7	8	9	10	11	12
		$\pm f_{pt}/\mu m$								
1000<d≤1600	2≤m≤3.5	6.5	9.0	13.0	18.0	26.0	36.0	51.0	72.0	103.0
	3.5<m≤6	7.0	9.5	14.0	19.0	27.0	39.0	55.0	77.0	109.0
	6<m≤10	7.5	11.0	15.0	21.0	30.0	42.0	60.0	85.0	120.0
	10<m≤16	8.5	12.0	17.0	24.0	34.0	48.0	68.0	97.0	136.0
	16<m≤25	10.0	14.0	20.0	29.0	40.0	57.0	81.0	114.0	161.0
	25<m≤40	13.0	18.0	25.0	36.0	50.0	71.0	100.0	142.0	201.0
	40<m≤70	17.0	24.0	34.0	48.0	68.0	97.0	137.0	193.0	273.0
1600<d≤2500	3.5≤m≤6	7.5	11.0	15.0	21.0	30.0	43.0	61.0	86.0	122.0
	6<m≤10	8.5	12.0	17.0	23.0	33.0	47.0	66.0	94.0	132.0
	10<m≤16	9.5	13.0	19.0	26.0	37.0	53.0	74.0	105.0	149.0
	16<m≤25	11.0	15.0	22.0	31.0	43.0	61.0	87.0	123.0	174.0
	25<m≤40	13.0	19.0	27.0	38.0	53.0	75.0	107.0	151.0	213.0
	40<m≤70	18.0	25.0	36.0	50.0	71.0	101.0	143.0	202.0	286.0
2500<d≤4000	6≤m≤10	9.0	13.0	18.0	26.0	37.0	52.0	74.0	105.0	148.0
	10<m≤16	10.0	15.0	21.0	29.0	41.0	58.0	82.0	116.0	165.0
	16<m≤25	12.0	17.0	24.0	33.0	47.0	67.0	95.0	134.0	189.0
	25<m≤40	14.0	20.0	29.0	40.0	57.0	81.0	114.0	162.0	229.0
	40<m≤70	19.0	27.0	38.0	53.0	75.0	106.0	151.0	213.0	301.0
4000<d≤6000	6≤m≤10	10.0	15.0	21.0	29.0	42.0	59.0	83.0	118.0	167.0
	10<m≤16	11.0	16.0	23.0	32.0	46.0	65.0	92.0	130.0	183.0
	16<m≤25	13.0	18.0	26.0	37.0	52.0	74.0	104.0	147.0	208.0
	25<m≤40	15.0	22.0	31.0	44.0	62.0	88.0	124.0	175.0	248.0
	40<m≤70	20.0	28.0	40.0	57.0	80.0	113.0	160.0	226.0	320.0
6000<d≤8000	10<m≤16	13.0	18.0	25.0	36.0	50.0	71.0	101.0	142.0	201.0
	16<m≤25	14.0	20.0	28.0	40.0	57.0	80.0	113.0	160.0	226.0
	25<m≤40	17.0	23.0	33.0	47.0	66.0	94.0	133.0	188.0	266.0
	40<m≤70	21.0	30.0	42.0	60.0	84.0	119.0	169.0	239.0	338.0
8000<d≤10000	10<m≤16	14.0	19.0	27.0	38.0	54.0	77.0	108.0	153.0	217.0
	16<m≤25	15.0	21.0	30.0	43.0	60.0	85.0	121.0	171.0	242.0
	25<m≤40	18.0	25.0	35.0	50.0	70.0	99.0	140.0	199.0	281.0
	40<m≤70	22.0	31.0	44.0	62.0	88.0	125.0	177.0	250.0	353.0

注：表中 m 为法向模数。

表 8.2-112　齿距累积总偏差 F_p

分度圆直径 d/mm	模数 m/mm	精 度 等 级								
		4	5	6	7	8	9	10	11	12
		F_p/μm								
$5 \leqslant d \leqslant 20$	$0.5 \leqslant m \leqslant 2$	8.0	11.0	16.0	23.0	32.0	45.0	64.0	90.0	127.0
	$2 < m \leqslant 3.5$	8.5	12.0	17.0	23.0	33.0	47.0	66.0	94.0	133.0
$20 < d \leqslant 50$	$0.5 \leqslant m \leqslant 2$	10.0	14.0	20.0	29.0	41.0	57.0	81.0	115.0	162.0
	$2 < m \leqslant 3.5$	10.0	15.0	21.0	30.0	42.0	59.0	84.0	119.0	168.0
	$3.5 < m \leqslant 6$	11.0	15.0	22.0	31.0	44.0	62.0	87.0	123.0	174.0
	$6 < m \leqslant 10$	12.0	16.0	23.0	33.0	46.0	65.0	93.0	131.0	185.0
$50 < d \leqslant 125$	$0.5 \leqslant m \leqslant 2$	13.0	18.0	26.0	37.0	52.0	74.0	104.0	147.0	208.0
	$2 < m \leqslant 3.5$	13.0	19.0	27.0	38.0	53.0	76.0	107.0	151.0	214.0
	$3.5 < m \leqslant 6$	14.0	19.0	28.0	39.0	55.0	78.0	110.0	156.0	220.0
	$6 < m \leqslant 10$	14.0	20.0	29.0	41.0	58.0	82.0	116.0	164.0	231.0
	$10 < m \leqslant 16$	15.0	22.0	31.0	44.0	62.0	88.0	124.0	175.0	248.0
	$16 < m \leqslant 25$	17.0	24.0	34.0	48.0	68.0	96.0	136.0	193.0	273.0
$125 < d \leqslant 280$	$0.5 \leqslant m \leqslant 2$	17.0	24.0	35.0	49.0	69.0	98.0	138.0	195.0	276.0
	$2 < m \leqslant 3.5$	18.0	25.0	35.0	50.0	70.0	100.0	141.0	199.0	282.0
	$3.5 < m \leqslant 6$	18.0	25.0	36.0	51.0	72.0	102.0	144.0	204.0	238.0
	$6 < m \leqslant 10$	19.0	26.0	37.0	53.0	75.0	106.0	149.0	211.0	299.0
	$10 < m \leqslant 16$	20.0	28.0	39.0	56.0	79.0	112.0	158.0	223.0	316.0
	$16 < m \leqslant 25$	21.0	30.0	43.0	60.0	85.0	120.0	170.0	241.0	341.0
	$25 < m \leqslant 40$	24.0	34.0	47.0	67.0	95.0	134.0	190.0	269.0	380.0
$280 < d \leqslant 560$	$0.5 \leqslant m \leqslant 2$	23.0	32.0	46.0	64.0	91.0	129.0	182.0	257.0	364.0
	$2 < m \leqslant 3.5$	23.0	33.0	46.0	65.0	92.0	131.0	185.0	261.0	370.0
	$3.5 < m \leqslant 6$	24.0	33.0	47.0	66.0	94.0	133.0	188.0	266.0	376.0
	$6 < m \leqslant 10$	24.0	34.0	48.0	68.0	97.0	137.0	193.0	274.0	387.0
	$10 < m \leqslant 16$	25.0	36.0	50.0	71.0	101.0	143.0	202.0	285.0	404.0
	$16 < m \leqslant 25$	27.0	38.0	54.0	76.0	107.0	151.0	214.0	303.0	428.0
	$25 < m \leqslant 40$	29.0	41.0	58.0	83.0	117.0	165.0	234.0	331.0	468.0
	$40 < m \leqslant 70$	34.0	48.0	68.0	95.0	135.0	191.0	270.0	382.0	540.0
$560 < d \leqslant 1000$	$0.5 \leqslant m \leqslant 2$	29.0	41.0	59.0	83.0	117.0	166.0	235.0	332.0	469.0
	$2 < m \leqslant 3.5$	30.0	42.0	59.0	84.0	119.0	168.0	238.0	336.0	475.0
	$3.5 < m \leqslant 6$	30.0	43.0	60.0	85.0	120.0	170.0	241.0	341.0	482.0
	$6 < m \leqslant 10$	31.0	44.0	62.0	87.0	123.0	174.0	246.0	348.0	492.0
	$10 < m \leqslant 16$	32.0	45.0	64.0	90.0	127.0	180.0	254.0	360.0	509.0
	$16 < m \leqslant 25$	33.0	47.0	67.0	94.0	133.0	189.0	267.0	378.0	534.0
	$25 < m \leqslant 40$	36.0	51.0	72.0	101.0	143.0	203.0	287.0	405.0	573.0
	$40 < m \leqslant 70$	40.0	57.0	81.0	114.0	161.0	228.0	323.0	457.0	646.0

（续）

分度圆直径 d/mm	模数 m/mm	精 度 等 级								
		4	5	6	7	8	9	10	11	12
		$F_p/\mu m$								
1000<d≤1600	2≤m≤3.5	37.0	52.0	74.0	105.0	148.0	209.0	296.0	418.0	591.0
	3.5<m≤6	37.0	53.0	75.0	106.0	149.0	211.0	299.0	423.0	598.0
	6<m≤10	38.0	54.0	76.0	108.0	152.0	215.0	304.0	430.0	608.0
	10<m≤16	39.0	55.0	78.0	111.0	156.0	221.0	313.0	442.0	625.0
	16<m≤25	41.0	57.0	81.0	115.0	163.0	230.0	325.0	460.0	650.0
	25<m≤40	43.0	61.0	86.0	122.0	172.0	244.0	345.0	488.0	690.0
	40<m≤70	48.0	67.0	95.0	135.0	190.0	269.0	381.0	539.0	762.0
1600<d≤2500	3.5≤m≤6	45.0	64.0	91.0	129.0	182.0	257.0	364.0	514.0	727.0
	6<m≤10	46.0	65.0	92.0	130.0	184.0	261.0	369.0	522.0	738.0
	10<m≤16	47.0	67.0	94.0	133.0	189.0	267.0	377.0	534.0	755.0
	16<m≤25	49.0	69.0	97.0	138.0	195.0	276.0	390.0	551.0	780.0
	25<m≤40	51.0	72.0	102.0	145.0	205.0	290.0	409.0	579.0	819.0
	40<m≤70	56.0	79.0	111.0	158.0	223.0	315.0	446.0	603.0	891.0
2500<d≤4000	6≤m≤10	56.0	80.0	113.0	159.0	225.0	318.0	450.0	637.0	901.0
	10<m≤16	57.0	81.0	115.0	162.0	229.0	324.0	459.0	649.0	917.0
	16<m≤25	59.0	83.0	118.0	167.0	236.0	333.0	471.0	666.0	942.0
	25<m≤40	61.0	87.0	123.0	174.0	245.0	347.0	491.0	694.0	982.0
	40<m≤70	66.0	93.0	132.0	186.0	264.0	373.0	525.0	745.0	1054.0
4000<d≤6000	6≤m≤10	68.0	97.0	137.0	194.0	274.0	387.0	548.0	775.0	1095.0
	10<m≤16	69.0	98.0	139.0	197.0	278.0	393.0	556.0	786.0	1112.0
	16<m≤25	71.0	100.0	142.0	201.0	284.0	402.0	568.0	804.0	1137.0
	25<m≤40	74.0	104.0	147.0	208.0	294.0	416.0	588.0	832.0	1176.0
	40<m≤70	78.0	110.0	156.0	221.0	312.0	441.0	624.0	883.0	1249.0
6000<d≤8000	10≤m≤16	81.0	115.0	162.0	230.0	325.0	459.0	650.0	919.0	1299.0
	16<m≤25	83.0	117.0	166.0	234.0	331.0	468.0	662.0	936.0	1324.0
	25<m≤40	85.0	121.0	170.0	241.0	341.0	482.0	682.0	964.0	1364.0
	40<m≤70	90.0	127.0	179.0	254.0	359.0	508.0	718.0	1015.0	1436.0
8000<d≤10000	10≤m≤16	91.0	129.0	182.0	258.0	365.0	516.0	730.0	1032.0	1460.0
	16<m≤25	93.0	131.0	186.0	262.0	371.0	525.0	742.0	1050.0	1485.0
	25<m≤40	95.0	135.0	191.0	269.0	381.0	539.0	762.0	1078.0	1524.0
	40<m≤70	100.0	141.0	200.0	282.0	399.0	564.0	798.0	1129.0	1596.0

注：表中 m 为法向模数。

表 8.2-113　齿廓总偏差 F_α

分度圆直径 d/mm	模数 m/mm	精 度 等 级								
		4	5	6	7	8	9	10	11	12
		F_α/μm								
$5 \leqslant d \leqslant 20$	$0.5 \leqslant m \leqslant 2$	3.2	4.6	6.5	9.0	13.0	18.0	26.0	37.0	52.0
	$2 < m \leqslant 3.5$	4.7	6.5	9.5	13.0	19.0	26.0	37.0	53.0	75.0
$20 < d \leqslant 50$	$0.5 \leqslant m \leqslant 2$	3.6	5.0	7.5	10.0	15.0	21.0	29.0	41.0	58.0
	$2 < m \leqslant 3.5$	5.0	7.0	10.0	14.0	20.0	29.0	40.0	57.0	81.0
	$3.5 < m \leqslant 6$	6.0	9.0	12.0	18.0	25.0	35.0	50.0	70.0	99.0
	$6 < m \leqslant 10$	7.5	11.0	15.0	22.0	31.0	43.0	61.0	87.0	123.0
$50 < d \leqslant 125$	$0.5 \leqslant m \leqslant 2$	4.1	6.0	8.5	12.0	17.0	23.0	33.0	47.0	66.0
	$2 < m \leqslant 3.5$	5.5	8.0	11.0	16.0	22.0	31.0	44.0	63.0	89.0
	$3.5 < m \leqslant 6$	6.5	9.5	13.0	19.0	27.0	38.0	54.0	76.0	108.0
	$6 < m \leqslant 10$	8.0	12.0	16.0	23.0	33.0	46.0	65.0	92.0	131.0
	$10 < m \leqslant 16$	10.0	14.0	20.0	28.0	40.0	56.0	79.0	112.0	159.0
	$16 < m \leqslant 25$	12.0	17.0	24.0	34.0	48.0	68.0	96.0	136.0	192.0
$125 < d \leqslant 280$	$0.5 \leqslant m \leqslant 2$	4.9	7.0	10.0	14.0	20.0	28.0	39.0	55.0	78.0
	$2 < m \leqslant 3.5$	6.5	9.0	13.0	18.0	25.0	36.0	50.0	71.0	101.0
	$3.5 < m \leqslant 6$	7.5	11.0	15.0	21.0	30.0	42.0	60.0	84.0	119.0
	$6 < m \leqslant 10$	9.0	13.0	18.0	25.0	36.0	50.0	71.0	101.0	143.0
	$10 < m \leqslant 16$	11.0	15.0	21.0	30.0	43.0	60.0	85.0	121.0	171.0
	$16 < m \leqslant 25$	13.0	18.0	25.0	36.0	51.0	72.0	102.0	144.0	204.0
	$25 < m \leqslant 40$	15.0	22.0	31.0	43.0	61.0	87.0	123.0	174.0	246.0
$280 < d \leqslant 560$	$0.5 \leqslant m \leqslant 2$	6.0	8.5	12.0	17.0	23.0	33.0	47.0	66.0	94.0
	$2 < m \leqslant 3.5$	7.5	10.0	15.0	21.0	29.0	41.0	58.0	82.0	116.0
	$3.5 < m \leqslant 6$	8.5	12.0	17.0	24.0	34.0	48.0	67.0	95.0	135.0
	$6 < m \leqslant 10$	10.0	14.0	20.0	28.0	40.0	56.0	79.0	112.0	158.0
	$10 < m \leqslant 16$	12.0	16.0	23.0	33.0	47.0	66.0	93.0	132.0	186.0
	$16 < m \leqslant 25$	14.0	19.0	27.0	39.0	55.0	78.0	110.0	155.0	219.0
	$25 < m \leqslant 40$	16.0	23.0	33.0	46.0	65.0	92.0	131.0	185.0	261.0
	$40 < m \leqslant 70$	20.0	28.0	40.0	57.0	80.0	113.0	160.0	227.0	321.0
$560 < d \leqslant 1000$	$0.5 \leqslant m \leqslant 2$	7.0	10.0	14.0	20.0	28.0	40.0	56.0	79.0	112.0
	$2 < m \leqslant 3.5$	8.5	12.0	17.0	24.0	34.0	48.0	67.0	95.0	135.0
	$3.5 < m \leqslant 6$	9.5	14.0	19.0	27.0	38.0	54.0	77.0	109.0	154.0
	$6 < m \leqslant 10$	11.0	16.0	22.0	31.0	44.0	62.0	88.0	125.0	177.0
	$10 < m \leqslant 16$	13.0	18.0	26.0	36.0	51.0	72.0	102.0	145.0	205.0

（续）

分度圆直径 d/mm	模数 m/mm	精 度 等 级								
		4	5	6	7	8	9	10	11	12
		$F_\alpha/\mu m$								
560<d≤1000	16<m≤25	15.0	21.0	30.0	42.0	59.0	84.0	119.0	168.0	238.0
	25<m≤40	17.0	25.0	35.0	49.0	70.0	99.0	140.0	198.0	280.0
	40<m≤70	21.0	30.0	42.0	60.0	85.0	120.0	170.0	240.0	339.0
1000<d≤1600	2≤m≤3.5	9.5	14.0	19.0	27.0	39.0	55.0	78.0	110.0	155.0
	3.5<m≤6	11.0	15.0	22.0	31.0	43.0	61.0	87.0	123.0	174.0
	6<m≤10	12.0	17.0	25.0	35.0	49.0	70.0	99.0	139.0	197.0
	10<m≤16	14.0	20.0	28.0	40.0	56.0	80.0	113.0	159.0	255.0
	16<m≤25	16.0	23.0	32.0	46.0	65.0	91.0	129.0	183.0	258.0
	25<m≤40	19.0	27.0	38.0	53.0	75.0	106.0	150.0	212.0	300.0
	40<m≤70	22.0	32.0	45.0	64.0	90.0	127.0	180.0	254.0	360.0
1600<d≤2500	3.5≤m≤6	12.0	17.0	25.0	35.0	49.0	70.0	98.0	139.0	197.0
	6<m≤10	14.0	19.0	27.0	39.0	55.0	78.0	110.0	156.0	220.0
	10<m≤16	15.0	22.0	31.0	44.0	62.0	88.0	124.0	175.0	248.0
	16<m≤25	18.0	25.0	35.0	50.0	70.0	99.0	141.0	199.0	281.0
	25<m≤40	20.0	29.0	40.0	57.0	81.0	114.0	161.0	228.0	323.0
	40<m≤70	24.0	34.0	48.0	68.0	96.0	135.0	191.0	271.0	383.0
2500<d≤4000	6≤m≤10	16.0	22.0	31.0	44.0	62.0	88.0	124.0	176.0	249.0
	10<m≤16	17.0	24.0	35.0	49.0	69.0	98.0	138.0	196.0	277.0
	16<m≤25	19.0	27.0	39.0	55.0	77.0	110.0	155.0	219.0	310.0
	25<m≤40	22.0	31.0	44.0	62.0	88.0	124.0	176.0	249.0	351.0
	40<m≤70	26.0	36.0	51.0	73.0	103.0	145.0	206.0	291.0	411.0
4000<d≤6000	6≤m≤10	18.0	25.0	35.0	50.0	71.0	100.0	141.0	200.0	283.0
	10<m≤16	19.0	27.0	39.0	55.0	78.0	110.0	155.0	220.0	311.0
	16<m≤25	22.0	30.0	43.0	61.0	86.0	122.0	172.0	243.0	344.0
	25<m≤40	24.0	34.0	48.0	68.0	96.0	136.0	193.0	273.0	386.0
	40<m≤70	28.0	39.0	56.0	79.0	111.0	158.0	223.0	315.0	445.0
6000<d≤8000	10≤m≤16	21.0	30.0	43.0	61.0	86.0	122.0	172.0	243.0	344.0
	16<m≤25	24.0	33.0	47.0	67.0	94.0	113.0	189.0	267.0	377.0
	25<m≤40	26.0	37.0	52.0	74.0	105.0	148.0	209.0	296.0	419.0
	40<m≤70	30.0	42.0	60.0	85.0	120.0	169.0	239.0	338.0	478.0
8000<d≤10000	10≤m≤16	23.0	33.0	47.0	66.0	93.0	132.0	186.0	263.0	372.0
	16<m≤25	25.0	36.0	51.0	72.0	101.0	143.0	203.0	287.0	405.0
	25<m≤40	28.0	40.0	56.0	79.0	112.0	158.0	223.0	316.0	447.0
	40<m≤70	32.0	45.0	63.0	90.0	127.0	179.0	253.0	358.0	507.0

注：表中 m 为法向模数。

表 8.2-114　齿廓形状偏差 $f_{f\alpha}$

分度圆直径 d/mm	模数 m/mm	精　度　等　级								
		4	5	6	7	8	9	10	11	12
		$f_{f\alpha}$/μm								
$5 \leqslant d \leqslant 20$	$0.5 \leqslant m \leqslant 2$	2.5	3.5	5.0	7.0	10.0	14.0	20.0	28.0	40.0
	$2 < m \leqslant 3.5$	3.6	5.0	7.0	10.0	14.0	20.0	29.0	41.0	58.0
$20 < d \leqslant 50$	$0.5 \leqslant m \leqslant 2$	2.8	4.0	5.5	8.0	11.0	16.0	22.0	32.0	45.0
	$2 < m \leqslant 3.5$	3.9	5.5	8.0	11.0	16.0	22.0	31.0	44.0	62.0
	$3.5 < m \leqslant 6$	4.8	7.0	9.5	14.0	19.0	27.0	39.0	54.0	77.0
	$6 < m \leqslant 10$	6.0	8.5	12.0	17.0	24.0	34.0	48.0	67.0	95.0
$50 < d \leqslant 125$	$0.5 \leqslant m \leqslant 2$	3.2	4.5	6.5	9.0	13.0	18.0	26.0	36.0	51.0
	$2 < m \leqslant 3.5$	4.3	6.0	8.5	12.0	17.0	24.0	34.0	49.0	69.0
	$3.5 < m \leqslant 6$	5.0	7.5	10.0	15.0	21.0	29.0	42.0	59.0	83.0
	$6 < m \leqslant 10$	6.5	9.0	13.0	18.0	25.0	36.0	51.0	72.0	101.0
	$10 < m \leqslant 16$	7.5	11.0	15.0	22.0	31.0	44.0	62.0	87.0	123.0
	$16 < m \leqslant 25$	9.5	13.0	19.0	26.0	37.0	53.0	75.0	106.0	149.0
$125 < d \leqslant 280$	$0.5 \leqslant m \leqslant 2$	3.8	5.5	7.5	11.0	15.0	21.0	30.0	43.0	60.0
	$2 < m \leqslant 3.5$	4.9	7.0	9.5	14.0	19.0	28.0	39.0	55.0	78.0
	$3.5 < m \leqslant 6$	6.0	8.0	12.0	16.0	23.0	33.0	46.0	65.0	93.0
	$6 < m \leqslant 10$	7.0	10.0	14.0	20.0	28.0	39.0	55.0	78.0	111.0
	$10 < m \leqslant 16$	8.5	12.0	17.0	23.0	33.0	47.0	66.0	94.0	133.0
	$16 < m \leqslant 25$	10.0	14.0	20.0	28.0	40.0	56.0	79.0	112.0	158.0
	$25 < m \leqslant 40$	12.0	17.0	24.0	34.0	48.0	68.0	96.0	135.0	191.0
$280 < d \leqslant 560$	$0.5 \leqslant m \leqslant 2$	4.5	6.5	9.0	13.0	18.0	26.0	36.0	51.0	72.0
	$2 < m \leqslant 3.5$	5.5	8.0	11.0	16.0	22.0	32.0	45.0	64.0	90.0
	$3.5 < m \leqslant 6$	6.5	9.0	13.0	18.0	26.0	37.0	52.0	74.0	104.0
	$6 < m \leqslant 10$	7.5	11.0	15.0	22.0	31.0	43.0	61.0	87.0	123.0
	$10 < m \leqslant 16$	9.0	13.0	18.0	26.0	36.0	51.0	72.0	102.0	145.0
	$16 < m \leqslant 25$	11.0	15.0	21.0	30.0	43.0	60.0	85.0	121.0	170.0
	$25 < m \leqslant 40$	13.0	18.0	25.0	36.0	51.0	72.0	101.0	144.0	203.0
	$40 < m \leqslant 70$	16.0	22.0	31.0	44.0	62.0	88.0	125.0	177.0	250.0
$560 < d \leqslant 1000$	$0.5 \leqslant m \leqslant 2$	5.5	7.5	11.0	15.0	22.0	31.0	43.0	61.0	87.0
	$2 < m \leqslant 3.5$	6.5	9.0	13.0	18.0	26.0	37.0	52.0	74.0	104.0
	$3.5 < m \leqslant 6$	7.5	11.0	15.0	21.0	30.0	42.0	59.0	84.0	119.0
	$6 < m \leqslant 10$	8.5	12.0	17.0	24.0	34.0	48.0	68.0	97.0	137.0
	$10 < m \leqslant 16$	10.0	14.0	20.0	28.0	46.0	56.0	79.0	112.0	159.0

（续）

分度圆直径 d/mm	模数 m/mm	精 度 等 级								
		4	5	6	7	8	9	10	11	12
		$f_{f\alpha}/\mu m$								
$560<d\leqslant1000$	$16<m\leqslant25$	12.0	16.0	23.0	33.0	46.0	65.0	92.0	131.0	185.0
	$25<m\leqslant40$	14.0	19.0	27.0	38.0	54.0	77.0	109.0	154.0	217.0
	$40<m\leqslant70$	17.0	23.0	33.0	47.0	65.0	93.0	132.0	187.0	264.0
$1000<d\leqslant1600$	$2\leqslant m\leqslant3.5$	7.5	11.0	15.0	21.0	30.0	42.0	60.0	85.0	120.0
	$3.5\leqslant m\leqslant6$	8.5	12.0	17.0	24.0	34.0	48.0	67.0	95.0	135.0
	$6<m\leqslant10$	9.5	14.0	19.0	27.0	38.0	54.0	76.0	108.0	153.0
	$10<m\leqslant16$	11.0	15.0	22.0	31.0	44.0	62.0	87.0	124.0	175.0
	$16<m\leqslant25$	13.0	18.0	25.0	35.0	50.0	71.0	100.0	142.0	201.0
	$25<m\leqslant40$	15.0	21.0	29.0	41.0	58.0	82.0	117.0	165.0	233.0
	$40<m\leqslant70$	17.0	25.0	35.0	49.0	70.0	99.0	140.0	198.0	280.0
$1600<d\leqslant2500$	$3.5\leqslant m\leqslant6$	9.5	13.0	19.0	27.0	38.0	54.0	76.0	108.0	152.0
	$6<m\leqslant10$	11.0	15.0	21.0	30.0	43.0	60.0	85.0	120.0	170.0
	$10<m\leqslant16$	12.0	17.0	24.0	34.0	48.0	68.0	96.0	136.0	192.0
	$16<m\leqslant25$	14.0	19.0	27.0	39.0	55.0	77.0	109.0	154.0	218.0
	$25<m\leqslant40$	16.0	22.0	31.0	44.0	63.0	89.0	125.0	177.0	251.0
	$40<m\leqslant70$	19.0	26.0	37.0	53.0	74.0	105.0	149.0	210.0	297.0
$2500<d\leqslant4000$	$6\leqslant m\leqslant10$	12.0	17.0	24.0	34.0	48.0	68.0	96.0	136.0	193.0
	$10<m\leqslant16$	13.0	19.0	27.0	38.0	54.0	76.0	107.0	152.0	214.0
	$16<m\leqslant25$	15.0	21.0	30.0	42.0	60.0	85.0	120.0	170.0	240.0
	$25<m\leqslant40$	17.0	24.0	34.0	48.0	68.0	96.0	136.0	193.0	273.0
	$40<m\leqslant70$	20.0	28.0	40.0	56.0	80.0	113.0	160.0	226.0	320.0
$4000<d\leqslant6000$	$6\leqslant m\leqslant10$	14.0	19.0	27.0	39.0	55.0	77.0	109.0	155.0	219.0
	$10<m\leqslant16$	15.0	21.0	30.0	43.0	60.0	85.0	120.0	170.0	241.0
	$16<m\leqslant25$	17.0	24.0	33.0	47.0	67.0	94.0	133.0	189.0	267.0
	$25<m\leqslant40$	19.0	26.0	37.0	53.0	75.0	106.0	150.0	212.0	299.0
	$40<m\leqslant70$	22.0	31.0	43.0	61.0	87.0	122.0	173.0	245.0	346.0
$6000<d\leqslant8000$	$10\leqslant m\leqslant16$	17.0	24.0	33.0	47.0	67.0	94.0	133.0	188.0	266.0
	$16<m\leqslant25$	18.0	26.0	37.0	52.0	73.0	103.0	146.0	207.0	292.0
	$25<m\leqslant40$	20.0	29.0	41.0	57.0	81.0	115.0	162.0	230.0	325.0
	$40<m\leqslant70$	23.0	33.0	46.0	66.0	93.0	131.0	186.0	263.0	371.0
$8000<d\leqslant10000$	$10\leqslant m\leqslant16$	18.0	25.0	36.0	51.0	72.0	102.0	144.0	204.0	288.0
	$16<m\leqslant25$	20.0	28.0	39.0	56.0	79.0	111.0	157.0	222.0	314.0
	$25<m\leqslant40$	22.0	31.0	43.0	61.0	87.0	123.0	173.0	245.0	347.0
	$40<m\leqslant70$	25.0	35.0	49.0	70.0	98.0	139.0	197.0	278.0	393.0

注：表中 m 为法向模数。

表 8.2-115　齿廓倾斜偏差 ±$f_{H\alpha}$

分度圆直径 d/mm	模数 m/mm	精　度　等　级								
		4	5	6	7	8	9	10	11	12
		±$f_{H\alpha}$/μm								
$5 \leqslant d \leqslant 20$	$0.5 \leqslant m \leqslant 2$	2.1	2.9	4.2	6.0	8.5	12.0	17.0	24.0	33.0
	$2 < m \leqslant 3.5$	3.0	4.2	6.0	8.5	12.0	17.0	24.0	34.0	47.0
$20 < d \leqslant 50$	$0.5 \leqslant m \leqslant 2$	2.3	3.3	4.6	6.5	9.5	13.0	19.0	26.0	37.0
	$2 < m \leqslant 3.5$	3.2	4.5	6.5	9.0	13.0	18.0	26.0	36.0	51.0
	$3.5 < m \leqslant 6$	3.9	5.5	8.0	11.0	16.0	22.0	32.0	45.0	63.0
	$6 < m \leqslant 10$	4.8	7.0	9.5	14.0	19.0	27.0	39.0	55.0	78.0
$50 < d \leqslant 125$	$0.5 \leqslant m \leqslant 2$	2.6	3.7	5.5	7.5	11.0	15.0	21.0	30.0	42.0
	$2 < m \leqslant 3.5$	3.5	5.0	7.0	10.0	14.0	20.0	28.0	40.0	57.0
	$3.5 < m \leqslant 6$	4.3	6.0	8.5	12.0	17.0	24.0	34.0	48.0	68.0
	$6 < m \leqslant 10$	5.0	7.5	10.0	15.0	21.0	29.0	41.0	58.0	83.0
	$10 < m \leqslant 16$	6.5	9.0	13.0	18.0	25.0	35.0	50.0	71.0	100.0
	$16 < m \leqslant 25$	7.5	11.0	15.0	21.0	30.0	43.0	60.0	86.0	121.0
$125 < d \leqslant 280$	$0.5 \leqslant m \leqslant 2$	3.1	4.4	6.0	9.0	12.0	18.0	25.0	35.0	50.0
	$2 < m \leqslant 3.5$	4.0	5.5	8.0	11.0	16.0	23.0	32.0	45.0	64.0
	$3.5 < m \leqslant 6$	4.7	6.5	9.5	13.0	19.0	27.0	38.0	54.0	76.0
	$6 < m \leqslant 10$	5.5	8.0	11.0	16.0	23.0	32.0	45.0	64.0	90.0
	$10 < m \leqslant 16$	6.5	9.5	13.0	19.0	27.0	38.0	54.0	76.0	108.0
	$16 < m \leqslant 25$	8.0	11.0	16.0	23.0	32.0	45.0	64.0	91.0	129.0
	$25 < m \leqslant 40$	9.5	14.0	19.0	27.0	39.0	55.0	77.0	109.0	155.0
$280 < d \leqslant 560$	$0.5 \leqslant m \leqslant 2$	3.7	5.5	7.5	11.0	15.0	21.0	30.0	42.0	60.0
	$2 < m \leqslant 3.5$	4.6	6.5	9.0	13.0	18.0	26.0	37.0	52.0	74.0
	$3.5 < m \leqslant 6$	5.5	7.5	11.0	15.0	21.0	30.0	43.0	61.0	86.0
	$6 < m \leqslant 10$	6.5	9.0	13.0	18.0	25.0	35.0	50.0	71.0	100.0
	$10 < m \leqslant 16$	7.5	10.0	15.0	21.0	29.0	42.0	59.0	83.0	118.0
	$16 < m \leqslant 25$	8.5	12.0	17.0	24.0	35.0	49.0	69.0	98.0	138.0
	$25 < m \leqslant 40$	10.0	15.0	21.0	29.0	41.0	58.0	80.0	116.0	164.0
	$40 < m \leqslant 70$	13.0	18.0	25.0	36.0	50.0	71.0	101.0	143.0	202.0
$560 < d \leqslant 1000$	$0.5 \leqslant m \leqslant 2$	4.5	6.5	9.0	13.0	18.0	25.0	36.0	51.0	72.0
	$2 < m \leqslant 3.5$	5.5	7.5	11.0	15.0	21.0	30.0	43.0	61.0	86.0
	$3.5 < m \leqslant 6$	6.0	8.5	12.0	17.0	24.0	34.0	49.0	69.0	97.0
	$6 < m \leqslant 10$	7.0	10.0	14.0	20.0	28.0	40.0	56.0	79.0	112.0
	$10 < m \leqslant 16$	8.0	11.0	16.0	23.0	32.0	46.0	65.0	92.0	129.0

（续）

分度圆直径 d/mm	模数 m/mm	精度 等 级								
		4	5	6	7	8	9	10	11	12
		$\pm f_{H\alpha}$/μm								
$560 < d \le 1000$	$16 < m \le 25$	9.5	13.0	19.0	27.0	38.0	53.0	75.0	106.0	150.0
	$25 < m \le 40$	11.0	16.0	22.0	31.0	44.0	62.0	88.0	125.0	176.0
	$40 < m \le 70$	13.0	19.0	27.0	38.0	53.0	76.0	107.0	151.0	214.0
$1000 < d \le 1600$	$2 \le m \le 3.5$	6.0	8.5	12.0	17.0	25.0	35.0	49.0	70.0	99.0
	$3.5 \le m \le 6$	7.0	10.0	14.0	20.0	28.0	39.0	55.0	78.0	110.0
	$6 < m \le 10$	8.0	11.0	16.0	22.0	31.0	44.0	62.0	88.0	125.0
	$10 < m \le 16$	9.0	13.0	18.0	25.0	36.0	50.0	71.0	101.0	142.0
	$16 < m \le 25$	10.0	14.0	20.0	29.0	41.0	58.0	82.0	115.0	163.0
	$25 < m \le 40$	12.0	17.0	24.0	33.0	47.0	67.0	95.0	134.0	189.0
	$40 < m \le 70$	14.0	20.0	28.0	40.0	57.0	80.0	113.0	160.0	227.0
$1600 < d \le 2500$	$3.5 \le m \le 6$	8.0	11.0	16.0	22.0	31.0	44.0	62.0	88.0	125.0
	$6 < m \le 10$	8.5	12.0	17.0	25.0	35.0	49.0	70.0	99.0	139.0
	$10 < m \le 16$	10.0	14.0	20.0	28.0	39.0	55.0	78.0	111.0	157.0
	$16 < m \le 25$	11.0	16.0	22.0	31.0	44.0	63.0	89.0	126.0	178.0
	$25 < m \le 40$	13.0	18.0	25.0	36.0	51.0	72.0	102.0	144.0	204.0
	$40 < m \le 70$	15.0	21.0	30.0	43.0	60.0	85.0	121.0	170.0	241.0
$2500 < d \le 4000$	$6 \le m \le 10$	10.0	14.0	20.0	28.0	39.0	56.0	79.0	112.0	158.0
	$10 < m \le 16$	11.0	15.0	22.0	31.0	44.0	62.0	88.0	124.0	175.0
	$16 < m \le 25$	12.0	17.0	24.0	35.0	49.0	69.0	98.0	139.0	196.0
	$25 < m \le 40$	14.0	20.0	28.0	39.0	55.0	78.0	111.0	157.0	222.0
	$40 < m \le 70$	16.0	23.0	32.0	46.0	65.0	92.0	130.0	183.0	259.0
$4000 < d \le 6000$	$6 \le m \le 10$	11.0	16.0	22.0	32.0	45.0	63.0	90.0	127.0	179.0
	$10 < m \le 16$	12.0	17.0	25.0	35.0	49.0	70.0	98.0	139.0	197.0
	$16 < m \le 25$	14.0	19.0	27.0	38.0	54.0	77.0	109.0	154.0	218.0
	$25 < m \le 40$	15.0	22.0	30.0	43.0	61.0	86.0	122.0	172.0	244.0
	$40 < m \le 70$	18.0	25.0	35.0	50.0	70.0	99.0	141.0	199.0	281.0
$6000 < d \le 8000$	$10 \le m \le 16$	14.0	19.0	27.0	39.0	54.0	77.0	109.0	154.0	218.0
	$16 < m \le 25$	15.0	21.0	30.0	42.0	60.0	84.0	119.0	169.0	239.0
	$25 < m \le 40$	17.0	23.0	33.0	47.0	66.0	94.0	132.0	187.0	265.0
	$40 < m \le 70$	19.0	27.0	38.0	53.0	76.0	107.0	151.0	214.0	302.0
$8000 < d \le 10000$	$10 \le m \le 16$	15.0	21.0	29.0	42.0	59.0	83.0	118.0	167.0	236.0
	$16 < m \le 25$	16.0	23.0	32.0	45.0	64.0	91.0	128.0	181.0	257.0
	$25 < m \le 40$	18.0	25.0	35.0	50.0	71.0	100.0	141.0	200.0	283.0
	$40 < m \le 70$	20.0	28.0	40.0	57.0	80.0	113.0	160.0	226.0	320.0

注：表中 m 为法向模数。

表 8.2-116 螺旋线总偏差 F_β

分度圆直径 d/mm	齿宽 b/mm	精 度 等 级 $F_\beta/\mu m$								
		4	5	6	7	8	9	10	11	12
$5 \leqslant d \leqslant 20$	$4 \leqslant b \leqslant 10$	4.3	6.0	8.5	12.0	17.0	24.0	35.0	49.0	69.0
	$10 < b \leqslant 20$	4.9	7.0	9.5	14.0	19.0	28.0	39.0	55.0	78.0
	$20 < b \leqslant 40$	5.5	8.0	11.0	16.0	22.0	31.0	45.0	63.0	89.0
	$40 < b \leqslant 80$	6.5	9.5	13.0	19.0	26.0	37.0	52.0	74.0	105.0
$20 < d \leqslant 50$	$4 \leqslant b \leqslant 10$	4.5	6.5	9.0	13.0	18.0	25.0	36.0	51.0	72.0
	$10 < b \leqslant 20$	5.0	7.0	10.0	14.0	20.0	29.0	40.0	57.0	81.0
	$20 < b \leqslant 40$	5.5	8.0	11.0	16.0	23.0	32.0	46.0	65.0	92.0
	$40 < b \leqslant 80$	6.5	9.5	13.0	19.0	27.0	38.0	54.0	76.0	107.0
	$80 < b \leqslant 160$	8.0	11.0	16.0	23.0	32.0	46.0	65.0	92.0	130.0
$50 < d \leqslant 125$	$4 \leqslant b \leqslant 10$	4.7	6.5	9.5	13.0	19.0	27.0	38.0	53.0	76.0
	$10 < b \leqslant 20$	5.5	7.5	11.0	15.0	21.0	30.0	42.0	60.0	84.0
	$20 < b \leqslant 40$	6.0	8.5	12.0	17.0	24.0	34.0	48.0	68.0	95.0
	$40 < b \leqslant 80$	7.0	10.0	14.0	20.0	28.0	39.0	56.0	79.0	111.0
	$80 < b \leqslant 160$	8.5	12.0	17.0	24.0	33.0	47.0	67.0	94.0	133.0
	$160 < b \leqslant 250$	10.0	14.0	20.0	28.0	40.0	56.0	79.0	112.0	158.0
	$250 < b \leqslant 400$	12.0	16.0	23.0	33.0	46.0	65.0	92.0	130.0	184.0
$125 < d \leqslant 280$	$4 \leqslant b \leqslant 10$	5.0	7.0	10.0	14.0	20.0	29.0	40.0	57.0	81.0
	$10 < b \leqslant 20$	5.5	8.0	11.0	16.0	22.0	32.0	45.0	63.0	90.0
	$20 < b \leqslant 40$	6.5	9.0	13.0	18.0	25.0	36.0	50.0	71.0	101.0
	$40 < b \leqslant 80$	7.5	10.0	15.0	21.0	29.0	41.0	58.0	82.0	117.0
	$80 < b \leqslant 160$	8.5	12.0	17.0	25.0	35.0	49.0	69.0	98.0	139.0
	$160 < b \leqslant 250$	10.0	14.0	20.0	29.0	41.0	58.0	82.0	116.0	164.0
	$250 < b \leqslant 400$	12.0	17.0	24.0	34.0	47.0	67.0	95.0	134.0	190.0
	$400 < b \leqslant 650$	14.0	20.0	28.0	40.0	56.0	79.0	112.0	158.0	224.0
$280 < d \leqslant 560$	$10 \leqslant b \leqslant 20$	6.0	8.5	12.0	17.0	24.0	34.0	48.0	68.0	97.0
	$20 < b \leqslant 40$	6.5	9.5	13.0	19.0	27.0	38.0	54.0	76.0	108.0
	$40 < b \leqslant 80$	7.5	11.0	15.0	22.0	31.0	44.0	62.0	87.0	124.0
	$80 < b \leqslant 160$	9.0	13.0	18.0	26.0	36.0	52.0	73.0	103.0	146.0
	$160 < b \leqslant 250$	11.0	15.0	21.0	30.0	43.0	60.0	85.0	121.0	171.0
	$250 < b \leqslant 400$	12.0	17.0	25.0	35.0	49.0	70.0	98.0	139.0	197.0
	$400 < b \leqslant 650$	14.0	20.0	29.0	41.0	58.0	82.0	111.0	163.0	231.0
	$650 < b \leqslant 1000$	17.0	24.0	34.0	48.0	68.0	96.0	136.0	193.0	272.0
$560 < d \leqslant 1000$	$10 \leqslant b \leqslant 20$	6.5	9.5	13.0	19.0	26.0	37.0	53.0	74.0	105.0
	$20 < b \leqslant 40$	7.5	10.0	15.0	21.0	29.0	41.0	58.0	82.0	116.0
	$40 < b \leqslant 80$	8.5	12.0	17.0	23.0	33.0	47.0	66.0	93.0	132.0
	$80 < b \leqslant 160$	9.5	14.0	19.0	27.0	39.0	55.0	77.0	109.0	154.0
	$160 < b \leqslant 250$	11.0	16.0	22.0	32.0	45.0	63.0	90.0	127.0	179.0
	$250 < b \leqslant 400$	13.0	18.0	26.0	36.0	51.0	73.0	103.0	145.0	205.0
	$400 < b \leqslant 650$	15.0	21.0	30.0	42.0	60.0	85.0	120.0	169.0	239.0
	$650 < b \leqslant 1000$	18.0	25.0	35.0	50.0	70.0	99.0	140.0	199.0	281.0
$1000 < d \leqslant 1600$	$20 \leqslant b \leqslant 40$	8.0	11.0	16.0	22.0	31.0	44.0	63.0	89.0	126.0
	$40 < b \leqslant 80$	9.0	12.0	18.0	25.0	35.0	50.0	71.0	100.0	141.0
	$80 < b \leqslant 160$	10.0	14.0	20.0	29.0	41.0	58.0	82.0	116.0	164.0
	$160 < b \leqslant 250$	12.0	17.0	24.0	33.0	47.0	67.0	94.0	133.0	189.0
	$250 < b \leqslant 400$	13.0	19.0	27.0	38.0	54.0	76.0	107.0	152.0	215.0
	$400 < b \leqslant 650$	16.0	22.0	31.0	44.0	62.0	88.0	124.0	176.0	249.0
	$650 < b \leqslant 1000$	18.0	26.0	36.0	51.0	73.0	103.0	145.0	205.0	290.0

（续）

分度圆直径 d/mm	齿宽 b/mm	精度等级								
		4	5	6	7	8	9	10	11	12
		$F_\beta/\mu m$								
1600<d≤2500	20≤b≤40	8.5	12.0	17.0	24.0	34.0	48.0	68.0	96.0	136.0
	40<b≤80	9.5	13.0	19.0	27.0	38.0	54.0	76.0	107.0	152.0
	80<b≤160	11.0	15.0	22.0	31.0	43.0	61.0	87.0	123.0	174.0
	160<b≤250	12.0	18.0	25.0	35.0	50.0	70.0	99.0	141.0	199.0
	250<b≤400	14.0	20.0	28.0	40.0	56.0	80.0	112.0	159.0	225.0
	400<b≤650	16.0	23.0	32.0	46.0	65.0	92.0	130.0	183.0	259.0
	650<b≤1000	19.0	27.0	38.0	53.0	75.0	106.0	150.0	212.0	300.0
2500<d≤4000	40≤b≤80	10.0	15.0	21.0	29.0	41.0	58.0	82.0	116.0	165.0
	80<b≤160	12.0	17.0	23.0	33.0	47.0	66.0	93.0	132.0	187.0
	160<b≤250	13.0	19.0	26.0	37.0	53.0	75.0	106.0	150.0	212.0
	250<b≤400	15.0	21.0	30.0	42.0	59.0	84.0	119.0	168.0	238.0
	400<b≤650	17.0	24.0	34.0	48.0	68.0	96.0	136.0	192.0	272.0
	650<b≤1000	20.0	28.0	39.0	55.0	78.0	111.0	157.0	222.0	314.0
4000<d≤6000	80≤b≤160	13.0	18.0	25.0	36.0	51.0	72.0	101.0	143.0	203.0
	160<b≤250	14.0	20.0	28.0	40.0	57.0	80.0	114.0	161.0	228.0
	250<b≤400	16.0	22.0	32.0	45.0	63.0	90.0	127.0	179.0	253.0
	400<b≤650	18.0	25.0	36.0	51.0	72.0	102.0	144.0	203.0	288.0
	650<b≤1000	21.0	29.0	41.0	58.0	82.0	116.0	165.0	233.0	329.0
6000<d≤8000	80≤b≤160	14.0	19.0	27.0	38.0	54.0	77.0	109.0	154.0	218.0
	160<b≤250	15.0	21.0	30.0	43.0	61.0	86.0	121.0	171.0	242.0
	250<b≤400	17.0	24.0	34.0	47.0	67.0	95.0	134.0	190.0	268.0
	400<b≤650	19.0	27.0	38.0	53.0	76.0	107.0	151.0	214.0	303.0
	650<b≤1000	22.0	30.0	43.0	61.0	86.0	122.0	172.0	243.0	344.0
8000<d≤10000	80≤b≤160	14.0	20.0	29.0	41.0	58.0	81.0	115.0	163.0	230.0
	160<b≤250	16.0	23.0	32.0	45.0	64.0	90.0	128.0	181.0	255.0
	250<b≤400	18.0	25.0	35.0	50.0	70.0	99.0	141.0	199.0	281.0
	400<b≤650	20.0	28.0	39.0	56.0	79.0	112.0	158.0	223.0	315.0
	650<b≤1000	22.0	32.0	45.0	63.0	89.0	126.0	178.0	252.0	357.0

表 8.2-117　螺旋线形状偏差 $f_{f\beta}$ 和螺旋线倾斜偏差 $\pm f_{H\beta}$

分度圆直径 d/mm	齿宽 b/mm	精度等级								
		4	5	6	7	8	9	10	11	12
		$f_{f\beta}$ 和 $\pm f_{H\beta}/\mu m$								
5≤d≤20	4≤b≤10	3.1	4.4	6.0	8.5	12.0	17.0	25.0	35.0	49.0
	10<b≤20	3.5	4.9	7.0	10.0	14.0	20.0	28.0	39.0	56.0
	20<b≤40	4.0	5.5	8.0	11.0	16.0	22.0	32.0	45.0	64.0
	40<b≤80	4.7	6.5	9.5	13.0	19.0	26.0	37.0	53.0	75.0
20<d≤50	4≤b≤10	3.2	4.5	6.5	9.0	13.0	18.0	26.0	36.0	51.0
	10<b≤20	3.6	5.0	7.0	10.0	14.0	20.0	29.0	41.0	58.0
	20<b≤40	4.1	6.0	8.0	12.0	16.0	23.0	33.0	46.0	65.0
	40<b≤80	4.8	7.0	9.5	14.0	19.0	27.0	38.0	54.0	77.0
	80<b≤160	6.0	8.0	12.0	16.0	23.0	33.0	46.0	65.0	93.0
50<d≤125	4≤b≤10	3.4	4.8	6.5	9.5	13.0	19.0	27.0	38.0	54.0
	10<b≤20	3.8	5.5	7.5	11.0	15.0	21.0	30.0	43.0	60.0
	20<b≤40	4.3	6.0	8.5	12.0	17.0	24.0	34.0	48.0	68.0
	40<b≤80	5.0	7.0	10.0	14.0	20.0	28.0	40.0	56.0	79.0
	80<b≤160	6.0	8.5	12.0	17.0	24.0	34.0	48.0	67.0	95.0
	160<b≤250	7.0	10.0	14.0	20.0	28.0	40.0	56.0	80.0	113.0
	250<b≤400	8.0	12.0	16.0	23.0	33.0	46.0	66.0	93.0	132.0

（续）

分度圆直径 d/mm	齿宽 b/mm	精 度 等 级								
		4	5	6	7	8	9	10	11	12
		$f_{f\beta}$ 和 $\pm f_{H\beta}$/μm								
	$4\leqslant b\leqslant 10$	3.6	5.0	7.0	10.0	14.0	20.0	29.0	41.0	58.0
	$10<b\leqslant 20$	4.0	5.5	8.0	11.0	16.0	23.0	32.0	45.0	64.0
	$20<b\leqslant 40$	4.5	6.5	9.0	13.0	18.0	25.0	36.0	51.0	72.0
$125<d\leqslant 280$	$40<b\leqslant 80$	5.0	7.5	10.0	15.0	21.0	29.0	42.0	59.0	83.0
	$80<b\leqslant 160$	6.0	8.5	12.0	17.0	25.0	35.0	49.0	70.0	99.0
	$160<b\leqslant 250$	7.5	10.0	15.0	21.0	29.0	41.0	58.0	83.0	117.0
	$250<b\leqslant 400$	8.5	12.0	17.0	24.0	34.0	48.0	68.0	96.0	135.0
	$400<b\leqslant 650$	10.0	14.0	20.0	28.0	40.0	56.0	80.0	113.0	160.0
	$10\leqslant b\leqslant 20$	4.3	6.0	8.5	12.0	17.0	24.0	34.0	49.0	69.0
	$20<b\leqslant 40$	4.8	7.0	9.5	14.0	19.0	27.0	38.0	54.0	77.0
	$40<b\leqslant 80$	5.5	8.0	11.0	16.0	22.0	31.0	44.0	62.0	88.0
$280<d\leqslant 560$	$80<b\leqslant 160$	6.5	9.0	13.0	18.0	26.0	37.0	52.0	73.0	104.0
	$160<b\leqslant 250$	7.5	11.0	15.0	22.0	30.0	43.0	61.0	86.0	122.0
	$250<b\leqslant 400$	9.0	12.0	18.0	25.0	35.0	50.0	70.0	99.0	140.0
	$400<b\leqslant 650$	10.0	15.0	21.0	29.0	41.0	58.0	82.0	116.0	165.0
	$650<b\leqslant 1000$	12.0	17.0	24.0	34.0	49.0	69.0	97.0	137.0	194.0
	$10\leqslant b\leqslant 20$	4.7	6.5	9.5	13.0	19.0	26.0	37.0	53.0	75.0
	$20<b\leqslant 40$	5.0	7.5	10.0	15.0	21.0	29.0	41.0	58.0	83.0
	$40<b\leqslant 80$	6.0	8.5	12.0	17.0	23.0	33.0	47.0	66.0	94.0
$560<d\leqslant 1000$	$80<b\leqslant 160$	7.0	9.5	14.0	19.0	27.0	39.0	55.0	78.0	110.0
	$160<b\leqslant 250$	8.0	11.0	16.0	23.0	32.0	45.0	64.0	90.0	128.0
	$250<b\leqslant 400$	9.0	13.0	18.0	26.0	37.0	52.0	73.0	103.0	146.0
	$400<b\leqslant 650$	11.0	15.0	21.0	30.0	43.0	60.0	85.0	121.0	171.0
	$650<b\leqslant 1000$	13.0	18.0	25.0	35.0	50.0	71.0	100.0	142.0	200.0
	$20\leqslant b\leqslant 40$	5.5	8.0	11.0	16.0	22.0	32.0	45.0	63.0	89.0
	$40<b\leqslant 80$	6.5	9.0	13.0	18.0	25.0	35.0	50.0	71.0	100.0
	$80<b\leqslant 160$	7.5	10.0	15.0	21.0	29.0	41.0	58.0	82.0	116.0
$1000<d\leqslant 1600$	$160<b\leqslant 250$	8.5	12.0	17.0	24.0	34.0	47.0	67.0	95.0	134.0
	$250<b\leqslant 400$	9.5	13.0	19.0	27.0	38.0	54.0	76.0	108.0	153.0
	$400<b\leqslant 650$	11.0	16.0	22.0	31.0	44.0	63.0	89.0	125.0	177.0
	$650<b\leqslant 1000$	13.0	18.0	26.0	37.0	52.0	73.0	103.0	146.0	207.0
	$20\leqslant b\leqslant 40$	6.0	8.5	12.0	17.0	24.0	34.0	48.0	68.0	96.0
	$40<b\leqslant 80$	6.5	9.5	13.0	19.0	27.0	38.0	54.0	76.0	108.0
	$80<b\leqslant 160$	7.5	11.0	15.0	22.0	31.0	44.0	62.0	87.0	124.0
$1600<d\leqslant 2500$	$160<b\leqslant 250$	9.0	12.0	18.0	25.0	35.0	50.0	71.0	100.0	141.0
	$250<b\leqslant 400$	10.0	14.0	20.0	28.0	40.0	57.0	80.0	113.0	160.0
	$400<b\leqslant 650$	12.0	16.0	23.0	33.0	46.0	65.0	92.0	130.0	184.0
	$650<b\leqslant 1000$	13.0	19.0	27.0	38.0	53.0	76.0	107.0	151.0	214.0
	$40\leqslant b\leqslant 80$	7.5	10.0	15.0	21.0	29.0	41.0	58.0	83.0	117.0
	$80<b\leqslant 160$	8.5	12.0	17.0	23.0	33.0	47.0	66.0	94.0	133.0
	$160<b\leqslant 250$	9.5	13.0	19.0	27.0	38.0	53.0	75.0	106.0	150.0
$2500<d\leqslant 4000$	$250<b\leqslant 400$	11.0	15.0	21.0	30.0	42.0	60.0	85.0	120.0	169.0
	$400<b\leqslant 650$	12.0	17.0	24.0	34.0	48.0	68.0	97.0	137.0	193.0
	$650<b\leqslant 1000$	14.0	20.0	28.0	39.0	56.0	79.0	112.0	158.0	223.0
	$80\leqslant b\leqslant 160$	9.0	13.0	18.0	25.0	36.0	51.0	72.0	101.0	144.0
$4000<d\leqslant 6000$	$160<b\leqslant 250$	10.0	14.0	20.0	29.0	40.0	57.0	81.0	114.0	161.0
	$250<b\leqslant 400$	11.0	16.0	22.0	32.0	45.0	64.0	90.0	127.0	180.0

（续）

分度圆直径	齿宽	精 度 等 级								
d/mm	b/mm	4	5	6	7	8	9	10	11	12
		$f_{f\beta}$ 和 $\pm f_{H\beta}$/μm								
4000<d≤6000	400<b≤650	13.0	18.0	26.0	36.0	51.0	72.0	102.0	144.0	204.0
	650<b≤1000	15.0	21.0	29.0	41.0	58.0	83.0	117.0	165.0	234.0
6000<d≤8000	80≤b≤160	9.5	14.0	19.0	27.0	39.0	54.0	77.0	109.0	154.0
	160<b≤250	11.0	15.0	21.0	30.0	43.0	61.0	86.0	122.0	172.0
	250<b≤400	12.0	17.0	24.0	34.0	48.0	67.0	95.0	135.0	190.0
	400<b≤650	13.0	19.0	27.0	38.0	54.0	76.0	107.0	152.0	215.0
	650<b≤1000	15.0	22.0	31.0	43.0	61.0	86.0	122.0	173.0	244.0
8000<d≤10000	80≤b≤160	10.0	14.0	20.0	29.0	41.0	58.0	81.0	115.0	163.0
	160<b≤250	11.0	16.0	23.0	32.0	45.0	64.0	90.0	128.0	181.0
	250<b≤400	12.0	18.0	25.0	35.0	50.0	70.0	100.0	141.0	199.0
	400<b≤650	14.0	20.0	28.0	40.0	56.0	79.0	112.0	158.0	224.0
	650<b≤1000	16.0	22.0	32.0	45.0	63.0	90.0	127.0	179.0	253.0

表 8.2-118 f_i'/K 的比值

分度圆直径	模数	精 度 等 级								
d/mm	m/mm	4	5	6	7	8	9	10	11	12
		(f_i'/K)/μm								
5≤d≤20	0.5≤m≤2	9.5	14.0	19.0	27.0	38.0	54.0	77.0	109.0	154.0
	2<m≤3.5	11.0	16.0	23.0	32.0	45.0	64.0	91.0	129.0	182.0
20<d≤50	0.5≤m≤2	10.0	14.0	20.0	29.0	41.0	58.0	82.0	115.0	163.0
	2<m≤3.5	12.0	17.0	24.0	34.0	48.0	68.0	96.0	135.0	191.0
	3.5<m≤6	14.0	19.0	27.0	38.0	54.0	77.0	108.0	153.0	217.0
	6<m≤10	16.0	22.0	31.0	44.0	63.0	89.0	125.0	177.0	251.0
50<d≤125	0.5≤m≤2	11.0	16.0	22.0	31.0	44.0	62.0	88.0	124.0	176.0
	2<m≤3.5	13.0	18.0	25.0	36.0	51.0	72.0	102.0	144.0	204.0
	3.5<m≤6	14.0	20.0	29.0	40.0	57.0	81.0	115.0	162.0	229.0
	6<m≤10	16.0	23.0	33.0	47.0	66.0	93.0	132.0	186.0	263.0
	10<m≤16	19.0	27.0	38.0	54.0	77.0	109.0	154.0	218.0	308.0
	16<m≤25	23.0	32.0	46.0	65.0	91.0	129.0	183.0	259.0	366.0
125<d≤280	0.5≤m≤2	12.0	17.0	24.0	34.0	49.0	69.0	97.0	137.0	194.0
	2<m≤3.5	14.0	20.0	28.0	39.0	56.0	79.0	111.0	157.0	222.0
	3.5<m≤6	15.0	22.0	31.0	44.0	62.0	88.0	124.0	175.0	247.0
	6<m≤10	18.0	25.0	35.0	50.0	70.0	100.0	141.0	199.0	281.0
	10<m≤16	20.0	29.0	41.0	58.0	82.0	115.0	163.0	231.0	326.0
	16<m≤25	24.0	34.0	48.0	68.0	96.0	136.0	192.0	272.0	384.0
	25<m≤40	29.0	41.0	58.0	82.0	116.0	165.0	233.0	329.0	465.0
280<d≤560	0.5≤m≤2	14.0	19.0	27.0	39.0	54.0	77.0	109.0	154.0	218.0
	2<m≤3.5	15.0	22.0	31.0	44.0	62.0	87.0	123.0	174.0	246.0
	3.5<m≤6	17.0	24.0	34.0	48.0	68.0	96.0	136.0	192.0	271.0
	6<m≤10	19.0	27.0	38.0	54.0	76.0	108.0	153.0	216.0	305.0
	10<m≤16	22.0	31.0	44.0	62.0	88.0	124.0	175.0	248.0	350.0
	16<m≤25	26.0	36.0	51.0	72.0	102.0	144.0	204.0	289.0	408.0
	25<m≤40	31.0	43.0	61.0	86.0	122.0	173.0	245.0	346.0	489.0
	40<m≤70	39.0	55.0	78.0	110.0	155.0	220.0	311.0	439.0	621.0
560<d≤1000	0.5≤m≤2	15.0	22.0	31.0	44.0	62.0	87.0	123.0	174.0	247.0
	2<m≤3.5	17.0	24.0	34.0	49.0	69.0	97.0	137.0	194.0	275.0
	3.5<m≤6	19.0	27.0	38.0	53.0	75.0	106.0	150.0	212.0	300.0
	6<m≤10	21.0	30.0	42.0	59.0	84.0	118.0	167.0	236.0	334.0

（续）

分度圆直径 d/mm	模数 m/mm	精 度 等 级								
		4	5	6	7	8	9	10	11	12
		(f_i'/K)/μm								
$560<d\leqslant1000$	$10<m\leqslant16$	24.0	33.0	47.0	67.0	95.0	134.0	189.0	268.0	379.0
	$16<m\leqslant25$	27.0	39.0	55.0	77.0	109.0	154.0	218.0	309.0	437.0
	$25<m\leqslant40$	32.0	46.0	65.0	92.0	129.0	183.0	259.0	366.0	518.0
	$40<m\leqslant70$	41.0	57.0	81.0	115.0	163.0	230.0	325.0	460.0	650.0
$1000<d\leqslant1600$	$2\leqslant m\leqslant3.5$	19.0	27.0	38.0	54.0	77.0	108.0	153.0	217.0	307.0
	$3.5<m\leqslant6$	21.0	29.0	41.0	59.0	83.0	117.0	166.0	235.0	332.0
	$6<m\leqslant10$	23.0	32.0	46.0	65.0	91.0	129.0	183.0	259.0	366.0
	$10<m\leqslant16$	26.0	36.0	51.0	73.0	103.0	145.0	205.0	290.0	410.0
	$16<m\leqslant25$	29.0	41.0	59.0	83.0	117.0	166.0	234.0	331.0	468.0
	$25<m\leqslant40$	34.0	49.0	69.0	97.0	137.0	194.0	275.0	389.0	550.0
	$40<m\leqslant70$	43.0	60.0	85.0	120.0	170.0	241.0	341.0	482.0	682.0
$1600<d\leqslant2500$	$3.5\leqslant m\leqslant6$	23.0	32.0	46.0	65.0	92.0	130.0	183.0	259.0	367.0
	$6<m\leqslant10$	25.0	35.0	50.0	71.0	100.0	142.0	200.0	283.0	401.0
	$10<m\leqslant16$	28.0	39.0	56.0	79.0	111.0	158.0	223.0	315.0	446.0
	$16<m\leqslant25$	31.0	45.0	63.0	89.0	126.0	178.0	252.0	356.0	504.0
	$25<m\leqslant40$	37.0	52.0	73.0	103.0	146.0	207.0	292.0	413.0	585.0
	$40<m\leqslant70$	45.0	63.0	90.0	127.0	179.0	253.0	358.0	507.0	717.0
$2500<d\leqslant4000$	$6\leqslant m\leqslant10$	28.0	39.0	56.0	79.0	111.0	157.0	223.0	315.0	445.0
	$10<m\leqslant16$	31.0	43.0	61.0	87.0	122.0	173.0	245.0	346.0	490.0
	$16<m\leqslant25$	34.0	48.0	68.0	97.0	137.0	194.0	274.0	387.0	548.0
	$25<m\leqslant40$	39.0	56.0	79.0	111.0	157.0	222.0	315.0	445.0	629.0
	$40<m\leqslant70$	48.0	67.0	95.0	135.0	190.0	269.0	381.0	538.0	761.0
$4000<d\leqslant6000$	$6\leqslant m\leqslant10$	31.0	44.0	62.0	88.0	125.0	176.0	249.0	352.0	498.0
	$10<m\leqslant16$	34.0	48.0	68.0	96.0	136.0	192.0	271.0	384.0	543.0
	$16<m\leqslant25$	38.0	53.0	75.0	106.0	150.0	212.0	300.0	425.0	601.0
	$25<m\leqslant40$	43.0	60.0	85.0	121.0	170.0	241.0	341.0	482.0	682.0
	$40<m\leqslant70$	51.0	72.0	102.0	144.0	204.0	288.0	407.0	576.0	814.0
$6000<d\leqslant8000$	$10\leqslant m\leqslant16$	37.0	52.0	74.0	105.0	148.0	210.0	297.0	420.0	594.0
	$16<m\leqslant25$	41.0	58.0	81.0	115.0	163.0	230.0	326.0	461.0	652.0
	$25<m\leqslant40$	46.0	65.0	92.0	130.0	183.0	259.0	366.0	518.0	733.0
	$40<m\leqslant70$	54.0	76.0	108.0	153.0	216.0	306.0	432.0	612.0	865.0
$8000<d\leqslant10000$	$10\leqslant m\leqslant16$	40.0	56.0	80.0	113.0	159.0	225.0	319.0	451.0	637.0
	$16<m\leqslant25$	43.0	61.0	87.0	123.0	174.0	246.0	348.0	492.0	695.0
	$25<m\leqslant40$	49.0	69.0	97.0	137.0	194.0	275.0	388.0	549.0	777.0
	$40<m\leqslant70$	57.0	80.0	114.0	161.0	227.0	321.0	454.0	642.0	909.0

注：1. f_i' 的偏差值，由表中值乘以 K 计算得出。K 值见表 8.2-110。

　　2. 表中 m 为法向模数。

表 8.2-119　径向综合偏差 F_i''

分度圆直径 d/mm	法向模数 m_n/mm	精 度 等 级								
		4	5	6	7	8	9	10	11	12
		F_i''/μm								
$5\leqslant d\leqslant20$	$0.2\leqslant m_n\leqslant0.5$	7.5	11	15	21	30	42	60	85	120
	$0.5<m_n\leqslant0.8$	8.0	12	16	23	33	46	66	93	131
	$0.8<m_n\leqslant1.0$	9.0	12	18	25	35	50	70	100	141
	$1.0<m_n\leqslant1.5$	10	14	19	27	38	54	76	108	153
	$1.5<m_n\leqslant2.5$	11	16	22	32	45	63	89	126	179
	$2.5<m_n\leqslant4.0$	14	20	28	39	56	79	112	158	223

（续）

分度圆直径 d/mm	法向模数 m_n/mm	精 度 等 级								
		4	5	6	7	8	9	10	11	12
		$F_i''/\mu m$								
$20<d\le50$	$0.2\le m_n\le0.5$	9.0	13	19	26	37	52	74	105	148
	$0.5<m_n\le0.8$	10	14	20	28	40	56	80	113	160
	$0.8<m_n\le1.0$	11	15	21	30	42	60	85	120	169
	$1.0<m_n\le1.5$	11	16	23	32	45	64	91	128	181
	$1.5<m_n\le2.5$	13	18	26	37	52	73	103	146	207
	$2.5<m_n\le4.0$	16	22	31	44	63	89	126	178	251
	$4.0<m_n\le6.0$	20	28	39	56	79	111	157	222	314
	$6.0<m_n\le10$	26	37	52	74	104	147	209	295	417
$50<d\le125$	$0.2\le m_n\le0.5$	12	16	23	33	46	66	93	131	185
	$0.5<m_n\le0.8$	12	17	25	35	49	70	98	139	197
	$0.8<m_n\le1.0$	13	18	26	36	52	73	103	146	206
	$1.0<m_n\le1.5$	14	19	27	39	55	77	109	154	218
	$1.5<m_n\le2.5$	15	22	31	43	61	86	122	173	244
	$2.5<m_n\le4.0$	18	25	36	51	72	102	144	204	288
	$4.0<m_n\le6.0$	22	31	44	62	88	124	176	248	351
	$6.0<m_n\le10$	28	40	57	80	114	161	227	321	454
$125<d\le280$	$0.2\le m_n\le0.5$	15	21	30	42	60	85	120	170	240
	$0.5<m_n\le0.8$	16	22	31	44	63	89	126	178	252
	$0.8<m_n\le1.0$	16	23	33	46	65	92	131	185	261
	$1.0<m_n\le1.5$	17	24	34	48	68	97	137	193	273
	$1.5<m_n\le2.5$	19	26	37	53	75	106	149	211	299
	$2.5<m_n\le4.0$	21	30	43	61	86	121	172	243	343
	$4.0<m_n\le6.0$	25	36	51	72	102	144	203	287	406
	$6.0<m_n\le10$	32	45	64	90	127	180	255	360	509
$280<d\le560$	$0.2\le m_n\le0.5$	19	28	39	55	78	110	156	220	311
	$0.5<m_n\le0.8$	20	29	40	57	81	114	161	228	323
	$0.8<m_n\le1.0$	21	29	42	59	83	117	166	235	332
	$1.0<m_n\le1.5$	22	30	43	61	86	122	172	243	344
	$1.5<m_n\le2.5$	23	33	46	65	92	131	185	262	370
	$2.5<m_n\le4.0$	26	37	52	73	104	146	207	293	414
	$4.0<m_n\le6.0$	30	42	60	84	119	169	239	337	477
	$6.0<m_n\le10$	36	51	73	103	145	205	290	410	580
$560<d\le1000$	$0.2\le m_n\le0.5$	25	35	50	70	99	140	198	280	396
	$0.5<m_n\le0.8$	25	36	51	72	102	144	204	288	408
	$0.8<m_n\le1.0$	26	37	52	74	104	148	209	295	417
	$1.0<m_n\le1.5$	27	38	54	76	107	152	215	304	429
	$1.5<m_n\le2.5$	28	40	57	80	114	161	228	322	455
	$2.5<m_n\le4.0$	31	44	62	88	125	177	250	353	499
	$4.0<m_n\le6.0$	35	50	70	99	141	199	281	398	562
	$6.0<m_n\le10$	42	59	83	118	166	235	333	471	665

表 8.2-120　齿轮一齿径向综合偏差 f_i''

分度圆直径 d/mm	法向模数 m_n/mm	精 度 等 级								
		4	5	6	7	8	9	10	11	12
		f_i''/μm								
5≤d≤20	0.2≤m_n≤0.5	1.0	2.0	2.5	3.5	5.0	7.0	10	14	20
	0.5<m_n≤0.8	2.0	2.5	4.0	5.5	7.5	11	15	22	31
	0.8<m_n≤1.0	2.5	3.5	5.0	7.0	10	14	20	28	39
	1.0<m_n≤1.5	3.0	4.5	6.5	9.0	13	18	25	36	50
	1.5<m_n≤2.5	4.5	6.5	9.5	13	19	26	37	53	74
	2.5<m_n≤4.0	7.0	10	14	20	29	41	58	82	115
20<d≤50	0.2≤m_n≤0.5	1.5	2.0	2.5	3.5	5.0	7.0	10	14	20
	0.5<m_n≤0.8	2.0	2.5	4.0	5.5	7.5	11	15	22	31
	0.8<m_n≤1.0	2.5	3.5	5.0	7.0	10	14	20	28	40
	1.0<m_n≤1.5	3.0	4.5	6.5	9.0	13	18	25	36	51
	1.5<m_n≤2.5	4.5	6.5	9.5	13	19	26	37	53	75
	2.5<m_n≤4.0	7.0	10	14	20	29	41	58	82	116
	4.0<m_n≤6.0	11	15	22	31	43	61	87	123	174
	6.0<m_n≤10	17	24	34	48	67	95	135	190	269
50<d≤125	0.2≤m_n≤0.5	1.5	2.0	2.5	3.5	5.0	7.5	10	15	21
	0.5<m_n≤0.8	2.0	3.0	4.0	5.5	8.0	11	16	22	31
	0.8<m_n≤1.0	2.5	3.5	5.0	7.0	10	14	20	28	40
	1.0<m_n≤1.5	3.0	4.5	6.5	9.0	13	18	26	36	51
	1.5<m_n≤2.5	4.5	6.5	9.5	13	19	26	37	53	75
	2.5<m_n≤4.0	7.0	10	14	20	29	41	58	82	116
	4.0<m_n≤6.0	11	15	22	31	44	62	87	123	174
	6.0<m_n≤10	17	24	34	48	67	95	135	191	269
125<d≤280	0.2≤m_n≤0.5	1.5	2.0	2.5	3.5	5.5	7.5	11	15	21
	0.5<m_n≤0.8	2.0	3.0	4.0	5.5	8.0	11	16	22	32
	0.8<m_n≤1.0	2.5	3.5	5.0	7.0	10	14	20	29	41
	1.0<m_n≤1.5	3.0	4.5	6.5	9.0	13	18	26	36	52
	1.5<m_n≤2.5	4.5	6.5	9.5	13	19	27	38	53	75
	2.5<m_n≤4.0	7.5	10	15	21	29	41	58	82	116
	4.0<m_n≤6.0	11	15	22	31	44	62	87	124	175
	6.0<m_n≤10	17	24	34	48	67	95	135	191	270
280<d≤560	0.2≤m_n≤0.5	1.5	2.0	2.5	4.0	5.5	7.5	11	15	22
	0.5<m_n≤0.8	2.0	3.0	4.0	5.5	8.0	11	16	23	32
	0.8<m_n≤1.0	2.5	3.5	5.0	7.5	10	15	21	29	41
	1.0<m_n≤1.5	3.5	4.5	6.5	9.0	13	18	26	37	52
	1.5<m_n≤2.5	5.0	6.5	9.5	13	19	27	38	54	76
	2.5<m_n≤4.0	7.5	10	15	21	29	41	59	83	117
	4.0<m_n≤6.0	11	15	22	31	44	62	88	124	175
	6.0<m_n≤10	17	24	34	48	68	96	135	191	271
560<d≤1000	0.2≤m_n≤0.5	1.5	2.0	3.0	4.0	5.5	8.0	11	16	23
	0.5<m_n≤0.8	2.0	3.0	4.0	6.0	8.5	12	17	24	33
	0.8<m_n≤1.0	2.5	3.5	5.5	7.5	11	15	21	30	42
	1.0<m_n≤1.5	3.5	4.5	6.5	9.5	13	19	27	38	53
	1.5<m_n≤2.5	5.0	7.0	9.5	14	19	27	38	54	77
	2.5<m_n≤4.0	7.5	10	15	21	30	42	59	83	118
	4.0<m_n≤6.0	11	16	22	31	44	62	88	125	176
	6.0<m_n≤10	17	24	34	48	68	96	136	192	272

表 8.2-121 径向跳动公差 F_r

分度圆直径 d/mm	模数 m_n/mm	精度等级								
		4	5	6	7	8	9	10	11	12
		F_r/μm								
$5 \leqslant d \leqslant 20$	$0.5 \leqslant m_n \leqslant 2.0$	6.5	9.0	13	18	25	36	51	72	102
	$2.0 < m_n \leqslant 3.5$	6.5	9.5	13	19	27	38	53	75	106
$20 < d \leqslant 50$	$0.5 \leqslant m_n \leqslant 2.0$	8.0	11	16	23	32	46	65	92	130
	$2.0 < m_n \leqslant 3.5$	8.5	12	17	24	34	47	67	95	134
	$3.5 < m_n \leqslant 6.0$	8.5	12	17	25	35	49	70	99	139
	$6.0 < m_n \leqslant 10$	9.5	13	19	26	37	52	74	105	148
$50 < d \leqslant 125$	$0.5 \leqslant m_n \leqslant 2.0$	10	15	21	29	42	59	83	118	167
	$2.0 < m_n \leqslant 3.5$	11	15	21	30	43	61	86	121	171
	$3.5 < m_n \leqslant 6.0$	11	16	22	31	44	62	88	125	176
	$6.0 < m_n \leqslant 10$	12	16	23	33	46	65	92	131	185
	$10 < m_n \leqslant 16$	12	18	25	35	50	70	99	140	198
	$16 < m_n \leqslant 25$	14	19	27	39	55	77	109	154	218
$125 < d \leqslant 280$	$0.5 \leqslant m_n \leqslant 2.0$	14	20	28	39	55	78	110	156	221
	$2.0 < m_n \leqslant 3.5$	14	20	28	40	56	80	113	159	225
	$3.5 < m_n \leqslant 6.0$	14	20	29	41	58	82	115	163	231
	$6.0 < m_n \leqslant 10$	15	21	30	42	60	85	120	169	239
	$10 < m_n \leqslant 16$	16	22	32	45	63	89	126	179	252
	$16 < m_n \leqslant 25$	17	24	34	48	68	96	136	193	272
	$25 < m_n \leqslant 40$	19	27	38	54	76	107	152	215	304
$280 < d \leqslant 560$	$0.5 \leqslant m_n \leqslant 2.0$	18	26	36	51	73	103	146	206	291
	$2.0 < m_n \leqslant 3.5$	18	26	37	52	74	105	148	209	269
	$3.5 < m_n \leqslant 6.0$	19	27	38	53	75	106	150	213	301
	$6.0 < m_n \leqslant 10$	19	27	39	55	77	109	155	219	310
	$10 < m_n \leqslant 16$	20	29	40	57	81	114	161	228	323
	$16 < m_n \leqslant 25$	21	30	43	61	86	121	171	242	343
	$25 < m_n \leqslant 40$	23	33	47	66	94	132	187	265	374
	$40 < m_n \leqslant 70$	27	38	54	76	108	153	216	306	432
$560 < d \leqslant 1000$	$0.5 \leqslant m_n \leqslant 2.0$	23	33	47	66	94	133	188	266	376
	$2.0 < m_n \leqslant 3.5$	24	34	48	67	95	134	190	269	380
	$3.5 < m_n \leqslant 6.0$	24	34	48	68	96	136	193	272	385
	$6.0 < m_n \leqslant 10$	25	35	49	70	98	139	197	279	394
	$10 < m_n \leqslant 16$	25	36	51	72	102	144	204	288	407
	$16 < m_n \leqslant 25$	27	38	53	76	107	151	214	302	427
	$25 < m_n \leqslant 40$	29	41	57	81	115	162	229	324	459
	$40 < m_n \leqslant 70$	32	46	65	91	129	183	258	365	517
$1000 < d \leqslant 1600$	$2.0 \leqslant m_n \leqslant 3.5$	30	42	59	84	118	167	236	334	473
	$3.5 < m_n \leqslant 6.0$	30	42	60	85	120	169	239	338	478
	$6.0 < m_n \leqslant 10$	30	43	61	86	122	172	243	344	487
	$10 < m_n \leqslant 16$	31	44	63	88	125	177	250	354	500
	$16 < m_n \leqslant 25$	33	46	65	92	130	184	260	368	520
	$25 < m_n \leqslant 40$	34	49	69	98	138	195	276	390	552
	$40 < m_n \leqslant 70$	38	54	76	108	152	215	305	431	609
$1600 < d \leqslant 2500$	$3.5 \leqslant m_n \leqslant 6.0$	36	51	73	103	145	206	291	411	582
	$6.0 < m_n \leqslant 10$	37	52	74	104	148	209	295	417	590
	$10 < m_n \leqslant 16$	38	53	75	107	151	213	302	427	604
	$16 < m_n \leqslant 25$	39	55	78	110	156	220	312	441	624
	$25 < m_n \leqslant 40$	41	58	82	116	164	232	328	463	655
	$40 < m_n \leqslant 70$	45	63	89	126	178	252	357	504	713

（续）

分度圆直径 d/mm	模数 m_n/mm	精　度　等　级								
		4	5	6	7	8	9	10	11	12
		$F_r/\mu\mathrm{m}$								
2500<d≤4000	$6.0\leqslant m_n\leqslant 10$	45	64	90	127	180	255	360	510	721
	$10<m_n\leqslant 16$	46	65	92	130	183	259	367	519	734
	$16<m_n\leqslant 25$	47	67	94	133	188	267	377	533	754
	$25<m_n\leqslant 40$	49	69	98	139	196	278	393	555	785
	$40<m_n\leqslant 70$	53	75	105	149	211	298	422	596	843
4000<d≤6000	$6.0\leqslant m_n\leqslant 10$	55	77	110	155	219	310	438	620	876
	$10<m_n\leqslant 16$	56	79	111	157	222	315	445	629	890
	$16<m_n\leqslant 25$	57	80	114	161	227	322	455	643	910
	$25<m_n\leqslant 40$	59	83	118	166	235	333	471	665	941
	$40<m_n\leqslant 70$	62	88	125	177	250	353	499	706	999
6000<d≤8000	$6.0\leqslant m_n\leqslant 10$	64	91	128	181	257	363	513	726	1026
	$10\leqslant m_n\leqslant 16$	65	92	130	184	260	367	520	735	1039
	$16<m_n\leqslant 25$	66	94	132	187	265	375	530	749	1059
	$25<m_n\leqslant 40$	68	96	136	193	273	386	545	771	1091
	$40<m_n\leqslant 70$	72	102	144	203	287	406	574	812	1149
8000<d≤10000	$6.0\leqslant m_n\leqslant 10$	72	102	144	204	289	408	577	816	1154
	$10<m_n\leqslant 16$	73	103	146	206	292	413	584	826	1168
	$16<m_n\leqslant 25$	74	105	148	210	297	420	594	840	1188
	$25<m_n\leqslant 40$	76	108	152	216	305	431	610	862	1219
	$40<m_n\leqslant 70$	80	113	160	226	319	451	639	903	1277

7.4　齿厚与侧隙

7.4.1　齿厚

在分度圆柱上法向平面的公称齿厚是指齿厚理论值，具有理论齿厚的齿轮与具有理论齿厚的相配齿轮在理论中心距下无侧隙啮合。公称齿厚 s_n 的计算公式为

外齿轮　　$s_n = m_n\left(\dfrac{\pi}{2} + 2\tan\alpha_n x\right)$　　（8.2-53）

内齿轮　　$s_n = m_n\left(\dfrac{\pi}{2} - 2\tan\alpha_n x\right)$　　（8.2-54）

式中　m_n——法向模数（mm）；

　　　α_n——法向压力角（°）；

　　　x——径向变位系数。

对于斜齿轮，s_n 值在法向测量。

为保证一对齿轮在规定的侧隙下运行，控制相配齿轮的齿厚是十分重要的。在有些情况下，由于齿顶高的变位，要在分度圆直径 d 处测量齿厚不太容易，因而在表 8.2-122 中给出任意直径 d_y 处齿厚（见图8.2-52）的计算式。

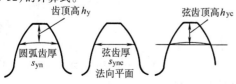

图 8.2-52　弦齿顶高和弦齿厚

表 8.2-122　任意直径 d_y 处齿厚计算式

测量位置 d_y	$d_y = d + 2m_n x$
弦齿厚 s_{ync}	$s_{ync} = d_{yn}\sin\left(\dfrac{s_{yn}}{d_{yn}}\dfrac{180}{\pi}\right)$ 式中　$d_{yn} = d_y - d + \dfrac{d}{\cos^2\beta_b}$ $s_{yn} = s_{yt}\cos\beta_y$ $s_{yt} = d_y\left(\dfrac{s_n}{d\cos\beta} + \mathrm{inv}\alpha_t - \mathrm{inv}\alpha_{yt}\right)$ $\cos\alpha_{yt} = \dfrac{d\cos\alpha_t}{d_y}$ $\tan\beta_y = \dfrac{d_y\tan\beta}{d}$ $\sin\beta_b = \sin\beta\cos\alpha_n$
弦齿顶高 h_{yc}	$h_{yc} = h_y + \dfrac{d_{yn}}{2}\left[1-\cos\left(\dfrac{s_{yn}}{d_{yn}}\dfrac{180}{\pi}\right)\right]$ 式中　$h_y = \dfrac{d_a - d_y}{2}$

注：1. 标准推荐在 $d_y = d + 2m_n x$ 处测量齿厚。

　　2. 本表中公式适用于用齿厚游标卡尺测量外齿轮的齿厚。

7.4.2　侧隙的术语和定义（见表 8.2-123）

表 8.2-123　侧隙的术语和定义

术语	定义	说明
侧隙	两相啮合齿轮工作齿面接触时,在两非工作齿面间形成的间隙,它是节圆上齿槽宽度超过相啮合的轮齿齿厚的量	
圆周侧隙 j_{wt}	两相啮合齿轮中的一个齿轮固定时,另一个齿轮能转过的节圆弧长的最大值	1）属于 GB/Z 18620.2—2008 2）最紧中心距,对于外齿轮是指最小的工作中心距,对于内齿轮是指最大的工作中心距
最小侧隙 j_{wtmin}	节圆上的最小圆周侧隙,即具有最大允许实效齿厚的轮齿与也具有最大允许实效齿厚的配对轮齿相啮合时,在静态条件下,在最紧允许中心距时的圆周侧隙	3）法向侧隙与圆周侧隙的关系（见图 8.2-53） $$j_{bn} = j_{wt}\cos\alpha_t\cos\beta_b$$ β_b—基圆螺旋角
最大侧隙 j_{wtmax}	节圆上的最大圆周侧隙,即具有最小允许实效齿厚的轮齿与也具有最小允许实效齿厚的配对轮齿相啮合时,在静态条件下,在最大允许中心距时的圆周侧隙	4）径向侧隙与圆周侧隙的关系 $$j_r = \frac{j_{wt}}{2\tan\alpha_t}$$
法向侧隙 j_{bn}	两相啮合齿轮工作齿面接触时,其两非工作齿面间的最短距离（见图 8.2-54）	5）齿厚上极限偏差与最小法向侧隙 j_{bnmin} 的关系 $$j_{bnmin} = |(E_{sns1}+E_{sns2})|\cos\alpha_n$$
径向侧隙 j_r	将两相啮合齿轮的中心距缩小,直到其左右两齿面都相接触时,这个缩小量即为径向侧隙	

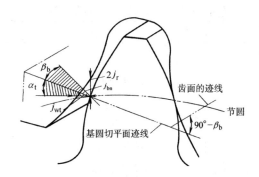

图8.2-53　圆周侧隙 j_{wt}、法向侧隙 j_{bn}
与径向侧隙 j_r 之间的关系

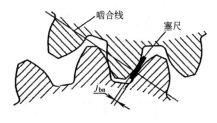

图 8.2-54　用塞尺测量法向侧隙

7.4.3　最小法向侧隙

侧隙受一对齿轮运行时的中心距以及每个齿轮的实际齿厚所控制。运行时还因速度、温度和载荷等的

变化而变化。在静态可测量的条件下,必须要有足够的侧隙,以保证在带载荷运行最不利的工作条件下仍有足够的侧隙。

表 8.2-124 列出了对于中、大模数齿轮推荐的最小法向侧隙。这些传动装置是用黑色金属齿轮和箱体制造的,工作时节圆线速度小于 15m/s,其箱体、轴和轴承都采用常用商业制造公差。

表 8.2-124　对于中、大模数齿轮推荐的最小
法向侧隙 j_{bnmin}　　　　（mm）

m_n	最小中心距 a_i					
	50	100	200	400	800	1600
1.5	0.09	0.11	—	—	—	—
2	0.10	0.12	0.15	—	—	—
3	0.12	0.14	0.17	0.24	—	—
5	—	0.18	0.21	0.28	—	—
8	—	0.24	0.27	0.34	0.47	—
12	—	—	0.35	0.42	0.55	—
18	—	—	—	0.54	0.67	0.94

表 8.2-124 中的数值是按式（8.2-55）计算的。

$$j_{bnmin} = \frac{2}{3}(0.06 + 0.0005a_i + 0.03m_n)$$

(8.2-55)

需要时,可以根据齿轮副的工作条件,如工作速度、温度、负载和润滑条件等通过计算确定齿轮副的最小侧隙 j_{bnmin}。

$$j_{bnmin} = j_{bnmin1} + j_{bnmin2} \quad (8.2\text{-}56)$$

其中，j_{bnmin1}（μm）为补偿温度变化引起的齿轮及箱体热变形所必需的最小侧隙。

$$j_{bnmin1} = 1000a(\alpha_1 \Delta t_1 - \alpha_2 \Delta t_2)2\sin\alpha_n \quad (8.2\text{-}57)$$

式中　a——齿轮副中心距（mm）；

α_1、α_2——箱体、齿轮材料的线胀系数；

Δt_1、Δt_2——齿轮温度 t_1、箱体温度 t_2 与标准温度之差（℃）；

$$\Delta t_1 = t_1 - 20℃, \quad \Delta t_2 = t_2 - 20℃;$$

α_n——法向压力角。

j_{bnmin2} 为保证正常润滑条件所必需的最小侧隙，可根据润滑方式和圆周速度查表 8.2-125。

表 8.2-125　最小侧隙 j_{bnmin2}　（μm）

润滑方式	齿轮圆周速度/m·s^{-1}			
	≤ 10	>10 ~ 25	>25 ~ 60	>60
喷油润滑	$10m_n$	$20m_n$	$30m_n$	$(30 \sim 50)m_n$
油池润滑	$(5 \sim 10)m_n$			

7.4.4　齿厚的公差与偏差

齿厚公差的选择，基本上与轮齿的精度无关。在很多应用场合，允许用较宽的齿厚公差或工作侧隙。这样做不会影响齿轮的性能和承载能力，却可以获得较经济的制造成本。除非十分必要，不应选择很紧的齿厚公差。如果出于工作运行的原因必须控制最大侧隙时，则必须对各影响因素仔细研究，对有关齿轮的精度等级、中心距公差和测量方法予以仔细地规定。

当设计者在无经验的情况下，可参考表 8.2-126 来计算齿厚公差。

齿厚偏差是指实际齿厚与公称齿厚之差（对于斜齿轮系指法向齿厚）。为了获得齿轮副最小侧隙，必须对齿厚削薄。其最小削薄量即齿厚上偏差除了取决于最小侧隙外，还要考虑齿轮和齿轮副的加工和安装误差的影响。例如，中心距的下极限偏差（$-f_a$），轴线平行度（$f_{\Sigma\beta}$，$f_{\Sigma\delta}$）、基节偏差（$-f_{pb}$）、螺旋线总偏差（F_β）等，可参考表 8.2-127 确定齿厚偏差。

表 8.2-126　齿厚公差 T_{sn}

齿厚公差/μm	$T_{sn} = 2\tan\alpha_n \sqrt{F_r^2 + b_r^2}$							
	F_r——径向跳动公差（μm），见表 8.2-121							
	α_n——法向压力角							
	b_r——切齿径向进刀公差（μm）							
齿轮精度等级	3	4	5	6	7	8	9	10
b_r	IT7	1.26IT7	IT8	1.26IT8	IT9	1.26IT9	IT10	1.26IT10

注：IT 为标准公差单位，按齿轮分度圆直径查取数值。

表 8.2-127　齿厚偏差　（μm）

大、小齿轮齿厚上极限偏差之和	$E_{sns1} + E_{sns2} = -2f_a\tan\alpha_n - \dfrac{j_{bnmin} + j_n}{\cos\alpha_n}$
f_a	中心距偏差，见表 8.2-139
j_{bnmin}	最小法向侧隙
j_n	齿轮和齿轮副的加工和安装误差对侧隙减少的补偿量 $j_n = \sqrt{(f_{pt1}\cos\alpha_t)^2 + (f_{pt2}\cos\alpha_t)^2 + (F_{\beta1}\cos\alpha_n)^2 + (F_{\beta2}\cos\alpha_n)^2 + (f_{\Sigma\delta}\sin\alpha_n)^2 + (f_{\Sigma\beta}\cos\alpha_n)^2}$ f_{pt1}、f_{pt2}——小齿轮与大齿轮的基圆齿距偏差（μm），见表 8.2-111 $F_{\beta1}$、$F_{\beta2}$——小齿轮与大齿轮的螺旋线总偏差（μm），见表 8.2-116 α_t、α_n——端面和法向压力角 $f_{\Sigma\delta}$、$f_{\Sigma\beta}$——齿轮副轴线的平行度偏差（μm） $f_{\Sigma\beta} = 0.5\left(\dfrac{L}{b}\right)F_\beta$[①]，$f_{\Sigma\delta} = 2f_{\Sigma\beta}$ 式中　L——轴承跨距（mm） 　　　　b——齿宽（mm）
齿厚上极限偏差	将大、小齿轮齿厚上极限偏差之和分配给小齿轮和大齿轮，有两种方法： 方法一：等值分配，大、小齿轮齿厚上极限偏差相等，$E_{sns1} = E_{sns2}$ 方法二：不等值分配，大齿轮齿厚的减薄量大于小齿轮齿厚的减薄量， $\quad\quad |E_{sns1}| < |E_{sns2}|$
齿厚下极限偏差	$E_{sni1} = E_{sns1} - T_{sn}$ $E_{sni2} = E_{sns2} - T_{sn}$

① 两齿轮分别计算，取小值。

7.4.5 公法线长度偏差

当齿厚有减薄量时，公法线长度也变小，因此齿厚偏差也可用公法线长度偏差 E_{bn} 代替。GB/Z 18620.2—2008 给出了齿厚偏差与公法线长度偏差的关系式。

公法线长度上极限偏差

$$E_{bns} = E_{sns}\cos\alpha_n \qquad (8.2-58)$$

公法线长度下极限偏差

$$E_{bni} = E_{sni}\cos\alpha_n \qquad (8.2-59)$$

公法线测量对内齿轮是不适用的。另外对斜齿轮而言，公法线测量受齿轮齿宽的限制，只有满足下式条件时才可能。

$$b > 1.015 w_k \sin\beta_b \qquad (8.2-60)$$

7.4.6 量柱（球）测量跨距偏差

对于内齿轮或齿宽较窄的斜齿轮，可以采用间接检验齿厚的方法，即把两个量柱（球）置于尽可能在直径上相对的齿槽内（见图 8.2-55），然后测量跨球（圆柱）尺寸。GB/Z 18620.2—2008 给出了齿厚偏差与跨球（圆柱）尺寸偏差的关系式。

测量偶数齿齿轮时

量柱（球）测量跨距上极限偏差

量柱（球）测量跨距上极限偏差

$$E_{yns} = E_{sns}\frac{\cos\alpha_t}{\sin\alpha_{Mt}\cos\beta_b} \qquad (8.2-61)$$

量柱（球）测量跨距下极限偏差

$$E_{yni} = E_{sni}\frac{\cos\alpha_t}{\sin\alpha_{Mt}\cos\beta_b} \qquad (8.2-62)$$

测量奇数齿齿轮时

量柱（球）测量跨距上极限偏差

$$E_{yns} = E_{sns}\frac{\cos\alpha_t}{\sin\alpha_{Mt}\cos\beta_b}\cos\frac{90°}{z} \qquad (8.2-63)$$

量柱（球）测量跨距下极限偏差

$$E_{yni} = E_{sni}\frac{\cos\alpha_t}{\sin\alpha_{Mt}\cos\beta_b}\cos\frac{90°}{z} \qquad (8.2-64)$$

式（8.2-61）～式（8.2-64）中

$$\mathrm{inv}\alpha_{Mt} = \mathrm{inv}\alpha_t \pm \frac{D_M}{m_n z\cos\alpha_n} \pm \frac{2\tan\alpha_n x}{z} \mp \frac{\pi}{2z} \qquad (8.2-65)$$

式（8.2-65）中

"±"或"∓"——上面符号用于外齿轮，下面符号用于内齿轮；

D_M——量柱（球）的直径（mm）。

鉴于 GB/T 10095—2008 和 GB/Z 18620—2008 中未提供齿厚偏差和公差的数值表，设计时可按上述公式计算。

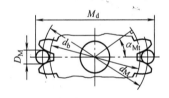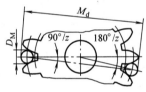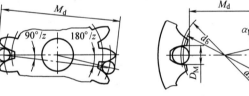

图 8.2-55 直齿轮的跨球（圆柱）尺寸 M_d

7.5 齿轮坯的精度

齿轮坯是指在轮齿加工前供制造齿轮用的工件。有关齿轮坯的术语和定义见表 8.2-128。

表 8.2-128 齿轮坯的术语和定义

术 语	定 义
工作安装面	用来安装齿轮的面
工作轴线	齿轮工作时绕其旋转的轴线，由工作安装面的中心确定。工作轴线只有考虑整个齿轮组件时才有意义
基准面	用来确定基准轴线的面
基准轴线	由基准面的中心确定，齿轮依此轴线来确定齿轮的细节，特别是确定齿距、齿廓和螺旋线的公差
制造安装面	齿轮制造或检验时用来安装齿轮的面

齿轮坯精度涉及对基准轴线与相关的安装面的选择及其制造公差。测量时，齿轮的旋转轴线（基准轴线）若有改变，则齿廓偏差、相邻齿距偏差的测量数值也将会改变。因此，在齿轮图样上必须把规定公差的基准轴线明确表示出来，并标明对齿轮坯的技术要求。

齿轮坯的尺寸偏差和齿轮箱体尺寸偏差，对于齿轮副的接触条件和运行状况有极大的影响，由于在加工齿轮坯和箱体时保持较紧的公差，比加工高精度的轮齿要经济得多，因此，应首先根据拥有的制造设备的条件，尽量使齿轮坯和箱体的制造公差保持最小值。这种办法，可使加工的齿轮有较松的公差，从而获得更为经济的整体设计。

在齿轮坯上，影响轮齿加工和齿轮传动质量的有三个表面上的误差，见表 8.2-129。

（1）基准轴线及其确定方法

有关齿轮轮齿精度（齿廓偏差、相邻齿距偏差等）参数的数值，只有明确其特定的旋转轴线时才有意义。因此在齿轮的图样上必须把规定轮齿公差的基准轴线明确表示出来。

确定基准轴线最常用的方法是使其与工作轴线重合，即将安装面作为基准面。通常先确定一条基准轴线，再将其他所有轴线（包括工作轴线及可能的一些制造轴线）用适当的公差与之相联系，并考虑公差链中所增加的链环影响。表 8.2-130 列出了确定基准轴线的方法。

（2）齿轮坯的公差及应用示例

1）齿轮坯的公差。齿轮坯的公差要求见表 8.2-131。

表 8.2-129　齿轮坯上影响轮齿加工和传动质量的误差

误　差	说　明	图　示
带孔齿轮的孔（或轴齿轮的轴颈）的直径偏差和形状误差	孔是齿轮加工、检验、安装的基准面，孔（或轴颈）的轴线是整个齿轮回转的基准轴线。孔径（或轴径）误差过大，将会产生齿圈径向跳动，进而影响齿轮传动质量	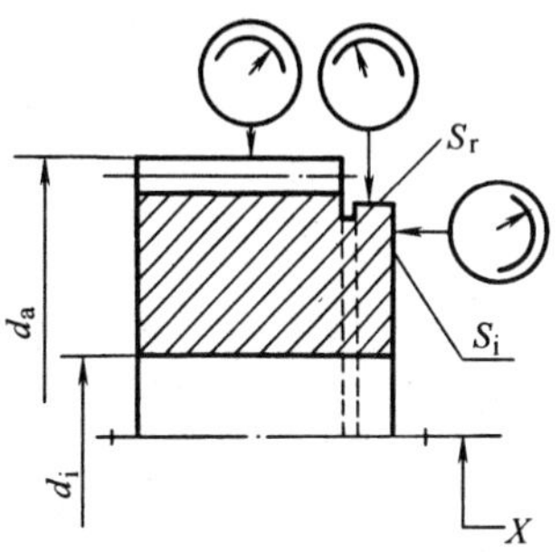
齿轮轴轴向基准面 S_i 的端面跳动	齿轮轴向基准面 S_i 在加工中常用作定位面，则其端面跳动常影响齿轮齿向精度。齿轮的轴向定位基准面紧靠配合轴的轴肩时，其对基准轴线的跳动会使齿轮安装歪斜，造成齿轮回转轴线与基准轴线的交叉，齿轮回转时产生摇摆进而影响承载能力	
径向基准面 S_r 或齿顶圆柱面的直径偏差和径向跳动	径向基准面 S_r 和齿顶圆柱面在齿轮加工或检验时，常作为齿轮坯的安装基准或齿厚检验的测量基准，它们的直径偏差和对基准轴线的径向跳动会造成加工误差和测量误差	

表 8.2-130　基准轴线的确定方法（摘自 GB/Z 18620.3—2008）

方法	内　容	图形表示
1	用两个"短的"圆柱或圆锥形基准面上设定的两个圆的圆心来确定轴线上的两个点	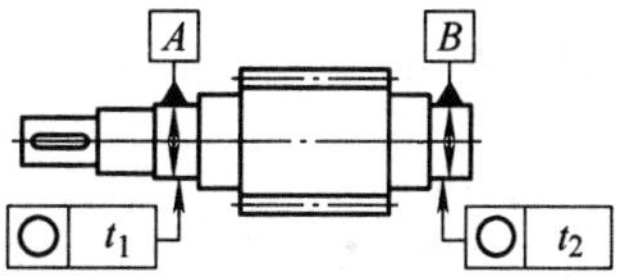
2	用一个"长的"圆柱或圆锥形的面来同时确定轴线的位置和方向。孔的轴线可以用与之相匹配正确地装配的工作心轴的轴线来代表	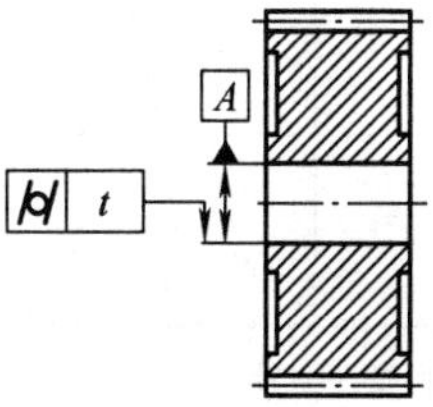
3	基准轴线的位置是用一个"短的"圆柱形基准面上的一个圆的圆心来确定，而其方向则由垂直于此轴线的一个基准端面来确定。在该方法中，基准端面的直径越大越好	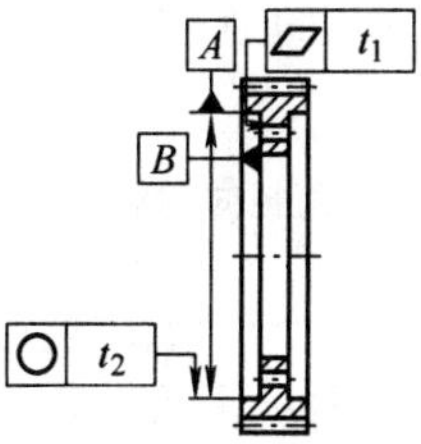
4	在制造、检验一个齿轮轴时，常将其安置在两端的顶尖上，这样两个顶尖孔就确定了其基准轴线。必须注意中心孔 60° 接触角范围内应对准成一条直线	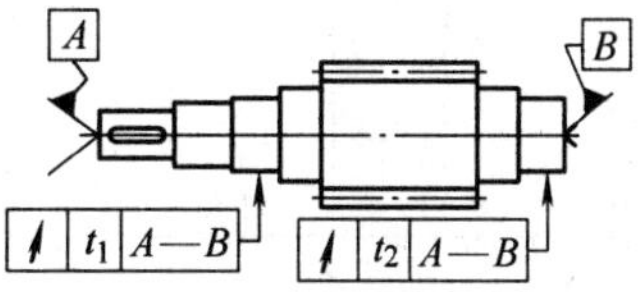

表 8.2-131　齿轮坯的公差要求

部　位	要　求
基准面	1）基准面的要求精度的极限值应大于单个轮齿的极限值 2）基准面的相对位置跨距占齿轮分度圆直径的比例越大，给定的公差可以越大 3）基准面的形状公差不应大于表 8.2-132 中所规定的数值，且应使公差值减至能经济制造的最小值 4）齿轮坯基准面径向和端面圆跳动公差参见表 8.2-133 5）轴向和径向基准面应加工得与齿轮坯的实际轴孔、轴颈和肩部完全同轴（见图 8.2-56），当在机床上精加工时，或安装在检测仪上，以及最后在使用中安装时，用它们可以进行找正 6）对高精度齿轮，必须设置专用的基准面（见图 8.2-57）；对特高精度的齿轮，加工前需先装在轴上，此时，轴颈可用作基准面
安装面	1）如果工作安装面被选择为基准面，其形状公差不应大于表 8.2-132 中所规定的数值，且公差应减至能经济地制造的最小值 2）当基准轴线与工作轴线并不重合时，则工作安装面相对于基准轴线的圆跳动公差必须在齿轮零件图样上予以控制，圆跳动公差不应大于表 8.2-134 中规定的数值 3）为了保证切齿和测量的精度，选择安装面时实际旋转轴线与图样规定的基准轴线越接近越好，如图 8.2-58 所示，并尽量将加工内孔、切齿的安装面和齿顶面上用来校核径向跳动的那部分在一次装夹中完成，如图 8.2-59 所示
齿轮顶圆、齿轮内孔和配合轴径	设计者应适当选择齿顶圆直径的公差，以保证最小限度的设计重合度，同时又具有足够的顶隙。如果把齿顶圆柱面作基准面，其形状公差不应大于表 8.2-132 中的适当数值 表 8.2-135 提供的齿顶圆、内孔和配合轴径的公差供参考
其他齿轮的安装面	与小齿轮做成一体的轴上常有一段安装大齿轮，安装面的公差值必须选择得与大齿轮的质量要求相适应

表 8.2-132　基准面与安装面的形状公差

确定轴线的基准面	公　差　项　目		
	圆　度	圆柱度	平面度
两个"短的"圆柱或圆锥形基准面	$0.04(L/b)F_\beta$ 或 $0.1F_p$ 取两者中的小值		
一个"长的"圆柱或圆锥形基准面		$0.04(L/b)F_\beta$ 或 $0.1F_p$ 取两者中的小值	
一个短的圆柱面和一个端面	$0.06F_p$		$0.06(D_d/b)F_\beta$

注：1. 齿轮坯的公差应减至能经济地制造的最小值。

　　2. D_d—基准面直径。

　　3. L—两轴轴承跨距的大值。

　　4. b—齿宽。

表 8.2-133　齿轮坯基准面径向和端面圆跳动公差

（μm）

分度圆直径/mm		精度等级		
大于	到	5 和 6	7 和 8	9 和 10
—	125	11	18	28
125	400	14	22	36
400	800	20	32	50
800	1600	28	45	71
1600	2500	40	63	100
2500	4000	63	100	160

注：本表不属国家标准，仅供参考。

表 8.2-134　安装面的圆跳动公差

确定轴线的基准面	跳　动　量（总的指示幅度）	
	径　向	轴向
仅圆柱或圆锥形基准面	$0.15(L/b)F_\beta$ 或 $0.3F_p$ 取两者中之大值	
一圆柱基准面和一端面基准面	$0.3F_p$	$0.2(D_d/b)F_\beta$

注：见表 8.2-132 注。

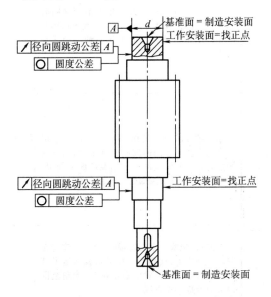

图 8.2-56　切削齿时轴齿轮的安装示例

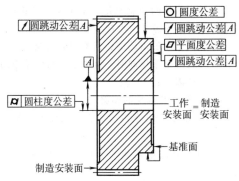

图 8.2-57　高精度齿轮专用基准面

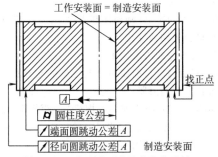

图 8.2-58　切削齿时齿轮安装的示例

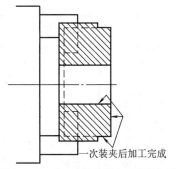

图 8.2.59　在一次装夹后加工的几个面

表 8.2-135　齿坯公差

齿轮精度等级[①]		5	6	7	8	9	10
孔	尺寸公差	IT5	IT6	IT7		IT8	
轴	尺寸公差	IT5		IT6		IT7	
齿顶圆直径[②]		IT7		IT8		IT9	
基准面的径向跳动[③] 基准面的端面跳动		见表 8.2-133					

注：1. 表中 IT 为标准公差单位。
　　2. 本表不属国家标准内容，仅供参考。
① 当齿轮各项精度等级不同时，按最高的精度等级确定公差值。
② 当齿顶圆不作测量齿厚的基准时，尺寸公差按 IT11 给定，但不大于 $0.1m_n$。
③ 当以齿顶圆作基准面时，本栏就指齿顶圆的径向跳动。

2）齿坯公差应用示例（见图 8.2-60）。

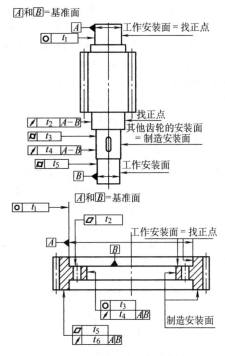

图 8.2-60　齿坯公差应用示例

7.6　齿面表面粗糙度

　　圆柱齿轮经过试验研究和使用经验表明，齿面表面粗糙度对齿轮抗点蚀能力、抗胶合能力和抗弯强度有影响，也影响齿轮的传动精度（噪声和振动）。因此设计者应在齿轮零件图样上标注出成品状态齿面表面粗糙度的数值，如图 8.2-61 和图 8.2-62 所示。

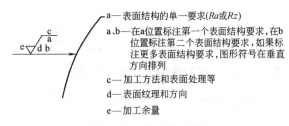

a— 表面结构的单一要求（Ra或Rz）

a、b— 在a位置标注第一个表面结构要求，在b位置标注第二个表面结构要求，如果标注更多表面结构要求，图形符号在垂直方向排列

c— 加工方法和表面处理等

d— 表面纹理和方向

e— 加工余量

图 8.2-61　表面结构的符号

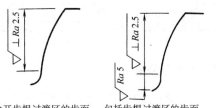

除开齿根过渡区的齿面　　包括齿根过渡区的齿面

图 8.2-62　表面粗糙度和表面加工纹理方向的符号

直接测得的表面粗糙度参数值，可直接与规定的允许值比较。规定的参数值应优先从表8.2-136和表8.2-137中给出的范围中选择，无论是 Ra 还是 Rz 均可作为一种判断依据。表8.2-136和表8.2-137列出了 Ra 和 Rz 的推荐极限值，主要是考虑加工后轮齿表面结构及测量仪器和方法。但必须指出，若同时按 Ra、Rz 进行评定，可能得到不一致的结论，主要是由于表面轮廓特征不同时，Rz 和 Ra 比值也不同。所以，Rz 和 Ra 不应在同一部分使用。

GB/T 10095.1—2008中规定的齿轮精度等级与表8.2-136和表8.2-137中表面粗糙度等级之间没有直接的关系。在上述两表中，相同的表面状况等级并不与特定的制造工艺相对应。表8.2-138给出了齿轮精度等级与齿面表面粗糙度的关系，供参考。

表 8.2-136　算术平均偏差 Ra 的推荐极限值

（μm）

等　级	模　数　m/mm		
	$m<6$	$6\leqslant m\leqslant 25$	$m>25$
5	0.50	0.63	0.80
6	0.8	1.00	1.25
7	1.25	1.6	2.0
8	2.0	2.5	3.2
9	3.2	4.0	5.0
10	5.0	6.3	8.0

表 8.2-137　微观不平度十点高度 Rz 的推荐极限值

（μm）

等　级	模　数　m/mm		
	$m<6$	$6\leqslant m\leqslant 25$	$m>25$
5	3.2	4.0	5.0
6	5.0	6.3	8.0
7	8.0	10.0	12.5
8	12.5	16	20
9	20	25	32
10	32	40	50

表 8.2-138　齿轮精度等级与齿面表面粗糙度的关系

（μm）

齿轮精度等级	4		5		6	
齿面	硬	软	硬	软	硬	软
齿面表面粗糙度 Ra	≤0.4		≤0.8		≤1.6	≤0.8 |<1.6
齿轮精度等级	7		8		9	
齿面	硬	软	硬	软	硬	软
齿面表面粗糙度 Ra	≤1.6		≤3.2		≤6.3	≤3.2 |≤6.3

注：本表不属于国家标准中内容，供参考。

7.7　中心距公差

中心距公差是指设计者规定的允许偏差，公称中心距是在考虑了最小侧隙及两齿轮的齿顶及其相啮的非渐开线齿廓齿根部分的干涉后确定的。

在齿轮只是单方向带载荷运转而不很经常反转的

情况下，最大侧隙的控制不是一个重要的考虑因素，此时中心距允许偏差主要取决于重合度的考虑。

在控制运动用的齿轮中，其侧隙必须控制；还有当轮齿上的载荷常常反向时，对中心距的公差必须仔细地考虑下列因素：

1）轴、箱体和轴承的偏斜。

2）由于箱体的偏差和轴承的间隙导致齿轮轴线的不一致。

3）由于箱体的偏差和轴承的间隙导致齿轮轴线的错斜。

4）安装误差。

5）轴承跳动。

6）温度的影响（随箱体和齿轮零件间的温差、中心距和材料不同而变化）。

7）旋转件的离心伸胀。

8）其他因素，例如润滑剂污染的允许程度及非金属齿轮材料的溶胀。

GB/Z 18620.3—2008没有推荐中心距公差，设计者可以借鉴某些成熟产品的设计经验来确定中心距公差，也可参照表8.2-139中的齿轮副中心距极限偏差数值。

表 8.2-139　中心距极限偏差 $\pm f_a$ 值

（μm）

齿轮副的中心距 a/mm		齿轮精度等级		
		5~6	7~8	9~10
		$\frac{1}{2}$IT7	$\frac{1}{2}$IT8	$\frac{1}{2}$IT9
		$\pm f_a$		
大于 6	到 10	7.5	11	18
10	18	9	13.5	21.5
18	30	10.5	16.5	26
30	50	12.5	19.5	31
50	80	15	23	37
80	120	17.5	27	43.5
120	180	20	31.5	50
180	250	23	36	57.5
250	315	26	40.5	65
315	400	28.5	44.5	70
400	500	31.5	48.5	77.5
500	630	35	55	87
630	800	40	62	100
800	1000	45	70	115
1000	1250	52	82	130
1250	1600	62	97	155
1600	2000	75	115	185
2000	2500	87	140	220
2500	3150	105	165	270

注：本表不属国家标准内容，仅供参考。

7.8　轴线平行度偏差

由于轴线平行度偏差与其向量的方向有关，所以分别规定了"轴线平面内的偏差"$f_{\Sigma\delta}$ 和"垂直平面上的偏差"$f_{\Sigma\beta}$（见表8.2-140）。

表 8.2-140　轴线平行度偏差 f_Σ（摘自 GB/Z 18620.3—2008）

项　目	内　　容	最大推荐值
1	"轴线平面内的偏差"$f_{\Sigma\delta}$ 是在两轴线的公共平面上测量的,公共平面是由两轴承跨距中较长的一个 L 和另一根轴上的一个轴承来确定的,如果两个轴承的跨距相同,则用小齿轮轴和大齿轮轴的一个轴承	$f_{\Sigma\delta} = 2f_{\Sigma\beta}$
2	"垂直平面上的偏差"$f_{\Sigma\beta}$ 是在与轴线公共平面相垂直的"交错轴平面"上测量的	$f_{\Sigma\beta} = 0.5\left(\dfrac{L}{b}\right)F_\beta$
图形说明	垂直平面　中心距公差 $f_{\Sigma\beta}$　2　L 轴线平面　$f_{\Sigma\delta}$	

注：b—齿宽。

7.9　接触斑点

接触斑点是指在箱体或实验台上装配好的齿轮副,在轻微制动下运转后齿面的接触痕迹。检验产品齿轮副在其箱体内啮合所产生接触斑点,可评估轮齿的载荷分布;产品齿轮和测量齿轮的接触斑点,可用于评估装配后齿轮螺旋线和齿廓精度。图 8.2-63 所示为产品齿轮和测量齿轮对滚产生的典型的接触斑点示意图。

接触斑点可以用沿齿高方向和齿长方向的百分数表示。

表 8.2-141 列出了齿轮装配后（空载）检测时,预计的齿轮精度等级和接触斑点分布之间关系。对此不能理解为是证明齿轮精度等级的替代方法。实际的接触斑点不一定与表 8.2-141 中的图一致。

表 8.2-141 对于齿廓或螺旋线修形的齿面不适用。对于重要的齿轮副或对齿廓或螺旋线修形的齿轮,可以在图样中规定所需的接触斑点的位置、形状和大小。

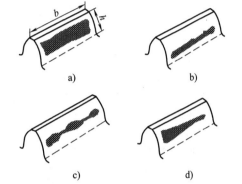

图 8.2-63　产品齿轮和测量齿轮对滚产生的典型的接触斑点示意图
a) 典型的规范,接触近似为齿宽 b 的80%、有效齿面高度 h 的70%,齿端修薄
b) 齿长方向配合正确,有齿廓偏差
c) 波纹度　d) 有螺旋线偏差,齿廓正确,有齿端修薄

表 8.2-141　齿轮精度等级和接触斑点（摘自 GB/Z 18620.4—2008）

精度等级按 ISO 1328	斜齿轮装配后的接触斑点				直齿轮装配后的接触斑点				接触斑点分布的示意
	b_{c1}（%）齿宽方向	h_{c1}（%）齿高方向	b_{c2}（%）齿宽方向	h_{c2}（%）齿高方向	b_{c1}（%）齿宽方向	h_{c1}（%）齿高方向	b_{c2}（%）齿宽方向	h_{c2}（%）齿高方向	
4 级及更高	50	50	40	30	50	70	40	50	
5 级和 6 级	45	40	35	20	45	50	35	30	
7 级和 8 级	35	40	35	20	35	50	35	30	
9 级至 12 级	25	40	25	20	25	50	25	30	
检测条件	产品齿轮和测量齿轮在轻载下的接触斑点,可以从安装在机架上的两相啮合的齿轮得到,但两轴线的平行度在产品齿轮齿宽上要小于 0.005mm,并且测量齿轮的齿宽不小于产品齿轮的齿宽 用于检测用的印痕涂料有装配工用的蓝色印痕涂料和其他专用涂料。涂层厚度为 0.006~0.012mm 通常用勾画草图、照片、录像等形式记录接触斑点,或用透明胶带覆盖其上,然后撕下贴在白纸上保存备查								

注：1. 本表对齿廓和螺旋线修形的齿面不适用。
　　2. 本表试图描述那些通过直接测量,证明符合表列精度的齿轮副中获得的最好接触斑点,不能作为证明齿轮精度等级的可替代方法。

7.10　推荐检验项目

根据 GB/T 10095.1—2008 和 GB/T 10095.2—2008 两项标准，齿轮的检验可分为单项检验和综合检验，综合检验又分为单面啮合综合检验和双面啮合综合检验，见表 8.2-142。两种检验形式不能同时使用。

表 8.2-142　齿轮的检验项目

单项检验项目	综合检验项目	
	单面啮合综合检验	双面啮合综合检验
齿距偏差 f_{pt}、F_{pk}、F_p	切向综合总偏差 F_i'	径向综合总偏差 F_i''
齿廓总偏差 F_α	一齿切向综合偏差 f_i'	一齿径向综合偏差 f_i''
螺旋线总偏差 F_β	—	—
齿厚偏差		
径向跳动 F_r	—	—

当采用单面啮合综合检验时，采购方与供货方应就测量元件（齿轮或齿轮测头或蜗杆）的选用、设计、精度等级、偏差的读取以及检测费用达成协议。

当采用双面啮合综合检验时，采购方与供货方应就测量齿轮设计、齿宽、精度等级和公差的确定达成协议。

标准没有规定齿轮的公差组和检验组，能明确评定齿轮精度等级的是单个齿距偏差 f_{pt}、齿距累积总偏差 F_p、齿廓总偏差 F_α、螺旋线总偏差 F_β 的允许值。一般节圆线速度大于 15m/s 的高速齿轮，加检齿距累积偏差 F_{pk}。建议供货方根据齿轮的使用要求、生产批量，在下述建议的检验组中选取一个检验组，评定齿轮质量。

1）f_{pt}、F_p、F_α、F_β、F_r。

2）F_{pk}、f_{pt}、F_p、F_α、F_β、F_r。

3）F_i''、f_i''。

4）f_{pt}、F_r（10～12 级）。

5）F_i'、f_i'（有协议要求时）。

7.11　图样标注

（1）需要在齿轮图样上标注的尺寸数据

1）顶圆直径及其公差。

2）分度圆直径。

3）齿宽。

4）孔或轴径及其公差。

5）定位面及其要求（径向和端面跳动公差应标注在分度圆附近）。

6）齿轮表面粗糙度（标在齿高中部或另行图示表示）。

（2）需要在参数表中列出的数据

1）法向模数。

2）齿数。

3）齿廓类型（基本齿廓符合《通用机械和重型机械用圆柱齿轮　标准基本齿条齿廓》时，仅注明齿形角，不符合时应以图样详细描述其特性）。

4）齿顶高系数。

5）螺旋角。

6）螺旋方向。

7）径向变位系数。

8）齿厚公称值及其上、下偏差 [法向齿厚公称值及其上、下偏差，或公法线长度及其上、下偏差，或跨球（圆柱）尺寸及其上、下偏差]。

9）精度等级（若齿轮的检验项目同为 7 级精度时，应注明：7 GB/T 10095.1 或 7 GB/T 10095.2；若齿轮的各检验项目精度等级不同，例如，齿廓总偏差 F_α 为 6 级，齿距累积总偏差 F_p 和螺旋线总偏差 F_β 均为 7 级时，应注明 6（F_α）（GB/T 10095.1）、7（F_p、F_β）GB/T 10095.1）。

10）齿轮副中心距及其偏差。

11）配对齿轮的图号及其齿数。

12）检验项目代号及其公差（或极限偏差）值。

参数表一般放在图样的右上角。参数表中列出的参数项目可以根据需要增减。

（3）需要标注的其他数据

1）根据齿轮的具体形状及其技术要求，还应给出在加工和测量时所必需的数据。如对于做成齿轮轴的小齿轮，以及轴或孔不做定心基准的大齿轮，在切齿前做定心检查用的表面应规定其最大径向跳动量。

2）为检查齿轮的加工精度，对某些齿轮还需指出其他一些技术参数（如基圆直径、接触线长度等），或其他检验用的尺寸参数的几何公差（如齿顶圆柱面）。

3）当采用设计齿廓、设计螺旋线时应用图样详述其参数。

4）图样中的技术要求一般放在图样的右下角。

8　齿轮修形和修缘

由于齿轮的制造安装误差、轴承间隙、支承变形、齿轮的弹性变形和热变形等的存在，齿轮在啮合过程中不可避免地产生啮入冲击、偏载等，导致齿轮传动性能和承载能力的下降，缩短了使用寿命。生产实践和理论研究都表明，仅靠提高齿轮的制造和安装精度是远远不够的，而且将大大增加齿轮传动的制造成本。采用轮齿修形技术对齿轮的齿廓和齿向进行适当修形或修缘，可以减少由于齿轮受载变形、制造安装误差、轴承间隙等引起的啮合冲击，获得较均匀的载荷分布，是改善齿轮传动性能、提高承载能力、延长使用寿命既经济又有效的方法。

8.1　齿轮的弹性变形修形

8.1.1　齿廓弹性变形修形原理

图 8.2-64a 所示为一对齿轮的啮合过程。齿轮在 A 点进入啮合，D 点退出啮合，啮合线 $ABCD$ 为齿轮啮合的一个周期，其中 AB 段和 CD 段是双对齿啮合区，BC 段是单对齿啮合区，实际载荷分布为 AMN-$HIOPD$（见图 8.2-64b）。整个啮合过程轮齿承担载荷的比例大致为，A 点 40%，在双对齿啮合区和单对齿啮合区的过渡点 B 为 60%，然后急剧转入单对齿啮合区的 BC 段，载荷达到 100%，在 C 点急剧降为 60%，最后 D 点为 40%。显然在啮合过程中，轮齿的载荷分布有明显的突变现象，相应地轮齿弹性变形也随之变化。因此，标准的渐开线齿廓在进入啮合时产生啮合干涉，影响传动平稳性。

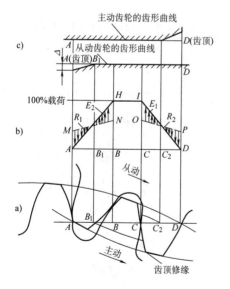

图 8.2-64　轮齿啮合过程中载荷分布和齿廓修形

齿廓修形就是将一对相啮合轮齿上发生干涉的部位削去一部分如图 8.2-64c 所示。修形后，轮齿的载荷分布为 $AHID$（见图 8.2-64b）。这样，两轮齿在进入啮合点时正好相接触，载荷在 AB 段逐渐增加到 100%，在 CD 段载荷由 100% 逐渐降到零。

8.1.2　齿向弹性变形修形原理

在高精度的斜齿轮加工中，常采用配磨工艺来补偿制造和安装误差产生的螺旋线误差，以保证在空载状态下轮齿沿齿宽均匀接触，但齿轮传递载荷时将产生弹性变形，包括轮体的弯曲变形、扭转变形、剪切变形、齿面接触变形等，使螺旋线产生畸变，造成轮齿偏一端接触（见图 8.2-65），出现偏载现象。

齿轮的齿向修形就是根据轮齿受力后产生的变形，将齿面螺旋线按预计变形规律进行修形，以获得较均匀的齿向载荷分布。

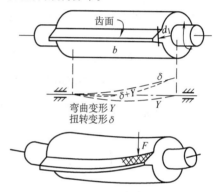

图 8.2-65　齿轮受力后的接触情况

8.1.3　齿廓弹性变形计算

齿廓弹性变形量与所受载荷及轮齿啮合刚度等因素有关，可按式（8.2-66）近似计算

$$\delta_a = \frac{W_t}{c_\gamma} \qquad (8.2\text{-}66)$$

式中　δ_a——齿廓弹性变形（μm）；

　　　W_t——单位齿宽载荷（N/mm），$W_t = F_t/b$；

　　　F_t——齿轮圆周力（N）；

　　　b——齿轮齿宽（mm）；

　　　c_γ——齿轮啮合刚度［N/（mm·μm）］，对于基本齿廓符合 GB/T 1356—2001，齿圈和轮辐刚度较大的外啮合钢制齿轮，可近似取 $c_\gamma = 20\text{N}/(\text{mm·}\mu m)$，详细内容参见 4.5.6 节。

式（8.2-66）计算的变形量是齿廓修形量的一部分，在具体确定修形量时，还要考虑基节偏差、齿廓误差等的影响。

8.1.4　齿向弹性变形计算

齿向弹性变形计算是在假定载荷沿齿宽均匀分布

的条件下，计算齿轮受载后引起的齿轮轴在齿宽范围内的最大相对变形。齿轮在载荷作用下，将产生弯曲变形、扭转变形和剪切变形等，可以用有限元、边界元等数值方法较精确地计算变形量，也可按本节介绍的材料力学方法计算。

一对相啮合的齿轮，相对而言，小齿轮的弹性变形较大，而大齿轮的弹性变形较小，可以忽略。因此，本节齿向弹性变形的计算仅对小齿轮而言。

（1）单斜齿轮的齿向弹性变形

如图 8.2-66 所示，斜齿轮的齿向弹性变形是指弯曲变形和扭转变形合成的综合变形（因剪切变形影响很小，被忽略）。确定齿向修形量就是要求出综合变形在齿宽范围内的最大相对值，即总变形量，其值可按下面各式计算

$$\delta = \delta_b + \delta_t \tag{8.2-67}$$

$$\delta_b = \phi_d^4 K_i K_r W_t (12\eta - 7)/(6\pi E) \tag{8.2-68}$$

$$\delta_t = 4\phi_d^2 K_i W_t/(\pi G) \tag{8.2-69}$$

$$K_i = \frac{1}{1 - \left(\dfrac{d_i}{d_1}\right)^4}$$

$$K_r = 1/\cos^2 \alpha_t$$

$$W_t = F_t/b$$

$$\eta = L/b$$

式中　δ——总变形量（mm）；
$\quad \delta_b$——弯曲变形量（mm）；
$\quad \delta_t$——扭转变形量（mm）；
$\quad \phi_d$——宽径比，$\phi_d = b/d_1$；
$\quad d_1$——齿轮分度圆直径（mm）；
$\quad b$——齿轮的有效齿宽（mm）；
$\quad K_i$——齿轮内孔影响系数；
$\quad d_i$——齿轮内孔直径（mm）；
$\quad K_r$——齿轮径向力影响系数；
$\quad \alpha_t$——齿轮端面压力角（°）；
$\quad W_t$——单位齿宽载荷（N/mm）；
$\quad \eta$——轴承跨距与齿宽的比值；
$\quad L$——轴承跨距（mm）；
$\quad E$——齿轮材料的弹性模量（MPa），对于钢制齿轮 $E = 2.06 \times 10^5$ MPa；
$\quad G$——齿轮材料的切变模量（MPa），对于钢制齿轮 $G = 7.95 \times 10^4$ MPa。

（2）人字齿轮齿向弹性变形

对于人字齿轮要分别计算扭矩输入端和自由端两半人字齿轮齿宽范围内的综合变形，其最大值即为总

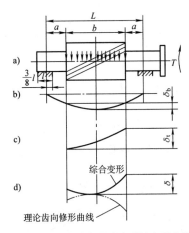

图 8.2-66　单斜齿轮的齿向弹性变形曲线
a）结构简图及载荷分布
b）弯曲变形　c）扭转变形
d）综合变形及理论修形曲线

变形量（见图 8.2-67）。

扭矩输入端总变形量为

$$\delta = \delta_b + \delta_{t1} \tag{8.2-70}$$

自由端总变形量为

$$\delta = \delta_b - \delta_{t2} \tag{8.2-71}$$

其中

$$\delta_b = \frac{\phi_d^4 K_i K_r W_t \left[(12\eta + 2\bar{c}) - 24\bar{c}(1 + \bar{c}) - 7 \right]}{6\pi E}$$
$$\tag{8.2-72}$$

$$\delta_{t1} = 3\phi_d^2 K_i W_t/(\pi G) \tag{8.2-73}$$

$$\delta_{t2} = \phi_d^2 K_i W_t/(\pi G) \tag{8.2-74}$$

$$\bar{c} = \frac{c}{b}$$

$$K_i = \frac{1}{1 - \left(\dfrac{d_i}{d_1}\right)^4}$$

$$K_r = 1/\cos^2 \alpha_t$$

$$W_t = F_t/b$$

$$\eta = L/b$$

式中　δ——总变形量（mm）；
$\quad \delta_b$——弯曲变形量（mm）；
$\quad \delta_{t1}$——扭矩输入端半人字齿轮齿宽范围内最大相对扭转变形量（mm）；
$\quad \delta_{t2}$——自由端半人字齿轮齿宽范围内最大相对

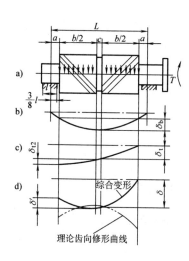

图 8.2-67　人字齿轮的齿向弹性变形曲线

a) 结构简图及载荷分布　b) 弯曲变形

c) 扭转变形　d) 综合变形及理论修形曲线

　　　　扭转变形量(mm);

$\overline{c}$——退刀槽宽与齿宽的比;

c——退刀槽宽(mm);

ϕ_d——宽径比, $\phi_d = b/d_1$;

d_1——齿轮分度圆直径(mm);

　b——齿轮的有效齿宽(mm);

K_i——齿轮内孔影响系数;

d_i——齿轮内孔直径(mm);

K_r——齿轮径向力影响系数;

α_t——齿轮端面压力角(°);

W_t——单位齿宽载荷(N/mm);

η——轴承跨距与齿宽的比值;

L——轴承跨距(mm);

E——齿轮材料的弹性模量 (MPa), 对于钢制齿轮, $E = 2.06 \times 10^5$ MPa;

G——齿轮材料的切变模量 (MPa), 对于钢制齿轮, $G = 7.95 \times 10^4$ MPa。

一般两半人字齿轮的齿向修形量都取转矩输入端的总变形量作为实际齿向修形量。

8.1.5　齿廓弹性变形修形量的确定

齿廓弹性变形修形量主要取决于轮齿受载产生的变形和制造误差, 还要考虑实践经验、工艺条件和实现方便等因素。对于 GB/T 10095—2008 的 4~6 级、齿轮副齿面静态接触良好的渗碳淬火磨齿的渐开线圆柱齿轮, 一般推荐如下三种修形方式, 见表 8.2-143。

表 8.2-143　齿廓弹性变形修形方式和修形量　　　　　　　　　　(mm)

		修　形　量			说　　明
方式一	m_n	1.5~2	2~5	5~10	1)适用于载荷和线速度较低的齿轮传动 2)小齿轮齿顶修形, 大齿轮齿顶倒圆(见图 8.2-68)
	Δ	0.010~0.015	0.015~0.025	0.025~0.040	
	R	0.25	0.50	0.75	
	h	$0.04m_n$			
方式二	Δ_1	$(a+0.04W_t) \times 10^{-3}$	$a=5\sim13$, 一般取中间值 $b=0\sim8$, 一般取中间值 Δ_1、Δ_2 也可以按式(8.2-65)计算, 并考虑基节偏差、齿廓误差等的影响		1)适用于载荷和线速度较高的齿轮传动 2)大、小齿轮齿顶部修形(见图 8.2-69)
	Δ_2	$(b+0.04W_t) \times 10^{-3}$			
	h	$0.04m_n$			
方式三		直齿轮		斜齿轮	1)适用于任何条件 2)小齿轮齿顶、齿根部修形, 大齿轮不修形, 但控制其齿形公差带(见图 8.2-70)
	Δ_{1u}	$(7.5+0.05W_t) \times 10^{-3}$		$(5+0.04W_t) \times 10^{-3}$	
	Δ_{1o}	$(15+0.05W_t) \times 10^{-3}$		$(13+0.04W_t) \times 10^{-3}$	
	Δ_{2u}	$0.05W_t \times 10^{-3}$		$0.04W_t \times 10^{-3}$	
	Δ_{2o}	$(7.5+0.05W_t) \times 10^{-3}$		$(7.5+0.04W_t) \times 10^{-3}$	
	g_a	$p_{bt}\varepsilon_\alpha$			
	g_{aR}	$0.5p_{bt}(1-\varepsilon_\alpha)$			

注: $W_t = \dfrac{F_t}{b}$, 单位齿宽载荷。

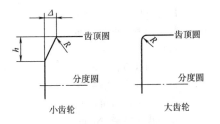

图 8.2-68 齿廓修形方式之一

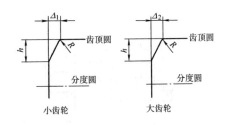

图 8.2-69 齿廓修形方式之二

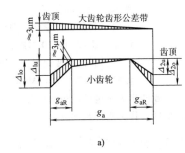

a)

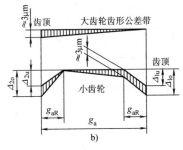

b)

图 8.2-70 齿廓修形方式之三

a)减速传动 b)增速传动

$g_a(=p_{bt}\varepsilon_\alpha)$—啮合线长度 p_{bt}—端面基节 ε_α—端面重合度 g_{aR}—修形长度

8.1.6 齿向弹性变形修形量的确定

齿向弹性变形修形方式和修形量见表 8.2-144。

表 8.2-144 齿向弹性变形修形方式和修形量 （mm）

修形方式	修形量		说明
齿端倒坡 （见图 8.2-71）	$l=0.25b$		适用于采用了配磨工艺的高精度齿轮副,制造误差产生的齿向误差已得到补偿,齿向弹性变形修形主要考虑齿轮轮体的弹性变形
	$l_1=0.15b$		
	$l_2=0.10b$		
鼓形齿修形 （见图 8.2-72）	$\Delta=\delta$	δ 按式(8.2-67)或式(8.2-70)和式(8.2-71)计算 $\delta<0.013mm$ 时, 取 $\Delta=0.013mm$, 此时 $l_2\leqslant32mm$ $\delta>0.035mm$ 时, 重新设计	
	$\Delta_1=\Delta$		
	$\Delta_2=0.00004b$		
齿端修形	齿端修形量	$\Delta=2F_\beta$ 式中 F_β—螺旋线总偏差, 按5级精度取值	适用于低速重载齿轮
	齿端修形长度	$l\leqslant0.1b+5mm$ 式中 b—齿宽	

8.2 齿轮的热变形修形

8.2.1 齿轮的热变形机理

渐开线圆柱齿轮啮合传动时,啮合齿面间和轴承中都会由于摩擦而产生热,引起齿轮的热变形。一般对于节圆线速度小于 100m/s 的齿轮,齿轮的热变形很小,对齿轮的运行影响不大,可以不考虑。但对于节圆线速度大于 100m/s 的高速齿轮传动,特别是单斜齿轮的高速传动,由于啮合作用,喷入齿轮齿槽中的压力油与箱体里的空气组成油气混合体,从啮入端被挤向啮出端,形成沿齿轮轴向高速流动的油气流。油气流与齿面摩擦,产生大量的摩擦热,使轮齿的温度从啮入端到啮出端逐渐升高。郑州机械研究所的高速齿轮测温试验表明,对于不同工况,齿向温度分布特征相同(见图 8.2-73);随着齿轮节圆线速度的提高,轮齿的温度增加,轮齿温度分布的不均匀程度增加(见图 8.2-74)。

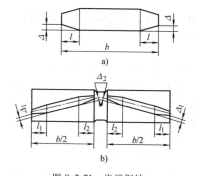

图 8.2-71 齿端倒坡

a）直齿、单斜齿 b）人字齿

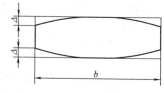

图 8.2-72 鼓形齿修形

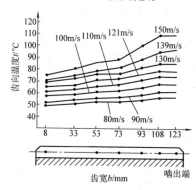

图 8.2-73 齿轮齿向温度分布

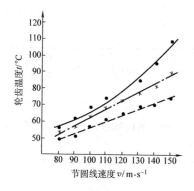

图 8.2-74 轮齿温度
与节圆线速度的关系

——啮出端温度 —·—轮齿中部温度
---啮入端温度

热变形主要对齿轮的齿向产生影响，对齿廓影响很小，所以热变形修形主要是对齿向修形。

8.2.2 齿向的热变形修形量的确定

结合测温试验对齿轮的温度场作如下假设：把高速旋转的齿轮看成是处于稳定温度场中的均质圆柱体，沿齿轮外圆柱面有一个均匀分布的热源，齿轮的热导率是常数；将齿轮沿轴向垂直于轴线切成许多个薄圆盘，对于每个薄圆盘，温度沿轴向不发生变化，即温度场仅与齿轮半径有关。在这样的假设下，齿轮的热应力和热变形是相对于轴线对称的。因此，齿轮的温度分布 t 和径向热变形量 u 可分别表示为

$$t = t_c + (t_s - t_c) r^2 / r_a^2 \qquad (8.2\text{-}75)$$

$$u = (1 + \nu) \frac{\xi}{r} \int_0^r tr\mathrm{d}r + (1 - \nu)\xi \frac{\xi}{r_a^2} \int_0^{r_a} tr\mathrm{d}r$$

$$(8.2\text{-}76)$$

由此得到齿轮的热变形修形量的计算公式为

$$\Delta\delta = 0.5\xi\lambda r_1 (t_{sh} + t_{ch} - t_{s1} - t_{c1}) \sin\alpha_t$$

$$(8.2\text{-}77)$$

式中　$\Delta\delta$——齿向热变形修形量（mm）；

　　　ξ——材料的线胀系数（K^{-1}）；

　　　λ——热变形修正系数，通常取 0.75；

　　　t_{sh}——齿向温度最高点处的外表面温度（℃）；

　　　t_{ch}——齿向温度最高点处的轴心温度（℃）；

　　　t_{s1}——齿向温度最低点处的外表面温度（℃）；

　　　t_{c1}——齿向温度最低点处的轴心温度（℃）；

　　　α_t——端面压力角（°）；

　　　r——齿轮任意一点的半径（mm）；

　　　t——齿轮半径 r 处的温度（℃）；

　　　t_c——齿轮轴心处的温度（℃）；

　　　t_s——齿轮顶圆处的温度（℃）；

　　　ν——齿轮材料的泊松比；

　　　u——齿轮半径 r 处径向热变形（mm）；

　　　r_a——齿轮顶圆半径（mm）；

　　　r_1——齿轮分度圆半径（mm）。

表 8.2-145 中的数据是用式（8.2-77）计算出的热变形修形量。

齿向热变形修形通常采用图 8.2-75 的方式，其中，$\Delta_2 = \Delta\delta$，主要考虑热变形的影响，$\Delta\delta$ 按式（8.2-77）计算。由于式（8.2-77）中的参数计算起来很困难，也可参考表 8.2-145 中的数据确定；$\Delta_1 = \delta$，主要考虑弹性变形的影响，按式（8.2-67）计算，当 $\delta < 0.013\text{mm}$ 时，取 $\Delta_1 = 0.013\text{mm}$；若 $\delta > 0.035\text{mm}$，重新设计。

表 8.2-145 高速齿轮齿向热变形修形量 Δδ

线速度 /(m/s)	热变形修形量 Δδ/mm				
	小齿轮直径/mm				
	100	150	200	250	300
100	0.002	0.003	0.005	0.006	0.007
110	0.003	0.005	0.007	0.008	0.010
120	0.004	0.006	0.008	0.010	0.013
130	0.005	0.007	0.009	0.012	0.015
140	0.006	0.008	0.011	0.014	0.017
150	0.007	0.010	0.013	0.017	0.020

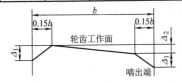

图 8.2-75 高速齿轮齿向热变形修形曲线

8.2.3 齿廓的热变形修形量的确定

由于热变形主要对齿轮的齿向产生影响,对齿廓影响很小,齿廓修形仍按弹性变形修形处理,采用弹性变形修形方式三(见表 8.2-143)。

8.3 考虑空间几何因素引起轮齿啮合歪斜的修形

齿轮在齿宽方向的实际位置相对理论位置的偏离引起啮合歪斜,这将造成齿轮的一端接触,导致偏载,严重影响齿轮的寿命。影响轮齿啮合歪斜的因素很多,就其性质而言可分为三类:

1)空间几何因素,如齿向误差、齿轮轴孔的偏斜误差、轴承径向间隙等。

2)弹性变形。因零部件都不是绝对刚体,在载荷作用下要产生弹性变形,如齿轮的弯曲、扭转和接触变形,轴的弯曲和扭转变形,这些变形将影响齿形在齿宽方向的实际位置。

3)工作条件,如工作温度的不同引起的热变形不均匀等。

上述各因素中,空间几何因素引起的啮合歪斜比其他因素的影响大得多。表 8.2-146 列出了综合考虑弹性变形和空间几何因素影响的齿向修形方法。

表 8.2-146 综合考虑弹性变形和空间几何因素影响的齿向修形方法

	等半径鼓形齿修形 (见图 8.2-76)	带鼓形的螺旋线修形 (见图 8.2-77)	齿端修形 (见图 8.2-78)
鼓形半径 R_e /mm	\multicolumn{3}{c}{$R_e = \dfrac{b_c^2}{2C_c}$}		
修形量 C_c、C_h /μm	当 $\dfrac{b_{cal}}{b} \le 1$ 时,$C_c = \sqrt{\dfrac{2F_n F_{\beta y}}{bc_\gamma}}$ 当 $\dfrac{b_{cal}}{b} > 1$ 时,$C_c = 0.5F_{\beta y} + \dfrac{F_n}{bc_\gamma}$	$C_c = 1.5\dfrac{F_n}{bc_\gamma}$ $C_h = F_{\beta y} - \dfrac{F_n}{bc_\gamma}$	$C_c = A\dfrac{F_n}{bc_\gamma}$ $A = 1 \sim 1.5$
修形中心 b_c /mm	当 $\dfrac{b_{cal}}{b} \le 1$ 时,$b_c = \sqrt{\dfrac{8F_n b}{c_\gamma F_{\beta y}}}$ 当 $\dfrac{b_{cal}}{b} > 1$ 时,$b_c \approx b$	一般取 $b_c = \dfrac{b}{2}$	$b_c = 0.1b$

注:1. b_{cal}——有效接触齿宽,$b_{cal} = \sqrt{\dfrac{n+1}{n}\dfrac{F_n b}{F_{\beta y} c_\gamma}}$ (mm)(见图 8.2-79),当 $\dfrac{F_n}{b} \ge 80$N/mm 时,$n=2$;当 $\dfrac{F_t}{b} < 80$N/mm 时,若 $\dfrac{F_{\beta y}}{b} \ge 1$μm/mm,取 $n=2$;若 $\dfrac{F_{\beta y}}{b} < 1$μm/mm,取 $n=1$。

2. c_γ——齿轮啮合刚度(N/mm·μm),对于基本齿廓符合 GB/T 1356—2001,齿圈和轮辐刚度较大的外啮合齿钢制轮,可近似取 $c_\gamma = 20$N/(mm·μm),详细内容参见本章 4.5.6 节。

3. $F_{\beta y}$——由空间几何因素和弹性变形等引起的,在全齿宽范围内两轮齿在啮合线方向的最大偏离距离(μm)。

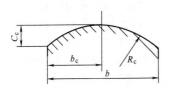

图 8.2-76 等半径鼓形齿修形

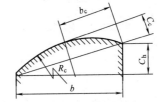

图 8.2-77 带鼓形的螺旋线修形

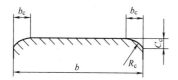

图 8.2-78　齿端修形

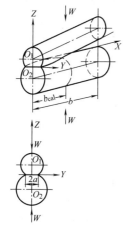

图 8.2-79　有效接触齿宽

在什么情况下采用等半径鼓形齿修形、带鼓形的螺旋线修形或齿端修形，要视具体情况而定。这里提供设计的参考依据：当按鼓形齿修形方式求出的鼓形量近似等于两倍的啮合接触变形时，可直接采用等半径鼓形齿修形；若按鼓形齿修形方式求出的鼓形量比两倍的啮合接触变形大很多时，应选用带鼓形的螺旋线修形，这种修形方式主要解决载荷较小，啮合歪斜较大可能引起的载荷高度集中；若按鼓形齿修形方式求出的鼓形量比两倍的啮合接触变形小很多时，应选用齿端修形。

啮合接触变形可按赫兹公式求出。

将相啮合的一对轮齿看成是以节点的齿廓曲率半径为半径的两个圆柱体（见图 8.2-79），载荷作用下的半接触区宽 a 为

$$a = \sqrt{\frac{4W}{\pi} \frac{r_1 r_2}{r_1 + r_2} \left(\frac{1 - v_1^2}{E_1} + \frac{1 - v_2^2}{E_2} \right)}$$

$$(8.2\text{-}78)$$

对于一对钢制齿轮，$E_1 = E_2 = E$，$v_1 = v_2 = 0.3$

$$a = 1.52 \sqrt{\frac{W}{E} \frac{r_1 r_2}{r_1 + r_2}} \qquad (8.2\text{-}79)$$

啮合接触变形的最大值 δ_c

$$\delta_c = z_1 + z_2 = \left(\frac{1}{2r_1} + \frac{1}{2r_2} \right) a^2 = 1.155 \frac{W}{E}$$

$$(8.2\text{-}80)$$

式中　W——实际单位齿宽载荷（N/mm）；

$\dfrac{b_{cal}}{b} \leqslant 1$ 时，$W = \dfrac{F_n}{b_{cal}} \dfrac{n}{n+1}$。

$\dfrac{b_{cal}}{b} > 1$ 时，$W = \dfrac{F_n}{b} \dfrac{n+1}{n} - \dfrac{W_{min}}{n} \approx \dfrac{F_n}{b_{cal}} \dfrac{n}{n+1}$（见图 8.2-80）。

当 $\dfrac{F_n}{b} \geqslant 80 \text{N/mm}$ 时，$n = 2$。

当 $\dfrac{F_t}{b} < 80 \text{N/mm}$ 时，若 $\dfrac{F_{\beta y}}{b} \geqslant 1 \mu\text{m/mm}$，取 $n = 2$；

若 $\dfrac{F_{\beta y}}{b} < 1 \mu\text{m/mm}$，取 $n = 1$。

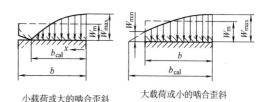

小载荷或大的啮合歪斜　　　　大载荷或小的啮合歪斜

图 8.2-80　偏斜受载变形

8.4　齿轮的齿顶修缘

对于圆周速度较大的齿轮传动，为减少齿轮的啮入、啮出冲击，降低振动噪声，增加传动平稳性，提高抗胶合能力，可通过齿顶修缘来实现。

对于 6~8 级的圆柱齿轮传动，当圆周速度大于表 8.2-147 中数值需要修缘时，推荐使用表 8.2-148 中的数值。

表 8.2-147　外啮合圆柱齿轮的许用圆周速度

齿轮类型	精　度　等　级		
	6 级	7 级	8 级
	圆周速度/m·s^{-1}		
直齿圆柱齿轮	10	6	4
斜齿圆柱齿轮	16	10	6

以下情况不进行齿顶修缘：

1）因修缘的结果，在直齿轮传动中使重合度 $\varepsilon < 1.089$，在斜齿轮传动中使端面重合度 $\varepsilon_\alpha < 1$。

2）当斜齿轮的螺旋角 $\beta > 17°45'$ 时。

对外啮合高变位齿轮传动（$x_1 + x_2 = 0$），齿顶修缘后使重合度（或端面重合度）达到 1.089（直齿）或 1.0（斜齿）的条件，可按图 8.2-81 求得，即此时齿轮的变位系数 x 不得大于按图 8.2-81 求得的数值。

例 8.2-3　一对外啮合高变位直齿圆柱齿轮，$z_1 = 20$。由图可知，当 $x_1 = 0.62$ 时，端面重合度 $\varepsilon_\alpha = 1.089$；如果 $x_1 > 0.62$，则 $\varepsilon_\alpha < 1.089$。

表 8.2-148　齿顶修缘高度和深度　　　　　　　　　　　　　　　　　（mm）

图　　形	精　　度　　等　　级					
	6　　级		7　　级		8　　级	
	m	e	m	e	m	e
	$2 \sim 2.75$	0.01	$2 \sim 2.5$	0.015	$2 \sim 2.75$	0.02
	$3 \sim 4.5$	0.008	$2.75 \sim 3.5$	0.012	$3 \sim 3.5$	0.0175
	$5 \sim 10$	0.006	$3.75 \sim 5$	0.010	$3.75 \sim 5$	0.015
	$11 \sim 16$	0.005	$5.5 \sim 7$	0.009	$5.5 \sim 8$	0.012
			$8 \sim 11$	0.008	$9 \sim 16$	0.010
			$12 \sim 20$	0.007	$18 \sim 25$	0.009
			$22 \sim 30$	0.006	$28 \sim 50$	0.008

注：1. 表中的数值是指在基准齿形上的修缘数值。

　　2. 基准齿形上的修缘部分是一条直线，也允许采用均匀的凸形曲线。

　　3. 在大批量生产中，对于特别重要的传动齿轮以及受工艺要求所限制时，允许改变修缘形状和数值。

　　4. 内啮合齿轮传动也可以应用本表数值。

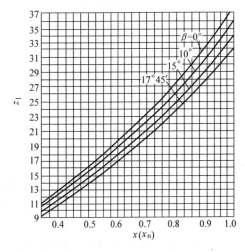

图 8.2-81　高变位齿轮传动在端面重合度
$\varepsilon_\alpha = 1.089$（直齿）和 1.0（斜齿）时，齿数 z_1 与
螺旋角 β 及变位系数 x（x_n）的关系

8.5　齿轮修形示例

例 8.2-4　一对增速传动的齿轮副，最大传递功率 $P = 8400\text{kW}$，齿数 $z_1 = 40$，$z_2 = 107$，模数 $m_n = 6\text{mm}$，螺旋角 $\beta = 11°28'40''$，小齿轮分度圆直径 $d_1 = 244.9\text{mm}$，齿宽 $b = 280\text{mm}$，齿轮轴孔直径 $d_i = 80\text{mm}$，单位齿宽载荷 $W_t = 219\text{N/mm}$，节圆线速度 $v = 136.7\text{m/s}$，轴承支撑跨距 $L = 640\text{mm}$，试确定齿轮的修形方式和修形量。

解：

1）因节圆线速度大于 100m/s，应考虑热变形的影响。齿廓修形采用表 8.2-143 中的方式三，齿向修形采用图 8.2-75 的方式。

2）齿廓修形量确定。

$$\Delta_{1u} = 5\mu\text{m} + 0.04 W_t = 13.76\mu\text{m}$$

$$\Delta_{1o} = 13\mu\text{m} + 0.04 W_t = 21.76\mu\text{m}$$

$$\Delta_{2u} = 0.04 W_t = 8.76\mu\text{m}$$

$$\Delta_{2o} = 7.5\mu\text{m} + 0.04 W_t = 16.26\mu\text{m}$$

$$\alpha_t = \arctan(\tan\alpha_n / \cos\beta)$$
$$= \arctan(\tan 20° / \cos 11°28'40'')$$
$$= 20°22'30''$$

$$d_2 = d_1 \times \frac{z_2}{z_1} = 244.9\text{mm} \times \frac{107}{40}\text{mm} = 655.03\text{mm}$$

$$d_{b1} = d_1 \cos\alpha_t = 244.9\text{mm} \times \cos 20°22'30''$$
$$= 229.58\text{mm}$$

$$d_{b2} = d_2 \cos\alpha_t = 655.03\text{mm} \times \cos 20°22'30''$$
$$= 614.05\text{mm}$$

$$d_{a1} = d_1 + 2h_a = 244.9\text{mm} + 2 \times 6 \times 1\text{mm}$$
$$= 256.9\text{mm}$$

$$d_{a2} = d_2 + 2h_a = 655.03\text{mm} + 2 \times 6 \times 1\text{mm}$$
$$= 667.03\text{mm}$$

$$\alpha_{at1} = \arccos\frac{d_{b1}}{d_{a1}} = \arccos\frac{229.58}{256.9} = 26°39'49''$$

$$\alpha_{at2} = \arccos\frac{d_{b2}}{d_{a2}} = \arccos\frac{614.05}{667.03} = 22°59'20''$$

$$\varepsilon_\alpha = \frac{1}{2\pi}\left[z_1(\tan\alpha_{at1} - \tan\alpha_t) + z_2(\tan\alpha_{at2} - \tan\alpha_t)\right]$$
$$= \frac{1}{2\pi}\left[40(\tan 26°39'49'' - \tan 20°22'30'') + 107(\tan 22°59'20'' - \tan 20°22'30'')\right]$$
$$= 1.7336$$

$$p_{bt} = \pi m_n \cos\alpha_t / \cos\beta$$
$$= \pi \times 6\text{mm} \times \cos 20°22'20'' / \cos 11°28'40''$$
$$= 18.03\text{mm}$$

$$g_a = p_{bt}\varepsilon_a = 18.03\text{mm} \times 1.7336 = 31.25\text{mm}$$

$$g_{aR} = \frac{1}{2} p_{bt} (1 - \varepsilon_\alpha)$$

$$= \frac{1}{2} \times 18.03\text{mm} \times (1 - 1.7336)$$

$$= 6.6\text{mm}$$

齿廓修形曲线如图 8.2-82 所示。

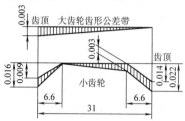

图 8.2-82　齿廓修形曲线

3）齿向修形量确定。

$$\phi_d = b/d_1 = \frac{280}{244.9} = 1.143$$

$$K_i = \frac{1}{1 - \left(\frac{d_i}{d_1}\right)^4} = \frac{1}{1 - \left(\frac{80}{244.9}\right)^4} = 1.0115$$

$$K_r = 1/\cos^2 \alpha_t = 1/\cos^2 20°22'30'' = 1.138$$

$$\eta = L/b = \frac{640}{280} = 2.286$$

$$\delta_b = \phi_d^4 K_i K_r W_t (12\eta - 7)/(6\pi E)$$

$$= \frac{1.143^4 \times 1.0115 \times 1.138 \times 219 \times (12 \times 2.286 - 7)}{6\pi \times 2.06 \times 10^5}\text{mm}$$

$$= 0.00226\text{mm}$$

$$\delta_t = 4\phi_d^2 K_i W_t / (\pi G) = \frac{4 \times 1.143^2 \times 1.0115 \times 219}{\pi \times 7.95 \times 10^4}\text{mm}$$

$$= 0.0046\text{mm}$$

$$\delta = \delta_b + \delta_t = 0.00226\text{mm} + 0.0046\text{mm} = 0.00686\text{mm}$$

因为 $\delta < 0.013$mm，取 $\Delta_1 = 0.013$mm。

根据小齿轮直径和节圆线速度查表 8.2-145，确定 $\Delta_2 = 0.013$mm。

齿向修形曲线如图 8.2-83 所示。

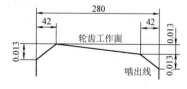

图 8.2-83　齿向修形曲线

例 8.2-5　一对内啮合齿轮副（见图 8.2-84），传递功率 $P_1 = 9.93$kW，转速 $n_1 = 8920$r/min，齿数 $z_1 = 15$，$z_2 = 54$，模数 $m_n = 2$mm，小齿轮分度圆直径 $d_1 = 30$mm，齿宽 $b = 9$mm，轴承支撑跨距 $L_1 = 46$mm，$L_2 = 22$mm，轴承径向热间隙 0.056mm，实测有效接触

齿宽 $b_{cal} = 4$mm，试确定齿轮的修形方式和修形量。

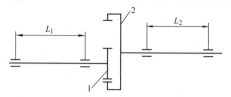

图 8.2-84　内啮合齿轮副
1—小齿轮　2—大齿轮

解：

轴承径向间隙引起的啮合歪斜

$$F_{\beta y1} = \left(\frac{0.056}{46} \times 9 \times \sin 20° + \frac{0.056}{46} \times 9 \times \cos 20°\right)\text{mm}$$

$$= 0.014\text{mm}$$

$$F_{\beta y2} = \left(\frac{0.056}{22} \times 9 \times \sin 20° + \frac{0.056}{22} \times 9 \times \cos 20°\right)\text{mm}$$

$$= 0.0294\text{mm}$$

$$F_{\beta y} = F_{\beta y2} - F_{\beta y1} = 0.0294\text{mm} - 0.014\text{mm}$$

$$= 0.0154\text{mm} = 15.4\mu\text{m}$$

小齿轮传递的转矩

$$T_1 = 9.55 \times 10^6 \times \frac{P_1}{n_1}$$

$$= 9.55 \times 10^6 \times \frac{9.93}{8920}\text{N} \cdot \text{mm}$$

$$= 10631\text{N} \cdot \text{mm}$$

轮齿间的法向力

$$F_n = \frac{2T_1}{d_1 \cos\alpha} = \frac{2 \times 10631}{30 \times \cos 20°}\text{N} = 754\text{N}$$

单位齿宽最大载荷

$$\frac{F_n}{b} = \frac{754}{9}\text{N/mm} = 83.7\text{N/mm} > 80\text{N/mm}，取 n = 2$$

$$W = \frac{F_n}{b_{cal}} \times \frac{n}{n+1} = \frac{754}{4} \times \frac{2}{2+1}\text{N/mm} = 125.7\text{N/mm}$$

啮合接触变形最大值 δ_c

$$\delta_c = 1.155 \frac{W}{E} = 1.155 \times \frac{125.7}{2.06 \times 10^5}\text{mm} = 0.0007\text{mm}$$

$$= 0.7\mu\text{m}$$

因为

$$\frac{b_{cal}}{b} \leqslant 1 \text{ 鼓形量}$$

$$C_c = \sqrt{\frac{2F_n F_{\beta y}}{bc_\gamma}} = \sqrt{\frac{2 \times 754 \times 15.4}{9 \times 20}}\mu\text{m} = 11.36\mu\text{m}$$

因鼓形量比两倍的啮合接触变形大很多，应采用带鼓形的螺旋线修形（见图 8.2-85）

鼓形量

$$C_c = 1.5 \frac{F_n}{bc_\gamma} = 1.5 \times \frac{754}{9 \times 20}\mu\text{m} = 6.28\mu\text{m}$$

螺旋线修形量

$$C_h = F_{\beta y} - \frac{F_n}{bc_\gamma} = 15.4\mu m - \frac{754}{9 \times 20}\mu m = 4.19\mu m$$

修形中心

$$b_c = \frac{b}{2} = \frac{9}{2}mm = 4.5mm$$

鼓形半径

$$R_c = \frac{b_c^2}{2C_c} = \frac{\left(\frac{9}{2}\right)^2}{2 \times 0.00628}mm = 1612mm$$

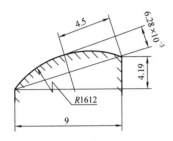

图 8.2-85 带鼓形的螺旋线修形

9 渐开线圆柱齿轮传动设计计算示例及零件工作图例

9.1 设计示例

例 8.2-6 设计图 8.2-86 所示的球磨机的单级圆柱齿轮减速器的斜齿圆柱齿轮传动。已知小齿轮传递的额定功率 $P = 80kW$，小齿轮转速 $n_1 = 730r/min$，齿轮比 $u = 3.11$，单向运转，满载工作时间 35000h。

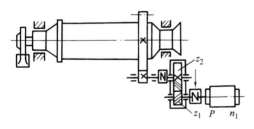

图 8.2-86 球磨机传动简图

解：

（1）选择齿轮材料，确定试验齿轮的疲劳极限应力

参考表 8.2-95、表 8.2-96、表 8.2-100、表 8.2-101，选择齿轮的材料为

小齿轮：38SiMnMo，调质处理，表面硬度 320~340HBW

大齿轮：35SiMn，调质处理，表面硬度 280~300HBW

由图 8.2-15 和图 8.2-32，按 MQ 级质量要求取值，查得

$$\sigma_{Hlim1} = 800MPa，\ \sigma_{Hlim2} = 760MPa$$
$$\sigma_{FE1} = 640MPa，\ \sigma_{FE2} = 600MPa$$

（2）按齿面接触强度初步确定中心距，并初选主要参数

按表 8.2-37

$$a \geqslant 476(u+1)\sqrt[3]{\frac{KT_1}{\phi_a \sigma_{HP}^2 u}}$$

1）小齿轮传递转矩 T_1。

$$T_1 = 9549 \times \frac{P}{n_1} = 9549 \times \frac{80}{730}N \cdot m = 1046N \cdot m$$

2）载荷系数 K。考虑齿轮对称轴承布置，速度较低，冲击负荷较大，取 $K = 1.6$。

3）齿宽系数 ϕ_a。取 $\phi_a = 0.4$。

4）齿数比 u。暂取 $u = i = 3.11$。

5）许用接触应力 σ_{HP}。按表 8.2-37，$\sigma_{HP} = \frac{\sigma_{Hlim}}{S_{Hmin}}$，取最小安全系数 $S_{Hmin} = 1.1$，按大齿轮计算

$$\sigma_{HP2} = \frac{\sigma_{Hlim2}}{S_{Hmin}} = \frac{760}{1.1}MPa = 691MPa。$$

6）将以上数据代入计算中心距的公式。

$$a \geqslant 476 \times (3.11+1)\sqrt[3]{\frac{1.6 \times 1046}{0.4 \times 691^2 \times 3.11}}mm$$
$$= 276.67mm$$

圆整为标准中心距 $a = 300mm$。

7）确定模数。按经验公式

$$m_n = (0.007 \sim 0.02)，a = (0.007 \sim 0.02) \times 300mm$$
$$= 2.1 \sim 6mm$$

取标准模数 $m_n = 4mm$。

8）初取螺旋角 $\beta = 9°$，$\cos\beta = \cos9° = 0.98800$。

9）确定齿数。$z_1 = \frac{2a\cos\beta}{m_n(u+1)} = \frac{2 \times 300 \times 0.988}{4 \times (3.11+1)} = 36.06$

$$z_2 = z_1 u = 36.06 \times 3.11 = 112.15$$

取 $z_1 = 36$，$z_2 = 112$

实际传动比 $i_{实} = \frac{z_2}{z_1} = \frac{112}{36} = 3.111$。

10）精求螺旋角 β。

$$\cos\beta = \frac{m_n(z_1+z_2)}{2a} = \frac{4 \times (36+112)}{2 \times 300} = 0.98667$$

所以 $\beta = 9°22'$。

11）计算分度圆直径。

$$d_1 = \frac{m_n z_1}{\cos\beta} = \frac{4 \times 36}{0.98667}mm = 145.946mm$$

$$d_2 = \frac{m_n z_2}{\cos\beta} = \frac{4 \times 112}{0.98667}\text{mm} = 454.053\text{mm}$$

12）确定齿宽。$b = \phi_a \times a = 0.4 \times 300\text{mm} = 120\text{mm}$

13）计算齿轮圆周速度。

$$v = \frac{\pi d_1 n_1}{60 \times 1000} = \frac{\pi \times 145.946 \times 730}{60 \times 100}\text{m/s} = 5.58\text{m/s}$$

根据齿轮圆周速度，参考表 8.2-108 和表 8.2-109，选择齿轮精度等级为 7 级。

（3）校核齿面接触疲劳强度

根据表 8.2-39

$$\sigma_H = Z_H Z_E Z_{\varepsilon\beta}\sqrt{\frac{F_t}{bd_1}\frac{u+1}{u} K_A \times K_v \times K_{H\beta} \times K_{H\alpha}}$$

1）分度圆上圆周力 F_t。

$$F_t = \frac{2T_1}{d_1} = \frac{2 \times 1046 \times 10^3}{145.946}\text{N} = 14334\text{N}$$

2）使用系数 K_A。参考表 8.2-41，$K_A = 1.5$。

3）动载荷系数 K_v。

根据表 8.2-49 计算传动精度系数 C

$$\begin{aligned}
C_1 &= -0.5048\ln(z_1) - 1.144\ln(m_n) + 2.852 \times \\
&\quad \ln(f_{pt1}) + 3.32 \\
&= -0.5048\ln(36) - 1.144\ln(4) + 2.852 \times \\
&\quad \ln(14) + 3.32 = 7.45
\end{aligned}$$

$$\begin{aligned}
C_2 &= -0.5048\ln(z_2) - 1.144\ln(m_n) + 2.852 \times \\
&\quad \ln(f_{pt2}) + 3.32 \\
&= -0.5048\ln(112) - 1.144\ln(4) + 2.852 \times \\
&\quad \ln(16) + 3.32 = 7.26
\end{aligned}$$

$C = \text{int}(\max\{C_1, C_2\}) = 8$

$B = 0.25(C-5)^{0.667} = 0.520$

$A = 50 + 56(1.0 - B) = 76.88$

$$K_v = \left(\frac{A}{A + \sqrt{200v}}\right)^{-B} = 1.206$$

4）接触疲劳强度计算的齿向载荷分布系数 $K_{H\beta}$。

根据表 8.2-58，装配时检验调整

$$\begin{aligned}
K_{H\beta} &= 1.12 + 0.18 \times \left(\frac{b}{d_1}\right)^2 + 2.3 \times 10^{-4} \times b \\
&= 1.12 + 0.18 \times \left(\frac{120}{145.946}\right)^2 + 2.3 \times 10^{-4} \\
&\quad \times 120 = 1.269
\end{aligned}$$

5）齿间载荷分配系数 $K_{H\alpha}$。

查表 8.2-62，因为 $\dfrac{K_A F_t}{b} = \dfrac{1.5 \times 14334}{120}\text{N/mm} = 179.175\text{N/mm}$，$K_{H\alpha} = 1.1$

6）节点区域系数 Z_H。

查图 8.2-12，$Z_H = 2.47$

7）弹性系数 Z_E。

查表 8.2-64，$Z_E = 189.8\sqrt{\text{MPa}}$

8）接触疲劳强度计算的重合度与螺旋角系数 $Z_{\varepsilon\beta}$。

当量齿数　$z_{v1} = \dfrac{z_1}{\cos^3\beta} = \dfrac{36}{0.98667^3} = 37.5$

$$z_{v2} = \frac{z_2}{\cos^3\beta} = \frac{112}{0.98667^3} = 116.6$$

当量齿轮的端面重合度 $\varepsilon_{\alpha v}$：$\varepsilon_{\alpha v} = \varepsilon_{\alpha I} + \varepsilon_{\alpha II}$

查图 8.2-7，分别得到 $\varepsilon_{\alpha I} = 0.83$，$\varepsilon_{\alpha II} = 0.91$，$\varepsilon_{\alpha v} = 0.83 + 0.91 = 1.74$

查图 8.2-9，$\varepsilon_\beta = 1.55$

查图 8.2-13，$Z_{\varepsilon\beta} = 0.76$

9）将以上数据代入公式计算接触应力。

$$\sigma_H = 2.47 \times 189.8 \times 0.76 \times$$

$$\left(\frac{14334}{120 \times 145.946}\frac{3.11+1}{3.11}\right)^{\frac{1}{2}} \times$$

$$(1.5 \times 1.206 \times 1.269 \times 1.1)^{\frac{1}{2}}\text{MPa}$$

$$= 588.79\text{MPa}$$

10）计算安全系数 S_H。

根据表 8.2-39，有

$$S_H = \frac{\sigma_{Hlim}Z_{NT}Z_L Z_v Z_R Z_W Z_X}{\sigma_H}$$

寿命系数 Z_{NT}：按式（8.2-7），

$$N_1 = 60n_1 kh = 60 \times 730 \times 1 \times 35000 = 1.533 \times 10^9$$

$$N_2 = \frac{N_1}{u} = \frac{1.533 \times 10^9}{3.11} = 4.93 \times 10^8$$

对调质钢（允许有一定的点蚀），查图 8.2-18，$Z_{NT1} = 0.98$，$Z_{NT2} = 1.04$

滑油膜影响系数 Z_L、Z_v、Z_R：查表 8.2-68，因为 $N_1 > N_c$（表 8.2-66），齿轮经滚齿加工，$Rz10 > 0.4\mu m$，滑油膜影响系数 Z_L、Z_v、Z_R 之积（$Z_L Z_v Z_R$）$= 0.85$。

工作硬化系数 Z_W：因小齿轮未硬化处理，齿面未光整，故 $Z_W = 1$。

尺寸系数 Z_X：查图 8.2-23，$Z_{X1} = Z_{X2} = 1.0$

将各参数代入公式计算安全系数 S_H

$$\begin{aligned}
S_{H1} &= \frac{\sigma_{Hlim1}Z_{NT1}Z_L Z_v Z_R Z_{X1}}{\sigma_H} \\
&= \frac{800 \times 0.98 \times 0.85 \times 1}{588.79} = 1.13
\end{aligned}$$

$$S_{H2} = \frac{\sigma_{Hlim2} Z_{NT2} Z_L Z_v Z_R Z_W Z_{X2}}{\sigma_H}$$

$$= \frac{760 \times 1.04 \times 0.85 \times 1 \times 1}{588.79} = 1.14$$

根据表 8.2-71，一般可靠度 $S_{Hmin} = 1.00 \sim 1.10$，$S_H > S_{Hmin}$，故安全。

（4）校核齿根弯曲疲劳强度

根据表 8.2-39，有

$$\sigma_F = \frac{F_t}{b m_n} K_A K_v K_{F\beta} K_{F\alpha} Y_{FS} Y_{\varepsilon\beta}$$

1）弯曲疲劳强度计算的齿向载荷分布系数 $K_{F\beta}$。

根据式（8.2-2）取 $K_{F\beta} = K_{H\beta} = 1.269$

2）弯曲疲劳强度计算的齿间载荷分配系数 $K_{F\alpha}$。

查表 8.2-62，$K_{F\alpha} = 1.1$

3）复合齿形系数 Y_{FS}。

查图 8.2-27，$Y_{FS1} = 4.03$，$Y_{FS2} = 3.96$

4）弯曲疲劳强度计算的重合度与螺旋角系数 $Y_{\varepsilon\beta}$。

查图 8.2-29，$Y_{\varepsilon\beta} = 0.63$

5）将以上数据代入公式计算弯曲应力。

$$\sigma_{F1} = \frac{14334}{120 \times 4} \times 1.5 \times 1.206 \times$$

$$1.269 \times 1.1 \times 4.03 \times 0.63 \text{MPa}$$

$$= 191.45 \text{MPa}$$

$$\sigma_{F2} = \frac{14334}{120 \times 4} \times 1.5 \times 1.206 \times$$

$$1.269 \times 1.1 \times 3.96 \times 0.63 \text{MPa}$$

$$= 188.13 \text{ MPa}$$

6）计算安全系数 S_F。

根据表 8.2-39，$S_F = \dfrac{\sigma_{FE} Y_{NT} Y_{\delta relT} Y_{RrelT} Y_X}{\sigma_F}$

寿命系数 Y_{NT}：对调质钢，查图 8.2-33，$Y_{NT1} =$

0.89，$Y_{NT2} = 0.9$。

相对齿根圆角敏感系数 $Y_{\delta relT}$：根据式（8.2-18），$Y\delta_{relT1} = Y\delta_{relT2} = 1.0$。

相对齿根表面状况系数 Y_{RrelT}：查表 8.2-81，根据齿面粗糙度 $Ra_1 = Ra_2 = 1.6$，$Y_{RrelT1} = Y_{RrelT2} = 1.0$。

弯曲疲劳强度计算的尺寸系数 Y_X：查图 8.2-34，$Y_{X1} = Y_{X2} = 1$。

将各参数代入公式计算安全系数 S_F

$$S_{F1} = \frac{\sigma_{FE1} Y_{NT1} Y_{\delta relT1} Y_{RrelT1} Y_{X1}}{\sigma_{F1}} = \frac{640 \times 0.89 \times 1 \times 1 \times 1}{191.45}$$

$$= 2.97$$

$$S_{F2} = \frac{\sigma_{FE2} Y_{NT2} Y_{\delta relT2} Y_{RrelT2} Y_{X2}}{\sigma_{F2}} = \frac{600 \times 0.9 \times 1 \times 1 \times 1}{188.13}$$

$$= 2.87$$

根据表 8.2-71，高可靠度 $S_{Hmin} = 2.0$，$S_H > S_{Hmin}$，故安全。

（5）齿轮主要几何尺寸

$m_n = 4\text{mm}$，$\beta = 9°22'$

$z_1 = 36$，$z_2 = 112$

$$d_1 = \frac{m_n z_1}{\cos\beta} = \frac{4 \times 36}{0.98667} \text{mm} = 145.946 \text{ mm}$$

$$d_2 = \frac{m_n z_2}{\cos\beta} = \frac{4 \times 112}{0.98667} \text{mm} = 454.053\text{mm}$$

$$d_{a1} = d_1 + 2h_a = 145.946\text{mm} + 2 \times 4\text{mm}$$

$$= 153.946\text{mm}$$

$$d_{a2} = d_2 + 2h_a = 454.053\text{mm} + 2 \times 4\text{mm}$$

$$= 462.053\text{mm}$$

$$b_2 = b = \phi_a \times a = 0.4 \times 300\text{mm} = 120\text{mm}$$

$$b_1 = 125\text{mm}$$

（6）齿轮的结构和零件工作图（略）

9.2　渐开线圆柱齿轮齿轮零件工作图例（见图 8.2-87、图 8.2-88）

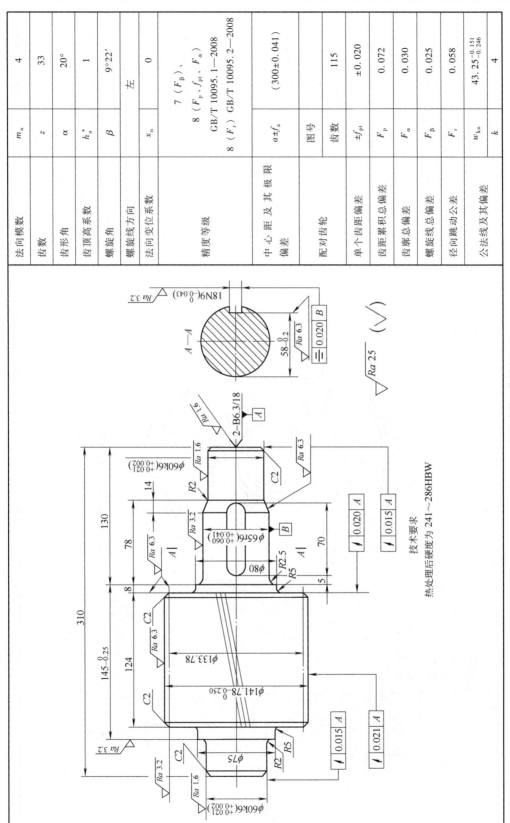

法向模数	m_n	4
齿数	z	33
齿形角	α	20°
齿顶高系数	h_a^*	1
螺旋角	β	9°22′
螺旋线方向		左
法向变位系数	x_n	0
精度等级		7（F_β）、 8（F_p、f_{p1}、F_α） GB/T 10095.1—2008 8（F_r）GB/T 10095.2—2008
中心距及其极限偏差	$a \pm f_a$	（300±0.041）
配对齿轮	图号	115
	齿数	
单个齿距偏差	$\pm f_{p1}$	±0.020
齿距累积总偏差	F_p	0.072
齿廓总偏差	F_α	0.030
螺旋线总偏差	F_β	0.025
径向跳动公差	F_r	0.058
公法线及其偏差	w_{kn}	$43.25_{-0.246}^{-0.151}$
	k	4

图 8.2-87　圆柱齿轮工作图之一

法向模数	m_n	5
齿数	z	121
压力角	α	20°
齿顶高系数	h_a^*	1
螺旋角	β	9°22'
螺旋线方向		右
法向变位系数	x_n	-0.405
精度等级		7 (F_β)、 8 (F_p、f_{pt}、F_α) GB/T 10095.1—2008 8 (F_r) GB/T 10095.2—2008
中心距及其极限偏差	$a \pm f_a$	(350±0.045)
配对齿轮	图号	
	齿数	17
单个齿距偏差	$\pm f_{pt}$	±0.024
齿距累积总偏差	F_p	0.120
齿廓总偏差	F_α	0.038
螺旋线总偏差	F_β	0.027
径向跳动公差	F_r	0.096
弦齿厚及弦齿高	$\bar{s}$	$7.766_{-0.355}^{-0.180}$
	$\bar{h}$	7.049

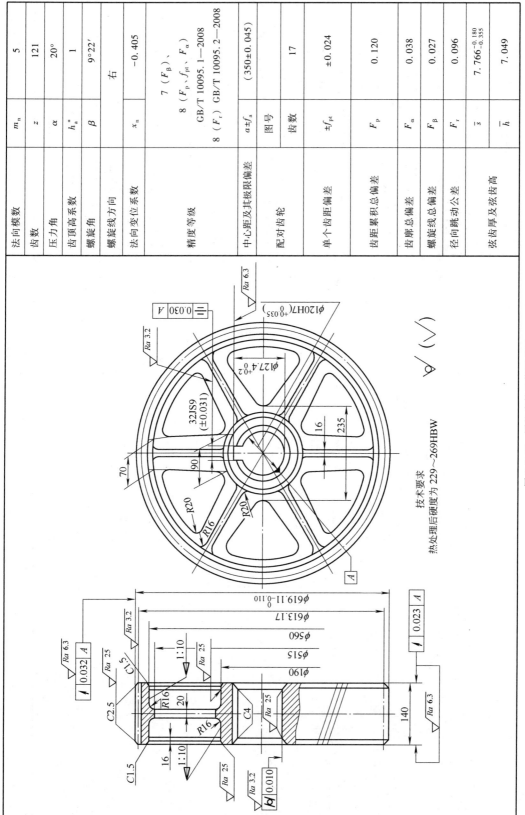

技术要求
热处理后硬度为 229～269HBW

图 8.2-88　圆柱齿轮工作图之二

第3章　圆弧齿轮传动

1　圆弧齿轮传动的类型、特点和应用

圆弧齿轮即圆弧圆柱齿轮，国际上称为 Wildhaber-Novikov 齿轮，简称 W-N 齿轮。与渐开线齿轮相比，圆弧齿轮具有承载能力强、工艺简单、制造成本低和使用寿命长等优点。除不能用于变速机构的滑移齿轮外，大部分设备均可采用。我国自 1958 年开始圆弧齿轮的研究、实验和推广工作，现在圆弧齿轮已广泛应用于冶金轧钢、矿山运输、采油炼油、化工化纤、发电设备、轻工榨糖、建材水泥和交通航运等行业的高低速齿轮传动。目前，低速应用的最大模数为 30mm，高速应用的最大功率为 7700kW，最大圆周速度为 117m/s。

圆弧齿轮传动在我国以中硬齿面和软齿面传动为主，随着渗碳淬火硬齿面双圆弧齿轮滚刮制造技术的研究成功和应用，必将促进圆弧齿轮成型磨齿工艺的研究和发展，进一步提高圆弧齿轮的承载能力和使用寿命。

图 8.3-1 所示为圆弧齿轮传动的外形图，它是一种以圆弧做齿廓的斜齿（或人字齿）轮。为加工方便，一般法向齿廓做成圆弧，而端面齿廓只是近似的圆弧。

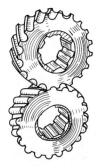

图 8.3-1　圆弧齿轮传动的外形图

按照圆弧齿轮的齿廓组成，圆弧齿轮可分为单圆弧齿轮传动和双圆弧齿轮传动两种形式。单圆弧齿轮传动如图 8.3-2 所示，通常小齿轮的轮齿做成凸圆弧形，大齿轮的轮齿做成凹圆弧形。双圆弧齿轮传动如图 8.3-3 所示，其大、小齿轮均采用同一种齿廓：其齿顶部分的齿廓为凸圆弧，齿根部分的齿廓为凹圆弧，整个齿廓由凸凹圆弧组成。

1.1　单圆弧齿轮传动

图 8.3-4 所示为一对单圆弧齿轮的啮合简图，其中小齿轮采用凸齿，大齿轮采用凹齿。凸齿齿廓的圆心 C 位于节圆上，凹齿齿廓的圆心 M 位于节圆外，

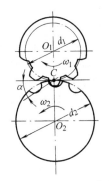

图 8.3-2　单圆弧齿轮传动

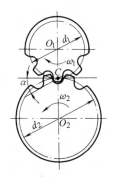

图 8.3-3　双圆弧齿轮传动

并且凹齿齿廓的圆弧半径 ρ_2 比凸齿齿廓的圆弧半径 ρ_1 稍大些，因此理论上两齿廓是点接触，故圆弧齿轮又称圆弧点啮合齿轮。

图 8.3-4 所示为单圆弧齿轮两端面齿廓在 K 点啮合的情况，此时啮合点 K 处的公法线通过节点 C。当小齿轮转过角度 $\Delta\varphi_1$，同时大齿轮以一定的传动比转

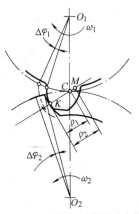

图 8.3-4　一对单圆弧齿轮的啮合简图

过 $\Delta\varphi_2$ 之后(如图中虚线所示),两齿廓之间就一定会出现间隙而脱离接触。显然,若将圆弧齿轮做成直齿轮($\beta = 0°$),则端面重合度 ε_α 为零,是不能实现连续传动的。因此,为了保证连续传动,必须制成斜齿轮,并使纵向重合度 ε_β 大于1。

圆弧齿轮传动的啮合过程如图 8.3-5 所示。当前一对端面齿廓离开瞬时啮合点时,与其相邻的一对端面齿廓将进入啮合,啮合点 K 沿平行于轴线的 KK' 线移动,即两螺旋齿面沿直线 KK' 做相对滚动。直线 KK' 称为啮合线。螺旋线 KK_1、KK_2 是齿面上接触点的轨迹,称为接触迹线。因为各瞬时啮合点的齿廓公法线均通过节点,所以节点 C 将沿着直线 CC' 做轴向移动,直线 CC' 称为节线。

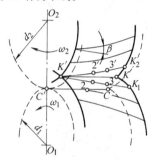

图 8.3-5 圆弧齿轮传动的啮合过程

单圆弧齿轮传动的主要优点是:

1)单圆弧齿轮在理论上为点接触,但实际上经磨合后,在齿廓法面上呈线接触(见图 8.3-6)。在垂直于瞬时接触线 L_n 的截面(n—n)中,当量曲率半径按下式计算

$$\rho_e = \frac{\rho_{\beta1}\rho_{\beta2}}{\rho_{\beta1}+\rho_{\beta2}} = \frac{id_1}{2\,(i+1)\,\sin^2\beta\sin\alpha_n} \quad (8.3\text{-}1)$$

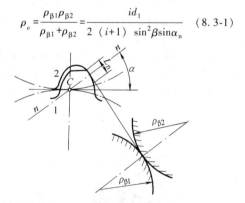

图 8.3-6 单圆弧齿轮传动的接触情况

当接触点处的实际压力角 $\alpha_n = 28°$,在 $\beta = 10° \sim 30°$ 范围内,圆弧齿轮的当量曲率半径比参数与尺寸相同的渐开线齿轮的当量曲率半径约增大 $20 \sim 200$ 倍。因此,虽然圆弧齿轮接触线长度很短,但其齿面接触疲劳强度仍远高于渐开线齿轮。单圆弧齿轮传动的接触疲劳强度承载能力一般比渐开线齿轮高 $1 \sim$ 1.5倍。

2)在齿面上,两接触线沿齿长方向的滚动速度很大,有利于油膜形成,因此摩擦损失小,效率高(可达 $0.99 \sim 0.995$),齿面磨损小。

3)齿面间沿齿高方向各点的相对滑动速度相等,因此齿面磨损均匀,齿面容易磨合,具有良好的磨合性能。

4)圆弧齿轮无根切现象,所以小齿轮齿数可以小($z_{1min} = 6 \sim 8$),其最小齿数主要是受轴的强度及刚度限制。

单圆弧齿轮传动的主要缺点是:

1)圆弧齿轮传动中心距及切齿深的偏差,引起齿高方向接触位置变化,这对于传动承载能力影响较大,因此对中心距及切齿深度的精度要求高。此外,圆弧齿轮对螺旋角 β 的精度要求也高,因为螺旋角误差(齿向偏差)将影响传动的平稳性及齿宽方向的接触情况。

2)一对单圆弧齿轮需用两把滚刀切制凸齿和凹齿,而切制一对渐开线齿轮只需要一把滚刀。

3)轮齿抗弯强度较小。

1.2 双圆弧齿轮传动

如图 8.3-7 所示,双圆弧齿轮传动的大、小齿轮均采用同一种齿廓,其齿廓由两段圆弧组成,齿顶部分为凸圆弧,齿根部分为凹圆弧。因此,双圆弧齿轮传动就相当于两对单圆弧齿轮复合在一起工作。传动过程中,一对是凸齿带动凹齿工作,瞬时接触点 K_T;另一对是凹齿带动凸齿工作,瞬时接触点 K_A。因此,在传动过程中,在节点前后同时有两条啮合线,且瞬时接触点 K_T、K_A 分别沿各自的啮合线做轴向移动。两个瞬时接触点 K_T、K_A 分别位于两个不同的端截面内,其沿轴向的距离 q_{TA} 称为同一齿上两个同时接触点的轴向距离。正因为一对齿面有两点在两条啮合线上同时接触,故又称这种传动为双啮合线传动。

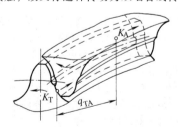

图 8.3-7 双圆弧齿轮传动啮合示意图

按基本齿廓的形式,目前在生产中应用的双圆弧齿轮有公切线式和分阶式两种。图 8.3-8a 是公切线式双圆弧齿轮的基本齿廓,其齿顶部分的凸圆弧和齿根部分的凹圆弧是由一小段公切线连接起来。用这种

基本齿廓的滚刀滚切出来的齿轮在节线附近的过渡齿廓为渐开线。实践证明，经过磨合以后，这段过渡齿廓也参与了啮合，并很容易产生点蚀。此外，这种双圆弧齿轮传动，虽然接触疲劳强度和弯曲疲劳强度较单圆弧齿轮传动为高，但在提高齿根弯曲疲劳强度方面还没有充分发挥双圆弧齿轮的优越性。

图 8.3-8b 为分阶式双圆弧齿轮的基本齿廓。与公切线式双圆弧齿轮相比，其齿顶（凸齿）部分的齿厚减小了，而齿根（凹齿）部分的齿厚增大了。因此，凸凹齿形间的非工作齿面形成了一个台阶，此处的过渡曲线是一小段圆弧。这种齿形在啮合时，非工作齿面间形成了一个较大的空隙，避免了非工作齿面接触的缺陷。此外，由于齿根厚度加大了，因此齿根抗弯强度较公切线式圆弧齿轮提高了。而且若节圆齿厚比 $\dfrac{s_2}{s_1}$ 选择适当，可使齿腰和齿根的抗弯强度大致相等，从而获得最大的承载能力。分阶式双圆弧齿轮的承载能力大概比单圆弧齿轮高 $40\% \sim 60\%$。由于分阶式双圆弧齿轮传动具有一系列优点而受到各国齿轮界的普遍重视。

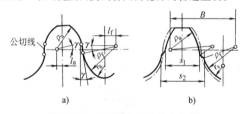

图 8.3-8　双圆弧齿轮的基本齿廓
a）公切线式　b）分阶式

和单圆弧齿轮传动比较，双圆弧齿轮传动具有下列特点：

1）弯曲疲劳强度高。在几何参数相同的条件下，同时参加工作的接触点数量增加一倍，相应地每个接触点所分担的载荷在理论上将只有一半，因此双圆弧齿轮的强度比较高。齿形设计恰当时，其弯曲疲劳强度承载能力较渐开线齿轮可提高 30%。

2）接触疲劳强度高。除接触点增多外，磨合后所形成的两条瞬时接触线的总长也比单圆弧齿轮长，并且压力角一般比单圆弧齿轮取得小，因此双圆弧齿轮的接触疲劳强度比单圆弧齿轮有显著提高。

3）双圆弧齿轮传动的两个齿轮均采用齿顶为凸齿、齿根为凹齿的凸-凹齿形，因此一对齿轮可用同一把滚刀加工。

4）双圆弧齿轮传动较平稳，振动、噪声都比单圆弧齿轮小。

和单圆弧齿轮一样，双圆弧齿轮对于中心距偏差、切齿深度偏差以及滚刀齿形压力角偏差的敏感性较大。在设计、制造和装配时，同样应予充分注意。

2　圆弧齿轮传动的啮合特性

齿轮传动的啮合特性是检查齿轮传动平稳性的重要质量指标。为保证齿轮连续平稳地传动，不仅要求一对轮齿齿面能够实现定传动比传动，而且要求传动时各对轮齿的"衔接"也要平稳，这就要由重合度来保证。合理地选择重合度不仅能保证传动的平稳性，而且能提高传动的承载能力，这在双圆弧齿轮传动中尤为突出。

2.1　单圆弧齿轮传动的啮合特性

单圆弧齿轮传动，经磨合后在端面内为瞬时接触，传动的连续性和平稳性是靠纵向重合度 ε_β 保证的，ε_β 值可由式（8.3-2）计算

$$\varepsilon_\gamma = \varepsilon_\beta = \frac{b}{p_x} = \frac{b\sin\beta}{p_n} = \frac{b\sin\beta}{\pi m_n} > 1 \qquad (8.3-2)$$

式中　b——齿宽；

　　　　p_x——轴向齿距；

　　　　p_n——法向齿距；

　　　　β——螺旋角。

各尺寸及 β 角见图 8.3-9。

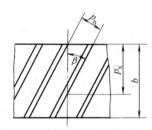

图 8.3-9　单圆弧齿轮分度圆柱展开图

由上式可知，只要选择较大的螺旋角 β，即使齿宽 b 一定，也能获得足够大的重合度 ε_γ。但 β 的选取还应考虑轮齿强度、轴承寿命、传动效率等因素。

2.2　双圆弧齿轮传动的啮合特性

讨论双圆弧齿轮传动的啮合特性问题，要比讨论单圆弧齿轮复杂，因为双圆弧齿轮传动的啮合特性必须用两个指标才能表达全面，这两个指标是多点啮合系数和多对齿啮合系数。在分析这两个系数之前，应该先求得同一工作齿面上两个同时接触点间的轴向距离 q_{TA}。

2.2.1　同一工作齿面上两个同时接触点间的轴向距离 q_{TA}

根据两齿面在接触点处的公法线必须与节线相交，可以由图 8.3-10 近似地求得工作齿面上同时接

触的两点 K_T、K_A 在轴向的距离 q_{TA} 为

$$q_{TA} = \frac{0.5\pi m_n + 2l_a - 0.5j_n + 2x_a\cot\alpha_n}{\sin\beta} -$$

$$2\left(\rho_a + \frac{x_\alpha}{\sin\alpha_n}\right)\cos\alpha_n\sin\beta \qquad (8.3\text{-}3)$$

式中 j_n——法向侧隙。

q_{TA} 与轴向齿距 p_x 的比值称为双点距离系数 λ

$$\lambda = \frac{q_{TA}}{p_x} \qquad (8.3\text{-}4)$$

λ 不仅由齿形参数决定，而且随螺旋角 β 的改变而变化。

2.2.2 多点啮合系数

在齿轮传动的过程中，轮齿同时接触的点数将周期地改变。若齿轮的工作齿宽 $b = mp_x + \Delta b$（m 为整数，Δb 为尾数），则在转过一齿的范围内，可能有 $2m$ 点、$2m+1$ 点、$2m+2$ 点接触。相应接触点数工作时，所转过的节圆弧长与齿距之比称为多点啮合系数，分别记作 ε_{2md}、$\varepsilon_{(2m+1)d}$、$\varepsilon_{(2m+2)d}$。根据 Δb 与 q_{TA} 的大小，多点啮合系数分为三种情况，按表 8.3-1 进行计算。

例如，对于图 8.3-10 所示情况，$\Delta b < (p_x - q_{TA})$，因此，$\varepsilon_{2d} = 1 - \frac{2\Delta b}{p_x}$，$\varepsilon_{3d} = 2\frac{\Delta b}{p_x}$。

表 8.3-1 多点啮合系数计算公式

啮合系数名称	代号	情况 I 当 $\Delta b \leqslant (p_x - q_{TA})$ 时	情况 II 当 $(p_x - q_{TA}) < \Delta b < q_{TA}$ 时	情况 III 当 $\Delta b \geqslant q_{TA}$ 时
$2m$ 点啮合系数	ε_{2md}	$1 - \dfrac{2\Delta b}{p_x}$	$\dfrac{q_{TA} - \Delta b}{p_x}$	—
$(2m+1)$ 点啮合系数	$\varepsilon_{(2m+1)d}$	$\dfrac{2\Delta b}{p_x}$	$\dfrac{2(p_x - q_{TA})}{p_x}$	$2 - \dfrac{2\Delta b}{p_x}$
$(2m+2)$ 点啮合系数	$\varepsilon_{(2m+2)d}$	—	$\dfrac{\Delta b - (p_x - q_{TA})}{p_x}$	$\dfrac{2\Delta b}{p_x} - 1$

2.2.3 多对齿啮合系数

传动工作中，同时工作的齿的对数也是周期地改变的。在转过一齿的范围内，可能有 m 对齿、$(m+1)$ 对齿、$(m+2)$ 对齿参加工作。相应的齿对数工作时，所转过的节圆弧长与周节之比称为多对齿啮合系数，记作 ε_{mz}、$\varepsilon_{(m+1)z}$、$\varepsilon_{(m+2)z}$。按照 Δb 的大小，多对齿啮合系数可分为两种情况，按表 8.3-2 计算。

表 8.3-2 多对齿啮合系数计算公式

啮合系数名称	代号	情况 I 当 $\Delta b \leqslant (p_x - q_{TA})$ 时	情况 II 当 $\Delta b > (p_x - q_{TA})$ 时
m 对齿啮合系数	ε_{mz}	$1 - \dfrac{q_{TA} + \Delta b}{p_x}$	—
$(m+1)$ 对齿啮合系数	$\varepsilon_{(m+1)z}$	$\dfrac{q_{TA} + \Delta b}{p_x}$	$2 - \dfrac{q_{TA} + \Delta b}{p_x}$
$(m+2)$ 对齿啮合系数	$\varepsilon_{(m+2)z}$	—	$\dfrac{q_{TA} + \Delta b}{p_x} - 1$

图 8.3-10 所示情况，$\Delta b \leqslant (p_x - q_{TA})$，所以 $\varepsilon_{1z} = 1 - \dfrac{q_{TA} + \Delta b}{p_x}$，$\varepsilon_{2z} = \dfrac{q_{TA} + \Delta b}{p_x}$。其最少工作的齿对数为一对，因此在进行强度计算时，应按一对齿、两点啮合情况考虑。

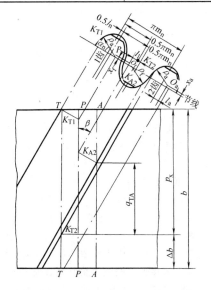

图 8.3-10 双圆弧齿轮接触点轴向距离

2.2.4 齿宽 b 的确定

双圆弧齿轮传动，存在多对齿啮合和多点啮合，情况比较复杂。因此，当要求有不同的啮合齿对数和不同的接触点数时，其最小齿宽 b_{min} 也不同。双圆弧齿轮最小齿宽 b_{min} 按表 8.3-3 计算。

表 8.3-3　最小齿宽计算表

设 计 要 求	计 算 公 式
至少 m 对齿，$2m$ 个接触点同时工作	$b_{min} = mp_x$
至少 m 对齿，$2m-1$ 个接触点同时工作	$b_{min} = (m+\lambda-1)p_x$
至少 m 对齿，$2m-2$ 个接触点同时工作	$b_{min} = (m-\lambda)p_x$

例如，至少两对齿两点接触，其最小齿宽

$$b_{min} = (m-\lambda)p_x = (2-\lambda)p_x$$

至少两对齿三点接触，其最小齿宽

$$b_{min} = (m+\lambda-1)p_x = (1+\lambda)p_x$$

齿宽 b 按下式确定：

$$b = b_{min} + \Delta b \qquad (8.3-5)$$

推荐最小齿宽按下式选择：

$$b_{min} = (m-\lambda)p_x \qquad (8.3-6)$$

Δb 按下式选择：

$$\Delta b = (0.25 \sim 0.35)p_x \qquad (8.3-7)$$

3　圆弧齿轮的基本齿廓及模数系列

圆弧齿轮的基本齿廓是指基齿条的法向齿廓。如以基齿条的齿为槽，或以基齿条的槽为齿所得到的齿廓，即为滚刀的法向齿廓。

3.1　单圆弧齿轮的基本齿廓

"67 型"单圆弧齿轮滚刀的法向齿廓及其参数见表 8.3-4。

表 8.3-4　"67 型"单圆弧齿轮滚刀的法向齿廓及其参数

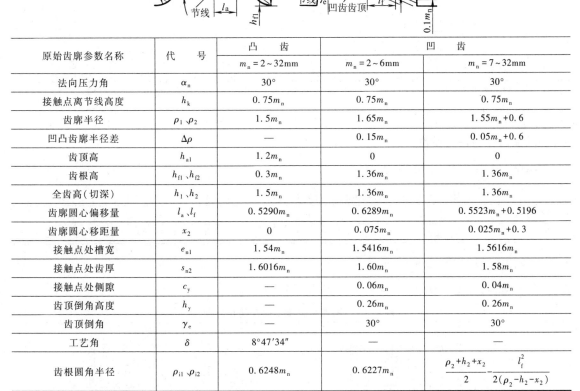

原始齿廓参数名称	代　号	凸　齿	凹　齿	
		$m_n = 2 \sim 32\text{mm}$	$m_n = 2 \sim 6\text{mm}$	$m_n = 7 \sim 32\text{mm}$
法向压力角	α_n	30°	30°	30°
接触点离节线高度	h_k	$0.75m_n$	$0.75m_n$	$0.75m_n$
齿廓半径	$\rho_1 、\rho_2$	$1.5m_n$	$1.65m_n$	$1.55m_n+0.6$
凹凸齿廓半径差	$\Delta\rho$	—	$0.15m_n$	$0.05m_n+0.6$
齿顶高	h_{a1}	$1.2m_n$	0	0
齿根高	$h_{f1} 、h_{f2}$	$0.3m_n$	$1.36m_n$	$1.36m_n$
全齿高（切深）	$h_1 、h_2$	$1.5m_n$	$1.36m_n$	$1.36m_n$
齿廓圆心偏移量	$l_a 、l_f$	$0.5290m_n$	$0.6289m_n$	$0.5523m_n+0.5196$
齿廓圆心移距量	x_2	0	$0.075m_n$	$0.025m_n+0.3$
接触点处槽宽	e_{n1}	$1.54m_n$	$1.5416m_n$	$1.5616m_n$
接触点处齿厚	s_{n2}	$1.6016m_n$	$1.60m_n$	$1.58m_n$
接触点处侧隙	c_y	—	$0.06m_n$	$0.04m_n$
齿顶倒角高度	h_y	—	$0.26m_n$	$0.26m_n$
齿顶倒角	γ_e	—	30°	30°
工艺角	δ	8°47′34″	—	—
齿根圆角半径	$\rho_{i1} 、\rho_{i2}$	$0.6248m_n$	$0.6227m_n$	$\dfrac{\rho_2+h_2+x_2}{2} - \dfrac{l_f^2}{2(\rho_2-h_2-x_2)}$

3.2　双圆弧齿轮的基本齿廓（摘自 GB 12759—1991）

双圆弧圆柱齿轮基本齿廓的国家标准（GB 12759—1991）适用于法向模数 $m_n = 1.5 \sim 50\text{mm}$ 的双圆弧圆柱齿轮及其传动，其基本齿廓及其参数见表 8.3-5。

表 8.3-5　双圆弧圆柱齿轮的基本齿廓及其参数（摘自 GB 12759—1991）

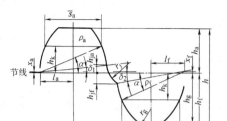

代号：α—压力角；h—全齿高；h_a—齿顶高；h_f—齿根高；ρ_a—凸齿齿廓圆弧半径；ρ_f—凹齿齿廓圆弧半径；x_a—凸齿齿廓圆心移距量；x_f—凹齿齿廓圆心移距量；$\bar{s}_a$—凸齿接触点处弦齿厚；h_k—接触点到节线的距离；l_a—凸齿齿廓圆心偏移量；l_f—凹齿齿廓圆心偏移量；h_{ja}—过渡圆弧和凸齿圆弧的切点到节线的距离；h_{jf}—过渡圆弧和凹齿圆弧的交点到节线的距离；e_f—凹齿接触点处槽宽；$\bar{s}_f$—凹齿接触点处弦齿厚；δ_1—凸齿工艺角；δ_2—凹齿工艺角；r_j—过渡圆弧半径；r_g—齿根圆弧半径；h_g—齿根圆弧和凹齿圆弧的切点到节线的距离；j—侧向间隙

法向模数	基本齿廓的参数										
m_n/mm	α	h^*	h_a^*	h_f^*	ρ_a^*	ρ_f^*	x_a^*	x_f^*	$\bar{s}_a^*$	h_k^*	l_a^*
1.5~3	24°	2	0.9	1.1	1.3	1.420	0.0163	0.0325	1.1173	0.5450	0.6289
>3~6	24°	2	0.9	1.1	1.3	1.410	0.0163	0.0285	1.1173	0.5450	0.6289
>6~10	24°	2	0.9	1.1	1.3	1.395	0.0163	0.0224	1.1173	0.5450	0.6289
>10~16	24°	2	0.9	1.1	1.3	1.380	0.0163	0.0163	1.1173	0.5450	0.6289
>16~32	24°	2	0.9	1.1	1.3	1.360	0.0163	0.0081	1.1173	0.5450	0.6289
>32~50	24°	2	0.9	1.1	1.3	1.340	0.0163	0.0000	1.1173	0.5450	0.6289

法向模数	基本齿廓的参数									
m_n/mm	l_f^*	h_{ja}^*	h_{jf}^*	e_f^*	$\bar{s}_f^*$	δ_1	δ_2	r_j^*	r_g^*	h_g^*	j^*
1.5~3	0.7086	0.16	0.20	1.1773	1.9643	6°20′52″	9°25′31″	0.5049	0.4030	0.9861	0.06
>3~6	0.6994	0.16	0.20	1.1773	1.9643	6°20′52″	9°19′30″	0.5043	0.4004	0.9883	0.06
>6~10	0.6957	0.16	0.20	1.1573	1.9843	6°20′52″	9°10′21″	0.4884	0.3710	1.0012	0.04
>10~16	0.6820	0.16	0.20	1.1573	1.9843	6°20′52″	9°0′59″	0.4877	0.3663	1.0047	0.04
>16~32	0.6638	0.16	0.20	1.1573	1.9843	6°20′52″	8°48′11″	0.4868	0.3595	1.0095	0.04
>32~50	0.6455	0.16	0.20	1.1573	1.9843	6°20′52″	8°35′01″	0.4858	0.3520	1.0145	0.04

注：表中带 * 号的尺寸参数是该尺寸与法向模数 m_n 的比值，用这些比值乘以法向模数 m_n 即得该尺寸值，例如，$h^* m_n = h$，$\rho_a^* m_n = \rho_a$ 等。

3.3　圆弧齿轮的法向模数系列

圆弧齿轮的法向模数 m_n 系列见表 8.3-6。

表 8.3-6　圆弧齿轮的法向模数 m_n 系列（摘自 GB/T 1840—1989）　　　　　（mm）

第一系列	1.5		2		2.5		3	4	5	6	8	10	12	16	20	25	32	40	50
第二系列				2.25		2.75	3.5	4.5	5.5	7	9			14	18	22	28	36	45

4　圆弧齿轮传动的几何尺寸计算

单圆弧齿轮传动及双圆弧齿轮传动的几何尺寸计算见表 8.3-7。

表 8.3-7　圆弧齿轮传动的几何尺寸计算

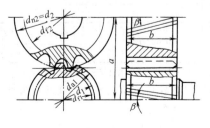

单圆弧齿轮

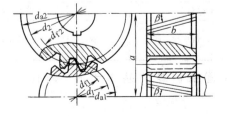

双圆弧齿轮

（续）

名　称	代号	计 算 公 式	
		单圆弧齿轮	双圆弧齿轮
中心距	a	$a = \dfrac{1}{2}(d_1 + d_2) = \dfrac{m_n(z_1 + z_2)}{2\cos\beta}$ 由强度计算或结构设计确定,减速器 a 取标准值	
法向模数	m_n	由轮齿弯曲疲劳强度计算或结构设计确定,取标准值（见表 8.3-6）	
齿数和	z_Σ	$z_\Sigma = z_1 + z_2 = \dfrac{2a\cos\beta}{m_n}$ 初选螺旋角,斜齿轮 $\beta = 10° \sim 20°$;人字齿轮 $\beta = 25° \sim 35°$	
齿数	z	$z_1 = \dfrac{z_\Sigma}{1+i} = \dfrac{2a\cos\beta}{(1+i)m_n}$;$z_2 = iz_1$ 式中　i—给定的传动比;齿数取整数	
螺旋角	β	$\cos\beta = \dfrac{m_n(z_1 + z_2)}{2a}$ 准确到秒	
轴向齿距	p_x	$p_x = \dfrac{\pi m_n}{\sin\beta}$	
齿宽	b	$b = \phi_a a$ 或按要求的轴向重合度确定 $b = \dfrac{\pi m_n \varepsilon_\beta}{\sin\beta}$	或按要求的接触点数确定 $b = b_{min} + (0.25 \sim 0.35)p_x$ b_{min} 见表 8.3-3
纵向重合度	ε_β	$\varepsilon_\beta = \dfrac{b}{p_x} = \dfrac{b\sin\beta}{\pi m_n}$	
接触点距离系数	λ	$\lambda = \dfrac{q_{TA}}{p_x}$;$q_{AT}$ 由式 8.3-3 计算	
总重合度	ε_γ	$\varepsilon_\gamma = \varepsilon_\beta$	$\varepsilon_\gamma = \varepsilon_\beta + \lambda$
分度圆直径	d	$d = m_t z = \dfrac{m_n z}{\cos\beta}$	
齿顶高	h_a	凸齿　$h_{a1} = 1.2m_n$ 凹齿　$h_{a2} = 0$	$h_a = 0.9m_n$
齿根高	h_f	凸齿　$h_{f1} = 0.3m_n$ 凹齿　$h_{f2} = 1.36m_n$	$h_f = 1.1m_n$
全齿高	h	凸齿　$h_1 = h_{a1} + h_{f1} = 1.5m_n$ 凹齿　$h_2 = h_{a2} + h_{f2} = 1.36m_n$	$h = h_a + h_f = 2m_n$
齿顶圆直径	d_a	凸齿　$d_{a1} = d_1 + 2h_{a1} = d_1 + 2.4m_n$ 凹齿　$d_{a2} = d_2$	$d_a = d + 2h_a = d + 1.8m_n$
齿根圆直径	d_f	凸齿　$d_{f1} = d_1 - 2h_{f1} = d_1 - 0.6m_n$ 凹齿　$d_{a2} = d_2 - h_{f2} = d_2 - 2.72m_n$	$d_f = d - 2h_f = d - 2.2m_n$
齿端修薄量 修薄宽度 （见附图 a）	Δs b_{end}	$\Delta s = (0.01 \sim 0.02)m_n$　　　$b_{end} = (0.1 \sim 0.2)p_x$ $\varepsilon_\beta \geqslant 3$ 时,小齿轮齿端必须修薄,修薄量和修薄宽度啮入端稍大;螺旋角大时取较大系数。 不修薄齿轮的有效齿宽应保证总重合度大于某一整数	
接触点处弦齿厚 （见附图 b）	$\bar{s}_k$	凸齿　$\bar{s}_{ak} = 2\rho_a \cos(\alpha + \delta_{ak}) - (z_v m_n + 2x_a)\sin\delta_{ak}$ 凹齿　$\bar{s}_{fk} = z_v m_n \sin\left(\dfrac{\pi}{z_v} + \delta_{fk}\right) - 2\left(\rho_f - \dfrac{x_f}{\sin\alpha}\right)\cos\left(\alpha - \dfrac{\pi}{z_v} - \delta_{fk}\right)$ 式中　$\delta_{ak} = \dfrac{2l_a}{z_v m_n + 2x_a}$　　$\delta_{fk} = \dfrac{2(l_f - x_f\cot\alpha)}{z_v m_n}$ 以上公式对于单、双圆弧齿轮均适用	

（续）

名　称	代号	计算公式	
		单圆弧齿轮	双圆弧齿轮
接触点处弦齿高 （见附图 b）	$\bar{h}_k$	凸齿　$\bar{h}_{ak}=h_a-h_k+\dfrac{(0.5\bar{s}_{ak})^2}{z_v m_n+2h_k}$ $h_k=\left(0.75+\dfrac{1.688}{z_v+1.5}\right)m_n$　$\bigm|$　$h_k=\left(0.545+\dfrac{1.498}{z_v+1.09}\right)m_n$ 凹齿　$\bar{h}_{fk}=h_a+h_k+\dfrac{(0.5\bar{s}_{fk})^2}{z_v m_n-2h_k}$ $h_k=\left(0.75-\dfrac{1.688}{z_v-1.5}\right)m_n$　$h_k=\left(0.545-\dfrac{1.498}{z_v-1.09}\right)m_n$	
弦齿深（法面） （见附图 c、d）	$\bar{h}$	$\bar{h}=h-h_g+\dfrac{1}{2}(d_a'-d_a)$ 式中，h 为全齿高；d_a、d_a' 为齿顶圆直径及其实测值；h_g 为弓高 　对于单圆弧齿轮凸齿和双圆弧齿轮　$h_g=\dfrac{1}{4}(z_v m_n+2h_a)\left(\dfrac{\pi}{z_v}-\dfrac{s_a}{z_v m_n+2h_a}\right)^2$ 式中，s_a 为齿顶厚。随齿数减少而变窄，可拟合如下： 　单圆弧齿轮凸齿 $s_a=\left(0.742-\dfrac{0.43}{z_v}\right)m_n$，双圆弧齿轮 $s_a=\left(0.6491-\dfrac{0.61}{z_v}\right)m_n$ 式中，h_a 为凸齿齿顶高；z_v 为当量齿数 　对于单圆弧齿轮凹齿　$h_{g2}=\left[\sqrt{\rho_f^2-(h_y+x_f)^2}+h_y\tan\gamma_e-l_f\right]^2\dfrac{1}{z_v m_n}$ 　当 $m_n=2\sim6mm$ 时　$h_{g2}=\dfrac{1.285m_n\cos^3\beta}{z_2}$ 　当 $m_n=7\sim32mm$ 时　$h_{g2}=\dfrac{(1.25m_n+0.08)\cos^3\beta}{z_1}$	
公法线跨齿数	k	凸齿　$k_a=\dfrac{z}{\pi}\left(\alpha_t+\dfrac{1}{2}\tan^2\beta\sin2\alpha_t\right)+\dfrac{2}{\pi}\left(\dfrac{l_a}{m_n}+\dfrac{x_a\cot\alpha}{m_n}\right)+1$　取整数 凹齿　$k_f=\dfrac{z}{\pi}\left(\alpha_t+\dfrac{1}{2}\tan^2\beta\sin2\alpha_t\right)-\dfrac{2}{\pi}\left(\dfrac{l_f}{m_n}-\dfrac{x_f\cot\alpha}{m_n}\right)$　取整数 式中，α_t 为理论接触点处的端面压力角，$\tan\alpha_t=\dfrac{\tan\alpha}{\cos\beta}$，$\alpha$ 为基本齿廓压力角	
公法线长度 （见附图 e）	w_k	凸齿　$w_{ka}=\dfrac{d\sin^2\alpha_{ta}+2x_a}{\sin\alpha_n}+2\rho_a$ 凹齿　$w_{kf}=\dfrac{d\sin^2\alpha_{tf}+2x_f}{\sin\alpha_n}-2\rho_f$ 式中　α_n—测点法向压力角，$\tan\alpha_n=\tan\alpha_t\cos\beta$ 　　　α_t—测点端面压力角，求解超越方程（α_{ta}、α_{tf} 单位为 rad） 凸齿　$\alpha_{ta}=M_a-B\sin2\alpha_{ta}-Q_a\cot\alpha_{ta}$ 凹齿　$\alpha_{tf}=M_f-B\sin2\alpha_{tf}-Q_f\cot\alpha_{tf}$ 式中　$M_a=\dfrac{1}{z}\left[(k_a-1)\pi-\dfrac{2l_a}{m_n}\right]$，$M_f=\dfrac{1}{z}\left(k_f\pi+\dfrac{2l_f}{m_n}\right)$ 　　　$B=\dfrac{1}{2}\tan^2\beta$，$Q_a=\dfrac{2x_a}{zm_n\cos\beta}$，$Q_f=\dfrac{2x_f}{zm_n\cos\beta}$ 　用迭代法解上述超越方程时，可取公式右边的 α_t 的初值为 α_{t0}。计算出公式左边的 α_t，再取作公式右边 α_t 的值，重复计算，直到误差在 $1''$ 以内为止，计算精度应为小数第五位 　公法线长度测量时，工作齿宽 b 应大于 b_{min} $$b_{min}=\dfrac{1}{2}d\sin2\alpha_t\tan\beta+5$$	
齿根圆斜径 （见附图 f）	L_f	当齿数为偶数时，推荐测量齿根圆直径 d_f，当齿数为奇数时，可测量齿根斜径 L_f $$L_f=d_f\cos\dfrac{90°}{z}$$	

（续）

名　称	代　号	计　算　公　式	
		单圆弧齿轮	双圆弧齿轮
螺旋线波度的波长（见附图 g）	l	沿螺旋线测量螺旋线波度时，按下式计算波长 l：$$l = \frac{\pi d}{z_k \sin\beta} = \frac{2\pi m_n z}{z_k \sin 2\beta}$$式中，z_k 为滚齿机分度蜗轮齿数；d 为工件分度圆直径	

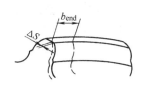

a）齿端修薄量及修薄宽度

b）接触点处弦齿厚及弦齿高

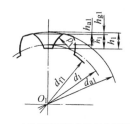

c）凸齿圆弧齿轮的弦齿深 $\bar{h}_1$

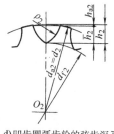

d）凹齿圆弧齿轮的弦齿深 $\bar{h}_2$

e）公法线长度

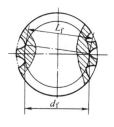

f）齿根圆斜径 L_f

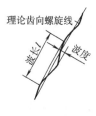

g）螺旋线波度的波长 l

5　圆弧齿轮传动基本参数的选择

圆弧齿轮传动的基本参数 m_n、z、β、ε_β、ϕ_d 和 ϕ_a 等，对传动的承载能力和工作质量有很大的影响，各参数之间有密切联系，互相制约，选择时应注意它们之间的基本关系：

$$d_1 = z_1 m_n / \cos\beta \qquad (8.3\text{-}8)$$

$$\varepsilon_\beta = b / p_x = b \sin\beta / (\pi m_n) \qquad (8.3\text{-}9)$$

$$\phi_d = b / d_1 = \pi \varepsilon_\beta / (z_1 \tan\beta) = 0.5\phi_a(1+u) \qquad (8.3\text{-}10)$$

$$\phi_a = b / a = 2\phi_d / (1+u)$$
$$= 2\pi \varepsilon_\beta / [(z_1+z_2)\tan\beta] \qquad (8.3\text{-}11)$$

设计时，应根据具体情况予以综合考虑。

5.1　齿数 z 和模数 m_n

当齿轮的中心距和齿宽一定时，取较多的齿数并相应减小模数，不仅可以增大重合度、提高传动的平稳性，而且可以减小相对滑动速度，提高传动效率，防止胶合。但模数太小，轮齿弯曲疲劳强度将不够。因此，在满足轮齿弯曲疲劳强度的条件下，宜选用较小的模数。

一般取 $m_n = (0.01 \sim 0.02)a$（a 为中心距）。对大中心距、载荷平稳、工作连续的传动，选取较小的数值；对小中心距、载荷不平稳、工作间断的传动，选取较大的数值。在通用减速器中，常取 $m_n = (0.0133 \sim 0.016)a$。在特殊情况，如对轧钢机人字齿轮机座等有显著尖峰载荷的场合，可取 $m_n = (0.025 \sim 0.04)a$。在高速齿轮传动中，为使工作平稳应取较小的法向模数。

另外，在设计中，也可以先取定齿数，后定模数。通常取 $z_1 \geqslant 18 \sim 30$。齿面硬度小于 350HBW、过载不大，宜取较大值；齿面硬度大于 350HBW、过载大，宜取较小值；齿轮的速度高宜取较大值。圆弧齿轮不存在根切现象，最少齿数不受根切限制；但齿数太少、模数过大，不易保证重合度的数值。

5.2　重合度 ε_β

选取较大的重合度，可以提高传动的平稳性，降低噪声，提高承载能力。对中低速传动，常取 $\varepsilon_\beta > 2$；对高速齿轮传动，推荐取 $\varepsilon_\beta > 3$，或更大值。采用大重合度时，必须严格限制齿距误差、齿向误差、轴线平行度误差和轴系变形量，否则不能保证几个接触迹均匀地承担载荷，不能达到传动平稳和应有的承载能力。

重合度由整数部分 μ_ε 和尾数 $\Delta\varepsilon$ 组成，即 $\varepsilon_\beta = \mu_\varepsilon + \Delta\varepsilon$。重合度的尾数 $\Delta\varepsilon$ 的取值大小对传动的承载能力和平稳性有很大影响。通常尾数 $\Delta\varepsilon$ 的取值范围为：$0.15 \sim 0.35$。

$\Delta\varepsilon$ 取得太小时，则当接触迹进入或脱开齿面时，容易引起齿端崩角，且不利于平稳传动。随着 $\Delta\varepsilon$ 的增大，端部应力将有所减小，但 $\Delta\varepsilon$ 增大到 0.4 以上时，应力减少缓慢；$\Delta\varepsilon$ 取得太大时，增加了齿轮宽度而不能使每一瞬间都增加接触迹数目。

5.3　螺旋角 β

螺旋角 β 对传动质量影响较大。β 角增大，将使当量曲率半径减小，从而降低齿面接触疲劳强度，同时也使齿根弯曲疲劳强度降低，另外将使轴向力增大而降低轴承寿命。但是 β 角增加，将使重合度 ε_β 增大，若能得到：$\varepsilon_\beta = 2.15 \sim 2.35$ 或 $\varepsilon_\beta = 3.15 \sim 3.35$ 时，则传动平稳性、振动、噪声将有所改善，接触疲劳强度、弯曲疲劳强度都有所提高。因此要根据具体情况，合理的选择 β 角。一般推荐：斜齿轮，$\beta = 10° \sim 20°$；人字齿轮，$\beta = 25° \sim 35°$。

5.4　齿宽系数 ϕ_d、ϕ_a

齿宽系数 $\phi_d = \dfrac{b}{d_1}$、$\phi_a = \dfrac{b}{a}$，可参照本篇第 2 章渐开线圆柱齿轮传动选取。

ϕ_d 和 ϕ_a 的换算关系见式 (8.3-10) 和式 (8.3-11)。当确定了 z_1、β 和 ε_β 后，可按式 (8.3-10) 和式 (8.3-11) 校核 ϕ_d 或 ϕ_a，也可以先定齿宽系数，然后用这些公式来调整 z_1、β 和 ε_β 的数值。

当 ε_β 值为 1.25、2.25、3.25 时，可利用图 8.3-11 来选一组合适的 ϕ_d、z_1 和 β 值。

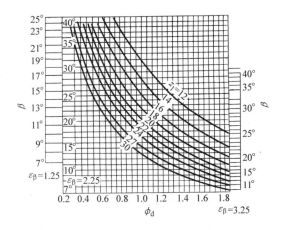

图 8.3-11　ϕ_d 与 z_1、β、ε_β 的关系

6　圆弧齿轮的强度计算

圆弧齿轮的失效形式主要是轮齿的弯曲折断、齿面点蚀、齿面胶合和塑性变形。由于圆弧齿轮受力情况比较复杂，因此其强度计算多以三维应力分析和大量的试验研究为基础。1992 年，我国制定了 GB/T 13799—1992《双圆弧圆柱齿轮承载能力计算方法》；而单圆弧圆柱齿轮承载能力计算方法目前尚未制订标准。本手册编入的圆弧齿轮的弯曲疲劳强度计算和接触疲劳强度计算方法，双圆弧齿轮是以 GB/T 13799—1992 为依据；对单圆弧齿轮主要是介绍哈尔滨工业大学的计算方法。

6.1　圆弧齿轮传动的强度计算公式

双圆弧齿轮传动和单圆弧齿轮传动的齿根弯曲疲劳强度和齿面接触疲劳强度的计算公式见表 8.3-8 和表 8.3-9。

表 8.3-8　双圆弧齿轮传动的疲劳强度计算公式

项　　目	齿根弯曲疲劳强度计算	齿面接触疲劳强度计算
计算应力 /MPa	$\sigma_F = \left(\dfrac{T_1 K_A K_v K_1 K_{F2}}{2\mu_\varepsilon + K_{\Delta\varepsilon}}\right)^{0.86} \dfrac{Y_E Y_u Y_\beta Y_F Y_{end}}{z_1 m_n^{2.58}}$	$\sigma_H = \left(\dfrac{T_1 K_A K_v K_1 K_{H2}}{2\mu_\varepsilon + K_{\Delta\varepsilon}}\right)^{0.73} \dfrac{Z_E Z_u Z_\beta Z_a}{z_1 m_n^{2.19}}$
法向模数 /mm	$m_n \geqslant \left(\dfrac{T_1 K_A K_v K_1 K_{F2}}{2\mu_\varepsilon + K_{\Delta\varepsilon}}\right)^{1/3} \left(\dfrac{Y_E Y_u Y_\beta Y_F Y_{end}}{z_1 \sigma_{FP}}\right)^{1/2.58}$	$m_n \geqslant \left(\dfrac{T_1 K_A K_v K_1 K_{H2}}{2\mu_\varepsilon + K_{\Delta\varepsilon}}\right)^{1/3} \left(\dfrac{Z_E Z_u Z_\beta Z_a}{z_1 \sigma_{HP}}\right)^{1/2.19}$
小齿轮转矩 /N·mm	$T_1 = \dfrac{2\mu_\varepsilon + K_{\Delta\varepsilon}}{K_A K_v K_1 K_{F2}} m_n^3 \left(\dfrac{z_1 \sigma_{FP}}{Y_E Y_u Y_\beta Y_F Y_{end}}\right)^{1/0.86}$	$T_1 = \dfrac{2\mu_\varepsilon + K_{\Delta\varepsilon}}{K_A K_v K_1 K_{H2}} m_n^3 \left(\dfrac{z_1 \sigma_{HP}}{Z_E Z_u Z_\beta Z_a}\right)^{1/0.73}$
许用应力 /MPa	$\sigma_{FP} = \sigma_{Flim} Y_N Y_X / S_{Fmin} \geqslant \sigma_F$	$\sigma_{HP} = \sigma_{Hlim} Z_N Z_L Z_v / S_{Hmin} \geqslant \sigma_H$
安全系数	$S_F = \sigma_{Flim} Y_N Y_X / \sigma_F \geqslant S_{Fmin}$	$S_H = \sigma_{Hlim} Z_N Z_L Z_v / \sigma_H \geqslant S_{Hmin}$

注：对人字齿轮传动，转矩按 $0.5T_1$ 计算，$(2\mu_\varepsilon + K_{\Delta\varepsilon})$ 按一半齿宽计算。

表 8.3-9　单圆弧齿轮传动的疲劳强度计算公式

项　　　目	齿根弯曲疲劳强度计算		齿面接触疲劳强度计算
计算应力 /MPa	凸齿 $\sigma_{F1}=\left(\dfrac{T_1 K_A K_v K_1 K_{F2}}{\mu_\varepsilon+K_{\Delta\varepsilon}}\right)^{0.79}\dfrac{Y_{E1}Y_{u1}Y_{\beta 1}Y_{F1}Y_{end1}}{z_1 m_n^{2.37}}$		$\sigma_H=\left(\dfrac{T_1 K_A K_v K_1 K_{H2}}{\mu_\varepsilon+K_{\Delta\varepsilon}}\right)^{0.7}\dfrac{Z_E Z_u Z_\beta Z_a}{z_1 m_n^{2.1}}$
	凹齿 $\sigma_{F2}=\left(\dfrac{T_1 K_A K_v K_1 K_{F2}}{\mu_\varepsilon+K_{\Delta\varepsilon}}\right)^{0.73}\dfrac{Y_{E2}Y_{u2}Y_{\beta 2}Y_{F2}Y_{end2}}{z_1 m_n^{2.19}}$		
法向模数 /mm	凸齿 $m_n\geqslant\left(\dfrac{T_1 K_A K_v K_1 K_{F2}}{\mu_\varepsilon+K_{\Delta\varepsilon}}\right)^{1/3}\left(\dfrac{Y_{E1}Y_{u1}Y_{\beta 1}Y_{F1}Y_{end1}}{z_1\sigma_{FP1}}\right)^{1/2.37}$		$m_n\geqslant\left(\dfrac{T_1 K_A K_v K_1 K_{H2}}{\mu_\varepsilon+K_{\Delta\varepsilon}}\right)^{1/3}\left(\dfrac{Z_E Z_u Z_\beta Z_a}{z_1\sigma_{HP}}\right)^{1/2.1}$
	凹齿 $m_n\geqslant\left(\dfrac{T_1 K_A K_v K_1 K_{F2}}{\mu_\varepsilon+K_{\Delta\varepsilon}}\right)^{1/3}\left(\dfrac{Y_{E2}Y_{u2}Y_{\beta 2}Y_{F2}Y_{end2}}{z_1\sigma_{FP2}}\right)^{1/2.19}$		
小齿轮 （凸齿） 转矩 /N·m	凸齿 $T_1=\dfrac{\mu_\varepsilon+K_{\Delta\varepsilon}}{K_A K_v K_1 K_{F2}}m_n^3\left(\dfrac{z_1\sigma_{FP1}}{Y_{E1}Y_{u1}Y_{\beta 1}Y_{F1}Y_{end1}}\right)^{1/0.79}$		$T_1=\dfrac{\mu_\varepsilon+K_{\Delta\varepsilon}}{K_A K_v K_1 K_{H2}}m_n^3\left(\dfrac{z_1\sigma_{HP}}{Z_E Z_u Z_\beta Z_a}\right)^{1/0.7}$
	凹齿 $T_1=\dfrac{\mu_\varepsilon+K_{\Delta\varepsilon}}{K_A K_v K_1 K_{F2}}m_n^3\left(\dfrac{z_1\sigma_{FP2}}{Y_{E2}Y_{u2}Y_{\beta 2}Y_{F2}Y_{end2}}\right)^{1/0.73}$		
许用应力 /MPa	$\sigma_{FP}=\sigma_{Flim}Y_N Y_X/S_{Fmin}\geqslant\sigma_F$		$\sigma_{HP}=\sigma_{Hlim}Z_N Z_L Z_v/S_{Hmin}\geqslant\sigma_H$
安全系数	$S_F=\sigma_{Flim}Y_N Y_X/\sigma_F\geqslant S_{Fmin}$		$S_H=\sigma_{Hlim}Z_N Z_L Z_v/\sigma_H\geqslant S_{Hmin}$

注：对人字齿轮传动，转矩按 $0.5T_1$ 计算，$\mu_\varepsilon+K_{\Delta\varepsilon}$ 按一半齿宽计算。

表 8.3-8 和表 8.3-9 公式中参数的意义和确定方法见表 8.3-10。

表 8.3-10　表 8.3-8 和表 8.3-9 公式中参数的意义和确定方法

代　号	意　　义	确定方法
K_A	使用系数	表 8.2-41
K_v	动载系数	图 8.3-12
K_1	接触迹间载荷分配系数	图 8.3-13
K_{F2}	弯曲疲劳强度计算的接触迹内载荷分布系数	表 8.3-11
K_{H2}	接触疲劳强度计算的接触迹内载荷分布系数	
$K_{\Delta\varepsilon}$	接触迹系数	图 8.3-14
Z_E	接触疲劳强度计算的材料弹性系数	表 8.3-12
Y_E	弯曲疲劳强度计算的材料弹性系数	
Z_u	接触疲劳强度计算的齿数比系数	图 8.3-15
Y_u	弯曲疲劳强度计算的齿数比系数	
Z_β	接触疲劳强度计算的螺旋角系数	图 8.3-16
Y_β	弯曲疲劳强度计算的螺旋角系数	
Y_F	齿形系数	图 8.3-17
Y_{end}	齿端系数	图 8.3-18
Z_a	接触弧长系数	图 8.3-19
σ_{Flim}	试验齿轮的弯曲疲劳极限	图 8.3-20
σ_{Hlim}	试验齿轮的接触疲劳极限	图 8.3-21
Z_N	接触疲劳强度计算的寿命系数	图 8.3-22
Y_N	弯曲疲劳强度计算的寿命系数	
Y_X	弯曲疲劳强度计算的尺寸系数	图 8.3-23
Z_L	接触疲劳强度计算的润滑剂系数	图 8.3-24
Z_v	接触疲劳强度计算的速度系数	图 8.3-25
μ_ε	重合度的整数部分	见本章 5.2
S_{Hmin}、S_{Fmin}	最小安全系数	表 8.3-13

6.2　各参数符号的意义及各系数的确定

1）小齿轮齿数 z_1，选取见本章5.1节。

2）重合度的整数部分 μ_ε，见本章5.2节。

3）使用系数 K_A，见表8.2-41。对高速齿轮传动，在使用表值时，根据经验建议：当 $v=40\sim70\text{m/s}$ 时，取表值的 $1.02\sim1.15$ 倍；当 $v=70\sim100\text{m/s}$ 时，取表值的 $1.15\sim1.3$ 倍；当 $v>100\text{m/s}$ 时，取表值的 1.3 倍以上。

4）动载系数 K_v，如图8.3-12所示。

5）接触迹间载荷分配系数 K_1，如图8.3-13所示。

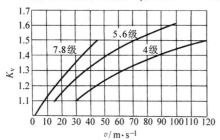

图8.3-12　动载系数 K_v

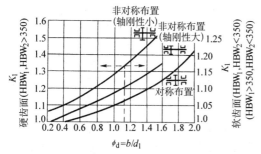

图8.3-13　接触迹间载荷分配系数

注：人字齿轮 b 用半齿宽。

6）接触迹内载荷分布系数 K_{F2}、K_{H2}，它是考虑由于齿面接触迹线位置沿齿高的偏移而引起接触迹内应力分布不均影响的系数，K_{F2}、K_{H2} 见表8.3-11。

7）接触迹系数 $K_{\Delta\varepsilon}$，它是考虑由于重合度尾数 $\Delta\varepsilon$ 的增大而使每个接触迹上的正压力减小的系数。

圆弧齿轮传动的接触迹系数如图8.3-14所示。

表8.3-11　接触迹内载荷分布系数

Ⅲ 组精度等级		5	6	7	8
K_{F2}		1.08		1.10	
K_{H2}	双圆弧齿轮	1.15	1.23	1.39	1.49
	单圆弧齿轮	1.16	1.24	1.41	1.52

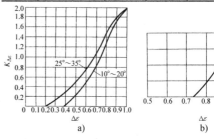

图8.3-14　圆弧齿轮传动的接触迹系数 $K_{\Delta\varepsilon}$

a）双圆弧齿轮　b）单圆弧齿轮

8）弹性系数 Y_E、Z_E，它是考虑材料的弹性模量 E 及泊松比 ν 对轮齿应力影响的系数。弹性系数 Y_E、Z_E 见表8.3-12。

9）齿数比系数 Y_u、Z_u，如图8.3-15所示。

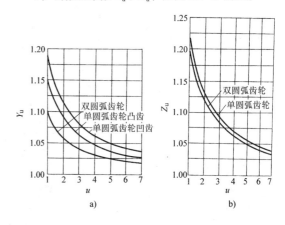

图8.3-15　齿数比系数 Y_u、Z_u

a）Y_u　b）Z_u

表8.3-12　弹性系数 Y_E、Z_E

项　　目		单　位	锻钢-锻钢	锻钢-铸钢	锻钢-球墨铸铁	其他材料
双圆弧齿轮	Y_E	$\text{MPa}^{0.14}$	2.079	2.076	2.053	$0.370E^{0.14}$
	Z_E	$\text{MPa}^{0.27}$	31.346	31.263	30.584	$1.123E^{0.27}$
单圆弧齿轮	Y_{E1}	$\text{MPa}^{0.21}$	6.580	6.567	6.456	$0.494E^{0.21}$
	Y_{E2}	$\text{MPa}^{0.27}$	16.748	16.703	16.341	$0.600E^{0.27}$
	Z_E	$\text{MPa}^{0.3}$	31.436	31.343	30.589	$0.778E^{0.3}$
诱　导 弹性模量	E	MPa	$E=\dfrac{2}{\dfrac{1-\nu_1^2}{E_1}+\dfrac{1-\nu_2^2}{E_2}}$			

注：E_1、E_2 和 ν_1、ν_2 分别为小齿轮和大齿轮材料的弹性模量和泊松比。

10）螺旋角系数 Y_β、Z_β，如图 8.3-16 所示。

11）齿形系数 Y_F，如图 8.3-17 所示。

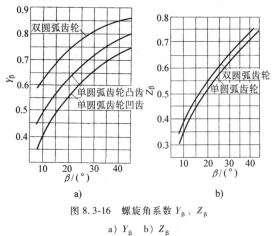

图 8.3-16 螺旋角系数 Y_β、Z_β

a）Y_β　b）Z_β

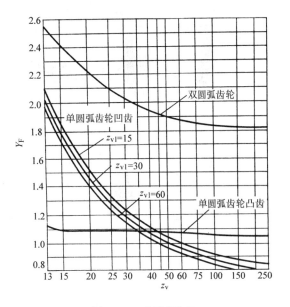

图 8.3-17 齿形系数 Y_F

12）齿端系数 Y_{end}，它是考虑当瞬时接触迹在齿端时，端部齿根应力增大的系数。其值为端部齿根最大应力与齿宽中部齿根最大应力的比值，圆弧齿轮的齿端系数如图 8.3-18 所示。对于经过齿端修薄的齿轮，取 $Y_{end} = 1$。

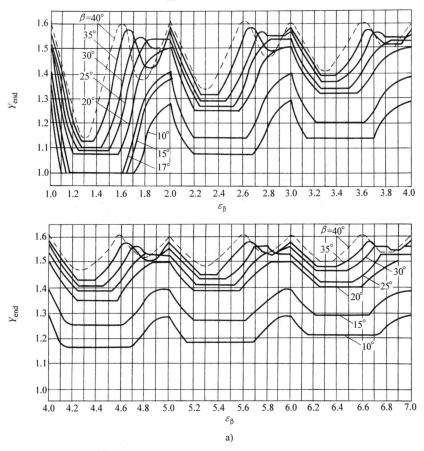

图 8.3-18 圆弧齿轮的齿端系数 Y_{end}

a）双圆弧齿轮的齿端系数

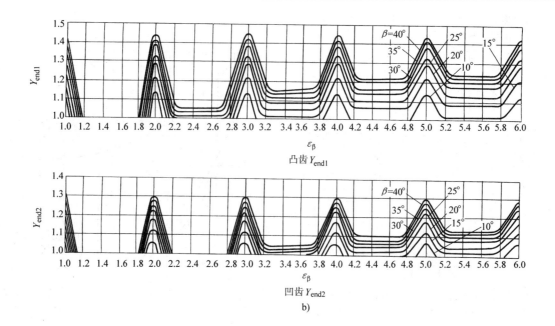

b)

图 8.3-18 圆弧齿轮的齿端系数 Y_{end} (续)

b) 单圆弧齿轮的齿端系数

13）接触弧长系数 Z_a，它是考虑模数和当量齿数对接触弧长影响的系数，如图 8.3-19 所示。双圆弧齿轮，当齿数比 u 不为 1 时，一个齿轮的上齿面和下齿面的接触弧长并不相同，故其接触弧长系数需采用 Z_{a1} 及 Z_{a2} 的平均值，即 $Z_{am} = 0.5 \times (Z_{a1} + Z_{a2})$。

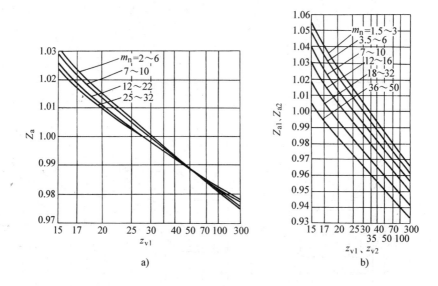

图 8.3-19 接触弧长系数 Z_a

a) 单圆弧齿轮 b) 双圆弧齿轮，$Z_{am} = 0.5(Z_{a1} + Z_{a2})$

14）试验齿轮的弯曲疲劳极限 σ_{Flim}，如图 8.3-20 所示。一般取所给范围的中间值。只有当材料和热处理质量能够保证良好，而且有适合于热处理的良好结构时，方可取上半部。

对于对称循环应力下工作的齿轮，其 σ_{Flim} 值应将从图中选取的数值乘以 0.7。

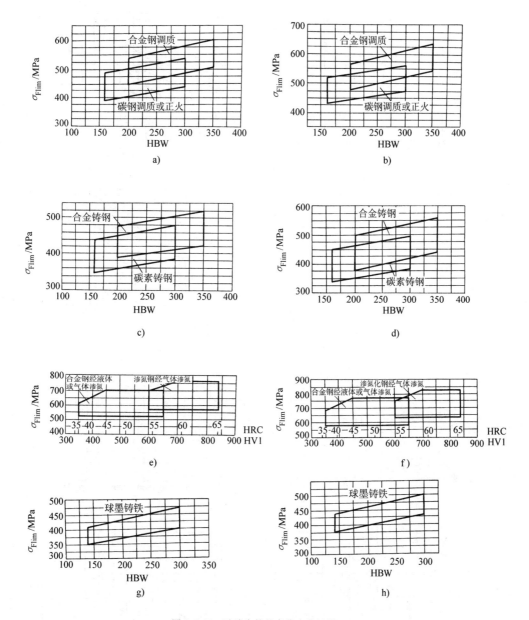

图 8.3-20 试验齿轮的弯曲疲劳极限 σ_{Flim}

a) 双圆弧齿轮的弯曲疲劳极限 σ_{Flim} 调质钢   b) 单圆弧齿轮的弯曲疲劳极限 σ_{Flim} 调质钢

c) 双圆弧齿轮的弯曲疲劳极限 σ_{Flim} 铸钢   d) 单圆弧齿轮的弯曲疲劳极限 σ_{Flim} 铸钢

e) 双圆弧齿轮的弯曲疲劳极限 σ_{Flim} 渗氮钢   f) 单圆弧齿轮的弯曲疲劳极限 σ_{Flim} 渗氮钢

g) 双圆弧齿轮的弯曲疲劳极限 σ_{Flim} 球墨铸铁   h) 单圆弧齿轮的弯曲疲劳极限 σ_{Flim} 球墨铸铁

15）试验齿轮接触疲劳极限 σ_{Hlim}，如图 8.3-21 所示。一般取所给范围的中间值。只有当材料和热处理质量能够保证良好，而且有适合于热处理的良好结构时，方可取上半部。

16）寿命系数 Y_N、Z_N，如图 8.3-22 所示。

17）尺寸系数 Y_X，如图 8.3-23 所示。

18）润滑剂系数 Z_L，如图 8.3-24 所示。

19）速度系数 Z_v，如图 8.3-25 所示。

20）最小安全系数 S_{Fmin}、S_{Hmin}，见表 8.3-13。

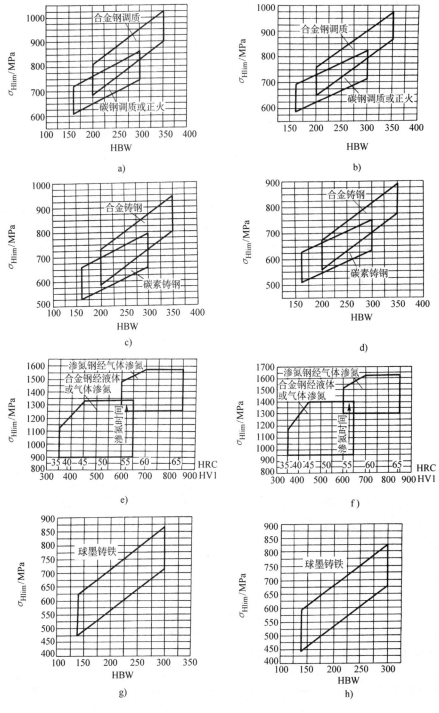

图 8.3-21 试验齿轮的接触疲劳极限 σ_{Hlim}

a) 双圆弧齿轮的接触疲劳极限 σ_{Hlim} 调质钢   b) 单圆弧齿轮的接触疲劳极限 σ_{Hlim} 调质钢

c) 双圆弧齿轮的接触疲劳极限 σ_{Hlim} 铸钢   d) 单圆弧齿轮的接触疲劳极限 σ_{Hlim} 铸钢

e) 双圆弧齿轮的接触疲劳极限 σ_{Hlim} 渗氮钢   f) 单圆弧齿轮的接触疲劳极限 σ_{Hlim} 渗氮钢

g) 双圆弧齿轮的接触疲劳极限 σ_{Hlim} 球墨铸铁   h) 单圆弧齿轮的接触疲劳极限 σ_{Hlim} 球墨铸铁

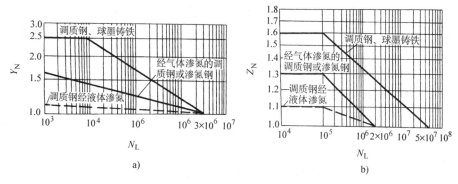

图 8.3-22　寿命系数 Y_N、Z_N

a）弯曲疲劳强度计算的寿命系数 Y_N　b）接触疲劳强度计算的寿命系数 Z_N

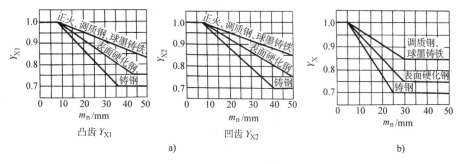

凸齿 Y_{X1}　　　凹齿 Y_{X2}

a)　　　　　　　　　b)

图 8.3-23　尺寸系数 Y_X

a）单圆弧齿轮的 Y_X　b）双圆弧齿轮的 Y_X

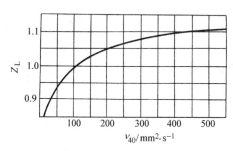

图 8.3-24　润滑剂系数 Z_L

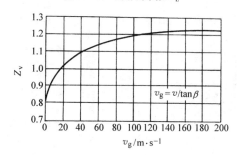

图 8.3-25　速度系数 Z_v

表 8.3-13　最小安全系数的参考值

S_{Fmin}	>1.6
S_{Hmin}	>1.3

7　圆弧圆柱齿轮的精度（摘自 GB/T 15753—1995）

本节摘要介绍（GB/T 15753—1995）《圆弧圆柱齿轮精度》，它适用于法向模数 $m_n = 1.5 \sim 40mm$、分度圆直径小于 4000mm、有效齿宽小于 630mm 的圆弧圆柱齿轮及其齿轮副。其基本齿廓执行 GB/T 12759—1991《双圆弧圆柱齿轮　基本齿廓》的规定。

当齿轮规格超出表列范围时，可按本章 7.7 节规定处理。

7.1　误差的定义和代号（见表 8.3-14）

7.2　精度等级及其选择

圆弧齿轮和齿轮副共分五个精度等级，按精度高低依次定为 4、5、6、7、8 级。齿轮副中两个齿轮的精度等级一般为相同，也允许不相同。

按照误差的特性及它们对传动性能的主要影响，将齿轮的各项公差分成三个组，见表 8.3-15。

表 8.3-14　齿轮、齿轮副误差及侧隙的定义和代号

名称及代号	定　义	名称及代号	定　义
切向综合误差 $\Delta F_i'$ 切向综合公差 F_i'	被测齿轮与理想精确的测量齿轮单面啮合时,在被测齿轮一转内,实际转角与公称转角之差的总幅度值,以分度圆弧长计值	齿圈径向圆跳动 ΔF_r 齿圈径向圆跳动公差 F_r	在齿轮一转范围内,测头在齿槽内,于凸齿或凹齿中部双面接触,测头相对于齿轮轴线的最大变动量
一齿切向综合误差 $\Delta f_i'$ 一齿切向综合公差 f_i'	被测齿轮与理想精确的测量齿轮单面啮合时,在被测齿轮一齿距角内,实际转角与公称转角之差的最大幅度值,以分度圆弧长计	公法线长度变动 ΔF_w $$\Delta F_w = w_{max} - w_{min}$$ 公法线长度变动公差 F_w	在齿轮一周范围内,实际公法线长度最大值与最小值之差
齿距累积误差 ΔF_p	在检查圆[①]上,任意两个同侧齿面间实际弧长与公称弧长之差的最大差值	齿距偏差 Δf_{pt} 齿距极限偏差 $\pm f_{pt}$	在检查圆上实际齿距与公称齿距之差 用相对法测量时,公称齿距是指所有实际齿距的平均值
k 个齿距累积误差 ΔF_{pk} 齿距累积公差 F_p k 个齿距累积公差 F_{pk}	在检查圆上,k 个齿距间的实际弧长与公称弧长之差的最大差值。k 为 2 到小于 $z/2$ 的整数	齿向误差 ΔF_β 一个轴向齿距内的齿向误差 Δf_β 齿向公差 F_β 一个轴向齿距内的齿向公差 f_β	在检查圆柱面上,在有效齿宽范围内(端部倒角部分除外),包容实际齿向线的两条最近的设计齿线之间的端面距离 在有效齿宽中,任一轴向齿距范围内,包容实际齿线的两条最近的设计齿线之间的端面距离 设计齿线可以是修正的圆柱螺旋线,包括齿端修薄及其他修形曲线 齿宽两端的齿向误差只允许逐渐偏向齿体内

（续）

名称及代号	定　义	名称及代号	定　义
轴向齿距偏差 ΔF_{px} 一个轴向齿距偏差 Δf_{px} 轴向齿距极限偏差 $\pm F_{px}$ 一个轴向齿距极限偏差 $\pm f_{px}$	在有效齿宽范围内,与齿轮基准轴线平行而大约通过凸齿或凹齿中部的一条直线上,任意两个同侧齿面间的实际距离与公称距离之差。沿齿面法线方向计值 在有效齿宽范围内,与齿轮基准轴线平行而大约通过凸齿或凹齿中部的一条直线上,任一轴向齿距内,两个同侧齿面间的实际距离与公称距离之差。沿齿面法线方向计值	齿厚偏差 ΔE_s 齿厚极限偏差 上极限偏差 E_{ss} 下极限偏差 E_{si}	接触点所在圆柱面上,法向齿厚实际值与公称值之差
		公法线长度偏差 ΔE_w 公法线长度极限偏差 上极限偏差 E_{ws} 下极限偏差 E_{wi}	在齿轮一周内,公法线实际长度值与公称值之差
螺旋线波度误差 $\Delta f_{f\beta}$ 螺旋线波度公差 $f_{f\beta}$	在有效齿宽范围内,凸齿或凹齿中部实际齿线波纹的最大波幅。沿齿面法线方向计值	齿轮副的切向综合误差 $\Delta F'_{ic}$ 齿轮副的切向综合公差 F'_{ic}	在设计中心距下安装好的齿轮副,在啮合转动足够多的转数内,一个齿轮相对于另一个齿轮的实际转角与公称转角之差的总幅度值。以分度圆弧长计值
		齿轮副的一齿切向综合误差 $\Delta f'_{ic}$ 齿轮副的一齿切向综合公差 f'_{ic}	安装好的齿轮副,在啮合转动足够多的转数内,一个齿轮相对于另一个齿轮,一个齿距的实际转角与公称转角之差的最大幅度值。以分度圆弧长计值
弦齿深偏差 ΔE_h 弦齿深极限偏差 $\pm E_h$	在齿轮一周内,实际弦齿深减去实际外圆直径偏差后与公称弦齿深之差 在法向测量	齿轮副的接触迹线 接触迹线位置偏差	凸凹齿面瞬时接触时,由于齿面接触弹性变形而形成的挤压痕迹 装配好的齿轮副,磨合之前,着色检验,在轻微制动下,齿面实际接触迹线偏离名义接触迹线的高度 对于双圆弧齿轮 凸齿: $h_{名义}=\left(0.355-\dfrac{1.498}{z_v+1.09}\right)m_n$ 凹齿: $h_{名义}=\left(1.445-\dfrac{1.498}{z_v-1.09}\right)m_n$ 对于单圆弧齿轮 凸齿: $h_{名义}=\left(0.45-\dfrac{1.688}{z_v+1.5}\right)m_n$ 凹齿: $h_{名义}=\left(0.75-\dfrac{1.688}{z_v-1.5}\right)m_n$ z_v——当量齿数　$z_v=\dfrac{z}{\cos^3\beta}$
齿根圆直径偏差 ΔE_{df} 齿根圆直径极限偏差 $\pm E_{df}$	齿根圆直径实际尺寸和公称尺寸之差 对于奇数齿可用齿根圆斜径代替。斜径公称尺寸 L_f 为 $$L_f=d_f\cos\dfrac{90°}{z}$$	接触迹线沿齿宽分布的长度	沿齿长方向,接触迹线的长度 b'' 与工作长度 b' 之比即 $$\dfrac{b''}{b'}\times100\%$$

（续）

名称及代号	定　义	名称及代号	定　义
齿轮副的接触斑点	装配好的齿轮副,经空载检验,在名义接触迹线位置附近齿面上分布的接触擦亮痕迹 接触痕迹的大小在齿面展开图上用百分数计算 沿齿长方向:接触痕迹的长度 b''(扣除超过一个模数的断开部分 c)与工作长度 b' 之比的百分数,即 $$\frac{b''-c}{b'}\times100\%$$ 沿齿高方向:接触痕迹的平均高度 h'' 与工作高度 h' 之比的百分数,即 $$\frac{h''}{h'}\times100\%$$	齿轮副的中心距偏差 Δf_a 齿轮副的中心距极限偏差 $\pm f_a$	在齿轮副的齿宽中间平面内,实际中心距与公称中心距之差
		轴线的平行度误差 x 方向轴线的平行度误差 Δf_x y 方向轴线的平行度误差 Δf_y 	一对齿轮的轴线在其基准平面〔H〕上投影的平行度误差。在等于齿宽的长度上测量 一对齿轮的轴线,在垂直于基准平面,并且平行于基准轴线的平面〔V〕上投影的平行度误差。在等于齿宽的长度上测量 注:包含基准轴线,并通过由另一轴线与齿宽中间平面相交的点所形成的平面,称为基准平面,两条轴线中任何一条轴线都可以作为基准轴线
齿轮副的侧隙 圆周侧隙 j_t 法向侧隙 j_n 最大极限侧隙 j_{tmax} 　　　　　　　j_{nmax} 最小极限侧隙 j_{tmin} 　　　　　　　j_{nmin}	装配好的齿轮副,当一个齿轮固定时,另一个齿轮的圆周晃动量,以接触点所在圆的弧长计值 装配好的齿轮副,当工作齿面接触时,非工作齿面之间的最小距离	x 方向轴线的平行度公差 f_x y 方向轴线的平行度公差 f_y	

① 检查圆是指位于凸齿中部(对于单圆弧齿轮则为凸齿或凹齿中部)与分度圆同心的圆。

表 8.3-15　圆弧齿轮各项公差的分组

公差组	公差与极限偏差项目	误差特性	对传动性能的主要影响
I	F'_i,F_p,F_{pk},F_r,F_w	以齿轮一转为周期的误差	传递运动的准确性
II	f'_i,f_{pt},f_β,$f_{f\beta}$,f_{px}	在齿轮一周内,多次周期地重复出现的误差	传动的平稳性、噪声、振动
III	F_β,F_{px},E_{df},E_h	齿向误差,轴向齿距偏差,齿形的径向位置误差	载荷沿齿宽分布的均匀性,齿高方向的接触部位和承载能力

　　根据使用要求的不同,允许各公差组选用不同的精度等级;但在同一公差组内,各项公差与极限偏差应保持相同的精度等级。

　　齿轮的精度应根据传动的用途、使用条件、传递功率、圆周速度以及其他经济、技术要求决定。精度等级的选择可参考表 8.3-16。

表 8.3-16　精度等级的选择

精度等级	加工方法	工作情况	圆周速度 /m·s⁻¹
5 级 (高精度级)	在高精度滚齿机上用高精度滚刀切齿,淬硬齿轮必须磨齿	要求工作平稳,振动、噪声小,速度高及载荷较大的齿轮,例如,透平齿轮	>75
6 级 (精密级)	在精密滚齿机上,用精密滚刀切齿,淬硬齿轮必须磨齿,渗氮处理齿轮允许研齿	对于工作平稳性有一定要求,转速高或载荷较大的齿轮,如中小型汽轮机用齿轮	≤75

（续）

精 度 等 级	加 工 方 法	工 作 情 况	圆周速度 /m·s^{-1}
7 级 （中等精度级）	在较精密滚齿机上,用较精密滚刀切齿,表面硬化处理齿轮,应作适当研齿	速度较高的中等载荷齿轮,例如轧钢机齿轮	≤25
8 级 （低精度级）	在普通滚齿机上,用普通级滚刀切齿	普通机器制造业中精度要求一般的齿轮,例如,标准减速器,矿山、冶金设备用齿轮	≤10

注：本表不属于 GB/T 15753—1995 的内容,仅供参考。

7.3　侧隙

圆弧齿轮传动的侧隙基本上由基本齿廓决定。按 GB/T 12759—1991 规定,当 $m_n = 1.5 \sim 6$mm 时,法面侧隙为 $0.06 m_n$;当 $m_n = 7 \sim 50$mm 时,法面侧隙为 $0.04 m_n$。切齿深度偏差、中心距偏差会引起侧隙改变,实际侧隙不得小于上述数值的 2/3。

由于侧隙基本上由基本齿廓决定,故不能依靠加工时刀具的径向变位和改变中心距的偏差来获得各种侧隙的配合。如对侧隙有特殊要求,可用标准刀具借切向移距来增加所需的侧隙,也可以提出设计要求,采用具有特殊侧隙的刀具加工齿轮来获得要求的侧隙。

7.4　推荐的检验项目

GB/T 15753—1995 中规定了齿轮和齿轮副的检验要求,标准把各公差组的项目分为若干检验组,根据工作要求和生产规模,对每个齿轮须在三个公差组中各选一个检验组来检定和验收;另外再选择第四个检验组来检定齿轮副的精度。对于一般 4~8 级精度的齿轮传动,本手册推荐的检验项目见表 8.3-17。

表 8.3-17　推荐的检验项目

Ⅰ 组 精 度	$\Delta F'_i$;$\Delta F_p(\Delta F_{pk})$[①];$\Delta F_r$ 与 ΔF_w[②]
Ⅱ 组 精 度	$\Delta f'_i$;Δf_{pt},Δf_β(或 Δf_{px});Δf_{pt},对于 6 级及高于 6 级精度的斜齿轮或人字齿轮,检验 f_{pt} 时,推荐加检 $\Delta f_{f\beta}$
Ⅲ 组 精 度	ΔF_β 与 ΔE_{df}(或 ΔE_h)[③];ΔF_{px} 与 ΔE_{df}(或 ΔE_h)[③]
齿 轮 箱	检验 Δf_a、Δf_x、Δf_y 三项
装配检验	Ⅲ组精度　接触迹线长度及位置偏差;接触斑点
	传动侧隙　用百分表测量圆周侧隙 j_t,法向侧隙 $j_n = j_t \cos\beta$

① ΔF_{pk} 仅在必要时加检。
② 当其中有一项超差时,应按 ΔF_p 检定和验收齿轮精度。
③ 对不便于测量齿根圆直径的大直径齿轮,可检查 ΔE_h。

7.5　图样标注

在齿轮工作图上应标注齿轮的精度等级和侧隙系数。

标注示例：

1）齿轮的三个公差组精度同为 7 级,采用标准齿形的滚刀加工时,可不标注侧隙系数。

7　　GB/T 15753—1995

第Ⅰ、Ⅱ、Ⅲ公差组的精度等级

2）齿轮第Ⅰ公差组精度为 7 级,第Ⅱ公差组精度为 6 级,第Ⅲ公差组精度为 6 级,采用标准齿廓的滚刀加工时,可不标注侧隙系数。

3）齿轮的三个公差组精度同为 4 级,侧隙有特殊要求 $j_n = 0.10\, m_n$。

7.6　圆弧齿轮精度数值表（见表 8.3-18~表 8.3-30）

表 8.3-18　齿距累积公差 F_p 及 k 个齿距累积公差 F_{pk}　　　　　　　　　（μm）

精度等级	L/mm												
	~32	>32 ~50	>50 ~80	>80 ~160	>160 ~315	>315 ~630	>630 ~1000	>1000 ~1600	>1600 ~2500	>2500 ~3150	>3150 ~4000	>4000 ~5000	>5000 ~7200
4	8	9	10	12	18	25	32	40	45	56	63	71	80
5	12	14	16	20	28	40	50	63	71	90	100	112	125
6	20	22	25	32	45	63	80	100	112	140	160	180	200
7	28	32	36	45	63	90	112	140	160	200	224	250	280
8	40	45	50	63	90	125	160	200	224	280	315	355	400

注：1. F_p 和 F_{pk} 按分度圆弧长 L 查表：

查 F_p 时，取 $L = \dfrac{1}{2}\pi d = \dfrac{\pi m_n z}{2\cos\beta}$；查 F_{pk} 时，取 $L = \dfrac{k\pi m_n}{\cos\beta}$（$k$ 为 2 到小于 $z/2$ 的整数）。

式中，d 为分度圆直径；m_n 为法向模数；z 为齿数；β 为分度圆螺旋角。

2. 除特殊情况外，对于 F_{pk}，k 值规定取为小于 $z/6$ 或 $z/8$ 的最大整数。

表 8.3-19　齿圈径向圆跳动公差 F_r　　　　　　　　　　（μm）

精度等级	法向模数 /mm	分度圆直径 /mm					
		≤125	>125~400	>400~800	>800~1600	>1600~2500	>2500~4000
4	>1.5~3.5	9	10	11	—	—	—
	>3.5~6.3	11	13	13	14	—	—
	>6.3~10	13	14	14	16	18	—
	>10~16	—	16	18	18	20	22
	>16~25	—	20	22	22	25	25
	>25~40	—	—	28	28	32	32
5	>1.5~3.5	14	16	18	—	—	—
	>3.5~6.3	16	18	20	22	—	—
	>6.3~10	20	22	22	25	28	—
	>10~16	22	25	28	28	32	36
	>16~25	—	32	36	36	40	40
	>25~40	—	45	45	50	50	
6	>1.5~3.5	22	25	28	—	—	—
	>3.5~6.3	28	32	32	36	—	—
	>6.3~10	32	36	36	40	45	—
	>10~16	36	40	45	45	50	56
	>16~25	—	50	56	56	63	63
	>25~40	—	—	71	71	80	80
7	>1.5~3.5	36	40	45	—	—	—
	>3.5~6.3	45	50	50	56	—	—
	>6.3~10	50	56	56	63	71	—
	>10~16	56	63	71	71	80	90
	>16~25	—	80	90	90	100	100
	>25~40	—	—	112	112	125	125
8	>1.5~3.5	50	56	63	—	—	—
	>3.5~6.3	63	71	71	80	—	—
	>6.3~10	71	80	80	90	100	—
	>10~16	80	90	100	100	112	125
	>16~25	—	112	125	125	140	140
	>25~40	—		160	160	180	180

表 8.3-20　齿距极限偏差 $\pm f_{pt}$ 　　　（μm）

精度等级	法向模数 /mm	分 度 圆 直 径 /mm					
		≤125	>125~400	>400~800	>800~1600	>1600~2500	>2500~4000
4	>1.5~3.5	4	4.5	5	—	—	—
	>3.5~6.3	5	5.5	5.5	6	—	—
	>6.3~10	5.5	6	7	7	8	—
	>10~16	—	7	9	8	9	10
	>16~25	—	9	10	10	11	11
	>25~40	—	—	13	13	14	14
5	>1.5~3.5	6	7	8	—	—	—
	>3.5~6.3	8	9	9	10	—	—
	>6.3~10	9	10	10	11	13	—
	>10~16	10	11	11	13	14	16
	>16~25	—	14	13	16	18	18
	>25~40	—	—	16	20	22	22
6	>1.5~3.5	10	11	13	—	—	—
	>3.5~6.3	13	14	14	16	—	—
	>6.3~10	14	16	18	18	20	—
	>10~16	16	18	20	20	22	25
	>16~25	—	22	25	25	28	28
	>25~40	—	—	32	32	36	36
7	>1.5~3.5	14	16	18	—	—	—
	>3.5~6.3	18	20	20	22	—	—
	>6.3~10	20	22	25	25	28	—
	>10~16	22	25	28	28	32	36
	>16~25	—	32	36	36	40	40
	>25~40	—	—	45	45	50	50
8	>1.5~3.5	20	22	25	—	—	—
	>3.5~6.3	25	28	28	32	—	—
	>6.3~10	28	32	36	36	40	—
	>10~16	32	36	40	40	45	50
	>16~25	—	45	50	50	56	56
	>25~40	—	—	63	63	71	71

表 8.3-21　齿向公差 F_β

（一个轴向齿距内齿向公差 f_β）　（μm）

精度等级	齿轮宽度（轴向齿距）/mm					
	≤40	>40 ~100	>100 ~160	>160 ~250	>250 ~400	>400 ~630
4	5.5	8	10	12	14	17
5	7	10	12	16	18	22
6	9	12	16	19	24	28
7	11	16	20	24	28	34
8	18	25	32	38	45	55

注：一个轴向齿距内齿向公差按轴向齿距查表。

表 8.3-22　公法线长度变动公差 F_w

（μm）

精度等级	分度圆直径/mm					
	≤125	>125 ~400	>400 ~800	>800 ~1600	>1600 ~2500	>2500 ~4000
4	8	10	12	16	18	25
5	12	16	20	25	28	40
6	20	25	32	40	45	63
7	28	36	45	56	71	90
8	40	50	63	80	100	125

表 8.3-23　轴线平行度公差

x 方向轴线平行度公差 $f_x = F_\beta$	F_β 见表 8.3-21
y 方向轴线平行度公差 $f_y = \dfrac{1}{2} F_\beta$	

表 8.3-24　中心距极限偏差±f_a　　　　（μm）

精度等级	中心距/mm													
	≤120	>120~180	>180~250	>250~315	>315~400	>400~500	>500~630	>630~800	>800~1000	>1000~1250	>1250~1600	>1600~2000	>2000~2500	>2500~3150
4	11	12.5	14.5	16	18	20	22	25	28	33	39	46	55	67.5
5、6	17.5	20	23	26	28.5	31.5	35	40	45	52	62	75	87	105
7、8	27	31.5	36	40.5	44.5	48.5	55	62	70	82	97	115	140	165

表 8.3-25　弦齿深极限偏差±E_h　　　　（μm）

精度等级	法向模数/mm	分度圆直径/mm										
		≤50	>50~80	>80~120	>120~200	>200~320	>320~500	>500~800	>800~1250	>1250~2000	>2000~3150	>3150~4000
4	1.5~3.5	10	11	12	13	15	17	18	—	—	—	—
	>3.5~6.3	12	13	14	15	17	18	27	23	25	27	30
	>6.3~10	—	15	17	18	20	21	23	25	27	30	36
	>10~16	—	—	—	—	—	—	—	—	—	—	—
5、6	1.5~3.5	12	14	15	16	18	21	23	—	—	—	—
	>3.5~6.3	15	16	18	19	21	23	26	28	31	34	38
	>6.3~10	—	19	21	23	24	26	28	31	34	38	45
7、8	1.5~3.5	15	17	18	21	23	24	—	—	—	—	—
	>3.5~6.3	19	20	21	23	26	27	30	34	38	—	—
	>6.3~10	—	24	26	27	30	32	34	38	42	45	49
	>10~16	—	—	32	34	36	38	42	45	49	53	57
	>16~32	—	—	—	49	53	57	57	60	68	68	75

注：对于单圆弧齿轮，弦齿深极限偏差取±E_h/0.75。

表 8.3-26　齿根圆直径极限偏差±E_{df}　　　　（μm）

精度等级	法向模数/mm	分度圆直径/mm										
		≤50	>50~80	>80~120	>120~200	>200~320	>320~500	>500~800	>800~1250	>1250~2000	>2000~3150	>3150~4000
4	1.5~3.5	15	17	19	22	24	27	32	41	48	60	—
	>3.5~6.3	19	21	23	26	29	32	36	46	—	—	—
	>6.3~10	—	27	29	32	34	38	41	—	—	—	—
5、6	1.5~3.5	19	21	24	27	30	34	39	—	—	—	—
	>3.5~6.3	24	26	28	32	36	39	45	51	—	—	—
	>6.3~10	—	34	36	39	42	48	51	57	60	75	—
7、8	1.5~3.5	23	26	29	33	38	42	—	—	—	—	—
	>3.5~6.3	30	33	36	38	42	50	53	60	—	—	—
	>6.3~10	—	42	45	49	53	57	60	68	75	—	—
	>10~16	—	—	57	60	64	68	75	83	90	105	120
	>16~32	—	—	—	90	94	98	105	113	120	135	150

注：对于单圆弧齿轮，齿根圆直径极限偏差取±E_h/0.75。

表 8.3-27 接触迹线长度和位置偏差

精度等级	单圆弧齿轮		双圆弧齿轮		
	接触迹线位置偏差	按齿长不少于工作齿长(%)	接触迹线位置偏差	按齿长不少于工作齿长(%)	
				第一条	第二条
4	$\pm 0.15 m_n$	95	$\pm 0.11 m_n$	95	75
5	$\pm 0.20 m_n$	90	$\pm 0.15 m_n$	90	70
6				90	60
7	$\pm 0.25 m_n$	85	$\pm 0.18 m_n$	85	50
8				80	40

表 8.3-28 接触斑点 (%)

精度等级	单圆弧齿轮		双圆弧齿轮		
	按齿高不少于工作齿高	按齿长不少于工作齿长	按齿高不少于工作齿高	按齿长不少于工作齿长	
				第一条	第二条
4	60	95	60	95	90
5	55	95	55	95	85
6	50	90	50	90	80
7	45	85	45	85	70
8	40	80	40	80	60

注: 对于齿面硬度≥300HBW 的齿轮副, 其接触斑点沿齿高方向应为≥0.3m_n。

表 8.3-29 齿坯公差

齿轮精度等级[1]	4	5	6	7	8
孔 尺寸公差 形状公差	IT4	IT5	IT6	IT7	
轴 尺寸公差 形状公差	IT4	IT5		IT6	
顶圆直径[2]	IT6	IT7			

注: IT—标准公差单位, 数值见标准公差数值表。

[1] 当三个公差组的精度等级不同时, 按最高的精度等级确定公差值。

[2] 当顶圆不作测量齿深和齿厚的基准时, 尺寸公差按IT11 给定, 但不大于 0.1m_n。

7.7 极限偏差及公差与齿轮几何参数的关系式

1) 切向综合公差 $F_i{'}$、一齿切向综合公差 $f_i{'}$、螺旋线波度公差 $f_{f\beta}$、轴向齿距极限偏差 F_{px}、一个轴向齿距极限偏差 f_{px} 及中心距极限偏差 f_a 分别按下列计算式计算

$$F_i{'} = F_p + f_\beta$$

表 8.3-30 齿轮基准面径向和端面圆跳动公差 (μm)

分度圆直径/mm		精 度 等 级		
大于	到	4	5 和 6	7 和 8
—	125	7/2.8	11/7	18/11
125	400	9/3.6	14/9	22/14
400	800	12/5	20/12	32/20
800	1600	18/7	28/18	45/28
1600	2500	25/10	40/25	63/40
2500	4000	40/16	63/40	100/63

注: 分子是径向圆跳动公差, 分母是端面圆跳动公差。

$$f_i{'} = 0.6(f_{pt} + f_\beta)$$
$$f_{f\beta} = f_i{'} \cos\beta$$
$$F_{px} = F_\beta$$
$$f_{px} = f_\beta$$
$$f_a = 0.5(IT6, IT7, IT8)$$

式中 β——分度圆螺旋角。

2) 公法线长度极限偏差 E_w、齿厚极限偏差 E_s 分别按下式计算

$$E_{ws} = -2\sin\alpha(-E_h)$$

$$E_{wi} = -2\sin\alpha(+E_h)$$

$$T_w = E_{ws} - E_{wi}$$

$$E_{ss} = -2\tan\alpha(-E_h)$$

$$E_{si} = -2\tan\alpha(+E_h)$$

$$T_{ss} = E_{ss} - E_{si}$$

式中 α——齿形角。

3) 齿轮副的切向综合公差 $F_{ic}{'}$ 等于两齿轮的切向综合公差 $F_i{'}$ 之和。当两齿轮的齿数比为不大于3 的整数, 且采用选配时, $F_i{'}$ 可比计算值压缩25% 或更多。

齿轮副的一齿切向综合公差 $f_{ic}{'}$ 等于两齿轮的一齿切向综合公差 $f_i{'}$ 之和。

4) 极限偏差、公差与齿轮几何参数的关系式见表 8.3-31。

表 8.3-31　极限偏差、公差与齿轮几何参数的关系式

精度等级	F_p		F_r		F_W		f_{pt}		F_β		E_h			E_{df}	
	$A\sqrt{L}+C$		$Am_n+B\sqrt{d}$ $+C$ $B=0.25A$		$B\sqrt{d}+C$		$Am_n+B\sqrt{d}$ $+C$ $B=0.25A$		$A\sqrt{b}+C$		$Am_n+B\sqrt[3]{d}$ $+C$			$Am_n+B\sqrt[3]{d}$	
	A	C	A	C	B	C	A	C	A	C	A	B	C	A	B
4	1.0	2.5	0.56	7.1	0.34	5.4	0.25	3.15	0.63	3.15	0.72	1.44	2.16	1.44	2.88
5	1.6	4	0.90	11.2	0.54	8.7	0.40	5	0.80	4	0.9	1.8	2.7	1.8	3.6
6	2.5	6.3	1.40	18	0.87	14	0.63	8	1	5					
7	3.55	9	2.24	28	1.22	19.4	0.90	11.2	1.25	6.3	1.125	2.25	3.375	2.25	4.5
8	5	12.5	3.15	40	1.7	27	1.25	16	2	10					
说明	d—齿轮分度圆直径；　　b—轮齿宽度；　　L—分度圆弧长														

8　圆弧圆柱齿轮设计计算示例及零件工作图例

8.1　设计计算示例

例 8.3-1　设计中型轧钢机用单级圆柱齿轮减速器的人字齿双圆弧齿轮传动。已知小齿轮传递的功率 $P=2000kW$，小齿轮转速 $n_1=495r/min$，传动比 $i=4.81$。单向运转，满载工作 70000h。齿轮精度 8—8—7GB/T 15753—1995。要求齿根弯曲疲劳强度的最小安全系数 $S_{Fmin}=2.2$。

解：

（1）选择齿轮材料及参数

小齿轮材料：42CrMo，调质硬度 255~286HBW。

大齿轮材料：35CrMo，调质硬度 217~241HBW。

查图 8.3-20 及图 8.3-21，取框图中间值：

$$\sigma_{Flim1}=530MPa,\quad \sigma_{Hlim1}=830MPa。$$
$$\sigma_{Flim2}=490MPa,\quad \sigma_{Hlim2}=760MPa。$$

暂取齿数比 $u\approx i=4.81$。

取齿数 $z_1=25$，则 $z_2=uz_1=4.81\times25=120.25$，取 $z_2=120$，故齿数比 $u=z_2/z_1=120/25=4.8$。

采用人字齿，暂取 $\beta=30°$。暂取 $\phi_a=0.5$。

$$\varepsilon_\beta=\phi_a(z_1+z_2)\tan\beta/2\pi=0.5\times(25+120)\times\tan30°/(2\times3.1416)$$
$$=2\times3.33$$

取 $\mu_\varepsilon=2\times3$，$\Delta\varepsilon=2\times0.3$。

（2）按齿根弯曲疲劳强度初定模数

由表 8.3-8 知，

$$m_n\geq\left(\frac{T_1K_AK_vK_1K_{F2}}{2\mu_\varepsilon+K_{\Delta\varepsilon}}\right)^{1/3}\left(\frac{Y_EY_uY_\beta Y_FY_{end}}{z_1\sigma_{FP}}\right)^{1/2.58}$$

小齿轮转矩：

$$T_1=9549\times10^3\frac{P}{n_1}=9549\times10^3\times\frac{2000}{495}N\cdot mm$$
$$=38582\times10^3 N\cdot mm。$$

暂取载荷系数 $K=K_AK_vK_1K_{F2}=2$。

查图 8.3-14a，当 $\Delta\varepsilon=0.3$，$\beta=30°$时，$K_{\Delta\varepsilon}=0.15$。

查表 8.3-12，$Y_E=2.079$（MPa）$^{0.14}$。

查图 8.3-15a，当 $u=4.8$ 时，$Y_u=1.025$。

查图 8.3-16a，当 $\beta=30°$时，$Y_\beta=0.81$。

查图 8.3-17，当 $z_{v1}=z_1/\cos^3\beta=25/\cos^3 30°=38.49$ 时，$Y_{F1}=1.95$；当 $z_{v2}=z_2/\cos^3\beta=z_2/\cos^3 30°=184.75$ 时，$Y_{F2}=1.82$。

齿端修薄，取 $Y_{end}=1$。

由表 8.3-8 知，许用应力为

$$\sigma_{FP}=\frac{\sigma_{Flim}Y_NY_X}{S_{Fmin}}$$

暂取 $Y_{N1}=Y_{N2}=1$；$Y_{X1}=Y_{X2}=1$。

考虑到轧钢机齿轮轮齿弯曲折断的严重性，参考表 8.3-13，根据设计要求取 $S_{Fmin}=2.2$。

$$\sigma_{FP1}=\frac{530\times1\times1}{2.2}MPa=241MPa$$

$$\sigma_{FP2}=\frac{490\times1\times1}{2.2}MPa=223MPa$$

因 $Y_{F1}/\sigma_{FP1}=1.95/241=0.0081<Y_{F2}/\sigma_{FP2}=1.82/223=0.0082$，故按大齿轮计算。

$$m_n\geq\left(\frac{38582\times10^3\times2}{2\times(2\times3+0.15)}\right)^{1/3}\times$$
$$\left(\frac{2.079\times1.025\times0.81\times1.82\times1}{25\times223}\right)^{1/2.58}mm$$

$$=10.15mm$$

取 $m_n=12mm$。

（3）初定齿轮传动参数

$$a=\frac{m_n(z_1+z_2)}{2\cos\beta}=\frac{12\times(25+120)}{2\cos30°}mm$$
$$=1004.5899mm$$

取 $a=1000mm$

$$\cos\beta=\frac{m_n(z_1+z_2)}{2a}=\frac{12\times(25+120)}{2\times1000}=0.87000$$

$$\beta=29°32'29''$$

$$d_1=\frac{m_nz_1}{\cos\beta}=\frac{12\times25}{\cos29°32'29''}mm=344.828mm$$

$$b = \frac{\varepsilon_\beta \pi m_n}{\sin\beta} = \frac{2 \times 3.3 \times 3.1416 \times 12}{\sin 29°32'29''} \text{mm} = 504.640 \text{mm}$$

$b_h = b/2 = 504.64/2 \text{mm} = 252.32 \text{mm}$，取 $b_h = 250 \text{mm}$，$b = 2b_h = 2 \times 250 \text{mm}$。

（4）校核齿根弯曲疲劳强度

由表 8.3-8 知，齿根弯曲应力按下式计算：

$$\sigma_F = \left(\frac{T_1 K_A K_v K_1 K_{F2}}{2\mu_\varepsilon + K_{\Delta\varepsilon}}\right)^{0.86} \times \frac{Y_E Y_u Y_\beta Y_F Y_{end}}{z_1 m_n^{2.58}}$$

查表 8.2-41 知，因载荷有严重冲击，取 $K_A = 1.85$。

查图 8.3-12 知，当 $v = \pi d_1 n_1/60 \times 10^3 = [3.1416 \times 344.828 \times 495/(60 \times 10^3)]$ m/s $= 8.94$ m/s，齿轮 II 组精度为 8 级时，$K_v = 1.11$。

查图 8.3-13 知，当 $\phi_d = b_h/d_1 = 250/344.828 = 0.725$ 时，按对称布置，$K_1 = 1.05$。

查表 8.3-11，$K_{F2} = 1.1$。

查图 8.3-16a，当 $\beta = 29°32'29''$ 时，$Y_\beta = 0.81$。

查图 8.3-17，当 $z_{v1} = z_1/\cos^3\beta = 25/\cos^3 29°32'29'' = 37.96$ 时，$Y_{F1} = 1.95$；当 $z_{v2} = z_2/\cos^3\beta = 120/\cos^3 29°32'29'' = 182.23$ 时，$Y_{F2} = 1.82$。

$$\sigma_{F1} = \left(\frac{38582 \times 10^3 \times 1.85 \times 1.11 \times 1.05 \times 1.1}{2 \times (2 \times 3 + 0.15)}\right)^{0.86} \times \frac{2.079 \times 1.025 \times 0.81 \times 1.95 \times 1}{25 \times 12^{2.58}} \text{MPa}$$

$= 180 \text{MPa}$

$$\sigma_{F2} = \sigma_{F1}\frac{Y_{F2}}{Y_{F1}} = 180 \times \frac{1.82}{1.95} \text{MPa} = 168 \text{MPa}$$

由表 8.3-8 知，安全系数为

$$S_F = \frac{\sigma_{Flim} Y_N Y_x}{\sigma_F}$$

小齿轮应力循环次数：

$N_1 = 60kn_1 h = 60 \times 1 \times 495 \times 70000 = 2.08 \times 10^9$

大齿轮应力循环次数：

$N_2 = N_1/u = 2.08 \times 10^9/4.8 = 4.33 \times 10^8$

查图 8.3-22a，$N_\infty = 3 \times 10^6$。因为 $N_1 > N_\infty$、$N_2 > N_\infty$，故 $Y_{N1} = Y_{N2} = 1$。

查图 8.3-23a，当 $m_n = 12 \text{mm}$ 时，$Y_{x1} = 0.96$，$Y_{x2} = 0.96$。所以

$$S_{F1} = \frac{530 \times 1 \times 0.96}{180} = 2.83 > S_{Fmin} = 2.2$$

$$S_{F2} = \frac{490 \times 1 \times 0.96}{168} = 2.80 > S_{Fmin} = 2.2$$

安全。

（5）校核齿面接触疲劳强度

由表 8.3-8 知，齿面接触应力按下式计算：

$$\sigma_H = \left(\frac{T_1 K_A K_v K_1 K_{H2}}{2\mu_\varepsilon + K_{\Delta\varepsilon}}\right)^{0.73} \frac{Z_E Z_u Z_\beta Z_a}{z_1 m_n^{2.19}}$$

查表 8.3-11，当齿轮 III 组精度为 7 级时，$K_{H2} = 1.39$。

查表 8.3-12，$Z_E = 31.346 (\text{MPa})^{0.27}$。

查图 8.3-15b，当 $u = 4.8$ 时，$Z_u = 1.05$。

查图 8.3-16b，当 $\beta = 29°32'29''$ 时，$Z_\beta = 0.67$。

查图 8.3-19，当 $m_n = 12 \text{mm}$、$z_{v1} = 37.976$ 时，0.976；当 $z_{v2} = 182.23$ 时，$Z_{a2} = 0.952$；故 $Z_a = 0.5 \times (Z_{a1} + Z_{a2}) = 0.5 \times (0.976 + 0.952) = 0.964$。

$$\sigma_H = \left(\frac{38582 \times 10^3 \times 1.85 \times 1.11 \times 1.05 \times 1.39}{2 \times (2 \times 3 + 0.15)}\right)^{0.73} \times \frac{31.346 \times 1.051 \times 0.67 \times 0.964}{25 \times 12^{2.19}} \text{MPa}$$

$= 454 \text{MPa}$

由表 8.3-8 知，安全系数为

$$S_H = \frac{\sigma_{Hlim} Z_N Z_L Z_v}{\sigma_H}$$

查图 8.3-22，$N_\infty = 5 \times 10^7$，因为 N_1、N_2 均大于 5×10^7，故 $Z_{N1} = Z_{N2} = 1$。

查图 8.3-24，当采用 320 号中极压工业齿轮油润滑，$\nu_{40} = 320 \text{mm}^2/\text{s}$ 时，$Z_L = 1.07$。

按 $v_g = v/\tan\beta = 8.94/\tan 29°32'29'' = 15.775 \text{m/s}$，查图 8.3-25，$Z_v = 1.0$。

查表 8.3-13，$S_{Hmin} = 1.3$。所以

$$S_{H1} = \frac{830 \times 1 \times 1.07 \times 1}{454} = 1.96 > S_{Hmin} = 1.3$$

$$S_{H2} = \frac{760 \times 1 \times 1.07 \times 1}{454} = 1.79 > S_{Hmin} = 1.3$$

安全。

（6）主要参数与几何尺寸计算

$m_n = 12 \text{mm}$，$m_t = 13.793103 \text{mm}$，$z_1 = 25$，$z_2 = 120$，$\beta = 29°32'29''$

$$d_1 = \frac{m_n z_1}{\cos\beta} = \frac{12 \times 25}{\cos 29°32'29''} \text{mm} = 344.828 \text{mm}$$

$$d_2 = \frac{m_n z_2}{\cos\beta} = \frac{12 \times 120}{\cos 29°32'29''} \text{mm} = 1655.172 \text{mm}$$

$d_{a1} = d_1 + 2h_a^* m_n = 344.828 + 2 \times 0.9 \times 12 \text{mm}$
$= 366.428 \text{mm}$

$d_{a2} = d_2 + 2h_a^* m_n = 1655.172 + 2 \times 0.9 \times 12 \text{mm}$
$= 1676.772 \text{mm}$

$d_{f1} = d_1 - 2h_f^* m_n = 344.828 - 2 \times 1.1 \times 12 \text{mm}$
$= 318.428 \text{mm}$

$d_{f2} = d_2 - 2h_f^* m_n = 1655.172 - 2 \times 1.1 \times 12 \text{mm}$
$= 1628.772 \text{mm}$

$$a = \frac{1}{2}(d_1 + d_2) = \frac{1}{2}(344.828 + 1655.172) \text{mm}$$
$= 1000 \text{mm}$

$b_1 = b_2 = 2b_h = 2 \times 250 \text{mm}$

$e = 120 \text{mm}$

法向模数	m_n	4
齿数	z	29
压力角	α_n	30°
齿顶高系数	h_a^*	1.2
螺旋角	β	14°32′02″
螺旋方向		左
齿型		单圆弧凸齿
全齿高	h	6
名义弦齿深	$\bar{h}$	5.805
精度等级		8-8-7 GB/T 15753—1995
齿轮副中心距及其极限偏差	$a \pm f_a$	(250±0.036)
配对齿轮	图号	
	齿数	92
齿距累积公差	F_p	0.090
齿距极限偏差	f_{pt}	±0.025
轴向齿距极限偏差	F_{px}	±0.020
弦齿深极限偏差	E_h	±0.028

$$\bar{h}_x = 5.805 + \frac{1}{2}(d_a' - d_a)$$

实际弦齿深为

8.2 圆弧圆柱齿轮零件工作图例（见图 8.3-26～图 8.3-29）

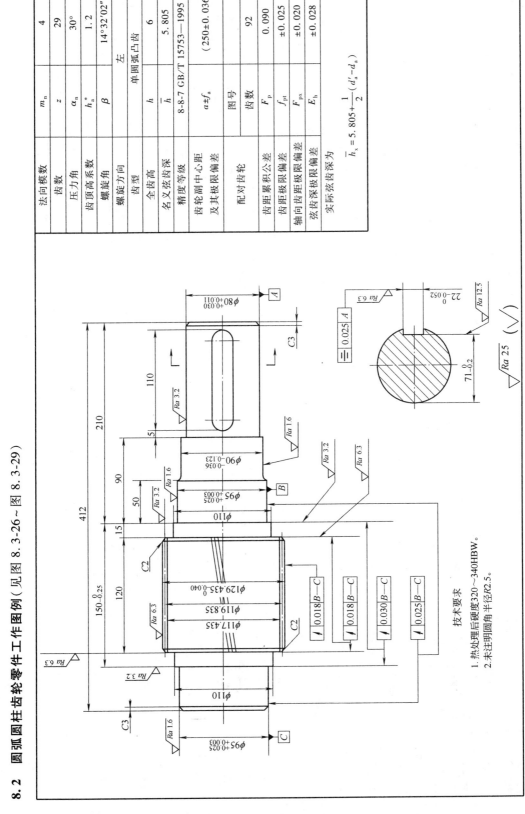

技术要求

1. 热处理后硬度320～340HBW。
2. 未注明圆角半径R2.5。

图 8.3-26　单圆弧齿轮（凸齿）零件工作图

法向模数	m_n	4
齿数	z	92
压力角	α_n	30°
齿顶高系数	h_a^*	1.2
螺旋角	β	14°32'02"
螺旋方向		右
齿型		单圆弧凹齿
全齿高	h	5.44
名义弦齿深	$\bar{h}$	5.279
精度等级		8-8-7 GB/T 15753—1995
齿轮副中心距 及其极限偏差	$a \pm f_a$	(250±0.036)
配对齿轮	图号	
	齿数	29
齿距累积公差	F_p	0.125
齿距极限偏差	f_{pt}	±0.028
轴向齿距极限偏差	F_{px}	±0.020
弦齿深极限偏差	E_h	±0.036
实际弦齿深为	$\bar{h}_x = 5.279 + \dfrac{1}{2}(d_a' - d_a)$	

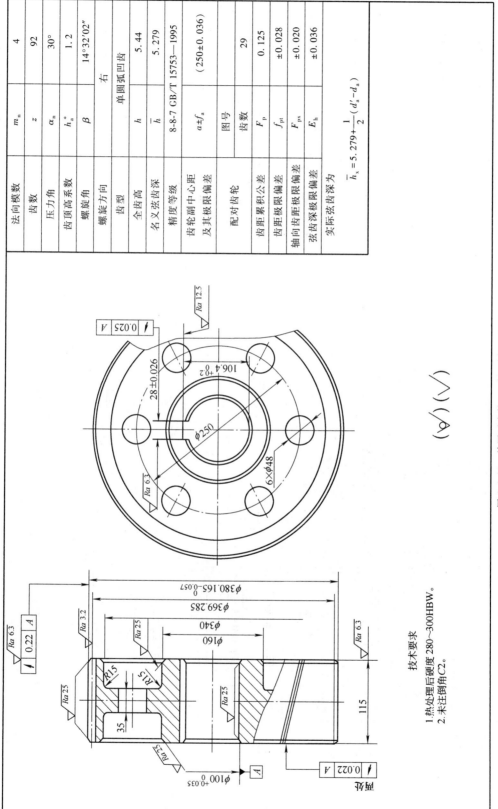

$(\sqrt{}) (\sqrt{})$

技术要求
1. 热处理后齿硬度 280~300HBW。
2. 未注倒角C2。

图 8.3-27 单圆弧齿轮（凹齿）零件工作图

法向模数	m_n	3.5
齿数	z	29
压力角	α_n	24°
齿顶高系数	h_a^*	0.9
螺旋角	β	15°44′26″
螺旋方向		左
齿型		双圆弧
全齿高	h	7
名义弦齿深	$\bar{h}$	6.922
精度等级	8-8-7 GB/T 15753—1995	
齿轮副中心距 及其极限偏差	$a\pm f_a$	(220±0.036)
配对齿轮	图号	
	齿数	92
齿距累积公差	F_p	0.090
齿距极限偏差	f_{pt}	±0.020
轴向齿距极限偏差	F_{px}	±0.016
弦齿深极限偏差	E_h	±0.021
实际弦齿深为	$\bar{h}_x = 6.922 + \dfrac{1}{2}(d_a'-d_a)$	

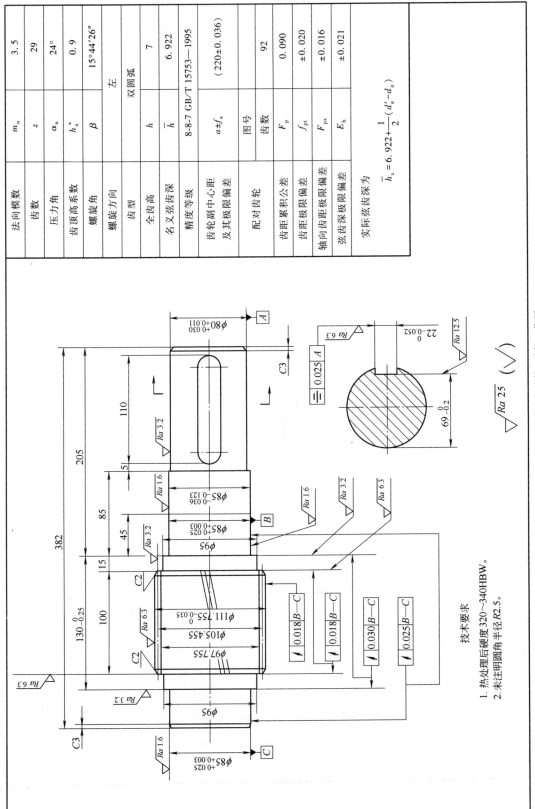

技术要求

1. 热处理后硬度320~340HBW。
2. 未注明圆角半径R2.5。

$\sqrt{Ra\,25}\ (\sqrt{})$

图 8.3-28　双圆弧齿轮（主动轮）零件工作图

法向模数	m_n	3.5
齿数	z	92
压力角	α_n	24°
齿顶高系数	h_a^*	0.9
螺旋角	β	15°44′26″
螺旋方向		右
齿型		双圆弧
全齿高	h	7
	$\bar{h}$	6.975
精度等级	8-8-7 GB 15753—1995	
齿轮副中心距及其极限偏差	$a \pm f_a$	(220±0.036)
配对齿轮	图号	
	齿数	29
齿距累积公差	F_p	0.125
齿距极限偏差	f_{pt}	±0.022
轴向齿距极限偏差	F_{px}	±0.016
弦齿深极限偏差	E_h	±0.027

实际弦齿深为

$$\bar{h}_x = 6.975 + \frac{1}{2}(d_a' - d_a)$$

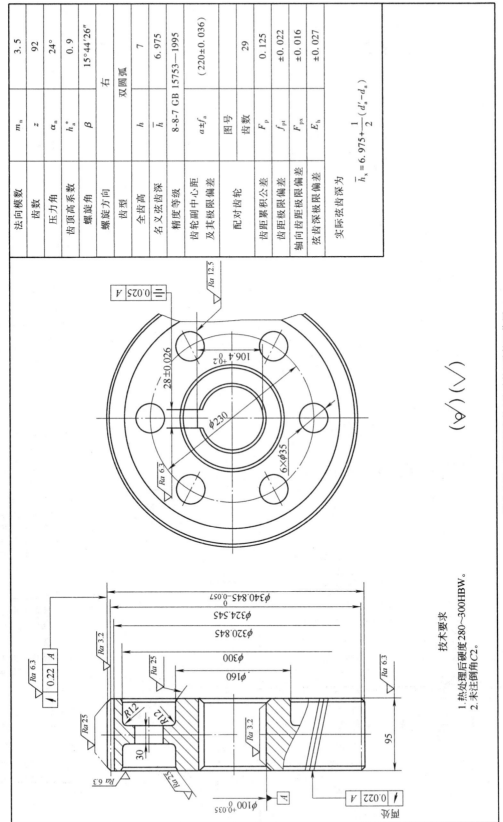

$(\sqrt[Ra]{\ })\ (\sqrt{\ })$

技术要求

1. 热处理后硬度 280~300HBW。
2. 未注倒角C2。

图 8.3-29　双圆弧齿轮（从动轮）零件工作图

第4章 锥齿轮和准双曲面齿轮传动

锥齿轮用于轴线相交的传动,轴线间交角 Σ 可为任意角度,但常用的 $\Sigma=90°$。

准双曲面齿轮外形与锥齿轮相同,但传动的两轴线不相交,而是互相交错。这两种齿轮在设计及制造上有许多相同之处,故合在一章。

1 概述

1.1 分类、特点和应用(见表8.4-1)

表 8.4-1 锥齿轮、准双曲面齿轮传动的分类、特点和应用

分类方法	类型	示意图	特点和应用	分类方法	类型	示意图	特点和应用
按轴线位置	正交		两轮轴线共面,轴交角 $\Sigma=90°$ 最常用	按齿线形状	直齿锥齿轮		制造容易,成本低;对安装误差和变形很敏感,为减小载荷集中可制成鼓形齿;承载能力低;噪声大 多用于低速、轻载而稳定的传动,一般速度 $v_m \leqslant 5m/s$;对大型锥齿轮,当用仿形加工时,$v_m \leqslant 2m/s$;磨削加工的锥齿轮可用于 $v_m \leqslant 75m/s$ 的传动
	斜交		两轮轴线共面,轴交角 $\Sigma \neq 90°$ 特殊需要时才用,可用于 $10° \leqslant \Sigma \leqslant 170°$		斜齿锥齿轮		产形冠轮上的齿线是与导圆相切而不通过锥顶的直线;制造较容易,承载能力较强,噪声较小;轴向力大,且随转向变化 多用于 $m>15mm$ 的大型齿轮;在 $v_m<12m/s$、重载或有冲击传动中,用弧齿锥齿轮在制造上有困难时,可用这种齿轮代替
	轴线偏置		利用准双曲面齿轮,小轮轴线偏置一个距离 E,利用偏置距离,增大小轮的直径,因而可以增大小轮的刚度,并实现两端支承,传动平稳 可满足特殊要求,如越野车通过性高,轿车舒适性好。节圆平均速度 $v_m \leqslant 30m/s$,传动比 $i=1\sim10$,传递功率 $P\leqslant750kW$		弧齿锥齿轮		产形冠轮上的齿线是圆弧;承载能力强,运转平稳,噪声小;对安装误差和变形不敏感;轴向力大,且随转向变化 用于 $v_m \geqslant 5m/s$ 或转速 $n>1000r/min$ 及重载的传动;适于成批生产;磨齿后可用于高速($v_m = 40\sim100\ m/s$)传动

（续）

分类方法	类型	示意图	特点和应用	分类方法	类型	示意图	特点和应用
按齿线形状	零度锥齿轮		齿线是一段圆弧，齿宽中点螺旋角 $\beta_m=0°$；载荷能力略高于直齿，轴向力与转向无关；运转平稳性好 可用以代替直齿锥齿轮；适用 $v_m \leqslant 5\text{m/s}$，$n \leqslant 1000\text{r/min}$ 的传动；经磨削的齿轮可用于 $v_m \leqslant 50\text{m/s}$ 的传动	按齿高形式	等顶隙收缩齿		齿轮副的顶隙沿齿长保持与大端相等（即一齿轮的顶锥母线与配对齿轮的根锥母线相平行），顶锥的顶点不与分锥和根锥的顶点重合；齿根的圆角半径增大，减小应力集中，提高齿根强度；同时可增大刀具刀尖圆角，提高了刀具寿命；增加小端齿厚度；减少因齿轮错位而造成小端"咬死"的可能性 直齿锥齿轮推荐使用这种类型 弧齿锥齿轮 $m>2.5\text{mm}$ 的零度锥齿轮，大多采用等顶隙收缩齿
	摆线齿锥齿轮		齿线是长幅外摆线；加工时机床调整方便，计算简单；不能磨齿 应用情况与弧齿锥齿轮相同，虽不能磨齿，但采用刮削，在硬齿面的条件下所得到的精度和表面粗糙度不亚于磨齿；尤其适于单件或小批生产		双重收缩齿		顶锥、分锥和根锥的顶点不重合，分别与轴线交于三点。顶隙沿齿长保持相等，齿高收缩显著。特点与等顶隙收缩齿相同 格利森零度锥齿轮和 $m<2.5\text{mm}$ 的弧齿锥齿轮一般都采用双重收缩齿
按齿高形式	不等顶隙收缩齿		顶锥、根锥和分锥的顶点相重合；齿轮副的顶隙由大端到小端逐渐减小；齿根圆角较小，齿根强度较弱，小端齿顶薄弱 以往广泛地应用于直齿锥齿轮中，因缺点较严重，近来有被等顶隙收缩齿代替的趋势		等高齿		大端与小端的齿高相等，即齿轮的顶锥角、分锥角和根锥角都相等；加工时机床调整方便，计算简单，小端易产生根切和齿顶过薄 摆线齿锥齿轮都采用等高齿；弧齿锥齿轮也可采用 齿宽系数 $\phi_R \leqslant 0.28$ 小轮齿数 $z_1 \geqslant 9$ 假想平面齿轮齿数 $z_c \geqslant 25$

1.2　基本齿制

渐开线锥齿轮的齿制较多，表 8.4-2 列出了我国常用的几种齿制的基本齿廓。

1.3　模数

锥齿轮的模数是一个变量，由大端向小端逐渐缩小。直齿和斜齿锥齿轮以大端端面模数 m_{et} 为准，并取为标准轮系列值（见表 8.4-3）。对曲线齿（弧齿、零度、摆线齿）锥齿轮，可用大端端面模数 m_{et} 或齿宽中点法向模数 m_{mn} 为准，其数值不一定是整数，更不一定要符合标准系列，主要取决于计算。

表 8.4-2 渐开线锥齿轮常用齿制的基本齿廓

齿线种类	齿制	基准齿制参数				变位方式	齿高种类
		α_n	h_a^*	c^*	β_m		
直齿斜齿	GB/T 12369—1990	20°	1	0.2	直齿为0°,斜齿由计算确定	径向+切向变位	等顶隙收缩齿
	格利森(Gleason)	20°,14.5° 25°	1	$0.188+\dfrac{0.05}{m_{et}}$			推荐用等顶隙收缩齿,也可用不等顶隙收缩齿
	埃尼姆斯(ЗНИМС)	20°	1	0.2			
弧齿	格利森(Gleason)	20°	0.85	0.188	35°		等顶隙收缩齿
	埃尼姆斯(ЗНИМС)	20°	0.82	0.2	>35°		
零度	格利森(Gleason)(ЗНИМС)	20° 对于重载可用225°或25°	1	$0.188+\dfrac{0.05}{m_{et}}$	0°		一般用等顶隙收缩齿;当 $m_{et} \leqslant 2.5$ 时,用双重收缩齿
摆线齿	奥利康(Oerlikon)	20°,17.5°	1	0.15	β_P、β_m =30°~45°		等高齿
	克林根贝尔格(Klingelnberg)	20°	1	0.25			

注:1. GB/T 12369—1990 基本齿廓的齿根圆角半径 $\rho_f = 0.3 m_n$,在啮合条件允许下,可取 $\rho_f = 0.35 m_n$;齿廓可修缘,齿顶最大修缘量:齿高方向 $0.6 m_n$,齿厚方向 $0.02 m_n$;压力角也可采用 α_n 为 14.5° 及 25°。与齿高有关的各参数为大端法向值。

2. 在一般传动中,格利森和埃尼姆斯齿制可以互相代用。

3. 对格利森齿,当 $m_{mn} > 2.5$ mm 时,全齿高在粗切时,应加深 0.13mm,以免在精切时发生刀齿顶部切削。

表 8.4-3 锥齿轮大端端面模数 m_{et}(摘自 GB/T 12368—1990) (mm)

0.1	0.35	0.9	1.75	3.25	5.5	10	20	36
0.12	0.4	1	2	3.5	6	11	22	40
0.15	0.5	1.125	2.25	3.75	6.5	12	25	45
0.2	0.6	1.25	2.5	4	7	14	28	50
0.25	0.7	1.375	2.75	4.5	8	16	30	
0.3	0.8	1.5	3	5	9	18	32	

注:表中值适用于直齿、斜齿及曲线齿锥齿轮。

1.4 锥齿轮的变位

锥齿轮的变位可分为切向变位(齿厚变位)和径向变位(齿高变位)。

1.4.1 切向变位

用展成法加工锥齿时,当加工轮齿的两侧刀刃在其所构成的产形齿轮的分度面上的距离为 $\dfrac{\pi m}{2}$ 时,加工出来的齿轮为标准齿轮;若改变两刀刃之间的距离,则加工出来的齿轮为切向变位。变位量用 $x_t m$ 表示,x_t 为切向变位系数(或称齿厚变位系数),如图 8.4-1 所示。变位使齿厚增加时 x_t 为正值;使齿厚减薄时 x_t 为负值。为了均衡大小齿轮的齿根抗弯强度,常采用 $x_{t1} = -x_{t2}$。这种变位,除齿厚有所变化外,其他参数不改变,可提高小轮的齿根抗弯强度。

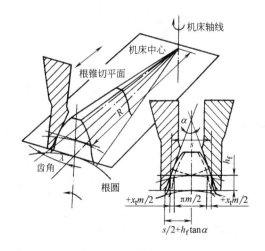

图 8.4-1 锥齿轮的切向变位

1.4.2　径向变位（高变位）

用展成法加工锥齿轮时，若刀具所构成的产形齿轮的齿条中线与被加工锥齿轮的当量圆柱齿轮的分度圆相切，加工出来的齿轮为标准齿轮；当齿条中线沿当量圆柱齿轮的径向移开一段距离 xm 时，加工出来的齿轮为径向变位齿轮，如图 8.4-2 所示。xm 为变位量，x 为变位系数。刀具远离当量圆柱齿轮轴线时，x 为正值；刀具靠近当量圆柱齿轮轴线时，x 为负值。在齿轮副中，若 $x_1 = -x_2$，称为高变位传动；若 $x_1 \neq -x_2$，则称为角变位传动。径向变位可以避免根切，提高齿轮的承载能力和改善传动的性能。高变位传动锥齿轮几何计算简单，应用较广。角变位传动锥齿轮几何计算复杂，应用较少，本手册不做详细介绍。

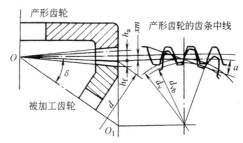

图 8.4-2　锥齿轮的径向变位（高变位）

2　锥齿轮传动的几何尺寸计算

2.1　直齿锥齿轮传动的几何尺寸计算（见表 8.4-4）

表 8.4-4　标准和高变位直齿锥齿轮传动的几何尺寸计算

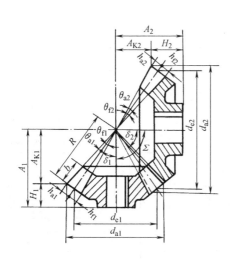
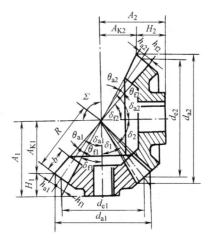

不等顶隙收缩齿　　　　　　　　　　　　　　　　等顶隙收缩齿

名　称	代号	小　齿　轮	大　齿　轮
齿数比	u	$u = z_2/z_1$，按传动要求确定，通常 $u = 1 \sim 10$	
大端分度圆直径	d_e	d_{e1} 根据强度计算初定，或按结构确定	
齿数	z	一般 $z_1 = 16 \sim 30$；当 d_{e1} 已确定，可按图 8.4-3 选取 z_1；最少的 z_1 推荐按表 8.4-5 选取	$z_2 = u z_1$
大端端面模数	m_{e1}	$m_e = d_{e1}/z_1$，按表 8.4-3 取成标准系列值后，再确定 $d_{e1} = z_1 m_{et}$	$d_{e2} = z_2 m_{et}$
分锥角	δ	当 $\Sigma = 90°$ 时，$\delta_1 = \arctan \dfrac{z_1}{z_2}$ 当 $\Sigma < 90°$ 时，$\delta_1 = \arctan \dfrac{\sin\Sigma}{u + \cos\Sigma}$ 当 $\Sigma > 90°$ 时，$\delta_1 = \arctan \dfrac{\sin(180° - \Sigma)}{u - \cos(180° - \Sigma)}$	$\delta_2 = \Sigma - \delta_1$
外锥距	R_e	$R_e = d_{e1}/2\sin\delta_1$	

（续）

名 称	代号	小 齿 轮	大 齿 轮
齿宽	b	$b = \phi_R R_e$	
齿宽系数	ϕ_R	$\phi_R = \dfrac{b}{R_e}$ 一般 $\phi_R = \dfrac{1}{4} \sim \dfrac{1}{3}$，常用 0.3	
平均分度圆直径	d_m	$d_{m1} = d_{e1}(1 - 0.5\phi_R)$	$d_{m2} = d_{e2}(1 - 0.5\phi_R)$
中点锥距	R_m	$R_m = R_e(1 - 0.5\phi_R)$	
中点模数	m_m	$m_m = m_{et}(1 - 0.5\phi_R)$	
切向变位系数	x_t	x_{t1} 荐用值见图 8.4-4	$x_{t2} = -x_{t1}$
径向变位系数	x	当 $z_1 \geq 13$ 时，$x_1 = 0.46\left(1 - \dfrac{\cos\delta_2}{u\cos\delta_1}\right)$ 也可按表 8.4-6 选取	$x_2 = -x_1$
齿顶高	h_a	$h_{a1} = m_{et}(1 + x_1)$	$h_{a2} = (1 + x_2)m_{et}$
齿根高	h_f	$h_{f1} = m_{et}(1 + c^* - x_1)$，$c^*$ 见表 8.4-2	$h_{f2} = (1 + c^* - x_2)m_{et}$
顶隙	c	$c = c^* m$	
齿顶角 θ_a	不等顶隙收缩齿	$\theta_{a1} = \arctan(h_{a1}/R_e)$	$\theta_{a2} = \arctan(h_{a2}/R_e)$
	等顶隙收缩齿	$\theta_{a1} = \theta_{f2}$	$\theta_{a2} = \theta_{f1}$
齿根角	θ_f	$\theta_{f1} = \arctan(h_{f1}/R_e)$	$\theta_{f2} = \arctan(h_{f2}/R_e)$
顶锥角 δ_a	不等顶隙收缩齿	$\delta_{a1} = \delta_1 + \theta_{a1}$	$\delta_{a2} = \delta_2 + \theta_{a2}$
	等顶隙收缩齿	$\delta_{a1} = \delta_1 + \theta_{f2}$	$\delta_{a2} = \delta_2 + \theta_{f1}$
根锥角	δ_f	$\delta_{f1} = \delta_1 - \theta_{f1}$	$\delta_{f2} = \delta_2 - \theta_{f2}$
齿顶圆直径	d_a	$d_{a1} = d_{e1} + 2h_{a1}\cos\delta_1$	$d_{a2} = d_{e2} + 2h_{a2}\cos\delta_2$
安装距	A	根据结构确定	
冠顶距 A_K	当 $\Sigma = 90°$ 时	$A_{K1} = d_{e2}/2 - h_{a1}\sin\delta_1$	$A_{K2} = d_{e1}/2 - h_{a2}\sin\delta_2$
	当 $\Sigma \neq 90°$ 时	$A_{K1} = R_e\cos\delta_1 - h_{a1}\sin\delta_1$	$A_{K2} = R_e\cos\delta_2 - h_{a2}\sin\delta_2$
轮冠距	H	$H_1 = A_1 - A_{K1}$	$H_2 = A_2 - A_{K2}$
大端分度圆齿厚	s	$s_1 = m_{et}\left(\dfrac{\pi}{2} + 2x_1\tan\alpha + x_{t1}\right)$	$s_2 = \pi m_{et} - s_1$
大端分度圆弦齿厚	$\bar{s}$	$\bar{s}_1 = s_1\left(1 - \dfrac{s_1^2}{6d_{e1}^2}\right)$	$\bar{s}_2 = s_2\left(1 - \dfrac{s_2^2}{6d_{e2}^2}\right)$
大端分度圆弦齿高	$\bar{h}_a$	$\bar{h}_{a1} = h_{a1} + \dfrac{s_1^2\cos\delta_1}{4d_{e1}}$	$\bar{h}_{a2} = h_{a2} + \dfrac{s_2^2\cos\delta_2}{4d_{e2}}$
端面当量齿数	z_v	$z_{v1} = \dfrac{z_1}{\cos\delta_1}$	$z_{v2} = \dfrac{z_2}{\cos\delta_2}$
端面重合度	$\varepsilon_{v\alpha}$	$\varepsilon_{v\alpha} = \dfrac{1}{2\pi}\left[z_{v1}(\tan\alpha_{va1} - \tan\alpha) + z_{v2}(\tan\alpha_{va2} - \tan\alpha)\right]$ 式中，$\alpha_{va1} = \arccos\dfrac{z_{v1}\cos\alpha}{z_{v1} + 2h_a^* + 2x_1}$，$\alpha_{va2} = \arccos\dfrac{z_{v2}\cos\alpha}{z_{v2} + 2h_a^* + 2x_2}$	

注：当齿数很少（$z < 13$）时，应按下述公式计算最少齿数 z_{min} 和最小变位系数 x_{min}。用刀尖无圆角的刀具加工时，$z_{min} \approx \dfrac{2.4\cos\delta}{\sin^2\alpha}$，$x_{min} \approx 1.2 - \dfrac{z\sin^2\alpha}{2\cos\delta}$；用刀尖有 $0.2m_{et}$ 的圆角的刀具加工时，$z_{min} \approx \dfrac{2\cos\delta}{\sin^2\alpha}$，$x_{min} \approx 1 - \dfrac{z\sin^2\alpha}{2\cos\delta}$。

表 8.4-5　锥齿轮的最少齿数 z_{min}

α_n	直齿锥齿轮		弧齿锥齿轮		零度锥齿轮	
	小轮	大轮	小轮	大轮	小轮	大轮
20°	16	16	17	17	17	17
	15	17	16	18	16	20
	14	20	15	19	15	25
	13	31	14	20		
			13	22		
			12	26		
14.5°			28	28		
			27	29		
			26	30		
			25	32		
			24	33		
			23	36		
			22	40		
			21	42		
			20	50		
			19	70		
22.5°	13	13	14	14	14	14
					13	15
25°	12	12	12	12	13	13

注：1. 本表是根据无根切和两轮齿顶厚大致相同及其
　　　等强度而制订的。
　　2. 考虑了格利森齿制的变位方式。
　　3. 对于汽车齿轮常采用比本表更少的齿数。
　　4. 斜齿锥齿轮可近似按弧齿锥齿轮选取最少齿数。

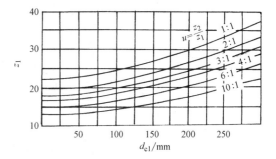

图 8.4-3　渗碳淬火的直齿或零度锥齿轮的小轮齿数
调质的齿轮，z_1 可比由图求得的大 20% 左右

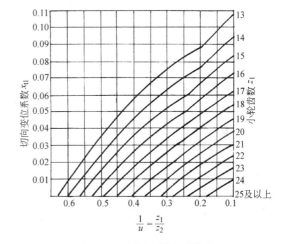

图 8.4-4　直齿及零度锥齿轮的
切向变位系数 x_{t1}（压力角为 20°）

表 8.4-6　直齿及零度弧齿锥齿轮径向变位系数 x_1（格利森齿制）

u	x_1	u	x_1	u	x_1	u	x_1
<1.00	0.00	1.15~1.17	0.12	1.42~1.45	0.24	2.06~2.16	0.36
1.00~1.02	0.01	1.17~1.19	0.13	1.45~1.48	0.25	2.16~2.27	0.37
1.02~1.03	0.02	1.19~1.21	0.14	1.48~1.52	0.26	2.27~2.41	0.38
1.03~1.04	0.03	1.21~1.23	0.15	1.52~1.56	0.27	2.41~2.58	0.39
1.04~1.05	0.04	1.23~1.25	0.16	1.56~1.60	0.28	2.58~2.78	0.40
1.05~1.06	0.05	1.25~1.27	0.17	1.60~1.65	0.29	2.78~3.05	0.41
1.06~1.08	0.06	1.27~1.29	0.18	1.65~1.70	0.30	3.05~3.41	0.42
1.08~1.09	0.07	1.29~1.31	0.19	1.70~1.76	0.31	3.41~3.94	0.43
1.09~1.11	0.08	1.31~1.33	0.20	1.76~1.82	0.32	3.94~4.82	0.44
1.11~1.12	0.09	1.33~1.36	0.21	1.82~1.89	0.33	4.82~6.81	0.45
1.12~1.14	0.10	1.36~1.39	0.22	1.89~1.97	0.34	>6.81	0.46
1.14~1.15	0.11	1.39~1.42	0.23	1.97~2.06	0.35		

2.2　斜齿锥齿轮传动的几何尺寸计算（见表 8.4-7）

2.3　弧齿锥齿轮传动和零度弧齿锥齿轮传动的几何尺寸计算

　　弧齿锥齿轮通常用收缩齿，也用等高齿。零度弧齿锥齿轮是弧齿锥齿轮的一种特殊形式，这种锥齿轮中点螺旋角按 $\beta_m = 0°$ 计算。本节给出的弧齿锥齿轮和零度弧齿锥齿轮采用格利森制。弧齿锥齿轮传动和零度弧齿锥齿轮传动的几何尺寸计算分别见表 8.4-8~表 8.4-12。

表 8.4-7　斜齿锥齿轮传动的几何尺寸计算

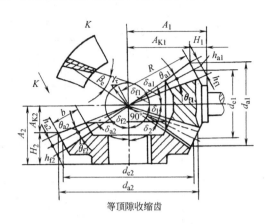

等顶隙收缩齿

名　称	代号	小　齿　轮	大　齿　轮
主要参数及尺寸		根据强度计算或结构要求初定 d_{e1}，然后按表 8.4-4 方法确定 z，m_{et}，d_e，δ，R_e，b，R_m 等	
大端螺旋角	β_e	$\tan\beta_e \geqslant \dfrac{\pi(R_e-b)m_{et}}{R_e b}$ 1）轮齿旋向的规定：由锥顶看齿轮齿线从小端到大端顺时针为右旋；反之为左旋 2）轮齿旋向的选用：大小齿轮轮齿旋向相反；应使小轮上的轴向分力指向大端（轴向力的确定见表 8.4-25）	
齿根角	θ_f	$\theta_{f1} = \arctan\dfrac{h_{f1}}{R_e\cos^2\beta_e}$	$\theta_{f2} = \arctan\dfrac{h_{f2}}{R_e\cos^2\beta_e}$
导圆半径	r_τ	$r_\tau = R_e\sin\beta_e$	
大端分度圆齿厚	s	$s_1 = \left(\dfrac{\pi}{2} + \dfrac{2x_1\tan\alpha_n}{\cos\beta_e} + x_{t1}\right)m_{et}$	$s_2 = \pi m_{et} - s_1$
大端分度圆法向弦齿厚	$\bar{s}_n$	$\bar{s}_{n1} = \left(1 - \dfrac{s_1\sin2\beta_e}{4R_e}\right)\left(s_1 - \dfrac{s_1^3\cos^2\delta_1}{6d_{e1}^2}\right)\cos\beta_e$	$\bar{s}_{n2} = \left(1 - \dfrac{s_2\sin2\beta_e}{4R_e}\right)\left(s_2 - \dfrac{s_2^3\cos^2\delta_2}{6d_{e2}^2}\right)\cos\beta_e$
弦　齿　高	$\bar{h}_n$	$\bar{h}_{n1} = \left(1 - \dfrac{s_1\sin2\beta_e}{4R_e}\right)\left(\bar{h}_{a1} + \dfrac{s_1^2}{4d_1}\cos\delta_1\right)$	$\bar{h}_{n2} = \left(1 - \dfrac{s_2\sin2\beta_e}{4R_e}\right)\left(\bar{h}_{a2} + \dfrac{s_2^2}{4d_2}\cos\delta_2\right)$
法向当量齿数	z_{vn}	$z_{vn1} = \dfrac{z_1}{\cos\delta_1\cos^3\beta_m}$	$z_{vn2} = \dfrac{z_2}{\cos\delta_2\cos^3\beta_m}$
齿宽中点的螺旋角	β_m	$\beta_m = \arcsin\dfrac{R_e\sin\beta_e}{R_m}$	
端面重合度	$\varepsilon_{v\alpha}$	$\varepsilon_{v\alpha} = \dfrac{1}{2\pi}\left[\dfrac{z_1}{\cos\delta_1}(\tan\alpha_{v\alpha t1} - \tan\alpha_t) + \dfrac{z_2}{\cos\delta_2}(\tan\alpha_{v\alpha t2} - \tan\alpha_t)\right]$ 式中，$\alpha_t = \arctan\left(\dfrac{\tan\alpha_n}{\cos\beta_e}\right)$，$\alpha_{v\alpha t1} = \arccos\dfrac{z_1\cos\alpha_t}{z_1 + 2(h_a^* + x_1)\cos\delta_1}$，$\alpha_{v\alpha t2} = \arccos\dfrac{z_2\cos\alpha_t}{z_2 + 2(h_a^* + x_2)\cos\delta_2}$	
纵向重合度	$\varepsilon_{v\beta}$	$\varepsilon_{v\beta} = \dfrac{b\sin\beta_m}{\pi m_{mn}}$	
法向重合度	$\varepsilon_{v\alpha n}$	$\varepsilon_{v\alpha n} = \varepsilon_{v\alpha}/\cos\beta_{vb}$ $\beta_{vb} = \arcsin(\sin\beta_m\cos\alpha_n)$	
总重合度	$\varepsilon_{v\gamma}$	$\varepsilon_{v\gamma} = \sqrt{\varepsilon_{v\alpha}^2 + \varepsilon_{v\beta}^2}$	

表 8.4-8 弧齿锥齿轮几何尺寸计算（$\Sigma = 90°$）

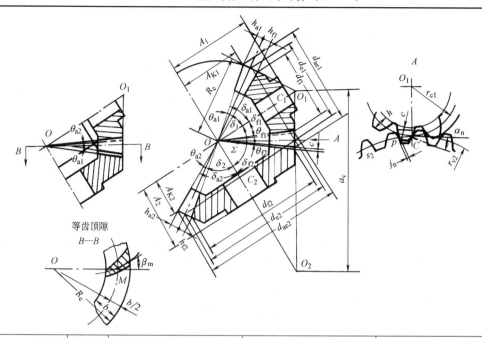

名　　称	代　号	小　齿　轮	大　齿　轮	示　　例
齿数比	u	$u = \dfrac{z_2}{z_1}$ 按传动要求确定, 通常 $u = 1 \sim 10$		3
大端分度圆直径	d_e	d_{e1} 根据强度计算（按表 8.4-26）或结构初定	$d_{e2} = z_2 m_{et}$	按 $T_1 = 600\text{N} \cdot \text{m}$　$K = 1.5$, $\sigma_{HP} = 1350\text{MPa}$, 得 $d_{e1} \approx 90\text{mm}$, $d_{e2} = 276\text{mm}$
齿数	z	z_1 按图 8.4-5 选取	$z_2 = z_1 u$, 尽可能使 z_1、z_2 互为质数	$z_1 = 15$, $z_2 = 46$
大端模数	m_{et}	$\dfrac{d_{e1}}{z_1}$ 可适当圆整		6mm
分锥角	δ	$\delta_1 = \arctan \dfrac{z_1}{z_2}$	$\delta_2 = 90° - \delta_1$	$\delta_1 = 18°03'37''$ $\delta_2 = 71°56'23''$
外锥距	R_e	$R_e = d_{e1}/2\sin\delta_1$		145.153mm
齿宽系数	ϕ_R	$\phi_R = \dfrac{1}{4} \sim \dfrac{1}{3}$, 常取 0.3		0.30313
齿宽	b	$b = \phi_R R_e$ 适当圆整		44mm
中点模数	m_m	$m_m = m_e(1 - 0.5\phi_R)$		5.0906mm
中点法向模数	m_{mn}	$m_{mn} = m_m \cos\beta_m$		4.17mm
切向变位系数	x_t	x_{t1} 按表 8.4-9 选取	$x_{t2} = -x_{t1}$	$x_{t1} = 0.085$ $x_{t2} = -0.085$
径向变位系数	x	$x_1 = 0.39(1 - 1/u^2)$ 或查表 8.4-10 选取	$x_2 = -x_1$	$x_1 = 0.35$ $x_2 = -0.35$
齿宽中点螺旋角	β_m	等顶隙收缩齿的标准螺旋角 $\beta_m = 35°$, 一般 $\beta_m = 10° \sim 35°$, 两轮的螺旋角相等, 旋向相反。决定 β_m 大小时, 至少使 $\varepsilon_{v\beta} \geqslant 1.25$, 如果条件允许, 应当 $\varepsilon_{v\beta} = 1.5 \sim 2.0$, β_m 与 $\varepsilon_{v\beta}$ 之关系可由图 8.4-7 确定；β_m 的旋向, 应使小轮上的轴向力指向大端（参见表 8.4-25）		35°

（续）

名　称	代号	小　齿　轮	大　齿　轮	示　例
压力角	α_n	\multicolumn{2}{c} $\alpha_n = 20°$	$20°$
齿顶高	h_a	\multicolumn{2}{c} $h_a = (h_a^* + x)m_{et}$　　$h_a^* = 0.85$	$h_{a1} = 7.2\text{mm}$ $h_{a2} = 3\text{mm}$
齿根高	h_f	\multicolumn{2}{c} $h_f = (h_a^* + c^* - x)m_{et}$	$h_{f1} = 4.128\text{mm}$ $h_{f2} = 8.328\text{mm}$
顶隙	c	\multicolumn{2}{c} $c = c^* m_{et}$　　$c^* = 0.188$	1.128mm
齿顶角	θ_a	等顶隙收缩齿，$\theta_{a1} = \theta_{f2}$	$\theta_{a2} = \theta_{f1}$	$\theta_{a1} = 3°17'01''$ $\theta_{a2} = 1°37'44''$
齿根角	θ_f	$\theta_{f1} = \arctan\dfrac{h_{f1}}{R_e}$	$\theta_{f2} = \arctan\dfrac{h_{f2}}{R_e}$	$\theta_{f1} = 1°37'44''$ $\theta_{f2} = 3°17'01''$
顶锥角	δ_a	等顶隙收缩齿，$\delta_{a1} = \delta_1 + \theta_{f2}$	$\delta_{a2} = \delta_2 + \theta_{f1}$	$\delta_{a1} = 21°20'38''$ $\delta_{a2} = 73°34'07''$
根锥角	δ_f	$\delta_{f1} = \delta_1 - \theta_{f1}$	$\delta_{f2} = \delta_2 - \theta_{f2}$	$\delta_{f1} = 16°25'53''$ $\delta_{f2} = 68°39'22''$
齿顶圆直径	d_{ae}	$d_{ae1} = d_{e1} + 2h_{a1}\cos\delta_1$	$d_{ae2} = d_{e2} + 2h_{a2}\cos\delta_2$	$d_{ae1} = 103.69\text{mm}$ $d_{ae2} = 277.86\text{mm}$
锥顶到轮冠距离	A_K	$A_{K1} = \dfrac{d_{e2}}{2} - h_{a1}\sin\delta_1$	$A_{K2} = \dfrac{d_{e1}}{2} - h_{a2}\sin\delta_2$	$A_{K1} = 135.77\text{mm}$ $A_{K2} = 42.15\text{mm}$
中点法向齿厚	s_{mn}	$s_{mn1} = (0.5\pi\cos\beta_m + 2x_1\tan\alpha_n + x_{t1})m_m$	$s_{mn2} = \pi m_m\cos\beta_m - s_{mn1}$	$s_{mn1} = 8.28\text{mm}$ $s_{mn2} = 4.82\text{mm}$
中点法向齿厚半角	ψ_{mn}	\multicolumn{2}{c} $\psi_{mn} = \dfrac{s_{mn}\cos\delta}{m_m z}\cos^2\beta_m$	$\psi_{mn1} = 0.0692$ $\psi_{mn2} = 0.01313$
中点齿厚角系数	$K_{\psi mn}$	\multicolumn{2}{c} $K_{\psi mn} = 1 - \dfrac{\psi_{mn}^2}{6}$	$K_{\psi mn1} = 0.9992$ $K_{\psi mn2} = 0.99997$
中点分度圆弦齿厚	$\bar{s}_{mn}$	\multicolumn{2}{c} $\bar{s}_{mn} = s_{mn}K_{\psi mn}$	$\bar{s}_{mn1} = 2.2734\text{mm}$ $\bar{s}_{mn2} = 4.82\text{mm}$
中点分度圆弦齿高	h_{am}	\multicolumn{2}{c} $h_{am1} = h_{a1} - 0.5b\tan\theta_{f1} + 0.25s_{mn1}\psi_{nm1}$ $h_{am2} = h_{a2} - 0.5b\tan\theta_{f2} + 0.25s_{mn2}\psi_{nm2}$	$\bar{h}_{am1} = 6.08\text{mm}$ $\bar{h}_{am2} = 2.3\text{mm}$
切齿刀盘直径	D_0	\multicolumn{2}{c} 由表 8.4-11 查取	$D_0 = 210\text{mm}$
当量齿数	z_{vn}	\multicolumn{2}{c} $z_{vn} = \dfrac{z}{\cos\delta\cos^3\beta_m}$	$z_{vn1} = 28.7$ $z_{vn2} = 270$
端面重合度	$\varepsilon_{v\alpha}$	\multicolumn{2}{c} 当 $\alpha_n = 20°$ 时，$\varepsilon_{v\alpha}$ 查图 8.4-6	1.8
纵向重合度	$\varepsilon_{v\beta}$	\multicolumn{2}{c} $\dfrac{b\sin\beta_m}{\pi m_{mn}}$，当 $\phi_R = 0.3$ 时，可查图 8.4-7	1.9
总重合度	$\varepsilon_{v\gamma}$	\multicolumn{2}{c} $\varepsilon_{v\gamma} = \sqrt{\varepsilon_{v\alpha}^2 + \varepsilon_{v\beta}^2}$	2.62
任意点螺旋角	β_x	\multicolumn{2}{c} $\sin\beta_x = \dfrac{1}{D_0}\left[R_x + \dfrac{R_m(D_0\sin\beta_m - R_m)}{R_x}\right]$ 式中　R_x—任意点的锥距，大端的为 R_e，中点的为 R_m	
刀号	N_o	\multicolumn{2}{c} $N_o = \dfrac{\theta_{f1} + \theta_{f2}}{20}\sin\beta_m$ 式中　θ_{f1}、θ_{f2}—小、大齿轮的根锥角，以分为单位 刀号标准为 $3\frac{1}{2}$，$4\frac{1}{2}$，$5\frac{1}{2}$，$6\frac{1}{2}$，…，$20\frac{1}{2}$，共 18 种 单刀号单面切削法，一般采用 $7\frac{1}{2}$ 刀号，此时，中点螺旋角应重新计算 $\sin\beta_m = \dfrac{20N_{标}}{\theta_{f1} + \theta_{f2}}$　　$(N_{o标} = 7\frac{1}{2})$	$N_o = \dfrac{197 + 97.7}{20} \times$ $\sin 35° = 8.45$ 选最接近的刀号为 $N_o = 8\frac{1}{2}$

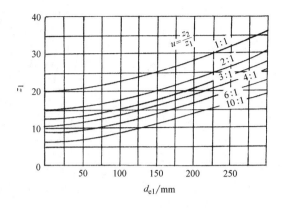

图 8.4-5　弧齿锥齿轮的小轮齿数

表 8.4-9　弧齿锥齿轮切向变位系数 x_{t1}

小齿轮齿数	齿　数　比														
	1.00~1.25	1.25~1.50	1.50~1.75	1.75~2.00	2.00~2.25	2.25~2.50	2.50~2.75	2.75~3.00	3.00~3.25	3.25~3.50	3.50~3.75	3.75~4.00	4.00~4.50	4.50~5.00	≥5.00
5	0.020	0.040	0.075	0.110	0.135	0.155	0.170	0.185	0.200	0.215	0.230	0.240	0.255	0.270	0.285
6	0.010	0.035	0.060	0.085	0.105	0.130	0.150	0.165	0.180	0.195	0.210	0.220	0.235	0.250	0.265
7	0.000	0.025	0.050	0.075	0.095	0.115	0.135	0.155	0.170	0.185	0.195	0.205	0.220	0.235	0.250
8	0.000	0.010	0.030	0.045	0.065	0.080	0.095	0.110	0.125	0.135	0.145	0.155	0.170	0.180	0.195
9	0.000	0.010	0.025	0.040	0.055	0.070	0.085	0.095	0.105	0.115	0.125	0.135	0.150	0.165	0.185
10	0.020	0.055	0.085	0.105	0.125	0.125	0.110	0.120	0.130	0.140	0.150	0.155	0.160	0.170	0.180
11	0.030	0.075	0.105	0.075	0.085	0.095	0.105	0.115	0.125	0.135	0.140	0.145	0.150	0.155	0.160
12	0.005	0.015	0.025	0.035	0.045	0.055	0.065	0.075	0.085	0.095	0.105	0.115	0.125	0.135	0.135
13	0.005	0.015	0.025	0.035	0.045	0.055	0.065	0.075	0.085	0.095	0.105	0.115	0.125	0.135	0.135
14~16	0.000	0.005	0.015	0.025	0.035	0.050	0.060	0.060	0.075	0.085	0.095	0.100	0.105	0.105	0.105
17~19	0.000	0.000	0.005	0.015	0.025	0.035	0.050	0.065	0.075	0.085	0.090	0.090	0.090	0.090	0.090
>19	0.000	0.000	0.000	0.015	0.025	0.040	0.050	0.055	0.060	0.060	0.060	0.060	0.060	0.060	0.060

表 8.4-10　弧齿锥齿轮径向变位系数 x_1（格利森齿制）

u	x_1	u	x_1	u	x_1	u	x_1
<1.00	0.00	1.15~1.17	0.10	1.41~1.44	0.20	1.99~2.10	0.30
1.00~1.02	0.01	1.17~1.19	0.11	1.44~1.48	0.21	2.10~2.23	0.31
1.02~1.03	0.02	1.19~1.21	0.12	1.48~1.52	0.22	2.23~2.38	0.32
1.03~1.05	0.03	1.21~1.23	0.13	1.52~1.57	0.23	2.38~2.58	0.33
1.05~1.06	0.04	1.23~1.26	0.14	1.57~1.63	0.24	2.58~2.82	0.34
1.06~1.08	0.05	1.26~1.28	0.15	1.63~1.68	0.25	2.82~3.17	0.35
1.08~1.09	0.06	1.28~1.31	0.16	1.68~1.75	0.26	3.17~3.67	0.36
1.09~1.11	0.07	1.31~1.34	0.17	1.75~1.82	0.27	3.67~4.56	0.37
1.11~1.13	0.08	1.34~1.37	0.18	1.82~1.90	0.28	4.56~7.00	0.38
1.13~1.15	0.09	1.37~1.41	0.19	1.90~1.99	0.29	>7.00	0.39

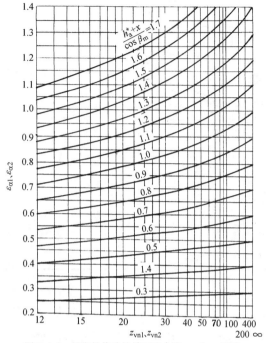

图 8.4-6 锥齿轮传动的端面重合度 ε_α （$\alpha = 20°$）

注：对直齿轮，按 z_{vn1} 和 z_{vn2} 查出 $\varepsilon_{\alpha1}$ 和 $\varepsilon_{\alpha2}$，$\varepsilon_\alpha = \varepsilon_{\alpha1} + \varepsilon_{\alpha2}$；对曲线齿，按 z_{vn1} 和 z_{vn2} 查出 $\varepsilon_{\alpha1}$ 和 $\varepsilon_{\alpha2}$，$\varepsilon_\alpha = K(\varepsilon_{\alpha1} + \varepsilon_{\alpha2})$，$K$ 值如下：

β_m	15°	20°	25°	30°	35°
K	0.941	0.897	0.842	0.779	0.709

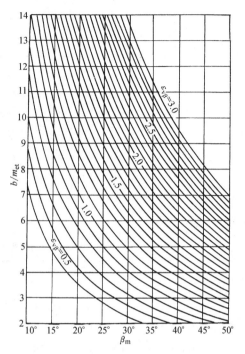

图 8.4-7 弧齿锥齿轮传动纵向重合度 $\varepsilon_{v\beta}$

表 8.4-11 弧齿锥齿轮铣刀盘名义直径的选择

公称直径 D_0		螺旋角	外锥距	最大齿高	最大齿宽	最大模数
in	mm	$\beta_m / (°)$	R_e / mm	h / mm	b / mm	m_{et} / mm
1/2	12.7	>20	6.35~12.7	3.2	3.97	1.69
$1^1/_{10}$	27.94	>20	12.7~19.05	3.2	6.35	1.69
$1\frac{1}{2}$	38.1	>20	19.05~25.4	4.7	7.9	2.54
2	50.8	>20	25.4~38.1	4.7	9.5	2.54
$3\frac{1}{2}$~6	88.9~152.4	0~15 >15	20~40 35~65	8.7	20	3.5
6~$7\frac{1}{2}$	152.4~190.5	0~15 >15	30~70 60~100	10	30	4.5 5.0
$7\frac{1}{2}$~9	190.5~228.6	0~15 15~25 >25	60~120 90~160 90~160	15	50	6.5 7.5 8.0
9~12	228.6~304.8	0~15 15~25 >25	90~180 140~210 140~210	20	65	9.0 10 11
12~18	304.8~457.2	0~15 15~25 25~30 30~40	160~240 190~320 190~320 320~420	28	100	12 14 15 15

表 8.4-12　零度锥齿轮几何尺寸计算 ($\Sigma = 90°$)

名　称	代号	小　齿　轮	大　齿　轮
齿数	z	当 d_{e1} 已知，z_1 可按图 8.4-3 选取	$z_2 = u z_1$
齿宽	b	$b = \phi_R R_e \leqslant 10 m_e$　　$\phi_R \leqslant 0.25$	
切向变位系数	x_t	x_{t1} 按图 8.4-4 选取	$x_{t2} = -x_{t1}$
径向变位系数	x	x_1 按表 8.4-6 选取	$x_2 = -x_1$
中点螺旋角	β_m	$\beta_m = 0°$ 配对齿轮的螺旋角方向相反	
齿顶高	h_a	$h_a = (h_a^* + x) m_{et}$	$h_a^* = 1$
顶隙	c	$c = c^* m_{et}$　　$c^* = 0.188 + \dfrac{0.05}{m_{et}}$	
齿根角	θ_f	等顶隙收缩齿：$\theta_f = \arctan \dfrac{h_f}{R_e}$，双重收缩齿：$\theta_f = \arctan \dfrac{h_f}{R_e} + \Delta\theta_f$	
齿根角修正量	$\Delta\theta_f$	采用双重收缩齿时： $\alpha_n = 20°：\Delta\theta_f = \dfrac{6668}{\sqrt{z_1^2 + z_2^2}} - \dfrac{1512 \sqrt{d_{e1} \sin\delta_2}}{\sqrt{z_1^2 + z_2^2}\, b} - \dfrac{355.6}{\sqrt{z_1^2 + z_2^2}\, m_e}$ $\alpha_n = 22°30'：\Delta\theta_f = \dfrac{4868}{\sqrt{z_1^2 + z_2^2}} - \dfrac{1512 \sqrt{d_{e1} \sin\delta_2}}{\sqrt{z_1^2 + z_2^2}\, b} - \dfrac{355.6}{\sqrt{z_1^2 + z_2^2}\, m_e}$ $\alpha_n = 25°：\Delta\theta_f = \dfrac{3412}{\sqrt{z_1^2 + z_2^2}} - \dfrac{1512 \sqrt{d_{e1} \sin\delta_2}}{\sqrt{z_1^2 + z_2^2}\, b} - \dfrac{355.6}{\sqrt{z_1^2 + z_2^2}\, m_e}$	

注：除表中所列各项外、其余用弧齿锥齿轮几何尺寸公式计算，见表 8.4-8。

2.4　奥利康锥齿轮传动的几何尺寸计算 （见表 8.4-13）

表 8.4-13　奥利康锥齿轮传动的几何尺寸计算 ($\Sigma = 90°$)

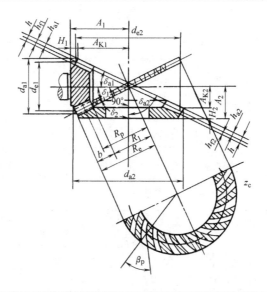

名　称	代号	计算公式及说明	示　例
压力角	α_n	EN 刀盘：$\alpha_n = 20°$，TC 刀盘：$\alpha_n = 17°30'$ FS，FSS 刀盘：α_n 可调，最大 $\alpha_n = 25°$	选用 EN 刀盘 $\alpha_n = 20°$
齿数比	u	$u = z_2/z_1$，按传动要求确定，通常 $u = 1 \sim 10$	1.35
估算小轮大端 分度圆直径	d_{e1}'	d_{e1}' 根据强度计算（按表 8.4-26）或按结构确定	145.62mm

（续）

名　称	代号	计算公式及说明	示　例
齿数	z	z_1 和 z_2 尽可能互质，与刀片组数 z_0 也尽可能互质 $z_2 = uz_1, z_1 \geqslant 5$	$z_1 = 23$ $z_2 = 31$ 实际齿数比 $u = 1.3479$
大端端面模数	m_{et}	$m_{et} = d'_{e1}/z_1$	$m_{et} = 6.331$mm，取 $m_{et} = 6.35$mm
分锥角	δ	$\delta_1 = \arctan(z_1/z_2)$　　　$\delta_2 = 90° - \delta_1$	$\delta_1 = 36.573° = 36°34'22''$ $\delta_2 = 53.427° = 53°25'38''$
大端分度圆直径	d_e	$d_{e1} = z_1 m_{et}; d_{e2} = z_2 m_{et}$	$d_{e1} = 146.05$mm $d_{e2} = 196.85$mm
外锥距	R_e	$R_e = \dfrac{d_e}{2\sin\delta}$	122.56mm
齿宽系数	ϕ_R	$\phi_R = b/R_e = \dfrac{1}{4} \sim \dfrac{1}{3}$	$\phi_R = 0.26$
齿宽	b	$b = \phi_R R_e$，圆整	32mm
中点分度圆直径	d_m	$d_m = d_e(1 - 0.5\phi_R)$	$d_{m1} = 126.983$mm $d_{m2} = 171.152$mm
冠轮齿数	z_c	$z_c = z/\sin\delta$	38.6
小端锥距	R_i	$R_i = R_e - b$	90.56mm
EN刀盘或TC刀盘　基准点锥距	R_p	$R_p = R_e - 0.415b$	109.28mm
EN刀盘或TC刀盘　中点螺旋角	β_m	$\beta_m = 30° \sim 45°$，一般 $\beta_m = 35°$	初选 $\beta_m = 35°$ 小轮右旋，大轮左旋
EN刀盘或TC刀盘　初定基准点螺旋角	β'_p	$\beta'_p = 0.914(\beta_m + 6°)$	$37.474°$
EN刀盘或TC刀盘　选择铣刀盘半径	r_0	根据 R_p 和 β'_p 按图 8.4-8 决定刀盘的半径 r_0，并按选用的 r_0 求出相应的螺旋角 β''_p，然后由表 8.4-14 确定刀盘号和刀片组数 z_0	由图 8.4-8 确定 $r_0 = 70$mm，$\beta''_p = 39.5°$，由表 8.4-14 选刀盘号为 EN5-70，$z_0 = 5$
EN刀盘或TC刀盘　选择刀片型号		根据 z_c 及 β''_p 按图 8.4-9 及表 8.4-14 确定刀片号，并查出刀片平均节点半径 r_w 的平方值 r_w^2	由图 8.4-9 查出 A 点，它介于 2 号与 3 号刀片之间，由表 8.4-14 选 3 号刀片，$r_w^2 = 5039.24$mm^2
EN刀盘或TC刀盘　基准点法向模数	m_p	$m_p = 2\sqrt{\dfrac{R_p^2 - r_w^2}{z_c^2 - z_0^2}}$	4.3414mm
EN刀盘或TC刀盘　基准点实际螺旋角	β_p	$\beta_p = \arccos\dfrac{m_p z_c}{2R_p}$	$39.938° = 39°56'$
FS刀盘或FSS刀盘　基准点法向模数	m_p	硬齿面：$m_p = (0.1 \sim 0.14)b$ 调质钢软齿面：$m_p = (0.083 \sim 0.1)b$	4.2mm
FS刀盘或FSS刀盘　基准点螺旋角	β_p	$\beta_p = \arccos\left(\dfrac{z_c m_p}{d_e - b\sin\delta}\right)$ 要求 $\beta_p = 30° \sim 45°$	$40.4712°$
FS刀盘或FSS刀盘　铣刀盘名义半径	r_0	根据基准点法向模数 m_p、小轮中点分度圆直径 d_{m1}、基准点螺旋角 β_p，由图 8.4-10 和表 8.4-15 ~ 表 8.4-17 选择	$r_0 = 88$mm，$z_0 = 13$ $h_{w0} = 119$mm， 刀盘 FS13-88R1 1.5-4.5 　　FS13-88L2 1.5-4.5
FS刀盘或FSS刀盘　刀齿组数	z_0		
FS刀盘或FSS刀盘　刀齿节点高度	h_{w0}		
FS刀盘或FSS刀盘　刀号			
齿高	h	$h = 2.15m_p + 0.35$	9.68mm
铣刀轴倾角	$\Delta\alpha$	应尽量使 δ_2 小于由图 8.4-11 所确定的 δ_{2max}，这时 $\Delta\alpha = 0$。若 $\delta_2 > \delta_{2max}$，应通过加大螺旋角、增加齿数、降低齿顶高（最低可到 $0.9m_p$）等方法使 $\delta_2 < \delta_{2max}$；另外，也可以通过倾斜铣刀轴的方法加大 δ_{2max}，铣刀轴倾角 $\Delta\alpha$ 可为 $1°30'$ 或 $3°$，其相应的 δ_{2max} 见图 8.4-12 和图 8.4-13	由 $\dfrac{r_0}{h} = \dfrac{70}{9.684} = 7.2284$ 及 $\beta_p = 39°56'$，查图 8.4-11 得 $\delta_{2max} = 79°48'' > \delta_2$ 故 $\Delta\alpha = 0$
径向变位系数	x	$z_1 \geqslant 16$ 时　$x_1 = 0$ $z_1 < 16$ 时　$x_1 \geqslant 1 - \dfrac{R_i\dfrac{z_1}{z_2}f - 0.35}{m_p}$ $f = \dfrac{\sin^2(\alpha_n - \Delta\alpha)}{\cos^2\beta_i}$ 式中　β_i—小端螺旋角，查图 8.4-14。$x_2 = -x_1$	因 $z_1 = 23 > 16$，$x_1 = x_2 = 0$

（续）

名　　　称	代号	计算公式及说明	示　　例
齿顶高	h_a	$h_a = (1+x)m_p$	$h_{a1} = 4.34\text{mm}$ $h_{a2} = 4.34\text{mm}$
齿根高	h_f	$h_f = h - h_a$	$h_{f1} = 5.34 = h_{f2}\text{mm}$
切向变位系数	x_t	$x_{t1} = \dfrac{u-1}{50}$，当 $u<2$ 时，$x_{t1}=0$　$x_{t2}=-x_{t1}$	$x_{t1} = x_{t2} = 0$
大端齿顶圆直径	d_{ae}	$d_{ae} = d_e + 2h_a\cos\delta$	$d_{ae1} = 153.02\text{mm}$ $d_{ae2} = 202.02\text{mm}$
锥顶到轮冠距离	A_K	$A_{K1} = \dfrac{d_{e2}}{2} + h_{a1}\sin\delta_1$ $A_{K2} = \dfrac{d_{e1}}{2} + h_{a2}\sin\delta_2$	$A_{K1} = 95.84\text{mm}$ $A_{K2} = 69.54\text{mm}$
安装距	A	按结构确定	$A_1 = 134\text{mm}$，$A_2 = 145\text{mm}$
大端螺旋角	β_e	参考图 8.4-15	由 $\beta_p = 39°56'$ 及 $\dfrac{R_e}{R_p} = 1.12$ 查得 $\beta_e = 47°54'$
大端分度圆齿厚	s_e	$s_{e1} = m_{et}\left(\dfrac{\pi}{2} + 2x_1\dfrac{\tan\alpha_n}{\cos\beta_e} + x_{t1}\right)$ $s_{e2} = \pi m_{et} - s_{e1}$	$s_{e1} = 9.975\text{mm}$ $s_{e2} = 9.975\text{mm}$

注：1. 用 EN 型、TC 型刀盘加工时，奥利康锥齿轮的基准点在分度圆锥母线距大端 $0.415b$（b 为齿宽）处。齿宽中点分度圆螺旋角 β_m 由 $\dfrac{R_m}{R_p}$ 和 β_p 查图 8.4-14 或图 8.4-15 确定。齿宽中点端面模数 $m_m = m_{et}(1-0.5\phi_R)$，齿宽中点法向模数 $m_{mn} = m_m/\cos\beta_m$。

2. 用 FS 型、FSS 型刀盘加工时，基准点在分度圆锥母线齿宽中点处。齿宽中点分度圆螺旋角 $\beta_m = \beta_p$，齿宽中点法面模数 $m_{mn} = m_p$，齿宽中点端面模数 $m_m = m_{mn}/\cos\beta_m$。

3. 表中算例以 EN 型刀盘计算。FS、FSS 刀盘栏中数据作为样例。

4. 对于 EN 型、TC 型刀盘，EN 型刀盘工作转速高，铣齿效率高，改善齿面表面粗糙度，利于去毛刺。

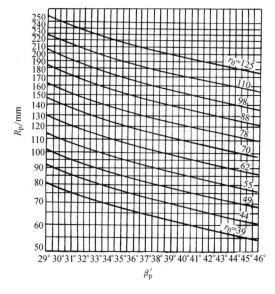

图 8.4-8　选择奥利康锥齿铣刀盘用
的线图（EN、TC 刀盘）

例　当 $R_p = 110\text{mm}$、$\beta_p' = 37.5°$ 时，查得 r_0 在 62 和 70
之间（靠近 70），选取标准刀盘半径 $r_0 = 70\text{mm}$，
则对应的螺旋角 $\beta_p'' = 39.5°$。

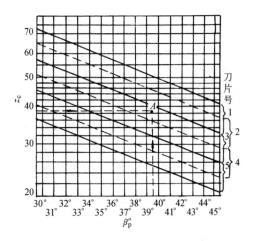

图 8.4-9　选择奥利康锥齿轮刀片
型号用的线图（EN、TC 刀盘）

例　选用 EN5-70 刀盘时，$z_c = 38.6$，$\beta_p'' = 39.5°$，
其交点 A 介于 3 号及 2 号刀片之间，由表
8.4-14 选为 3 号刀片，即刀片号为 70/3。

表 8.4-14　EN 型及 TC 型刀盘及刀片参数　　　　　　　　　　　　　　（mm）

刀盘号	刀片组数 z_0	刀盘半径 r_0		刀片号	基准点法向模数 m_p		滚动圆半径 E_{bw}	刀片平均节点半径的平方 r_w^2/mm^2	EN 型刀尖圆角半径 r_{hw}
		公称值	使用范围		公称值	使用范围			
EN3-39 TC3-39	3	39	36.7~41.3	39/2 39/3 39/5	2.35 2.65 3.35	2.1~2.65 2.35~3.00 3.0~3.75	3.5 4 5	1533.25 1537 1546	0.70 0.75 0.90
EN4-44 TC4-44	4	44	41.3~46.6	44/1 44/3 44/5	2.35 3.00 3.75	2.1~2.65 2.65~3.35 3.35~4.25	4.7 6 7.5	1958.09 1972 1992.25	0.70 0.80 0.95
EN4-49 TC4-49	4	49	46.6~51.9	49/1 49/3 49/5	2.65 3.35 4.25	2.35~3.00 3.0~3.75 3.75~4.75	5.3 6.7 8.4	2429.09 2445.89 2471.56	0.75 0.90 1.05
EN4-55 TC4-55	4	55	51.9~58.3	55/1 55/3 55/5	3.00 3.75 4.75	2.65~3.35 3.35~4.25 4.25~5.3	6 7.5 9.5	3061 3081.25 3115.25	0.80 0.95 1.15
EN5-62 TC5-62	5	62	58.3~65.7	62/1 62/3 62/5	3.35 4.25 5.3	3.0~3.75 3.75~4.75 4.75~6.0	8.4 10.5 13.3	3914.56 3954.25 4020.89	0.90 1.05 1.25
EN5-70 TC5-70	5	70	65.7~74.2	70/1 70/3 70/5	3.75 4.75 6.0	3.35~4.25 4.25~5.3 5.3~6.7	9.4 11.8 14.9	4988.36 5039.24 5122.01	0.95 1.15 1.40
EN5-78 TC5-78	5	78	74.2~82.7	78/1 78/3 78/5	4.25 5.3 6.7	3.74~4.75 4.75~6.0 6.0~7.5	10.5 13.3 16.7	6194.25 6260.89 6362.89	1.05 1.25 1.50
EN5-88 TC5-88	5	88	82.7~93.2	88/1 88/3 88/5	4.75 6.0 7.5	4.25~5.3 5.3~6.7 6.7~8.5	11.8 14.9 18.7	7883.24 7966.01 8093.69	1.15 1.40 1.65
EN5-98 TC5-98	5	98	93.2~103.9	98/1 98/3 98/5	5.3 6.7 7.5	4.75~6.0 6.0~7.5 6.7~8.5	13.3 16.7 18.7	9780.89 9882.89 9953.69	1.25 1.50 1.65
EN6-110 TC6-110	6	110	103.9~116.6	110/1 110/3	6.0 7.5	5.3~6.7 6.7~8.5	17.9 22.5	12420.41 12606.25	1.40 1.65
EN7-125 TC7-125	7	125	116.6~132.5	125/1 125/2	6.7 7.5	6.0~7.5 6.7~8.5	23.4 26.2	16172.56 16311.44	1.50 1.65

表 8.4-15　FS 型刀盘参数　（模数 1.5~4.5mm）

刀片组数 z_0	名义半径 r_0/mm	旋向		刀盘规格	节点高度 h_{w0}/mm	刀片组数 z_0	名义半径 r_0/mm	旋向		刀盘规格	节点高度 h_{w0}/mm
5	39	左旋	—	FS 5-39 L1 1.5-3.75	119	11	74	左旋	—	FS 11-74 L1 1.5-4.5	119
		—	右旋	FS 5-39 R2 1.5-3.75				—	右旋	FS 11-74 R2 1.5-4.5	
		右旋	—	FS 5-39 R1 1.5-3.75				右旋	—	FS 11-74 R1 1.5-4.5	
		—	左旋	FS 5-39 L2 1.5-3.75				—	左旋	FS 11-74 L2 1.5-4.5	
7	49	左旋	—	FS 7-49 L1 1.5-4.5	119	13	88	左旋	—	FS 13-88 L1 1.5-4.5	119
		—	右旋	FS 7-49 R2 1.5-4.5				—	右旋	FS 13-88 R2 1.5-4.5	
		右旋	—	FS 7-49 R1 1.5-4.5				右旋	—	FS 13-88 R1 1.5-4.5	
		—	左旋	FS 7-49 L2 1.5-4.5				—	左旋	FS 13-88 L2 1.5-4.5	

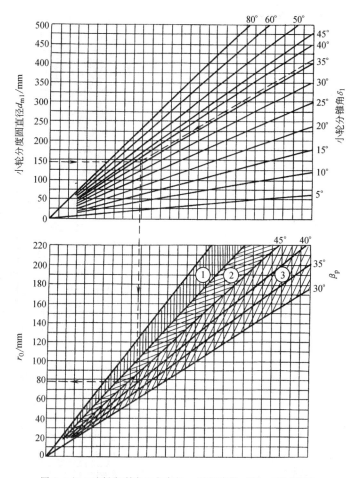

图 8.4-10 选择奥利康刀盘半径 r_0 用的线图（FS、FSS 刀盘）

① 区优先考虑低噪声运行（准双曲面齿轮大轮偏置角 $\eta > 25°$）。

② 区优先考虑低噪声运行（准双曲面齿轮大轮偏置角 $\eta < 25°$）。

③ 区优先考虑承载能力较强。

表 8.4-16 FS 型刀盘参数（模数 4.5~8.5mm）

刀片组数 z_0	名义半径 r_0/mm	旋	向	刀 盘 规 格	节点高度 h_{w0}/mm	刀片组数 z_0	名义半径 r_0/mm	旋	向	刀 盘 规 格	节点高度 h_{w0}/mm
5	62	左旋	—	FS 5-62 L1 4.5-7.5	124	13	160	左旋	—	FS 13-160 L1 4.5-8.5	109
		—	右旋	FS 5-62 R2 4.5-7.5				—	右旋	FS 13-160 R2 4.5-8.5	
		右旋	—	FS 5-62 R1 4.5-7.5				右旋	—	FS 13-160 R1 4.5-8.5	
		—	左旋	FS 5-62 L2 4.5-7.5				—	左旋	FS 13-160 L2 4.5-8.5	
7	88	左旋	—	FS 7-88 L1 4.5-8.5	124		181	左旋	—	FS 13-180 L1 4.5-8.5	109
		—	右旋	FS 7-88 R2 4.5-8.5				—	右旋	FS 13-180 R2 4.5-8.5	
		右旋	—	FS 7-88 R1 4.5-8.5				右旋	—	FS 13-180 R1 4.5-8.5	
		—	左旋	FS 7-88 L2 4.5-8.5				—	左旋	FS 13-180 L2 4.5-8.5	
11	140	左旋	—	FS 11-140 L1 4.5-8.5	109						
		—	右旋	FS 11-140 R2 4.5-8.5							
		右旋	—	FS 11-140 R1 4.5-8.5							
		—	左旋	FS 11-140 L2 4.5-8.5							

表 8.4-17 FSS 型刀盘参数 (模数 5.0~10.0mm)

刀片组数 z_0	名义半径 r_0/mm	旋	向	刀盘规格	节点高度 h_{w0}/mm
11	160	左旋	—	FSS 11-160 L1 5.0-10.0	116
		—	右旋	FSS 11-160 R2 5.0-10.0	
		右旋	—	FSS 11-160 R1 5.0-10.0	
		—	左旋	FSS 11-160 L2 5.0-10.0	
13	181	左旋	—	FSS 13-181 L1 5.0-10.0	116
		—	右旋	FSS 13-181 R2 5.0-10.0	
		右旋	—	FSS 13-181 R1 5.0-10.0	
		—	左旋	FSS 13-181 L2 5.0-10.0	

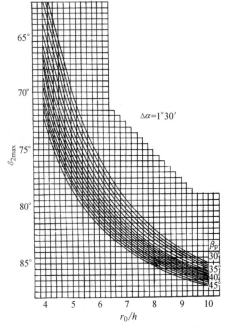

图 8.4-12 刀轴倾斜角 $\Delta\alpha = 1°30'$ 时所能
加工的奥利康锥齿轮最大分锥角 δ_{2max}

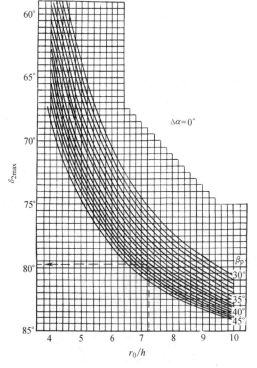

图 8.4-11 刀轴不倾斜时 ($\Delta\alpha = 0°$) 所能
加工的奥利康锥齿轮最大分锥角 δ_{2max}

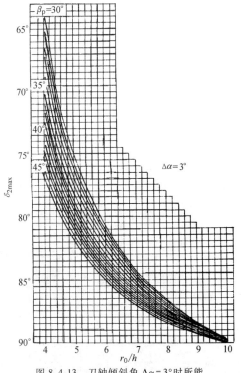

图 8.4-13 刀轴倾斜角 $\Delta\alpha = 3°$ 时所能
加工的奥利康锥齿轮最大分锥角 δ_{2max}

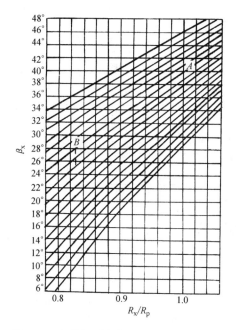

图 8.4-14 奥利康锥齿轮靠近小端任意点螺旋角 β_x 例

已知 $\beta_p = 39°56'$，求 $\dfrac{R_x}{R_p} = 0.829$ 处的 β_x。先由 $\dfrac{R_x}{R_p} = 1$ 和 $\beta_p = 39°56'$ 确定 A 点，由 A 点沿图中曲线方向去和横坐标 $\dfrac{R_x}{R_p} = 0.829$ 的垂线相交，其交点 B 的纵坐标即为 $\beta_x = 27.8°$。

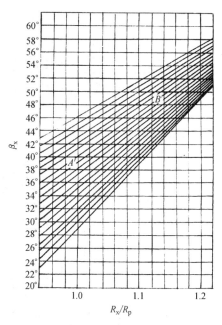

图 8.4-15 奥利康锥齿轮靠大端任意点的螺旋角 β_x 例

已知 $\beta_p = 39°56'$，求 $\dfrac{R_x}{R_p} = 1.12$ 处的 β_x。由 $\dfrac{R_x}{R_p} = 1$ 和 $\beta_p = 39°56'$ 确定 A' 点，由 A' 点沿图中曲线方向去和横坐标 $\dfrac{R_x}{R_p} = 1.12$ 的垂线相交，其交点 B' 的纵坐标即为 $\beta_x = 47.9°$。

2.5 克林根贝尔格锥齿轮传动的几何尺寸计算（见表 8.4-18）

表 8.4-18 克林根贝尔格锥齿轮传动几何尺寸计算（$\Sigma = 90°$）

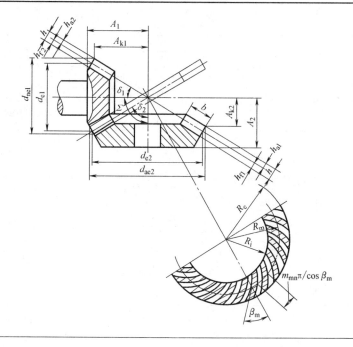

（续）

名　称	代号	计算公式及说明	算　例
压力角	α_n	$\alpha_n = 20°$	20°
齿数比	u	按传动要求确定，通常 $u = 1 \sim 10$	5.486
估算大端分度圆直径	d_e	d_{e1} 根据强度计算（见表 8.4-26）或结构确定	$d_{e1} = 130$mm
分锥角	δ	$\delta_1 = \arctan(1/u)$ $\delta_2 = 90° - \delta_1$	$\delta_1 = 10.3311°$ $\delta_2 = 79.6689°$
外锥距	R_e	$R_e = d_e / 2\sin\delta$	362.447mm
齿宽系数	ϕ_R	轻载和中载传动：$\phi_R = 0.2 \sim 0.286$ 重载传动：$\phi_R = 0.286 \sim 0.333$	初取 $\phi_R = 0.286$
齿宽	b	$b = \phi_R R_e$，圆整	105mm
中点法向模数	m_{mn}	硬齿面：$m_{mn} = (0.1 \sim 0.14)b$ 调质钢软齿面：$m_{mn} = (0.083 \sim 0.1)b$	10.5mm
初定中点螺旋角	β_m	一般 $\beta_m = 30° \sim 45°$，常用 $\beta_m = 35°$	35°
选择刀盘、刀片参数		由图 8.4-16 和图 8.4-17 根据中点法向模数 m_{mn} 选择铣齿机型号、刀盘半径 r_0、刀片模数 m_0 和刀片组数 z_0	AMK852 机床，$r_0 = 210$mm，$m_0 = 10$mm，$z_0 = 5$
齿数	z	$z_1 = \dfrac{(d_{e1} - b\sin\delta_1)\cos\beta_m}{m_{mn}}$，圆整。$z_2 = uz_1$，圆整。$z_1$、$z_2$ 和刀片组数 z_0 三者尽可能互质	$z_1 = 8.68$，取 $z_1 = 9$，$z_2 = 49$
实际齿数比	u	$u = z_2 / z_1$	5.4444
实际分锥角	δ	$\delta_1 = \arctan\dfrac{1}{u}$，$\delta_2 = 90° - \delta_1$	$\delta_1 = 10.40771° = 10°24'28''$ $\delta_2 = 79.59230° = 79°35'32''$
实际外锥距	R_e	$R_e = d_{e1} / 2\sin\delta_1$	359.8088mm
实际齿宽系数	ϕ_R	$\phi_R = b / R_e$	0.29182
大轮大端分度圆直径	d_{e2}	$d_{e2} = ud_{e1}$	707.7778mm
刀盘平面倾角	θ_k	当齿轮分锥角大和小端有轴伸时（见图 8.4-18），应检查加工时刀盘是否与轴伸相干涉。若干涉，应把刀盘板一倾角 θ_k。$\theta_k \leqslant |\pm 4°|$	$\theta_k = 0°$
中点锥距	R_m	$R_m = R_e - 0.5b\cos\theta_k$	307.3088mm
内锥距	R_i	$R_i = R_e - b\cos\theta_k$	254.8088mm
假想平面齿轮齿数	z_c	$z_c = z / \sin\delta$	49.81968
实际中点螺旋角	β_m	$\beta_m = \arccos\dfrac{m_{mn}z_c}{2R_m}$	$31.6675° = 31°40'3''$
机床距（见图 8.4-19）检验	M_d	$M_d = \sqrt{R_m^2 + r_0^2 - 2R_m r_0 \sin(\beta_m - \gamma)}$ 式中，刀盘导程角 $\gamma = \arcsin\dfrac{m_{mn}z_0}{2r_0}$；要求 $M_{dmin} < M_d < M_{dmax}$，$M_{dmin}$ 和 M_{dmax} 见表 8.4-19	AMK852 机床 $M_{dmin} = 0$，$M_{dmax} = 440$mm。$M_d = 291.62 < 440$mm，可以在 AMK852 型铣齿机上加工
基圆半径	r_b	$r_b = \dfrac{M_d}{1 + \dfrac{z_0}{z_c}}$	265.0208mm
R_e 处辅助角	φ_e	$\varphi_e = \arccos\dfrac{R_e^2 + M_d^2 - r_0^2}{2R_e M_d}$	$35.70706° = 35°42'25''$
R_i 处辅助角	φ_i	$\varphi_i = \arccos\dfrac{R_i^2 + M_d^2 - r_0^2}{2R_e M_d}$	$44.57146° = 44°34'17''$
大端螺旋角	β_e	$\beta_e = \arctan\dfrac{R_e - r_b\cos\varphi_e}{r_b\sin\varphi_e}$	$43.07324° = 43°4'24''$
小端螺旋角	β_i	$\beta_i = \arctan\dfrac{R_i - r_b\cos\varphi_i}{r_b\sin\varphi_i}$	$19.54145° = 19°32'29''$
大端法向模数	m_{en}	$m_{en} = \dfrac{2R_e\cos\beta_e}{z_c}$	10.5514mm

（续）

名　称	代号	计算公式及说明	算　例
小端法向模数	m_{in}	$m_{in} = 2R_i \cos\beta_i / z_c$	9.64mm
模数检验		若满足 m_{en} 大于 m_{mn} 和 m_{in}，轮齿厚比例正常，否则应重新设计	$m_{ne} = 10.5514 > m_{nm} = 10.5$ $m_{ne} = 10.5514 > m_{ni} = 9.64$，通过
法向齿槽最大处的锥距	R_y	$R_y = \sqrt{\left(\dfrac{z_c - z_0}{z_c + z_0}\right)^2 M_d^2 + r_0^2}$	337.0884mm
齿高系数	h_a^*	$h_a^* = 1.0$	1.0
刀具齿顶高	h_{a0}	$h_{a0} = 1.25 h_a^* m_{mn}$	13.125mm
切向变位系数	x_t	为平衡两轮齿根抗弯强度，一般取 $x_{t1} = 0.05$，当小轮齿根抗弯强度足够时取 $x_{t1} = 0$。$x_{t2} = -x_{t1}$	$x_{t1} = 0.05$ $x_{t2} = -0.05$
辅助值	H_w	$H_w = 2(x_{t1} m_{mn} + h_{a0} \tan\alpha_n)$	10.604mm
法向最大齿槽宽 （见图 8.4-20）	E_{nmax}	当 $R_i < R_y < R_e$，$E_{nmax} = \max[E_{ny1}, E_{ny2}]$；当 $R_y > R_e$，$E_{nmax} = \max[E_{ne1}, E_{ne2}]$ 这里：$E_{ny1} = \dfrac{\pi r_b}{z_c} - H_w$；$E_{ny2} = E_{ny1} + 4x_{t1} m_{mn}$ $E_{ne1} = \dfrac{\pi m_{en}}{2} - H_w$；$E_{ne2} = E_{ne1} + 4x_{t1} m_{mn}$	8.2078mm
法向最小齿槽宽	E_{nmin}	$E_{nmin} = \max[E_{ni1}, E_{ni2}]$ 这里：$E_{ni1} = \dfrac{\pi m_{in}}{2} - H_w$；$E_{ni2} = E_{ni1} + 4x_{t1} m_{mn}$	4.538mm
大端槽底检验		若 $E_{nmax} < k_e E_{nmin}$，槽底不留脊。否则槽底切削不完全，应重新设计。$z_0 = 3$，$k_e = 3$；$z_0 = 5$，$k_e = 3.8$	$E_{nmax} = 8.2078\text{mm} < k_e E_{nmin} = 17.246\text{mm}$，$k_e = 3.8$，通过
小端二次切削检验		若 $E_{nmin} > 0.2 m_{mn}$，不发生二次切削。否则，小端二次切削，降低强度，应重新设计	$E_{nmin} = 4.538\text{mm} > 0.2 m_{mn} = 2.1\text{mm}$，通过
不产生根切的径向变位系数	x_g	$x_g = 1.1 h_a^* - \dfrac{m_{in} z_{vil} \sin^2\alpha_n + b\sin\theta_k}{2m_{mn}}$ 式中 $z_{vil} = z_1 / \cos\delta_1 \cos^3\beta_i$	$z_{vil} = 10.93306$ $x_g = 0.5129103$
径向变位系数	x	x_1 求法如下 $f(x_1) = \dfrac{u^2}{\sqrt{[1 + k(h_a^* - x_1)]^2 - \cos^2\alpha_{tm}}} - \dfrac{1}{\sqrt{[1 + u^2 k(h_a^* + x_1)]^2 - \cos^2\alpha_{tm}}} - \dfrac{u^2 - 1}{\sin\alpha_{tm}}$ $f'(x_1) = \dfrac{u^2 k[1 + k(h_a^* - x_1)]}{\left(\sqrt{[1 + k(h_a^* - x_1)]^2 - \cos^2\alpha_{tm}}\right)^3} + \dfrac{u^2 k[1 + u^2 k(h_a^* + x_1)]}{\left(\sqrt{[1 + u^2 k(h_a^* + x_1)]^2 - \cos^2\alpha_{tm}}\right)^3}$ $(x_1)_{n+1} = (x_1)_n - \dfrac{f(x_1)_n}{f'(x_1)_n}$ 由 $n = 1$ 开始迭代计算，初值 $(x_1)_1 = x_g$，计算精度为 $|(x_1)_{n+1} - (x_1)_n| \leqslant 0.01$。取 $x_1 \geqslant \max[(x_g, (x_1)_n]$	
		式中　$k = \dfrac{2\cos\beta_m}{z_2 \sqrt{u^2 + 1}}$ $\alpha_{tm} = \arctan\dfrac{\tan\alpha_n}{\cos\beta_m}$ $x_2 = -x_1$	$k = 0.00628$　$\alpha_{tm} = 23.1536°$ $|(x_1)_2 - (x_1)_1| = |0.5138922 - 0.5129103| = 0.000982 < 0.01$ 取 $x_1 = 0.515$ $x_2 = -0.515$
齿顶高	h_a	$h_{a1} = (h_a^* + x_1) m_{mn}$ $h_{a2} = (h_a^* + x_2) m_{mn}$	$h_{a1} = 15.9075\text{mm}$ $h_{a2} = 5.0925\text{mm}$
全齿高	h	$h = h_{a0} + h_a^* m_{mn} = 2.25 h_a^* m_{mn}$	23.625mm
当量齿轮齿数	z_{vn}	$z_{vn} = z / \cos\delta_n \cos^3\beta_m$	$z_{vn1} = 14.842$ $z_{vn2} = 439.946$
工艺分锥角	δ_E	$\delta_{E1} = \delta_1 - \theta_k$，$\delta_{E2} = \delta_2 + \theta_k$	$\delta_{E1} = 10.40771° = 10°24'28''$ $\delta_{E2} = 79.5923° = 79°35'32''$

（续）

名　称	代号	计算公式及说明	算　例
刀盘干涉检验（见图 8.4-21）		若满足 $M_A<r_0+h_{a0}\tan\alpha_n$ 和 $M_B<r_0+h_{a0}\tan\alpha_n$，则不发生刀盘干涉。否则发生刀盘干涉；应选用较大的刀盘半径 r_0 式中 $M_A=\sqrt{(X_A-X_M)^2+(Y_A-Y_M)^2}$ $M_B=\sqrt{(X_B-X_M)^2+(Y_B-Y_M)^2}$ $X_M=M_d\sin(\varphi_e-\lambda)$ $Y_M=M_d\cos(\varphi_e-\lambda)$ $\lambda=\dfrac{(h_{a0}+x_1m_{mn}-0.5b\sin\theta_k)\cot\alpha_n+h_{a0}\tan\alpha_n}{R_e}$ $X_A=\sqrt{2h(R_e+\tan\delta_{E2}+h_{a2}-\Delta h)-(h/\cos\delta_{E2})^2}$ $Y_A=R_e-h\tan\delta_{E2}$ $X_B=\sqrt{2h(R_i\tan\delta_{E2}+h_{a2}-\Delta h)-(h/\cos\delta_{E2})^2}$ $Y_B=R_i-h\tan\delta_{E2}$ $\Delta h=R_m\tan\theta_k\cos\delta_{E2}$	$\Delta h=0$ $\lambda=8.8688°$ $X_M=131.6582$mm $Y_M=260.207$mm $Y_A=275.134$mm $Y_A=231.1838$mm $X_B=220.653$mm $Y_B=126.184$mm $M_A=146.382$mm $M_B=160.880$mm $r_0+h_{a0}\tan\alpha_n=214.777$mm M_A 和 M_B 均小于 $r_0+h_{a0}\tan\alpha_n$，通过，刀盘不干涉
小轮轮坯修正检验		若满足未修正的小轮小端齿顶弧齿厚 $s_{ani}\geqslant 0.3m_{mn}$，不修正，否则齿顶太薄，应作修正 式中 $s_{ani}=\psi_{ani}d_{ani}$ $d_{ani}=m_{in}z_{vil}+2(h_{ap}^*+x_1)m_{mn}$ $\psi_{ani}=\psi_{ni}+\mathrm{inv}\alpha_n-\mathrm{inv}\alpha_{ani}$ $\psi_{ni}=\dfrac{\pi m_{in}+4m_{mn}(x_{t1}+x_1\tan\alpha_n)}{2m_{in}z_{vil}}$ $\alpha_{ani}=\arccos\left(\dfrac{m_{in}z_{vil}\cos\alpha_n}{d_{ani}}\right)$	$d_{ani}=137.2101$mm $\psi_{ani}=0.011438$rad $\psi_{ni}=0.190985$rad $\alpha_{ani}=0.76439$rad $s_{ani}=1.569\leqslant 0.3m_{mn}=3.15$ 小轮轮坯应做修正
小轮轮坯修正计算齿高修正量、齿长修正量（见图8.4-22）	$k_c m_{mn}$ b_{kc}	k_c 求法如下： $$d_{anic}=d_{ani}=2k_c m_{mn}$$ $$\alpha_{anic}=\arccos\left(\frac{m_{in}z_{vil}\cos\alpha_n}{d_{ani}}\right)$$ $$\psi_{nic}=\frac{\pi m_{in}+4m_{mn}(x_{t1}+x_1\tan\alpha_n)}{2m_{in}z_{vil}}$$ $$\psi_{anic}=\psi_{nic}+\mathrm{inv}\alpha_n-\mathrm{inv}\alpha_{anic}$$ $$\Delta k_c=\frac{0.3-s_{anic}/m_{mn}}{2\tan(\alpha_{anic}-\psi_{anic})}$$ 从 $n=1$、初值 $(k_c)_1=\dfrac{0.3-s_{ani}/m_{mn}}{2\tan(\alpha_{ani}-\psi_{ani})}$ 开始迭代计算，以后的 k_c 用 $(k_c)_{n+1}=(k_c)_n+(\Delta k)_n$，直到 $(s_{anic})_n\geqslant 0.3m_{mn}$ 为止。$k_c=(k_c)_n$。齿高修正量为 $k_c m_{mn}$ b_{kc} 求法如下： $$b_{kc}=\frac{b_k'}{\cos(\delta_{ak1}-\delta_{E1})}$$ $$\delta_{ak1}=\delta_{E1}+\arctan\left(\frac{k_c m_{mn}}{b_k'}\right)$$ $$b_k'=\frac{b(0.3m_{mn}-s_{ani})}{2(s_{amn}-s_{ani})}$$ $$s_{amn}=\psi_{amn}d_{amn}$$ $$d_{amn}=m_{mn}z_{v1}+2(h_a^*+x_1)m_{mn}$$ $$\psi_{amn}=\psi_{mn}+\mathrm{inv}\alpha_n-\mathrm{inv}\alpha_{amn}$$ $$\psi_{mn}=\frac{\pi+4(x_{t1}+x_1\tan\alpha_n)}{2z_{v1}}$$ $$\alpha_{amn}=\arccos\left(\frac{m_{mn}z_{vn1}\cos\alpha_n}{d_{amn}}\right)$$	$(s_{anic})_2=3.15029>0.3m_{mn}$ $=3.15$mm $k_c=0.08103$ $k_c m_{mn}=0.851$mm $\alpha_{amn}=0.67553$rad $\psi_{mn}=0.13783$rad $\psi_{amn}=0.02697$rad $s_{amn}=5.0616$mm $b_k'=23.7614$mm $\delta_{ak1}=12.4584°$ $b_{kc}=23.777$mm
中点分度圆直径	d_m	$d_m=d_e-b\cos\theta_k\sin\delta_E$	$d_{m1}=111.0316$mm $d_{m2}=604.505$mm
大端齿顶圆直径	d_{ae}	$d_{ae1}=d_{e1}+2h_{a1}\cos\delta_{E1}-b\sin\theta_k\cos\delta_{E1}$ $d_{ae2}=d_{e2}+2h_{a2}\cos\delta_{E2}+b\sin\theta_k\cos\delta_{E2}$	$d_{ae1}=161.2916$mm $d_{ae2}=709.6178$mm
小端齿顶圆直径	d_{ai}	$d_{ai}=d_{ae}-2b\cos\theta_k\sin\delta_E$	$d_{ai1}=123.3547$mm $d_{ai2}=503.0729$mm

（续）

名　称	代号	计算公式及说明	算　例
小轮轮坯修正后小端齿顶圆直径	d_{aic1}	$d_{aic1} = d_{ai1} - 2k_c m_{mn} \cos\delta_{E1}$	121.6811mm
轮冠到轴相交点的距离	A_k	$A_{k1} = \dfrac{d_{e2}}{2} - h_{a1}\sin\delta_{E1} + \dfrac{b}{2}\sin\theta_k\sin\delta_{E1}$ $A_{k2} = \dfrac{d_{e1}}{2} - h_{a2}\sin\delta_{E2} - \dfrac{b}{2}\sin\theta_k\sin\delta_{E2}$	$A_{k1} = 351.0152$mm $A_{k2} = 59.9913$mm
实际齿宽	$\bar{b}$	$\bar{b} = b\cos\theta_k$	$\bar{b} = 105$mm
安装距	A	按结构确定	$A_1 = 400$mm；$A_2 = 180$mm
中点分度圆处的法向弦齿厚	$\bar{s}_n$	$\bar{s}_n = m_{mn} z_{vn}\sin\psi_{mn}$ 式中　$\psi_{mn} = \dfrac{180°}{z_v}\cdot\dfrac{\pi}{\pi}\left(\dfrac{\pi}{2} + 2x_t + 2x\tan\alpha_n \right.$ $\left. + \dfrac{j_t}{2m_{mn}}\cos\beta_m + \dfrac{2j_s}{m_{mn}}\right)$ j_t—中点齿侧间隙，$j_t = 0.14 \sim 0.45$mm j_s—精加工时单面留量，$j_s = 0.2 \sim 0.3$mm	取 $j_t = 0.3$mm，$j_s = 0.2$mm $\psi_{mn1} = 8.091141°$ $\psi_{mn2} = 0.149269°$ $\bar{s}_{n1} = 21.9343$mm $\bar{s}_{n2} = 12.0347$mm
中点分度圆处的法向弦齿高	$\bar{h}_n$	$\bar{h}_n = h_a + \dfrac{m_{mn} z_{vn}(1 - \cos\psi_{mn})}{2}$	$\bar{h}_{n1} = 16.6832$mm $\bar{h}_{n2} = 5.1002$mm

表 8.4-19　克林根贝尔格锥齿轮铣齿机机床距许用范围　　　（mm）

机床型号	FK41B	AMK250	AMK400	AMK630/650	KNC40/60	AMK850/852	AMK855	AMK1602
M_{dmin}	0							250
M_{dmax}	70	150	250	280	290	400	460	900

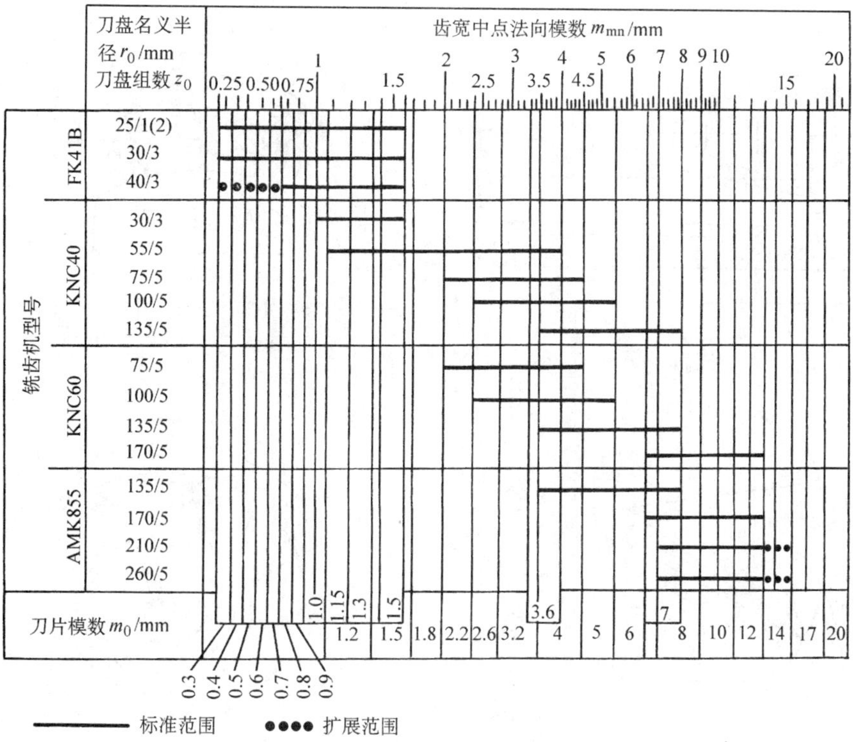

图 8.4-16　克林根贝尔格锥齿轮铣齿机刀盘参数选择用图（一）

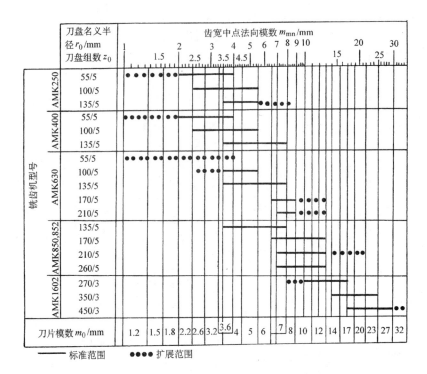

图 8.4-17　克林根贝尔格锥齿轮铣齿机刀盘参数选择用图（二）

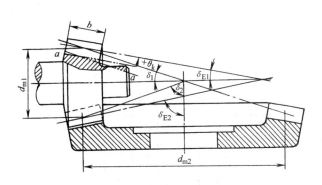

图 8.4-18　锥齿轮轴伸与刀片发生干涉

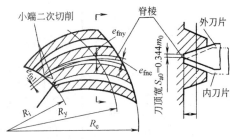

图 8.4-20　克林根贝尔格锥齿轮大端槽底
和小端二次切削

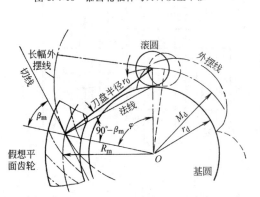

图 8.4-19　摆线—准渐开线锥齿轮原理

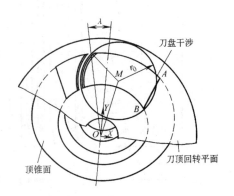

图 8.4-21　克林根贝尔格锥齿轮刀盘干涉

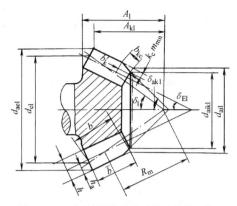

图 8.4-22　克林根贝尔格锥齿轮小轮轮坯修正

2.6　准双曲面齿轮传动的几何尺寸计算

　　轴线相交错的齿轮传动的相对运动是螺旋运动，其螺旋轴线绕两齿轮的轴线旋转形成一对单叶双曲面。因双曲面形状复杂，不易制作，取其一段用简单的回转曲面——圆锥面来近似作为节曲面。因此，把这种齿轮称为准双曲面齿轮传动。

　　准双曲面齿轮的基本几何关系如图 8.4-23 所示。小轮轴线 I 和大轮轴线 II 相交错，其公垂线为 A_1A_2，轴交角为 Σ，偏置距 $E=A_1A_2$。在 A_1A_2 线之外取 P 点作为基准点，过 P 点可做唯一直线 K_1K_2（分度线）与 I、II 轴线相交。过 P 点并垂直于直线 K_1K_2 的平面 T 与 I、II 轴线分别交于 O_1、O_2 点。平面 T 称为分度平面。PO_1 和 PO_2 为两轮的节锥面的生成母线，节锥角 $\delta_1'=\angle PO_1K_1$，$\delta_2'=\angle PO_2K_2$。准双曲面齿轮的偏置角 $\varphi=\angle O_1PO_2$，小轮偏置角 $\varepsilon=\angle A_1K_1A_2$，大轮偏置角 $\eta=\angle A_2K_2A_1$。K_1K_2 在 II 轴上的投影称为截距 Q。

　　格利森制准双曲面齿轮把基准点 P 设在齿宽中点的生成母线上，即齿宽中点节点。B_1、B_2 点分别为 P 点在 I、II 轴线上的垂足，中点节圆半径 $r_{m1}=PB_1$，

$r_{m2}=PB_2$，中点锥距 $R_{m1}=PO_1$，$R_{m2}=PO_2$，中点螺旋角为 β_{m1}、β_{m2}。为增大小轮的直径，$\beta_{m1}>\beta_{m2}$，取 $\beta_{m1}=\beta_{m2}+\varphi$；为使传动中大、小轮具有互相推开的轴向力，小轮偏置有两种形式（见图 8.4-24）；为提高传动啮合效率使两轮轮齿螺旋方向相反。格利森制准双曲面齿轮传动的几何尺寸计算见表 8.4-20。

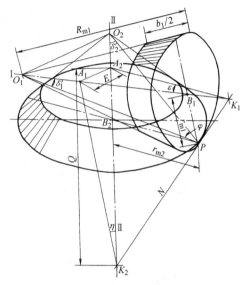

图 8.4-23　准双曲面齿轮的基本几何关系

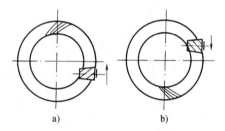

图 8.4-24　准双曲面齿轮的小轮偏置形式
a) 小轮左旋下偏置　b) 小轮右旋上偏置

表 8.4-20　格利森制准双曲面齿轮传动的几何尺寸计算（$\Sigma=90°$）

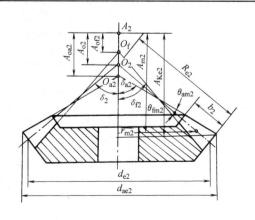

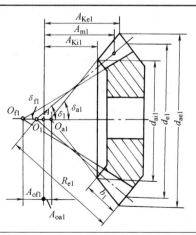

（续）

序号	名　称	代号	计　算　说　明[①]	举　例		
1	小轮齿数	z_1	$z_1 \geqslant 6$，并使 $z_1 + z_2 \geqslant 40$，一般推荐按表 8.4-21	取 11		
2	大轮齿数	z_2	$z_2 = iz_1$，z_1 与 z_2 互质	$43(i \approx 3.9)$		
3	齿数比的倒数	z_1/z_2	（1）/（2）	0.255814		
4	齿宽	b_2	$0.155 d_2$ 圆整，且满足 $0.3 R_e \geqslant b_2 \leqslant 10 m_e$	30mm		
5	偏置距	E	一般工业、轻型汽车 $E \leqslant 0.5 R_m$；重型载货汽车拖拉机 $E \leqslant 0.2 R_e$	34mm		
6	大轮分度圆直径	d_{e2}	由表 8.4-26 按强度确定	205mm		
7	刀盘半径	r_0	由表 8.4-22 确定	95.05mm		
8	初选小轮螺旋角	β_{m1c}	一般 $\beta_{m1} = 50°$；当 $u < 3.3$ 且 $z_1 < 14$ 时取 $\beta_{m1} = 45°$	50°		
9	β_{m1} 正切值	$\tan\beta_{m1c}$	$\tan\beta_{m1c}$	1.191754		
10	初选大轮分锥角的余切值	$\cot\delta_{2c}$	1.2（3）	0.3069768		
11	δ_{2c} 的正弦值	$\sin\delta_{2c}$	$\sin\left[\arctan\dfrac{1}{(10)}\right]$	0.9559711		
12	初定大轮中点分度圆半径	r_{m2c}	$\dfrac{(6)-(4)(11)}{2}$	88.16043		
13	大、小轮螺旋角差角正弦值	$\sin\varphi_c$	$\dfrac{(5)(11)}{(12)}$	0.3686803		
14	φ_c 的余弦值	$\cos\varphi_c$	$\sqrt{1-(13)^2}$	0.9295562		
15	初定小轮扩大系数	K_c	（14）+（9）（13）	1.368932		
16	小轮中点分度圆半径换算值	r_{m1H}	（3）（12）	22.55267		
17	初定小轮中点分度圆半径	r_{m1c}	（15）（16）	30.87308		
18	轮齿收缩系数	H	当 $z_1 < 12$ 时，$0.02(1)+1.06$；$z_1 \geqslant 12$ 时，1.30	1.28		
19	近似计算公法线 $K_1 K_2$ 在大轮轴线上的投影	Q	$\dfrac{(12)}{(10)}+(17)$	318.0624		
				第一次试算	第二次试算	第三次试算
20	大轮轴线在小轮回转平面内偏置角	$\tan\eta$	$\dfrac{(5)}{(19)}$	0.1068973	0.117587	0.111794
21	η 角余弦	$\cos\eta$	$\sqrt{1+(20)^2}$	1.005697	1.00689	1.00623
22	η 角正弦	$\sin\eta$	$\dfrac{(20)}{(21)}$	0.1062917	0.1167824	0.1111019
23	大轮轴线在小轮回转平面内偏置角	η	$\arctan(20)$	6.101593°	6.706444°	6.378837°
24	初算大轮回转平面内偏置角正弦	$\sin\varepsilon_c$	$\dfrac{(5)-(17)(22)}{(12)}$	0.3484381	0.3447643	0.3467536
25	ε_c 角正切	$\tan\varepsilon_c$	$\dfrac{(24)}{\sqrt{1-(24)^2}}$	0.371734	0.3672827	0.3696905
26	初算小轮分锥角正切	$\tan\delta_{1c}$	$\dfrac{(22)}{(25)}$	16.38286	18.21796	17.21891
27	δ_{1c} 角余弦	$\cos\delta_{1c}$	$\dfrac{1}{\sqrt{1+(26)^2}}$	0.961468	0.9529859	0.9576874
28	第一次校正螺旋角差值 φ' 的正弦	$\sin\varphi'$	$\dfrac{(24)}{(27)}$	0.3624022	0.3617727	0.3620739

（续）

序号	名　　称	代号	计 算 说 明①	举　　例		
				第一次试算	第二次试算	第三次试算
29	φ' 角余弦	$\cos\varphi'$	$\sqrt{1-(28)^2}$	0.9320219	0.9322664	0.9321494
30	第一次校正小轮螺旋角正切	$\tan\beta'_{m1}$	$\dfrac{(15)-(29)}{(28)}$	1.205596	1.207018	1.206337
31	扩大系数的修正量	ΔK	$(28)[(9)-(30)]$	-0.00501645	-0.00552207	-0.00528016
32	大轮扩大系数修正量的换算值	ΔK_H	$(3)(31)$	-0.00128328	-0.00141262	-0.00135074
33	校正后大轮偏置角的正弦值	$\sin\varepsilon$	$(24)-(22)(32)$	0.3485745	0.3449293	0.3469036
34	ε 角正切	$\tan\varepsilon$	$\dfrac{(33)}{\sqrt{1-(33)^2}}$	0.3718996	0.3674821	0.3698724
35	校正后小轮分锥角正切	$\tan\delta_1$	$\dfrac{(22)}{(34)}$	0.2858076	0.3177908	0.3003789
36	δ_1 角	δ_1	$\arctan(35)$	15.95034°	17.62978°	16.71916°
37	δ_1 角的余弦	$\cos\delta_1$	$\cos(36)$	0.9615003	0.9530334	0.9577264
38	第二次校正后的螺旋角差值的正弦	$\sin\varphi$	$\dfrac{(33)}{(37)}$	0.3625319	0.3619278	0.3622158
39	φ 值	φ	$\arctan\dfrac{(38)}{\sqrt{1-(38)^2}}$	21.25577°	21.21863°	21.23634°
40	φ 角余弦	$\cos\varphi$	$\cos(39)$	0.9319714	0.9322062	0.9320942
41	第二次校正后小轮螺旋角的正切值	$\tan\beta_{m1}$	$\dfrac{(15)+(31)-(40)}{(38)}$	1.191467	1.191409	1.191439
42	β_{m1} 值	β_{m1}	$\arctan(41)$	49.99321°	49.99185°	49.99255°
43	β_{m1} 余弦	$\cos\beta_{m1}$	$\cos(42)$	0.6428785	0.6428966	0.6428873
44	确定大轮螺旋角	β_{m2}	$(42)-(39)$	28.73745°	28.77321°	28.7562°
45	β_{m2} 余弦	$\cos\beta_{m2}$	$\cos(44)$	0.8768322	0.8765319	0.8766746
46	β_{m2} 正切	$\tan\beta_{m2}$	$\tan(44)$	0.5483337	0.5491459	0.5487596
47	大轮分锥角余切	$\cot\delta'_2$	$\dfrac{(20)}{(33)}$	0.3066699	0.3409018	0.3222624
48	δ'_2 值	δ'_2	$\arctan\dfrac{1}{(47)}$	72.95081°	71.17567°	72.13783°
49	δ'_2 正弦	$\sin\delta'_2$	$\sin(48)$	0.9560534	0.9465123	0.9517971
50	δ'_2 余弦	$\cos\delta'_2$	$\cos(48)$	0.2931927	0.3226677	0.3067284
51	—	B_{1c}	$\dfrac{(17)+(12)(32)}{(37)}$	31.99161	32.26387	32.11147
52	—	B_{2c}	$\dfrac{(12)}{(50)}$	300.6911	273.2236	287.4218
53	两背锥之和	B_{12}	$(51)+(52)$	332.6827	305.4875	319.5333
54	大轮锥距在螺旋线中点切线方向投影	T_2	$\dfrac{(12)(45)}{(49)}$	80.85522	81.64228	81.2022
55	小轮锥距在螺旋线中点切线方向投影	T_1	$\dfrac{(43)(51)}{(35)}$	71.96003	65.2704	68.7267
56	极限齿形角正切负值	$-\tan\alpha_0$	$\dfrac{(41)(55)-(46)(54)}{(53)}$	0.1244499	0.1077957	0.1168052
57	极限齿形角负值	$-\alpha_0$	$\arctan(56)$	7.09398°	6.15248°	6.662256°
58	$\Delta\alpha_0$ 的余弦	$\cos\Delta\alpha_0$	$\cos(57)$	0.9923449	0.9942402	0.9932474
59	—	B_{59}	$\dfrac{(41)(56)}{(51)}$	0.00463490	0.00398058	0.00433385
60	—	B_{60}	$\dfrac{(46)(56)}{(52)}$	0.00022694	0.00021665	0.00022301

（续）

序号	名　称	代号	计 算 说 明①	举　例		
				第一次试算	第二次试算	第三次试算
61	—	B_{61}	$\dfrac{(54)}{(55)}$	5818.344	5328.824	5580.759
62	—	B_{62}	$\dfrac{(54)-(55)}{(61)}$	0.00152882	0.00307233	0.00223545
63	—	B_{63}	$(59)+(60)+(62)$	0.00639066	0.00726956	0.00679231
64	—	B_{64}	$\dfrac{(41)-(46)}{(63)}$	100.6364	88.34972	94.61864
65	齿线中点曲率半径	r'_0	$\dfrac{(64)}{(58)}$	101.4127	88.86154	95.26191
66	比较 r'_0 与 r_0 比值②	V	$\dfrac{(7)}{(65)}$	0.9392317	1.071892	0.9998749
67	—	A_{67}	$(3)(50)$	0.07846541		
	—	A_7	$1-(3)$	0.7441861		
68	—	A_{68}	$\dfrac{(5)}{(34)}-(17)(35)$	82.64997		
	—	A_8	$(35)(37)$	0.2876808		
69	—	A_{69}	$(39)+(40)(67)$	1.030864		
70	r_{m2} 圆心至轴线交叉点距离	A_{m2}	$(49)(51)$	30.5636		
71	大轮分锥顶点至轴线交叉点距离	A_{02}	$(12)(47)-(70)$	-2.132551		
72	大轮分锥上中点锥距	R_{m2}	$\dfrac{(12)}{(49)}$	92.69102		
73	大轮分锥上外锥距	R_2	$\dfrac{(6)}{2(49)}$	107.691		
74	大轮分锥上齿宽之半	$0.5b_m$	$(73)-(72)$	15		
75	大轮在平均锥距上工作齿高③	h'_m	$\dfrac{K(12)(45)}{(2)}$	7.374556		
76	—	A_{76}	$\dfrac{(12)(46)}{(7)}$	0.5082756		
77	—	A_{77}	$\dfrac{(49)}{(45)}-(76)$	0.5774147		
78	两侧压力角总和④	α_c	轿车取 38°	38°		
79	α_c 角正弦值	$\sin\alpha_c$	$\sin(78)$	0.6156615		
80	平均压力角	α	$\dfrac{(78)}{2}$	19°		
81	α 角余弦	$\cos\alpha$	$\cos(80)$	0.9455186		
82	α 角正切	$\tan\alpha$	$\tan(80)$	0.3443276		
83	—	A_{83}	$\dfrac{(77)}{(82)}$	1.676934		
84	齿顶角与齿根角总和⑤	θ_Σ	$\dfrac{176(83)}{(2)}$	6.86373°		
85	大轮齿顶高系数	h_{a2}^*	表 8.4-24	0.17		
86	大轮齿根高系数	h_{f2}^*	$1.15-(85)$	0.9799999		
87	大轮中点齿顶高	h_{am2}	$(75)(85)$	1.253675		

（续）

序号	名　　称	代　号	计　算　说　明[①]	举　　例
88	大轮中点齿根高	h_{fm2}	（75）（86）+0.05	7.277065
89	大轮齿顶角[⑥]	θ_{a2}	（84）（85）	1.166834°
90	θ_{a2} 正弦	$\sin\theta_{a2}$	sin（89）	2.036369×10^{-2}
91	大轮齿根角[⑦]	θ_{f2}	（84）-（89）	5.696895°
92	θ_{f2} 角正弦	$\sin\theta_{f2}$	sin（91）	9.926583×10^{-2}
93	大轮大端齿顶高	h_{ae2}	（87）+（74）（90）	1.55913
94	大端齿根高	h_{fe2}	（88）+（74）（92）	8.766052
95	径向间隙	c	0.15（75）+0.05	1.156183
96	大端齿高	h_{e2}	（93）+（94）	10.32518
97	大轮大端工作齿高	h'_{e2}	（96）-（95）	9.168999
98	大轮顶锥角	δ_{a2}	（48）+（89）	73.30466°
99	δ_{a2} 角正弦	$\sin\delta_{a2}$	sin（98）	0.9578458
100	δ_{a2} 角余弦	$\cos\delta_{a2}$	cos（98）	0.2872827
101	大轮根锥角	δ_{f2}	（48）-（91）	64.44093°
102	δ_{f2} 角正弦	$\sin\delta_{f2}$	sin（101）	0.9166484
103	δ_{f2} 角余弦	$\cos\delta_{f2}$	cos（101）	0.3996944
104	δ_{f2} 角余切	$\cot\delta_{f2}$	cot（101）	0.436039
105	大轮大端齿顶圆直径	d_{ae2}	$\dfrac{（93）（50）}{0.5}+6$	205.9565
106	大端分度圆中心至轴线交叉点距离	A_{Km2}	（70）+（74）（50）	35.16445
107	大轮轮冠至轴线交叉点距离	A_{Ke2}	（106）-（93）（49）	33.68047
108	大端顶圆齿顶与分度圆处齿高之差	Δh_{am}	$\dfrac{（72）（90）-（87）}{（99）}$	0.6617522
109	大端分度圆处与根圆处在齿高方向上高度差	Δh_{mf}	$\dfrac{（72）（92）-（88）}{（102）}$	2.098936
110	大轮顶锥锥顶到轴线交叉点距离[⑧]	A_{oa2}	（71）-（108）	-2.794304
111	大轮根锥顶点到轴线交叉点的距离[⑨]	A_{of2}	（71）+（109）	-0.0336151
112	—	A_{112}	（12）+（70）（104）	101.5499
113	修正后小轮轴线在大轮回转平面内的偏置角正弦	$\sin\varepsilon$	$\dfrac{（5）}{（112）}$	0.3348107
114	ε 角余弦	$\cos\varepsilon$	$\sqrt{1-（113）^2}$	0.9422854
115	ε 角正切	$\tan\varepsilon$	$\dfrac{（113）}{（114）}$	0.3553177
116	小轮顶锥角正弦	$\sin\delta_{a1}$	（103）（114）	0.3766262
117	小轮顶锥角 δ_{a1}	δ_{a1}	$\arctan\dfrac{（116）}{\sqrt{1-（116）^2}}$	22.12486°
118	δ_{a1} 角余弦	$\cos\delta_{a1}$	cos（117）	0.9263654
119	δ_{a1} 角正切	$\tan\delta_{a1}$	tan（117）	0.4065634

（续）

序号	名　　称	代号	计 算 说 明[①]	举　例
120	—	A_{120}	$\dfrac{(102)(111)+(95)}{(103)}$	2.815576
121	小轮顶锥顶点到轴线交叉点的距离[⑩]	A_{oa1}	$\dfrac{(5)(113)-(120)}{(114)}$	9.092771
122	—	A_{122}	$\dfrac{(38)A_{(67)}}{(69)}$	0.0275705
123	—	A_{123}	$\arctan(122)$	0.0275635
123	—	A_3	$\dfrac{1}{\sqrt{1+(122)^2}}$	0.9996201
124	—	A_{124}	$(39)-A_{123}$	0.3430806
124	—	A_4	$\cos[(39)-A_{123}]$	0.9417229
125	—	A_{125}	$(117)-(36)$	0.0943473
125	—	A_5	$\cos[(117)-(36)]$	0.9955527
126	—	A_{126}	$(113)A_7-A_8$	-0.0385194
126	—	A_6	$-(113)A_7-A_8$	-0.5368423
127	—	A_{127}	$\dfrac{A_3}{A_4}$	1.06148
128	—	A_{128}	$A_{68}+(87)A_8$	83.01063
129	—	A_{129}	$\dfrac{(118)}{A_5}$	0.9305036
130	—	A_{130}	$(74)(127)$	15.9222
131	小轮轮冠到轴线交叉点的距离	A_{Ke1}	$(128)+(129)(130)+(75)A_{126}$	97.54223
132	—	A_{132}	$(4)(127)-(130)$	31.8444
133	小轮前轮冠到轴线交叉点的距离	A_{Ki1}	$(128)-(129)(130)+(75)A_6$	64.236
134	—	A_{134}	$(121)+(131)$	106.635
135	小轮大端齿顶圆直径	d_{ae1}	$2(119)(134)$	86.70777
136	—	A_{136}	$\dfrac{(70)(100)}{(99)}+(12)$	97.38983
137	在大轮回转平面内偏置角正弦	$\sin\varepsilon$	$\dfrac{(5)}{(136)}$	0.3491124
138	大轮回转平面内偏置角	ε	$\arctan\dfrac{(137)}{\sqrt{1-(137)^2}}$	20.43304°
139	ε 角余弦	$\cos\varepsilon$	$\cos(138)$	0.9370809
140	—	A_{140}	$\dfrac{(99)(110)+(95)}{(100)}$	-5.292099
141	从小轮根锥顶点到轴线交叉点距离[⑪]	A_{of1}	$\dfrac{(5)(137)-(140)}{(139)}$	18.31424
142	—	A_{142}	$(100)(139)$	0.2692071
143	小轮根锥角	δ_{f1}	$\arctan\dfrac{(142)}{\sqrt{1-(142)^2}}$	15.61709°
144	—	$\cos\delta_{f1}$	$\cos(143)$	0.9630823
145	—	$\tan\delta_{f1}$	$\tan(143)$	0.2795266
146	允许的最小侧隙	j_{nmin}	见⑫	0.1016

（续）

序号	名　称	代　号	计　算　说　明①	举　例
147	允许的最大侧隙	j_{nmax}	见⑫	0.1524
148	—	—	（90）+（92）	0.1196295
149	—	—	（96）-（4）（148）	6.736297
150	大轮内锥距	—	（73）-（4）	77.69102

① 本表计算公式中括号内的数字指表中的项目（序号）。

② 当第一次试算结果 $0.99 < V_1 < 1.01$，说明齿线中点曲率半径与所选刀盘半径误差小于1%，可继续按表中顺序往下计算。否则需要重新试算。若 $V_1 > 1.01$，则取 $(20)_2 = 1.1(20)_1$ 重新试算；若 $V_1 < 0.99$，则取 $(20)_2 = 0.9(20)_1$。第二次试算结果若仍不能满足精度要求，应按插值法进行第三次试算：

$$(20)_3 = \frac{(20)_2 - (20)_1}{V_2 - V_1}(1 - V_1) + (20)_1$$

下标1、2、3分别指试算的次数。因 η 值较小时，$\tan\eta$ 一般近似线性变化，按插值法确定的 $(20)_3$ 值，一般都能使 V_3 满足精度要求。

③ 大轮平均工作齿高 h'_m 计算公式中的齿高系数 K 按表8.4-23选取。一般按普通型选取，在第（38）项中压力角总和为38°时，或小轮齿齿凹面的压力角为12°或更大些时以及大轮齿顶高系数按第（85）项选取时，按轿车型选取 K 值。

④ 工业传动中，当 $z_1 \geqslant 8$ 时，取 $\alpha_c = 42°30'$，否则取45°。对于载重汽车和拖拉机，使用45°，对于轿车，取 $\alpha_c = 38°$。

⑤ （84）项公式，仅适用于双重收缩齿。标准收缩齿 θ_Σ 的计算见（89）项注解。

⑥ （89）项公式，只适用于双重收缩。当采用倾斜根线收缩齿时，$\theta_{a2} = \dfrac{57.3(85)(18)[(87)+(88)]}{(72)}$。判别条件是：

$$(84) < \frac{57.3(18)[(87)+(88)]}{(72)}$$

时，采用双重收缩齿；反之采用倾斜根线收缩齿。

⑦ （91）项公式，只适用于双重收缩齿。当采用倾斜根线收缩齿时，θ_{a2} 按倾斜根线收缩齿计算，

$$\theta_{f2} = [1 - (85)(18)]\theta_{a2}$$

⑧ $A_{oa2} > 0$，表示大轮顶锥顶点位于轴线交叉点之外；反之，锥顶位于轴线交叉点之内。

⑨ $A_{of2} > 0$，表示大轮根锥顶点位于轴线交叉点之外；反之，锥顶位于轴线交叉点之内。

⑩ $A_{oa1} > 0$，表示小轮顶锥顶点位于轴线交叉点之外；反之，锥顶位于交叉点之内。

⑪ $A_{of1} > 0$，表示小轮根锥顶点位于轴线交叉点之外；反之，表示锥顶位于交叉点之内。

⑫ 按 $m_m = \dfrac{2r_{m2c}}{z_2}$ 查下表确定 j_{nmin} 及 j_{nmax}。

（mm）

m_m	≤1.25	1.25~2.5	2.5~4.5	4.5~6.5	6.5~9	9~12	12~25
j_{nmin}	0.0254	0.0508	0.1016	0.1524	0.2032	0.3048	0.508
j_{nmax}	0.762	0.1016	0.1524	0.2032	0.2794	0.4064	0.762

表 8.4-21　汽车弧齿锥齿轮及准双曲面齿轮最少齿数

传动比	小齿轮齿数	允许范围	传动比	小齿轮齿数	允许范围	传动比	小齿轮齿数	允许范围
1.50~1.75	14	12~16	3.0~3.5	10	9~11	5.0~6.0	7	6~8
1.75~2.0	13	11~15	3.5~4.0	10	9~11	6.0~7.5	6	5~7
2.0~2.5	11	10~13	4.0~4.5	9	8~10	7.5~10.0	5	5~6
2.5~3.0	10	9~11	4.5~5.0	8	7~9			

表 8.4-22　准双曲面齿轮刀盘半径的选择

大轮节圆直径 d_{e2}/mm	刀盘半径 r_0	大轮节圆直径 d_{e2}/mm	刀盘半径 r_0
17~135	44.45mm（1.75in）	165~285	95.25mm（3.75in）
100~170	57.15mm（2.25in）	195~345	114.3mm（4.5in）
110~190	63.5mm（2.5in）	260~455	152.4mm（6in）
130~230	76.2mm（3in）	350~610	203.2mm（8in）
135~240	79.375mm（3.125in）	455~800	266.7mm（10.5in）

表 8.4-23　齿高系数 K

小轮齿数 z_1	齿 高 系 数 K		小轮齿数 z_1	齿 高 系 数 K	
	轿车型	普通型		轿车型	普通型
6	—	3.5	10	4.0	3.9
7	—	3.6	11	4.1	4.0
8	3.8	3.7	12 及更大	4.2	4.1
9	3.9	3.8			

表 8.4-24　大轮齿顶高系数 h_{a2}^*

适 用 于	$\dfrac{z_2}{z_1}$	h_{a2}^*	适 用 于	$\dfrac{z_2}{z_1}$	h_{a2}^*
$z_1 \geqslant 21$	1	0.500	$z_1 < 21$ 及 传动比 $i > 2$	6	0.110
	1.1	0.450		7	0.130
	1.25	0.425			
	1.43	0.400		8	0.150
	1.67	0.375			
	2	0.350			
	2.5	0.325		9～20	0.170
	3.3	0.300			

3　锥齿轮传动的设计计算

3.1　轮齿受力分析（见表 8.4-25）

表 8.4-25　轮齿受力分析计算公式

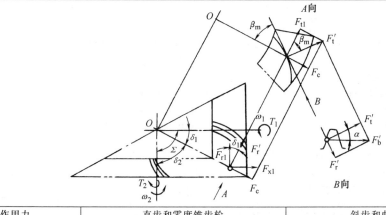

作用力	直齿和零度锥齿轮		斜齿和曲线齿锥齿轮
中点分度圆的切向力/N	$$F_t = \dfrac{2000T}{d_m}$$ 式中　T—转矩（N·mm） 　　　d_m—中点分度圆直径（mm）		
径向力/N	$F_r = F_t \tan\alpha \cos\delta$		$F_r^{①} = \dfrac{F_t}{\cos\beta_m}(\tan\alpha_n \cos\delta \mp \sin\beta_m \sin\delta)$
轴向力/N	$F_x = F_t \tan\alpha \sin\delta$		$F_x^{①} = \dfrac{F_t}{\cos\beta_m}(\tan\alpha_n \sin\delta \mp \sin\beta_m \cos\delta)$
外加转矩 T 的旋向[②]	齿旋向[③]	求 F_r	求 F_x
顺时针	右旋	−	+
	左旋	+	−
逆时针	右旋	+	−
	左旋	−	+

① F_r 指向轮心的方向为正，F_x 指向大端为正。公式中的"$\mp$"号按表中规定确定。

② 外加转矩的旋向是由锥顶向大端方向观察来判定顺时针或逆时针旋向。

③ 从齿顶看齿轮，齿线从小端到大端顺时针旋转为右旋，反之为左旋。

3.2　主要尺寸的初步确定

锥齿轮传动的主要尺寸可按传动的结构要求和类比法初步确定，也可用表 8.4-26 中所列的计算公式估算，必要时做校核验算。闭式传动可按齿面接触疲劳强度估算；开式传动按齿根弯曲疲劳强度估算，并将计算载荷乘以磨损系数 K_m（见本篇第 2 章，表 8.2-90）。

表 8.4-26　锥齿轮传动简化设计计算公式　　　　　　　（mm）

锥齿轮种类	齿面接触疲劳强度[①]	齿根弯曲疲劳强度
直齿和零度齿	$d_{e1} \geqslant 1172 \sqrt[3]{\dfrac{KT_1}{(1-0.5\phi_R)^2 \phi_R u \sigma'^2_{HP}}}$ $\approx 1951 \sqrt[3]{\dfrac{KT_1}{u\sigma'^2_{HP}}}$	$m_e \geqslant 19.2 \sqrt[3]{\dfrac{KT_1 Y_{FS}}{z_1^2 (1-0.5\phi_R)^2 \phi_R \sqrt{u^2+1}\ \sigma'_{FP}}}$ $\approx 32 \sqrt[3]{\dfrac{KT_1 Y_{FS}}{z_1^2 \sqrt{u^2+1}\ \sigma'_{FP}}}$
$\beta = 8° \sim 15°$ 的斜齿和曲线齿	$d_{e1} \geqslant 1096 \sqrt[3]{\dfrac{KT_1}{(1-0.5\phi_R)^2 \phi_R u \sigma'^2_{HP}}}$ $\approx 1825 \sqrt[3]{\dfrac{KT_1}{u\sigma'^2_{HP}}}$	$m_e \geqslant 18.7 \sqrt[3]{\dfrac{KT_1 Y_{FS}}{z_1^2 (1-0.5\phi_R)^2 \phi_R \sqrt{u^2+1}\ \sigma'_{FP}}}$ $\approx 31.1 \sqrt[3]{\dfrac{KT_1 Y_{FS}}{z_1^2 \sqrt{u^2+1}\ \sigma'_{FP}}}$
$\beta \approx 35°$ 的斜齿和曲线齿[②]	$d_{e1} \geqslant 983 \sqrt[3]{\dfrac{KT_1}{(1-0.5\phi_R)^2 \phi_R u \sigma'^2_{HP}}}$ $\approx 1636 \sqrt[3]{\dfrac{KT_1}{u\sigma'^2_{HP}}}$	$m_e \geqslant 15.8 \sqrt[3]{\dfrac{KT_1 Y_{FS}}{z_1^2 (1-0.5\phi_R)^2 \phi_R \sqrt{u^2+1}\ \sigma'_{FP}}}$ $\approx 26.3 \sqrt[3]{\dfrac{KT_1 Y_{FS}}{z_1^2 \sqrt{u^2+1}\ \sigma'_{FP}}}$

说明　K—载荷系数，当原动机为电动机、汽轮机时，一般可取 $K=1.2 \sim 1.8$。当载荷平稳、传动精度较高、速度较低、斜齿、曲线齿以及大、小齿轮皆两侧布置轴承时 K 取较小值。如采用多缸内燃机驱动时，K 值应增大 1.2 倍左右。σ'_{HP}—设计齿轮的许用接触应力，$\sigma'_{HP} = \dfrac{\sigma_{Hlim}}{S'_H}$，试验齿轮接触疲劳极限 σ_{Hlim} 查图 8.2-15。估算时接触疲劳强度的安全系数 $S'_H = 1 \sim 1.2$，当齿轮精度较高，计算载荷精确，设备不甚重要时，可取低值。σ'_{FP}—设计齿轮的许用弯曲应力，$\sigma'_{FP} = \dfrac{\sigma_{FE}}{S'_F}$；材料弯曲疲劳强度基本值 σ_{FE} 查图 8.2-32。估算时弯曲疲劳强度的安全系数 $S'_F = 1.4 \sim 2$，对模数较小，精度较高，设备不甚重要及计算载荷较准时，取小值。Y_{FS}—复合齿形系数，查图 8.4-25~图 8.4-27。

① 齿面接触疲劳强度计算公式仅适用于钢配对齿轮，非钢配对齿轮要将按表中公式求得的 d_{e1} 乘以下表的系数：

齿　轮　1	齿　轮　2	系　　数	齿　轮　1	齿　轮　2	系　　数
钢	球墨铸铁	0.97	球墨铸铁	球墨铸铁	0.94
				灰　铸　铁	0.88
	灰　铸　铁	0.91	灰　铸　铁	灰　铸　铁	0.84

② 钢制硬齿面正交克林根贝尔格锥齿轮可按下式估算：

$$d_{e2} = 11.788 n_1^{\frac{1}{14}} \left(\frac{T_1 u^3}{1+u^2} \right)^{\frac{1}{2.8}}$$

式中　n_1—小轮转速（r/min）；

　　　T_1—小轮转矩（N·mm）。

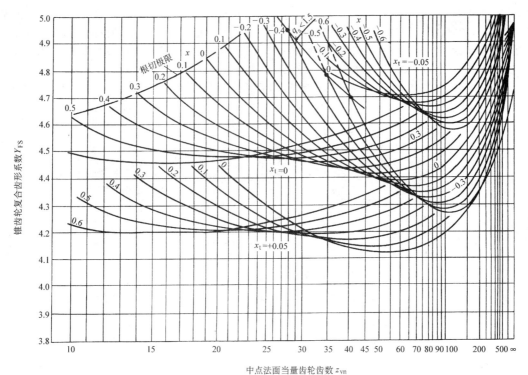

图 8.4-25 基本齿条为 $\alpha_n = 20°$，$h_a/m_{mn} = 1$，$h_f/m_{mn} = 1.25$

$\rho_f/m_{mn} = 0.2$ 的展成锥齿轮的复合齿形系数 Y_{FS}

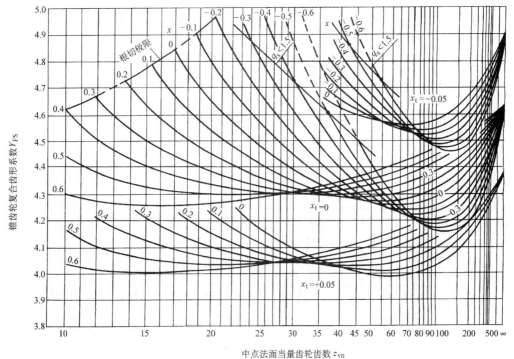

图 8.4-26 基本齿条为 $\alpha_n = 20°$，$h_a/m_{mn} = 1$，$h_f/m_{mn} = 1.25$

$\rho_f/m_{mn} = 0.25$ 的展成锥齿轮的复合齿形系数 Y_{FS}

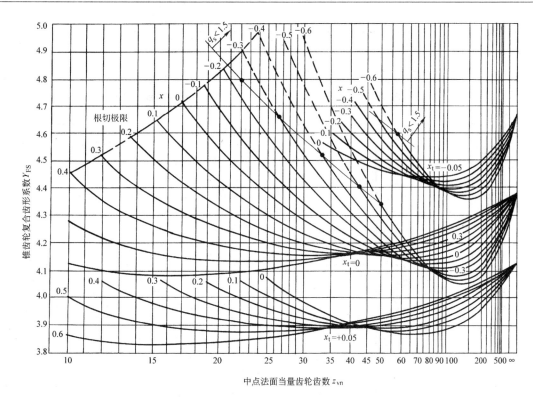

图 8.4-27　基本齿条为 $\alpha_n = 20°$，$h_a/m_{mn} = 1$，$h_f/m_{mn} = 1.25$
$\rho_f/m_{mn} = 0.3$ 的展成锥齿轮的复合齿形系数 Y_{FS}

3.3　锥齿轮传动的疲劳强度校核计算

　　锥齿轮传动的强度校核按（GB/T 10062.1～3—2003）《锥齿轮承载能力计算方法》进行。该标准以锥齿轮齿宽中点的齿轮尺寸为基准，以中点当量圆柱齿轮为计算点。

3.3.1　锥齿轮传动的当量齿轮参数计算（见表 8.4-27）

表 8.4-27　锥齿轮传动的当量齿轮参数计算（$\Sigma = 90°$）

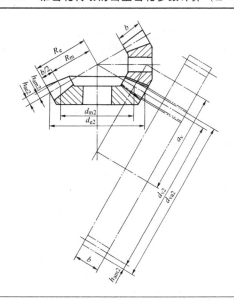

（续）

名称	代号	计 算 公 式
		锥齿轮原始几何参数

法向压力角 α_n，齿数 z，齿数比 u，分锥角 δ，齿宽 b，外锥距 R_e，中点锥距 $R_m = R_e - b/2$，大端分度圆直径 d_e，中点分度圆直径 $d_m = d_e - b\sin\delta$，中点法向模数 m_{mn}，中点螺旋角 β_m，中点端面模数 $m_{mt} = m_{mn}/\cos\beta_m$，大端端面模数 $m_{et} = d_e/z$，大端齿顶高 h_{ae}，中点齿顶高 h_{am}

名称	代号	计 算 公 式
		中点端面当量圆柱齿轮参数
当量齿数	z_v	$z_v = z/\cos\delta$
齿数比	u_v	$u_v = u^2$
分度圆直径	d_v	$d_{v1} = d_{m1}\dfrac{\sqrt{u^2+1}}{u}, d_{v2} = u^2 d_{v1}$
中心距	a_v	$a_v = \dfrac{1}{2}(d_{v1} + d_{v2})$
顶圆直径	d_{va}	$d_{va} = d_v + 2h_{am}$
当量齿轮端面压力角	α_{vt}	$\alpha_{vt} = \arctan\dfrac{\tan\alpha_n}{\cos\beta_m}$
基圆直径	d_{vb}	$d_{vb} = d_v + \cos\alpha_{vt}$
基圆螺旋角	β_{vb}	$\beta_{vb} = \arcsin(\sin\beta_m\cos\alpha_n)$
端面基圆齿距	p_{et}	$p_{et} = \pi m_{mt}\cos\alpha_{vt}$
啮合线长度	$g_{v\alpha}$	$g_{v\alpha} = \dfrac{1}{2}\left(\sqrt{d_{va1}^2 - d_{vb1}^2} + \sqrt{d_{va2}^2 - d_{vb2}^2}\right) - a_v\sin\alpha_{vt}$
端面重合度	$\varepsilon_{v\alpha}$	$\varepsilon_{v\alpha} = \dfrac{g_{v\alpha}}{p_{et}} = \dfrac{g_{v\alpha}\cos\beta_m}{\pi m_{mn}\cos\alpha_{vt}}$
纵向重合度	$\varepsilon_{v\beta}$	$\varepsilon_{v\beta} = \dfrac{b\sin\beta_m}{\pi m_{mn}}$
总重合度	$\varepsilon_{v\gamma}$	$\varepsilon_{v\gamma} = \sqrt{\varepsilon_{v\alpha}^2 + \varepsilon_{v\beta}^2}$
齿中部接触线长度	l_{bm}	对于 $\varepsilon_{v\beta} < 1$，$l_{bm} = \dfrac{b\varepsilon_{v\alpha}}{\cos\beta_{vb}}\dfrac{\sqrt{\varepsilon_{v\gamma}^2 - [(2-\varepsilon_{v\gamma})(1-\varepsilon_{v\beta})]^2}}{\varepsilon_{v\gamma}^2}$ 对于 $\varepsilon_{v\beta} \geqslant 1$，$l_{bm} = \dfrac{b\varepsilon_{v\alpha}}{\varepsilon_{v\gamma}\cos\beta_{vb}}$ 对于直齿锥齿轮和零度锥齿轮，$\varepsilon_{v\beta} = 0$；$l_{bm} = \dfrac{2b\sqrt{\varepsilon_{v\alpha}-1}}{\varepsilon_{v\alpha}}$
齿中部接触线的投影长度	l_{bm}'	$l_{bm}' = l_{bm}\cos\beta_{vb}$
		中点法面当量直齿圆柱齿轮参数
齿数	z_{vn}	$z_{vn} = \dfrac{z}{\cos^2\beta_{vb}\cos\beta_m\cos\delta} \approx \dfrac{z}{\cos^3\beta_m\cos\delta}$
分度圆直径	d_{vn}	$d_{vn} = d_v/\cos^2\beta_{vb} = z_{vn}m_{mn}$
中心距	a_{vn}	$a_{vn} = \dfrac{1}{2}(d_{vn1} + d_{vn2})$
顶圆直径	d_{van}	$d_{van} = d_{vn} + 2h_{am}$
基圆直径	d_{vbn}	$d_{vbn} = d_{vn}\cos\alpha_n = z_{vn}m_{mn}\cos\alpha_n$
啮合线长度	$g_{v\alpha n}$	$g_{v\alpha n} = \dfrac{1}{2}\left(\sqrt{d_{van1}^2 - d_{vbn1}^2} + \sqrt{d_{van2}^2 - d_{vbn2}^2}\right) - a_{vn}\sin\alpha_n$
法面端面重合度	$\varepsilon_{v\alpha n}$	$\varepsilon_{v\alpha n} = \varepsilon_{v\alpha}/\cos^2\beta_{vb}$

3.3.2　锥齿轮传动齿面接触疲劳强度和齿根弯曲疲劳强度的校核计算公式（见表 8.4-28）

表 8.4-28　锥齿轮传动齿面接触疲劳强度和齿根弯曲疲劳强度的校核计算公式

<table>
<tr><td colspan="4" align="center">计　算　公　式</td></tr>
<tr>
<td rowspan="3">齿面接触
疲劳强度</td>
<td>强度条件</td>
<td align="center">$\sigma_H \leq \sigma_{HP}$</td>
<td>（1）</td>
</tr>
<tr>
<td>齿面接触应力</td>
<td align="center">$\sigma_H = Z_M Z_H Z_E Z_{LS} Z_\beta Z_K \sqrt{\dfrac{K_A K_v K_{H\beta} K_{H\alpha} F_t}{d_{m1} l_{bm}} \times \dfrac{\sqrt{u^2+1}}{u}}$</td>
<td>（2）</td>
</tr>
<tr>
<td>许用应力</td>
<td align="center">$\sigma_{HP} = \dfrac{\sigma_{Hlim} Z_{NT} Z_L Z_v Z_R Z_W Z_x}{S_{Hmin}}$

大、小轮分别计算，以较小的为准</td>
<td>（3）</td>
</tr>
<tr>
<td rowspan="5">齿根弯曲
疲劳强度</td>
<td>强度条件</td>
<td align="center">$\sigma_F \leq \sigma_{FP}$

大、小轮分别计算</td>
<td>（4）</td>
</tr>
<tr>
<td>齿根弯曲应力</td>
<td align="center">$\sigma_F = \sigma_{F0} K_A K_v K_{F\beta} K_{F\alpha}$</td>
<td>（5）</td>
</tr>
<tr>
<td rowspan="2">齿根弯曲应力基
本值</td>
<td align="center">$\sigma_{F0} = \dfrac{F_t}{bm_{mn}} Y_{Fa} Y_{Sa} Y_\varepsilon Y_K Y_{LS}$</td>
<td>（6）</td>
</tr>
<tr>
<td align="center">$\sigma_{F0} = \dfrac{F_t}{b} \dfrac{m_m}{m_{et}^2} \dfrac{Y_A}{Y_J}$</td>
<td>（7）</td>
</tr>
<tr>
<td colspan="2">式（6）通用于各类锥齿轮，式（7）用于渗碳和表面硬化的锥齿轮（格利森制锥齿轮推荐
采用）</td>
</tr>
<tr>
<td>许用应力</td>
<td align="center">$\sigma_{FP} = \dfrac{\sigma_{FE} Y_{NT} Y_{\delta relT} Y_{RrelT} Y_x}{S_{Fmin}}$</td>
<td>（8）</td>
</tr>
</table>

计算参数的意义及确定方法

参　数	符　号	确　定　方　法
使用系数	K_A	本篇第 2 章表 8.2-41
动载系数	K_v	一般计算方法见表 8.4-29；简化计算方法见图 8.4-28
齿向载荷分配系数	$K_{H\beta}、K_{F\beta}$	$K_{H\beta}$ 见式（8.4-1）、式（8.4-2）；$K_{F\beta}$ 见式（8.4-3）、式（8.4-4）
齿间载荷系数	$K_{H\alpha}、K_{F\alpha}$	一般计算方法见表 8.4-31；简化计算方法见图 8.4-32
节点区域系数	Z_H	式（8.4-5）、图 8.4-29
中点区域系数	Z_M	式（8.4-6）
弹性系数	Z_E	见本篇第 2 章表 8.2-64
计算齿面接触疲劳强度螺旋角系数	Z_β	式（8.4-7）
计算齿面接触疲劳强度的锥齿轮系数	Z_K	式（8.4-8）
计算齿面接触疲劳强度载荷分配系数	Z_{LS}	式（8.4-9）、式（8.4-10）
试验齿轮的接触疲劳极限	σ_{Hlim}	见本篇第 2 章图 8.2-15
计算齿面接触强度的寿命系数	Z_{NT}	见本篇第 2 章表 8.2-66 或图 8.2-18
润滑油膜影响系数	$Z_L、Z_v、Z_R$	一般计算方法见本篇第 2 章 4.5.13 节；简化计算方法见表 8.4-34
齿面工作硬化系数	Z_W	见本篇第 2 章 4.5.14 节、图 8.2-22
计算齿面接触疲劳强度的尺寸系数	Z_X	见本篇第 2 章 4.5.15 节、图 8.2-23
最小安全系数	$S_{Hmin}、S_{Fmin}$	见本篇第 2 章 4.5.16 节、表 8.2-71
齿形系数	Y_{Fa}	式（8.4-12）、式（8.4-16）
齿根应力修正系数	Y_{Sa}	式（8.4-17）、图 8.4-30
计算齿根弯曲疲劳强度的重合度系数	Y_ε	式（8.4-18）～式（8.4-20）
计算齿根弯曲疲劳强度的锥齿轮系数	Y_K	式（8.4-21）
计算齿根弯曲疲劳强度的载荷分配系数	Y_{LS}	式（8.4-22）
计算齿根弯曲疲劳强度的校正系数	Y_A	式（8.4-23）
计算齿根弯曲疲劳强度的几何系数	Y_J	见图 8.4-31～图 8.4-39
齿根材料的弯曲疲劳强度基本值	σ_{FE}	见本篇第 2 章 4.5.23 节、图 8.2-32
相对齿根圆角敏感系数	$Y_{\delta relT}$	见本篇第 2 章 4.5.26 节、图 8.2-35
相对齿根表面状况系数	Y_{RrelT}	见本篇第 2 章 4.5.27 节、表 8.2-80、表 8.2-81
计算齿根弯曲疲劳强度的尺寸系数	Y_X	见本篇第 2 章、表 8.2-77 或图 8.2-34

3.3.3 疲劳强度校核计算中参数的确定

3.3.3.1 通用系数

（1）使用系数 K_A

见本篇第 2 章表 8.2-41。

（2）动载系数 K_v

锥齿轮动载系数 K_v 的一般计算方法（GB-B 法）计算见表 8.4-29，简化计算方法见图 8.4-28。

（3）齿向分配系数 $K_{H\beta}$、$K_{F\beta}$

表 8.4-29 锥齿轮动载系数 K_v 一般计算方法

参数计算		
参 数	符 号	计 算 公 式
啮合刚度平均值	c_γ /[N/(mm·μm)]	$c_\gamma = c_{\gamma 0} C_F C_b$　　(1) 式中 $c_{\gamma 0}$ 为轮齿刚度平均值，一般 $c_{\gamma 0} = 20$N/(mm·μm) 修正系数 C_F： 当 $F_t K_A / b_e \geqslant 100$N/mm 时，$C_F = 1$； 当 $F_t K_A / b_e < 100$N/mm 时，$C_F = \dfrac{F_t K_A}{100 b_e}$ 修正系数 C_b： 当 $b_e / b \geqslant 0.85$ 时，$C_b = 1$ 当 $b_e / b < 0.85$ 时，$C_b = \dfrac{b_e}{0.85 b}$ b_e 为有效齿宽，取接触斑点的实际长度，保守取 $b_e = 0.85 b$
诱导质量	m_{red} /(kg/mm)	$m_{red} = \dfrac{m_1^* m_2^*}{m_1^* + m_2^*}$　　(2) $m^* = \dfrac{1}{8} \pi \rho \dfrac{d_{red}}{\cos^2 \alpha_n} \dfrac{u^2}{1 + u^2}$ 式中，ρ 为齿轮材料的质量密度，d_{red} 为锥齿轮诱导直径，近似取齿宽中点平均半径 $d_{red} = d_m$
量纲为 1 的基准速度	N	$N = \dfrac{n_1}{n_{E1}}$　　(3) 式中，n_1 为小齿轮转速，n_{E1} 为共振转速 钢制齿轮 $\rho = 7.86 \times 10^{-6}$MPa，$c_\gamma = 20$N/(mm·μm) $N = 0.084 \dfrac{z_1 v_m}{100} \sqrt{\dfrac{u^2}{1 + u^2}}$　　(4)
共振转速	n_{E1} /(r/min)	$n_{E1} = \dfrac{30000}{\pi z_1} \sqrt{\dfrac{c_\gamma}{m_{red}}}$　　(5)
锥齿轮的单齿刚度	c' /[N/(mm·μm)]	$c' = c'_0 C_F C_b$　　(6) 一般 $c'_0 = 14$N/(mm·μm)
有效齿距偏差	f_{peff} /μm	$f_{peff} = f_{pt} - y_\alpha$　　(7) 式中，f_{pt} 为齿距偏差(μm)；y_α 为齿距偏差磨合量(μm)

K_v 的计算			
运行区间	N	计算公式	备注
亚共振区	$N \leqslant 0.75$	$K_v = N \left[\dfrac{b f_{peff} c'}{F_t K_A} (c_{v1} + c_{v2}) + c_{v3} \right] + 1$　　(8)	
主共振区	$0.75 < N < 1.25$	$K_v = \dfrac{b f_{peff} c'}{F_t K_A} (c_{v1} + c_{v2}) + c_{v4}$　　(9)	应避免在该区段运行
过渡区	$1.25 < N < 1.5$	$K_v = (4N - 3) K_v \mid_{N=1.5} + 4(1 - N) K_v \mid_{N=1.25}$　　(10)	由式(8)和式(9)线性插值计算
超临界区	$N \geqslant 1.5$	$K_v = \dfrac{b f_{peff} c'}{F_t K_A} (c_{v5} + c_{v6}) + c_{v7}$　　(11)	

注：1. 齿距偏差磨合量 y_α 见本篇第 2 章表 8.2-48，用 v_m 代替表中的 v。

2. 式(8)、式(9)中的参数 $c_{v1} \sim c_{v7}$ 见本篇第 2 章表 8.2-46。计算时用锥齿轮的 $\varepsilon_{v\gamma}$ 代替表中的 ε_γ。

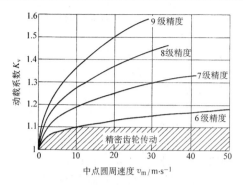

图 8.4-28　锥齿轮的动载系数 K_v

1) $K_{H\beta}$。当有效工作齿宽 $b_e > 0.85b$ 时，

$$K_{H\beta} = 1.5K_{H\beta e} \qquad (8.4-1)$$

当有效工作齿宽 $b_e \leqslant 0.85b$ 时，

$$K_{H\beta} = 1.275K_{H\beta e}\frac{b}{b_e} \qquad (8.4-2)$$

式中，锥齿轮装配系数 $K_{H\beta e}$ 见表 8.4-30。

表 8.4-30　锥齿轮装配系数 $K_{H\beta e}$

接触区检验条件	大、小轮的装配条件		
	两轮均跨装支承	一轮均跨装支承	两轮均悬臂支承
满载下装机全部检验	1.00	1.00	1.00
轻载下全部检验	1.05	1.10	1.25
满载下抽样检验	1.20	1.32	1.50

2) $K_{F\beta}$ 按式（8.4-3）计算。

$$K_{F\beta} = \frac{K_{H\beta}}{K_{F0}} \qquad (8.4-3)$$

式中，K_{F0} 为齿长曲率系数。对于直齿锥齿轮和零度锥齿轮，$K_{F0} = 1$；对于弧齿锥齿轮，K_{F0} 为

$$K_{F0} = 0.211 + \left(\frac{r_{c0}}{R_m}\right)^q + 0.789 \qquad (8.4-4)$$

式中，r_{c0} 为刀盘半径，指数 $q = \dfrac{0.279}{\ln(\sin\beta_m)}$。

（4）端面载荷系数 $K_{H\alpha}$ 和 $K_{F\alpha}$

端面载荷系数 $K_{H\alpha}$ 和 $K_{F\alpha}$ 的一般计算方法（GB-B法）见表 8.4-31，简化计算方法见表 8.4-32。

表 8.4-31　端面载荷系数 $K_{H\alpha}$ 和 $K_{F\alpha}$ 的一般计算方法

项　目		计 算 公 式	备 注
计算用载荷 F_{tH}/N		$F_{tH} = K_A K_v K_{H\beta} F_t$	
端面载荷系数 $K_{H\alpha}$、$K_{F\alpha}$	$\varepsilon_{v\gamma} \leqslant 2$	$K_{H\alpha} = K_{F\alpha} = \dfrac{\varepsilon_{v\gamma}}{2}\left[0.9 + 0.4\dfrac{c_\gamma f_{peff}}{F_{tH}/b}\right]$	$\varepsilon_{v\gamma}$、$\varepsilon_{v\alpha}$ 见表 8.4-27 c_γ 见表 8.4-29 式（1）
	$\varepsilon_{v\gamma} > 2$	$K_{H\alpha} = K_{F\alpha} = 0.9 + 0.4\sqrt{\dfrac{2(\varepsilon_{v\gamma}-1)}{\varepsilon_{v\gamma}}\dfrac{c_\gamma f_{peff}}{F_{tH}/b}}$	f_{peff} 见表 8.4-29 式（7） Z_{LS} 见式（8.4-9）、式（8.4-10） Y_ε 见式（8.4-18）~式（8.4-20）
限制条件		若 $K_{H\alpha}$ 计算值小于 1，取 $K_{H\alpha} = 1$ 若计算值 $K_{H\alpha} > \dfrac{\varepsilon_{v\gamma}}{\varepsilon_{v\alpha}Z_{LS}^2}$，取 $K_{H\alpha} = \dfrac{\varepsilon_{v\gamma}}{\varepsilon_{v\alpha}Z_{LS}^2}$ 若 $K_{F\alpha}$ 计算值小于 1，取 $K_{F\alpha} = 1$ 若计算值 $K_{F\alpha} > \dfrac{\varepsilon_{v\gamma}}{\varepsilon_{v\alpha}Y_\varepsilon}$，取 $K_{F\alpha} = \dfrac{\varepsilon_{v\gamma}}{\varepsilon_{v\alpha}Y_\varepsilon}$	

表 8.4-32　锥齿轮端面载荷系数 $K_{H\alpha}$ 和 $K_{F\alpha}$ 的简化计算方法

单位齿宽载荷 F_t/b_e			$\geqslant 100N/mm$						$<100N/mm$
精度等级			6级及其以上	7	8	9	10	11	12	
硬齿面	直齿	$K_{H\alpha}$	1.0			1.1	1.2			$\max[1/Z_{LS}^2, 1.2]$
		$K_{F\alpha}$								$\max[1/Y_\varepsilon^2, 1.2]$
	斜齿、曲线齿	$K_{H\alpha}$	1.0	1.0	1.2	1.4				$\max[\varepsilon_{v\alpha n}, 1.4]$
		$K_{F\alpha}$								
软齿面	直齿	$K_{H\alpha}$	1.0			1.1	1.2			$\max[1/Z_{LS}^2, 1.2]$
		$K_{F\alpha}$								$\max[1/Y_\varepsilon^2, 1.2]$
	斜齿、曲线齿	$K_{H\alpha}$	1.0	1.0	1.2	1.4				$\max[\varepsilon_{v\alpha n}, 1.4]$
		$K_{F\alpha}$								

注：Z_{LS} 按式（8.4-9）、式（8.4-10）计算；Y_ε 按式（8.4-18）~式（8.4-20）计算，$\varepsilon_{v\alpha n}$ 见表 8.4-27。

3.3.3.2　齿面接触应力 σ_H 的修正系数

（1）节点区域系数 Z_H

对于零高度变位和未高度变位的锥齿轮，Z_H 为

$$Z_H = 2\sqrt{\cos\beta_{vb}/\sin\alpha_{vt}} \qquad (8.4-5)$$

也可查图 8.4-29。

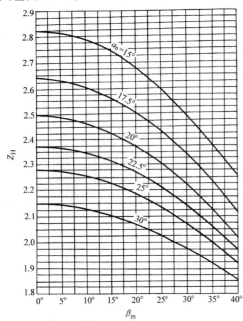

图 8.4-29　零高度变位和未高度变位的
锥齿轮的节点区域系数 Z_H

（2）中点区域系数 Z_M

$$Z_M = \frac{\tan\alpha_{vt}}{\sqrt{\left[\sqrt{\left(\frac{d_{va1}}{d_{vb1}}\right)^2 - 1} - \frac{\pi F_1}{z_{v1}}\right]\left[\sqrt{\left(\frac{d_{va2}}{d_{vb2}}\right)^2 - 1} - \frac{\pi F_2}{z_{v2}}\right]}}$$

(8.4-6)

式中，参数 F_1 和 F_2 按表 8.4-33 计算。

表 8.4-33　计算 Z_M 用的参数 F_1 和 F_2

纵向重合度 $\varepsilon_{v\beta}$	F_1	F_2
0	2	$2(\varepsilon_{v\alpha} - 1)$
$0 < \varepsilon_{v\beta} < 1$	$2 + (\varepsilon_{v\alpha} - 2)\varepsilon_{v\beta}$	$2(\varepsilon_{v\alpha} - 1) + (\varepsilon_{v\alpha} - 2)\varepsilon_{v\beta}$
$\varepsilon_{v\beta} > 1$	$\varepsilon_{v\alpha}$	$\varepsilon_{v\alpha}$

（3）弹性系数 Z_E

弹性系数 Z_E 见本篇第 2 章表 8.2-64。

（4）计算齿面接触强度的螺旋角系数 Z_β

$$Z_\beta = \sqrt{\cos\beta_m}$$

(8.4-7)

（5）计算齿面接触强度的锥齿轮系数 Z_K

$$Z_K = 0.8$$

(8.4-8)

（6）计算齿面接触强度的载荷分配系数 Z_{LS}

当 $\varepsilon_{v\gamma} \leqslant 2$ 时，

$$Z_{LS} = 1$$

(8.4-9)

当 $\varepsilon_{v\gamma} > 2$ 和 $\varepsilon_{v\beta} > 1$ 时，

$$Z_{LS} = \left\{1 + 2\left[1 - \left(\frac{2}{\varepsilon_{v\gamma}}\right)^{1.5}\right]\sqrt{1 - \frac{4}{\varepsilon_{v\gamma}^2}}\right\}^{-0.5}$$

(8.4-10)

3.3.3.3　齿面接触疲劳强度计算的极限应力 σ_{Hlim} 和系数

（1）试验齿轮的接触疲劳极限应力 σ_{Hlim}

σ_{Hlim} 见本篇第 2 章图 8.2-15。

（2）寿命系数 Z_{NT}

Z_{NT} 见本篇第 2 章表 8.2-66 或图 8.2-18。

（3）润滑油膜影响系数 Z_L、Z_v、Z_R

Z_L、Z_v、Z_R 的一般计算方法见本篇第 2 章 4.5.13 节。简化计算方法见表 8.4-34。

表 8.4-34　$Z_L Z_v Z_R$ 的简化计算方法

加工工艺及齿面表面粗糙度 $Rz10$		$Z_L Z_v Z_R$ 积
调质钢径铣切的锥齿轮副		0.85
铣切后研磨的锥齿轮副		0.92
硬化后磨削或用硬刮的锥齿轮副	$Rz10 \leqslant 4\mu m$	1.0
	$Rz10 > 4\mu m$	0.92

（4）齿面工作硬化系数 Z_W

Z_W 见本篇第 2 章 4.5.14 节及图 8.2-22。

（5）尺寸系数 Z_X

Z_X 见本篇第 2 章 4.5.15 节及图 8.2-23。

（6）齿面接触疲劳强度的安全系数

S_{Hmin} 见本篇第 2 章 4.5.16 节及表 8.2-71。

3.3.3.4　齿根弯曲应力 σ_F 的修正系数

（1）齿形系数 Y_{Fa}、齿根应力修正系数 Y_{Sa} 和复合齿形系数 Y_{FS}

$$Y_{FS} = Y_{Fa} Y_{Sa}$$

(8.4-11)

对于展成法加工的锥齿轮，当符合条件时，Y_{FS} 按法面当量齿轮齿数 z_{vn} 查图 8.4-25~图 8.4-27。对于不符合条件的，分别计算 Y_{Fa} 和 Y_{Sa}。

1）展成法加工齿轮的齿形系数 Y_{Fa} 为

$$Y_{Fa} = \frac{6\frac{h_{Fa}}{m_{mn}}\cos\alpha_{Fan}}{\left(\frac{S_{Fn}}{m_{mn}}\right)^2\cos\alpha_n}$$

(8.4-12)

式中　S_{Fn}——齿根危险截面弦齿厚；

$$\frac{S_{Fn}}{m_{mn}} = z_{vn}\sin\left(\frac{\pi}{3} - \theta\right) + \sqrt{3}\left(\frac{G}{\cos\theta} - \frac{\rho_{a0}}{m_{mn}}\right)$$

(8.4-13)

　　　　h_{Fa}——弯曲力臂；

$$\frac{h_{Fa}}{m_{mn}} = \frac{1}{2}\left[(\cos\gamma_a - \sin\gamma_a\tan\alpha_{Fan})\frac{d_{van}}{m_{mn}} - z_{vn}\cos\left(\frac{\pi}{3} - \theta\right) - \frac{G}{\cos\theta} + \frac{\rho_{a0}}{m_{mn}}\right]$$

(8.4-14)

$$\alpha_{Fan} = \arccos\left(\frac{d_{vbn}}{d_{van}}\right)$$

$$\gamma_a = \frac{1}{z_{vn}}\left[\frac{\pi}{2} + 2(x + \tan\alpha_n + x_t)\right]$$

$$\alpha_{\mathrm{Fa}} = \alpha_{\mathrm{an}} - \gamma_{\mathrm{a}}$$

做上述计算用到的辅助参数为

$$E = \left(\frac{\pi}{4} - x_{\mathrm{t}}\right) m_{\mathrm{mn}} - h_{\mathrm{a0}}\tan\alpha_{\mathrm{n}} - \frac{\rho_{\mathrm{a0}}(1 - \sin\alpha_{\mathrm{n}}) - S_{\mathrm{pr}}}{\cos\alpha_{\mathrm{n}}}$$

$$G = \frac{\rho_{\mathrm{a0}}}{m_{\mathrm{mn}}} - \frac{h_{\mathrm{a0}}}{m_{\mathrm{mn}}} + x$$

$$H = \frac{2}{z_{\mathrm{vn}}}\left(\frac{\pi}{2} - \frac{E}{m_{\mathrm{mn}}}\right) - \frac{\pi}{3}$$

$$\theta = \frac{2G}{z_{\mathrm{vn}}}\tan\theta - H \qquad (8.4\text{-}15)$$

式(8.4-15)为非线性的超越方程,以 $\theta = \dfrac{\pi}{6}$ 为初始值,可做迭代计算。式中,ρ_{a0} 为刀尖圆角半径,S_{pr} 为刀具凸台量。

2)成形法加工齿轮的齿形系数 Y_{Fa} 为

$$Y_{\mathrm{Fa}} = \frac{\dfrac{6h_{\mathrm{Fa}}}{m_{\mathrm{mn}}}}{\left(\dfrac{S_{\mathrm{Fn}}}{m_{\mathrm{mn}}}\right)^2} \qquad (8.4\text{-}16)$$

式中　$h_{\mathrm{Fa}} = h_{\mathrm{a0}} - \dfrac{\rho_{\mathrm{a0}}}{2} + m_{\mathrm{mn}} - \left(\dfrac{\pi}{4} + x_{\mathrm{t}} - \tan\alpha_{\mathrm{n}}\right) m_{\mathrm{mn}}\tan\alpha_{\mathrm{n}}$

$S_{\mathrm{Fn}} = \pi m_{\mathrm{mn}} - 2E - 2\rho_{\mathrm{a0}}\cos30^\circ$

E、ρ_{a0} 和 h_{a0} 含义同前。

用于半展成锥齿轮副中的成形法加工的大齿轮。

3)齿根应力修正系数 Y_{Sa} 为

$$Y_{\mathrm{Sa}} = (1.2 + 0.13L_{\mathrm{a}})q_{\mathrm{s}}\left(\frac{1}{1.21 + 2.3/L_{\mathrm{a}}}\right)$$

$$(8.4\text{-}17)$$

式中,$L_{\mathrm{a}} = \dfrac{S_{\mathrm{Fn}}}{S_{\mathrm{Fa}}}$,$q_{\mathrm{s}} = \dfrac{S_{\mathrm{Fn}}}{2\rho_{\mathrm{a0}}}$。式(8.4-17)中的参数 q_{s} 的有效范围是 $1 \leqslant q_{\mathrm{s}} \leqslant 8$。刀具基本齿廓为 $\alpha_{\mathrm{n}} = 20^\circ$、$h_{\mathrm{a0}}/m_{\mathrm{mn}} = 1.25$、$\rho_{\mathrm{a0}}/m_{\mathrm{mn}} = 0.25$ 和 $x_{\mathrm{t}} = 0$ 的锥齿轮,Y_{Sa} 可查图8.4-30。

(2)计算齿根弯曲疲劳强度的重合度系数 Y_{ε}

Y_{ε} 计算如下:

当 $\varepsilon_{\mathrm{v\beta}} = 0$ 时,

$$Y_{\varepsilon} = 0.25 + 0.75/\varepsilon_{\mathrm{v\alpha}} \geqslant 0.625 \quad (8.4\text{-}18)$$

当 $0 < \varepsilon_{\mathrm{v\beta}} \leqslant 1$ 时,

$$Y_{\varepsilon} = 0.25 + 0.75/\varepsilon_{\mathrm{v\alpha}} - 0.75\varepsilon_{\mathrm{v\beta}}/\varepsilon_{\mathrm{v\alpha}} \geqslant 0.625$$

$$(8.4\text{-}19)$$

当 $\varepsilon_{\mathrm{v\beta}} > 1$ 时,

$$Y_{\varepsilon} = 0.625 \qquad (8.4\text{-}20)$$

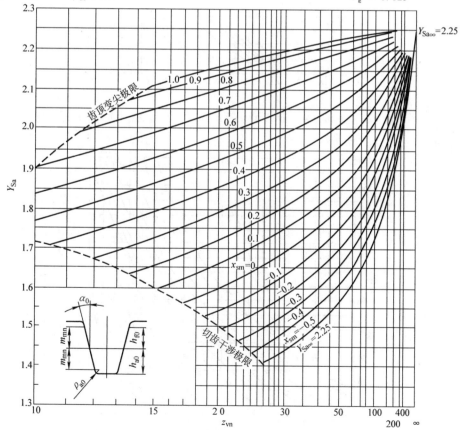

图 8.4-30　齿根应力修正系数 Y_{Sa}

（3）计算齿根弯曲疲劳强度的锥齿轮系数 Y_K

$$Y_K = \frac{1}{4}\left(1 + \frac{l'_{bm}}{b}\right)^2 \frac{b}{l'_{bm}} \qquad (8.4\text{-}21)$$

（4）计算齿根弯曲疲劳强度的载荷分配系数 Y_{LS}

$$Y_{LS} = Z_{LS}^2 \qquad (8.4\text{-}22)$$

（5）校正系数 Y_A

对于 $m_{mn} = 5mm$、$\alpha_n = 20°$、$\beta_m = 35°$ 的渗碳锥齿轮，$Y_A = 1.2$。其他参数的锥齿轮按式（8.4-23）计算。

$$Y_A = \frac{Y_f}{2.3\left(1 - \frac{S_{Fn}}{3h_{Fa}}\tan\alpha_n\right)} \qquad (8.4\text{-}23)$$

式中，$Y_f = \sqrt{Y_{Sa}/2.3}$。

（6）几何系数 Y_J

当锥齿轮的齿形尺寸、齿厚、齿宽与刀刃半径、压力角、螺旋角等参数相符合时，几何系数 Y_J 按图 8.4-31~图 8.4-39 查取。

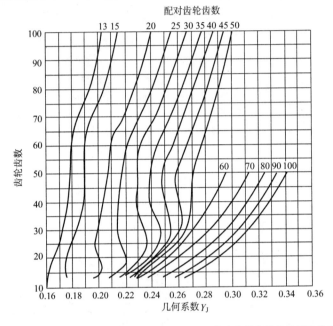

图 8.4-31　$\Sigma = 90°$、$\alpha_n = 20°$、刀刃半径 $0.12m_{et}$ 的直齿锥齿轮的几何系数 Y_J

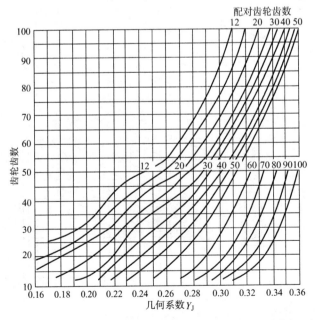

图 8.4-32　$\Sigma = 90°$、$\alpha_n = 20°$、$\beta_m = 35°$、刀刃半径 $0.12m_{et}$ 的弧齿锥齿轮的几何系数 Y_J

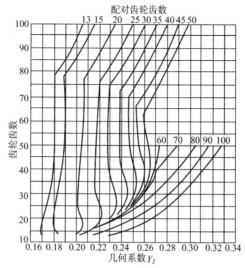

图 8.4-33　$\Sigma = 90°$、$\alpha_n = 20°$、刀刃半径 $0.12m_{et}$ 的大模数零度齿锥齿轮的几何系数 Y_J

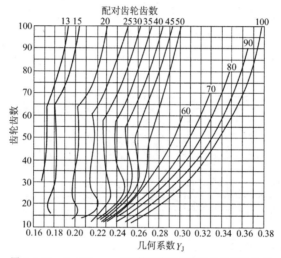

图 8.4-34　$\Sigma = 90°$、$\alpha_n = 20°$ 鼓形直齿锥齿轮的几何系数 Y_J

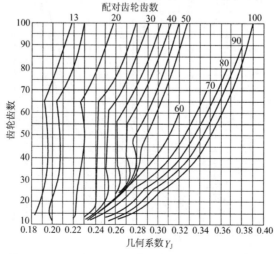

图 8.4-35　$\Sigma = 90°$、$\alpha_n = 25°$ 鼓形直齿锥齿轮的几何系数 Y_J

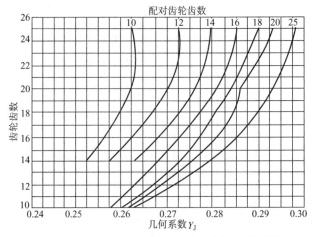

图 8.4-36　$\Sigma = 90°$、$\alpha_n = 22.5°$ 鼓形直齿锥齿轮的几何系数 Y_J

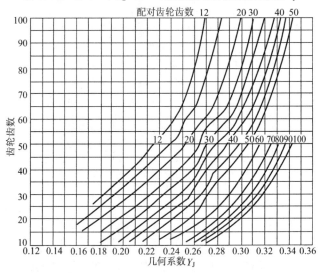

图 8.4-37　$\Sigma = 90°$、$\alpha_n = 20°$、$\beta_m = 35°$ 弧齿锥齿轮的几何系数 Y_J

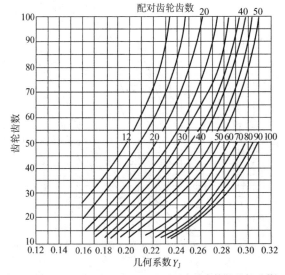

图 8.4-38　$\Sigma = 90°$、$\alpha_n = 20°$、$\beta_m = 15°$ 弧齿锥齿轮的几何系数 Y_J

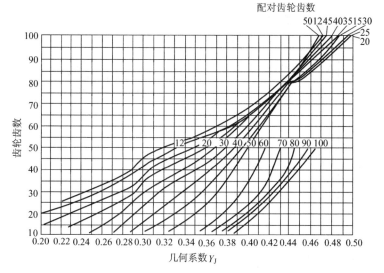

图 8.4-39　$\Sigma = 90°$、$\alpha_n = 25°$、$\beta_m = 35°$ 弧齿锥齿轮的几何系数 Y_J

3.3.3.5　齿根弯曲疲劳强度计算的强度基本值 σ_{FE}

　　　　　和系数

　　（1）齿轮材料的弯曲疲劳强度基本值 σ_{FE}

σ_{FE} 见本篇第 2 章 4.5.23 节及图 8.2-32。

　　（2）寿命系数 Y_{NT}

Y_{NT} 见本篇第 2 章 4.5.24 节及图 8.2-33。

　　（3）相对齿根圆角敏感系数 $Y_{\delta relT}$

$Y_{\delta relT}$ 见本篇第 2 章 4.5.26 节及图 8.2-35。

　　（4）相对齿根表面状况系数 Y_{RrelT}

Y_{RrelT} 见本篇第 2 章 4.5.27 节、图 8.2-36、表 8.2-80、表 8.2-81。

　　（5）尺寸系数 Y_X

Y_X 按中点法面模数 m_{mn} 查本篇第 2 章表 8.2-77 或图 8.2-34。

　　（6）齿根弯曲疲劳强度的最小安全系数 S_{Fmin}

S_{Fmin} 见本篇第 2 章 4.5.16 节及表 8.2-71。

3.3.4　开式锥齿轮传动的强度计算

　　开式锥齿轮传动只进行齿根弯曲疲劳强度计算。计算出的 σ_F 乘以磨损系数 K_m 后做校核。磨损系数 K_m 见本篇第 2 章 4.9 节及表 8.2-90。

3.4　锥齿轮传动设计示例

　　例 8.4-1　设计某机床主传动用 6 级直齿锥齿轮传动。已知：小轮传动的转矩 $T_1 = 140\text{N} \cdot \text{m}$，小轮转速 $n_1 = 960\text{r/min}$；大轮转速 $n_2 = 325\text{r/min}$。两轮轴线相交成 90°，小轮悬臂支承，大轮两端支承。大、小轮均采用 20Cr 渗碳、淬火，齿面硬度 58～63HRC。齿面粗糙度 $Rz_1 = Rz_2 = 3.2\mu\text{m}$。采用 100 号中极压齿轮润滑油，齿轮长期工作。

解：

计　算　项　目	计　算　和　说　明
1. 初步设计	
设计公式	$d'_{e1} \geq 1951 \sqrt[3]{\dfrac{KT_1}{u\sigma'^2_{HP}}}$ （查表 8.4-26，闭式直齿锥齿轮）
载荷系数	$K = 1.5$
齿数比	$u = i = \dfrac{n_1}{n_2} = \dfrac{960}{325} = 2.954$
估算时的齿轮许用接触应力	$\sigma'_{HP} = \dfrac{\sigma_{Hlim}}{S'_H} = \dfrac{1300}{1.1}\text{MPa} = 1182\text{MPa}$
	式中，试验齿轮的接触疲劳强度极限 $\sigma_{Hlim} = 1300\text{MPa}$（查图 8.2-15h），估算时的安全系数 $S'_H = 1.1$
估算结果	$d'_{e1} \geq 1951 \sqrt[3]{\dfrac{1.5 \times 140}{2.954 \times 1182^2}}\text{mm} = 72.296\text{mm}$
2. 几何计算	
齿数	取 $z_1 = 21$，$z_2 = uz_1 = 2.954 \times 21 = 62$，实际齿数比 $u = \dfrac{z_2}{z_1} = 62/21 = 2.9524$
分锥角	$\delta_1 = \arctan \dfrac{z_1}{z_2} = \arctan \dfrac{21}{62} = 18.71174° = 18°42'42''$

（续）

计 算 项 目	计 算 和 说 明
	$\delta_2 = \arctan\dfrac{z_1}{z_2} = \arctan\dfrac{62}{21} = 71.28826° = 71°17'18''$
大端模数	$m_{et} = \dfrac{d'_{e1}}{z_1} = \dfrac{72.296}{21}$mm $= 3.44$mm，取 $m_{et} = 3.5$mm（查表 8.4-3）
大端分度圆直径	$d_{e1} = z_1 m_{et} = 21 \times 3.5$mm $= 73.5$mm
	$d_{e2} = z_2 m_{et} = 62 \times 3.5$mm $= 217$mm
外锥距	$R_e = \dfrac{d_{e1}}{2\sin\delta_1} = 114.555$mm
齿宽系数	取 $\phi_R = 0.3$
齿宽	$b = \phi_R R_e = 0.3 \times 114.555$mm $= 34.366$mm，取 $b = 34$mm
	实际齿宽系数 $\phi_R = \dfrac{b}{R_e} = \dfrac{34}{114.555} = 0.2968$
中点模数	$m_m = m_{et}(1 - 0.5\phi_R) = 2.9806$mm
中点分度圆直径	$d_{m1} = d_{e1}(1 - 0.5\phi_R) = 62.593$mm
	$d_{m2} = d_{e2}(1 - 0.5\phi_R) = 184.797$mm
切向变位系数	$x_{t1} = 0 \quad x_{t2} = 0$
高变位系数	$x_1 = 0 \quad x_2 = 0$
顶隙	$c = c^* m_{et} = 0.2 \times 3.5$mm $= 0.875$mm（GB/T 12369—1990 齿制 $c^* = 0.2$）
大端齿顶高	$h_{a1} = (1 + x_1)m_{et} = (1 + 0) \times 3.5$mm $= 3.5$mm，$h_{a2} = 3.5$mm
大端齿根高	$h_{f1} = (1 + c^* - x_1)m_{et} = (1 + 0.2 - 0) \times 3.5$mm $= 4.2$mm
	$h_{f2} = (1 + c^* - x_2)m_{et} = (1 + 0.2 - 0) \times 3.5$mm $= 4.2$mm
全齿高	$h = (2 + c^*)m_{et} = (2 + 0.2) \times 3.5$mm $= 7.7$mm
齿根角	$\theta_{f1} = \arctan\dfrac{h_{f1}}{R_e} = \arctan\dfrac{4.2}{114.555} = 2.09973° = 2°05'59''$
	$\theta_{f2} = \arctan\dfrac{h_{f2}}{R_e} = 2°05'59''$
齿顶角	$\theta_{a1} = \theta_{f2} = 2°05'59''$，$\theta_{a2} = \theta_{f1} = 2°05'59''$（采用等顶隙收缩齿）
顶锥角	$\delta_{a1} = \delta_1 + \theta_{a1} = 18°42'42'' + 2°05'59'' = 20°48'41''$
	$\delta_{a2} = \delta_2 + \theta_{a2} = 71°17'18'' + 2°05'59'' = 73°23'17''$
根锥角	$\delta_{f1} = \delta_1 - \theta_{f1} = 18°42'42'' - 2°05'59'' = 16°36'43''$
	$\delta_{f2} = \delta_2 - \theta_{f2} = 71°17'18'' - 2°05'59'' = 69°11'19''$
大端齿顶圆直径	$d_{ae1} = d_{e1} + 2h_{a1}\cos\delta_1 = (73.5 + 2 \times 3.5\cos18°7117°)$mm $= 80.130$mm
	$d_{ae2} = d_{e2} + 2h_{a2}\cos\delta_2 = (217 + 2 \times 3.5\cos71.2883°)$mm $= 219.246$mm
安装距	$A_1 = 120.179$mm $\quad A_2 = 105$mm
冠顶距	$A_{k1} = \dfrac{d_{e2}}{2} - h_{a1}\sin\delta_1 = \left(\dfrac{217}{2} - 3.5\sin18.7117°\right)$mm $= 107.377$mm
	$A_{k2} = \dfrac{d_{e1}}{2} - h_{a2}\sin\delta_2 = \left(\dfrac{73.5}{2} - 3.5\sin71.2883°\right)$mm $= 33.435$mm
大端分度圆弧齿厚	$s_1 = m_{et}\left(\dfrac{\pi}{2} + 2x_1\tan\alpha + x_{t1}\right) = \left[3.5 \times \left(\dfrac{\pi}{2} - 2 \times 0 \times \tan20° + 0\right)\right]$mm $= 5.4978$mm（标准压力角 $\alpha = 20°$）
	$s_2 = \pi m_{et} - s_1 = 5.4978$mm
大端分度圆弦齿厚	$\bar{s}_1 = s_1\left(1 - \dfrac{s_1^2}{6d_{e1}^2}\right) = \left[5.4978 \times \left(1 - \dfrac{5.4978^2}{6 \times 73.5^2}\right)\right]$mm $= 5.4927$mm
	$\bar{s}_2 = s_2\left(1 - \dfrac{s_2^2}{6d_{e2}^2}\right) = \left[5.4978 \times \left(1 - \dfrac{5.4978^2}{6 \times 217^2}\right)\right]$mm $= 5.4972$mm
大端分度圆弦齿高	$\bar{h}_1 = h_{a1} + \dfrac{s_1^2\cos\delta_1}{4d_{e1}} = \left[3.5 + \dfrac{5.4927^2\cos18.7117°}{4 \times 73.5}\right]$mm $= 3.5972$mm
	$\bar{h}_2 = h_{a2} + \dfrac{s_2^2\cos\delta_2}{4d_{e2}} = \left[3.5 + \dfrac{5.4978^2\cos71.28826°}{4 \times 217}\right]$mm $= 3.5112$mm
当量齿数	$z_{v1} = \dfrac{z_1}{\cos\delta_1} = \dfrac{21}{\cos18.7117°} = 22.172$，$z_{v2} = \dfrac{z_2}{\cos\delta_2} = \dfrac{62}{\cos71.2883°} = 193.263$

（续）

计　算　项　目	计　算　和　说　明
当量齿轮分度圆直径	$d_{v1} = d_{m1}\dfrac{\sqrt{u^2+1}}{u} = \left(62.593 \times \dfrac{\sqrt{2.9524^2+1}}{2.5924}\right)\text{mm} = 66.086\text{mm}$ $d_{v2} = u^2 d_{v1} = (2.5924^2 \times 62.593)\text{mm} = 576.042\text{mm}$
当量齿轮顶圆直径	$d_{va1} = d_{v1} + 2h_a = (66.086 + 2 \times 1 \times 2.9608)\text{mm} = 72.047\text{mm}$ $d_{va2} = d_{v2} + 2h_a = (576.042 + 2 \times 1 \times 2.9608)\text{mm} = 582.003\text{mm}$
当量齿轮根圆直径	$d_{vb1} = d_{v1}\cos\alpha = (66.086 \times \cos 20°)\text{mm} = 62.100\text{mm}$ $d_{vb2} = d_{v2}\cos\alpha = (576.042 \times \cos 20°)\text{mm} = 541.302\text{mm}$
当量齿轮传动中心距	$a_v = \dfrac{1}{2}(d_{v1}+d_{v2}) = \left[\dfrac{1}{2} \times (66.086 + 576.042)\right]\text{mm} = 321.064\text{mm}$
当量齿轮基圆齿距	$p_{vb} = \pi m_m\cos\alpha = (3.14 \times 2.9608 \times \cos 20°)\text{mm} = 8.7991\text{mm}$
啮合线长度	$g_{v\alpha} = \dfrac{1}{2}\left(\sqrt{d_{va1}^2 - d_{vb1}^2} + \sqrt{d_{va2}^2 - d_{vb2}^2}\right) - a_v\sin\alpha_{vt}$ $= \left[\dfrac{1}{2}\left(\sqrt{72.047^2 - 62.1^2} + \sqrt{582.003^2 - 542.302^2}\right) - 321.064 \times \sin 20°\right]\text{mm} = 15.365\text{mm}$
端面重合度	$\varepsilon_{v\alpha} = \dfrac{g_{v\alpha}}{p_{vb}} = \dfrac{15.365}{8.799} = 1.746$
齿中部接触线长度	$l_{bm} = \dfrac{2b\sqrt{\varepsilon_{v\alpha}-1}}{\varepsilon_{v\alpha}} = \dfrac{2 \times 34 \times \sqrt{1.746-1}}{1.746}\text{mm} = 33.63\text{mm}$
齿中部接触线的投影长度	$l'_m = l_{bm} = 33.63\text{mm}$

3. 齿面接触疲劳强度校核

计算公式	由表 8.4-28 强度条件 $\sigma_H \leqslant \sigma_{HP}$ 齿面接触应力 $\sigma_H = Z_M Z_H Z_E Z_{LS} Z_\beta Z_K\sqrt{\dfrac{K_A K_v K_{H\beta} K_{H\alpha} F_t}{d_{m1} l_{bm}} \times \dfrac{\sqrt{u^2+1}}{u}}$ 许用接触应力 $\sigma_{HP} = \dfrac{\sigma_{Hlim} Z_{NT} Z_L Z_v Z_R Z_W Z_X}{S_{Hmin}}$
中点分度圆上的切向力	$F_t = \dfrac{2000T_1}{d_{m1}} = \dfrac{2000 \times 140}{62.593}\text{N} = 4473\text{N}$
使用系数	$K_A = 1.25$（表 8.2-41）
动载系数	由 6 级精度和中点节线速度 $v_m = \dfrac{\pi d_{m1}n_1}{60 \times 1000} = \dfrac{\pi \times 62.593 \times 960}{60 \times 1000} = 3.145\text{m/s}$，查图 8.4-28， $K_v = 1.045$
齿向载荷分布系数	由表 8.4-30 取 $K_{H\beta e} = 1.1$，有效工作齿宽 $b_e > 0.85b$，按式（8.4-1）， $K_{H\beta} = 1.5K_{H\beta e} = 1.5 \times 1.1 = 1.65$
端面载荷系数	$F_t/b_e \approx F_t/b = (4473/34)\text{N/mm} = 131.5\text{N/mm} > 100\text{N/mm}$，查表 8.4-32，$K_{H\alpha} = 1.0$
节点区域系数	查图 8.4-29，$Z_H = 2.5$
中点区域系数	由式（8.4-6）计算 $Z_M = \dfrac{\tan\alpha_{vt}}{\sqrt{\left[\sqrt{\left(\dfrac{d_{va1}}{d_{vb1}}\right)^2 - 1} - \dfrac{\pi F_1}{z_{v1}}\right] \times \left[\sqrt{\left(\dfrac{d_{va2}}{d_{vb2}}\right)^2 - 1} - \dfrac{\pi F_2}{z_{v2}}\right]}}$ $= \dfrac{\tan 20°}{\sqrt{\left[\sqrt{\left(\dfrac{72.047}{62.1}\right)^2 - 1} - \dfrac{\pi \times 2}{22.172}\right] \times \left[\sqrt{\left(\dfrac{582.003}{541.302}\right)^2 - 1} - \dfrac{\pi \times 1.492}{193.263}\right]}}$ $= 1.082$ 参数 F_1 和 F_2 按表 8.4-33 计算 $\qquad F_1 = 2;\ F_2 = 2(\varepsilon_{v\alpha}-1) = 2 \times (1.746-1) = 1.492$
弹性系数	$Z_E = 189.8\sqrt{\text{MPa}}$（见表 8.2-64）
螺旋角系数	直齿轮，$Z_\beta = 1$
锥齿轮系数	由式（8.4-8），$Z_K = 0.8$
载荷分配系数	由式（8.4-9），$Z_{LS} = 1$

（续）

计 算 项 目	计 算 和 说 明
计算接触应力	$\sigma_H = \left(\sqrt{\dfrac{1.25 \times 1.045 \times 1.65 \times 1.0 \times 4473}{62.593 \times 33.63} \times \dfrac{\sqrt{2.9524^2+1}}{2.9524}}\right.$ $\left. \times 1.083 \times 2.5 \times 189.8 \times 1 \times 1 \times 0.8\right)$ MPa = 904MPa
试验齿轮的接触疲劳极限	$\sigma_{Hlim} = 1300$MPa（见图 8.2-15h）
寿命系数	$Z_N = 1$，长期工作，取为无限寿命设计
润滑油影响系数	$Z_L Z_v Z_R = 0.92$（见表 8.4-34）
工作硬化系数	$Z_W = 1$
尺寸系数	$Z_X = 1$
最小安全系数	$S_{Hmin} = 1.1$
许用接触应力值	$\sigma_{HP} = \left(\dfrac{1300}{1.1} \times 1 \times 0.92 \times 1 \times 1\right)$ MPa = 1087.3MPa
齿面接触疲劳强度校核结果	$\sigma_H = 904$MPa $< \sigma_{HP} = 1087.3$MPa，通过
4. 齿根弯曲疲劳强度校核	
计算公式	由表 8.4-28，强度条件 $$\sigma_F \leqslant \sigma_{FP}$$ 齿面接触应力 $\sigma_F = \sigma_{F0} K_A K_v K_{F\beta} K_{F\alpha}$ 齿根弯曲应力基本值 $\sigma_{F0} = \dfrac{F_t}{bm_{mn}} Y_{Fa} Y_{Sa} Y_\varepsilon Y_K Y_{LS}$ 许用弯曲应力 $\sigma_{FP} = \dfrac{\sigma_{FE} Y_{NT} Y_{\delta relT} Y_{RrelT} Y_X}{S_{Fmin}}$
通用系数	$K_A = 1.25$；$K_v = 1.045$；$K_{F\beta} = K_{H\beta} = 1.65$；$K_{F\alpha} = K_{H\alpha} = 1.0$；$F_t = 4473$N。同前
复合齿形系数	$Y_{FS1} = Y_{Fa1} Y_{Sa1} = 4.72$，$Y_{FS2} = Y_{Fa2} Y_{Sa2} = 4.2$。按当量齿轮齿数 $z_{v1} = 22.172$、$z_{v2} = 193.263$（见图 8.4-25）
重合度系数	$Y_\varepsilon = 0.25 + 0.75/\varepsilon_{v\alpha} = 0.25 + 0.75/1.746 = 0.68$ [式（8.4-18）]
锥齿轮系数	按式（8.4-21）计算 $Y_K = \dfrac{1}{4}\left(1 + \dfrac{l'_{bm}}{b}\right)^2 \dfrac{b}{l'_{bm}} = \dfrac{1}{4}\left(1 + \dfrac{33.63}{34}\right)^2 \times \dfrac{34}{33.63} = 1$
载荷分配系数	$Y_{LS} = Z_{LS}^2 = 1$，式（8.4-22）
齿根弯曲应力计算值	$\sigma_{F1} = \left(\dfrac{1.25 \times 1.045 \times 1.65 \times 1.0 \times 4473}{34 \times 2.9806} \times 4.72 \times 0.68 \times 1 \times 1\right)$ MPa = 305.3MPa $\sigma_{F2} = \sigma_{F1}\dfrac{Y_{FS2}}{Y_{FS1}} = 305.3 \times \dfrac{4.2}{4.72} = 271.7$MPa
齿根弯曲疲劳强度基本值	$\sigma_{FE} = 630$MPa（见图 8.2-32h）
寿命系数	$Y_{NT} = 1$，长期工作，取为无限寿命设计
相对齿根圆角敏感系数	$Y_{\delta relT} = 1$
相对齿根表面状况系数	$Y_{RrelT} = 1$
尺寸系数	$Y_{X1} = Y_{X2} = 1$（见图 8.2-34）
最小安全系数	$S_{Fmin} = 1.4$
许用弯曲应力值	$\sigma_{FP1} = \sigma_{FP2} = \left(\dfrac{630}{1.4} \times 1 \times 1 \times 1 \times 1\right)$ MPa = 450MPa
齿根弯曲强度校核结果	$\sigma_{F1} = 305.3$MPa $< \sigma_{FP1} = 450$MPa $\sigma_{F2} = 271.7$MPa $< \sigma_{FP2} = 450$MPa，通过
5. 结构和工作图	小轮结构为齿轮轴，工作图见图 8.4-41；大齿轮为锻造孔板式，工作图略

例 8.4-2　设计某运输机用 6 级精度克林根贝尔格锥齿轮传动。已知：小齿轮传动的转矩 $T_1 = 750$N·m，转速 $n_1 = 960$r/min；大轮转速 $n_2 = 175$r/min。轴交角 90°，小轮悬臂支承，大轮跨支承。小轮用 20CrMnMo 经渗碳淬火，齿面硬度 56～62HRC。大轮用 42CrMo 调质，齿面硬度 270～330HBW。齿面表面粗糙度 $Rz_1 = Rz_2 = 3.2\mu m$。采用 100 号中极压齿轮润滑油，齿轮长期工作。

解：

计　算　项　目	计　算　和　说　明
1. 初步设计 　　设计公式	$d_{e1} \geqslant 1636 \sqrt[3]{\dfrac{KT_1}{u\sigma'^2_{HP}}}$ 闭式曲线锥齿轮，$\beta_m \approx 35°$（见表 8.4-26）
载荷系数	初取 $K = 1.7$
齿数比	$u = i = \dfrac{n_1}{n_2} = \dfrac{960}{175} = 5.486$
估算时的许用接触应力	$\sigma'_{HP} = \dfrac{\sigma_{Hlim}}{S'_H} = \dfrac{770}{1.1}$ MPa $= 700$ MPa 式中，试验齿轮的接触疲劳极限 $\sigma_{Hlim1} = 1300$ MPa，查图 8.2-15h；$\sigma_{Hlim2} = 770$ MPa，查图 8.2-15f；安全系数 $S'_H = 1.1$
计算结果	$d_{e1} \geqslant 1636 \sqrt[3]{\dfrac{1.7 \times 750}{5.486 \times 700^2}}$ mm $= 127.6$ mm，取 $d_{e1} = 130$ mm
2. 几何计算	下列参数见表 8.4-18 算例栏： 齿数 $z_1 = 9$，$z_2 = 49$ 实际齿数比 $u = 5.4444$ 齿宽 $b = 105$ mm 中点分度圆直径 $d_{m1} = 111.032$ mm，$d_{m2} = 604.505$ mm 分锥角 $\delta_1 = 10.40771°$，$\delta_2 = 79.59230°$ 中点法向模数 $m_{mn} = 10.5$ mm 中点螺旋角 $\beta_m = 31.6675° = 31°40'03''$
当量齿轮分度圆直径	$d_{v1} = d_{m1}\dfrac{\sqrt{u^2+1}}{u} = 111.032 \times \dfrac{\sqrt{5.4444^2+1}}{5.4444}$ mm $= 112.889$ mm $d_{v2} = u^2 d_{v1} = 5.4444^2 \times 112.889$ mm $= 3346.263$ mm
当量齿轮顶圆直径	$d_{va1} = d_{v1} + 2h_a = d_{v1} + 2h_a^* m_{nm} = (111.032 + 2 \times 1 \times 10.5)$ mm $= 132.032$ mm $d_{va2} = d_{v2} + 2h_a = (3346.2636 + 2 \times 1 \times 10.5)$ mm $= 3367.263$ mm
当量齿轮基圆直径	$d_{vb1} = d_{v1}\cos\alpha_{vt} = (112.889 \times \cos 23.1536°)$ mm $= 103.796$ mm $d_{vb2} = d_{v2}\cos\alpha_{vt} = (3346.263 \times \cos 23.1536°)$ mm $= 3076.735$ mm 当量齿轮端面压力角 $\alpha_{vt} = \arctan\dfrac{\tan\alpha_n}{\cos\beta_m} = \arctan\dfrac{\tan 20°}{\cos 31.6675°} = 23.1536°$
当量齿轮传动中心距	$a_v = \dfrac{1}{2}(d_{v1} + d_{v2}) = \dfrac{1}{2} \times (112.889 + 3346.263)$ mm $= 1729.576$ mm
当量齿轮基圆螺旋角	$\beta_{vb} = \arcsin(\sin\beta_m \cos\alpha_n) = \arcsin(\sin 31.6675° \times \cos 20°) = 29.5596°$
当量圆柱齿轮齿数	$z_{v1} = \dfrac{z_1}{\cos\delta_1} = \dfrac{9}{\cos 10.40771°} = 9.15$，$z_{v2} = \dfrac{z_2}{\cos\delta_1} = \dfrac{49}{\cos 79.59230°} = 271.2$
当量法面圆柱齿轮齿数	$z_{vn1} = \dfrac{z_1}{\cos^2\beta_{vb}\cos\beta_m\cos\delta_1} = \dfrac{9}{\cos^2 29.5596° \cos 31.6675° \cos 10.40771°} = 14.2$ $z_{vn2} = \dfrac{z_2}{\cos^2\beta_{vb}\cos\beta_m\cos\delta_2} = \dfrac{49}{\cos^2 29.5596° \cos 31.6675° \cos 79.59230°} = 421.2$
当量齿轮基圆端面齿距	$p_{vb} = \pi m_m \cos\alpha_{vt} = (\pi \times 10.5 \times \cos 23.1536°)$ mm $= 30.330$ mm
啮合线长度	$g_{v\alpha} = \dfrac{1}{2}(\sqrt{d^2_{va1} - d^2_{vb1}} + \sqrt{d^2_{va2} - d^2_{vb2}}) - a_v\sin\alpha_{vt}$ $= \left[\dfrac{1}{2}(\sqrt{132.032^2 - 103.796^2} + \sqrt{3367.263^2 - 3076.735^2}) - 1729.576 \times \sin 23.1536°\right]$ mm $= 44.72$ mm
端面重合度	$\varepsilon_{v\alpha} = \dfrac{g_{v\alpha}}{p_{vb}} = \dfrac{44.72}{30.33} = 1.474$

（续）

计 算 项 目	计 算 和 说 明
纵向重合度	$\varepsilon_{v\beta} = \dfrac{b\sin\beta_m}{\pi m_{mn}} = \dfrac{105\times\sin 31.6675°}{\pi\times 10.5} = 1.671$
总重合度	$\varepsilon_{v\gamma} = \sqrt{\varepsilon_{v\alpha}^2 + \varepsilon_{v\beta}^2} = \sqrt{1.474^2 + 1.671^2} = 2.228$
齿中部接触线长度	由 $\varepsilon_{v\beta} = 2.228 \geqslant 1, l_{bm} = \dfrac{b\varepsilon_{v\alpha}}{\varepsilon_{v\gamma}\cos\beta_{vb}} = \dfrac{105\times 1.474}{2.228\times\cos 29.5596°}$ mm $= 79.86$mm
齿中部接触线的投影长度	$l'_{bm} = l_{bm}\cos\beta_{vb} = (79.86\times\cos 29.5596°)$ mm $= 69.5$mm

3. 齿面接触疲劳强度校核

	由表 8.4-28 强度条件 $\sigma_H \leqslant \sigma_{HP}$
计算公式	齿面接触应力 $\sigma_H = Z_M Z_H Z_E Z_{LS} Z_\beta Z_K \sqrt{\dfrac{K_A K_v K_{H\beta} K_{H\alpha} F_t}{d_{m1} l_{bm}}}\times\dfrac{\sqrt{u^2+1}}{u}$ 许用接触应力 $\sigma_{HP} = \dfrac{\sigma_{Hlim} Z_{NT} Z_L Z_v Z_R Z_W Z_X}{S_{Hmin}}$
中点分度圆切向力	$F_t = \dfrac{2000 T_1}{d_{m1}} = \dfrac{2000\times 750}{111.032}$ N $= 13510$N
使用系数	$K_A = 1.25$, 表 8.2-41
动载系数	由 6 级精度和中点节线速度 $v_m = \dfrac{\pi d_{m1} n_1}{60\times 1000} = \dfrac{\pi\times 111.032\times 960}{60\times 1000}$ m/s $= 5.58$m/s, 查图 8.4-28 $K_v = 1.08$
齿向载荷分布系数	由表 8.4-30 取 $K_{H\beta e} = 1.1$, 有效工作齿宽 $b_e > 0.85b$, 按式 (8.4-1) $H_{H\beta} = 1.5 K_{H\beta e} = 1.5\times 1.1 = 1.65$
端面载荷系数	$\dfrac{F_t}{b_e} \approx \dfrac{F_t}{b} = (13510/105)$ N/mm $= 128.7$N/mm > 100N/mm, 由表 8.4-32, $K_{H\alpha} = 1.0$
节点区域系数	由式 (8.4-5), $Z_H = 2\sqrt{\cos\beta_{vb}/\sin(2\alpha_{vt})} = 2\sqrt{\cos 29.5596°/\sin(2\times 23.1536°)} = 2.194$
中点区域系数	由式 (8.4-6) 计算: $Z_M = \dfrac{\tan\alpha_{vt}}{\sqrt{\left[\sqrt{\left(\dfrac{d_{va1}}{d_{vb1}}\right)^2 - 1} - \dfrac{\pi F_1}{z_{v1}}\right]\left[\sqrt{\left(\dfrac{d_{va2}}{d_{vb2}}\right)^2 - 1} - \dfrac{\pi F_2}{z_{v2}}\right]}}$ $= \dfrac{\tan 23.1536°}{\sqrt{\left[\sqrt{\left(\dfrac{132.032}{103.796}\right)^2 - 1} - \dfrac{\pi\times 1.474}{9.15}\right]\left[\sqrt{\left(\dfrac{3367.263}{3076.735}\right)^2 - 1} - \dfrac{\pi\times 1.474}{271.2}\right]}}$ $= 1.236$ 参数 F_1 和 F_2 按表 8.4-33 计算: $F_1 = F_2 = \varepsilon_{v\alpha} = 1.474$
弹性系数	$Z_E = 189.8\sqrt{MPa}$ (见表 8.2-64)
螺旋角系数	由式 (8.4-7) 计算: $Z_\beta = \sqrt{\cos\beta_m} = \sqrt{\cos 31.6675°} = 0.922$
锥齿轮系数	由式 (8.4-8), $Z_K = 0.8$
载荷分配系数	由式 (8.4-10) 计算 $Z_{LS} = \left\{1 + 2\left[1 - \left(\dfrac{2}{\varepsilon_{v\gamma}}\right)^{1.5}\right]\sqrt{1 - \dfrac{4}{\varepsilon_{v\gamma}^2}}\right\}^{-0.5}$ $= \left\{1 + 2\left[1 - \left(\dfrac{2}{2.228}\right)^{1.5}\right]\sqrt{1 - \dfrac{4}{2.228^2}}\right\}^{-0.5} = 0.94$
计算接触应力	$\sigma_H = \sqrt{\dfrac{1.25\times 1.08\times 1.65\times 1.0\times 13510}{111.032\times 79.86}\times\dfrac{\sqrt{5.444^2+1}}{5.444}}$ $\times 1.236\times 2.194\times 189.8\times 0.94\times 0.922\times 0.8$ MPa $= 662$MPa
许用接触应力	$\sigma_{HP} = \dfrac{\sigma_{Hlim}}{S_{Hmin}} Z_{NT} Z_L Z_v Z_R Z_X Z_W$
试验齿轮的接触疲劳极限	$\sigma_{Hlim1} = 1300$MPa, $\sigma_{Hlim2} = 770$MPa

（续）

计　算　项　目	计　算　和　说　明
寿命系数	$Z_{NT1} = Z_{NT2} = 1$，长期工作，取为无限寿命设计
润滑油膜影响系数	按中点节线速度 $V_m = 5.58\text{m/s}$，$\sigma_{Hlim1} = 1300\text{MPa}$、$\sigma_{Hlim2} = 770\text{MPa}$，润滑油黏度（40℃）$\nu = 90 \sim 100\text{mm}^2/\text{s}$，查图 8.2-19～图 8.2-21，$Z_{L1} = 0.96$，$Z_{L2} = 0.94$，$Z_{v1} = 0.96$，$Z_{v2} = 0.98$，$Z_{R1} = Z_{R2} = 1.0$
工作硬化系数	$Z_{W1} = 1$，$Z_{W2} = 1.12$（见图 8.2-22）
尺寸系数	$Z_{X1} = 0.95$，$Z_{X2} = 1$（见图 8.2-23）
最小安全系数	$S_{Hmin} = 1.1$
许用接触应力值	$\sigma_{HP1} = \dfrac{1300}{1.1} \times 1 \times 0.96 \times 0.96 \times 1 \times 1 \times 0.95\text{MPa} = 1035\text{MPa}$ $\sigma_{HP2} = \dfrac{770}{1.1} \times 1 \times 0.94 \times 0.98 \times 1 \times 1.12 \times 1\text{MPa} = 722\text{MPa}$ $\sigma_{HP} = \min(\sigma_{Hlim1}, \sigma_{Hlim2}) = \min(1035\text{MPa}, 722\text{MPa}) = 722\text{MPa}$
齿面接触强度校核结果	$\sigma_H = 662\text{N/mm}^2 < \sigma_{HP} = 722\text{MPa}$，通过
4. 齿根弯曲疲劳强度校核	
计算公式	由表 8.4-28 有 强度条件 $\sigma_F \leqslant \sigma_{FP}$ 齿面接触力 $\sigma_F = \sigma_{F0} K_A K_v K_{F\beta} K_{F\alpha}$ 齿根弯曲应力基本值 $\sigma_{F0} = \dfrac{F_t}{bm_{nm}} Y_{Fa} Y_{Sa} Y_\varepsilon Y_K Y_{LS}$ 许用弯曲应力 $\sigma_{FP} = \dfrac{\sigma_{FE} Y_{NT} Y_{\delta relT} Y_{RrelT} Y_x}{S_{Fmin}}$
通用系数	$K_A = 1.25$，$K_v = 1.08$，$K_{F\beta} = K_{HP} = 1.65$，$K_{F\alpha} = K_{H\alpha} = 1.0$，$F_t = 13510\text{N}$
复合齿形系数	按当量齿轮齿数 $z_{vn1} = 14.2$、$z_{vn2} = 421.1$，查图 8.4-25 $Y_{FS1} = Y_{Fa1} Y_{Sa1} = 3.9$，$Y_{FS2} = Y_{Fa2} Y_{Sa2} = 4.08$
重合度系数	按式（8.4-20），$Y_\varepsilon = 0.625$
锥齿轮系数	按式（8.4-21）计算 $Y_K = \dfrac{1}{4}\left(1 + \dfrac{l'_{bm}}{b}\right)^2 \dfrac{b}{l'_{bm}} = \dfrac{1}{4}\left(1 + \dfrac{69.5}{105}\right)^2 \times \dfrac{105}{69.5} = 1.043$
载荷分配系数	由式（8.4-22）计算，$Y_{LS} = Z_{LS}^2 = 0.94^2 = 0.884$
齿根弯曲应力计算值	$\sigma_{F1} = \dfrac{1.25 \times 1.08 \times 1.65 \times 1.0 \times 13510}{105 \times 10.5} \times 3.9 \times 0.625 \times 0.884 \times 1.043\text{MPa} = 61.3\text{MPa}$ $\sigma_{F2} = \sigma_{F1} \dfrac{Y_{FS2}}{Y_{FS1}} = 61.3 \times \dfrac{4.08}{3.9}\text{MPa} = 64.2\text{MPa}$
齿根弯曲疲劳强度基本值	$\sigma_{FE1} = 620\text{MPa}$，图 8.2-32h；$\sigma_{FE2} = 450\text{MPa}$，图 8.2-32f
寿命系数	$Y_{NT} = 1$，长期工作，取为无限寿命设计
相对齿根圆角敏感系数	$Y_{\delta relT} = 1$，（见图 8.2-35）
相对齿根表面状况系数	$Y_{RrelT} = 1$（见图 8.2-36）
尺寸系数	$Y_{X1} = 0.95$，$Y_{X2} = 0.96$（见图 8.2-34）
最小安全系数	$S_{Fmin} = 1.4$
许用弯曲应力值	$\sigma_{FP1} = \dfrac{620}{1.4} \times 1 \times 1 \times 1 \times 0.95\text{MPa} = 420\text{MPa}$ $\sigma_{FP1} = \dfrac{450}{1.4} \times 1 \times 1 \times 1 \times 0.96\text{MPa} = 308.6\text{MPa}$
齿根弯曲强度校核结果	$\sigma_{F1} = 61.3\text{MPa} < \sigma_{FP1} = 420\text{MPa}$； $\sigma_{F2} = 64.2\text{MPa} < \sigma_{FP2} = 308.6\text{MPa}$，通过
5. 结构和工作图	小轮结构为齿轮轴，工作图略；大齿轮为锻造孔板式，工作图见图 8.4-43

4 锥齿轮的结构（见表8.4-35）

表8.4-35 锥齿轮的结构

图 形	结构尺寸和说明
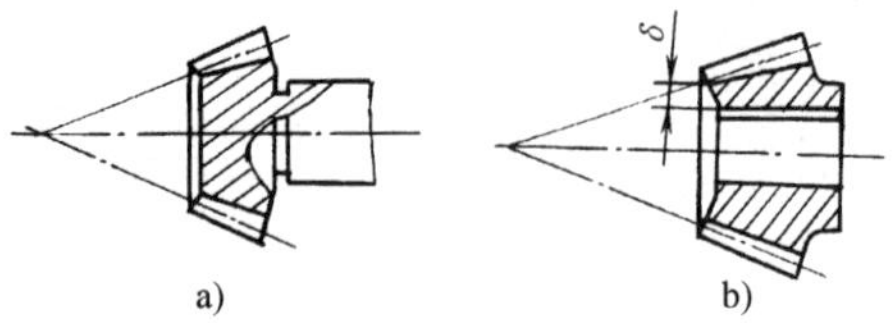 a) b)	当小端齿根圆与键槽顶部的距离 $\delta<1.6m_{et}$（图b）时，齿轮与轴作成整体（图a）
$d_{ae}\leqslant 500$mm 铸造锥齿轮 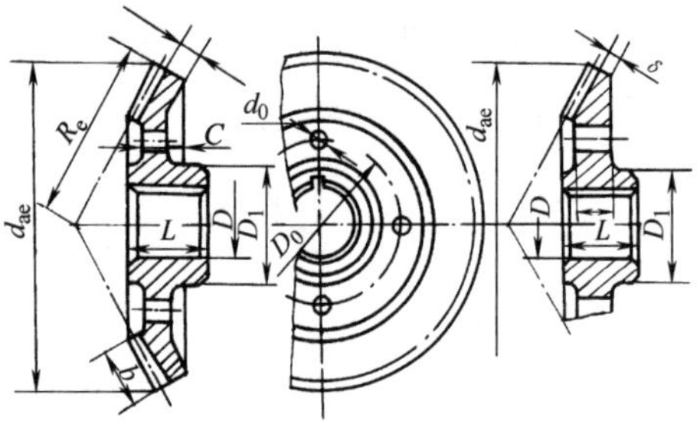 模锻 自由锻	$D_1=1.6D$ $L=(1\sim1.2)D$ $\delta=(3\sim4)m_{et}$，但不小于10 mm $C=(0.1\sim0.17)R_e$ D_0、d_0 按结构确定
$d_{ae}>300$mm 锻造自由锻锥齿轮 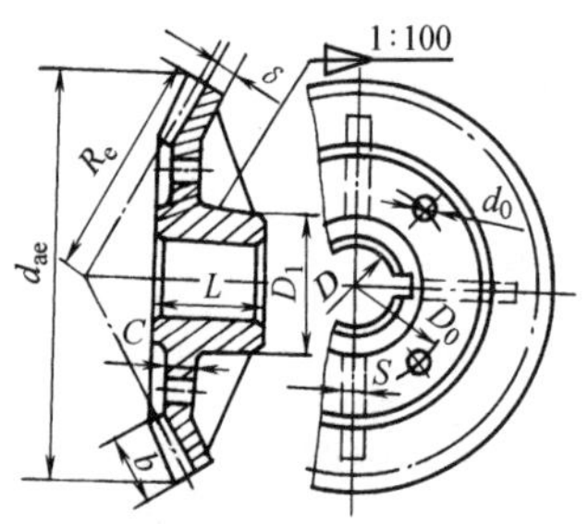 	$D_1=1.6D$（铸钢） $D_1=1.8D$（铸铁） $L=(1\sim1.2)D$ $\delta=(3\sim4)m_{et}$，但不得小于10mm $C=(0.1\sim0.17)R_e$，但不小于10mm $S=0.8C$，但不小于10mm D_0、d_0 按结构确定
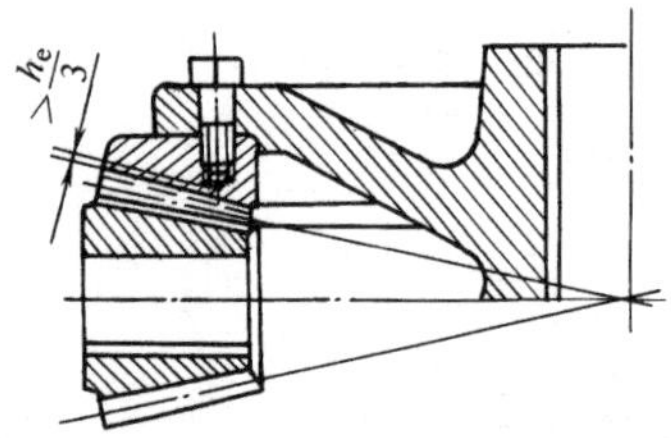 	常用于轴向力指向大端的场合 螺孔底部与齿根间最小厚度不小于$\frac{h_e}{3}$（h_e 为大端齿高） 为防止螺钉松动，可用销钉锁紧
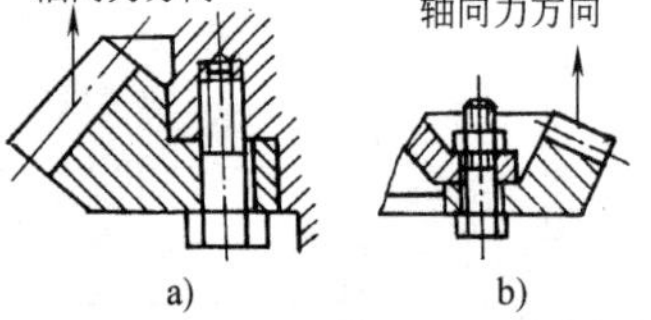 a) b)	当轴向力指向锥顶时，为使螺钉不承受拉力，应按图示方向连接。图a常用于双支承结构；图b用于悬臂支承结构

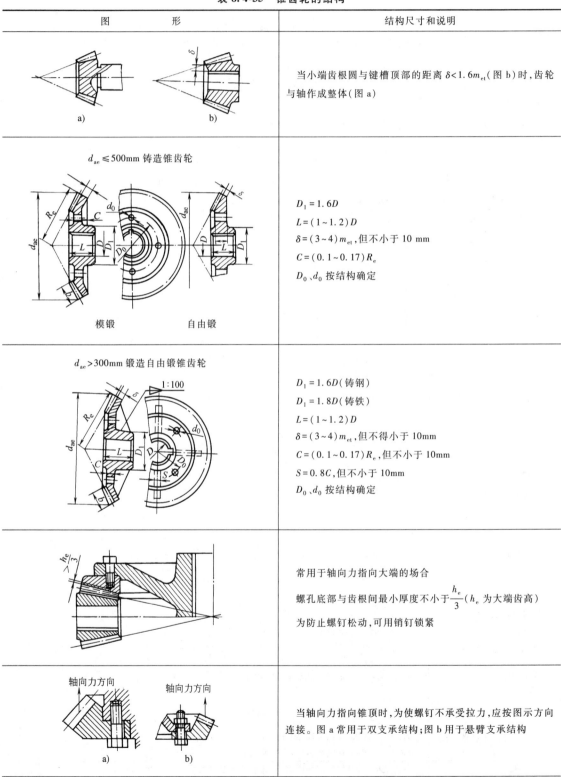

（续）

图　　　形	结构尺寸和说明
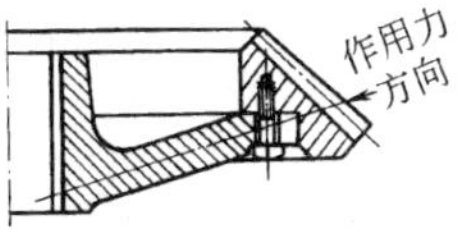	常用于分锥角近于 45°的场合 轴向与径向力的合力方向和辐板方向一致,以减小变形
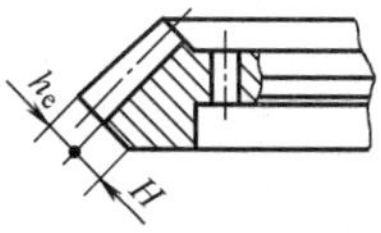	轴向力指向大端 螺栓连接 $H = (3～4) m_{et} > h_e$

5　锥齿轮的精度（摘自 GB/T 11365—1989）

本节采用的锥齿轮精度来自 GB/T 11365—1989，适用于中点法向模数 $m_{mn} > 1mm$ 的直齿、斜齿和曲线齿及准双曲面齿轮（以下简称锥齿轮或齿轮）。

5.1　术语和定义（见表 8.4-36）

表 8.4-36　锥齿轮、齿轮副误差与侧隙的术语和定义

术　　语	定　　义	术　　语	定　　义
切向综合误差 $\Delta F_i'$ 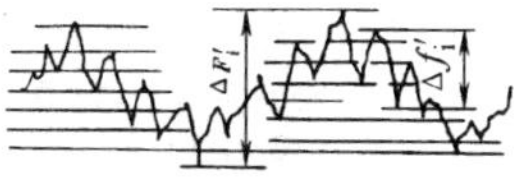 切向综合公差 F_i'	被测齿轮与理想精确的测量齿轮按规定的安装位置单面啮合时,被测齿轮一转内,实际转角与理论转角之差的总幅度值。以齿宽中点分度圆弧长计	一齿轴交角综合误差 $\Delta f_{i\Sigma}''$ 一齿轴交角综合公差 $f_{i\Sigma}''$	被测齿轮与理想精确的测量齿轮在分锥顶点重合的条件下双面啮合时,被测齿轮一齿距角内,齿轮副轴交角的最大变动量。以齿宽中点处线值计
一齿切向综合误差 $\Delta f_i'$ 一齿切向综合公差 f_i'	被测齿轮与理想精确的测量齿轮按规定的安装位置单面啮合时,被测齿轮一齿距角内,实际转角与理论转角之差的最大幅度值。以齿宽中点分度圆弧长计	周期误差 $\Delta f_{zk}'$ 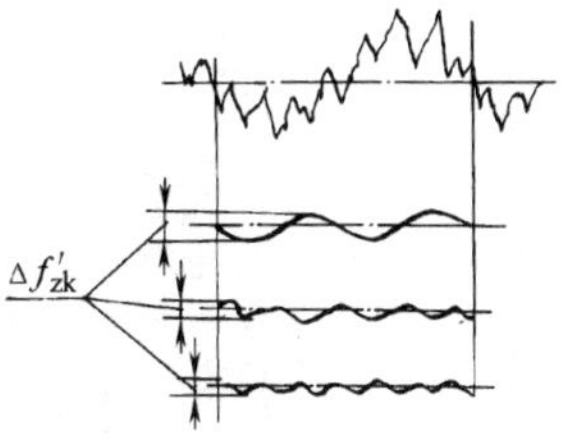 周期误差的公差 f_{zk}'	被测齿轮与理想精确的测量齿轮按规定的安装位置单面啮合时,被测齿轮一转内,二次(包括二次)以上各次谐波的总幅度值
轴交角综合误差 $\Delta F_{i\Sigma}''$ 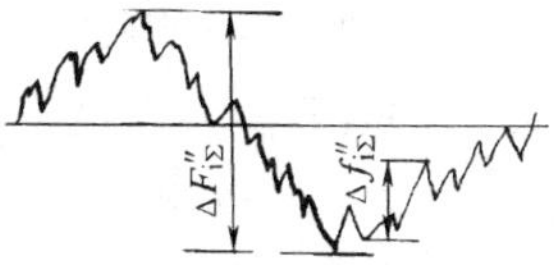 轴交角综合公差 $F_{i\Sigma}''$	被测齿轮与理想精确的测量齿轮在分锥顶点重合的条件下双面啮合时,被测齿轮一转内,齿轮副轴交角的最大变动量。以齿宽中点处线值计	齿距累积误差 ΔF_p 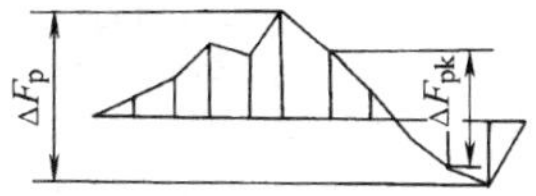 齿距累积公差 F_p	在中点分度圆[①]上,任意两个同侧齿面间的实际弧长与公称弧长之差的最大绝对值

（续）

术　语	定　义	术　语	定　义
k 个齿距累积误差 ΔF_{pk} k 个齿距累积公差 F_{pk}	在中点分度圆①上，k 个齿距的实际弧长与公称弧长之差的最大绝对值。k 为 2 到小于 $z/2$ 的整数	齿轮副一齿切向综合误差 $\Delta f'_{ic}$ 齿轮副一齿切向综合公差 f'_{ic}	齿轮副按规定的安装位置单面啮合时，在一齿距角内，一个齿轮相对于另一个齿轮的实际转角与理论转角之差的最大值。在整周期②内取值，以齿宽中点分度圆弧长计
齿圈跳动 ΔF_r 齿圈跳动公差 F_r	齿轮在一转范围内，测头在齿槽内与齿面中部双面接触时，沿分锥法向相对齿轮轴线的最大变动量	齿轮副轴交角综合误差 $\Delta F''_{i\Sigma c}$ 齿轮副轴交角综合公差 $F''_{i\Sigma c}$	齿轮副在分锥顶点重合条件下双面啮合时，在转动的整周期内，轴交角的最大变动量。以齿宽中点处线值计
齿距偏差 Δf_{Pt} 实际齿距 公称齿距 齿距极限偏差 　上极限偏差 $+f_{Pt}$ 　下极限偏差 $-f_{Pt}$	在中点分度圆①上，实际齿距与公称齿距之差	齿轮副一齿轴交角综合误差 $\Delta f''_{i\Sigma c}$ 齿轮副一齿轴交角综合公差 $f''_{i\Sigma c}$	齿轮副在分锥顶点重合条件下双面啮合时，在一齿距角内，轴交角的最大变动量。在整周期内取值，以齿宽中点处线值计
齿形相对误差 Δf_c 齿形相对误差的公差 f_c	齿轮绕工艺轴线旋转时，各轮齿实际齿面相对于基准实际齿面传递运动的转角之差。以齿宽中点处线值计	齿轮副周期误差 $\Delta f'_{zkc}$ 齿轮副周期误差的公差 f'_{zkc}	齿轮副按规定的安装位置单面啮合时，在大轮一转范围内，二次（包括二次）以上各次谐波的总幅度值
		齿轮副齿频周期误差 $\Delta f'_{zzc}$ 齿轮副齿频周期误差的公差 f'_{zzc}	齿轮副按规定的安装位置单面啮合时，以齿数为频率的谐波的总幅度值
齿厚偏差 $\Delta E_{\bar{s}}$ 齿厚极限偏差 　上极限偏差 $E_{\bar{s}s}$ 　下极限偏差 $E_{\bar{s}i}$ 公差 $T_{\bar{s}}$	齿轮中点法向弦齿厚的实际值与公称值之差	接触斑点 	安装好的齿轮副（或被测齿轮与测量齿轮）在轻微力的制动下运转后，在齿轮工作齿面上得到的接触痕迹 　接触斑点包括形状、位置和大小三方面的要求 　接触痕迹的大小按百分率确定 　沿齿长方向，接触痕迹长度 b'' 与工作长度 b' 之比，即 $\dfrac{b''}{b}\times100\%$ 　沿齿高方向，接触痕迹高度 h'' 与接触痕迹中部的工作齿高 h' 之比，即 $\dfrac{h''}{h'}\times100\%$
齿轮副切向综合误差 $\Delta F'_{ic}$ 齿轮副切向综合公差 F'_{ic}	齿轮副按规定的安装位置单面啮合时，在转动的整周期②内，一个齿轮相对另一个齿轮的实际转角与理论转角之差的总幅度值。以齿宽中点分度圆弧长计		

（续）

术　语	定　义	术　语	定　义
齿轮副侧隙 j_t 圆周侧隙 j_t $\underset{放大}{A-A}$ 最小圆周侧隙 $j_{t\,min}$ 最大圆周侧隙 $j_{t\,max}$	齿轮副按规定的位置安装后,其中一个齿轮固定时,另一个齿轮从工作齿面接触到非工作齿面接触所转过的齿宽中点分度圆弧长	齿圈轴向位移 Δf_{AM} Δf_{AM1}　Δf_{AM2} 齿圈轴向位移极限偏差 　上极限偏差 $+f_{AM}$ 　下极限偏差 $-f_{AM}$	齿轮装配后,齿圈相对于滚动检查机上确定的最佳啮合位置的轴向位移量
法向侧隙 j_n $\underset{放大}{C}$ B $B-B$ j_n 最小法向侧隙 $j_{n\,min}$ 最大法向侧隙 $j_{n\,max}$	齿轮副按规定的位置安装后,工作齿面接触时,非工作齿面间的最短距离。以齿宽中点处计 $j_n = j_t\cos\beta\cos\alpha$	齿轮副轴间距偏差 Δf_a 设计轴线　设计轴线 Δf_a ΔE_Σ 实际轴线 齿轮副轴间距极限偏差 　上极限偏差 $+f_a$ 　下极限偏差 $-f_a$	齿轮副实际轴间距与公称轴间距之差
齿轮副侧隙变动量 ΔF_{vj} 齿轮副侧隙变动公差 F_{vj}	齿轮副按规定的位置安装后,在转动的整周期内,法向侧隙的最大值与最小值之差	齿轮副轴交角偏差 ΔE_Σ 齿轮副轴交角极限偏差 　上极限偏差 $+E_\Sigma$ 　下极限偏差 $-E_\Sigma$	齿轮副实际轴交角与公称轴交角之差。以齿宽中点处线值计

① 允许在齿面中部测量。

② 齿轮副转动整周期按下式计算：$n_2 = \dfrac{z_1}{\omega}$，其中 n_2 为大轮转数，z_1 为小轮齿数，ω 为大、小轮齿数的最大公约数。

5.2　精度等级

国家标准对齿轮和齿轮副规定了 12 个精度等级，第 1 级的精度最高，第 12 级的精度最低。

按照公差的特性对传动性能的不同影响，将公差项目分成三个公差组，见表 8.4-37。

根据使用要求，允许各公差组选用不同精度等级。但对齿轮副中大、小轮的同一公差组，应规定同一精度等级。

除 $F''_{i\Sigma}$、$F''_{i\Sigma c}$、$f''_{i\Sigma}$、$f''_{i\Sigma c}$、F_r 和 F_{vj} 外，允许工作齿

表 8.4-37 锥齿轮精度的公差组和检查项目

公 差 组	I	II	III
齿 轮	F_i'、$F_{i\Sigma}''$、F_p、F_{pk}、F_r	f_i'、$f_{i\Sigma}''$、f_{zk}、f_{Pt}、f_c	接触斑点
齿 轮 副	F_{ic}'、$F_{i\Sigma c}''$、F_{vj}	f_{ic}'、$f_{i\Sigma c}''$、f_{zkc}、f_{zzc}、f_{AM}	接触斑点 f_a

注：F_p 和 F_{pk} 查表 8.4-45；F_r 查表 8.4-46；f_{zk} 查表 8.4-47；f_{Pt} 查表 8.4-48；f_c 查表 8.4-49；$F_{i\Sigma c}''$ 查表 8.4-50；$f_{i\Sigma c}''$ 查表 8.4-52。

面和非工作齿面选用不同的精度等级。

5.3 锥齿轮的检验组和公差

根据齿轮的工作要求和生产规模，在以下各公差组中任选一个检验组评定和验收齿轮的精度等级。

5.3.1 锥齿轮的检验组（见表 8.4-38）

5.3.2 锥齿轮的公差

齿轮各检验项的公差数值按以下各式确定：

$$F_i' = F_P + 1.15f_c \qquad (8.4-24)$$
$$f_i' = 0.8\ (f_{Pt} + 1.15f_c) \qquad (8.4-25)$$
$$F_{i\Sigma}'' = 0.7F_{i\Sigma c}'' \qquad (8.4-26)$$
$$f_{i\Sigma}'' = 0.7f_{i\Sigma c}'' \qquad (8.4-27)$$

表 8.4-38 锥齿轮的检验组

公差组	检验组	适 用 于
I	$\Delta F_i'$	4~8 级精度
	$\Delta F_{i\Sigma}''$	7~12 级精度的直齿锥齿轮；9~12 级精度的斜齿、曲线齿锥齿轮
	ΔF_p	7~8 级精度
	ΔF_p 与 ΔF_{pk}	4~6 级精度
	ΔF_r	7~12 级精度，其中 7、8 级用于 $d_m > 1600mm$ 的锥齿轮
II	$\Delta f_i'$	4~8 级精度
	$\Delta f_{i\Sigma}''$	7~12 级精度的直齿锥齿轮；9~12 级精度的斜齿、曲线齿锥齿轮
	Δf_{zk}	4~8 级精度、轴向重合度 $\varepsilon_{v\beta}$ 大于表 8.4-39 中界限值的齿轮
	Δf_{Pt} 和 Δf_c	4~6 级精度
	Δf_{Pt}	4~12 级精度
III	接触斑点	4~12 级精度

表 8.4-39 纵向重合度 $\varepsilon_{v\beta}$ 的界限值

接触精度等级	4，5	6，7	8
纵向重合度 $\varepsilon_{v\beta}$ 的界限值	1.35	1.55	2.0

接触斑点的形状、位置和大小，由设计者根据齿轮的用途、载荷和轮齿刚度及齿线形状特点等条件自行规定。对齿面修形的齿轮，在大端、小端和齿顶边缘的齿面上不允许出现接触斑点。表 8.4-53 中所列出的接触斑点的大小与精度等级的关系仅供参考。

5.4 锥齿轮副的检验和公差

5.4.1 齿轮副的检验项目

齿轮副检验内容包括 I、II、III 公差组和侧隙。齿轮副安装在实际装置上后，应检验安装误差项 Δf_{AM}、Δf_a 和 ΔE_Σ，其极限偏差值见表 8.4-59~表 8.4-61。

5.4.2 齿轮副的检验组

根据齿轮副的工作要求和生产规模，在表 8-4-40 所列各公差组中，任选一个检验组评定和验收齿轮副的精度。

表 8.4-40　锥齿轮副的检验组

公差组	检验组	适　用　于
I	$\Delta F'_{ic}$	4~8 级精度
	$\Delta F''_{i\Sigma c}$	7~12 级精度的直齿；9~12 级精度的斜齿、曲线齿
	ΔF_{vj}	9~12 级精度
II	$\Delta f'_{ic}$	4~8 级精度
	$\Delta f''_{i\Sigma c}$	7~12 级精度的直齿；9~12 级精度的斜齿、曲线齿
	Δf_{zkc}	4~8 级精度，$\varepsilon_{v\beta}$ 大于等于表 8.4-39 中的齿轮
	Δf_{zzc}	4~8 级精度，$\varepsilon_{v\beta}$ 大于等于表 8.4-39 中的齿轮
III	接触精度	4~12 级精度

5.4.3　齿轮副的公差

各精度等级的齿轮副各项公差数值，确定如下：

$$F'_{ic} = F'_{i1} + F'_{i2} \qquad (8.4\text{-}28)$$

当齿轮副的齿数比为 1、2、3 且采用选配时，可将按式（8.4-28）求得的 F'_{ic} 值减小 25% 或更多。

$$f'_{ic} = f'_{i1} + f'_{i2} \qquad (8.4\text{-}29)$$

F'_i、f'_i 的求法，按式（8.4-24）、式（8.4-25）。

f'_{zkc} 的值见表 8.4-47；$F''_{i\Sigma c}$、F_{vj}、$f''_{i\Sigma c}$ 的值见表 8.4-50~表 8.4-52；f''_{zzc} 的值见表 8.4-54。

5.5　锥齿轮副的侧隙

齿轮副的最小法向侧隙分为 6 种：a、b、c、d、e 和 h，最小法向侧隙值 a 为最大，依次递减，h 为零（见图 8.4-40）。最小法向侧隙种类与精度等级无关。

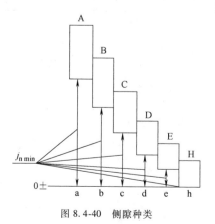

图 8.4-40　侧隙种类

最小法向侧隙种类确定后，按表 8.4-56 确定 $E_{\bar{s}s}$，按表 8.4-61 查取 $\pm E_{\Sigma}$。最小法向侧隙 j_{nmin} 值查表 8.4-55。有特殊要求时，j_{nmin} 可不按表 8.4-55 中值确定。此时，用线性插值法由表 8.4-56 和表 8.4-61 计算 $E_{\bar{s}s}$ 和 $\pm E_{\Sigma}$。

最大法向侧隙 j_{nmax} 为

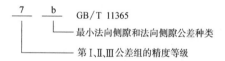

$$j_{nmax} = (\,|\,E_{\bar{s}s1} + E_{\bar{s}s2}\,| + T_{\bar{s}1} + T_{\bar{s}2} + E_{\bar{s}\Delta 1} + E_{\bar{s}\Delta 2}\,)\cos\alpha_n$$
$$(8.4\text{-}30)$$

式中　　$E_{\bar{s}\Delta}$——制造误差的补偿部分，由表 8.4-58 查取。

齿轮副的法向侧隙公差有 5 种：A、B、C、D 和 H。推荐法向侧隙公差种类与最小侧隙种类的对应关系如图 8.4-40 所示。

齿厚公差 T_s 值见表 8.4-57。

5.6　图样标注

在齿轮工作图上应标注齿轮的精度等级和最小法向侧隙种类及法向侧隙公差种类的数字、代号。

标注示例如下：

1）齿轮的三个公差组精度同为 7 级，最小法向侧隙种类为 b，法向侧隙公差种类为 B：

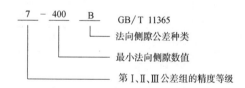

2）齿轮的三个公差组精度同为 7 级，最小法向侧隙为 400μm，法向侧隙公差种类为 B：

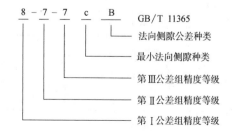

3）齿轮的第 I 公差组精度为 8 级，第 II、III 公差组精度为 7 级，最小法向侧隙种类为 c、法向侧隙公差种类为 B：

5.7　应用示例

已知正交弧齿锥齿轮副：齿数 $z_1 = 30$；齿数 $z_2 = 28$；中点法向模数 $m_{mn} = 2.7376$mm；中点法向压力角 $\alpha_n = 20°$；中点螺旋角 $\beta_m = 35°$；齿宽 $b = 27$mm；精度等级 6-7-6cGB/T 11365。该齿轮副的各项公差或极限偏差见表 8.4-41。

5.8　齿坯的要求

齿轮的加工、检验和安装的定位基准面应尽量一致，并在齿轮零件图上予以标注。齿坯各项公差和偏差见表 8.4-42～表 8.4-44。

表 8.4-41　正交弧齿锥齿轮副的公差或极限偏差　　　　　　　　（μm）

检验对象	项目名称	代号	公差或极限偏差 大轮	公差或极限偏差 小轮	说　明	
齿轮	切向综合公差	F_i'	41		$F_i' = F_P + 1.15f_c$	
	齿距累积公差	F_P	32		按表 8.4-45	
	k 个齿距累积公差	F_{Pk}	25		按表 8.4-45	
	一齿切向综合公差	f_i'	19		$f_i' = 0.8(f_{Pt} + 1.15f_c)$	
	周期误差的公差	f_{zk}'	17	≥2～4	周期数 k	纵向重合度 $\varepsilon_{v\beta}$ 大于表 8.4-39 界限值，f_{zk} 按表 8.4-47
			13	>4～8		
			10	>8～16		
			8	>16～32		
			6	>32～63		
			5.3	>63～125		
			4.5	>125～250		
			4.5	>250～500		
			4	>500		
	齿距极限偏差	$\pm f_{Pt}$	±14		按表 8.4-48	
	齿形相对误差的公差	f_c	8		按表 8.4-49	
	齿厚上偏差	$E_{\overline{s}s}$	−59	−54	按表 8.4-56	
	齿厚公差	$T_{\overline{s}}$	52		按表 8.4-57	
齿轮副	齿轮副切向综合公差	F_{ic}'	82		$F_{ic}' = F_{i1}' + F_{i2}'$	
	齿轮副切向相邻齿综合公差	f_{ic}'	38		$f_{ic}' = f_{i1}' + f_{i2}'$	
	齿轮副周期误差的公差	f_{zkc}'	同 f_{zk}'		按表 8.4-47	
	接触斑点	沿齿长	50%～70%		按表 8.4-53	
		沿齿高	55%～75%			
	最小法向侧隙	j_{nmin}	74		按表 8.4-55	
	最大法向侧隙	j_{nmax}	240		$j_{nmax} = E_{\overline{s}s1} + E_{\overline{s}s2} + T_{\overline{s}1} + T_{\overline{s}2} + E_{\overline{s}\Delta1} + E_{\overline{s}\Delta2}$	
安装精度	齿圈轴向位移极限偏差	$\pm f_{AM}$	±24	±56	按表 8.4-59	
	轴间距极限偏差	$\pm f_a$	±20		按表 8.4-60	
	轴交角极限偏差	$\pm E_{\Sigma}$	±32		按表 8.4-61	

5.9　锥齿轮精度数值表（见表 8.4-42~表 8.4-61）

表 8.4-42　齿坯尺寸公差

精度等级	4	5	6	7	8	9	10	11	12
轴径尺寸公差	IT4	IT5		IT6			IT7		
孔径尺寸公差	IT5	IT6		IT7			IT8		
外径尺寸极限偏差	$\begin{array}{c}0\\-IT7\end{array}$	$\begin{array}{c}0\\-IT8\end{array}$					$\begin{array}{c}0\\-IT9\end{array}$		

注：1. IT 为标准公差，按 GB/T 1800.1—2009 确定。

　　2. 当三个公差精度等级不同时，公差值按最高的精度等级查取。

表 8.4-43　齿坯顶锥母线圆跳动和基准端面圆跳动公差　　（μm）

			精度等级[①]			
		大于	到	4	5~6	7~8	9~12
顶锥母线圆跳动公差	外径/mm	—	30	10	15	25	50
		30	50	12	20	30	60
		50	120	15	25	40	80
		120	250	20	30	50	100
		250	500	25	40	60	120
		500	800	30	50	80	150
		800	1250	40	60	100	200
		1250	2000	50	80	120	250
		2000	3150	60	100	150	300
		3150	5000	80	120	200	400
基准端面圆跳动公差	基准端面直径/mm	—	30	4	6	10	15
		30	50	5	8	12	20
		50	120	6	10	15	25
		120	250	8	12	20	30
		250	500	10	15	25	40
		500	800	12	20	30	50
		800	1250	15	25	40	60
		1250	2000	20	30	50	80
		2000	3150	25	40	60	100
		3150	5000	30	50	80	120

① 当三个公差组精度等级不同时，按最高的精度等级确定公差值。

表 8.4-44　齿坯轮冠距和顶锥角极限偏差

中点法向模数/mm	轮冠距极限偏差/μm	顶锥角极限偏差/(′)
≤1.2	$\begin{array}{c}0\\-50\end{array}$	$\begin{array}{c}+15\\0\end{array}$
>1.2~10	$\begin{array}{c}0\\-75\end{array}$	$\begin{array}{c}+8\\0\end{array}$
>10	$\begin{array}{c}0\\-100\end{array}$	$\begin{array}{c}+8\\0\end{array}$

表 8.4-45　齿距累积公差 F_p 和 k 个齿距累积公差 F_{pk} 值　　（μm）

L/mm	精度等级							
	4	5	6	7	8	9	10	11	12
≤11.2	4.5	7	11	16	22	32	45	63	90
>11.2~20	6	10	16	22	32	45	63	90	125
>20~32	8	12	20	28	40	56	80	112	160
>32~50	9	14	22	32	45	63	90	125	180
>50~80	10	16	25	36	50	71	100	140	200
>80~160	12	20	32	45	63	90	125	180	250
>160~315	18	28	45	63	90	125	180	250	355
>315~630	25	40	63	90	125	180	250	355	500
>630~1000	32	50	80	112	160	224	315	450	630
>1000~1600	40	63	100	140	200	280	400	560	800
>1600~2500	45	71	112	160	224	315	450	630	900
>2500~3150	56	90	140	200	280	400	560	800	1120
>3150~4000	63	100	160	224	315	450	630	900	1250
>4000~5000	71	112	180	250	355	500	710	1000	1400
>5000~6300	80	125	200	280	400	560	800	1120	1600

注：F_p 和 F_{pk} 按中点分度圆弧长 L 查表：

查 F_p 时，取 $L = \dfrac{1}{2}\pi d_m = \dfrac{\pi m_{mn} z}{2\cos\beta_m}$；

查 F_{pk} 时，取 $L = \dfrac{k\pi m_{mn}}{\cos\beta_m}$（没有特殊要求时，$k$ 值取 $z/6$ 或最接近的整齿数）。

表 8.4-46 齿圈圆跳动公差 F_r 值 （μm）

中点分度圆直径 /mm	中点法向模数 /mm	精 度 等 级								
		4	5	6	7	8	9	10	11	12
≤125	≥1~3.5	10	16	25	36	45	56	71	90	112
	>3.5~6.3	11	18	28	40	50	63	80	100	125
	>6.3~10	13	20	32	45	56	71	90	112	140
	>10~16	—	22	36	50	63	80	100	120	150
>125~400	≥1~3.5	15	22	36	50	63	80	100	125	160
	>3.5~6.3	16	25	40	56	71	90	112	140	180
	>6.3~10	18	28	45	63	80	100	125	160	200
	>10~16	—	32	50	71	90	112	140	180	224
	>16~25	—	—	—	80	100	125	160	200	250
>400~800	≥1~3.5	18	28	45	63	80	100	125	160	200
	>3.5~6.3	20	32	50	71	90	112	140	180	224
	>6.3~10	20	36	56	80	100	125	160	200	250
	>10~16	—	40	63	90	112	140	180	224	280
	>16~25	—	—	—	100	125	160	200	250	315
	>25~40	—	—	—	—	140	180	224	280	360
>800~1600	≥1~3.5	—	—	—	—	—	—	—	—	—
	>3.5~6.3	22	36	56	80	100	125	160	200	250
	>6.3~10	25	40	63	90	112	140	180	224	280
	>10~16	—	45	71	100	125	160	200	250	315
	>16~25	—	—	—	112	140	180	224	280	360
	>25~40	—	—	—	—	160	200	260	315	420
>1600~2500	≥1~3.5	—	—	—	—	—	—	—	—	—
	>3.5~6.3	—	—	—	—	—	—	—	—	—
	>6.3~10	28	45	71	100	125	160	200	250	315
	>10~16	—	50	80	112	140	180	224	280	355
	>16~25	—	—	—	125	160	200	250	315	400
	>25~40	—	—	—	—	190	240	300	380	480
	>40~55	—	—	—	—	220	280	340	450	560
>2500~4000	≥1~3.5	—	—	—	—	—	—	—	—	—
	>3.5~6.3	—	—	—	—	—	—	—	—	—
	>6.3~10	—	—	—	—	—	—	—	—	—
	>10~16	—	56	90	125	160	200	250	315	400
	>16~25	—	—	—	140	180	224	280	355	450
	>25~40	—	—	—	—	224	280	355	450	560
	>40~55	—	—	—	—	240	320	400	530	630

注：GB/T 11365 中没有 4、5、6 精度等级的数值。

表 8.4-47　周期误差的公差 f'_{zk} 值（齿轮副周期误差的公差 f'_{zkc} 值）　　（μm）

中点分度圆直径/mm	中点法向模数/mm	精度等级 4									精度等级 5									精度等级 6		
		齿轮在一转（齿轮副在大轮一转）内的周期数																				
		≥2~4	>4~8	>8~16	>16~32	>32~63	>63~125	>125~250	>250~500	>500	≥2~4	>4~8	>8~16	>16~32	>32~63	>63~125	>125~250	>250~500	>500	≥2~4	>4~8	>8~16
≤125	≥1~6.3	4.5	3.2	2.4	1.9	1.5	1.3	1.2	1.1	1	7.1	5	3.8	3	2.5	2.1	1.9	1.7	1.6	11	8	6
≤125	>6.3~10	5.3	3.8	2.8	2.2	1.8	1.5	1.4	1.2	1.1	8.5	6	4.5	3.6	2.8	2.5	2.1	1.9	1.8	13	9.5	7.1
>125~400	≥1~6.3	6.3	4.5	3.4	2.8	2.2	1.9	1.8	1.5	1.4	10	7.1	5.6	4.5	3.4	3	2.8	2.4	2.2	16	11	8.5
>125~400	>6.3~10	7.1	5	4	3	2.5	2.1	1.9	1.7	1.6	11	8	6.5	4.8	4	3.2	3	2.6	2.5	18	13	10
>400~800	≥1~6.3	8.5	6	4.5	3.6	2.8	2.5	2.2	2	1.9	13	9.5	7.1	5.6	4.5	4	3.4	3	2.8	21	15	11
>400~800	>6.3~10	9	6.7	5	3.8	3	2.6	2.2	2.1	2	14	10.5	8	6	5	4.2	3.6	3.2	3	22	17	12
>800~1600	≥1~6.3	9	6.7	5	4	3.2	2.6	2.4	2.2	2	14	10.5	8	6.3	5	4.2	3.8	3.4	3.2	24	17	15
>800~1600	>6.3~10	11	8	6	4	3.8	3.2	2.5	2.6	2.5	15	11	8	6.3	5.3	4.8	4.2	4		27	20	15
>1600~2500	≥1~6.3	10.5	7.5	5.6	4.5	3.6	3	2.6	2.5	2.4	16	11	8.5	7.1	5.6	4.8	4.2	4	3.6	26	19	14
>1600~2500	>6.3~10	12	8.5	6.5	5	4	3.6	3	2.8	2.6	14	10.5	8	6.7	5.6	4.5	4.2			30	21	16
>2500~4000	≥1~6.3	11	8	6.3	4.8	4	3.4	3	2.8	2.6	18	13	10	7.5	6.3	5.3	4.8	4.2	4	28	21	16
>2500~4000	>6.3~10	13	9.5	7.1	5.6	4.5	3.8	3.4	3	2.8	21	15	11	9	7.1	6	5.3	5	4.5	32	22	17

中点分度圆直径/mm	中点法向模数/mm	精度等级 6						精度等级 7									精度等级 8								
		齿轮在一转（齿轮副在大轮一转）内的周期数																							
		>16~32	>32~63	>63~125	>125~250	>250~500	>500	≥2~4	>4~8	>8~16	>16~32	>32~63	>63~125	>125~250	>250~500	>500	≥2~4	>4~8	>8~16	>16~32	>32~63	>63~125	>125~250	>250~500	>500
≤125	≥1~6.3	4.8	3.8	3.2	3	2.6	2.5	17	13	10	7.5	6	5.3	4.5	4.2	4	25	18	13	10	8.5	7.5	6.7	6	5.6
≤125	>6.3~10	5.6	4.5	3.8	3.4	3	2.8	21	15	11	9	7.1	6	5.3	4.8	4.5	28	21	16	12	10	8.5	7.5	7	6.7
>125~400	≥1~6.3	6.7	5.6	4.8	4.2	3.8	3.6	25	18	13	10	8.5	7.5	6.7	6	5.6	36	26	19	15	12	10	9	8.5	8
>125~400	>6.3~10	7.5	6	5.3	4.5	4.2	4	28	20	16	12	10	8	7.5	6.7	6.3	40	30	22	17	14	12	10.5	10	8.5
>400~800	≥1~6.3	9	7.1	6	5.3	5	4.8	24	18	14	11	10	8.5	8	7.5	7	45	32	25	19	16	13	12	11	10
>400~800	>6.3~10	9.5	7.5	6.7	6	5.3	5	36	26	19	15	12	10	9.5	8.5	8	50	36	28	21	17	15	13	12	11
>800~1600	≥1~6.3	10	8	7.5	7	6.3	6	36	26	20	16	13	11	10	8.5	8	53	38	28	22	18	15	14	12	11
>800~1600	>6.3~10	12	9.5	8	7.1	6.7	6.3	42	30	22	18	15	12	11	10	9.5	63	44	32	26	22	18	16	14	13
>1600~2500	≥1~6.3	11	9	7.5	6.7	6.3	5.6	40	30	22	17	14	12	11	9.5	9	56	42	30	24	20	17	15	14	13
>1600~2500	>6.3~10	12	10	8	7.5	7.1	6.7	45	34	26	20	16	14	12	11	10	67	50	36	28	22	18	17	16	15
>2500~4000	≥1~6.3	12	10	8	7.5	6.7	6.3	45	32	24	18	14	13	12	11	10	63	45	34	25	19	17	15	14	13
>2500~4000	>6.3~10	14	11	9.5	8.5	7.5	7.1	53	38	28	22	18	15	14	12	11	71	53	40	30	25	22	19	18	16

表 8.4-48 齿距极限偏差 $\pm f_{pt}$ 值 　　　　　（μm）

中点分度圆直径 /mm	中点法向模数 /mm	精 度 等 级								
		4	5	6	7	8	9	10	11	12
≤125	≥1~3.5	4	6	10	14	20	28	40	56	80
	>3.5~6.3	5	8	13	18	25	36	50	71	100
	>6.3~10	5.5	9	14	20	28	40	56	80	112
	>10~16	—	11	17	24	34	48	67	100	130
>125~400	≥1~3.5	4.5	7	11	16	22	32	45	63	90
	>3.5~6.3	5.5	9	14	20	28	40	56	80	112
	>6.3~10	6	10	16	22	32	45	63	90	125
	>10~16	—	11	18	25	36	50	71	100	140
	>16~25	—	—	—	32	45	63	90	125	180
>400~800	≥1~3.5	5	8	13	18	25	36	50	71	100
	>3.5~6.3	5.5	9	14	20	28	40	56	80	112
	>6.3~10	7	11	18	25	36	50	71	100	140
	>10~16	—	12	20	28	40	56	80	112	160
	>16~25	—	—	—	36	50	71	100	140	200
	>25~40	—	—	—	—	63	90	125	180	250
>800~1600	≥1~3.5	—	—	—	—	—	—	—	—	—
	>3.5~6.3	—	10	16	22	32	45	63	90	125
	>6.3~10	7	11	18	25	36	50	71	100	140
	>10~16	—	13	20	28	40	56	80	112	160
	>16~25	—	—	—	36	50	71	100	140	200
	>25~40	—	—	—	—	63	90	125	180	250
>1600~2500	≥1~3.5	—	—	—	—	—	—	—	—	—
	>3.5~6.3	—	—	—	—	—	—	—	—	—
	>6.3~10	8	13	20	28	40	56	80	112	160
	>10~16	—	14	22	32	45	63	90	125	180
	>16~25	—	—	—	40	56	80	112	160	224
	>25~40	—	—	—	—	71	100	140	200	280
	>40~55	—	—	—	—	90	125	180	250	355
>2500~4000	≥1~3.5	—	—	—	—	—	—	—	—	—
	>3.5~6.3	—	—	—	—	—	—	—	—	—
	>6.3~10	—	—	—	32	—	—	—	—	—
	>10~16	—	16	25	36	50	71	100	140	200
	>16~25	—	—	—	40	56	80	112	160	224
	>25~40	—	—	—	—	71	100	140	200	280
	>40~55	—	—	—	—	95	140	180	280	400

表 8.4-49　齿形相对误差的公差 f_c 值　　　　　　　　　（μm）

中点分度圆直径/mm	中点法向模数/mm	精度等级 4	5	6	7	8	中点分度圆直径/mm	中点法向模数/mm	精度等级 4	5	6	7	8
≤125	≥1~3.5	3	4	5	8	10	>800~1600	>10~16	—	11	16	25	38
	>3.5~6.3	4	5	6	9	13		>16~25	—	—	—	30	48
	>6.3~10	4	6	8	11	17		>25~40	—	—	—	—	60
	>10~16	—	7	10	15	22	>1600~2500	≥1~3.5	—	—	—	—	—
>125~400	≥1~3.5	4	5	7	9	13		>3.5~6.3	—	—	—	—	—
	>3.5~6.3	4	6	8	11	15		>6.3~10	9	13	19	28	45
	>6.3~10	5	7	9	13	19		>10~16	—	14	21	32	50
	>10~16	—	8	11	17	25		>16~25	—	—	—	38	56
	>16~25	—	—	—	22	34		>25~40	—	—	—	—	71
>400~800	≥1~3.5	5	6	9	12	18		>40~55	—	—	—	—	90
	>3.5~6.3	5	7	10	14	20	>2500~4000	≥1~3.5	—	—	—	—	—
	>6.3~10	6	8	11	16	24		>3.5~6.3	—	—	—	—	—
	>10~16	—	9	13	20	30		>6.3~10	—	—	—	—	—
	>16~25	—	—	—	25	38		>10~16	—	18	28	42	61
	>25~40	—	—	—	—	53		>16~25	—	—	—	48	75
>800~1600	≥1~3.5	—	—	—	—	—		>25~40	—	—	—	—	90
	>3.5~6.3	6	9	13	19	28		>40~55	—	—	—	—	105
	>6.3~10	7	10	14	21	32							

注：表中数值用于测量齿轮加工机床滚切传动链误差的方法，当采用选择基准齿面的方法时，表中数值乘以 1.1。

表 8.4-50　齿轮副轴交角综合公差 $F''_{i\Sigma c}$ 值　　　　　　　　　（μm）

中点分度圆直径/mm	中点法向模数/mm	精度等级 7	8	9	10	11	12	中点分度圆直径/mm	中点法向模数/mm	精度等级 7	8	9	10	11	12
≤125	≥1~3.5	67	85	110	130	170	200	>800~1600	>10~16	200	250	320	400	500	600
	>3.5~6.3	75	95	120	150	190	240		>16~25	—	280	340	450	560	670
	>6.3~10	85	105	130	170	220	260		>25~40	—	320	400	500	630	800
	>10~16	100	120	150	190	240	300	>1600~2500	≥1~3.5	—	—	—	—	—	—
>125~400	≥1~3.5	100	125	160	190	250	300		>3.5~6.3	—	—	—	—	—	—
	>3.5~6.3	105	130	170	220	260	340		>6.3~10	—	—	—	—	—	—
	>6.3~10	120	150	180	220	280	360		>10~16	—	—	—	—	—	—
	>10~16	130	160	200	250	320	400		>16~25	—	—	—	—	—	—
	>16~25	150	190	220	280	375	450		>25~40	—	—	—	—	—	—
>400~800	≥1~3.5	130	160	200	260	320	400		>40~55	—	—	—	—	—	—
	>3.5~6.3	140	170	220	280	340	420	>2500~4000	≥1~3.5	—	—	—	—	—	—
	>6.3~10	150	190	240	300	360	450		>3.5~6.3	—	—	—	—	—	—
	>10~16	160	200	260	320	400	500		>6.3~10	—	—	—	—	—	—
	>16~25	180	240	280	360	450	560		>10~16	—	—	—	—	—	—
	>25~40	—	280	340	420	530	670		>16~25	—	—	—	—	—	—
>800~1600	≥1~3.5	150	180	240	280	360	450		>25~40	—	—	—	—	—	—
	>3.5~6.3	160	200	250	320	400	500		>40~55	—	—	—	—	—	—
	>6.3~10	180	220	280	360	450	560								

表 8.4-51　侧隙变动公差 F_{vj} 值　　　　　　　　　　（μm）

直径/mm	中点法向模数/mm	精度等级 9	10	11	12	直径/mm	中点法向模数/mm	精度等级 9	10	11	12
≤125	≥1~3.5	75	90	120	150	>800~1600	>10~16	220	270	340	440
	>3.5~6.3	80	100	130	160		>16~25	240	300	380	480
	>6.3~10	90	120	150	180		>25~40	280	340	450	530
	>10~16	105	130	170	200	>1600~2500	≥1~3.5	—	—	—	—
>125~400	≥1~3.5	110	140	170	200		>3.5~6.3	—	—	—	—
	>3.5~6.3	120	150	180	220		>6.3~10	220	280	340	450
	>6.3~10	130	160	200	250		>10~16	250	300	400	500
	>10~16	140	170	220	280		>16~25	280	360	450	560
	>16~25	160	200	250	320		>25~40	320	400	500	630
>400~800	≥1~3.5	140	180	220	280		>40~55	360	450	560	710
	>3.5~6.3	150	190	240	300	>2500~4000	≥1~3.5	—	—	—	—
	>6.3~10	160	200	260	320		>3.5~6.3	—	—	—	—
	>10~16	180	220	280	340		>6.3~10	—	—	—	—
	>16~25	200	250	300	380		>10~16	280	340	420	530
	>25~40	240	300	380	450		>16~25	320	400	500	630
>800~1600	≥1~3.5	—	—	—	—		>25~40	375	450	560	710
	>3.5~6.3	170	220	280	360		>40~55	420	530	670	800
	>6.3~10	200	250	320	400						

注：1. 取大小轮中点分度圆直径之和的一半作为查表直径。

　　2. 对于齿数比为整数且不大于 3（1、2、3）的齿轮副，当采用选配时，可将侧隙变动公差 F_{vj} 值减小 25% 或更多些。

表 8.4-52　齿轮副一齿轴交角综合公差 $f''_{i\Sigma c}$ 值　　　　　　　　　　（μm）

中点分度圆直径/mm	中点法向模数/mm	精度等级 7	8	9	10	11	12	中点分度圆直径/mm	中点法向模数/mm	精度等级 7	8	9	10	11	12
≤125	≥1~3.5	28	40	53	67	85	100	>800~1600	≥1~3.5	—	—	—	—	—	—
	>3.5~6.3	36	50	60	75	95	120		>3.5~6.3	45	63	80	105	130	160
	>6.3~10	40	56	71	90	110	140		>6.3~10	50	71	90	120	150	180
	>10~16	48	67	85	105	140	170		>10~16	56	80	110	140	170	210
>125~400	≥1~3.5	32	45	60	75	95	120	>1600~2500	≥1~3.5	—	—	—	—	—	—
	>3.5~6.3	40	56	67	85	105	130		>3.5~6.3	—	—	—	—	—	—
	>6.3~10	45	63	80	100	125	150		>6.3~10	56	80	100	130	160	200
	>10~16	50	71	90	120	150	190		>10~16	63	110	120	150	180	240
>400~800	≥1~3.5	36	50	67	85	105	130	>2500~4000	≥1~3.5	—	—	—	—	—	—
	>3.5~6.3	40	56	75	90	120	150		>3.5~6.3	—	—	—	—	—	—
	>6.3~10	50	71	85	105	140	170		>6.3~10	—	—	—	—	—	—
	>10~16	56	80	100	130	160	200		>10~16	71	100	125	160	200	250

表 8.4-53　接触斑点大小与精度等级的关系

精度等级	4~5	6~7	8~9	10~12
沿齿长方向（%）	60~80	50~70	35~65	25~55
沿齿高方向（%）	65~85	55~75	40~70	30~60

注：表中数值范围用于齿面修形的齿轮。对齿面不做修形的齿轮，其接触斑点大小不小于其平均值。

表 8.4-54 齿轮副齿频周期误差的公差 f'_{zzc} 值 （μm）

齿 数	中点法向模数 /mm	精 度 等 级 4	5	6	7	8	齿 数	中点法向模数 /mm	精 度 等 级 4	5	6	7	8
≤16	≥1~3.5	4.5	6.7	10	15	22	>63~125	>10~16	—	15	22	34	48
	>3.5~6.3	5.6	8	12	18	28	>125~250	≥1~3.5	5.6	8.5	13	19	28
	>6.3~10	6.7	10	14	22	32		>3.5~6.3	7.1	11	16	24	34
>16~32	≥1~3.5	5	7.1	10	16	24		>6.3~10	8.5	13	19	30	42
	>3.5~6.3	5.6	8.5	13	19	28		>10~16	—	16	24	36	53
	>6.3~10	7.1	11	16	24	34	>250~500	≥1~3.5	6.3	9.5	14	21	30
	>10~16	—	13	19	28	42		>3.5~6.3	8	12	18	28	40
>32~63	≥1~3.5	5	7.5	11	17	24		>6.3~10	9	15	22	34	48
	>3.5~6.3	6	9	14	20	30		>10~16	—	18	28	42	60
	>6.3~10	7.1	11	17	24	36	>500	≥1~3.5	7.1	11	16	24	34
	>10~16	—	14	20	30	45		>3.5~6.3	9	14	21	30	45
>63~125	≥1~3.5	5.3	8	12	18	25		>6.3~10	11	14	25	38	56
	>3.5~6.3	6.7	10	15	22	32		>10~16	—	21	32	48	71
	>6.3~10	8	12	18	26	38							

注：1. 表中齿数为齿轮副中大轮的齿数。

2. 表中数值用于纵向有效重合度 $\varepsilon_{\beta e} \leqslant 0.45$ 的齿轮副。对 $\varepsilon_{\beta e} > 0.45$ 的齿轮副，表中的 f'_{zzc} 值按以下规定减小：$\varepsilon_{\beta e} > 0.45 \sim 0.58$，表中值乘以 0.6；$\varepsilon_{\beta e} > 0.58 \sim 0.67$，乘以 0.4；$\varepsilon_{\beta e} > 0.67$，乘以 0.3。

3. 纵向有效重合度 $\varepsilon_{\beta e}$ 等于名义纵向重合度 $\varepsilon_{v\beta}$ 乘以齿长方向接触斑点大小百分率的平均值。

表 8.4-55 最小法向侧隙 j_{nmin} 值 （μm）

中点锥距 /mm	小轮分锥角 /(°)	最小法向侧隙种类 h	e	d	c	b	a	中点锥距 /mm	小轮分锥角 /(°)	最小法向侧隙种类 h	e	d	c	b	a
≤50	≤15	0	15	22	36	58	90	>200~400	>25	0	52	81	130	210	320
	>15~25	0	21	33	52	84	130	>400~800	≤15	0	40	63	100	160	250
	>25	0	25	39	62	100	160		>15~25	0	57	89	140	230	360
>50~100	≤15	0	21	33	52	84	130		>25	0	70	110	175	280	440
	>15~25	0	25	39	62	100	160	>800~1600	≤15	0	52	81	130	210	320
	>25	0	30	46	74	120	190		>15~25	0	80	125	200	320	500
>100~200	≤15	0	25	39	62	100	160		>25	0	105	165	260	420	660
	>15~25	0	35	54	87	140	220	>1600	≤15	0	70	110	175	280	440
	>25	0	40	63	100	160	250		>15~25	0	125	195	310	500	780
>200~400	≤15	0	30	46	74	120	190		>25	0	175	280	440	710	1100
	>15~25	0	46	72	115	185	290								

注：1. 正交齿轮副按中点锥距 R_m 查表；非正交齿轮副按下式算出的 R' 查表：

$$R' = \frac{R_m}{2}(\sin 2\delta_1 - \sin 2\delta_2)$$

式中，δ_1 和 δ_2 分别为大、小轮分锥角。

2. 准双曲面齿轮副按大轮中点锥距查表。

表 8.4-56　齿厚上偏差 $E_{\overline{ss}}$ 值的求法　　　　　　　　　　　　　　　（μm）

<table>
<tr><td rowspan="4"></td><td rowspan="4">中点法向模数
/mm</td><td colspan="12">中 点 分 度 圆 直 径/mm</td></tr>
<tr><td colspan="3">125</td><td colspan="3">>125~400</td><td colspan="3">>400~800</td><td colspan="3">>800~1600</td></tr>
<tr><td colspan="12">分 锥 角/(°)</td></tr>
<tr><td>≤20</td><td>>20
~45</td><td>>45</td><td>≤20</td><td>>20
~45</td><td>>45</td><td>≤20</td><td>>20
~45</td><td>>45</td><td>≤20</td><td>>20
~45</td><td>>45</td></tr>
<tr><td rowspan="5">基本值</td><td>≥1~3.5</td><td>-20</td><td>-20</td><td>-22</td><td>-28</td><td>-32</td><td>-30</td><td>-36</td><td>-50</td><td>-45</td><td>—</td><td>—</td><td>—</td></tr>
<tr><td>>3.5~6.3</td><td>-22</td><td>-22</td><td>-25</td><td>-32</td><td>-32</td><td>-30</td><td>-38</td><td>-55</td><td>-45</td><td>-75</td><td>-85</td><td>-80</td></tr>
<tr><td>>6.3~10</td><td>-25</td><td>-25</td><td>-28</td><td>-36</td><td>-36</td><td>-34</td><td>-40</td><td>-55</td><td>-50</td><td>-80</td><td>-90</td><td>-85</td></tr>
<tr><td>>10~16</td><td>-28</td><td>-28</td><td>-30</td><td>-36</td><td>-38</td><td>-36</td><td>-48</td><td>-60</td><td>-55</td><td>-80</td><td>-100</td><td>-85</td></tr>
<tr><td>>16~25</td><td>—</td><td>—</td><td>-40</td><td>-40</td><td>-40</td><td>-50</td><td>-65</td><td>-60</td><td>-80</td><td>-100</td><td>-90</td><td></td></tr>
</table>

<table>
<tr><td rowspan="2">系 数</td><td>最小法向
侧隙种类</td><td colspan="6">第Ⅱ公差组精度等级</td><td rowspan="2">系 数</td><td>最小法向
侧隙种类</td><td colspan="6">第Ⅱ公差组精度等级</td></tr>
<tr><td>4~6</td><td>7</td><td>8</td><td>9</td><td>10</td><td>11　12</td><td>4~6</td><td>7</td><td>8</td><td>9</td><td>10</td><td>11　12</td></tr>
<tr><td></td><td>h</td><td>0.9</td><td>1.0</td><td>—</td><td>—</td><td>—</td><td>—　—</td><td>c</td><td>2.4</td><td>2.7</td><td>3.0</td><td>3.2</td><td>—</td><td>—　—</td></tr>
<tr><td></td><td>e</td><td>1.45</td><td>1.6</td><td>—</td><td>—</td><td>—</td><td>—　—</td><td>b</td><td>3.4</td><td>3.8</td><td>4.2</td><td>4.6</td><td>4.9</td><td>　—</td></tr>
<tr><td></td><td>d</td><td>1.8</td><td>2.0</td><td>2.2</td><td>—</td><td>—</td><td>—　—</td><td>a</td><td>5.0</td><td>5.5</td><td>6.0</td><td>6.6</td><td>7.0</td><td>7.8　9.0</td></tr>
</table>

注：1. 各最小法向侧隙种类和各精度等级齿轮的 $E_{\overline{ss}}$ 值由基本值栏查出的数值乘以系数得出。

2. 当轴交角公差带相对零线不对称时，$E_{\overline{ss}}$ 值应做修正；当增大轴交角上偏差时，$E_{\overline{ss}}$ 加上 $(E_{\Sigma i}-|E_{\Sigma}|)\tan\alpha$；当减小轴交角上偏差时，$E_{\overline{ss}}$ 减去 $(|E_{\Sigma i}|-|E_{\Sigma}|)\tan\alpha$。$E_{\Sigma s}$、$E_{\Sigma i}$ 分别为修改后的轴交角上、下偏差；E_{Σ} 见表 8.4-61。

3. 允许把大、小轮齿厚上极限偏差（$E_{\overline{ss}1}$、$E_{\overline{ss}2}$）之和重新分配在两个齿轮上。

表 8.4-57　齿厚公差 $T_{\overline{s}}$ 值　　　　　　　　　　　　　　　　　（μm）

齿圈圆跳动公差	法 向 侧 隙 公 差 种 类				
	H	D	C	B	A
≤8	21	25	30	40	52
>8~10	22	28	34	45	55
>10~12	24	30	36	48	60
>12~16	26	32	40	52	65
>16~20	28	36	45	58	75
>20~25	32	42	52	65	85
>25~32	38	48	60	75	95
>32~40	42	55	70	85	110
>40~50	50	65	80	100	130
>50~60	60	75	95	120	150
>60~80	70	90	110	130	180
>80~100	90	110	140	170	220
>100~125	110	130	170	200	260
>125~160	130	160	200	250	320
>160~200	160	200	260	320	400
>200~250	200	250	320	380	500
>250~320	240	300	400	480	630
>320~400	300	380	500	600	750
>400~500	380	480	600	750	950
>500~630	450	500	750	950	1180

表 8.4-58　最大法向侧隙 (j_{nmax}) 的制造误差补偿部分 $E_{\bar{s}\Delta}$ 值　　（μm）

第Ⅱ公差组精度等级	中点法向模数/mm	中点分度圆直径/mm											
		≤125			>125~400			>400~800			>800~1600		
		分锥角/(°)											
		≤20	>20~45	>45	≤20	>20~45	>45	≤20	>20~45	>45	≤20	>20~45	>45
4~6	≥1~3.5	18	18	20	25	28	28	32	45	40	—	—	—
	>3.5~6.3	20	20	22	28	28	28	34	50	40	67	75	72
	>6.3~10	22	22	25	32	32	30	36	50	45	72	80	75
	>10~16	25	25	28	32	34	32	45	55	50	72	90	75
	>16~25	—	—	—	36	36	36	45	56	55	72	90	85
7	≥1~3.5	20	20	22	28	32	30	36	50	45	—	—	—
	>3.5~6.3	22	22	25	32	32	30	38	55	45	75	85	80
	>6.3~10	25	25	28	36	36	34	40	55	50	80	90	85
	>10~16	28	28	30	36	38	36	48	60	55	80	100	85
	>16~25	—	—	—	40	40	40	50	65	60	80	100	95
8	≥1~3.5	22	22	24	30	36	32	40	55	50	—	—	—
	>3.5~6.3	24	24	28	36	36	32	42	60	50	80	90	85
	>6.3~10	28	28	30	40	40	38	45	60	55	85	100	95
	>10~16	30	30	32	40	42	40	55	65	60	85	110	95
	>16~25	—	—	—	45	45	45	55	72	65	85	110	105
9	≥1~3.5	24	24	25	32	38	36	45	65	55	—	—	—
	>3.5~6.3	25	25	30	38	38	36	45	65	55	90	100	95
	>6.3~10	30	30	32	45	45	40	48	65	60	95	110	100
	>10~16	32	32	36	45	45	45	48	70	65	95	120	100
	>16~25	—	—	—	48	48	48	60	75	70	95	120	115
10	≥1~3.5	25	25	28	36	42	40	48	65	60	—	—	—
	>3.5~6.3	28	28	32	42	42	40	50	70	60	95	110	105
	>6.3~10	32	32	36	48	48	45	50	70	65	105	115	110
	>10~16	36	36	40	48	50	48	60	80	70	105	130	110
	>16~25	—	—	—	50	50	50	65	85	80	105	130	125
11	≥1~3.5	30	30	32	40	45	45	50	70	65	—	—	—
	>3.5~6.3	32	32	36	45	45	45	55	80	65	110	125	115
	>6.3~10	36	36	40	50	50	50	60	80	70	115	130	125
	>10~16	40	40	45	50	55	50	70	85	80	115	145	125
	>16~25	—	—	—	60	60	60	70	95	85	115	145	140
12	≥1~3.5	32	32	35	45	50	48	60	80	70	—	—	—
	>3.5~6.3	35	35	40	50	50	48	60	90	70	120	135	130
	>6.3~10	40	40	45	60	60	55	65	90	80	130	145	135
	>10~16	45	45	48	60	60	60	75	95	90	130	160	135
	>16~25	—	—	—	65	65	65	80	105	95	130	160	150

表 8.4-59　齿圈轴向位移极限偏差 ±f_{AM} 值　(μm)

中点法向模数/mm（精度等级）

中点锥距/mm	分锥角/(°)	4 ≥1~3.5	4 >3.5~6.3	4 >6.3~10	5 ≥1~3.5	5 >3.5~6.3	5 >6.3~10	5 >10~16	6 ≥1~3.5	6 >3.5~6.3	6 >6.3~10	6 >10~16	7 ≥1~3.5	7 >3.5~6.3	7 >6.3~10	7 >10~16	7 >16~25	8 ≥1~3.5	8 >3.5~6.3	8 >6.3~10	8 >10~16	8 >16~25	8 >25~40	8 >40~55
≤50	≤20	5.6	3.2	—	9	5	—	—	14	8	—	—	20	11	—	—	—	28	16	—	—	—	—	—
	>20~45	4.8	2.6	—	7.5	4.2	—	—	12	6.7	—	—	17	9.5	—	—	—	24	13	—	—	—	—	—
	>45	2	1.1	—	3	1.7	—	—	5	2.8	—	—	7	4	—	—	—	10	5.6	—	—	—	—	—
>50~100	≤20	19	10.5	6.7	30	16	11	8	48	26	17	13	67	38	24	18	—	95	53	34	26	—	—	—
	>20~45	16	9	5.6	25	14	9	7.1	40	22	15	11	56	32	21	16	—	80	45	30	22	—	—	—
	>45	6.5	3.6	2.4	10.5	6	3.8	3	17	9.5	6	4.5	24	13	8.5	6.7	—	34	17	12	9	—	—	—
>100~200	≤20	42	22	15	60	36	24	16	105	60	38	28	150	80	53	40	30	200	120	75	56	45	—	—
	>20~45	36	19	13	50	30	20	14	90	50	32	24	130	71	45	34	26	180	100	63	48	38	—	—
	>45	15	8	5	21	13	8.5	5.6	38	21	13	10	53	30	19	14	11	75	40	26	20	15	—	—
>200~400	≤20	95	50	32	130	80	53	36	240	130	85	60	340	180	120	85	67	480	250	170	120	95	—	—
	>20~45	80	42	28	110	67	45	30	200	105	71	50	280	150	100	71	56	400	210	140	100	80	—	—
	>45	34	18	12	48	28	18	12	85	45	30	21	120	63	40	30	22	170	90	60	42	32	—	—
>400~800	≤20	210	110	71	300	170	110	75	530	280	180	130	750	400	250	180	140	1050	560	360	260	200	—	—
	>20~45	180	95	60	250	150	95	63	450	240	150	110	630	340	210	160	120	900	480	300	220	170	—	—
	>45	75	40	25	105	63	40	26	190	100	63	45	270	140	90	67	50	380	200	125	90	70	—	—
>800~1600	≤20	—	—	160	—	—	240	160	—	—	380	280	—	—	560	400	300	—	—	750	560	420	280	—
	>20~45	—	—	140	—	—	—	140	—	—	—	240	—	—	—	340	250	—	—	—	480	360	240	—
	>45	—	—	60	—	—	—	60	—	—	—	100	—	—	—	140	105	—	—	—	200	150	100	—
>1600	≤20	—	—	—	—	—	—	—	—	—	—	—	—	—	—	—	630	—	—	—	—	900	710	600
	>20~45	—	—	—	—	—	—	—	—	—	—	—	—	—	—	—	530	—	—	—	—	760	600	500
	>45	—	—	—	—	—	—	—	—	—	—	—	—	—	—	—	220	—	—	—	—	320	260	210

（续）

精度等级　中点法向模数/mm

中点锥距/mm	分锥角/(°)	9							10							11							12						
		≥1~3.5	>3.5~6.3	>6.3~10	>10~16	>16~25	>25~40	>40~55	≥1~3.5	>3.5~6.3	>6.3~10	>10~16	>16~25	>25~40	>40~55	≥1~3.5	>3.5~6.3	>6.3~10	>10~16	>16~25	>25~40	>40~55	≥1~3.5	>3.5~6.3	>6.3~10	>10~16	>16~25	>25~40	>40~55
≤50	≤20	40	22	—	—	—	—	—	56	32	—	—	—	—	—	80	45	—	—	—	—	—	110	63	—	—	—	—	—
≤50	>20~45	34	19	—	—	—	—	—	48	26	—	—	—	—	—	67	38	—	—	—	—	—	95	53	—	—	—	—	—
≤50	>45	14	8	—	—	—	—	—	20	11	—	—	—	—	—	28	16	—	—	—	—	—	40	22	—	—	—	—	—
>50~100	≤20	140	75	50	38	—	—	—	190	105	71	50	—	—	—	280	150	100	75	—	—	—	380	210	140	105	—	—	—
>50~100	>20~45	120	63	42	30	—	—	—	160	90	60	45	—	—	—	220	130	85	63	—	—	—	320	180	120	90	—	—	—
>50~100	>45	48	26	17	13	—	—	—	67	38	24	18	—	—	—	95	53	34	26	—	—	—	130	75	48	36	—	—	—
>100~200	≤20	300	160	105	80	63	50	—	420	240	150	110	85	71	—	600	320	210	160	120	100	—	850	450	300	220	170	140	—
>100~200	>20~45	260	140	90	67	53	42	—	360	190	130	95	75	60	—	500	280	180	130	105	85	—	710	380	250	190	150	120	—
>100~200	>45	105	60	38	28	22	18	—	150	80	53	40	30	25	—	210	120	75	56	45	36	—	300	160	105	80	60	50	—
>200~400	≤20	670	360	240	170	130	105	95	950	500	320	240	190	150	130	1300	750	480	340	260	210	190	1900	1000	670	480	380	300	260
>200~400	>20~45	560	300	200	150	110	90	80	800	420	280	200	160	130	110	1100	600	400	280	220	180	160	1600	850	560	400	300	250	220
>200~400	>45	240	130	85	60	48	38	32	340	180	120	85	67	53	45	500	260	160	120	95	75	67	670	360	240	170	130	105	90
>400~800	≤20	1500	800	500	380	280	220	190	2100	1100	710	500	400	320	280	3000	1600	1000	750	560	450	380	4200	2200	1400	1000	800	630	560
>400~800	>20~45	1300	670	440	300	240	190	170	1700	950	600	440	340	260	240	2500	1400	850	630	480	380	320	3600	1900	1200	850	670	450	390
>400~800	>45	530	280	180	130	100	80	71	750	400	250	180	140	110	100	1050	560	360	260	200	160	140	1500	800	600	360	280	220	190
>800~1600	≤20	—	—	1100	800	600	480	400	—	—	1500	1100	950	670	560	—	—	2200	1600	1200	950	800	—	—	3000	2200	1700	1300	1100
>800~1600	>20~45	—	—	—	670	500	400	340	—	—	—	950	710	560	480	—	—	—	1300	1000	780	670	—	—	—	1900	1400	1100	950
>800~1600	>45	—	—	—	280	210	170	140	—	—	—	400	320	250	200	—	—	—	560	420	340	280	—	—	—	800	600	450	400
>1600	≤20	—	—	—	—	1200	1000	850	—	—	—	—	1700	1400	1200	—	—	—	—	2500	2100	1700	—	—	—	—	3600	2800	2400
>1600	>20~45	—	—	—	—	1050	850	710	—	—	—	—	1500	1200	1000	—	—	—	—	2100	1700	1400	—	—	—	—	3000	2400	2000
>1600	>45	—	—	—	—	450	360	300	—	—	—	—	630	500	420	—	—	—	—	900	700	600	—	—	—	—	1300	1000	850

注：1. 表中数值用于非修形齿轮。对修形齿轮允许采用低 1 级的 ±f_{AM} 值。
2. 表中数值用于 α=20° 的齿轮。对 α≠20° 的齿轮，将表中数值乘以 sin20°/sinα。

表 8.4-60 轴间距极限偏差 $\pm f_a$ 值 （μm）

中点锥距/mm	精度 等级								
	4	5	6	7	8	9	10	11	12
≤50	10	10	12	18	28	36	67	105	180
>50~100	12	12	15	20	30	45	75	120	200
>100~200	13	15	18	25	36	55	90	150	240
>200~400	15	18	25	30	45	75	120	190	300
>400~800	18	25	30	36	60	90	150	250	360
>800~1600	25	36	40	50	85	130	200	300	450
>1600	32	45	56	67	100	160	280	420	630

注：1. 表中数值用于无纵向修形的齿轮副。对纵向修形的齿轮副，允许采用低1级的 $\pm f_a$ 值。

　　2. 对准双曲面齿轮副，按大轮中点锥距查表。

表 8.4-61 轴交角极限偏差 $\pm E_\Sigma$ 值 （μm）

中点锥距/mm	小轮分锥角/(°)	最小法向侧隙种类					中点锥距/mm	小轮分锥角/(°)	最小法向侧隙种类				
		h	e	d	c	b	a			h	e	d	c	b	a
≤50	≤15	7.5	11	18	30	45	>200~400	>25	26	40	63	100	160
	>15~25	10	16	26	42	63	>400~800	≤15	20	32	50	80	125
	>25	12	19	30	50	80		>15~25	28	45	71	110	180
>50~100	≤15	10	16	26	42	63		>25	34	56	85	140	220
	>15~25	12	19	30	50	80	>800~1600	≤15	26	40	63	100	160
	>25	15	22	32	60	95		>15~25	40	63	100	160	250
>100~200	≤15	12	19	30	50	80		>25	53	85	130	210	320
	>15~25	17	26	45	71	110	>1600	≤15	34	66	85	140	222
	>25	20	32	50	80	125		>15~25	63	95	160	250	380
>200~400	≤15	15	22	32	60	95		>25	85	140	220	340	530
	>15~25	24	36	56	90	140							

注：1. $\pm E_\Sigma$ 的公差带位置相对于零线可以不对称或取在一侧。

　　2. 准双曲面齿轮副按大轮中点锥距查表。

　　3. 表中数值用于正交齿轮副。非正交齿轮副的 $\pm E_\Sigma$ 值为 $\pm j_{nmin}/2$。

　　4. 表中数值用于 $\alpha = 20°$ 的齿轮副。对 $\alpha \neq 20°$ 的齿轮副，将表中数值乘以 $\sin 20°/\sin\alpha$。

5.10 锥齿轮极限偏差及公差与齿轮几何参数的关系式（见表 8.4-62）

表 8.4-62 锥齿轮极限偏差及公差与齿轮几何参数的关系式

精度等级	F_P		F_r				f_{P1}		f_c		f'_{zzc}			f_a	
			1		2										
	$F_P = B\sqrt{d_m}+C$ $F_{Pk}=0.8B\sqrt{L}+C$		$Am_{mn}+B\sqrt{d_m}+C$ $B=0.25A$		$Am_{mn}+B\sqrt{d_m}+C$ $B=1.4A$		$Am_{mn}+B\sqrt{d_m}+C$ $B=0.25A$		$0.84(Am_{mn}+Bd_m+C)$ $B=0.0125A$		$Am_{mn}B+zC$			$A\sqrt{0.3R_m}+C$	
	B	C	A	C	A	C	A	C	A	C	A	B	C	A	C
4	1.25	2.5	0.9	11.2	0.4	4.8	0.25	3.15	0.21	3.4	2.5	0.315	0.115	0.94	4.7
5	2	4	1.4	18	0.63	7.5	0.4	5	0.34	4.2	3.46	0.349	0.123	1.2	6
6	3.15	6	2.24	28	1	12	0.63	8	0.53	5.3	5.15	0.344	0.126	1.5	7.5
7	4.45	9	3.15	40	1.4	17	0.9	11.2	0.84	6.7	7.69	0.348	0.125	1.87	9.45
8	6.3	12.5	4	50	1.75	21	1.25	16	1.34	8.4	9.27	0.185	0.072	3	15
9	9	18	5	63	2.2	26.6	1.8	22.4	2.1	13.4	—	—	—	4.75	24
10	12.5	25	6.3	80	2.75	33	2.5	31.5	3.35	21	—	—	—	7.5	37.5
11	17.5	35.5	8	100	3.44	41.5	3.55	45	5.3	34	—	—	—	12	60
12	25	50	10	125	4.3	51.5	5	63	8.4	—	—	—	—	19	94.5

$F_{vj} = 1.36F_r$，$f'_{zk} = f'_{zkc} = (k^{-0.6}+0.13)F_r$（按高1级精度的 F_r 值计算）；$\pm f_{AM} = \dfrac{R_m\cos\delta}{8m_{mn}}$；$F''_{i\Sigma c} = 1.96F_r$；$f''_{i2c} = 1.96f_{P1}$

说　明	d_m—中点分度圆直径；m_{mn}—中点法向模数；z—齿数；L—中点分度圆弧长；R_m—中点锥距；δ—分锥角；k—齿轮在一转（齿轮副在大轮一转）内的周期数

注：F_r 值取表中关系式1和关系式2计算所得的较小值。

6　锥齿轮工作图例（见图 8.4-41～图 8.4-43）

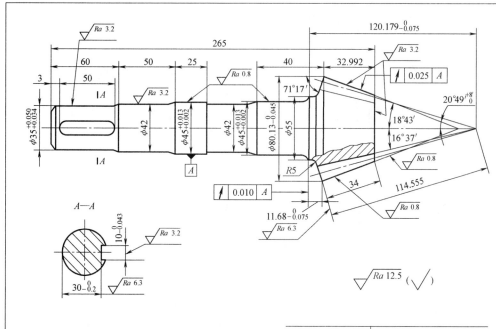

齿　制		直齿 GB/T 12369—1990
大端端面模数	m_{et}	3.5
齿　数	z	21
中点螺旋角	β_m	0°
螺旋方向		
压力角	α	20°
齿顶高系数	h_a^*	1
切向变位系数	x_t	0
径向变位系数	x	0
大端齿高	h	7.7
配对齿轮	图　号	
	齿　数	59
精度等级		6 c B GB/T 11365—1989
大端分度圆弦齿厚	$\bar{s}$	$5.452^{-0.048}_{-0.113}$
大端分度圆弦齿高	$\bar{h}_{ac}$	3.608
公差组	检验项目	数值
Ⅰ	F_i'	0.038
Ⅱ	f_i'	0.013
Ⅲ	沿齿长接触率>60%	
	沿齿高接触率>65%	

技术要求
1. 渗碳淬火后齿面硬度58～63HRC；
2. 未注明倒角为C2；
3. 未注明圆角半径为R2；
4. 两轴端中心孔为A5/10.6 GB/T 145—2001。

图 8.4-41　直齿锥齿轮工作图

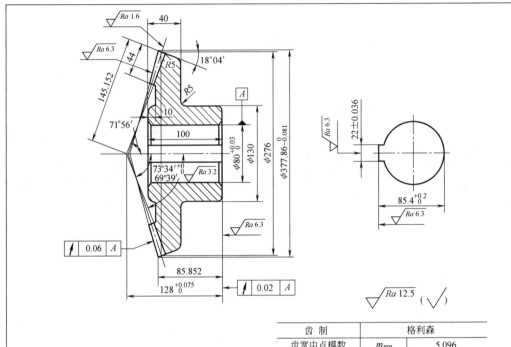

齿　制		格利森
齿宽中点模数	m_{mn}	5.096
齿　数	z	46
齿宽中点螺旋角	β_m	35°
螺旋方向		右旋
压力角	α_n	20°
齿顶高系数	h_a^*	0.85
切向变位系数	x_t	−0.085
径向变位系数	x	−0.35
齿高	h	11.328
配对齿轮	图　号	
	齿　数	15
精度等级		7 d GB/T 11365—1989
中点分度圆弦齿厚	$\bar{s}_m$	$4.82^{-0.060}_{-0.135}$
中点分度圆弦齿高	$\bar{h}_{am}$	2.39
最小法向侧隙	j_{nmin}	0.054
刀盘直径	D_0	210
刀号	N_o	$8\frac{1}{2}$
公差组	检验项目	数值
Ⅰ	F_P	0.09
Ⅱ	$\pm f_{Pt}$	±0.02
Ⅲ	沿齿长接触率＞50%	
	沿齿高接触率＞55%	

技术要求

1. 材料20MnVB，渗碳淬火，齿面56～62HRC，
心部280～320HBW，渗碳层深度1～1.4mm；
2. 全部倒角 C2.5；
3. 未注圆角 R3。

图 8.4-42　格利森锥齿轮工作图

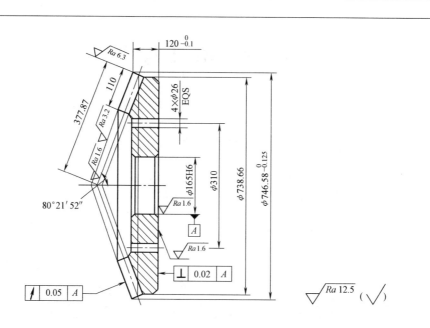

齿　制		克林根贝尔格
齿宽中点模数	m_{mn}	10.5
齿　数	z	53
齿宽中点螺旋角	β_m	29°11′23″
螺旋方向		左
压力角	α_n	20°
齿顶高系数	h_a^*	1
切向变位系数	x_t	−0.05
径向变位系数	x	−0.552
齿高	h	23.625
齿顶高	h_a	4.704
配对齿轮	图　号	
	齿　数	9
精度等级		6 b GB/T 11365—1989
齿宽中点法向齿厚	$\bar{s}_n$	$11.51^{-0.12}_{-0.25}$
齿宽中点法向齿高	$\bar{h}$	4.711
刀盘半径	r_0	210
刀片组数	z_0	5
公差组	检验项目	数值
Ⅰ	F_i'	0.115
Ⅱ	f_i'	0.028
Ⅲ	沿齿长接触率＞60%	
	沿齿高接触率＞60%	

技术要求
1. 渗碳淬火后齿面硬度58～62HRC。
2. 未注明倒角为C3。

图 8.4-43　克林根贝尔格锥齿轮工作图

第 5 章 蜗 杆 传 动

1 概述

蜗杆传动用于交错轴间传递运动及动力。通常交错角 $\Sigma = 90°$。其主要优点：传动比大，工作较平稳，噪声低，结构紧凑，可以自锁。主要缺点：效率低，易发热，蜗轮制造需要贵重的减摩性有色金属。

常用蜗杆的种类、加工原理和特点等见表 8.5-1。

影响蜗杆传动承载能力的主要因素：接触线长度、当量曲率半径、接触线分布情况、接触线与相对滑动速度之间夹角 Ω 的大小等。图 8.5-1 所示为三种蜗杆传动接触线分布情况及 Ω 角的大小。直廓环面蜗杆传动的 Ω 角接近 $90°$，形成油膜的条件好，同时接触的齿数多，当量曲率半径大，所以承载能力高。圆弧圆柱蜗杆传动与普通圆柱蜗杆传动相比，Ω 角和当量曲率半径都较大，所以承载能力亦较高。

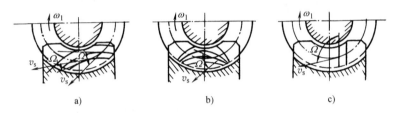

图 8.5-1　三种蜗杆传动接触线分布情况及 Ω 角的大小

a）阿基米德蜗杆传动　b）圆弧圆柱蜗杆传动　c）直廓环面蜗杆传动

表 8.5-1　常用蜗杆的种类、加工原理和特点

种　类		蜗杆加工情况	特点和应用	效率
圆柱蜗杆传动	普通圆柱蜗杆	阿基米德圆柱蜗杆（ZA 型）	车制，车刀刀刃平面通过蜗杆轴线，这种蜗杆在轴向剖面 A—A 上具有直线齿廓，法向剖面 N—N 上齿廓为外凸曲线；而端面上的齿廓曲线为阿基米德螺旋线。磨削时砂轮需经修正，才能磨出正确的齿廓 这种蜗杆加工方便，应用广泛，但导程角大时加工困难，齿面磨损较快。因此，一般用于头数较少、载荷较小、低速或不太重要的传动	0.5~0.8（自锁时蜗杆传动 0.4~0.45）
		渐开线圆柱蜗杆（ZI 型）	一般车制，车刀刀刃平面与基圆 d_b 相切，被切出的蜗杆齿面是渐开线螺旋面，端面齿廓为渐开线 这种蜗杆可以磨削，加工精度容易保证，传动效率高。一般用于蜗杆头数较多（3 头以上），转速较高和要求较精密的传动，如滚齿机、磨齿机上的精密蜗杆副等，推荐用这种传动	可达 0.9

（续）

种　类		蜗杆加工情况	特点和应用	效率
圆柱蜗杆传动	普通圆柱蜗杆传动	法向直廓蜗杆（ZN 型）	亦称延伸渐开线蜗杆，车制时刀刃平面放在螺旋线的法面上，蜗杆在剖面 $N—N$ 上具有直线齿廓，在端面上为延伸渐开线齿廓。用单刀切制的蜗杆，齿槽在法向剖面上具有对称的直线齿廓（图 a）；用双刀切出的螺牙在法向剖面上具有对称的直线齿廓（图 b）。这种蜗杆可用砂轮磨齿（图 c），加工较简单 常用作机床的多头精密蜗杆副	可达 0.9
		锥面包络圆柱蜗杆（ZK 型）	蜗杆螺旋面由锥面盘状铣刀或砂轮包络而成。包络形成的螺旋面是非线性的。齿廓在各个截面均呈曲线状。由于锥形盘状铣刀的成形线是直线，刀具易于制造、刃磨、修整及检验，也使蜗杆的磨削及相应蜗轮滚刀的磨削较容易	可达 0.9
		圆弧圆柱蜗杆（ZC 型）	蜗杆齿面一般为凹面的圆柱蜗杆，是用凸圆弧刃的工具加工而成，称为齿形 C 若用圆环面砂轮作工具，与蜗杆做螺旋运动，砂轮轴线与蜗杆轴线的交角 Σ 等于蜗杆的导程角 γ，这种蜗杆的齿形称为齿形 C_1（图 a）；若 $\Sigma \neq \gamma$，其齿形称为齿形 C_2，如果蜗杆齿面是由蜗杆轴平面上圆弧形车刀车出来的，这种齿形称为齿形 C_3（图 b） 这种传动具有承载能力大、效率高的优点	可达 0.96
环面蜗杆传动		直廓环面蜗杆（TSL 型）	蜗杆的螺旋面可以用一把直刃车刀（图 a），在专用的机床上，同时切制齿槽的两侧齿面；也可以用两把车刀（图 b）分别切制齿的两侧齿面。蜗杆的齿面为不可展的直纹曲面，难以精确磨削。其承载能力为普通圆柱蜗杆传动的 4 倍，应用较广泛。缺点：工艺复杂，蜗杆齿修形技术难掌握	可达 0.92
		平面包络环面蜗杆（TOP 型）	用平面盘状铣刀或平面砂轮在专用的机床上按包络原理加工蜗杆的螺旋面，用此蜗杆与平面齿蜗轮组成的传动，称为平面一次包络环面蜗杆传动。若以上述蜗杆的螺旋面为母面，按包络原理加工出蜗轮齿面，用此蜗轮与上述蜗杆组成的传动称为平面二次包络环面蜗杆传动（TOP 型） 这种蜗杆齿面可淬硬磨削，加工精度高，效率较高，承载能力与 TSL 型相当，应用日益广泛	可达 0.97

2 普通圆柱蜗杆传动

2.1 普通圆柱蜗杆传动的基本齿廓和标记

（摘自 GB/T 10087—2013 报批稿）

2.1.1 基本齿廓（见图 8.5-2）

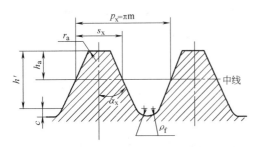

图 8.5-2 蜗杆的基本齿廓

1）模数 m。

2）轴向齿距 p_x，$p_x = \pi m$。

3）齿顶高 h_a。$h_a = m$，短齿 $h_a = 0.8m$。

4）齿顶间隙 c。$c = 0.2m$，允许减小到 $0.15m$，增大到 $0.35m$。

5）轴向齿厚 s_x。$s_x = 0.5p_x = 0.5\pi m$。

6）齿根圆角半径 ρ_f。$\rho_f = 0.3m$，允许减小到 $0.2m$，增大到 $0.4m$，也允许成单圆弧。

7）齿顶倒圆半径 r_a，$r_a \leqslant 0.2m$。

8）压力角或产形角。

阿基米德蜗杆（ZA 蜗杆）的轴向压力角 $\alpha_x = 20°$；法向直廓蜗杆（ZN 蜗杆）的法向压力角 $\alpha_n = 20°$；渐开线蜗杆（ZI 蜗杆）的法向压力角 $\alpha_n = 20°$；锥面包络圆柱蜗杆（ZK 蜗杆）的锥形刀具产形角 $\alpha_0 = 20°$。在动力传动中，允许增大压力角，推荐采用 $25°$，在分度传动中，允许减小压力角，推荐采用 $15°$ 或 $12°$。

2.1.2 圆柱蜗杆传动的标记

蜗杆的标记：蜗杆类型（ZA、ZN、ZI、ZK、ZC），模数 m，分度圆直径 d_1，螺旋方向（右旋：R、左旋：L），头数 z_1。

蜗轮的标记：相配蜗杆类型（ZA、ZN、ZI、ZK、ZC），模数 m，齿数 z_2。

蜗杆传动的标记：用分式表示，分子为蜗杆标记，分母为蜗轮齿数 z_2。

标记示例：

1）ZN 蜗杆传动，法向压力角 $20°$，模数为 $10mm$，蜗杆分度圆直径为 $90mm$，右旋，头数为 2，蜗轮齿数为 80。

蜗杆标记为：蜗杆 $ZN_1 10 \times 90R2$；蜗轮标记为：蜗轮 $ZN_2 10 \times 80$；蜗杆传动标记为：$\dfrac{ZN10 \times 90R2}{80}$ 或 $ZN_1 10 \times 90R2/80$。

2）ZK 蜗杆传动，压力角 $20°$，模数为 $10mm$，蜗杆分度圆直径为 $90mm$，右旋，头数为 2，蜗轮齿数为 80，磨削砂轮直径 $500mm$。

蜗杆标记为：蜗杆 $ZK_2 10 \times 90R2\text{-}500$；蜗轮标记为：蜗轮 $ZK_2 10 \times 80$；蜗杆传动标记为：$\dfrac{ZK10 \times 90R2\text{-}500}{80}$ 或 $ZK10 \times 90R2\text{-}500/80$。

2.2 普通圆柱蜗杆传动的主要参数

1）模数 m。对于 $\Sigma = 90°$ 的传动，蜗杆的轴向模数 m_x 和蜗轮的端面模数 m_t 相等，均以 m 表示。蜗杆模数 m 见表 8.5-2。

表 8.5-2 蜗杆模数 m

（摘自 GB/T 10088—2013 报批稿）

(mm)

1、1.25、(1.5)、1.6、2、2.5、(3)、3.15、(3.5)、4、(4.5)、5、(5.5)、(6)、6.3、(7)、8、10、(12)、12.5、(14)、16、20、25、31.5、40

注：括号中数字为第二系列，尽量不用；其余为第一系列。

2）蜗杆分度圆直径 d_1。当用滚刀切制蜗轮时，为了减少蜗轮滚刀的规格，蜗杆分度圆直径 d_1 也标准化，见表 8.5-3，且与 m 有一定的匹配，其匹配组合见表 8.5-4。

表 8.5-3 蜗杆分度圆直径 d_1

（摘自 GB/T 10088—2013 报批稿）

(mm)

4、4.5、5、5.6、6.3、7.1、(7.5)、8、(8.5)、9、10、11.2、12.5、14、(15)、16、18、20、22.4、25、28、(30)、31.5、(35.5)、(38)、40、45、(48)、50、(53)、56、(60)、63、(67)、71、(75)、80、(85)、90、(95)、100、(106)、112、(118)、125、(132)、140、(144)、160、(170)、180、(190)、200、224、250、280、(300)、315、355、400

注：括号中数字为第二系列，尽量不用；其余为第一系列。

3）蜗杆导程角 γ。γ 与 m 及 d_1 有下列关系：

$$\tan\gamma = \frac{z_1 m}{d_1} \tag{8.5-1}$$

或

$$d_1 = \frac{z_1}{\tan\gamma}m = qm$$

$$q = \frac{z_1}{\tan\gamma} = \frac{d_1}{m} \tag{8.5-2}$$

式中，q 为蜗杆直径系数。

在动力传动中，为提高传动的效率，应力求取大的 γ 值，即应选用多头数、小分度圆直径 d_1 的蜗杆

传动。对于要求具有自锁性能的传动，则应采用 $\gamma <$ $3°30'$ 的蜗杆传动。

表 8.5-4　蜗杆传动的 m 与 d_1 的匹配（摘自 GB 10085—2013 报批稿）

m/mm	1	1.25		1.6		2				2.5				3.15			
d_1/mm	18	20	22.4	20	28	(18)	22.4	(28)	35.5	(22.4)	28	(35.5)	45	(28)	35.5	(45)	56
$m^2 d_1/\text{mm}^3$	18	31.3	35	51.2	71.7	72	89.6	112	142	140	175	222	281	278	352	447	556

m/mm	4				5				6.3				8				10	
d_1/mm	(31.5)	40	(50)	71	(40)	50	(63)	90	(50)	63	(80)	112	(63)	80	(100)	140	(71)	90
$m^2 d_1/\text{mm}^3$	504	640	800	1136	1000	1250	1575	2250	1985	2500	3175	4445	4032	5376	6400	8960	7100	9000

m/mm	10		12.5				16				20				25			
d_1/mm	(112)	160	(90)	112	(140)	200	(112)	140	(180)	250	(140)	160	(224)	315	(180)	200	(280)	400
$m^2 d_1/\text{mm}^3$	11200	16000	14062	17500	21875	31250	28672	35940	46080	64000	56000	64000	89600	126000	112500	125000	175000	250000

注：1. $m^2 d_1$ 值非标准内容，系编者所加。

2. 括号中的数字尽可能不采用。

4）蜗杆头数 z_1 和蜗轮齿数 z_2。蜗杆头数一般为 $z_1 = 1 \sim 10$，常用为 1，2，4，6。z_1 过多时，制造较高精度的蜗杆和蜗轮滚刀有困难。传动比大及要求自锁的蜗杆传动取 $z_1 = 1$。

蜗轮齿数一般取 $z_2 = 27 \sim 80$。z_2 增多虽然可增加同时接触的齿数、运转平稳性也得到改善，但 $z_2 > 80$ 后，会导致模数过小而削弱轮齿的齿根强度或使蜗杆轴刚度降低。$z_2 < 27$ 时蜗轮齿将产生根切与干涉。z_1 和 z_2 荐用值见表 8.5-5。

表 8.5-5　各种传动比时推荐的 z_1、z_2 值

i	5~6	7~8	9~13	14~24	25~27	28~40	>40
z_1	6	4	3~4	2~3	2~3	1~2	1
z_2	29~36	28~32	27~52	28~72	50~81	28~80	>40

5）中心距 a。普通圆柱蜗杆传动的中心距尾数应取为 0 或 5mm；减速器的中心距应取为标准系列值，见表 8.5-6。中心距大于 500mm 的可按优先数系 R20 选用。

6）传动比 i。普通圆柱蜗杆减速器的传动比 i 的标准系列公称值见表 8.5-6，其中带①者为基本传动比，应优先采用。

7）蜗轮的变位系数 x_2。普通圆柱蜗杆传动变位的主要目的是配凑中心距，此外还可以提高传动的承载能力和效率，消除蜗轮的根切。

蜗轮的变位系数 x_2 取得过大会产生蜗轮齿顶变尖；过小又会产生蜗轮轮齿根切。一般取 $x_2 = -1 \sim +1$，常用 $x_2 = -0.7 \sim +0.7$。

2.3　普通圆柱蜗杆传动的几何尺寸计算（见表 8.5-7、表 8.5-8）

2.4　普通圆柱蜗杆传动的承载能力计算

蜗杆与蜗轮齿面间滑动速度较大，蜗杆传动的失效形式主要是蜗轮齿面的点蚀、磨损和胶合，有时也

出现蜗轮轮齿齿根折断，因此对闭式传动，一般按齿面接触疲劳强度设计，按条件考虑蜗轮齿面胶合和点蚀强度；只是当 $z_2 > 80 \sim 100$ 或蜗轮负变位时，才进行蜗轮轮齿齿根强度验算；另外，蜗杆传动热损耗较大，应进行散热计算。对开式传动，按蜗轮轮齿齿根强度设计，用降低许用应力或增大模数的办法加大齿厚，来考虑轮齿磨损的储备量。对蜗杆，需按轴的计算方法校核其强度和刚度。

2.4.1　齿上受力分析和滑动速度计算（见表 8.5-9）

2.4.2　普通圆柱蜗杆传动的强度和刚度计算（见表 8.5-10）

表 8.5-10 中符号的意义和求法如下：

T_2——作用于蜗轮轴上的名义转矩（N·m）；

K——载荷系数，一般 $K = 1 \sim 1.4$，当载荷平稳、蜗轮的圆周速度 $v_2 \leqslant 3\text{m} \cdot \text{s}^{-1}$ 和 7 级精度以上时，取较小值，否则取较大值；

K_A——使用系数，查表 8.5-11；

K_v——动载系数，当 $v_2 \leqslant 3\text{m} \cdot \text{s}^{-1}$ 时，$K_v = 1 \sim 1.1$；当 $v_2 > 3\text{m} \cdot \text{s}^{-1}$ 时，$K_v = 1.1 \sim 1.2$；

K_β——载荷分布系数，载荷平稳时，$K_\beta = 1$；载荷变化时，$K_\beta = 1.1 \sim 1.3$；

σ_{HP}——许用接触应力（MPa），与蜗轮轮缘的材料有关：对无锡青铜、黄铜和铸铁的轮缘，σ_{HP} 取决于胶合，其值见表 8.5-15；对锡青铜的轮缘，σ_{HP} 取决于疲劳点蚀，$\sigma_{HP} = \sigma'_{HP} Z_{vs} Z_N$（MPa）；

σ'_{HP}——$N_L = 10^7$ 时的轮缘材料的许用接触应力（MPa），其值见表 8.5-14；

σ_{FP}——蜗轮齿根许用弯曲应力，$\sigma_{FP} = \sigma'_{FP} Y_N$（MPa）；

表 8.5-6　普通圆柱蜗杆传动的基本参数及其匹配（摘自 GB 10085—2013 报批稿）

a/mm	i	m/mm	d₁/mm	z₁	z₂	x₂	γ	a/mm	i	m/mm	d₁/mm	z₁	z₂	x₂	γ
40	4.83	2	22.4	6	29	-0.100	28°10′43″	80	62	2	35.5	1	62	+0.125	3°13′28″
	7.25	2	22.4	4	29	-0.100	19°39′14″		69	2	22.4	1	69	-0.100	5°06′08″
	9.5①	1.6	20	4	38	-0.250	17°44′41″		82①	1.6	28	1	82	+0.250	3°16′14″
	—	—	—	—	—	—	—	100	5.17	5	50	6	31	-0.500	30°57′50″
	14.5	2	22.4	2	29	-0.100	10°07′29″		7.75	5	50	4	31	-0.500	21°48′05″
	19①	1.6	20	2	38	-0.250	9°05′25″		10.25①	4	40	4	41	-0.500	21°48′05″
	29	2	22.4	1	29	-0.100	5°06′08″		13.25	3.15	35.5	4	53	-0.3889	19°32′29″
	38①	1.6	20	1	38	-0.250	4°34′26″		15.5	5	50	2	31	-0.500	11°18′36″
	49	1.25	20	1	49	-0.500	3°34′35″		20.5①	4	40	2	41	-0.500	11°18′36″
	62	1	18	1	62	0.000	3°10′47″		26.5	3.15	35.5	2	53	-0.3889	10°03′48″
50	4.83	2.5	28	6	29	-0.100	28°10′43″		31	5	50	1	31	-0.500	5°42′38″
	7.25	2.5	28	4	29	-0.100	19°39′14″		41①	4	40	1	41	-0.500	5°42′38″
	9.75①	2	22.4	4	39	-0.100	19°39′14″		53	3.15	35.5	1	53	-0.3889	5°04′15″
	12.75	1.6	20	4	51	-0.500	17°44′41″		62	2.5	45	1	62	0.000	3°10′47″
	14.5	2.5	28	2	29	-0.100	10°07′29″		70	2.5	28	1	70	-0.600	5°06′08″
	19.5①	2	22.4	2	39	-0.100	10°07′29″		82①	2	35.5	1	82	+0.125	3°13′28″
	25.5	1.6	20	2	51	-0.500	9°05′25″	125	5.17	6.3	63	6	31	-0.6587	30°57′50″
	29	2.5	28	1	29	-0.100	5°06′08″		7.75	6.3	63	4	31	-0.6587	21°48′05″
	39①	2	22.4	1	39	-0.100	5°06′08″		10.25①	5	50	4	41	-0.500	21°48′05″
	51	1.6	20	1	51	-0.500	4°34′26″		12.75	4	40	4	51	+0.750	21°48′05″
	62	1.25	22.4	1	62	+0.040	3°11′38″		15.5	6.3	63	2	31	-0.6587	11°18′36″
	—	—	—	—	—	—	—		20.5①	5	50	2	41	-0.500	11°18′36″
	82①	1	18	1	82	0.000	3°10′47″		25.5	4	40	2	51	+0.750	11°18′36″
63	4.83	3.15	35.5	6	29	-0.1349	28°01′50″		31	6.3	63	1	31	-0.6587	5°42′38″
	7.25	3.15	35.5	4	29	-0.1349	19°32′29″		41①	5	50	1	41	-0.500	5°42′38″
	9.75①	2.5	28	4	39	+0.100	19°39′14″		51	4	40	1	51	+0.750	5°42′38″
	12.75	2	22.4	4	51	+0.400	19°39′14″		62	3.15	56	1	62	-0.2063	3°13′10″
	14.5	3.15	35.5	2	29	-0.1349	10°03′48″		69	3.15	35.5	1	69	-0.4524	5°04′15″
	19.5①	2.5	28	2	39	+0.100	10°07′29″		82①	2.5	45	1	82	0.000	3°10′47″
	25.5	2	22.4	2	51	+0.400	10°07′29″	160	5.17	8	80	6	31	-0.500	30°57′50″
	29	3.15	35.5	1	29	-0.1349	5°04′15″		7.75	8	80	4	31	-0.500	21°48′05″
	39①	2.5	28	1	39	+0.100	5°06′08″		10.25①	6.3	63	4	41	-0.1032	21°48′05″
	51	2	22.4	1	51	+0.400	5°06′08″		13.25	5	50	4	53	+0.500	21°48′05″
	61	1.6	28	1	61	+0.125	3°16′14″		15.5	8	80	2	31	-0.500	11°18′36″
	67	1.6	20	1	67	-0.375	4°34′26″		20.5①	6.3	63	2	41	-0.1032	11°18′36″
	82①	1.25	22.4	1	82	+0.440	3°11′38″		26.5	5	50	2	53	+0.500	11°18′36″
80	5.17	4	40	6	31	-0.500	30°57′50″		31	8	80	1	31	-0.500	5°42′38″
	7.75	4	40	4	31	-0.500	21°48′05″		41①	6.3	63	1	41	-0.1032	5°42′38″
	9.75①	3.15	35.5	4	39	+0.2619	19°32′29″		53	5	50	1	53	+0.500	5°42′38″
	13.25	2.5	28	4	53	-0.100	19°39′14″		62	4	71	1	62	+0.125	3°13′28″
	15.5	4	40	2	31	-0.500	11°18′36″		70	4	40	1	70	0.000	5°42′38″
	19.5①	3.15	35.5	2	39	+0.2619	10°03′48″		83①	3.15	56	1	83	+0.4048	3°13′10″
	26.5	2.5	28	2	53	-0.100	10°07′29″	180	—	—	—	—	—	—	—
	31	4	40	1	31	-0.500	5°42′38″		7.25	10	(71)	4	29	-0.050	29°23′46″
	39①	3.15	35.5	1	39	+0.2619	5°04′15″		9.5①	8	(63)	4	38	-0.4375	26°53′40″
	53	2.5	28	1	53	-0.100	5°06′08″								

（续）

a/mm	i	m/mm	d_1/mm	z_1	z_2	x_2	γ	a/mm	i	m/mm	d_1/mm	z_1	z_2	x_2	γ
180	12	6.3	63	4	48	-0.4286	21°48′05″	250	70	6.3	63	1	70	-0.3175	5°42′38″
	15.25	5	50	4	61	+0.500	21°48′05″		81①	5	90	1	81	+0.500	3°10′47″
	19①	8	(63)	2	38	-0.4375	14°15′00″	280	7.25	16	(112)	4	29	-0.500	29°44′42″
	24	6.3	63	2	48	-0.4286	11°18′36″		9.5①	12.5	(90)	4	38	-0.200	29°03′17″
	30.5	5	50	2	61	+0.500	11°18′36″		12	10	90	4	48	-0.500	23°57′45″
	38①	8	63	1	38	-0.4375	7°14′13″		15.25	8	80	4	61	-0.500	21°48′05″
	48	6.3	63	1	48	-0.4286	5°42′38″		19①	12.5	(90)	2	38	-0.200	15°31′27″
	61	5	50	1	61	+0.500	5°42′38″		24	10	90	2	48	-0.500	12°31′44″
	71	4	71	1	71	+0.625	3°13′28″		30.5	8	80	2	61	-0.500	11°18′36″
	80①	4	40	1	80	0.000	5°42′38″		38①	12.5	(90)	1	38	-0.200	7°50′26″
200	5.17	10	90	6	31	0.000	33°41′24″		48	10	90	1	48	-0.500	6°20′25″
	7.75	10	90	4	31	0.000	23°57′45″		61	8	80	1	61	-0.500	5°42′38″
	10.25①	8	80	4	41	-0.500	21°48′05″		71	6.3	112	1	71	+0.0556	3°13′10″
	13.25	6.3	63	4	53	+0.246	21°48′05″		80①	6.3	63	1	80	-0.5556	5°42′38″
	15.5	10	90	2	31	0.000	12°31′44″	315	7.75	16	140	4	31	-0.1875	24°34′02″
	20.5①	8	80	2	41	-0.500	11°18′36″		10.25①	12.5	112	4	41	+0.220	24°03′26″
	26.5	6.3	63	2	53	+0.246	11°18′36″		13.25	10	90	4	53	+0.500	23°57′45″
	31	10	90	1	31	0.000	6°20′25″		15.5	16	140	2	31	-0.1875	12°52′30″
	41①	8	80	1	41	-0.500	5°42′38″		20.5①	12.5	112	2	41	+0.220	12°34′59″
	53	6.3	63	1	53	+0.246	5°42′38″		26.5	10	90	2	53	+0.500	12°31′44″
	62	5	90	1	62	0.000	3°10′47″		31	16	140	1	31	+0.1875	6°31′11″
	70	5	50	1	70	0.000	5°42′38″		41①	12.5	112	1	41	+0.220	6°22′06″
	82①	4	71	1	82	+0.125	3°13′28″		53	10	90	1	53	+0.500	6°20′25″
225	7.25	12.5	(90)	4	29	-0.100	29°03′17″		61	8	140	1	61	+0.125	3°16′14″
	9.5①	10	(71)	4	38	-0.050	29°23′46″		69	8	80	1	69	-0.125	5°42′38″
	11.75	8	80	4	47	-0.375	21°48′05″		82①	6.3	112	1	82	+0.1111	3°13′10″
	15.25	6.3	63	4	61	+0.2143	21°48′05″	355	7.25	20	(140)	4	29	-0.250	29°44′42″
	19.5①	10	(71)	2	38	-0.050	15°43′55″		9.5①	16	(112)	4	38	-0.3125	29°44′42″
	23.5	8	80	2	47	-0.375	11°18′36″		12.25	12.5	112	4	49	-0.580	24°03′26″
	30.5	6.3	63	2	61	+0.2143	11°18′36″		15.25	10	90	4	61	+0.500	23°57′45″
	38①	10	(71)	1	38	-0.050	8°01′02″		19①	16	(112)	2	38	-0.3125	15°56′43″
	47	8	80	1	47	-0.375	5°42′38″		24.5	12.5	112	2	49	-0.580	12°34′59″
	61	6.3	63	1	61	+0.2143	5°42′38″		30.5	10	90	2	61	+0.500	12°31′44″
	71	5	90	1	71	+0.500	3°10′47″		38①	16	(112)	1	38	-0.3125	8°07′48″
	80①	5	50	1	80	0.000	5°42′38″		49	12.5	112	1	49	-0.580	6°22′06″
250	7.75	12.5	112	4	31	+0.020	24°03′26″		61	10	90	1	61	+0.500	6°20′25″
	10.25①	10	90	4	41	0.000	23°57′45″		71	8	140	1	71	+0.125	3°16′14″
	13	8	80	4	52	+0.250	21°48′05″		79①	8	80	1	79	-0.125	5°42′38″
	15.5	12.5	112	2	31	+0.020	12°34′59″	400	7.75	20	160	4	31	+0.500	26°33′54″
	20.5①	10	90	2	41	0.000	12°31′44″		10.25①	16	140	4	41	+0.125	24°34′02″
	26	8	80	2	52	+0.250	11°18′36″		13.5	12.5	112	4	54	+0.520	24°03′26″
	31	12.5	112	1	31	+0.020	6°22′06″		15.5	20	160	2	31	+0.500	14°02′10″
	41①	10	90	1	41	0.000	6°20′25″		20.5①	16	140	2	41	+0.125	12°52′30″
	52	8	80	1	52	+0.250	5°42′38″		27	12.5	112	2	54	+0.520	12°34′59″
	61	6.3	112	1	61	+0.2937	3°13′10″		31	20	160	1	31	+0.050	7°07′30″

（续）

a/mm	i	m/mm	d_1/mm	z_1	z_2	x_2	γ	a/mm	i	m/mm	d_1/mm	z_1	z_2	x_2	γ
400	41[①]	16	140	1	41	+0.125	6°31′11″	450	73	10	160	1	73	+0.500	3°50′26″
	54	12.5	112	1	54	+0.520	6°22′06″		81[①]	10	90	1	81	0.000	6°20′25″
	63	10	160	1	63	+0.500	3°34′35″	500	7.75	25	200	4	31	+0.500	26°33′54″
	71	10	90	1	71	0.000	6°20′25″		10.25[①]	20	160	4	41	+0.500	26°33′54″
	82[①]	8	140	1	82	+0.250	3°16′14″		13.25	16	140	4	53	+0.375	24°34′02″
450	7.25	25	(180)	4	29	−0.100	27°03′17″		15.5	25	200	2	31	+0.500	14°02′10″
	9.75[①]	20	(140)	4	39	−0.500	29°44′42″		20.5[①]	20	160	2	41	+0.500	14°02′10″
	12.25	16	(112)	4	49	+0.125	29°44′42″		26.5	16	140	2	53	+0.375	12°52′30″
	15.75	12.5	112	4	63	+0.020	24°03′26″		31	25	200	1	31	+0.500	7°07′30″
	19.5[①]	20	(140)	2	39	−0.500	15°56′43″		41[①]	20	160	1	41	+0.500	7°07′30″
	24.5	16	(112)	2	49	+0.125	15°56′43″		53	16	140	1	53	+0.375	6°31′11″
	31.5	12.5	112	2	63	+0.020	12°34′59″		63	12.5	200	1	63	+0.500	3°34′35″
	39[①]	20	(140)	1	39	−0.500	8°07′48″		71	12.5	112	1	71	+0.020	6°22′06″
	49	16	(112)	1	49	+0.125	8°07′48″		83[①]	10	160	1	83	+0.500	3°34′35″
	63	12.5	112	1	63	+0.020	6°22′06″								

注：$\gamma < 3°17′$ 者有自锁能力。

① 为基本传动比。

表 8.5-7　普通圆柱蜗杆传动几何尺寸计算（摘自 GB/T 10085—2013 报批稿）

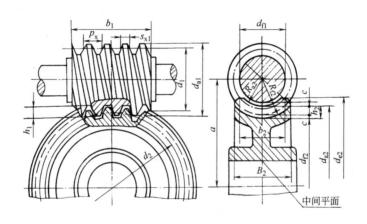

名　称	代　号	公 式 及 说 明
中心距	a	$a = (d_1 + d_2 + 2x_2 m)/2$，要满足强度要求，可按表 8.5-6 选取
蜗杆头数	z_1	常用 $z_1 = 1,2,4,6$
蜗轮齿数	z_2	$z_2 = iz_1$，传动比 $i = \dfrac{n_1}{n_2}$
压力角	α	ZA 型 $\alpha_x = 20°$，其余 $\alpha_n = 20°$，$\tan\alpha_n = \tan\alpha_x \cos\gamma$
模数	m	$m = m_x = m_n/\cos\gamma$　按表 8.5-2 或表 8.5-6 选取
蜗轮变位系数	x_2	$x_2 = \dfrac{a}{m} - \dfrac{d_1 + d_2}{2m}$
蜗杆轴向齿距	p_x	$p_x = \pi m$
蜗杆分度圆直径	d_1	$d_1 = mz_1/\tan\gamma$　按表 8.5-3 或表 8.5-6 选取，与 m 匹配
蜗杆齿顶圆直径	d_{a1}	$d_{a1} = d_1 + 2h_{a1} = d_1 + 2h_a^* m$
蜗杆齿根圆直径	d_{f1}	$d_{f1} = d_1 - 2h_{f1} = d_1 - 2m(h_a^* + c^*)$

注：蜗杆头数 z_1、蜗轮齿数 z_2 按表 8.5-5 选取

（续）

名 称	代 号	公 式 及 说 明
蜗杆齿顶高	h_{a1}	$h_{a1} = h_a^* m$，齿顶高系数，一般 $h_a^* = 1$，短齿 $h_a^* = 0.8$
顶隙	c	$c = c^* m$，一般顶隙系数 $c^* = 0.2$
蜗杆齿根高	h_{f1}	$h_{f1} = (h_a^* + c^*) m = \frac{1}{2}(d_1 - d_{f1})$
蜗杆齿高	h_1	$h_1 = h_{a1} + h_{f1} = \frac{1}{2}(d_{a1} - d_{f1})$
渐开线蜗杆基圆直径	d_{b1}	$d_{b1} = d_1 \tan\gamma / \tan\gamma_b = z_1 m / \tan\gamma_b$
渐开线蜗杆基圆导程角	γ_b	$\cos\gamma_b = \cos\gamma \cos\alpha_n$
蜗杆齿宽	b_1	见表 8.5-8
蜗轮分度圆直径	d_2	$d_2 = m z_2 = 2a - d_1 - 2x_2 m$
蜗轮喉圆直径	d_{a2}	$d_{a2} = d_2 + 2h_{a2}$
蜗轮齿根圆直径	d_{f2}	$d_{f2} = d_2 - 2h_{f2}$
蜗轮齿顶高	h_{a2}	$h_{a2} = (d_{a2} - d_2)/2 = m(h_a^* + x_2)$
蜗轮齿根高	h_{f2}	$h_{f2} = \frac{1}{2}(d_2 - d_{f2}) = m(h_a^* - x_2 + c^*)$
蜗轮齿高	h_2	$h_2 = h_{a2} + h_{f2} = \frac{1}{2}(d_{a2} - d_{f2})$
蜗轮顶圆直径	d_{e2}	当 $z_1 = 1$ 时，$d_{e2} \leqslant d_{a2} + 2m$；$z_1 = 2 \sim 3$ 时，$d_{e2} \leqslant d_{a2} + 1.5m$；$z_1 = 4 \sim 6$ 时，$d_{e2} = d_{a2} + m$ 或按结构设计
蜗轮齿宽	b_2	当 $z_1 \leqslant 3$ 时，$b_2 \leqslant 0.75d_{a1}$；$z_1 = 4 \sim 6$ 时，$b_2 \leqslant 0.67d_{a1}$
蜗轮齿顶圆弧半径	R_{a2}	$R_{a2} = \frac{d_1}{2} - m$
蜗轮齿根圆弧半径	R_{f2}	$R_{f2} = \frac{d_{a1}}{2} + c^* m$
蜗杆轴向齿厚	s_{x1}	$s_{x1} = \frac{1}{2}p_x = \frac{1}{2}m\pi$
蜗杆法向齿厚	s_{n1}	$s_{n1} = s_{x1}\cos\gamma$
蜗轮分度圆齿厚	s_2	$s_2 = (0.5\pi + 2x_2 \tan\alpha_x) m$
蜗杆齿厚测量高度	$\bar{h}_{a1}$	$\bar{h}_{a1} = m$；短齿 $\bar{h}_{a1} = 0.8m$
蜗杆节圆直径	d_{w1}	$d_{w1} = d_1 + 2x_2 m$
蜗轮节圆直径	d_{w2}	$d_{w2} = d_2$

表 8.5-8 普通圆柱蜗杆传动的蜗杆齿宽 b_1

x_2	z_1		
	1~2	3~4	5~6
-1	$b_1 \geqslant (10.5 + z_1) m$	$b_1 \geqslant (10.5 + z_1) m$	
-0.5	$b_1 \geqslant (8 + 0.06z_2) m$	$b_1 \geqslant (9.5 + 0.09z_2) m$	
0	$b_1 \geqslant (11 + 0.06z_2) m$	$b_1 \geqslant (12.5 + 0.09z_2) m$	按结构设计
0.5	$b_1 \geqslant (11 + 0.1z_2) m$	$b_1 \geqslant (12.5 + 0.1z_2) m$	
1	$b_1 \geqslant (12 + 0.1z_2) m$	$b_1 \geqslant (13 + 0.1z_2) m$	

注：1. 当蜗轮变位系数 x_2 为中间值时，b_1 按相邻两值中的较大者确定。

2. 对磨削的蜗杆，应将求得的 b_1 值增大。当 $m < 10\text{mm}$ 时，增大 15~25mm；当 $m = 10 \sim 14\text{mm}$ 时，增大 35mm；当 $m \geqslant 16\text{mm}$ 时，增大 50mm。

表 8.5-9　齿上受力分析和滑动速度计算

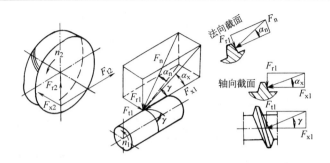

名　称	代　号	公式及说明
蜗杆圆周力/N （蜗轮轴向力）	F_{t1}	$F_{t1} = -F_{x2} = \dfrac{2000T_1}{d_1}$，$F_{t1}$ 产生的转矩与外加转矩 T_1 方向相反
蜗杆轴向力/N （蜗轮圆周力）	F_{x1}	$F_{x1} = -F_{t2} = \dfrac{2000T_2}{d_2 + 2x_2 m}$，$F_{t2}$ 产生的转矩与外加转矩 T_2 方向相反
蜗杆径向力/N （蜗轮径向力）	F_{r1}	$F_{r1} = -F_{r2} \approx -F_{t2}\tan\alpha_x$，从啮合点向各自的中心
法向力/N	F_n	$F_n = \dfrac{F_{x1}}{\cos\gamma\cos\alpha_n} \approx \dfrac{-F_{t2}}{\cos\gamma\cos\alpha_x} = \dfrac{-2000T_2}{d_2\cos\gamma\cos\alpha_x}$，垂直于接触齿面
蜗轮轴工作转矩/N·m	T_2	$T_2 = iT_1\eta \approx 9550\dfrac{P_1}{n_1}i\eta$
蜗杆传动效率	η [1]	估计值：$z_1 = 1$ 时，$\eta = 0.7 \sim 0.75$；$z_1 = 2$ 时，$\eta = 0.75 \sim 0.82$；$z_1 = 3$ 时，$\eta = 0.82 \sim 0.87$； $z_1 = 4$ 时，$\eta = 0.87 \sim 0.92$。η 的计算见式（8.5-3）
滑动速度/m·s⁻¹	v_s	$v_s = \dfrac{v_1}{\cos\gamma} = \dfrac{d_1 n_1}{19100\cos\gamma}$，$v_s$ 的估计值可查图 8.5-3
蜗杆圆周速度/m·s⁻¹	v_1	$v_1 = \dfrac{\pi d_1 n_1}{60 \times 1000} = \dfrac{d_1 n_1}{19100}$，当 $v_1 > 4\text{m·s}^{-1}$ 时，为减小搅油损耗，宜采用蜗杆上置式

注：T_1—蜗杆外加转矩（N·m）；d_1—蜗杆分度圆直径（mm）；d_2—蜗轮分度圆直径（mm）；m—模数（mm）；P_1—蜗杆传递功率（kW）。

① 圆弧圆柱蜗杆传动的 η 可提高 3% ~ 9%。

σ'_{FP}——$N_L = 10^6$ 时的轮缘材料许用弯曲应力（MPa），其值见表 8.5-14；

Z_{vs}——滑动速度影响系数，查图 8.5-4；

Z_E——弹性系数（$\sqrt{\text{MPa}}$），见表 8.5-12；

Y_{FS}——蜗轮的复合齿形系数，按 $z_{v2} = \dfrac{z_2}{\cos^3\gamma}$ 及变位系数 x_2，由本篇第 2 章图 8.2-27 近似查取；

Y_β——导程角系数，$Y_\beta = 1 - \dfrac{\gamma}{120°}$；

Z_N、Y_N——齿面接触疲劳强度和齿根弯曲疲劳强度的寿命系数。按应力循环次数 N_L 查图 8.5-5。

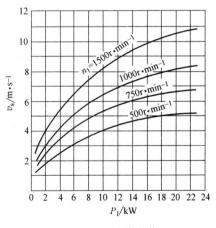

图 8.5-3　v_s 的估计值

表 8.5-10　普通圆柱蜗杆传动的强度和刚度计算

公　式　用　途	齿面接触疲劳强度	齿根弯曲疲劳强度
传动设计	$m^2 d_1 \geqslant \left(\dfrac{15000}{\sigma_{HP} z_2}\right)^2 KT_2$ 查表 8.5-4 确定 m、d_1	$m^2 d_1 \geqslant \dfrac{6000KT_2 Y_{FS}}{z_2 \sigma_{FP}}$ 查表 8.5-4 确定 m、d_1
传动验算	$\sigma_H = Z_E \sqrt{\dfrac{9400T_2}{d_1 d_2^2} K_A K_v K_\beta} \leqslant \sigma_{HP}$	$\sigma_F = \dfrac{666T_2 K_A K_v K_\beta}{d_1 d_2 m} Y_{FS} Y_\beta \leqslant \sigma_{FP}$
蜗杆轴刚度验算	$y_1 = \dfrac{\sqrt{F_{t1}^2 + F_{r1}^2}}{48EI} L^3 \leqslant y_P$，$y_P = (0.001 \sim 0.0025) d_1$	

不同转速和载荷情况下，

核算齿面接触疲劳强度时，$N_L = 60 \sum n_i t_i \left(\dfrac{T_{2i}}{T_{2max}}\right)^4$

核算齿根弯曲疲劳强度时，$N_L = 60 \sum n_i t_i \left(\dfrac{T_{2i}}{T_{2max}}\right)^8$

其中，n_i、t_i、T_{2i} 为不同载荷下的转速（r·min^{-1}）、工作时间（h）和转矩（N·m）；T_{2max} 为最大转矩（N·m）；

y_1——蜗杆中央部分的挠度（mm）；

I——蜗杆齿根截面二次矩（mm^4），$I = \dfrac{\pi d_{f1}^4}{64}$；

E——蜗杆材料的弹性模量，$E = 207000$MPa；

L——蜗杆的跨度（mm）。

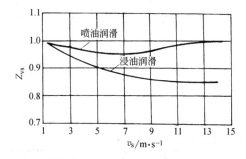

图 8.5-4　滑动速度影响系数 Z_{vs}

表 8.5-11　使用系数 K_A

原 动 机	工 作 特 点		
	平稳	中等冲击	严重冲击
电动机、汽轮机	0.8~1.25	0.9~1.5	1~1.75
多缸内燃机	0.9~1.5	1~1.75	1.25~2
单缸内燃机	1~1.75	1.25~2	1.5~2.5

注：表中小值用于间歇工作，大值用于连续工作。

表 8.5-12　弹性系数 Z_E（$\sqrt{MPa}$）

蜗杆材料	蜗轮材料			
	铸锡青铜	铸铝青铜	灰铸铁	球墨铸铁
钢	155	156	162	181.4

2.4.3　蜗杆、蜗轮的材料和许用应力

由于蜗杆副中滑动速度较大，要求其材料应具备良好的减摩性和抗胶合性能，所以通常蜗轮采用青铜或铸铁做轮缘，蜗杆尽量采用淬硬的钢制造。常用的材料牌号、热处理要求、表面粗糙度、适用的场合和许用应力见表 8.5-13~表 8.5-15。

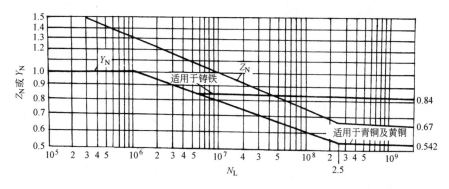

图 8.5-5　寿命系数 Z_N、Y_N

表 8.5-13　蜗杆常用的材料及技术要求

材　料	热处理	硬　度	齿面粗糙度 $Ra/\mu m$
45,42SiMn,37SiMn2MoV,40Cr,35CrMo, 38SiMnMo,42CrMo,40CrNi	表面淬火	45～55HRC	1.6～0.8
15CrMn,20CrMn,20Cr,20CrNi, 20CrMnTi,18Cr2Ni4W	渗碳淬火	58～63HRC	1.6～0.8
45(用于不重要的传动)	调质	<270HBW	6.3

表 8.5-14　蜗轮材料及 $N_L = 10^7$ 时的许用接触应力 σ'_{HP}、$N_L = 10^6$ 时的许用弯曲应力 σ'_{FP}（MPa）

蜗轮材料	铸造方法	适用的滑动速度 $v_s/\mathrm{m \cdot s^{-1}}$	力学性能 $\sigma_{0.2}$	力学性能 R_m	σ'_{HP} 蜗杆齿面硬度 ≤350HBW	σ'_{HP} 蜗杆齿面硬度 >45HRC	σ'_{FP} 一侧受载	σ'_{FP} 两侧受载
ZCuSn10P1	砂　型 金属型	≤12 ≤25	130 170	220 310	180 200	200 220	51 70	32 40
ZCuSn5Pb5Zn5	砂　型 金属型	≤10 ≤12	90 100	200 250	110 135	125 150	33 40	24 29
ZCuAl10Fe3	砂　型 金属型	≤10	180 200	490 540			82 90	64 80
ZCuAl10Fe3Mn2	砂　型 金属型	≤10	— 	490 540			— 100	— 90
ZCuZn38Mn2Pb2	砂　型 金属型	≤10	— 	245 345	见表 8.5-15		62 —	56 —
HT150	砂　型	≤2	—	150			40	25
HT200	砂　型	≤2～5	—	200			48	30
HT250	砂　型	≤2～5	—	250			56	35

表 8.5-15　无锡青铜、黄铜及铸铁的许用接触应力 σ_{HP}　　　　　　　（MPa）

蜗轮材料	蜗杆材料	滑动速度 $v_s/\mathrm{m \cdot s^{-1}}$ 0.25	0.5	1	2	3	4	6	8
ZCuAl9Fe3,ZCuAl10Fe3Mn2	钢经淬火[①]	—	250	230	210	180	160	120	90
ZCuZn38Mn2Pb2	钢经淬火[①]	—	215	200	180	150	135	95	75
HT200,HT150(120～150HBW)	渗碳钢	160	130	115	90	—	—	—	—
HT150(120～150HBW)	调质或淬火钢	140	110	90	70	—	—	—	—

[①] 蜗杆如未经淬火,表中 σ_{HP} 值需降低 20%。

2.4.4　蜗杆传动的效率和散热计算

（1）蜗杆传动效率的计算

蜗杆传动效率为

$$\eta = \eta_1 \eta_2 \eta_3 \qquad (8.5-3)$$

式中　η_1——蜗杆传动的啮合效率

当蜗杆为主动时,

$$\eta_1 = \frac{\tan\gamma}{\tan(\gamma + \rho_v)} \qquad (8.5-4)$$

当蜗轮为主动时,

$$\eta_1 = \frac{\tan(\gamma - \rho_v)}{\tan\gamma} \qquad (8.5-5)$$

表 8.5-16　蜗杆传动的当量摩擦角 ρ_v

蜗轮材料		锡青铜		无锡青铜	灰铸铁	
钢蜗杆齿面硬度		≥45HRC	其他情况	≥45HRC	≥45HRC	其他情况
滑动速度/$\mathrm{m \cdot s^{-1}}$	0.01	6°17′	6°51′	10°12′	10°12′	10°45′
	0.05	5°09′	5°43′	7°58′	7°58′	9°05′
	0.10	4°31′	5°09′	7°24′	7°24′	7°58′
	0.25	3°43′	4°17′	5°43′	5°43′	6°51′
	0.50	3°09′	3°43′	5°09′	5°09′	5°43′
	1.0	2°35′	3°09′	4°00′	4°00′	5°09′
	1.5	2°17′	2°52′	3°43′	3°43′	4°34′
	2.0	2°00′	2°31′	3°09′	3°09′	4°00′
	2.5	1°43′	2°17′	2°52′		
	3.0	1°36′	2°00′	2°35′		
	4	1°22′	1°47′	2°17′		
	5	1°16′	1°40′	2°00′		
	8	1°02′	1°29′	1°43′		
	10	0°55′	1°22′			
	15	0°48′	1°09′			
	24	0°45′				

注：1. 蜗杆螺旋表面粗糙度 Ra 为 1.6～0.4μm。

　　2. 对圆弧圆柱蜗杆传动 ρ_v 可减小 10%～20%。

ρ_v——当量摩擦角 ρ_v，其值见表 8.5-16；

η_2——考虑搅油损耗的效率，一般 $\eta_2 = 0.94 \sim 0.99$；

η_3——轴承效率。滚动轴承，$\eta_3 = 0.98 \sim 0.99$；滑动轴承，$\eta_3 = 0.97 \sim 0.99$。

（2）散热计算

对于连续工作的闭式传动，有时因传动温升过高破坏了润滑，引起传动的损坏。

传动工作中损耗的功率为

$$P_s = P_1(1 - \eta) \qquad (8.5\text{-}6)$$

式中 P_1——输入功率（W）。

此损耗功率变为热量，使传动装置温度升高，同时传动因温差而散热。设计要求：传动装置在允许的温升范围内它所能散出的功率 P_e 要大于或等于损耗的功率 P_s，即 $P_e \geqslant P_s$。各种散热方式的 P_e 计算公式见表 8.5-17。

表 8.5-17 各种散热方式的 P_e 计算公式

自然通风	箱体表面散出的热量折合为功率 $$P_e = kA(t_1 - t_2)$$ 式中 k——传热系数，一般可在下列范围内选取：$k = 8.7 \sim 17.5\,\mathrm{W/(m^2 \cdot ℃)}$ A——传动装置散热的计算面积 $A = A_1 + 0.5A_2$ A_1——内面被油浸溅着而外面又被自然循环的空气所冷却的箱壳表面积（$\mathrm{m^2}$） A_2——A_1 计算表面的补强肋和凸座的表面以及装在金属底座或机械框架上的箱壳底面积（$\mathrm{m^2}$） t_1——润滑油的温度（℃），对齿轮传动允许到 70℃，对蜗杆传动允许到 95℃ t_2——周围空气的温度（℃），一般可取 $t_2 = 20$℃ 传动装置箱体周围空气循环及油池中的循环条件良好时（如有较好的自然通风，外壳上无灰尘杂物，箱体内边无肋板阻碍油的循环，油的运动速度快，及油的运动黏度小等）可取较大值，反之则取较小值。在自然通风良好的地方 $k = 14 \sim 17.5$；在没有循环空气流动的地方 $k = 8.7 \sim 10.5$

强迫冷却方式	风扇吹风冷却　　　蛇形水管冷却　　　循环润滑

强迫冷却时传动装置散出的功率 P_e 的计算	$P_e = (kA'' + k'A')(t_1 - t_2)$ 式中 k'——风吹表面传热系数： $$k' = 16.05\sqrt{v_f}$$ 风速 $v_f(\mathrm{m \cdot s^{-1}})$ 的概略值如下： 	蜗杆的转速 /r·min⁻¹	$v_f/\mathrm{m \cdot s^{-1}}$
750	3.75
1000	5
1500	7.5 | A'——箱壳被风吹的表面积（$\mathrm{m^2}$） A''——箱壳不被风吹的表面积（$\mathrm{m^2}$） k、t_1、t_2 见"自然通风"一项	$P_e = kA(t_1 - t_2) + k''A_g \times [t_1 - 0.5(t_{1s} + t_{2s})]$ 式中 k''——蛇形管冷却的传热系数，纯铜管或黄铜管的 $k''[\mathrm{W/(m^2 \cdot ℃)}]$，如下： | 齿轮或蜗杆的圆周速度/m·s⁻¹	冷却水的流速/m·s⁻¹		
---	---	---	---
	0.1	0.2	≥0.4
≤4	146	157	165
4~6	153	163	174
6~8	162	174	186
8~10	168	180	195
12	174	186	203	 对壁厚 1~3mm 的钢管，表中的值应降低 5%~15% A_g——蛇形管冷却的外表面积（$\mathrm{m^2}$） t_{1s}——蛇形管出水温度（℃） t_{2s}——蛇形管进水温度（℃） $t_{1s} \approx t_{2s} + (5 \sim 10)$℃ k、A、t_1、t_2 见"自然通风"一项	$P_e = kA(t_1 - t_2) + Q_y \rho_y c_y(t_{1y} - t_{2y})\eta_y$ 式中 Q_y——循环润滑油量（$\mathrm{m^3 \cdot s^{-1}}$） c_y——润滑油比热容，$c_y = 1.675 \times 10^3\,\mathrm{J \cdot kg^{-1} \cdot ℃^{-1}}$ ρ_y——润滑油的密度，$\rho_y \approx 900\,\mathrm{kg \cdot m^{-3}}$ t_{1y}——循环油排出的温度（℃） t_{2y}——循环油进入的温度（℃） $t_{1y} = t_{2y} + (5 \sim 8)$℃ η_y——循环油的利用系数，取 $\eta_y = 0.5 \sim 0.8$ k、A、t_1、t_2 见"自然通风"一项

2.5　提高圆柱蜗杆传动承载能力的方法

通过实现合理的啮合部位、扩大实际接触面积和制造人工油涵等方法，可有效地降低接触应力和摩擦因数，从而提高蜗杆传动的承载能力和传动效率。

（1）调整蜗轮的位置

采用啮出侧接触（见图 8.5-6）使啮入侧自然形成人工油涵，并充分利用啮出侧接触线与滑动速度的夹角 Ω 大的特点。一般使啮出侧接触面积占全齿面的 30% ~ 40%。

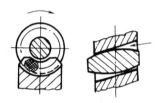

图 8.5-6　啮出侧的接触部位

（2）消除不利的啮合部位

对普通圆柱蜗杆传动，在轮齿中间偏齿根一带是不利于动压油膜形成的区域，往往在此区域内发生早期破坏。可采用缺口整形蜗轮（见图 8.5-7）或挖窝蜗轮（见图 8.5-8）将啮合不利的区域切除，以实现合理啮合。挖窝的蜗轮不仅轮齿的弯曲强度较缺口的高，而且窝内可贮油以利润滑。通常用立铣刀挖窝，窝要略偏入口处。铣刀的外径 d_x 可取为

$$d_x = \pi m \left(0.9 - \frac{2.4}{z_2} \right) \qquad (8.5\text{-}7)$$

图 8.5-7　缺口整形蜗轮

图 8.5-8　挖窝蜗轮

（3）制造人工油涵

1）利用比蜗杆直径大的滚刀切削蜗轮（见图 8.5-9）。图中 R_a 为滚刀半径，O_2 为滚刀轴心，O_1 为蜗杆

轴心。$\overline{O_1 O_2} = (1.1 ~ 1.25)m$。加工蜗轮时的中心距为 $a_0 = a + \overline{O_1 O_2}$（$a$ 为传动的中心距）。蜗轮齿顶圆弧半径也应相应增大，以免干涉。

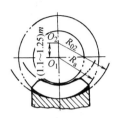

图 8.5-9　用大滚刀切人工油涵

2）偏移滚刀位置制造人工油涵（见图 8.5-10）。按通常加工蜗轮方法，进刀达到齿深后将刀退出；然后将刀偏移 $(0.3 ~ 0.6)m$，再进行加工，进刀到齿深切出入口油涵；最后向反向移动刀架切出出口油涵。刀具偏移量一般取 $(0.2 ~ 0.4)m$。

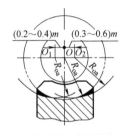

图 8.5-10　移动滚刀位置制造人工油涵

3）扳刀架角度加工蜗轮，切出人工油涵（见图 8.5-11）。加工入口油涵时扳 $1°30'$；加工出口油涵时扳 $30'$（按蜗轮螺旋角增加方向）。

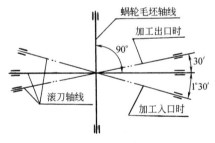

图 8.5-11　扳刀架角度切人工油涵

2.6　蜗杆、蜗轮的结构

蜗杆一般与轴做成一体（见图 8.5-12），只在个别情况下 $\left(\dfrac{d_{f1}}{d} \geqslant 1.7 \text{ 时} \right)$ 才采用蜗杆齿圈装配于轴上的形式。车制的蜗杆，轴径 $d = d_{f1} - (2 ~ 4)$ mm（见图 8.5-12a）；铣制的蜗杆，轴径 d 可大于 d_{f1}（见图 8.5-12b）。

蜗轮的典型结构见表 8.5-18。

表 8.5-18 蜗轮的典型结构

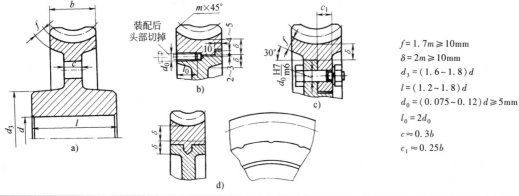

$f = 1.7m \geqslant 10mm$

$\delta = 2m \geqslant 10mm$

$d_3 = (1.6 \sim 1.8)d$

$l = (1.2 \sim 1.8)d$

$d_0 = (0.075 \sim 0.12)d \geqslant 5mm$

$l_0 = 2d_0$

$c \approx 0.3b$

$c_1 \approx 0.25b$

结 构 型 式	特 点
a) 整体式	当直径小于 100mm 时，可用青铜铸成整体；当滑动速度 $v_s \leqslant 2m \cdot s^{-1}$ 时，可用铸铁铸成整体
b) 轮箍式	青铜轮缘与铸铁轮心通常采用 $\dfrac{H7}{s6}$ 配合，并加台肩和螺钉固定。螺钉数 6~12 个
c) 螺栓连接式	以光制螺栓连接，螺栓孔要同时铰制，其配合为 $\dfrac{H7}{m6}$。螺栓数按剪切计算确定，并以轮缘受挤压，校核轮缘材料。许用挤压应力 $\sigma_{jp} = 0.3\sigma_s$，$\sigma_s$—轮缘材料屈服极限
d) 镶铸式	青铜轮缘镶铸在铸铁轮心上，并在轮心上预制出榫槽，以防滑动（适用大批生产）

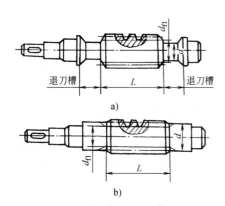

图 8.5-12 蜗杆轴的典型结构

a) 车制蜗杆 b) 铣制蜗杆

2.7 普通圆柱蜗杆传动的设计示例

例 8.5-1 设计驱动链运输机的蜗杆传动。已知：蜗杆输入功率 $P = 10kW$，转速 $n_1 = 1460r \cdot min^{-1}$，蜗轮转速 $n_2 = 73r \cdot min^{-1}$，要求使用寿命 4 年，每年工作 300 天，每天工作 8h，JC = 40%，环境温度 30℃，批量生产。

解：

（1）选择传动的类型，精度等级和材料

考虑到传递的功率不大，转速较低，选用 ZA 蜗杆传动，精度 8 级。

蜗杆用 35CrMo，表面淬火，硬度为 45~50HRC；表面粗糙度 $Ra \leqslant 1.6\mu m$。蜗轮轮缘选用 ZCuSn10Pb1

金属模铸造。

（2）选择蜗杆、蜗轮的齿数

传动比　$i = \dfrac{n_1}{n_2} = \dfrac{1460}{73} = 20$

参考表 8.5-5，取 $z_1 = 2$，$z_2 = iz_1 = 20 \times 2 = 40$

（3）确定许用应力

$$\sigma_{HP} = \sigma'_{HP} Z_{vs} Z_N$$

由表 8.5-14 查得 $\sigma'_{HP} = 220MPa$，$\sigma'_{FP} = 70MPa$。按图 8.5-3 查得 $v_s \approx 8m \cdot s^{-1}$，再查图 8.5-4，采用浸油润滑，得 $Z_{vs} = 0.87$。

轮齿应力循环次数

$$\begin{aligned} N_L &= 60n_2 jL_h \\ &= 60 \times 73 \times 1 \times 300 \times 4 \times 8 \times 0.4 \\ &= 1.7 \times 10^7 \end{aligned}$$

查图 8.5-5 得　$Z_N = 0.94$，　$Y_N = 0.74$

$\sigma_{HP} = 220 \times 0.87 \times 0.94MPa = 180MPa$

$\sigma_{FP} = \sigma'_{FP} Y_N = 70 \times 0.74MPa = 52MPa$

（4）接触疲劳强度设计

$$m^2 d_1 \geqslant \left(\dfrac{15000}{\sigma_{HP} z_2}\right)^2 KT_2$$

载荷系数取 $K = 1.2$

蜗轮轴的转矩

$$T_2 = 9550\dfrac{P_1\eta}{n_2} = 9550\dfrac{10 \times 0.82}{73}N \cdot m = 1073N \cdot m$$

（式中暂取 $\eta = 0.82$）。代入上式

$$m^2 d_1 \geqslant \left(\dfrac{15000}{180 \times 40}\right)^2 1.2 \times 1073mm^3$$

$= 5588.5 \text{mm}^3$

查表 8.5-4，接近于 $m^2 d_1 = 5588.5 \text{mm}^3$ 的是 5376mm^3，相应的 $m = 8 \text{mm}$，$d_1 = 80 \text{mm}$。

查表 8.5-6，按 $i = 20$，$m = 8 \text{mm}$，$d_1 = 80 \text{mm}$，其 $a = 200 \text{mm}$，$z_2 = 41$，$z_1 = 2$，$x_2 = -0.500$。

蜗轮分度圆直径 $d_2 = mz_2 = 8 \times 41 \text{mm} = 328 \text{mm}$

导程角 $\gamma = \arctan \dfrac{z_1 m}{d_1}$

$$= \arctan \frac{2 \times 8}{80} = 11.31° = 11°18'36''$$

（5）求蜗轮的圆周速度，并校核效率

实际传动比

$$i = \frac{z_2}{z_1} = \frac{41}{2} = 20.5$$

$$n_2 = \frac{1460}{20.5} \text{r} \cdot \text{min}^{-1} = 71.22 \text{r} \cdot \text{min}^{-1}$$

蜗轮的圆周速度

$$v_2 = \frac{\pi d_2 n_2}{60000} = \left(\frac{\pi \times 328 \times 71.22}{60000} \right) \text{m} \cdot \text{s}^{-1} = 1.223 \text{m} \cdot \text{s}^{-1}$$

滑动速度

$$v_s = \frac{\pi d_1 n_1}{60000 \cos\gamma} = \left(\frac{\pi \times 80 \times 1460}{60000 \cos 11.31°} \right) \text{m} \cdot \text{s}^{-1}$$

$$= 6.24 \text{m} \cdot \text{s}^{-1}$$

求传动的效率，按式（8.5-3）$\eta = \eta_1 \eta_2 \eta_3$

式中，$\eta_1 = \dfrac{\tan\gamma}{\tan(\gamma + \rho_v)}$

$$= \frac{\tan 11.31°}{\tan(11.31° + 1.167°)} = 0.904$$

ρ_v 由表 8.5-16 查得 $\rho_v = 1°10' = 1.167°$；取 $\eta_2 = 0.96$；取 $\eta_3 = 0.98$。则

$$\eta = 0.904 \times 0.96 \times 0.98 = 0.85$$

与暂取值 0.82 接近。

（6）校核蜗轮齿面的接触疲劳强度

按表 8.5-10，齿面接触疲劳强度验算公式为

$$\sigma_H = Z_E \sqrt{\frac{9400 T_2}{d_1 d_2^2} K_A K_v K_\beta} \leqslant \sigma_{HP} \text{MPa}$$

式中，按表 8.5-11 取 $K_A = 0.9$（间歇工作）；取 $K_\beta = 1.1$；取 $K_v = 1.1$；查表 8.5-12 得 $Z_E = 155 \sqrt{\text{MPa}}$。

蜗轮传递的实际转矩

$$T_2 = 9550 \times \frac{10 \times 0.85}{71.22} \text{N} \cdot \text{m} = 1139.8 \text{N} \cdot \text{m}。$$

当 $v_s = 6.24 \text{m} \cdot \text{s}^{-1}$ 时，查图 8.5-5 得 $Z_{vs} = 0.88$，得

$$\sigma_{HP} = \sigma'_{HP} Z_{vs} Z_N$$

$$= 220 \times 0.88 \times 0.94 \text{MPa} = 182 \text{MPa}$$

将上述诸值代入公式

$$\sigma_H = 155 \sqrt{\frac{9400 \times 1139.8}{80 \times 328^2} 0.9 \times 1.1 \times 1.1} \text{MPa}$$

$$= 180.5 \text{MPa} < \sigma_{HP} = 182 \text{MPa}$$

（7）蜗轮齿根弯曲疲劳强度校核

按表 8.5-10，齿根弯曲疲劳强度验算公式

$$\sigma_F = \frac{666 T_2 K_A K_v K_\beta}{d_1 d_2 m} Y_{FS} Y_\beta \leqslant \sigma_{FP}$$

式中，按 $z_{v2} = \dfrac{z_2}{\cos^3\gamma} = \dfrac{41}{\cos^3 11.31°} = 43.48$ 及 $x_2 = -0.5$，

查图 8.2-27 得 $Y_{FS} = 4.26$

$$Y_\beta = 1 - \frac{\gamma}{120°} = 1 - \frac{11.31°}{120°} = 0.906$$

$\sigma_{FP} = 52 \text{MPa}$

将上述诸值代入公式

$$\sigma_F = \frac{666 \times 1139.8 \times 0.9 \times 1.1 \times 1.1}{80 \times 328 \times 8} \times 4.26$$

$$\times 0.906 \text{MPa}$$

$$= 15.2 \text{MPa} < \sigma_{FP} = 52 \text{MPa}$$

（8）几何尺寸计算（按表 8.5-7）

已知：$a = 200 \text{mm}$，$z_1 = 2$，$z_2 = 41$，$x_2 = -0.5$，$\alpha = 20°$，$d_1 = 80 \text{mm}$，$d_2 = 328 \text{mm}$。

$d_{a1} = d_1 + 2m = (80 + 2 \times 8) \text{mm} = 96 \text{mm}$

$d_{f1} = d_1 - 2m(1 + 0.2) = [80 - 2 \times 8(1 + 0.2)] \text{mm}$
$= 60.8 \text{mm}$

$b_1 \geqslant (8 + 0.06 z_2) m = (8 + 0.06 \times 41) \times 8 \text{mm}$
$= 83.68 \text{mm}$，取 $b_1 = 100 \text{mm}$

$d_{a2} = d_2 + 2m(h_a^* + x_2)$
$= [328 + 2 \times 8 \times (1 - 0.5)] \text{mm} = 336 \text{mm}$

$d_{e2} \leqslant d_{a2} + 1.5m = (336 + 1.5 \times 8) \text{mm} = 348 \text{mm}$

$b_2 \leqslant 0.75 d_{a1} = 0.75 \times 96 \text{mm} = 72 \text{mm}$

$$R_{a2} = \frac{d_1}{2} - m = \left(\frac{80}{8} - 8 \right) \text{mm} = 32 \text{mm}$$

$$R_{f2} = \frac{d_{a1}}{2} + 0.2m = \left(\frac{96}{2} + 0.2 \times 8 \right) \text{mm}^2 = 49.6 \text{mm}$$

$$s_{x1} = \frac{1}{2} m\pi = \frac{1}{2} 8 \times \pi \text{mm} = 12.57 \text{mm}$$

$s_{n1} = s_{x1} \cos\gamma = 12.57 \times \cos 11.31° \text{mm} = 12.33 \text{mm}$

$s_2 = (0.5\pi + 2x_2 \tan\alpha) m = (0.5 \times \pi - 2 \times 0.5 \times \tan 20°) \times 8 \text{mm} = 9.65 \text{mm}$

$\bar{h}_{a1} = m = 8 \text{mm}$

（9）蜗杆、蜗轮工作图（见图 8.5-13、图 8.5-14）。

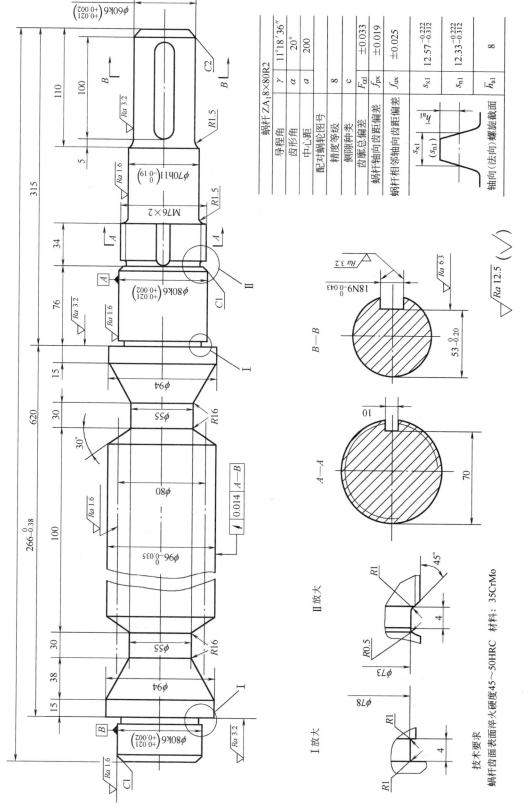

蜗杆 ZA1 8×80R2			
导程角	γ	11°18′36″	
齿形角	α	20°	
中心距	a	200	
配对蜗轮图号		8	
精度等级	c		
侧隙种类		8	
齿廓总偏差	$F_{\alpha1}$	±0.033	
蜗杆轴向齿距偏差	f_{px}	±0.019	
蜗杆相邻轴向齿距偏差	f_{ux}	±0.025	
	s_{x1}	$12.57^{-0.222}_{-0.312}$	
	s_{n1}	$12.33^{-0.222}_{-0.312}$	
	$\bar{h}_{a1}$	8	

轴向 (法向) 螺旋截面

$B-B$

$18N9^{0}_{-0.043}$

$53^{0}_{-0.20}$

$\sqrt{Ra\ 3.2}$

$\sqrt{Ra\ 6.3}$

$A-A$

10

70

$\sqrt{Ra\ 12.5}$ $(\sqrt{})$

II 放大

R1

R0.5

$\phi73$

45°

4

I 放大

$\phi78$

R1

R1

4

技术要求

蜗杆齿面表面淬火硬度45～50HRC　材料：35CrMo

图 8.5-13　蜗杆工作图

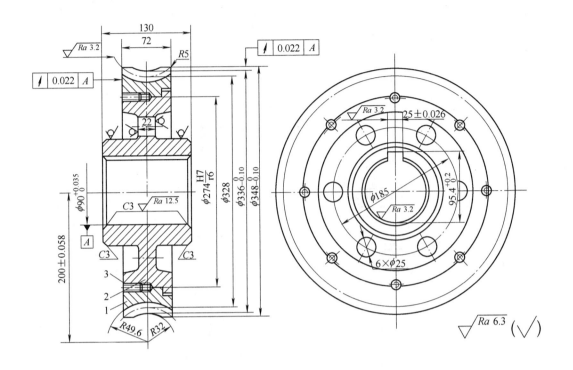

技术要求
轮缘和轮心装配好后再精车和切制轮齿。

3	GB/T 5783—2000	螺栓 M10×30	6	
2	W200-12-02	轮 心	1	HT200
1	W200-12-01	蜗轮轮缘	1	ZCuSn10P1
件号	代 号	名 称	数量	备注

蜗轮 $ZA_2 8×41$		
螺旋线方向		右旋
导程角	γ	11°18′36″
蜗杆轴剖面内齿形角	α	20°
变位系数	x_2	−0.5
中心距	a	200
配对蜗杆图号		
精度等级		8
侧隙种类		c
蜗轮齿廓总偏差允许值	$F_{\alpha 2}$	±0.033
蜗轮单个齿距偏差允许值	f_{p2}	±0.022
蜗轮齿距累积总偏差允许值	F_{p2}	±0.088
蜗轮齿厚	s_2	$9.65_{-0.16}^{0}$

图 8.5-14 蜗轮工作图

2.8　圆柱蜗杆、蜗轮精度

圆柱蜗杆、蜗轮精度是根据 GB/T 10089—2013（报批稿）并参考 DIN 3974—1995 及 DIN 3975—2002 编写的，适用轴交角 $\Sigma = 90°$，模数 $m > 0.5$mm，最大模数 $m = 40$mm 和蜗轮最大分度圆直径 $d_2 = 2500$mm。

参考用于蜗轮最大分度圆直径 $d_2 > 2500$mm 的情况。考虑到新旧标准的过渡，对新标准中没有且在设计和检验中有时还需要的项目，仍采用了 GB/T 10089—1988 的内容。

2.8.1　术语和定义（见表 8.5-19）

表 8.5-19　圆柱蜗杆、蜗轮精度的术语、定义和代号

术语及代号	定义	术语及代号	定义
蜗杆齿廓总偏差 $F_{\alpha 1}$ 蜗杆齿廓总偏差允许值 $\pm F_{\alpha 1}$	在轴向截面的计值范围 $L_{\alpha 1}$（齿廓的工作范围）内，包容实际齿廓迹线的两条设计齿廓迹线间的距离（图 a） 在齿廓检验图 b 中，设计齿廓和蜗杆的齿面形状用直线标出，实际齿廓包含在画出的范围内。$F_{\alpha 1}$ 为两个设计齿廓迹线之间的距离（垂直于设计齿廓迹线测量）	蜗轮单个齿距偏差 f_{p2} 蜗轮单个齿距偏差允许值 $\pm f_{p2}$	在蜗轮分度圆上，实际齿距与公称齿距之差 用相对法测量时，公称齿距是指所有实际齿距的平均值 当实际齿距大于平均值时为正偏差；当实际齿距小于平均值时为负偏差
蜗杆轴向齿距偏差 f_{px} 蜗杆轴向齿距偏差允许值 $\pm f_{px}$	在蜗杆轴向截面内实际齿距和公称齿距之差	蜗轮齿廓总偏差 $F_{\alpha 2}$ 蜗轮齿廓总偏差允许值 $\pm F_{\alpha 2}$	实际齿廓迹线的两条设计齿廓迹线间的距离

（续）

术语及代号	定义	术语及代号	定义
蜗杆相邻轴向齿距偏差 f_{ux} 蜗杆相邻轴向齿距偏差允许值 $\pm f_{ux}$	在蜗杆轴向截面内两相邻齿距之差	蜗轮径向跳动偏差 F_{r2} 蜗轮径向跳动偏差允许值 $\pm F_{r2}$	在蜗轮一转范围内，测头在靠近中间平面的齿槽内与齿高中部的齿面双面接触，其测头相对于蜗轮轴线径向距离的最大变动量 径向跳动偏差是由轮齿偏心以及由于右齿面和左齿面的齿距偏差而产生的齿槽宽的不均匀性和轮齿轴线相对于主导轴线的偏移量（偏心量）造成的
蜗杆径向跳动偏差 F_{r1} 蜗杆径向跳动偏差允许值 $\pm F_{r1}$	在蜗杆任意一转范围内，测头在齿槽内与齿高中部的齿面双面接触，其测头相对于蜗杆主导轴线的径向最大变动量 径向跳动偏差是由蜗杆轮齿中点圆柱面的轴线和蜗杆轴承位置决定的蜗杆主导轴线之间的距离和交叉角度造成的	蜗杆副单面啮合偏差 F'_i、F'_{i1}、F'_{i2}、F'_{i12} 单面啮合偏差允许值 $\pm F'_i$、$\pm F'_{i1}$、$\pm F'_{i2}$、$\pm F'_{i12}$	单面啮合偏差 F'_i 是指蜗轮实际旋转位置和理论旋转位置的波动，理论旋转位置是由蜗杆的旋转确定的。当旋转方向确定时（左侧齿面啮合或右侧齿面啮合），单面啮合偏差等于蜗轮旋转一周范围内相对于起始位置的最大偏差之和 单面啮合偏差 F'_{i1} 和 F'_{i2} 是用标准蜗轮或者标准蜗杆测得到的。如果没有标准蜗轮和标准蜗杆，则使用配对的蜗杆蜗轮副，其单面啮合偏差为 F'_{i12}
蜗杆导程偏差 F_{pz} 蜗杆导程偏差允许值 $\pm F_{pz}$	蜗杆导程的实际尺寸和公称尺寸之差		

（续）

术语及代号	定义	术语及代号	定义
蜗杆副单面一齿啮合偏差 f_i'、f_{i1}'、f_{i2}'、f_{i12}' 蜗轮单面一齿啮合偏差允许值 $\pm f_i'$、$\pm f_{i1}'$、$\pm f_{i2}'$、$\pm f_{i12}'$	单面一齿啮合偏差 f_i' 是指一个齿啮合过程中旋转位置的偏差（图 c） 　单面一齿啮合偏差 $\Delta f_{i1}'$ 和 $\Delta f_{i2}'$ 是用标准蜗轮或者标准蜗杆测量得到的。如果没有标准蜗轮和标准蜗杆，则使用配对的蜗杆蜗轮副，其单面一齿啮合偏差为 $\Delta f_{i12}'$	蜗杆副的中间平面偏移 Δf_x[1] 蜗杆副的中间平面极限偏差 $\pm f_x$	在安装好的蜗杆副中，蜗杆中间平面与传动中间平面之间的距离
蜗杆副的接触斑点 蜗轮齿面接触斑点 	安装好的蜗杆副中，在轻微力的制动下，蜗杆与蜗轮啮合运转后，在蜗轮齿面上分布的接触痕迹。接触斑点以接触面积大小、形状和分布位置表示接触面积大小按接触痕迹的百分比计算确定： 　沿齿长方向——接触痕迹的长度 b'' 与工作长度 b' 之比的百分数。即 $b''/b' \times 100\%$（在确定接触痕迹长度 b'' 时，应扣除超过模数值的断开部分） 　沿齿高方向——接触痕迹的平均高度 h'' 与工作高度 h' 之比的百分数。即 $h''/h' \times 100\%$ 　接触形状以齿面接触痕迹总的几何形状的状态确定 　接触位置以接触痕迹离齿面啮入、啮出端或齿顶、齿根的位置确定	蜗杆齿厚偏差 ΔE_{s1}[1] 蜗杆齿厚极限偏差 　上极限偏差 E_{ss1} 　下极限偏差 E_{si1} 蜗杆齿厚公差 T_{s1}	在蜗杆分度圆柱上，法向齿厚的实际值与公称值之差
		蜗轮齿厚偏差 ΔE_{s2}[1] 蜗轮齿厚极限偏差 　上极限偏差 E_{ss2} 　下极限偏差 E_{si2} 蜗轮齿厚公差 T_{s2}	在蜗轮中间平面上，分度圆齿厚的实际值与公称值之差
蜗杆副的中心距偏差 Δf_a[1] 蜗杆副的中心距极限偏差 $\pm f_a$	在安装好的蜗杆副中间平面内，实际中心距与公称中心距之差	蜗杆副的侧隙[1] 圆周侧隙 j_t： 法向侧隙 j_n： 最小圆周侧隙 j_{tmin} 最大圆周侧隙 j_{tmax} 最小法向侧隙 j_{nmin} 最大法向侧隙 j_{nmax}	圆周侧隙 j_t：在安装好的蜗杆副中，蜗杆固定不动时，蜗轮从工作齿面接触到非工作齿面接触所转过的分度圆弧长 　法向侧隙 j_n：在安装好的蜗杆副中，蜗杆和蜗轮的工作齿面接触时，两非工作齿面间的最小距离
蜗杆副的轴交角偏差 Δf_Σ[1] 蜗杆副的轴交角极限偏差 $\pm f_\Sigma$	在安装好的蜗杆副中，实际轴交角与公称轴交角之差 　偏差值按蜗轮齿宽确定，以其线形值计		

注：下表×表示蜗杆，下标 2 表示蜗轮；蜗杆、蜗轮同时有的，无下标。
① 为 GB/T 10089—1988 中的项目。

2.8.2　精度等级

国标对蜗杆、蜗轮和蜗杆传动规定了 12 个精度等级，第 1 级精度最高，第 12 级精度最低。根据使用要求不同，允许选用不同精度等级的偏差组合。

蜗杆和配对蜗轮的精度等级一般取为相同，也允许取成不相同。在硬度高的钢制蜗杆和材质较软的蜗轮组成的传动中，可选择比蜗轮精度等级高的蜗杆，

在磨合期可使蜗轮的精度提高。

各级精度的极限偏差以第 5 级精度的偏差允许值经公比计算得出的。表 8.5-20 列出了 5 级精度的偏差允许值的计算公式。1~9 级精度相邻精度级的偏差允许值的公比 $\varphi = 1.4$，10~12 级精度相邻精度级的偏差允许值的公比为 $\varphi = 1.6$。例如，计算 7 级精度的偏差允许值时，5 级精度的未修约的偏差计算值乘以 1.4^2，然后再按照规定的规则修约（修约规则见表 8.5-20 中注）。

表 8.5-20　第 5 级精度的偏差允许值计算公式

偏差	计算公式	偏差	计算公式
齿廓总偏差允许值 F_α	$F_\alpha = \sqrt{(f_{H\alpha})^2 + (f_{F\alpha})^2}$ 式中，齿廓倾斜偏差允许值 $f_{H\alpha}$ 为 $f_{H\alpha} = 2.5 + 0.25(m_x + 3\sqrt{m_x})$ 齿廓形状偏差允许值 $f_{f\alpha}$ 为 $f_{f\alpha} = 1.5 + 0.25(m_x + 9\sqrt{m_x})$	导程偏差允许值 F_{pz}	$F_{pz} = 4 + 0.5z_1 + 5(\lg m_x)^2 \sqrt[3]{z_1}$
		齿距累积总偏差允许值 F_{p2}	$F_{p2} = 7.25\sqrt[3]{d_2}\sqrt[7]{m_x}$
		径向跳动偏差允许值 F_r	$F_r = 1.68 + 2.18\sqrt{m_x} + (2.3 + 1.2\lg m_x)\sqrt[4]{d}$
单个齿距偏差允许值 f_p	$f_p = 4 + 0.315(m_x + 0.25\sqrt{d})$	单面啮合偏差允许值 F_i'	$F_i' = 5.8\sqrt[5]{d}\sqrt[7]{m_x} + 0.8F_\alpha$
相邻齿距偏差允许值 f_u	$f_u = 5 + 0.4(m_x + 0.25\sqrt{d})$	单面一齿啮合偏差允许值 f_i'	$f_i' = 0.7(f_p + F_\alpha)$

注：表中各式中参数模数 m_x（mm）、分度圆直径 d（mm）和蜗杆头数 z_1 的取值为各参数分段界限值的几何平均值，偏差允许值单位为 μm；蜗杆头数 $z_1 > 6$ 时取平均值 $z_1 = 8.5$ 计算；计算 F_α、F_i' 和 f_i' 时按 $f_{H\alpha}$、$f_{f\alpha}$、F_α 和 f_p 计算修约后的数值。当偏差的计算值小于 10μm 时，修约到最接近的相差小于 0.5μm 的小数或整数；大于 10μm 时，修约到最接近的整数。

2.8.3　蜗杆、蜗轮的检验和偏差允许值

蜗杆的检验：蜗杆齿廓总偏差 $F_{\alpha1}$、蜗杆轴向齿距偏差 f_{px}、蜗杆相邻轴向齿距偏差 f_{ux}、蜗杆径向跳动偏差 F_{r1}、蜗杆导程偏差 F_{pz}。

蜗轮的检验：蜗轮齿廓总偏差 $F_{\alpha2}$、蜗轮单个齿距偏差 f_{p2}、蜗轮齿距累积总偏差 F_{p2}、蜗轮相邻齿距偏差 f_{u2}、蜗轮径向跳动偏差 F_{r2}。

上述蜗杆、蜗轮检验的各项偏差允许值见表 8.5-21。

2.8.4　蜗杆副的检验和极限偏差

蜗杆副的检验：蜗杆副单面啮合偏差 F_i'、F_{i1}'、F_{i2}'、F_{i12}'，蜗杆副单面一齿啮合偏差 f_i'、f_{i1}'、f_{i2}'、f_{i12}'。蜗杆副单面啮合偏差 F_i' 和蜗杆副单面一齿啮合偏差 f_i' 的偏差允许值见表 8.5-21。

蜗杆副的接触斑点检验要求见表 8.5-22。

对不可调中心距的蜗杆副，在检验接触斑点的同时，还检验中心距偏差 Δf_a、中间平面偏差 Δf_x 和轴交角偏差 Δf_Σ。上述 3 项偏差的极限偏差值见表 8.5-23、表 8.5-24。

2.8.5　蜗杆副的侧隙

GB/T 10089—2013 报批稿中对蜗杆副的侧隙及检验未做规定，现引用 GB/T 10089—1988 中的蜗杆副的侧隙规定。GB/T 10089—1988 规定蜗杆副的侧隙共分 8 种：a、b、c、d、e、f、g、h。最小法向侧隙值以 a 为最大，其他依次减小，h 为零，见图 8.5-15。侧隙种类与精度等级无关。

根据工作条件和使用要求选择蜗杆副的侧隙种类。各种侧隙的最小法向侧隙 j_{nmin} 值见表 8.5-25。

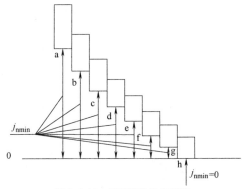

图 8.5-15　蜗杆副的法向侧隙

传动的最小法向侧隙由蜗杆齿厚的减薄量来保证，即取蜗杆齿厚上极限偏差 $E_{ss1} = -(j_{nmin}/\cos\alpha_n + E_{s\Delta})$，蜗杆齿厚下极限偏差 $E_{si1} = E_{ss1} - T_{s1}$，$E_{s\Delta}$ 为制造误差的补偿部分，其值见表 8.5-27，T_{s1} 为蜗杆齿厚公差，其值见表 8.5-26。

蜗轮齿厚上极限偏差 $E_{ss2} = 0$，蜗轮齿厚下极限偏差 $E_{si2} = -T_{s2}$，T_{s2} 为蜗轮齿厚公差，其值见表 8.5-28。

对于可调中心距传动或不要求互换的传动，其蜗轮的齿厚公差可不做规定，蜗杆齿厚的上、下极限偏差由设计确定。

表 8.5-21 蜗杆、蜗轮及蜗杆副的各级精度偏差允许值 (μm)

精度等级	模数 $m_x(m_1)$/mm	偏差允许值	分度圆直径 d/mm						
			≥10~50	>50~125	>125~280	>280~560	>560~1000	>1000~1600	>1600~2500
1	≥0.5~2.0	$\pm F_\alpha$	2.0						
		$\pm f_u$	1.5	1.5	2.0	2.0	2.0	2.5	2.5
		$\pm f_p$	1.0	1.5	1.5	1.5	1.5	2.0	2.0
		$\pm F_{p2}$	3.5	4.5	5.5	6.0	7.0	8.0	8.5
		$\pm F_r$	2.5	3.0	3.0	3.5	4.0	4.5	5.0
		$\pm F_i'$	4.0	4.5	5.5	6.0	7.0	7.5	8.0
		$\pm f_i'$	2.0	2.0	2.0	2.0	2.0	2.5	2.5
	>2.0~3.55	$\pm F_\alpha$	2.0						
		$\pm f_u$	1.5	2.0	2.0	2.0	2.5	2.5	3.0
		$\pm f_p$	1.5	1.5	1.5	1.5	2.0	2.0	2.0
		$\pm F_{p2}$	4.0	5.0	6.0	7.5	8.0	9.0	10.0
		$\pm F_r$	3.0	3.5	4.0	4.5	5.0	5.5	6.0
		$\pm F_i'$	4.5	5.5	6.5	7.5	8.0	9.0	9.5
		$\pm f_i'$	2.5	2.5	2.5	2.5	2.5	3.0	3.0
	>3.55~6.0	$\pm F_\alpha$	2.5						
		$\pm f_u$	2.0	2.0	2.0	2.5	2.5	2.5	3.0
		$\pm f_p$	1.5	1.5	1.5	2.0	2.0	2.0	2.5
		$\pm F_{p2}$	4.5	5.5	7.0	8.0	9.0	10.0	11.0
		$\pm F_r$	3.5	4.0	4.5	5.0	6.0	6.5	7.0
		$\pm F_i'$	5.5	6.5	7.5	8.0	9.0	10.0	11.0
		$\pm f_i'$	3.0	3.0	3.0	3.0	3.0	3.5	3.5
	>6.0~10	$\pm F_\alpha$	3.0						
		$\pm f_u$	2.0	2.5	2.5	2.5	3.0	3.0	3.5
		$\pm f_p$	2.0	2.0	2.0	2.0	2.0	2.5	2.5
		$\pm F_{p2}$	4.5	6.0	7.5	8.5	9.5	11.0	11.0
		$\pm F_r$	4.0	4.5	5.0	6.0	6.5	7.5	8.0
		$\pm F_i'$	6.0	7.5	8.5	9.0	10.0	11.0	12.0
		$\pm f_i'$	3.5	3.5	3.5	3.5	3.5	4.0	4.0
	>10~16	$\pm F_\alpha$	4.0						
		$\pm f_u$	3.0	3.0	3.0	3.0	3.5	3.5	4.0
		$\pm f_p$	2.0	2.0	2.5	2.5	2.5	3.0	3.0
		$\pm F_{p2}$	5.0	6.5	8.0	9.0	10.0	11.0	12.0
		$\pm F_r$	4.5	5.0	6.0	7.0	7.5	8.0	9.0
		$\pm F_i'$	7.5	8.5	9.5	10.0	11.0	12.0	13.0
		$\pm f_i'$	4.5	4.5	4.5	4.5	4.5	5.0	5.0
	>16~25	$\pm F_\alpha$	5.0						
		$\pm f_u$	3.5	3.5	3.5	4.0	4.0	4.5	4.5
		$\pm f_p$	3.0	3.0	3.0	3.0	3.0	3.5	3.5
		$\pm F_{p2}$	5.5	7.0	8.5	9.5	11.0	12.0	13.0
		$\pm F_r$	5.0	6.0	7.0	7.5	8.5	9.0	9.5
		$\pm F_i'$	8.5	9.5	11.0	12.0	13.0	14.0	15.0
		$\pm f_i'$	5.5	5.5	5.5	5.5	5.5	6.0	6.0
	>25~40	$\pm F_\alpha$	7.0						
		$\pm f_u$	4.5	5.0	5.0	5.0	5.0	5.5	6.0
		$\pm f_p$	3.5	4.0	4.0	4.0	4.0	4.5	4.5
		$\pm F_{p2}$	5.5	7.5	9.0	10.0	12.0	13.0	14.0
		$\pm F_r$	6.0	7.0	7.5	8.5	9.0	10.0	11.0
		$\pm F_i'$	10.0	11.0	13.0	14.0	15.0	16.0	17.0
		$\pm f_i'$	7.5	7.5	7.5	8.0	8.0	8.0	8.0

偏差允许值 $\pm F_{pz}$							
测量长度/mm		15	25	45	75	125	200	300
蜗杆轴向模数 m_x/mm		≥0.5~2	>2~3.55	>3.55~6	>6~10	>10~16	>16~25	>25~40
蜗杆头数 z_1	1	1.0	1.5	1.5	2.0	3.0	3.5	4.0
	2	1.5	1.5	2.0	2.5	3.5	4.0	5.0
	3、4	1.5	2.0	2.5	3.0	4.0	5.0	6.0
	5、6	1.5	2.0	3.0	3.5	4.5	5.5	7.0
	>6	2.0	2.5	3.5	4.0	5.5	7.0	8.0

（续）

精度等级	模数 $m_x(m_t)$ /mm	偏差允许值	分度圆直径 d/mm						
			≥10~50	>50~125	>125~280	>280~560	>560~1000	>1000~1600	>1600~2500
2	≥0.5~2.0	$\pm F_\alpha$	2.0						
		$\pm f_u$	2.0	2.5	2.5	2.5	3.0	3.5	3.5
		$\pm f_p$	1.5	2.0	2.0	2.0	2.5	2.5	3.0
		$\pm F_{p2}$	4.5	6.0	7.5	8.5	10.0	11.0	12.0
		$\pm F_r$	3.5	4.0	4.5	5.0	6.0	6.5	7.0
		$\pm F_i'$	5.5	6.5	7.5	8.5	9.5	11.0	11.0
		$\pm f_i'$	2.5	2.5	2.5	3.0	3.0	3.5	3.5
	>2.0~3.55	$\pm F_\alpha$	2.5						
		$\pm f_u$	2.5	2.5	2.5	3.0	3.5	3.5	4.0
		$\pm f_p$	2.0	2.0	2.0	2.5	2.5	2.5	3.0
		$\pm F_{p2}$	6.0	7.5	8.5	10.0	11.0	13.0	14.0
		$\pm F_r$	4.0	5.0	6.0	6.5	7.5	8.0	8.5
		$\pm F_i'$	6.5	8.0	9.0	10.0	11.0	12.0	13.0
		$\pm f_i'$	3.5	3.5	3.5	3.5	3.5	4.0	4.0
	>3.55~6.0	$\pm F_\alpha$	3.5						
		$\pm f_u$	2.5	2.5	3.0	3.5	3.5	3.5	4.0
		$\pm f_p$	2.0	2.0	2.5	2.5	2.5	3.0	3.5
		$\pm F_{p2}$	6.0	8.0	9.5	11.0	12.0	14.0	15.0
		$\pm F_r$	4.5	6.0	7.0	7.5	8.5	9.0	10.0
		$\pm F_i'$	7.5	9.0	10.0	11.0	3.0	14.0	15.0
		$\pm f_i'$	4.0	4.0	4.0	4.5	4.5	4.5	4.5
	>6.0~10	$\pm F_\alpha$	4.5						
		$\pm f_u$	3.0	3.5	3.5	3.5	4.0	4.5	4.5
		$\pm f_p$	2.5	2.5	2.5	3.0	3.0	3.5	3.5
		$\pm F_{p2}$	6.5	8.5	10.0	12.0	3.0	15.0	16.0
		$\pm F_r$	5.5	6.5	7.5	8.5	9.0	10.0	11.0
		$\pm F_i'$	8.5	10.0	12.0	13.0	14.0	15.0	16.0
		$\pm f_i'$	4.5	4.5	5.0	5.0	5.0	5.5	5.5
	>10~16	$\pm F_\alpha$	6.0						
		$\pm f_u$	4.0	4.0	4.0	4.5	4.5	5.0	5.5
		$\pm f_p$	3.0	3.0	3.5	3.5	3.5	4.0	4.5
		$\pm F_{p2}$	7.0	9.0	11.0	12.0	14.0	16.0	17.0
		$\pm F_r$	6.0	7.5	8.5	9.5	10.0	11.0	12.0
		$\pm F_i'$	10.0	12.0	13.0	15.0	16.0	17.0	19.0
		$\pm f_i'$	6.0	6.0	6.5	6.5	6.5	7.0	7.5
	>16~25	$\pm F_\alpha$	7.5						
		$\pm f_u$	4.5	5.0	5.0	5.5	6.0	6.0	6.0
		$\pm f_p$	4.0	4.0	4.0	4.5	4.5	4.5	5.0
		$\pm F_{p2}$	7.5	10.0	12.0	13.0	15.0	17.0	19.0
		$\pm F_r$	7.5	8.5	9.5	11.0	12.0	12.0	13.0
		$\pm F_i'$	12.0	13.0	15.0	16.0	18.0	19.0	21.0
		$\pm f_i'$	8.0	8.0	8.0	8.0	8.0	8.5	8.5
	>25~40	$\pm F_\alpha$	10.0						
		$\pm f_u$	6.5	7.0	7.0	7.5	7.5	7.5	8.0
		$\pm f_p$	5.0	5.5	5.5	6.0	6.0	6.0	6.0
		$\pm F_{p2}$	8.0	10.0	12.0	14.0	16.0	18.0	20.0
		$\pm F_r$	8.5	9.5	11.0	12.0	13.0	14.0	15.0
		$\pm F_i'$	14.0	16.0	18.0	19.0	21.0	22.0	24.0
		$\pm f_i'$	11.0	11.0	11.0	11.0	11.0	11.0	11.0

偏差允许值 $\pm F_{pz}$							
测量长度/mm		15	25	45	75	125	200	300
蜗杆轴向模数 m_x/mm		≥0.5~2	>2~3.55	>3.55~6	>6~10	>10~16	>16~25	>25~40
蜗杆头数 z_1	1	1.5	2.0	2.5	3.0	4.0	4.5	6.0
	2	2.0	2.0	3.0	3.5	4.5	6.0	7.0
	3、4	2.0	2.5	3.5	4.5	5.5	7.0	8.5
	5、6	2.5	3.0	4.0	5.0	6.0	8.0	10.0
	>6	3.0	3.5	4.5	6.0	7.5	9.5	11.0

（续）

精度等级	模数 $m_x(m_t)$ /mm	偏差允许值	分度圆直径 d /mm						
			≥10~50	>50~125	>125~280	>280~560	>560~1000	>1000~1600	>1600~2500
3	≥0.5~2.0	$\pm F_\alpha$	3.0						
		$\pm f_u$	3.0	3.5	3.5	4.0	4.0	4.5	5.0
		$\pm f_p$	2.5	2.5	3.0	3.0	3.5	3.5	4.0
		$\pm F_{p2}$	6.5	8.5	11.0	12.0	14.0	15.0	17.0
		$\pm F_r$	4.5	5.5	6.0	7.0	8.0	9.0	9.5
		$\pm F_i'$	7.5	9.0	11.0	12.0	13.0	15.0	16.0
		$\pm f_i'$	3.5	4.0	4.0	4.0	4.5	4.5	5.0
	>2.0~3.55	$\pm F_\alpha$	4.0						
		$\pm f_u$	3.5	3.5	4.0	4.0	4.5	5.0	5.5
		$\pm f_p$	2.5	3.0	3.0	3.5	3.5	4.0	4.5
		$\pm F_{p2}$	8.0	10.0	12.0	14.0	16.0	18.0	19.0
		$\pm F_r$	5.5	7.0	8.0	9.0	10.0	11.0	12.0
		$\pm F_i'$	9.0	11.0	13.0	14.0	16.0	17.0	19.0
		$\pm f_i'$	4.5	4.5	5.0	5.0	5.0	5.5	5.5
	>3.55~6.0	$\pm F_\alpha$	5.0						
		$\pm f_u$	4.0	4.0	4.0	4.5	5.0	5.0	5.5
		$\pm f_p$	3.0	3.0	3.5	3.5	4.0	4.5	4.5
		$\pm F_{p2}$	8.5	11.0	13.0	15.0	17.0	19.0	21.0
		$\pm F_r$	6.5	8.0	9.0	10.0	12.0	13.0	14.0
		$\pm F_i'$	11.0	13.0	14.0	16.0	18.0	19.0	21.0
		$\pm f_i'$	5.5	5.5	5.5	6.0	6.0	6.5	6.5
	>6.0~10	$\pm F_\alpha$	6.0						
		$\pm f_u$	4.5	4.5	5.0	5.0	5.5	6.0	6.5
		$\pm f_p$	3.5	3.5	4.0	4.0	4.5	4.5	5.0
		$\pm F_{p2}$	9.0	12.0	14.0	16.0	18.0	21.0	22.0
		$\pm F_r$	7.5	9.0	10.0	12.0	13.0	14.0	15.0
		$\pm F_i'$	12.0	14.0	16.0	18.0	20.0	21.0	23.0
		$\pm f_i'$	6.5	6.5	7.0	7.0	7.0	7.5	7.5
	>10~16	$\pm F_\alpha$	8.0						
		$\pm f_u$	5.5	5.5	5.5	6.0	6.5	7.0	7.5
		$\pm f_p$	4.5	4.5	4.5	5.0	5.0	5.5	6.0
		$\pm F_{p2}$	9.5	13.0	15.0	17.0	20.0	22.0	24.0
		$\pm F_r$	8.5	10.0	12.0	13.0	14.0	16.0	17.0
		$\pm F_i'$	14.0	17.0	19.0	20.0	22.0	24.0	26.0
		$\pm f_i'$	8.5	8.5	9.0	9.0	9.0	9.5	10.0
	>16~25	$\pm F_\alpha$	10.0						
		$\pm f_u$	6.5	7.0	7.0	7.5	8.0	8.5	8.5
		$\pm f_p$	5.5	5.5	5.5	6.0	6.0	6.5	7.0
		$\pm F_{p2}$	11.0	14.0	16.0	19.0	21.0	23.0	26.0
		$\pm F_r$	10.0	12.0	13.0	15.0	16.0	17.0	19.0
		$\pm F_i'$	17.0	19.0	21.0	23.0	25.0	27.0	29.0
		$\pm f_i'$	11.0	11.0	11.0	11.0	11.0	12.0	12.0
	>25~40	$\pm F_\alpha$	14.0						
		$\pm f_u$	9.0	9.5	9.5	10.0	10.0	11.0	11.0
		$\pm f_p$	7.0	7.5	7.5	8.0	8.0	8.5	8.5
		$\pm F_{p2}$	11.0	14.0	17.0	20.0	23.0	26.0	28.0
		$\pm F_r$	12.0	13.0	15.0	16.0	18.0	19.0	21.0
		$\pm F_i'$	20.0	22.0	25.0	27.0	29.0	31.0	33.0
		$\pm f_i'$	15.0	15.0	15.0	15.0	15.0	16.0	16.0

偏差允许值 $\pm F_{pz}$							
测量长度/mm	15	25	45	75	125	200	300
蜗杆轴向模数 m_x /mm	≥0.5~2	>2~3.55	>3.55~6	>6~10	>10~16	>16~25	>25~40
蜗杆头数 z_1　1	2.5	3.0	3.5	4.5	5.5	6.5	8.0
2	2.5	3.0	4.0	5.0	6.5	8.0	9.5
3、4	3.0	3.5	4.5	6.0	7.5	9.5	12.0
5、6	3.5	4.5	5.5	7.0	8.5	11.0	14.0
>6	4.5	5.0	6.5	8.0	11.0	13.0	16.0

（续）

精度等级	模数 $m_x(m_1)$ /mm	偏差允许值	分度圆直径 d/mm						
			≥10~50	>50~125	>125~280	>280~560	>560~1000	>1000~1600	>1600~2500
4	≥0.5~2.0	$\pm F_\alpha$	4.0						
		$\pm f_u$	4.5	4.5	5.0	5.5	5.5	6.5	7.0
		$\pm f_p$	3.0	3.5	4.0	4.5	4.5	5.0	5.5
		$\pm F_{p2}$	9.5	12.0	15.0	17.0	19.0	21.0	24.0
		$\pm F_r$	6.5	8.0	8.5	10.0	11.0	13.0	14.0
		$\pm F_i'$	11.0	13.0	15.0	17.0	19.0	21.0	22.0
		$\pm f_i'$	5.0	5.5	5.5	5.5	6.0	6.5	7.0
	>2.0~3.55	$\pm F_\alpha$	5.5						
		$\pm f_u$	4.5	5.0	5.5	5.5	6.5	7.0	8.0
		$\pm f_p$	3.5	4.0	4.5	4.5	5.0	5.5	6.0
		$\pm F_{p2}$	11.0	14.0	17.0	20.0	22.0	25.0	27.0
		$\pm F_r$	8.0	10.0	11.0	13.0	14.0	16.0	17.0
		$\pm F_i'$	13.0	16.0	18.0	20.0	22.0	24.0	26.0
		$\pm f_i'$	6.5	6.5	7.0	7.0	7.0	8.0	8.0
	>3.55~6.0	$\pm F_\alpha$	7.0						
		$\pm f_u$	5.5	5.5	5.5	6.5	7.0	7.0	8.0
		$\pm f_p$	4.5	4.5	4.5	5.0	5.5	6.0	6.5
		$\pm F_{p2}$	12.0	16.0	19.0	21.0	24.0	27.0	29.0
		$\pm F_r$	9.5	11.0	13.0	14.0	16.0	18.0	19.0
		$\pm F_i'$	15.0	18.0	20.0	22.0	25.0	27.0	29.0
		$\pm f_i'$	8.0	8.0	8.0	8.5	8.5	9.5	9.5
	>6.0~10	$\pm F_\alpha$	8.5						
		$\pm f_u$	6.0	6.5	7.0	7.0	8.0	8.5	9.5
		$\pm f_p$	5.0	5.0	5.5	5.5	6.0	6.5	7.0
		$\pm F_{p2}$	13.0	16.0	20.0	23.0	26.0	29.0	31.0
		$\pm F_r$	11.0	13.0	14.0	16.0	18.0	20.0	21.0
		$\pm F_i'$	17.0	20.0	23.0	25.0	28.0	30.0	32.0
		$\pm f_i'$	9.5	9.5	10.0	10.0	10.0	11.0	11.0
	>10~16	$\pm F_\alpha$	11.0						
		$\pm f_u$	8.0	8.0	8.0	8.5	9.5	10.0	11.0
		$\pm f_p$	6.0	6.0	6.5	7.0	7.0	8.0	8.5
		$\pm F_{p2}$	14.0	18.0	21.0	24.0	28.0	31.0	34.0
		$\pm F_r$	12.0	14.0	16.0	19.0	20.0	22.0	24.0
		$\pm F_i'$	20.0	24.0	26.0	29.0	31.0	34.0	36.0
		$\pm f_i'$	12.0	12.0	13.0	13.0	13.0	14.0	14.0
	>16~25	$\pm F_\alpha$	14.0						
		$\pm f_u$	9.5	10.0	10.0	11.0	11.0	12.0	12.0
		$\pm f_p$	8.0	8.0	8.0	8.5	8.5	9.5	10.0
		$\pm F_{p2}$	15.0	19.0	23.0	26.0	30.0	33.0	36.0
		$\pm F_r$	14.0	16.0	19.0	21.0	23.0	24.0	26.0
		$\pm F_i'$	24.0	26.0	29.0	32.0	35.0	38.0	41.0
		$\pm f_i'$	16.0	16.0	16.0	16.0	16.0	16.0	17.0
	>25~40	$\pm F_\alpha$	19.0						
		$\pm f_u$	13.0	14.0	14.0	14.0	14.0	15.0	16.0
		$\pm f_p$	10.0	11.0	11.0	11.0	11.0	12.0	12.0
		$\pm F_{p2}$	16.0	20.0	24.0	28.0	32.0	36.0	39.0
		$\pm F_r$	16.0	19.0	21.0	23.0	25.0	27.0	29.0
		$\pm F_i'$	28.0	31.0	35.0	38.0	41.0	44.0	46.0
		$\pm f_i'$	21.0	21.0	21.0	21.0	21.0	22.0	22.0

偏差允许值 $\pm F_{pz}$							
测量长度/mm	15	25	45	75	125	200	300
蜗杆轴向模数 m_x/mm	≥0.5~2	>2~3.55	>3.55~6	>6~10	>10~16	>16~25	>25~40
蜗杆头数 z_1 — 1	3.0	4.0	4.5	6.0	8.0	9.5	11.0
2	3.5	4.5	5.5	7.0	9.5	11.0	14.0
3、4	4.0	5.0	6.5	8.5	11.0	14.0	16.0
5、6	4.5	6.0	8.0	10.0	12.0	16.0	19.0
>6	6.0	7.0	9.5	11.0	15.0	19.0	22.0

（续）

精度等级	模数 $m_x(m_t)$ /mm	偏差允许值	分度圆直径 d/mm						
			$\geqslant 10\sim 50$	$>50\sim 125$	$>125\sim 280$	$>280\sim 560$	$>560\sim 1000$	$>1000\sim 1600$	$>1600\sim 2500$
5	$\geqslant 0.5\sim 2.0$	$\pm F_\alpha$	5.5						
		$\pm f_u$	6.0	6.5	7.0	7.5	8.0	9.0	10.0
		$\pm f_p$	4.5	5.0	5.5	6.0	6.5	7.0	8.0
		$\pm F_{p2}$	13.0	17.0	21.0	24.0	27.0	30.0	33.0
		$\pm F_r$	9.0	11.0	12.0	14.0	16.0	18.0	19.0
		$\pm F_i'$	15.0	18.0	21.0	24.0	26.0	29.0	31.0
		$\pm f_i'$	7.0	7.5	7.5	8.0	8.5	9.0	9.5
	$>2.0\sim 3.55$	$\pm F_\alpha$	7.5						
		$\pm f_u$	6.5	7.0	7.5	8.0	9.0	9.5	11.0
		$\pm f_p$	5.0	5.5	6.0	6.5	7.0	7.5	8.5
		$\pm F_{p2}$	16.0	20.0	24.0	28.0	31.0	35.0	38.0
		$\pm F_r$	11.0	14.0	16.0	18.0	20.0	22.0	24.0
		$\pm F_i'$	18.0	22.0	25.0	28.0	31.0	34.0	37.0
		$\pm f_i'$	9.0	9.0	9.5	10.0	10.0	11.0	11.0
	$>3.55\sim 6.0$	$\pm F_\alpha$	9.5						
		$\pm f_u$	7.5	7.5	8.0	9.0	9.5	10.0	11.0
		$\pm f_p$	6.0	6.0	6.5	7.0	7.5	8.5	9.0
		$\pm F_{p2}$	17.0	22.0	26.0	30.0	34.0	38.0	41.0
		$\pm F_r$	13.0	16.0	18.0	20.0	23.0	25.0	27.0
		$\pm F_i'$	21.0	25.0	28.0	31.0	35.0	38.0	41.0
		$\pm f_i'$	11.0	11.0	11.0	12.0	12.0	13.0	13.0
	$>6.0\sim 10$	$\pm F_\alpha$	12.0						
		$\pm f_u$	8.5	9.0	9.5	10.0	11.0	12.0	13.0
		$\pm f_p$	7.0	7.0	7.5	8.0	8.5	9.0	10.0
		$\pm F_{p2}$	18.0	23.0	28.0	32.0	36.0	41.0	44.0
		$\pm F_r$	15.0	18.0	20.0	23.0	25.0	28.0	30.0
		$\pm F_i'$	24.0	28.0	32.0	35.0	39.0	42.0	45.0
		$\pm f_i'$	13.0	13.0	14.0	14.0	14.0	15.0	15.0
	$>10\sim 16$	$\pm F_\alpha$	16.0						
		$\pm f_u$	11.0	11.0	11.0	12.0	13.0	14.0	15.0
		$\pm f_p$	8.5	8.5	9.0-	9.5	10.0	11.0	12.0
		$\pm F_{p2}$	19.0	25.0	30.0	34.0	39.0	43.0	48.0
		$\pm F_r$	17.0	20.0	23.0	26.0	28.0	31.0	34.0
		$\pm F_i'$	28.0	33.0	37.0	40.0	44.0	48.0	51.0
		$\pm f_i'$	17.0	17.0	18.0	8.0	18.0	19.0	20.0
	$>16\sim 25$	$\pm F_\alpha$	20.0						
		$\pm f_u$	13.0	14.0	14.0	5.0	16.0	17.0	17.0
		$\pm f_p$	11.0	11.0	11.0	2.0	12.0	13.0	14.0
		$\pm F_{p2}$	21.0	27.0	32.0	37.0	42.0	46.0	51.0
		$\pm F_r$	20.0	23.0	26.0	29.0	32.0	34.0	37.0
		$\pm F_i'$	33.0	37.0	41.0	45.0	49.0	53.0	57.0
		$\pm f_i'$	22.0	22.0	22.0	22.0	22.0	23.0	24.0
	$>25\sim 40$	$\pm F_\alpha$	27.0						
		$\pm f_u$	18.0	19.0	19.0	20.0	20.0	21.0	22.0
		$\pm f_p$	14.0	15.0	15.0	16.0	16.0	17.0	17.0
		$\pm F_{p2}$	22.0	28.0	34.0	39.0	45.0	50.0	54.0
		$\pm F_r$	23.0	26.0	29.0	32.0	35.0	38.0	41.0
		$\pm F_i'$	39.0	44.0	49.0	53.0	57.0	61.0	65.0
		$\pm f_i'$	29.0	29.0	29.0	30.0	30.0	31.0	31.0

偏差允许值 $\pm F_{pz}$							
测量长度/mm		15	25	45	75	125	200	300
蜗杆轴向模数 m_x/mm		$\geqslant 0.5\sim 2$	$>2\sim 3.55$	$>3.55\sim 6$	$>6\sim 10$	$>10\sim 16$	$>16\sim 25$	$>25\sim 40$
蜗杆头数 z_1	1	4.5	5.5	6.5	8.5	11.0	13.0	16.0
	2	5.0	6.0	8.0	10.0	13.0	16.0	19.0
	3、4	5.5	7.0	9.0	12.0	15.0	19.0	23.0
	5、6	6.5	8.5	11.0	14.0	17.0	22.0	27.0
	>6	8.5	10.0	13.0	6.0	21.0	26.0	31.0

（续）

精度等级	模数 $m_x(m_t)$ /mm	偏差允许值	分度圆直径 d/mm						
			≥10~50	>50~125	>125~280	>280~560	>560~1000	>1000~1600	>1600~2500
6	≥0.5~2.0	$\pm F_\alpha$	7.5						
		$\pm f_u$	8.5	9.0	10.0	11.0	11.0	13.0	14.0
		$\pm f_p$	6.5	7.0	7.5	8.5	9.0	10.0	11.0
		$\pm F_{p2}$	18.0	24.0	29.0	34.0	38.0	42.0	46.0
		$\pm F_r$	13.0	15.0	17.0	20.0	22.0	25.0	27.0
		$\pm F_i'$	21.0	25.0	29.0	34.0	36.0	41.0	43.0
		$\pm f_i'$	10.0	11.0	11.0	11.0	12.0	13.0	13.0
	>2.0~3.55	$\pm F_\alpha$	11.0						
		$\pm f_u$	9.0	10.0	11.0	11.0	13.0	13.0	15.0
		$\pm f_p$	7.0	7.5	8.5	9.0	10.0	11.0	12.0
		$\pm F_{p2}$	22.0	28.0	34.0	39.0	43.0	49.0	53.0
		$\pm F_r$	15.0	20.0	22.0	25.0	28.0	31.0	34.0
		$\pm F_i'$	25.0	31.0	35.0	39.0	43.0	48.0	52.0
		$\pm f_i'$	13.0	13.0	13.0	14.0	14.0	15.0	15.0
	>3.55~6.0	$\pm F_\alpha$	13.0						
		$\pm f_u$	11.0	11.0	11.0	13.0	13.0	14.0	15.0
		$\pm f_p$	8.5	8.5	9.0	10.0	11.0	12.0	13.0
		$\pm F_{p2}$	24.0	31.0	36.0	42.0	48.0	53.0	57.0
		$\pm F_r$	18.0	22.0	25.0	28.0	32.0	35.0	38.0
		$\pm F_i'$	29.0	35.0	39.0	43.0	49.0	53.0	57.0
		$\pm f_i'$	15.0	15.0	15.0	17.0	17.0	18.0	18.0
	>6.0~10	$\pm F_\alpha$	17.0						
		$\pm f_u$	12.0	13.0	3.0	14.0	15.0	17.0	18.0
		$\pm f_p$	10.0	10.0	11.0	11.0	12.0	13.0	14.0
		$\pm F_{p2}$	25.0	32.0	39.0	45.0	50.0	57.0	62.0
		$\pm F_r$	21.0	25.0	28.0	32.0	35.0	39.0	42.0
		$\pm F_i'$	34.0	39.0	45.0	49.0	55.0	59.0	63.0
		$\pm f_i'$	18.0	18.0	20.0	20.0	20.0	21.0	21.0
	>10~16	$\pm F_\alpha$	22.0						
		$\pm f_u$	15.0	15.0	15.0	17.0	18.0	20.0	21.0
		$\pm f_p$	12.0	12.0	13.0	13.0	14.0	15.0	17.0
		$\pm F_{p2}$	27.0	35.0	42.0	48.0	55.0	60.0	67.0
		$\pm F_r$	24.0	28.0	32.0	36.0	39.0	43.0	48.0
		$\pm F_i'$	39.0	46.0	52.0	56.0	62.0	67.0	71.0
		$\pm f_i'$	24.0	24.0	25.0	25.0	25.0	27.0	28.0
	>16~25	$\pm F_\alpha$	28.0						
		$\pm f_u$	18.0	20.0	20.0	21.0	22.0	24.0	24.0
		$\pm f_p$	15.0	15.0	15.0	17.0	17.0	18.0	20.0
		$\pm F_{p2}$	29.0	38.0	45.0	52.0	59.0	64.0	71.0
		$\pm F_r$	28.0	32.0	36.0	41.0	45.0	48.0	52.0
		$\pm F_i'$	46.0	52.0	57.0	63.0	69.0	74.0	80.0
		$\pm f_i'$	31.0	31.0	31.0	31.0	31.0	32.0	34.0
	>25~40	$\pm F_\alpha$	38.0						
		$\pm f_u$	25.0	27.0	27.0	28.0	28.0	29.0	31.0
		$\pm f_p$	20.0	21.0	21.0	22.0	22.0	24.0	24.0
		$\pm F_{p2}$	31.0	39.0	48.0	55.0	63.0	70.0	76.0
		$\pm F_r$	32.0	36.0	41.0	45.0	49.0	53.0	57.0
		$\pm F_i'$	55.0	62.0	69.0	74.0	80.0	85.0	91.0
		$\pm f_i'$	41.0	41.0	41.0	42.0	42.0	43.0	43.0

偏差允许值 $\pm F_{pz}$							
测量长度/mm		15	25	45	75	125	200	300
蜗杆轴向模数 m_x/mm		≥0.5~2	>2~3.55	>3.55~6	>6~10	>10~16	>16~25	>25~40
蜗杆头数 z_1	1	6.5	7.5	9.0	12.0	15.0	18.0	22.0
	2	7.0	8.5	11.0	14.0	18.0	22.0	27.0
	3、4	7.5	10.0	13.0	17.0	21.0	27.0	32.0
	5、6	9.0	12.0	15.0	20.0	24.0	31.0	38.0
	>6	12.0	14.0	18.0	22.0	29.0	36.0	43.0

（续）

精度等级	模数 $m_x(m_t)$ /mm	偏差允许值	分度圆直径 d/mm						
			$\geqslant 10 \sim 50$	$>50 \sim 125$	$>125 \sim 280$	$>280 \sim 560$	$>560 \sim 1000$	$>1000 \sim 1600$	$>1600 \sim 2500$
7	$\geqslant 0.5 \sim 2.0$	$\pm F_{\alpha}$	11.0						
		$\pm f_u$	12.0	13.0	14.0	15.0	16.0	18.0	20.0
		$\pm f_p$	9.0	10.0	11.0	12.0	13.0	14.0	16.0
		$\pm F_{p2}$	25.0	33.0	41.0	47.0	53.0	59.0	65.0
		$\pm F_r$	18.0	22.0	24.0	27.0	31.0	35.0	37.0
		$\pm F_i'$	29.0	35.0	41.0	47.0	51.0	57.0	61.0
		$\pm f_i'$	14.0	15.0	15.0	16.0	17.0	18.0	19.0
	$>2.0 \sim 3.55$	$\pm F_{\alpha}$	15.0						
		$\pm f_u$	13.0	14.0	15.0	16.0	18.0	19.0	22.0
		$\pm f_p$	10.0	11.0	12.0	13.0	14.0	15.0	17.0
		$\pm F_{p2}$	31.0	39.0	47.0	55.0	61.0	69.0	74.0
		$\pm F_r$	22.0	27.0	31.0	35.0	39.0	43.0	47.0
		$\pm F_i'$	35.0	43.0	49.0	55.0	61.0	67.0	73.0
		$\pm f_i'$	18.0	18.0	19.0	20.0	20.0	22.0	22.0
	$>3.55 \sim 6.0$	$\pm F_{\alpha}$	19.0						
		$\pm f_u$	15.0	15.0	16.0	18.0	19.0	20.0	22.0
		$\pm f_p$	12.0	12.0	13.0	14.0	15.0	17.0	18.0
		$\pm F_{p2}$	33.0	43.0	51.0	59.0	67.0	74.0	80.0
		$\pm F_r$	25.0	31.0	35.0	39.0	45.0	49.0	53.0
		$\pm F_i'$	41.0	49.0	55.0	61.0	69.0	74.0	80.0
		$\pm f_i'$	22.0	22.0	22.0	24.0	24.0	25.0	25.0
	$>6.0 \sim 10$	$\pm F_{\alpha}$	24.0						
		$\pm f_u$	17.0	18.0	19.0	20.0	22.0	24.0	25.0
		$\pm f_p$	14.0	14.0	15.0	16.0	17.0	18.0	20.0
		$\pm F_{p2}$	35.0	45.0	55.0	63.0	71.0	80.0	86.0
		$\pm F_r$	29.0	35.0	39.0	45.0	49.0	55.0	59.0
		$\pm F_i'$	47.0	55.0	63.0	69.0	76.0	82.0	88.0
		$\pm f_i'$	25.0	25.0	27.0	27.0	27.0	29.0	29.0
	$>10 \sim 16$	$\pm F_{\alpha}$	31.0						
		$\pm f_u$	22.0	22.0	22.0	24.0	25.0	27.0	29.0
		$\pm f_p$	17.0	17.0	18.0	19.0	20.0	22.0	24.0
		$\pm F_{p2}$	37.0	49.0	59.0	67.0	76.0	84.0	94.0
		$\pm F_r$	33.0	39.0	45.0	51.0	55.0	61.0	67.0
		$\pm F_i'$	55.0	65.0	73.0	78.0	86.0	94.0	100.0
		$\pm f_i'$	33.0	33.0	35.0	35.0	35.0	37.0	39.0
	$>16 \sim 25$	$\pm F_{\alpha}$	39.0						
		$\pm f_u$	25.0	27.0	27.0	29.0	31.0	33.0	33.0
		$\pm f_p$	22.0	22.0	22.0	24.0	24.0	25.0	27.0
		$\pm F_{p2}$	41.0	53.0	63.0	73.0	82.0	90.0	100.0
		$\pm F_r$	39.0	45.0	51.0	57.0	63.0	67.0	73.0
		$\pm F_i'$	65.0	73.0	80.0	88.0	96.0	104.0	112.0
		$\pm f_i'$	43.0	43.0	43.0	43.0	43.0	45.0	47.0
	$>25 \sim 40$	$\pm F_{\alpha}$	53.0						
		$\pm f_u$	35.0	37.0	37.0	39.0	39.0	41.0	43.0
		$\pm f_p$	27.0	29.0	29.0	31.0	31.0	33.0	33.0
		$\pm F_{p2}$	43.0	55.0	67.0	76.0	88.0	98.0	106.0
		$\pm F_r$	45.0	51.0	57.0	63.0	69.0	74.0	80.0
		$\pm F_i'$	76.0	86.0	96.0	104.0	112.0	120.0	127.0
		$\pm f_i'$	57.0	57.0	57.0	59.0	59.0	61.0	61.0

偏差允许值 $\pm F_{pz}$							
测量长度/mm		15	25	45	75	125	200	300
蜗杆轴向模数 m_x/mm		$\geqslant 0.5 \sim 2$	$>2 \sim 3.55$	$>3.55 \sim 6$	$>6 \sim 10$	$>10 \sim 16$	$>16 \sim 25$	$>25 \sim 40$
蜗杆头数 z_1	1	9.0	11.0	13.0	17.0	22.0	25.0	31.0
	2	10.0	12.0	16.0	20.0	25.0	31.0	37.0
	3、4	11.0	14.0	18.0	24.0	29.0	37.0	45.0
	5、6	13.0	17.0	22.0	27.0	33.0	43.0	53.0
	>6	17.0	20.0	25.0	31.0	41.0	51.0	61.0

（续）

精度等级	模数 $m_x(m_t)$ /mm	偏差允许值	分度圆直径 d/mm						
			≥10~50	>50~125	>125~280	>280~560	>560~1000	>1000~1600	>1600~2500
8	≥0.5~2.0	$\pm F_\alpha$	15.0						
		$\pm f_u$	16.0	18.0	19.0	21.0	22.0	25.0	27.0
		$\pm f_p$	12.0	14.0	15.0	16.0	18.0	19.0	22.0
		$\pm F_{p2}$	36.0	47.0	58.0	66.0	74.0	82.0	91.0
		$\pm F_r$	25.0	30.0	33.0	38.0	44.0	49.0	52.0
		$\pm F_i'$	41.0	49.0	58.0	66.0	71.0	80.0	85.0
		$\pm f_i'$	19.0	21.0	21.0	22.0	23.0	25.0	26.0
	>2.0~3.55	$\pm F_\alpha$	21.0						
		$\pm f_u$	18.0	19.0	21.0	22.0	25.0	26.0	30.0
		$\pm f_p$	14.0	15.0	16.0	18.0	19.0	21.0	23.0
		$\pm F_{p2}$	44.0	55.0	66.0	77.0	85.0	96.0	104.0
		$\pm F_r$	30.0	38.0	44.0	49.0	55.0	60.0	66.0
		$\pm F_i'$	49.0	60.0	69.0	77.0	85.0	93.0	102.0
		$\pm f_i'$	25.0	25.0	26.0	27.0	27.0	30.0	30.0
	>3.55~6.0	$\pm F_\alpha$	26.0						
		$\pm f_u$	21.0	21.0	22.0	25.0	26.0	27.0	30.0
		$\pm f_p$	16.0	16.0	18.0	19.0	21.0	23.0	25.0
		$\pm F_{p2}$	47.0	60.0	71.0	82.0	93.0	104.0	113.0
		$\pm F_r$	36.0	44.0	49.0	55.0	63.0	69.0	74.0
		$\pm F_i'$	58.0	69.0	77.0	85.0	96.0	104.0	113.0
		$\pm f_i'$	30.0	30.0	30.0	33.0	33.0	36.0	36.0
	>6.0~10	$\pm F_\alpha$	33.0						
		$\pm f_u$	23.0	25.0	26.0	27.0	30.0	33.0	36.0
		$\pm f_p$	19.0	19.0	21.0	22.0	23.0	25.0	27.0
		$\pm F_{p2}$	49.0	63.0	77.0	88.0	99.0	113.0	121.0
		$\pm F_r$	41.0	49.0	55.0	63.0	69.0	77.0	82.0
		$\pm F_i'$	66.0	77.0	88.0	96.0	107.0	115.0	123.0
		$\pm f_i'$	36.0	36.0	38.0	38.0	38.0	41.0	41.0
	>10~16	$\pm F_\alpha$	44.0						
		$\pm f_u$	30.0	30.0	30.0	33.0	36.0	38.0	41.0
		$\pm f_p$	23.0	23.0	25.0	26.0	27.0	30.0	33.0
		$\pm F_{p2}$	52.0	69.0	82.0	93.0	107.0	118.0	132.0
		$\pm F_r$	47.0	55.0	63.0	71.0	77.0	85.0	93.0
		$\pm F_i'$	77.0	91.0	102.0	110.0	121.0	132.0	140.0
		$\pm f_i'$	47.0	47.0	49.0	49.0	49.0	52.0	55.0
	>16~25	$\pm F_\alpha$	55.0						
		$\pm f_u$	36.0	38.0	38.0	41.0	44.0	47.0	47.0
		$\pm f_p$	30.0	30.0	30.0	33.0	33.0	36.0	38.0
		$\pm F_{p2}$	58.0	74.0	88.0	102.0	115.0	126.0	140.0
		$\pm F_r$	55.0	63.0	71.0	80.0	88.0	93.0	102.0
		$\pm F_i'$	91.0	102.0	113.0	123.0	134.0	145.0	156.0
		$\pm f_i'$	60.0	60.0	60.0	60.0	60.0	63.0	66.0
	>25~40	$\pm F_\alpha$	74.0						
		$\pm f_u$	49.0	52.0	52.0	55.0	55.0	58.0	60.0
		$\pm f_p$	38.0	41.0	41.0	44.0	44.0	47.0	47.0
		$\pm F_{p2}$	60.0	77.0	93.0	107.0	123.0	137.0	148.0
		$\pm F_r$	63.0	71.0	80.0	88.0	96.0	104.0	113.0
		$\pm F_i'$	107.0	121.0	134.0	145.0	156.0	167.0	178.0
		$\pm f_i'$	80.0	80.0	80.0	82.0	82.0	85.0	85.0

偏差允许值 $\pm F_{pz}$							
测量长度/mm		15	25	45	75	125	200	300
蜗杆轴向模数 m_x /mm		≥0.5~2	>2~3.55	>3.55~6	>6~10	>10~16	>16~25	>25~40
蜗杆头数 z_1	1	12.0	15.0	18.0	23.0	30.0	36.0	44.0
	2	14.0	16.0	22.0	27.0	36.0	44.0	52.0
	3、4	15.0	19.0	25.0	33.0	41.0	52.0	63.0
	5、6	18.0	23.0	30.0	38.0	47.0	60.0	74.0
	>6	23.0	27.0	36.0	44.0	58.0	71.0	85.0

（续）

精度等级	模数 $m_x(m_t)$ /mm	偏差允许值	分度圆直径 d/mm						
			≥10~50	>50~125	>125~280	>280~560	>560~1000	>1000~1600	>1600~2500
9	≥0.5~2.0	$\pm F_\alpha$	21.0						
		$\pm f_u$	23.0	25.0	27.0	29.0	31.0	35.0	38.0
		$\pm f_p$	17.0	19.0	21.0	23.0	25.0	27.0	31.0
		$\pm F_{p2}$	50.0	65.0	81.0	92.0	104.0	115.0	127.0
		$\pm F_r$	35.0	42.0	46.0	54.0	61.0	69.0	73.0
		$\pm F_i'$	58.0	69.0	81.0	92.0	100.0	111.0	119.0
		$\pm f_i'$	27.0	29.0	29.0	31.0	33.0	35.0	36.0
	>2.0~3.55	$\pm F_\alpha$	29.0						
		$\pm f_u$	25.0	27.0	29.0	31.0	35.0	36.0	42.0
		$\pm f_p$	19.0	21.0	23.0	25.0	27.0	29.0	33.0
		$\pm F_{p2}$	61.0	77.0	92.0	108.0	119.0	134.0	146.0
		$\pm F_r$	42.0	54.0	61.0	69.0	77.0	85.0	92.0
		$\pm F_i'$	69.0	85.0	96.0	108.0	119.0	131.0	142.0
		$\pm f_i'$	35.0	35.0	36.0	38.0	38.0	42.0	42.0
	>3.55~6.0	$\pm F_\alpha$	36.0						
		$\pm f_u$	29.0	29.0	31.0	35.0	36.0	38.0	42.0
		$\pm f_p$	23.0	23.0	25.0	27.0	29.0	33.0	35.0
		$\pm F_{p2}$	65.0	85.0	100.0	115.0	131.0	146.0	158.0
		$\pm F_r$	50.0	61.0	69.0	77.0	88.0	96.0	104.0
		$\pm F_i'$	81.0	96.0	108.0	119.0	134.0	146.0	158.0
		$\pm f_i'$	42.0	42.0	42.0	46.0	46.0	50.0	50.0
	>6.0~10	$\pm F_\alpha$	46.0						
		$\pm f_u$	33.0	35.0	36.0	38.0	42.0	46.0	50.0
		$\pm f_p$	27.0	27.0	29.0	31.0	33.0	35.0	38.0
		$\pm F_{p2}$	69.0	88.0	108.0	123.0	138.0	158.0	169.0
		$\pm F_r$	58.0	69.0	77.0	88.0	96.0	108.0	115.0
		$\pm F_i'$	92.0	108.0	123.0	134.0	150.0	161.0	173.0
		$\pm f_i'$	50.0	50.0	54.0	54.0	54.0	58.0	58.0
	>10~16	$\pm F_\alpha$	61.0						
		$\pm f_u$	42.0	42.0	42.0	46.0	50.0	54.0	58.0
		$\pm f_p$	33.0	33.0	35.0	36.0	38.0	42.0	46.0
		$\pm F_{p2}$	73.0	96.0	115.0	131.0	150.0	165.0	184.0
		$\pm F_r$	65.0	77.0	88.0	100.0	108.0	119.0	131.0
		$\pm F_i'$	108.0	127.0	142.0	154.0	169.0	184.0	196.0
		$\pm f_i'$	65.0	65.0	69.0	69.0	69.0	73.0	77.0
	>16~25	$\pm F_\alpha$	77.0						
		$\pm f_u$	50.0	54.0	54.0	58.0	61.0	65.0	65.0
		$\pm f_p$	42.0	42.0	42.0	46.0	46.0	50.0	54.0
		$\pm F_{p2}$	81.0	104.0	123.0	142.0	161.0	177.0	196.0
		$\pm F_r$	77.0	88.0	100.0	111.0	123.0	131.0	142.0
		$\pm F_i'$	127.0	142.0	158.0	173.0	188.0	204.0	219.0
		$\pm f_i'$	85.0	85.0	85.0	85.0	85.0	88.0	92.0
	>25~40	$\pm F_\alpha$	104.0						
		$\pm f_u$	69.0	73.0	73.0	77.0	77.0	81.0	85.0
		$\pm f_p$	54.0	58.0	58.0	61.0	61.0	65.0	65.0
		$\pm F_{p2}$	85.0	108.0	131.0	150.0	173.0	192.0	207.0
		$\pm F_r$	88.0	100.0	100.0	123.0	134.0	146.0	158.0
		$\pm F_i'$	150.0	169.0	188.0	204.0	219.0	234.0	250.0
		$\pm f_i'$	111.0	111.0	111.0	115.0	115.0	119.0	119.0

偏差允许值 $\pm F_{pz}$								
测量长度/mm		15	25	45	75	125	200	300
蜗杆轴向模数 m_x/mm		≥0.5~2	>2~3.55	>3.55~6	>6~10	>10~16	>16~25	>25~40
蜗杆头数 z_1	1	17.0	21.0	25.0	33.0	42.0	50.0	61.0
	2	19.0	23.0	31.0	38.0	50.0	61.0	73.0
	3、4	21.0	27.0	35.0	46.0	58.0	73.0	88.0
	5、6	25.0	33.0	42.0	54.0	65.0	85.0	104.0
	>6	33.0	38.0	50.0	61.0	81.0	100.0	119.0

注：1. F_i'、f_i' 以蜗杆分度圆直径 d_1 查取。
2. 下标 x 表示蜗杆，下标 2 表示蜗轮；蜗杆、蜗轮同时有的，无下标。

对各种侧隙表列数值系蜗杆传动在 20℃ 时的情况，未计入传动发热和传动弹性变形的影响。

2.8.6 齿坯的要求

蜗杆、蜗轮的加工、检验和安装的径向、轴向基准面应尽可能一致，并应在相应的零件工作图上予以标注。蜗杆、蜗轮的齿坯公差，包括轴、孔的尺寸、形状、位置公差以及基准面的圆跳动公差见表 8.5-29、表 8.5-30。

2.8.7 极限偏差和公差数值表（见表 8.5-21～表 8.5-30）

表 8.5-22 蜗杆副接触斑点检验要求

精度等级	接触面积的百分比（%）		接触形状	接触位置
	沿齿高不小于	沿齿长不小于		
1、2	75	70	接触斑点在齿高方向无断缺，不允许成带状条纹	接触斑点痕迹的分布位置趋近齿面中部，允许略偏于啮入端。在齿顶和啮入、啮出端的棱边处不允许接触
3、4	70	65		
5、6	65	60		
7、8	55	50	不作要求	接触斑点痕迹应偏于啮出端，但不允许在齿顶和啮入、啮出端的棱边接触
9	45	40		

注：采用修形齿面的蜗杆传动，接触斑点的接触形状要求可不受表中规定的限制。

表 8.5-23 蜗杆副的中心距极限偏差（$\pm f_a$）的 f_a 和蜗杆副的中间平面极限偏差（$\pm f_x$）的 f_x 值 （μm）

传动中心距 a/mm	中心距极限偏差（$\pm f_a$）的 f_a				中间平面极限偏差（$\pm f_x$）的 f_x				传动中心距 a/mm	中心距极限偏差（$\pm f_a$）的 f_a				中间平面极限偏差（$\pm f_x$）的 f_x			
	精度等级									精度等级							
	5	6	7	8 9	4	5 6	7	8 9		5	6	7	8 9	4	5 6	7	8 9
≤30	17	26	42		9	14	21	34	>315～400	45	70	115		23	36	56	92
>30～50	20	31	50		10.5	16	25	40	>400～500	50	78	125		26	40	63	100
>50～80	23	37	60		12	18.5	30	48	>500～630	55	87	140		28	44	70	112
>80～120	27	44	70		14.5	22	36	56	>630～800	62	100	160		32	50	80	130
>120～180	32	50	80		16	27	40	64	>800～1000	70	115	180		36	58	92	145
>180～250	36	58	92		18.5	29	47	74	>1000～1250	82	130	210		42	66	105	170
>250～315	40	65	105		21	32	52	85	>1250～1600	97	155	250		50	78	125	200

注：本表为 GB/T 10089—1988 内容，仅对中心距不可调的蜗杆传动检验 f_a 及 f_x。

表 8.5-24 蜗杆副的轴交角极限偏差（$\pm f_\Sigma$）的 f_Σ 值 （μm）

蜗轮齿宽 b_2 /mm	精度等级						蜗轮齿宽 b_2 /mm	精度等级					
	4	5	6	7	8	9		4	5	6	7	8	9
≤30	6	8	10	12	17	24	>120～180	11	14	17	22	28	42
>30～50	7.1	9	11	14	19	28	>180～250	13	16	20	25	32	48
>50～80	8	10	13	16	22	32	>250			22	28	36	53
>80～120	9	12	15	19	24	36							

注：本表为 GB/T 10089—1988 内容，仅对中心距不可调的蜗杆传动检验 f_Σ。

表 8.5-25 蜗杆副的最小法向侧隙 j_{nmin} 值 （μm）

传动中心距 a/mm	侧隙种类								传动中心距 a/mm	侧隙种类							
	h	g	f	e	d	c	b	a		h	g	f	e	d	c	b	a
≤30	0	9	13	21	33	52	84	130	>315～400	0	25	36	57	89	140	230	360
>30～50	0	11	16	25	39	62	100	160	>400～500	0	27	40	63	97	155	250	400
>50～80	0	13	19	30	46	74	120	190	>500～630	0	30	44	70	110	175	280	440
>80～120	0	15	22	35	54	87	140	220	>630～800	0	35	50	80	125	200	320	500
>120～180	0	18	25	40	63	100	160	250	>800～1000	0	40	56	90	140	230	360	560
>180～250	0	20	29	46	72	115	185	290	>1000～1250	0	46	66	105	165	260	420	660
>250～315	0	23	32	52	81	130	210	320	>1250～1600	0	54	78	125	195	310	500	780

注：本表为 GB/T 10089—1988 内容，传动的最小圆周侧隙 $j_{tmin} \approx (j_{nmin}/\cos\gamma_w)\cos\alpha_n$。$\gamma_w$ 为蜗杆节圆柱导程角；α_n 为蜗杆法向压力角。

表 8.5-26　蜗杆齿厚公差 T_{s1} 值　　　　　　　　　　　　　（μm）

模数 m /mm	精度等级						模数 m /mm	精度等级					
	4	5	6	7	8	9		4	5	6	7	8	9
≥1~3.5	25	30	36	45	53	67	>10~16	50	60	80	95	120	150
>3.5~6.3	32	38	45	56	71	90	>16~25	—	85	110	130	160	200
>6.3~10	40	48	60	71	90	110							

注：1. 本表为 GB/T 10089—1988 内容。

　　2. 对传动最大法向侧隙 j_{nmax} 无要求时，允许蜗杆齿厚公差 T_{s1} 增大，最大不超过两倍。

表 8.5-27　蜗杆齿厚上极限偏差（E_{ss1}）中的误差补偿部分 $E_{s\Delta}$　　　　　　　　　　　　（μm）

精度等级	模数 m /mm	传动中心距 a /mm												
		≤30	>30 ~50	>50 ~80	>80 ~120	>120 ~180	>180 ~250	>250 ~315	>315 ~400	>400 ~500	>500 ~630	>630 ~800	>800 ~1000	>1000 ~1250	>1250 ~1600
4	≥1~3.5	15	16	18	20	22	25	28	30	32	36	40	46	53	63
	>3.5~6.3	16	18	19	22	24	26	30	32	36	38	42	48	56	63
	>6.3~10	19	20	22	24	26	28	30	32	36	38	45	50	56	65
	>10~16	—	—	—	28	30	32	32	36	38	40	45	50	56	65
5	≥1~3.5	25	25	28	32	36	40	45	48	51	56	63	71	85	100
	>3.5~6.3	28	28	30	36	38	40	45	50	53	58	65	75	85	100
	>6.3~10				38	40	45	50	54	56	60	68	75	85	100
	>10~16	—	—	—	45	48	50	56	60	65	71	80	90	105
6	>1~3.5	30	30	32	36	40	45	48	50	56	60	65	75	85	100
	>3.5~6.3	32	36	38	40	45	48	50	56	60	63	70	75	90	100
	>6.3~10	42	45	45	48	50	52	56	60	63	68	75	80	90	105
	>10~16	—	—	—	58	60	63	65	68	71	75	80	85	95	110
	>16~25				75	78	80	85	85	90	95	100	110	120
7	≥1~3.5	45	48	50	56	60	71	75	80	85	95	105	120	135	160
	>3.5~6.3	50	56	58	63	68	75	80	85	90	100	110	125	140	160
	>6.3~10	60	63	65	71	75	80	85	90	95	105	115	130	140	165
	>10~16	—	—	—	80	85	90	95	100	105	110	125	135	150	170
	>16~25	—	—	—	115	120	120	125	130	135	145	155	165	185
8	≥1~3.5	50	56	58	63	68	75	80	85	90	100	110	125	140	160
	>3.5~6.3	68	71	75	78	80	85	90	95	100	110	120	130	145	170
	>6.3~10	80	85	90	90	95	100	100	105	110	120	130	140	150	175
	>10~16	—	—	—	110	115	115	120	125	130	135	140	155	165	185
	>16~25	—	—	—	150	155	155	160	160	170	175	180	190	210
9	≥1~3.5	75	80	90	95	100	110	120	130	140	155	170	190	220	260
	>3.5~6.3	90	95	100	105	110	120	130	140	150	160	180	200	225	260
	>6.3~10	110	115	120	125	130	140	145	155	160	170	190	210	235	270
	>10~16	—	—	—	160	165	170	180	185	190	200	220	230	255	290
	>16~25	—	—	—	215	220	225	230	235	245	255	270	290	320

注：本表为 GB/T 10089—1988 内容。

表 8.5-28　蜗轮齿厚公差 T_{s2} 值　　　　　　　　　（μm）

分度圆直径 d_2/mm	模 数 m /mm	精 度 等 级					
		4	5	6	7	8	9
≤125	≥1～3.5	45	56	71	90	110	130
	>3.5～6.3	48	63	85	110	130	160
	>6.3～10	50	67	90	120	140	170
>125～400	≥1～3.5	48	60	80	100	120	140
	>3.5～6.3	50	67	90	120	140	170
	>6.3～10	56	71	100	130	160	190
	>10～16	—	80	110	140	170	210
	>16～25		130	170	210	260
>400～800	≥1～3.5	48	63	85	110	130	160
	>3.5～6.3	50	67	90	120	140	170
	>6.3～10	56	71	100	130	160	190
	>10～16	—	85	120	160	190	230
	>16～25	—		140	190	230	290
>800～1600	≥1～3.5	50	67	90	120	140	170
	>3.5～6.3	56	71	100	130	160	190
	>6.3～10	60	80	110	140	170	210
	>10～16	—	85	120	160	190	230
	>16～25	—		140	190	230	290
>1600～2500	≥1～3.5	56	71	100	130	160	190
	>3.5～6.3	60	80	110	140	170	210
	>6.3～10	63	85	120	160	190	230
	>10～16	—	90	130	170	210	260
	>16～25	—		160	210	260	320

注：1. 本表为 GB/T 10089—1988 内容。

　　2. 在最小法向侧隙能保证的条件下，T_{s2} 公差带允许采用对称分布。

表 8.5-29　蜗杆、蜗轮齿坯尺寸和形状公差

精 度 等 级		4	5	6	7	8	9
孔	尺寸公差	IT4	IT5	IT6	IT7		IT8
	形状公差	IT3	IT4	IT5	IT6		IT7
轴	尺寸公差	IT4	IT5			IT6	IT7
	形状公差	IT3	IT4			IT5	IT6
齿顶圆直径公差		IT7			IT8		IT9

注：1. 当齿顶圆不作测量齿厚基准时，尺寸公差按 IT11 确定，但不得大于 0.1mm。

　　2. IT 为标准公差，按 GB/T 1800.1—2009 《产品几何技术规范（GPS）极限与配合 第 1 部分：公差、偏差和配合的基础》的规定确定。

表 8.5-30　蜗杆、蜗轮齿坯基准面径向和端面圆跳动公差　　（μm）

基准面直径 d /mm	精 度 等 级			
	4	5、6	7、8	9
≤31.5	2.8	4	7	10
>31.5～63	4	6	10	16
>63～125	5.5	8.5	14	22
>125～400	7	11	18	28
>400～800	9	14	22	36
>800～1600	12	20	32	50
>1600～2500	18	28	45	71
>2500～4000	25	40	63	100

注：当以齿顶圆作为测量基准时，也即为蜗杆、蜗轮的齿坯基准面。

3　圆弧圆柱蜗杆传动

3.1　轴向圆弧齿圆柱蜗杆（ZC_3）传动

3.1.1　基本齿廓（见图 8.5-16）

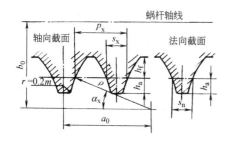

图 8.5-16　ZC_3 蜗杆基本齿廓

1）齿廓曲率半径 ρ。ρ 值影响当量曲率半径的大小、接触线形状、啮合区大小以及齿形等，推荐为

$$\rho = (5 \sim 5.5)m$$

当 $z_1 = 1.2$ 时，$\rho = 5m$；$z_1 = 3$ 时，$\rho = 5.3m$；$z_1 = 4$ 时，$\rho = 5.5m$。

2）轴向压力角 α_x，$\alpha_x = 23°$。

3）齿顶高 h_a，$h_a = m$。

4）顶隙 c，$c = 0.2m$。

5）轴向齿厚 s_x，$s_x = 0.4\pi m$。

6）圆弧中心坐标。$a_0 = \rho \cos\alpha_x + \dfrac{1}{2}s_x$，

$$b_0 = \rho \sin\alpha_x + \frac{1}{2}d_1$$

7）齿顶倒圆圆角半径 r，$r = 0.2m$。

3.1.2　ZC_3 蜗杆传动的参数及其匹配

轴向圆弧齿圆柱蜗杆传动的参数意义与普通圆柱蜗杆传动相同。m 与 d_1 的匹配及 $m^2 d_1$ 值见表 8.5-31，传动参数的匹配见表 8.5-32。需要说明的是，这种传动为了消除蜗轮轮齿的根切和改善接触线分布情况，一般取 $x_2 = 0.5 \sim 1.5$，当 $x_2 > 1.5$ 可能发生蜗轮齿顶变尖。通常 $z_1 \leqslant 2$ 时，$x_2 = 1 \sim 1.5$；$z_1 > 2$ 时，$x_2 = 0.7 \sim 1.2$。

表 8.5-31　m 与 d_1 的匹配及 $m^2 d_1$ 值

m/mm	2.5	3	3.5	4	4.5	5	5.5	6		7	8	9	10
d_1/mm	32	38	44	44	52	55	62	63	74	76	80	90	98
$m^2 d_1$/mm³	200	342	539	707	1053	1375	1875	2268	2664	3724	5120	7290	9800

m/mm	11	12		14		16		18		20		22	25
d_1/mm	112	114		132	126	144	128	144	144	168	156	180	170	190
$m^2 d_1$/mm³	13552	16416	19008	24696	28224	32768	36864	46656	54432	62400	72000	82280	118750

表 8.5-32　轴向圆弧齿圆柱蜗杆（ZC_3）传动参数匹配

a/mm	i	m/mm	d_1/mm	ρ/mm	x_2	z_1	z_2	γ	a/mm	i	m/mm	d_1/mm	ρ/mm	x_2	z_1	z_2	γ
80	7.75	3.5	44		4		31	17°39′	100	7.75	4.5	52		4		31	19°09′34″
	10.33				3			13°25′18″		10.33				3			14°33′12″
	15.5			1.071	2			9°02′22″		15.5			0.944	2			9°49′09″
	31				1			4°32′52″		31				1			4°56′45″
	13	3	38		3		39	13°19′28″		12.67	4	44		3		38	15°15′18″
	19.5			0.833	2			8°58′21″		19			0.5	2			10°18′17″
	39				1			4°30′50″		38				1			5°11′39″
	25	2.5	32		2		50	8°52′50″		26	3	38	15	2		52	9°58′21″
	50			0.60	1			4°28′01″		52			1	1			4°30′50″

（续）

a/mm	i	m/mm	d_1/mm	ρ/mm	x_2	z_1	z_2	γ
125	8.25	5.5	62	30	0.591	4	33	19°32'11"
	10	6	63	32	0.583	3	30	16°58'16"
	16.5	5.5	62	28	0.591	2	33	10°10'19"
	33					1		5°04'09"
	12.67	5	55	26	0.5	3	38	15°15'18"
	21	4.5	52	23	1	2	42	9°49'09"
	42					1		4°56'45"
	25	4	44	20	0.75	2	50	10°18'17"
	50					1		5°11'39"
160	8.25	7	76	39	0.929	4	33	20°13'29"
	9.67	8	80	42	0.5	3	29	16°41'57"
	16.5	7	76	35	0.929	2	33	10°26'14"
	33					1		5°15'44"
	13	6	74	32	1	3	39	13°40'16"
	20.5	6	63	30	0.917	2	41	10°47'03"
	41					1		5°26'25"
	25.5	5	55	25	1	2	51	10°18'17"
	51					1		5°11'39"
200	8.25	9	90	50	0.722	4	33	21°48'05"
	9.67	10	98	53	0.6	3	29	17°01'14"
	16.5	9	90	45	0.722	2	33	11°18'35"
	33					1		5°42'38"
	13	8	80	42	0.5	3	39	16°41'57"
	19.5			40		2		11°18'35"
	39			40		1		5°42'38"
	26	6	74	30	1.167	2	52	9°12'39"
	52					1		4°38'07"
250	7.75	12	114	66	0.583	4	31	22°50'01"
	10.33			64		3		17°31'32"
	15.5			60		2		11°53'19"
	31			60		1		6°00'32"
	13	10	98	53	0.6	3	39	17°01'14"
	19.5			50		2		11°32'04"
	39			50		1		5°49'34"
	25.5	8	80	40	0.76	2	51	11°18'36"
	51					1		5°42'38"
280	7.1	14	126	77	0.5	4	30	23°57'45"
	10			74		3		18°26'06"
	15			70		2		12°31'44"
	30			70		1		6°20'24"
	13	11	112	58	0.864	3	39	16°25'02"
	19.5			55		2		11°06'47"
	39			55		1		5°36'33"
	25.5	9	90	45	0.611	2	51	11°18'36"
	51					1		5°42'38"

a/mm	i	m/mm	d_1/mm	ρ/mm	x_2	z_1	z_2	γ
320	7.75	16	128	88	0.5	4	31	26°33'54"
	10.33			85		3		20°33'22"
	15.5			80		2		14°02'10"
	31			80		1		7°07'30"
	13.33	12	132	64	1.167	3	40	5°11'40"
	21	12	114	60	0.917	2	42	11°53'19"
	42					1		6°00'32"
	26	10	98	50	1.1	2	52	11°32'05"
	52					1		5°49'35"
360	7.75	18	144	99	0.5	4	31	26°33'54"
	10.33			95		3		20°33'22"
	15.5			90		2		14°02'10"
	31			90		1		7°07'30"
	13	14		74	1.071	3	39	16°15'37"
	20.5		126	70	0.714	2	41	12°31'43"
	41					1		6°20'25"
	24.5	12	114	60	0.75	2	49	11°53'19"
	49					1		6°00'32"
400	7.75	20	156	110	0.6	4	31	27°08'58"
	10.33			106		3		21°02'15"
	15.5			100		2		14°22'53"
	31			100		1		7°18'21"
	13	16	144	85	1	3	39	18°26'06"
	19.5			80		2		12°31'44"
	39			80		1		6°20'24"
	23.5	14	126	70	0.571	2	47	12°31'44"
	47					1		6°20'24"
450	7.75	22	170	121	1.091	4	31	27°22'06"
	10.33			117		3		21°13'05"
	15.5			110		2		14°30'40"
	31			110		1		7°22'25"
	13	18	168	95	0.833	3	39	17°49'08"
	20.5			90	0.5	2	41	14°02'10"
	41			90	0.5	1	41	7°07'30"
	26	14	144	70	1	2	52	11°00'13"
	52					1		5°33'11"
500	7.75	25	190	138	0.7	4	31	27°45'31"
	10.33			133		3		21°32'27"
	15.5			125		2		14°44'37"
	31			125		1		7°29'45"
	13	20	180	106	1	3	39	18°26'06"
	20.5		156	100	0.6	2	41	14°22'53"
	41		156	100	0.6	1	41	7°18'20"
	26	16	144	80	0.75	2	26	12°31'44"
	52					1	52	6°20'25"

3.1.3　ZC_3 蜗杆传动的几何尺寸计算（见表 8.5-33）

表 8.5-33　轴向圆弧圆柱蜗杆（ZC_3）传动的几何尺寸计算

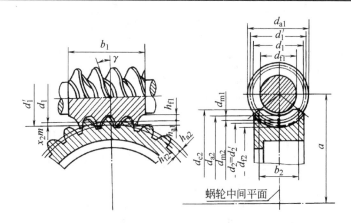

名称	代号	公式及说明
中心距	a	$a=(d_1+d_2+2x_2m)/2$，要满足强度要求，可按表 8.5-32 选取
传动比	i	$i=\dfrac{z_2}{z_1}$，参考表 8.5-32 选取
蜗杆头数	z_1	$z_1=1\sim4$，主要与传动比有关，参见表 8.5-32
蜗轮齿数	z_2	$z_2=iz_1$，参见表 8.5-32
轴向压力角	α_x	推荐 $\alpha_x=23°$
模数	m	$m=\dfrac{d_2}{z_2}$，按表 8.5-31 或表 8.5-32 选取
蜗轮变位系数	x_2	$x_2=\dfrac{a}{m}-\dfrac{d_1+d_2}{2m}$
蜗杆分度圆直径	d_1	$d_1=mz_1/\tan\gamma=mq$，按表 8.5-31 或表 8.5-32 选取
蜗杆齿顶高	h_{a1}	$h_{a1}=m$
蜗杆齿根高	h_{f1}	$h_{f1}=1.2m$
顶隙	c	$c=0.2m$
蜗杆齿顶圆直径	d_{a1}	$d_{a1}=d_1+2m$
蜗杆齿根圆直径	d_{f1}	$d_{f1}=d_1-2h_{f1}=d_1-2.4m$
导程角	γ	$\gamma=\arctan\dfrac{mz_1}{d_1}$，见表 8.5-32
蜗杆轴向齿厚	s_x	$s_x=0.4\pi m$
蜗杆法向齿厚	s_n	$s_n=s_x\cos\gamma$
蜗轮分度圆直径	d_2	$d_2=mz_2$
蜗轮齿顶高	h_{a2}	$h_{a2}=m(1+x_2)$
蜗轮齿根高	h_{f2}	$h_{f2}=m(1.2-x_2)$
蜗轮喉圆直径	d_{a2}	$d_{a2}=d_2+2m(1+x_2)$
蜗轮齿根圆直径	d_{f2}	$d_{f2}=d_2-2m(1.2-x_2)$
蜗轮顶圆直径	d_{e2}	$d_{e2}\leqslant d_{a2}+(0.8\sim1)m$，取整

（续）

名称	代号	公式及说明
蜗轮齿宽	b_2	$b_2 = (0.67 \sim 0.7) d_{a1}$，取整
蜗杆齿宽	b_1	$z_1 = 1,2$ $x_2 < 1$ 时，$b_1 \geqslant (12.5 + 0.1z_2)m$；$x_2 \geqslant 1$ 时，$b_1 \geqslant (13 + 0.1z_2)m$
		$z_1 = 3,4$ $x_2 < 1$ 时，$b_1 \geqslant (13.5 + 0.1z_2)m$；$x_2 \geqslant 1$ 时，$b_1 \geqslant (14 + 0.1z_2)m$
齿廓曲率半径	ρ	当 $z_1 = 1,2$ 时，$\rho = 5m$；$z_1 = 3$ 时，$\rho = 5.3m$；$z_1 = 4$ 时，$\rho = 5.5m$
圆弧中心坐标	a_0	$a_0 = \rho\cos\alpha_x + \dfrac{1}{2}s_x$ 参看图 8.5-16
	b_0	$b_0 = \rho\sin\alpha_x + \dfrac{1}{2}d_1$

3.1.4 ZC_3 蜗杆传动强度计算及其他

轴向圆弧圆柱蜗杆传动的齿面接触疲劳强度计算可近似地采用普通圆柱蜗杆传动的齿面接触疲劳强度计算方法（见表 8.5-10），由于这种传动是凹凸面接触，当量曲率半径大，接触线方向有利于润滑，因此可视为接触应力较小。用表 8.5-10 的公式可将 σ_H 降低 10%，或把 $[\sigma_{HP}]$ 增大 11%。

由于这种传动的蜗轮齿根较厚，一般不产生齿根折断，因此不必计算齿根的弯曲强度。

有关这种传动的材料、散热计算、蜗杆和蜗轮的结构、精度等见普通圆柱蜗杆传动。

3.2   环面包络圆柱蜗杆（ZC_1）传动

这种蜗杆传动比 ZC_3 蜗杆传动承载能力高 30%，效率高 4%。我国圆弧圆柱蜗杆减速器（JB/T 7935—2015）就是采用这种蜗杆。

3.2.1   基本齿廓

蜗杆法截面齿廓为基本齿廓，圆环面砂轮包络成形，在法截面和轴截面内的参数要符合下列规定（见图 8.5-17）：

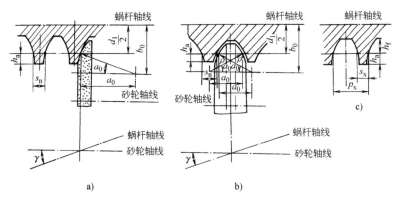

图 8.5-17   基本齿廓

a）单面砂轮单面磨削   b）双面砂轮两面依次磨削   c）轴截面齿廓

1）砂轮轴线与蜗杆轴线的公垂线。对于单面砂轮单面磨削通过分圆点（图 8.5-17a），对双面砂轮两面依次磨削，通过砂轮对称中间平面（图 8.5-17b）。

2）砂轮轴线与蜗杆轴线的交角 Σ 等于蜗杆的导程角 γ。

3）砂轮轴截面圆弧半径 ρ。当 $m \leqslant 10mm$ 时，$\rho = (5.5 \sim 6)m$；当 $m > 10mm$ 时，$\rho = (5 \sim 5.5)m$。

4）砂轮轴截面产形角 $\alpha_0 = 23° \pm 0.5°$。

5）齿顶高 h_a。当 $z_1 \leqslant 3$ 时，$h_a = m$；$z_1 > 3$ 时，$h_a = (0.85 \sim 0.95)m$。

6）顶隙 $c \approx 0.16m$。

7）轴向齿距 $p_x = \pi m$。

8）轴向齿厚 $s_{x1} = 0.4\pi m$。

9）法向齿厚 $s_{n1} = 0.4\pi m\cos\gamma$。

10）砂轮圆弧中心坐标。

$$a_0 = \rho\cos\alpha_0, \quad b_0 = \frac{d_1}{2} + \rho\sin\alpha_0$$

11）齿顶倒圆、圆角半径不大于 $0.2m$。

3.2.2 ZC_1 蜗杆传动的参数及其匹配（见表 8.5-34）

蜗轮的径向变位系数 x_2 荐用范围 $0 < x_2 \leqslant 1$，常用 $x_2 = 0.7 \sim 1$。

表 8.5-34　环面包络圆柱蜗杆（ZC₁）传动的参数及其匹配

a/mm	i	m/mm	d_1/mm	z_1	z_2	x_2	γ	a/mm	i	m/mm	d_1/mm	z_1	z_2	x_2	γ
63	4.8	3.6	35.4	5	24	0.583	26°57′08″	125	50	4	44	1	50	0.750	5°11′40″
	6.25	3.6	35.4	4	25	0.083	22°08′08″		59	3.5	39	1	59	0.643	5°07′41″
	7.75	3	30.4	4	31	0.433	21°32′28″	140	5.8	7.3	61.8	5	29	0.445	30°34′00″
	10.33	3	32	3	31	0.167	15°42′31″		7.25	7.3	61.8	4	29	0.445	25°17′25″
	12.67	2.5	30	2	38	0.2	14°02′11″		10.33	6.5	67	3	31	0.885	16°13′38″
	15.5	3	32	2	31	0.167	10°37′11″		11.67	6.2	57.6	3	35	0.435	17°53′46″
	19.5	2.5	26	2	39	0.5	10°53′08″		15.5	6.5	67	2	31	0.885	10°58′50″
	24.5	2	26	2	49	0.5	8°44′46″		19.5	5.6	58.8	2	39	0.250	10°47′03″
	31	3	32	1	31	0.167	5°21′21″		25.5	4.4	47.2	2	51	0.955	10°33′40″
	39	2.5	26	1	39	0.5	5°29′32″		31	6.5	67	1	31	0.885	5°32′28″
	49	2	26	1	49	0.5	4°23′55″		39	5.6	58.8	1	39	0.250	5°26′25″
80	4.8	4.5	43.6	5	24	0.933	27°17′45″		51	4.4	47.2	1	51	0.955	5°19′33″
	6.25	4.5	43.6	4	25	0.433	22°25′58″		58	4	44	1	58	0.5	5°11′40″
	8.25	3.6	35.4	4	33	0.806	22°08′08″	160	4.8	9.5	73	5	24	1	33°03′05″
	10.33	3.8	38.4	3	31	0.5	16°32′05″		6.25	9.5	73	4	25	0.5	27°29′57″
	12.33	3.2	36.6	3	37	0.781	14°41′50″		8.5	7.3	61.8	4	34	0.685	25°17′25″
	15.5	3.8	38.4	2	31	0.5	11°11′43″		10.33	7.8	69.4	3	31	0.564	18°37′58″
	20.5	3	32	2	41	0.833	10°37′11″		12.33	6.5	67	3	37	0.962	16°13′38″
	25.5	2.5	30	2	51	0.5	9°27′44″		15.5	7.8	69.4	2	31	0.564	12°40′07″
	31	3.8	38.4	1	31	0.5	5°39′06″		20.5	6.2	57.6	2	41	0.661	12°08′57″
	41	3	32	1	41	0.833	5°21′21″		24.5	5.2	54.6	2	49	1.019	10°47′04″
	51	2.5	30	1	51	0.5	4°45′49″		31	7.8	69.4	1	31	0.564	6°24′46″
	59	2.25	26.5	1	59	0.167	4°51′11″		41	6.2	57.6	1	41	0.661	6°08′37″
100	4.8	5.8	49.4	5	24	0.983	30°24′53″		50	5.2	54.6	1	50	0.519	5°26′25″
	6.25	5.8	49.4	4	25	0.483	25°09′23″		61	4.4	47.2	1	61	0.5	5°19′33″
	8.25	4.5	43.6	4	33	0.878	22°25′58″	180	5.8	9.5	73	5	29	0.605	33°03′05″
	10.33	4.8	46.4	3	31	0.5	17°14′29″		7.25	9.5	73	4	29	0.605	27°29′57″
	12.33	4	44	3	37	1	15°15′18″		9.67	9.2	80.6	3	29	0.685	18°54′10″
	15.5	4.8	46.4	2	31	0.5	11°41′22″		12	7.8	69.4	3	36	0.628	18°37′58″
	20.5	3.8	38.4	2	41	0.763	11°11′43″		16.5	8.2	78.6	2	33	0.659	11°47′09″
	24.5	3.2	36.6	2	49	1.031	9°55′07″		19.5	7.1	70.8	2	39	0.866	11°20′28″
	31	4.8	46.4	1	31	0.5	5°54′21″		26	5.6	58.8	2	52	0.893	10°47′03″
	41	3.8	38.4	1	41	0.763	5°39′06″		33	8.2	78.6	1	33	0.659	5°57′21″
	50	3.2	36.6	1	50	0.531	4°59′48″		40	7.1	70.8	1	40	0.366	5°43′36″
	60	2.75	32.5	1	60	0.455	4°50′12″		52	5.6	58.8	1	52	0.893	5°26′25″
125	4.8	7.3	61.8	5	24	0.890	30°34′00″		60	5	55	1	60	0.5	5°11′40″
	6.25	7.3	61.8	4	25	0.390	25°17′25″	200	4.8	11.8	93.5	5	24	0.987	32°15′09″
	8.25	5.8	49.4	4	33	0.793	25°09′23″		6.25	11.8	93.5	4	25	0.487	26°47′06″
	10.33	6.2	57.6	3	31	0.016	17°53′46″		8.25	9.5	73	4	33	0.711	27°29′57″
	12.33	5.2	54.6	3	37	0.288	15°56′43″		10.33	10	82	3	31	0.4	20°05′43″
	15.5	6.2	57.6	2	31	0.016	12°08′57″		12.67	8.2	78.6	3	38	0.598	17°22′44″
	20.5	4.8	46.4	2	41	0.708	11°41′22″		15.5	10	82	2	31	0.4	13°42′25″
	25.5	4	44	2	51	0.250	10°18′17″		20.5	7.8	69.4	2	41	0.692	12°40′07″
	30	6.2	57.6	1	30	0.516	6°08′37″		25.5	6.5	67	2	51	0.115	10°58′50″
	41	4.8	46.4	1	41	0.708	5°54′21″		31	10	82	1	31	0.4	6°57′11″

（续）

a/mm	i	m/mm	d_1/mm	z_1	z_2	x_2	γ	a/mm	i	m/mm	d_1/mm	z_1	z_2	x_2	γ
200	41	7.8	69.4	1	41	0.692	6°24′46″	315	31	16	124	1	31	0.3125	7°21′09″
	50	6.5	67	1	50	0.615	5°32′28″		41	12.5	105	1	41	0.5	6°47′20″
	60	5.6	58.8	1	60	0.464	5°26′25″		50	10.5	99	1	50	0.286	6°03′15″
225	5.8	11.8	93.5	5	29	0.606	32°15′09″		59	9.1	91.8	1	59	0.071	6°39′40″
	7.25	11.8	93.5	4	29	0.606	26°47′06″	355	5.8	19	141	5	29	0.474	33°58′14″
	10.67	10.5	99	3	32	0.714	17°39′00″		7.25	19	141	4	29	0.474	28°19′30″
	12	10	82	3	36	0.4	20°05′43″		10.33	18	136	3	31	0.444	21°39′22″
	16	10.5	99	2	32	0.714	11°58′34″		11.67	16	124	3	35	0.8125	21°09′41″
	19.5	9	84	2	39	0.833	12°05′41″		15.5	18	136	2	31	0.444	14°49′35″
	26	7.1	70.8	2	52	0.704	11°20′28″		19.5	14.5	127	2	39	0.603	12°51′46″
	32	10.5	99	1	32	0.714	6°03′15″		25.5	11.5	107	2	51	0.717	12°07′53″
	40	9	84	1	40	0.333	6°06′56″		31	18	136	1	31	0.444	7°32′22″
	52	7.1	70.8	1	52	0.704	5°43′36″		39	14.5	127	1	39	0.603	6°30′48″
	58	6.5	67	1	58	0.462	5°32′28″		51	11.5	107	1	51	0.717	6°08′04″
250	4.8	15	111	5	24	0.967	34°02′45″		58	10.5	99	1	58	0.095	6°03′15″
	6.25	15	111	4	25	0.467	28°23′35″	400	5.17	20	165	6	31	0.375	36°01′39″
	8.25	11.8	93.5	4	33	0.724	26°47′06″		6.6	19	141	5	33	0.842	33°58′14″
	10.33	12.5	105	3	31	0.3	19°39′14″		8.25	19	141	4	33	0.842	28°19′30″
	12.33	10.5	99	3	37	0.595	17°39′00″		10.33	20	148	3	31	0.8	22°04′04″
	15.5	12.5	105	2	31	0.3	13°23′33″		11.67	18	136	3	35	0.944	21°39′22″
	20.5	10	82	2	41	0.4	13°42′25″		15.5	20	148	2	31	0.8	15°07′26″
	25.5	8.2	78.6	2	51	0.195	11°47′09″		20.5	16	124	2	41	0.625	14°28′13″
	31	12.5	105	1	31	0.3	6°47′20″		25.5	13	119	2	51	0.692	12°19′29″
	41	10	82	1	41	0.4	6°57′11″		31	20	148	1	31	0.8	7°41′46″
	50	8.2	78.6	1	50	0.695	5°57′21″		41	16	124	1	41	0.625	7°21′09″
	59	7.1	70.8	1	59	0.725	5°43′36″		51	13	119	1	51	0.692	6°14′04″
280	5.8	15	111	5	29	0.467	34°02′45″		59	11.5	107	1	59	0.631	6°08′04″
	7.25	15	111	4	29	0.467	28°23′35″	450	7.8	19	141	5	39	0.474	33°58′14″
	10.67	13	119	3	32	0.962	18°08′44″		9.75	19	141	4	39	0.474	28°19′30″
	12	12.5	105	3	36	0.2	19°39′14″		12.33	20	148	3	37	0.3	22°04′04″
	16	13	119	2	32	0.962	12°19′29″		15.67	16	124	3	47	0.75	21°09′41″
	19.5	11.5	107	2	39	0.196	12°07′53″		20.5	18	136	2	41	0.722	14°49′35″
	25.5	9	84	2	51	0.944	12°05′41″		26	14.5	127	2	52	0.655	12°51′46″
	32	13	119	1	32	0.962	6°14′04″		32	22	160	1	32	0.818	7°49′44″
	39	11.5	107	1	39	0.196	6°08′04″		41	18	136	1	41	0.722	7°32′22″
	51	9	84	1	51	0.944	6°06′56″		52	14.5	127	1	52	0.655	6°30′48″
	59	7.9	82.2	1	59	0.741	5°29′23″		59	13	119	1	59	0.538	6°14′04″
315	4.8	19	141	5	24	0.868	33°58′14″	500	6.83	20	165	6	41	0.375	36°01′39″
	6.25	19	141	4	25	0.368	28°19′30″		10.25	20	165	4	41	0.375	25°51′59″
	8.25	15	111	4	33	0.8	28°23′35″		12.33	22	160	3	37	0.591	22°24′58″
	10.33	16	124	3	31	0.3125	21°09′41″		15.67	18	136	3	47	0.5	21°39′22″
	12.67	13	119	3	38	0.654	18°08′44″		20.5	20	148	2	41	0.8	15°07′26″
	15.5	16	124	2	31	0.3125	14°28′13″		25.5	16	165	2	51	0.594	10°58′32″
	20.5	12.5	105	2	41	0.5	13°23′33″		33	24	172	1	33	0.75	7°56′36″
	24.5	10.5	99	2	49	0.786	11°58′34″		41	20	148	1	41	0.8	7°41′46″
									51	16	165	1	51	0.594	5°32′19″
									59	14.5	127	1	59	0.604	6°30′48″

注：用于非标设计。

3.2.3　ZC_1 蜗杆传动的几何尺寸计算

ZC_1 蜗杆传动除表 8.5-35 所列几点外，其他与 ZC_3 蜗杆传动的几何尺寸计算一样，可按表 8.5-33 所列公式计算，但需将表中所指表 8.5-32 改为表 8.5-34。

表 8.5-35　ZC_1 蜗杆传动的几何尺寸计算

名　称	代　号	计算公式及说明
蜗杆头数	z_1	$z_1 = 1 \sim 6$，见表 8.5-34
蜗杆法向压力角	α_{n1}	$\alpha_{n1} = \alpha_0 = 23° \pm 0.5°$，$\tan\alpha_{n1} = \tan\alpha_{x1}\cos\gamma$
蜗杆齿顶高	h_{a1}	$z_1 \leqslant 3$ 时，$h_{a1} = m$；$z_1 > 3$ 时，$h_{a1} = (0.85 \sim 0.95)m$
顶隙	c	$c = 0.16m$
蜗杆齿根高	h_{f1}	$h_{f1} = h_{a1} + c$
蜗杆齿顶圆直径	d_{a1}	$d_{a1} = d_1 + 2h_{a1}$
蜗杆齿根圆直径	d_{f1}	$d_{f1} = d_1 - 2h_{f1}$
蜗杆齿宽	b_1	$b_1 \approx 2.5m\sqrt{z_2 + 2 + 2x_2}$
砂轮轴截面圆弧半径	ρ	$m \leqslant 10\text{mm}$ 时，$\rho = (5.5 \sim 6)m$；$m > 10\text{mm}$ 时，$\rho = (5 \sim 5.5)m$
砂轮圆弧中心坐标	a_0, b_0	$a_0 = \rho\cos\alpha_0$，$b_0 = \dfrac{d_1}{2} + \rho\sin\alpha_0$
蜗轮齿顶高	h_{a2}	$z_1 \leqslant 3$ 时，$h_{a2} = m + x_2 m$；$z_1 > 3$ 时，$h_{a2} = (0.85 \sim 0.95)m + x_2 m$
蜗轮齿根高	h_{f2}	$h_{f2} = h_{a2} + c - x_2 m$
蜗轮喉圆直径	d_{a2}	$d_{a2} = d_2 + 2h_{a2}$
蜗轮齿根圆直径	d_{f2}	$d_{f2} = d_2 - 2h_{f2}$
蜗轮顶圆直径	d_{e2}	$d_{e2} = d_{a2} + (0.6 \sim 1.0)m$
蜗轮平均宽度	b_{m2}	$b_{m2} = 0.45(d_1 + 6m)$
蜗轮宽度	b_2	$b_2 \approx b_{m2}$（用于锡青铜蜗轮）；$b_2 \approx b_{m2} + 1.8m$（用于铝青铜蜗轮）
蜗轮端面齿厚	s_2	$s_2 = 0.6\pi m + 2x_2 \tan\alpha_{x1}$
蜗轮齿顶圆弧半径	R_{a2}	$R_{a2} = \dfrac{d_{f1}}{2} + c$
蜗轮齿根圆弧半径	R_{f2}	$R_{f2} = \dfrac{d_{a1}}{2} + c$

3.2.4　ZC_1 蜗杆传动承载能力计算

有关传动的齿上受力分析、滑动速度见表 8.5-9。

（1）ZC_1 蜗杆传动的设计

已知条件：输入功率 P_1、输入轴的转速 n_1、传动比 i（或输出轴转速 n_2）以及载荷变化情况等。

根据 P_1、n_1 和 i 按图 8.5-18 确定减速器的中心距 a，查表 8.5-34 确定蜗杆传动的主要参数，再按 3.2.3 节计算传动的几何尺寸。

若传动连续工作，减速器的尺寸往往取决于热平衡的功率 P_{T1} 的计算。此时，应按图 8.5-19 初定减速器的中心距 a，然后再按上述的方法确定蜗杆传动的主要参数和几何尺寸。

（2）齿面接触疲劳强度的安全系数校核

安全系数校核公式为

$$S_H = \frac{\sigma_{Hlim}}{\sigma_H} \geqslant S_{Hmin} \qquad (8.5\text{-}8)$$

式中　σ_H——齿面接触应力（MPa），见式(8.5-9)；

　　　σ_{Hlim}——蜗轮材料的接触疲劳极限（MPa），见式(8.5-12)；

　　　S_{Hmin}——最小安全系数，见表 8.5-40。

齿面接触应力

$$\sigma_H = \frac{F_{t2}}{Z_m Z_z b_{m2}(d_2 + 2x_2 m)} \qquad (8.5\text{-}9)$$

式中　F_{t2}——蜗轮平均圆的切向力；

$$F_{t2} = \frac{2000T_2}{d_2 + 2x_2 m} \qquad (8.5\text{-}10)$$

　　　Z_m——系数；

$$Z_m = \sqrt{\frac{10m}{d_1}} \qquad (8.5\text{-}11)$$

　　　Z_z——齿形系数，查表 8.5-36；

　　　b_{m2}——蜗轮平均宽度（mm）。

蜗轮材料的接触疲劳极限为

$$\sigma_{Hlim} = \sigma'_{Hlim} f_h f_n f_w \leqslant \sigma'_{Hlim} \qquad (8.5\text{-}12)$$

式中　σ'_{Hlim}——蜗轮材料的接触疲劳极限的基本值，见表 8.5-37；

　　　f_h——寿命系数，见表 8.5-38；

　　　f_n——速度系数，当转速不变时，f_n 值见表 8.5-39；当转速变化时，f_n 值用式

(8.5-13)计算；式中设时间为 h'，转速为 n'；时间为 h''，转速为 n''；…；按表 8.5-39 查得相应的速度系数为 f'_n，f''_n，…，则平均转速系数 f_n 为

$$f_n = \frac{f'_n h' + f''_n h'' + \cdots}{h' + h'' + \cdots} \qquad (8.5\text{-}13)$$

　　　f_w——载荷系数，当载荷平稳时 $f_w = 1$；当载荷变化时，设整个工作时间为 h，名义载荷为 T，其中 h_1 时间对应的载荷为 $f_1 T$；h_2 时间对应的载荷为 $f_2 T$，…；则载荷系数为

$$f_w = \sqrt[3]{\frac{h + h_1 + h_2 + \cdots}{h + f_1^3 h_1 + f_2^3 h_2 + \cdots}} \qquad (8.5\text{-}14)$$

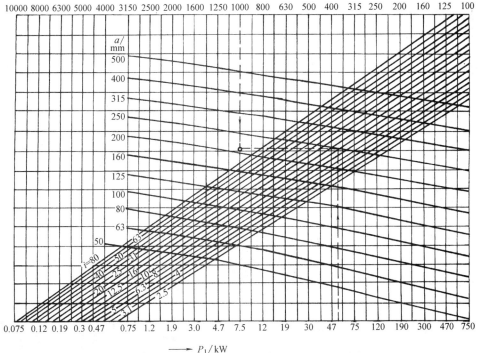

图 8.5-18　齿面疲劳强度估算线图

注：本线图是按经磨削加工淬硬的钢质蜗杆与锡青铜蜗轮制定的。在其他条件时，可传递的功率 P_1 随 σ_{Hlim} 增减而增减。例如，$P_1 = 53\text{kW}$，$n_1 = 1000\text{r} \cdot \text{min}^{-1}$，$i = 10$，沿图中虚线查得 $a = 210\text{mm}$。

表 8.5-36　齿形系数 Z_z

$\tan\gamma$	0	0.1	0.2	0.3	0.4	0.5	0.6	0.7	0.8	0.9	1.0
Z_z	0.695	0.666	0.638	0.618	0.600	0.590	0.583	0.580	0.576	0.575	0.570

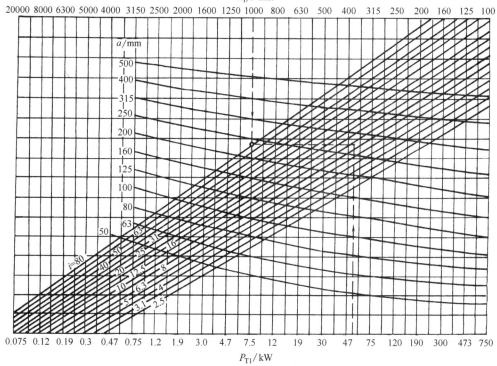

图 8.5-19 热平衡功率的估算线图

注：本线图是按蜗杆上装有风扇制订的。例如，$P_1 = 53\,\text{kW}$，$n_1 = 1000\,\text{r} \cdot \text{min}^{-1}$，$i = 10$，沿图中虚线查得 $a = 235\,\text{mm}$。

表 8.5-37 蜗轮材料接触疲劳极限的基本值 σ'_{Hlim}

蜗杆材料、工艺情况	蜗轮齿圈材料	$\sigma'_{\text{Hlim}}/\text{MPa}$	蜗杆材料、工艺情况	蜗轮齿圈材料	$\sigma'_{\text{Hlim}}/\text{MPa}$
钢、经淬火、磨齿	锡青铜	7.84	钢、调质、不磨齿	锡青铜	4.61
	铝青铜	3.77		铝青铜	2.45
	珠光体铸铁	11.76		黄铜	1.67

表 8.5-38 寿命系数 f_h

工作小时数 / 1000	0.75	1.5	3	6	12	24	48	96	190
f_h	2.5	2	1.6	1.26	1	0.8	0.63	0.5	0.4

表 8.5-39 速度系数 f_n

滑动速度 $v_s/\text{m} \cdot \text{s}^{-1}$	0.1	0.4	1	2	4	8	12	16	24	32	46	64
f_n	0.935	0.815	0.666	0.526	0.380	0.260	0.194	0.159	0.108	0.095	0.071	0.065

表 8.5-40 推荐最小的安全系数（用于动力传动）

蜗轮圆周速度/$\text{m} \cdot \text{s}^{-1}$	>10	≤10	≤7.5	≤5
精度等级（JB/T 7935—2015）	5	6	7	8
最小安全系数 S_{Hmin}	1.2	1.6	1.8	2.0

（3）蜗轮齿根强度的安全系数校核

齿根强度的安全系数为

$$S_F = \frac{C_{\text{Flim}}}{C_{\text{Fmax}}} \geqslant 1 \qquad (8.5\text{-}15)$$

式中　C_{Flim}——蜗轮齿根应力系数极限，见表

8.5-41；

C_{Fmax}——蜗轮齿根最大应力系数（MPa），按式（8.5-16）计算

$$C_{\text{Fmax}} = \frac{F_{t2\text{max}}}{m_n \pi \hat{b}_2} \qquad (8.5\text{-}16)$$

式中 F_{t2max}——作用于蜗轮平均圆上最大切向力
（N）；

$\hat{b}_2$——蜗轮齿弧长，蜗轮齿圈为锡青铜

时，$\hat{b}_2 \approx 1.1b_2$；为铝青铜时，$\hat{b}_2 \approx$

$1.17 b_2$。

表 8.5-41　蜗轮齿根应力系数极限

蜗轮齿圈材料	锡青铜	铝青铜
C_{Flim}/MPa	39.2	18.62

有关 ZC_1 蜗杆传杆的蜗杆、蜗轮的材料、结构及蜗杆轴的强度、刚度计算与普通圆柱蜗杆传动相同。其传动精度设计也参照普通圆柱蜗杆传动进行。

3.2.5　ZC_1 蜗杆传动设计示例

例 8.5-2　设计搅拌机（搅拌的物料密度均匀）传动装置所用的 ZC_1 蜗杆减速器。已知：输入功率 $P_1 = 60kW$，转速 $n_1 = 1000r \cdot min^{-1}$，传动比 $i \approx 10$，载荷平稳，每天连续工作 8h，起动时过载系数为 2，要求工作寿命为 5 年，每年工作 300 天。

解：

（1）初步估算传动的中心距

蜗杆材料为 35CrMo，表面淬火，经磨齿。蜗轮齿圈材料为 ZCuSn10Pb1。

按齿面接触强度的要求，查图 8.5-18 得中心距 $a = 225mm$。

按热平衡条件，在蜗杆轴上装风扇，查图 8.5-19 得中心距 $a = 250mm$。应按此中心距设计减速器。

（2）确定传动主要的几何尺寸

按表 8.5-34，当 $a = 250mm$，$i = 10.33$，得 $m = 12.5mm$，$d_1 = 105mm$，$z_1 = 3$，$z_2 = 31$，$x_2 = 0.3$，$\gamma = 19°39'14''$。

按表 8.5-38 及表 8.5-35 求其他几何尺寸。

$x_{n1} = 23°$；$h_{a1} = m = 12.5mm$；$h_{f1} = h_{a1} + c = 12.5mm + 0.16 \times 12.5mm = 14.5mm$；$d_{a1} = d_1 + 2h_a = 105mm + 2 \times 12.5mm = 130mm$

$d_{f1} = d_1 - 2h_{f1} = 105mm - 2 \times 14.5mm = 76mm$

$b_1 \approx 2.5m\sqrt{z_2 + 2 + 2x_2}$
$= 2.5 \times 12.5\sqrt{31 + 2 + 2 \times 0.3}mm$
$= 181.14mm$

取 $b_1 = 182mm$

$h_{a2} = m + x_2 m = 12.5mm + 0.3 \times 12.5mm = 16.25mm$

$h_{f2} = h_{a1} + 0.16m - x_2 m = 12.5mm + 0.16 \times 12.5 - 0.3 \times 12.5mm = 10.75mm$

$d_2 = mz_2 = 12.5 \times 31mm = 387.5mm$

$d_{a2} = d_2 + 2h_{a2} = 387.5 + 2 \times 16.25mm = 420mm$

$d_{f2} = d_2 - 2h_{f2} = 387.5 - 2 \times 10.75mm = 366mm$

$d_{e2} = d_{a2} + (0.6 \sim 1.0)m$
$= 420mm + (0.6 \sim 1.0) \times 12.5mm$
$= 427.5 \sim 432.5mm$

取 $d_{e2} = 430mm$

$b_{m2} = 0.45(d_1 + 6m)$
$= 0.45 \times (105 + 6 \times 12.5)mm$
$= 81mm$

$b_2 \approx b_{m2} = 81mm$

$\rho = (5 \sim 5.5)m = (5 \sim 5.5) \times 12.5mm = 62.5 \sim 68.75mm$，取 $\rho = 65mm$

$a_0 = \rho\cos\alpha_0 = 65 \times \cos 23° = 59.83mm$

$b_0 = \dfrac{d_1}{2} + \rho\sin\alpha_0 = \dfrac{105}{2} + 65 \times \sin 23° = 77.90mm$

$s_{x1} = 0.4\pi m = 0.4 \times \pi \times 12.5 = 15.70mm$

$s_{n1} = s_{x1}\cos\gamma = 15.70 \times \cos 19°39'14'' = 14.79mm$

$R_{a2} = d_{f1}/2 + c = 76/2 + 0.16 \times 12.5mm = 40mm$

$R_{f2} = d_{a1}/2 + c = 130/2 + 2mm = 152mm$

（3）齿面接触疲劳强度校核

1）计算传动效率 η。

$$\eta = \eta_1\eta_2\eta_3 = 0.947 \times 0.96 \times 0.98 = 0.89$$

式中，$\eta_1 = \dfrac{\tan\gamma}{\tan(\gamma + \rho_v)} = \dfrac{\tan 19°39'14''}{\tan(19°39'14'' + 1°)} = 0.947$，取 $\eta_2 = 0.96$，$\eta_3 = 0.98$。

2）计算作用在齿上的切向力 F_{t2}。

$$T_2 = 9550\dfrac{P_1\eta}{n_2} = 9550 \times \dfrac{60 \times 0.89}{96.8}N \cdot m = 5268N \cdot m$$

$$F_{t2} = \dfrac{2000T_2}{d_2 + 2x_2 m} = \dfrac{2000 \times 5268}{387.5 + 2 \times 0.3 \times 12.5}N = 26675N$$

3）计算齿面上的接触应力。按式（8.5-9）

$$\sigma_H = \dfrac{F_{t2}}{Z_m Z_z b_{m2}(d_2 + 2x_2 m)}$$

$$= \dfrac{26675}{1.09 \times 0.61 \times 81 \times (387.5 + 2 \times 0.3 \times 12.5)}MPa$$

$$= 1.25MPa$$

式中，$Z_m = \sqrt{\dfrac{10m}{d_1}} = \sqrt{\dfrac{10 \times 12.5}{105}} = 1.09$；查表 8.5-36 得 $Z_z = 0.61$。

4）计算接触疲劳极限。按式（8.5-12）

$$\sigma_{Hlim} = \sigma'_{Hlim}f_n f_h f_w$$

查表 8.5-37，$\sigma'_{Hlim} = 7.84MPa$；查表 8.5-38，按 $\dfrac{\text{工作小时数}}{1000} = \dfrac{5 \times 300 \times 8}{1000} = 12$，得 $f_h = 1$；查表 8.5-

39，按 $v_s = \dfrac{d_1 n_1}{19100\cos\gamma} = \dfrac{105 \times 1000}{19100 \times \cos 19.65°}$ m·s^{-1} =

5.837m·s^{-1}，得 $f_n = 0.325$；$f_w = 1$。

$$\sigma_{Hlim} = 7.84 \times 1 \times 0.325 \times 1 \text{MPa} = 2.55 \text{MPa}$$

5）安全系数校核。按式（8.5-8）

$$S_H = \frac{\sigma_{Hlim}}{\sigma_H} = \frac{2.55}{1.25} = 2.04 > S_{Hmin} = 2.0$$

（由 $v_2 = \dfrac{d_2 n_2}{19100} = \dfrac{387.5 \times 96.8}{19100}$ m·s^{-1} = 1.96

m·s^{-1}，查表 8.5-40，可选用 8 级精度，$S_{Hmin} = 2.0$）

（4）齿根强度校核

按式（8.5-15）

$$S_F = \frac{C_{Flim}}{C_{Fmax}} \geq 1$$

查表 8.5-41 得 $C_{Flim} = 39.2$MPa

按式（8.5-16）

$$C_{Fmax} = \frac{F_{t2max}}{m_n \pi \hat{b}_2} = \frac{2F_{t2}}{\pi m \cos\gamma \times 1.1 b_2}$$

$$= \frac{2 \times 26675}{\pi \times 12.5 \times \cos 19.65° \times 1.1 \times 81} \text{MPa}$$

$$= 16.19 \text{N/mm}^2$$

代入式（8.5-15）

$$S_F = \frac{C_{Flim}}{C_{Fmax}} = \frac{39.2}{16.19} = 2.42 > 1$$

（5）工作图

ZC$_1$ 蜗杆传动的蜗轮工作图与 ZA 型的蜗轮工作图类同，蜗杆工作图见图 8.5-20。

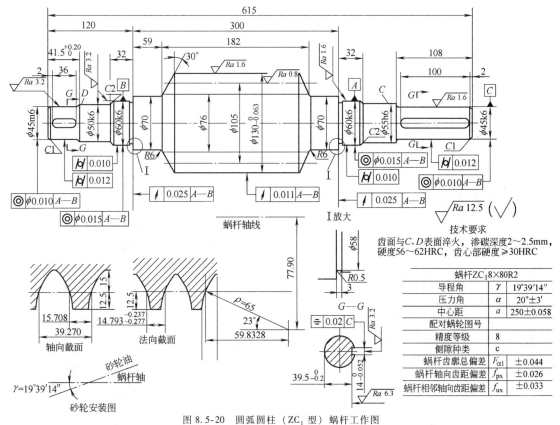

蜗杆 ZC$_1$8×80R2		
导程角	γ	19°39′14″
压力角	α	20°±3′
中心距	a	250±0.058
配对蜗轮图号		
精度等级		8
侧隙种类	c	
蜗杆齿廓总偏差	$F_{\alpha 1}$	±0.044
蜗杆轴向齿距偏差	f_{px}	±0.026
蜗杆相邻轴向齿距偏差	f_{ux}	±0.033

技术要求
齿面与C、D表面淬火，渗碳深度2～2.5mm，硬度56～62HRC，齿心部硬度≥30HRC

图 8.5-20 圆弧圆柱（ZC$_1$ 型）蜗杆工作图

4 环面蜗杆传动

环面蜗杆传动，其蜗杆是凹圆弧为母线的回转体。根据蜗杆螺旋面形成的母线或母面（平面、渐开面、锥面等），可分为直廓环面蜗杆、平面包络面蜗杆、渐开面包络环面蜗杆和锥面包络环面蜗杆等。

4.1 环面蜗杆的形成原理

4.1.1 直廓环面蜗杆（TSL 型）

如图 8.5-21 所示，蜗杆毛坯轴线 O_1-O_1 与刀座回转轴心 O_2 的垂距等于蜗杆传动的中心距 a，毛坯以 ω_1 角速度回转，刀座以 ω_2 角速度回转，$\dfrac{\omega_1}{\omega_2}$ 等于蜗杆传动的传动比，刀刃（即母线）为直线，这样切制出的螺旋面是"原始型"的直廓环面蜗杆的螺旋面。其轴向齿廓为直线。

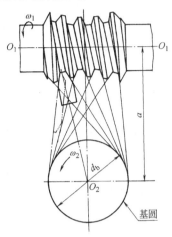

图 8.5-21　直廓环面蜗杆的形成

4.1.2　平面包络环面蜗杆

如图 8.5-22 所示，设平面 F 与基锥 A 相切并一起绕轴线 O_2-O_2 以角速度 ω_2 回转。与此同时蜗杆毛坯绕其轴线 O_1-O_1 以角速度 ω_1 回转，这样，平面 F 在蜗杆毛坯上包络出的曲面便是平面包络环面蜗杆的螺旋齿面。平面 F 就是母面，实际上是平面齿工艺齿轮的齿面，在传动中，也就是配对蜗轮的齿面。这种传动称为平面一次包络环面蜗杆传动。中间平面与基锥 A 截得的圆称为基圆，其直径为 d_b。当平面 F 与轴线 O_2-O_2 的夹角 $\beta=0°$ 时，是直齿平面包络环面蜗杆，适用于大传动比分度机构；当 $\beta>0°$ 时，是斜齿平面包络环面蜗杆，适用于传递动力。

若再以上述蜗杆齿面为母面，即用与上述蜗杆齿面相同的滚刀，对蜗轮毛坯进行滚切（包络），得到一种新型的蜗轮。用此蜗轮与上述蜗杆所组成的新型传动称为平面二次包络环面蜗杆（TOP）传动。

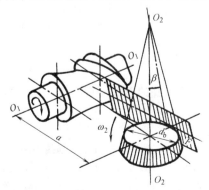

图 8.5-22　平面包络环面蜗杆的形成

直廓环面蜗杆传动和平面二次包络环面蜗杆传动，都是多齿啮合和双接触线接触，形成油膜的条件好，当量曲率半径大，因而传动效率较高，承载能力大。平面一次包络环面蜗杆传动，虽然是单线接触，但仍是多齿啮合，故承载能力也比圆柱蜗杆传动大得多。

平面包络环面蜗杆，容易磨削，故可制作淬火磨削的蜗杆，可保证传动的精度和提高传动的性能。

4.2　环面蜗杆的修形

环面蜗杆的修形是为了提高传动的承载能力和效率。在蜗杆啮入口修缘是为了使蜗杆螺旋面能平稳地进入或退出啮合。

4.2.1　直廓环面蜗杆的修形

直廓环面蜗杆的修形是将"原始型"的螺旋（图8.5-23 中细线所示，为螺旋的展开图，各处齿厚相等），从中段向两端逐渐减薄（如图 8.5-23 实线所示，其特点是近似于"原始型"蜗杆磨损后的形状）。目前在工业中使用的直廓环面蜗杆传动，一般均经修形，即"修正型"。"修正型"中又有"全修正型"和"变参数修正型"。"全修正型"直廓环面蜗杆是将"原始型"的等螺距的螺旋线，按抛物线的规律，修正成不等螺距的螺旋线。其修正曲线的特征是：没有折点；极值点对应角度等于 $+0.43\phi_w$。修正曲线的方程为

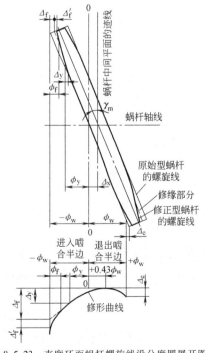

图 8.5-23　直廓环面蜗杆螺旋线沿分度圆展开图

$$\Delta_y = \Delta_f \left(0.3 - 0.7 \frac{\phi_y}{\phi_w} \right)^2 \qquad (8.5\text{-}17)$$

式中　ϕ_y——用来确定修形量 Δ_y 的角度值；

　　　ϕ_w——蜗杆工作包角之半，按表 8.5-45 计算；

　　　Δ_f——蜗杆啮入口修形量，按表 8.5-45 计算。

制造"全修正型"直廓蜗杆，需要结构复杂的精密专用机床，不便推广。目前应用较广的是"变

参数修形"，它是一种近似的"全修正型"，是在改变参数中心距 a_0、传动比 i_0 和基圆直径 d_{b0} 的情况下，按"原始型"的办法加工蜗杆和蜗轮滚刀；再用这样的滚刀，在传动的参数 a、i、d_b 情况下加工蜗轮。用这样加工出的蜗杆、蜗轮组成传动，就能达到接近抛物线修形的传动特性。"变参数修形"的计算见表 8.5-42。

表 8.5-42　直廓环面蜗杆变参数修形计算

名　称	代　号	公式及说明
蜗杆螺旋面啮入口修形量	Δ_f	$\Delta_f = (0.0003 + 0.000034i)a$
变参数修形传动	i_0	$i_0 = \dfrac{i\,d_2}{d_2 - 65\Delta_f} = \dfrac{z_{20}}{z_1}$ 式中，z_{20} 是 z_1 除不尽的整数，以此来选取 i_0
传动比增量系数	K_i	$K_i = \dfrac{i_0 - i}{i_0}$
变参数修形中心距	a_0	$a_0 = a + \dfrac{K_i d_2}{1.9 - 2K_i}$ 式中，a 圆整到小数一位
变参数修形基圆直径	d_{b0}	用滚刀加工蜗轮，$d_{b0} = d_b$ 用飞刀加工蜗轮，$d_{b0} = d_b + 2(a_0 - a)\sin\alpha$
蜗杆螺旋面啮入口修缘量	Δ_f'	$\Delta_f' = 0.6\Delta_f$
修缘长度对应角度值	ϕ_f	$\phi_f = 0.6\tau$ 式中，τ 为齿距角，见表 8.5-45
啮入口修缘时中心距再增加量	Δ_a'	$\Delta_a' = \dfrac{\Delta_f'}{\tan(\phi_f + \alpha - \phi_w) - \tan(\alpha - \phi_w)}$ 式中，ϕ_w 为蜗杆工作包角之半，见表 8.5-45
啮入口修缘时蜗杆轴向偏移量	Δ_x	$\Delta_x = \Delta_f' \tan(\phi_f + \alpha - \phi_w)$
蜗杆螺旋面啮入口修缘量	Δ_e	$\Delta_e = 0.16\Delta_f$

4.2.2　平面二次包络环面蜗杆的修形

平面一次包络环面蜗杆传动通常不修形。

平面二次包络环面蜗杆的修形是靠增加工艺齿轮的齿数 z_0 来实现的。图 8.5-24a 所示为典型传动，平面齿工艺齿轮的齿数 z_0 与传动的蜗轮齿数 z_2 相等，用此法加工出的蜗杆没有修形［实际中还是 $z_0 = z_2 + (0.1 \sim 1)$，以使蜗杆有微量的修形］。图 8.5-24b 所示为一般传动，其 $z_0 = z_2 + (1.1 \sim 5)$，这种传动有利于装配，推荐采用。

4.3　环面蜗杆传动的基本参数选择和几何尺寸计算

环面蜗杆传动的设计分标准参数和非标准参数设计。对标准参数的传动，其标准参数是中心距和传动比，见表 8.5-43、表 8.5-44。

为了使蜗轮毛坯、刀具和量具通用化，还规定了下列参数的推荐值（对照表 8.5-45 图中的符号）：蜗

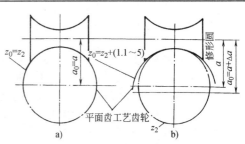

图 8.5-24　平面二次包络蜗杆的修形方法
a) 典型传动　b) 一般传动
z_0—平面齿工艺齿轮的齿数
a_0—加工蜗杆的工艺中心距

轮喉圆直径 d_{a2}、蜗轮宽度 b_2、蜗轮齿圈内孔直径 d_{i2}、蜗轮最大外径 d_{e2}、蜗轮顶部圆弧半径 R_{a2}。

形成圆或主基圆是加工蜗杆副时工具安装和检验的基准，为了使检验仪器、工量具通用化，根据中心距规定了主基圆（或形成圆）直径 d_b 的系列值。

表 8.5-43　环面蜗杆传动基本参数及蜗轮齿圈尺寸　　　　（mm）

中心距 a	第 一 系 列								第 二 系 列								成形圆（或主基圆）直径 d_b	
	蜗轮喉圆直径 d_{a2}	蜗轮宽度 b_2	蜗轮齿顶圆弧半径 R_{a2}	蜗轮顶圆直径 d_{e2}	蜗轮齿圈内孔直径 d_{i2} / 蜗轮齿数 z_2				蜗轮喉圆直径 d_{a2}	蜗轮宽度 b_2	蜗轮齿顶圆弧半径 R_{a2}	蜗轮顶圆直径 d_{e2}	蜗轮齿圈内孔直径 d_{i2} / 蜗轮齿数 z_2					
					35~45	46~72	50~63	64~94					35~45	46~72	50~63	64~94	A 组	B 组
80	133	21	20	135	105	105	—	—	124	30	25	130	95	95	—	—	50	56
100	170	24	25	172	135	135	—	—	160	34	30	165	125	130	—	—	63	70
125	215	28	30	217	170	170	—	—	205	38	35	210	160	165	—	—	80	90
(140)	242	31	30	245	190	195	—	—	230	42	40	235	180	185	—	—	90	100
160	278	34	35	280	215	220	—	—	265	45	40	270	210	215	—	—	100	112
(180)	312	38	40	315	245	250	—	—	300	50	45	306	235	245	—	—	112	125
200	348	42	45	350	270	280	—	—	335	55	50	342	265	275	—	—	125	140
(225)	392	47	50	395	310	320	—	—	378	60	55	385	295	310	—	—	140	160
250	435	55	55	440	340	350	—	—	420	68	60	430	330	340	—	—	160	180
(280)	490	60	60	495	390	400	—	—	475	75	70	478	370	380	—	—	180	200
320	560	65	70	565	445	460	—	—	540	85	80	550	430	440	—	—	200	225
(360)	630	75	75	635	520	530	—	—	605	95	90	615	490	510	—	—	225	250
400	700	85	85	705	570	590	—	—	670	110	100	685	540	560	—	—	250	280
(450)	790	95	95	798	650	670	—	—	760	120	110	775	620	650	—	—	280	320
500	880	105	105	890	720	740	—	—	840	140	125	855	680	700	—	—	320	360
(560)	980	120	120	990	800	820	—	—	940	150	140	955	760	790	—	—	360	400
630	1100	135	135	1110	900	930	—	—	1060	170	160	1080	860	890	—	—	400	450
(710)	1240	150	150	1255	—	—	1050	1070	1200	190	175	1230	—	—	1000	1030	450	500
800	1400	170	170	1420	—	—	1180	1200	1360	210	190	1390	—	—	1140	1170	500	560
(900)	1580	190	190	1600	—	—	1330	1360	1520	240	220	1560	—	—	1280	1300	560	630
1000	1750	210	215	1770	—	—	1480	1500	1690	260	250	1730	—	—	1420	1450	630	710
(1120)	1970	230	235	2040	—	—	1670	1700	1910	280	260	1950	—	—	1610	1640	710	800
1250	2210	250	255	2240	—	—	1860	1900	2150	300	290	2190	—	—	1800	1840	800	900
(1400)	2480	280	280	2510	—	—	2100	2140	2400	340	325	2450	—	—	2000	2060	900	1000
1600	2850	300	310	2880	—	—	2400	2460	2770	380	360	2830	—	—	2320	2400	1000	1120

注：1. 一般条件传动的基本参数优先按第一系列选取。
　　2. 属于下列条件之一的传动按第二系列选取：低速重载；$i<12.5$；工作中经常过载及 $L/a>2.5$（L 为蜗杆的跨度）。
　　3. 直线型环面蜗杆传动的 d_b 值选取 A 组；平面包络弧面蜗杆传动的 d_b 值，当基本参数选用第一系列时，选取 B 组；选用第二系列时，选取 A 组。

对于非标准参数的传动，通常取中心距 a 和蜗杆齿根圆直径 d_{f1} 作为基本参数，中心距尽量按表 8.5-43 取标准系列值，但当中心距尺寸有特殊要求时，可取尾数为 0 或 5 的中心距。蜗杆齿根圆直径 d_{f1} 推荐按图 8.5-25 确定。为提高传动的效率，应选用图中 1 和 2 线之间较小的 d_{f1} 值。对于低速重载、经常过载或 $L/a>2.5$ 的传动，可选用较大的 d_{f1} 值（L 为蜗杆的跨度）。蜗杆的头数 z_1 和蜗轮的齿数 z_2 要根据传动比 i 和中心距 a 按表 8.5-44 选择，但是，为了容易磨合，最好选用 z_2/z_1 为整数。

蜗轮端面模数 m 通常不取标准值，只是在几何计算中应用。

直廓环面蜗杆传动的几何尺寸计算见表 8.5-45。

平面包络环面蜗杆传动的几何尺寸计算见表 8.5-46。

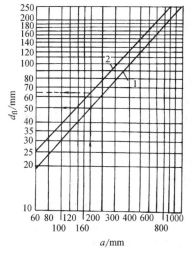

图 8.5-25　非标准设计环面蜗杆齿根圆直径 d_{f2} 的确定

表 8.5-44　中心距 a、传动比 i、蜗轮齿数 z_2 和蜗杆头数 z_1 的推荐值

中心距 a /mm		公 称 传 动 比 i																	
		12.5	(14)	16	(18)	20	(22.5)	25	(28)	31.5	(35.5)	40	(45)	50	(56)	63	(71)	80	(90)
		z_2/z_1																	
80~320	A组	38/3 或 49/4	41/3	49/3	37/2 或 56/3	41/2	45/2	49/2	55/2	63/2	36/1	40/1	45/1	50/1	56/1	63/1	—	—	—
	B组	36/3 或 48/4	42/3	48/3	36/2 或 54/3	40/2	46/2	50/2	56/2	64/2	36/1	40/1	45/1	50/1	56/1	63/1	—	—	—
>320~630	A组	49/4	55/4	49/3	56/3	41/2 或 61/3	45/2 或 67/3	49/2	55/2	63/2	36/1 或 71/2	40/1	45/1	50/1	56/1	63/1	71/1	—	—
	B组	48/4	56/4	48/3	54/3	40/2 或 60/3	46/2 或 66/3	50/2	56/2	64/2	36/1 或 72/2	40/1	45/1	50/1	56/1	63/1	71/1	—	—
>630~1000	A组	63/5	71/5	63/4	71/4	61/3	67/3	74/3	83/3	63/2	71/2	79/2	91/2	(50/1)	(56/1)	63/1	71/1	79/1	91/1
	B组	65/5	70/5	64/4	72/4	60/3	66/3	75/3	84/3	64/2	72/2	80/2	90/2	(50/1)	(56/1)	63/1	71/1	80/1	91/1
>1000~1600	A组	74/6	71/5	79/5	71/4	79/4	91/4	74/3	83/3	91/3	71/2	79/2	91/2	(50/1)	(56/1)	(63/1)	71/1	79/1	91/1
	B组	72/6	70/5	80/5	72/4	80/4	92/4	75/3	84/3	93/3	72/2	80/2	90/2	(50/1)	(56/1)	(63/1)	71/1	80/1	91/1

注：1. 括号内的传动比 i 和 z_2/z_1 值尽可能不用。

2. 表中 B 组 z_2/z_1 值以整数倍给出，适用于蜗轮采用滚刀加工的环面蜗杆传动。

3. 对传动比 i<12.5 的传动，暂未给出，应按优先数系选取公称传动比〔如 i=8;(9);10;(11.2)〕。蜗轮齿数 z_2 应在表内相应中心距 a 的数值范围内选取。

表 8.5-45　直廓环面蜗杆传动几何尺寸计算

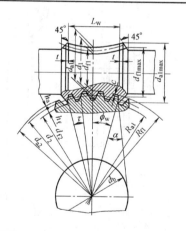
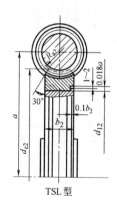

TSL 型

名　称	代号	公 式 及 说 明	名　称	代号	公 式 及 说 明
中心距	a	由承载能力决定，见式(8.5-18)	蜗轮端面模数	m	$m=\dfrac{d_{a2}}{z_2+1.5}$
传动比	i	$i=\dfrac{z_2}{z_1}$ 由传动要求决定，参照表 8.5-44 选用推荐值	径向间隙和根部圆角半径	$c=r$	$c=r=0.2m$
蜗轮齿数	z_2				
蜗杆头数	z_1		齿顶高	h_a	$h_a=0.75m$
蜗轮喉圆直径	d_{a2}	按表 8.5-43 选取，对非标准中心距：d_{a2} 按插入法求得并圆整；b_2 和 d_b 按系列的靠近值选取	齿根高	h_f	$h_f=h_a+c$
			蜗轮分度圆直径	d_2	$d_2=d_{a2}-2h_a$
蜗轮宽度	b_2		蜗轮齿根圆直径	d_{f2}	$d_{f2}=d_2-2h_f$
主基圆直径	d_b	查表 8.5-43	蜗杆分度圆直径	d_1	$d_1=2a-d_2$

（续）

名　称	代号	公式及说明	名　称	代号	公式及说明
蜗杆喉部齿顶圆直径	d_{a1}	$d_{a1}=d_1+2h_a$	蜗杆喉部螺旋导程角	γ_m	$\gamma_m=\arctan\dfrac{d_2}{id_1}$
蜗杆喉部齿根圆直径	d_{f1}	$d_{f1}=d_1-2h_f$，对非标准设计，按图8.5-25校核	分度圆压力角	α	$\alpha=\arcsin d_b/d_2$
蜗杆齿顶圆弧半径	R_{a1}	$R_{a1}=a^①-0.5d_{a1}$	蜗轮法面弦齿厚	$\bar{s}_{n2}$	$\bar{s}_{n2}=d_2\sin(0.275\tau)\cos\gamma_m$
蜗杆齿根圆弧半径	R_{f1}	$R_{f1}=a^①-0.5d_{f1}$	蜗轮弦齿高	$\bar{h}_{a2}$	$\bar{h}_{a2}=h_a+0.5d_2[1-\cos(0.275\tau)]$
齿距角	τ	$\tau=\dfrac{360°}{z_2}$	蜗杆喉部法面弦齿厚	$\bar{s}_{n1}$	$\bar{s}_{n1}=d_2\sin(0.225\tau)\cos\gamma_m-$ $2\Delta_f\left(0.3-\dfrac{50.4°}{z_2\phi_w}\right)^2\cos\gamma_m$
蜗杆包容蜗轮齿数	z'	$z'=\dfrac{z_2}{10}$，$z_2\leqslant60$ 按四舍五入圆整，$z_2>60$ 取其中整数部分	蜗杆螺旋面啮入口修形量	Δ_f	$\Delta_f=(0.0003+0.000034i)a$
蜗杆工作包角之半	ϕ_w	$\phi_w=0.5(z'-0.45)\tau$	蜗杆螺旋面啮出口修形量	Δ_e	$\Delta_e=0.16\Delta_f$
蜗杆工作部分长度	L_w	$L_w=d_2\sin\phi_w$	蜗杆螺旋面啮入口修缘量	Δ'_f	$\Delta'_f=0.6\Delta_f$
蜗杆最大根径	d_{f1max}	$d_{f1max}=2\left[a-\sqrt{R_{f1}^2-(0.5L_w)^2}\right]$	蜗杆弦齿高	$\bar{h}_{a1}$	$\bar{h}_{a1}=h_a-0.5d_2(1-\cos0.225\tau)$
蜗杆最大外径	d_{a1max}	$d_{a1max}=2[a-R_{a1}\cos(\phi_w-1°)]$	肩带宽度	t	$t=\pi d_2/5.5z_2$
蜗轮最大外径	d_{e2}	按表8.5-43选取，对非标准传动按结构确定			
蜗轮齿顶圆弧半径	R_{a2}				

① 如采用"变参数修形"时，式中 a 改为 a_0，a_0 见表8.5-42。

表8.5-46　平面包络环面蜗杆传动几何尺寸计算

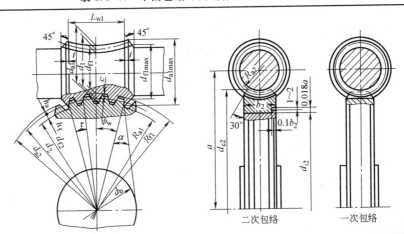

二次包络　　　　一次包络

项　目	代号	计算公式及说明	例　题
中心距	a	由承载能力决定，按式(8.5-18)标准参数传动，按表8.5-43选取	$P_1=15\text{kW}$，$n_1=952\text{r·min}^{-1}$，$i=40$ 蜗轮材料 ZCuSn10P1，8级精度。间断工作。查8.5-22得 $a=220\text{mm}$（二次包络）
传动比	i	$i=\dfrac{n_1}{n_2}=\dfrac{z_2}{z_1}$	$i=40$
蜗杆头数	z_1	标准参数传动按8.5-44选取，非标准参数传动参考表8.5-44选取	$z_1=1$
蜗轮齿数	z_2		$z_2=40$
蜗杆齿根圆直径	d_{f1}	查图8.5-25	$d_{f1}=53\text{mm}$
蜗轮端面模数	m	$m=\dfrac{2a-d_{f1}}{z_2+1.8}$（二次包络） $m=\dfrac{2a-d_{f1}}{z_2+1.9}$（一次包络）	$m=9.258\text{mm}$

（续）

项　　目	代　号	计 算 公 式 及 说 明	例　　题
蜗杆包容蜗轮的齿数	z'	$z' = \dfrac{z_2}{10}$，$z_2 \leq 60$ 时，按 4 舍 5 入圆整；$z_2 > 60$ 时，取其整数部分	$z' = 4$
蜗杆主基圆直径	d_b	标准参数传动，d_b 按表 8.5-43 取，非标准者，按靠近的标准中心距选取	$d_b = 140$mm
齿顶高	h_a	二次包络 $h_a = 0.7m$；一次包络 $h_a = 0.75m$	$h_a = 6.48$ mm
齿根高	h_f	二次包络 $h_f = 0.9m$；一次包络 $h_f = 0.95m$	$h_f = 8.333$mm
齿顶隙	c	$c = 0.2m$	$c = 1.85$mm
蜗轮分度圆直径	d_2	$d_2 = z_2 m$	$d_2 = 370.335$mm
蜗轮喉圆直径	d_{a2}	$d_{a2} = d_2 + 2h_a$，标准参数传动查表 8.5-43	$d_{a2} = 383.295$mm
蜗轮齿顶圆弧半径	R_{a2}	标准传动按表 8.5-43 选取，非标准传动 $R_{a2} = 0.53 d_{f1max}$	取 $R_{a2} = 50$mm
蜗轮齿根圆直径	d_{f2}	$d_{f2} = d_2 - 2h_f$	$d_{f2} = 353.67$mm
分度圆的压力角	α	$\alpha = \arcsin \dfrac{d_b}{d_2}$，推荐 $\alpha = 22° \sim 25°$	$\alpha = 22°12'43''$
蜗轮齿距角	τ	$\tau = \dfrac{360°}{z_2}$	$\tau = 9°$
工作包角之半	ϕ_w	$\phi_w = 0.5(z' - 0.45)$	$\phi_w = 15°58'30''$
蜗杆分度圆直径	d_1	$d_1 = d_{f1} + 2h_f$	$d_1 = 69.666$mm
蜗杆喉部齿顶圆直径	d_{a1}	$d_{a1} = d_1 + 2h_a$	$d_{a1} = 82.626$mm
蜗杆喉部螺旋导程角	γ_m	$\gamma_m = \arctan \dfrac{d_2}{i d_1}$	$\gamma_m = 7°34'12''$
螺杆工作部分长度	L_{w1}	$L_{w1} = d_2 \sin\phi_w$	$L_{w1} = 101.92$mm
工艺齿轮的齿数	z_0	$z_0 = z_2 + \Delta z$，一般传动 $\Delta z = 1.1 \sim 5$，典型传动 $\Delta z = 0.1 \sim 1$	$z_0 = 42$
工艺中心距	a_0	$a_0 = a + \Delta a$，$\Delta a = \dfrac{m}{2} \Delta z$	$a_0 = 229.258$mm
蜗杆齿顶圆弧半径	R_{a1}	$R_{a1} = a_0 - 0.5 d_{a1}$	$R_{a1} = 187.945$mm
蜗杆齿顶圆最大直径	d_{a1max}	$d_{a1max} = 2[a_0 - R_{a1}\cos(\phi_w - 1°)]$	$d_{a1max} = 95.392$mm
蜗杆齿根圆最大直径	d_{f1max}	$d_{f1max} = 2[a_0 - \sqrt{R_{f1}^2 - (0.5 L_{w1})^2}]$	$d_{f1max} = 66.01$mm
蜗轮顶圆直径	d_{e2}	d_{e2} 标准参数传动查表 8.5-43，非标准者按蜗轮结构绘图确定	$d_{e2} = 392$mm
蜗轮宽度	b_2	标准参数传动的 b_2 查表 8.5-43。非标准者，$b_2 = (0.8 \sim 1) d_{f1}$	$b_2 = 55.73$mm 取 $b_2 = 55$mm
蜗轮分度圆齿距	p	$p = \pi m$	$p = 29.085$mm
蜗轮法面弦齿厚	$\bar{s}_{n2}$	$\bar{s}_{n2} = d_2 \sin(0.275\tau) \times \cos\gamma_m$	$\bar{s}_{n2} = 15.853$mm
蜗轮弦齿高	$\bar{h}_{a2}$	$\bar{h}_{a2} = h_a + 0.5 d_2[1 - \cos(0.275\tau)]$	$\bar{h}_{a2} = 6.653$mm
齿侧间隙	j	j 查表 8.5-53	选用标准侧隙 $j = 0.38$mm
蜗杆喉部法面弦齿厚	$\bar{s}_{n1}$	$\bar{s}_{n1} = d_2 \sin(0.225\tau) \cos\gamma_m - j_n$	$\bar{s}_{n1} = 12.77$mm
蜗杆弦齿高	$\bar{h}_{a1}$	$\bar{h}_{a1} = h_a - 0.5 d_2[1 - \cos(0.225\tau)]$	$\bar{h}_{a1} = 6.364$mm
母平面倾斜角	β	二次包络： $\beta = \arctan\left(\dfrac{\cos(\alpha+\Delta) \dfrac{d_2}{2a}\cos\alpha}{\cos(\alpha+\Delta)\dfrac{d_2}{2a}\cos\alpha} \times \dfrac{1}{i} \right)$ 式中 Δ 值为：$\begin{array}{c\|c\|c\|c} \dfrac{i}{\Delta} & \leq 10 & 10 \sim 30 & > 30 \\ & 4° & 6° & 8° \end{array}$ 一次包络：$\beta = \arctan(K_1 \tan\gamma_m \cos\alpha)$ 当 $i \leq 20$ 时，$K_1 = 1.4 - 0.02i$ 当 $i > 20$ 时，$K_1 = 1$	$\beta = 11°12'28''$ 蜗杆、蜗轮的工作图见图 8.5-29、图 8.5-30

4.4　环面蜗杆传动承载能力计算

目前我国（JB/T 7936—2010）、美国（AGMA441.04）和俄罗斯制定了直廓环面蜗杆减速器的标准，我国制定了平面二次包络蜗杆减速器标准（GB/T 16444—2008），尚无 ISO 标准。

我国机械行业标准 JB/T 7936—2010 和国家标准 GB/T 16444—2008 分别给出了这两种环面蜗杆减速器的额定功率和额定输出转矩参数系列。对符合标准所列条件的可按标准选用相应的蜗杆传动副。

环面蜗杆传动的承载能力主要由蜗轮齿面接触强度决定。通常根据蜗杆传动的名义功率和额定功率的对比来校核和确定蜗杆传动的尺寸。

校核计算按式（8.5-18）进行。

$$P_1 \leqslant P_{1P} \qquad (8.5\text{-}18)$$

（1）蜗杆传动的名义功率 P_1

$$P_1 = \frac{T_1 n_1}{9549} = \frac{T_2 n_2}{9549\eta} \qquad (8.5\text{-}19)$$

式中　T_1、T_2——蜗杆轴和蜗轮轴的转矩（N·m）；

　　　n_1、n_2——蜗杆和蜗轮的转速（r·min^{-1}）；

　　　η——传动效率，查图 8.5-26。

（2）许用功率 P_{1P}

$$P_{1P} = K_1 K_2 K_3 K_4 P'_{1P} \qquad (8.5\text{-}20)$$

式中，K_1、K_2、K_3、K_4 为传动类型系数、工作类型系数、制造质量系数和材料系数，见表 8.5-47。

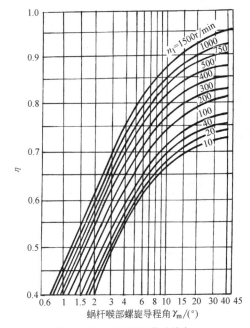

图 8.5-26　环面蜗杆传动效率 η

表 8.5-47　环面蜗杆传动系数 K_1、K_2、K_3、K_4 值

传动类型系数	K_1	精度等级		K_3
直廓环面蜗杆传动,二次包络蜗杆传动	1.0	7		1.0
一次包络环面蜗杆传动	0.9	8		0.8
工作类型系数	K_2	材　料	适用滑动速度 v_s/m·s^{-1}	K_4
昼夜连续平稳工作	1.0	ZCuSn10Pb1	≤10	1.0
每天连续工作 8h,有冲击载荷	0.8	ZCuAl10Fe3Mn2	≤4	0.8
昼夜连续工作有冲击载荷	0.7	ZCuAl9Fe4Ni4Mn2	≤4	0.8
间断工作（如每 2h 工作 15min）	1.3	HT150	≤2	0.5
间断工作,有冲击载荷	1.06			

P'_{1P} 为蜗杆传动的额定功率，按中心距 a、蜗杆转速 n_1 和传动比 i，查图 8.5-27。该图为蜗杆传动的额定功率线图，其制作条件是：直廓环面蜗杆传动（平面包络蜗杆传动作近似参考），昼夜连续平稳工作，7 级精度，蜗轮材料为青铜，蜗杆齿面经硬化处理或调质处理 286~321HBW，蜗杆齿面经精整加工，$Ra \leqslant 1.6\mu m$。

设计计算按 $P'_{1P} \geqslant \dfrac{P_1}{K_1 K_2 K_3 K_4}$、蜗杆转速 n_1 和传动比 i，查图 8.5-27 确定传动中心距 a。

4.5　环面蜗杆传动设计算例

例 8.5-3　设计电梯曳引机用直廓环面蜗杆传动。

已知：蜗杆传递功率 $P_1 = 18$kW，转速 $n_1 =$ 1470 r·min^{-1}，传动比 $i = 31.5$。蜗轮齿圈材料 ZCuSn10Pb1，蜗杆材料 42CrMo，调质硬度 241～280HBW。传动选用 8 级精度，标准侧隙。

解：

（1）求传动的中心距

按式（8.5-20）

$$P'_{1P} = \frac{P_1}{K_1 K_2 K_3 K_4} = \frac{18}{1 \times 1.06 \times 0.8 \times 1} \text{ kW}$$
$$= 21.23 \text{kW}$$

式中，K_1、K_2、K_3、K_4 查表 8.5-47 得 $K_1 = 1.0$，$K_2 = 1.06$，$K_3 = 0.8$，$K_4 = 1.0$。

查图 8.5-27 得 $a = 195$mm，取标准值 $a = 200$mm。

（2）主要几何尺寸

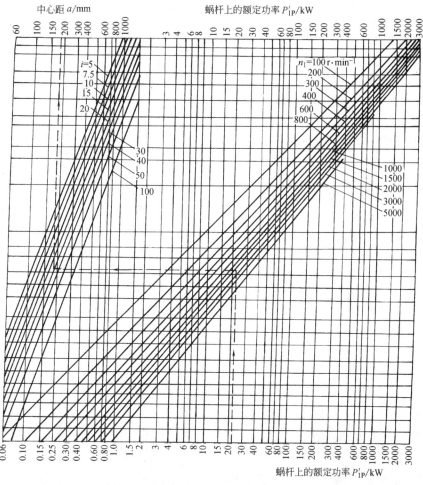

图 8.5-27 直廓环面蜗杆传动承载能力计算图

按表 8.5-44 取 A 组，$\dfrac{z_2}{z_1} = \dfrac{63}{2}$

按表 8.5-43，采用第一系列，查得 $d_{a2} = 348$mm，$b_2 = 42$mm，$d_{e2} = 350$mm，$d_{i2} = 280$mm，$R_{a2} = 45$mm，$d_b = 125$mm

其余项目按表 8.5-45 中公式计算：

$$m = \frac{d_{a2}}{z_2 + 1.5} = \frac{348}{63 + 1.5}\text{mm} = 5.395\text{mm}$$

$$c = r = 0.2m = 0.2 \times 5.395\text{mm} = 1.078\text{mm} \approx 1\text{mm}$$

$$h_a = 0.75m = 0.75 \times 5.395\text{mm} = 4.046\text{mm}$$

$$h_f = h_a + c = 4.046\text{mm} + 1.078\text{mm} = 5.124\text{mm}$$

$$d_2 = d_{a2} - 2h_a = 348\text{mm} - 2 \times 4.046\text{mm} = 339.9\text{mm}$$

$$d_{f2} = d_2 - 2h_f = 339.9\text{mm} - 2 \times 5.124\text{mm} = 329.652\text{mm}$$

$$d_1 = 2a - d_2 = 2 \times 200\text{mm} - 339.9\text{mm} = 60.1\text{mm}$$

$$d_{f1} = d_1 - 2h_f = 60.1\text{mm} - 2 \times 5.124\text{mm} = 49.852\text{mm}$$

接近于图 8.5-25 查得的 $d_{f1} = 50$mm，可行。

$$d_{a1} = d_1 + 2h_a = 60.1\text{mm} + 2 \times 4.046\text{mm} = 68.192\text{mm}$$

$$R_{a1} = a - 0.5d_{a1} = 200\text{mm} - 0.5 \times 68.192\text{mm}$$
$$= 165.904\text{mm}$$

$$R_{f1} = a - 0.5d_{f1} = 200\text{mm} - 0.5 \times 49.852\text{mm}$$
$$= 175.074\text{mm}$$

$$\tau = \frac{360°}{63} = 5.714°$$

$$z' = \frac{z_2}{10} = \frac{63}{10} = 6.3, \quad 取\ z' = 6$$

$$\phi_w = 0.5(z' - 0.45)\tau = 0.5(6 - 0.45)5.714°$$
$$= 15.856° = 15°51'22''$$

$$L_w = d_2 \sin\phi_w = 339.9\sin 15.856° = 92.868\text{mm}$$

$$d_{f1max} = 2 \times [\,a - \sqrt{R_{f1}^2 - (0.5L_w)^2}\,]$$
$$= 2 \times [\,200 - \sqrt{175.074^2 - (0.5 \times 92.868)^2}\,]\text{mm}$$
$$= 62.392\text{mm}$$

$$d_{a1max} = 2 \times [\,a - R_{a1}\cos(\phi_w - 1°)\,]$$
$$= 2 \times [\,200 - 165.904 \times \cos(6° - 1°)\,]$$
$$= 69.455\text{mm}$$

$\gamma_\mathrm{m} = \arctan\dfrac{d_2}{id_1} = \arctan\dfrac{339.9}{31.5 \times 60.1}$

$\quad = 10.179° = 10°10'42''$

$\alpha = \arctan\dfrac{d_\mathrm{b}}{d_2} = \arcsin\dfrac{125}{339.9} = 23.9747°$

$\quad = 23°58'29''$

$\bar{s}_\mathrm{n2} = d_2\sin(0.275\tau)\cos\gamma_\mathrm{m}$

$\quad = 339.9 \times \sin(0.275 \times 5.714°) \times \cos10.179°\,\mathrm{mm}$

$\quad = 8.253\mathrm{mm}$

$\bar{h}_\mathrm{a2} = h_\mathrm{a} + 0.5d_2[1 - \cos(0.275\tau)]$

$\quad = 4.046\mathrm{mm} + 0.5 \times 339.9 \times [1 - \cos(0.275 \times$

$\quad 5.714°)]\mathrm{mm} = 3.71\mathrm{mm}$

$\bar{s}_\mathrm{n1} = d_2\sin(0.225\tau) \times \cos\gamma_\mathrm{m} - 2\Delta_\mathrm{f}\left(0.3 - \dfrac{50.4°}{z_2\phi_\mathrm{w}}\right)\cos\gamma_\mathrm{m}$

$\quad = 339.9 \times \sin(0.225 \times 5.714°) \times \cos10.179°\,\mathrm{mm} - 2 \times$

$\quad 0.274\left(0.3 - \dfrac{50.4°}{63 \times 15.856°}\right) \times \cos10.179°\,\mathrm{mm}$

$\quad = 7.372\mathrm{mm}$

$\bar{h}_\mathrm{a1} = h_\mathrm{a} - 0.5d_2[1 - \cos(0.225\tau)]$

$\quad = 4.046 - 0.5 \times 339.9 \times [1 - \cos(0.225 \times 5.714°)]$

$\quad = 4.003\mathrm{mm}$

$\Delta_\mathrm{f} = (0.0003 + 0.000034i)a$

$\quad = (0.0003 + 0.000034 \times 31.5) \times 200\mathrm{mm}$

$\quad = 0.274\mathrm{mm}$

$\Delta'_\mathrm{f} = 0.6\Delta_\mathrm{f} = 0.6 \times 0.274\mathrm{mm} = 0.164\mathrm{mm}$

$\Delta_\mathrm{e} = 0.16\Delta_\mathrm{f} = 0.16 \times 0.274\mathrm{mm} = 0.044\mathrm{mm}$

$\phi_\mathrm{f} = 0.6\tau = 0.6 \times 5.714° = 3.428°$（本式见表 8.5-42）

$t = \pi d_2/5.5z_2 = \pi \times 339.9\mathrm{mm}/(5.5 \times 63)$

$\quad = 3.082\mathrm{mm}$

（3）直廓环面蜗杆工作图如图 8.5-28 所示。

4.6　平面二次包络环面蜗杆、蜗轮工作图例
（见图 8.5-29～图 8.5-30）

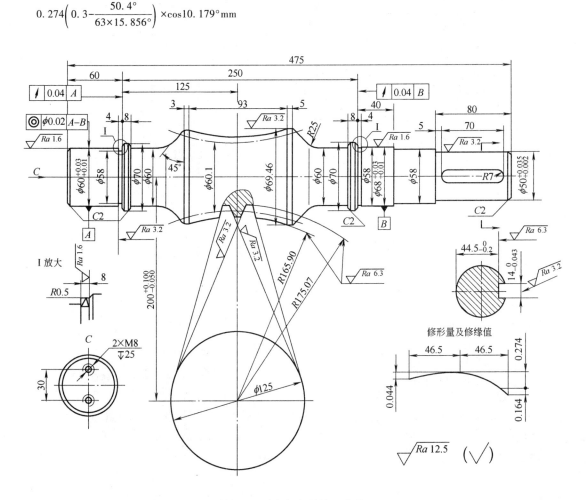

图 8.5-28　直廓环面蜗杆工作图

传动类型		TSL 蜗杆副
蜗杆头数	z_1	2
蜗轮齿数	z_2	63
蜗杆包围蜗轮齿数	z'	6
模数	m	5.395
蜗杆喉部螺旋导程角	γ_m	10°10′42″
轴向剖面的压力角	α	23°58′29″
蜗杆工作包角之半	ϕ_w	15°51′2″
蜗杆螺旋方向		右旋
精度等级		8
配对蜗轮图号		
蜗杆圆周齿距极限偏差	$\pm f_{px}$	±0.025
蜗杆圆周齿距累积公差	f_{pxL}	0.050
蜗杆齿形公差	f_{f1}	0.040
蜗杆喉部法面弦齿厚	$\bar{s}_{n1}$	$7.37_{-0.68}^{-0.52}$
蜗杆喉部法面弦齿高	$\bar{h}_{a1}$	4.003

技术要求

1. 调质硬度为 241~280HBW。

2. 未注切削圆角 $R = 2.5\text{mm}$。

3. 啮入口修缘角 $\varphi_f = 3°25′40″$。

图 8.5-28　直廓环面蜗杆工作图（续）

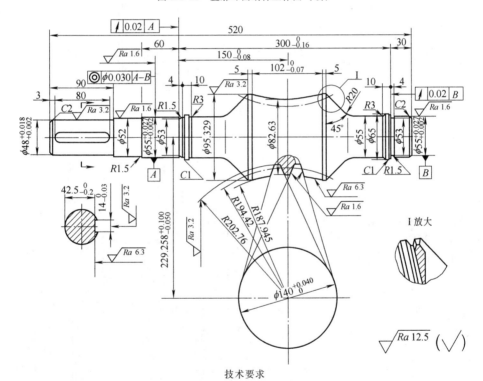

技术要求

1. 保留 4 个完整齿，多余的齿按放大图 I 所示铣去并将尖角倒圆。

2. 整体调质硬度为 230~260HBW，齿面淬火硬度为 40~45HRC。

传动类型		TOP 型蜗轮副	传动中心距	a	220
蜗杆头数	z_1	1	配对蜗轮图号		
蜗轮齿数	z_2	40	精度等级		8
蜗杆包围蜗轮齿数	z'	4	工艺齿轮的齿数	z_0	42
模数	m	9.258	工艺中心距	a_0	229.258
蜗杆喉部螺旋导程角	γ_m	7°34′12″	蜗杆圆周齿距累积公差	F_{p1}	0.050
轴向剖面的压力角	α	22°12′43″	蜗杆圆周齿距极限偏差	$\pm f_{p1}$	±0.025
蜗杆工作半角	ϕ_w	15°58′30″	蜗杆喉部法面弦齿厚	$\bar{s}_{n1}$	$12.77_{-0.59}^{-0.41}$
母平面倾斜角	β	11°12′28″	蜗杆喉部弦齿高	$\bar{h}_{a1}$	6.364
蜗杆螺旋方向		右旋			

图 8.5-29　平面二次包络环面蜗杆工作图

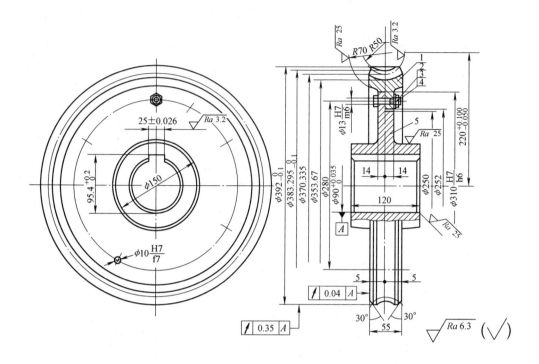

技术要求

1. 轮缘和轮心装配好后再精车和切制轮齿。
2. $\phi10$ 锥销孔配铰，表面粗糙度 $Ra \leqslant 3.2\mu m$。

传动类型		TOP 型蜗杆副
蜗杆头数	z_1	1
蜗杆齿数	z_2	40
蜗杆包围蜗轮齿数	z'	4
蜗轮端面模数	m	9.258
蜗杆喉部螺旋导程角	γ_m	7°34′12″
蜗杆轴剖面的压力角	α	22°12′43″
蜗杆工作半角	ϕ_w	15°58′30″
母平面倾斜角	β	11°12′28″
蜗杆螺旋方向		右旋
配对蜗杆图号		
精度等级		8
蜗轮齿距累积公差	F_{p2}	0.045
蜗轮齿圈径向跳动公差	F_{r2}	0.040
蜗轮法面弦齿厚	$\overline{s}_{n2}$	15.853
蜗轮弦齿高	$\overline{h}_{a2}$	6.653

5	轮　心	1	
4	垫圈 GB/T 861.1—1987　12	6	
3	螺栓 GB/T 27 —2013　M12×40	6	
2	螺母 GB/T 6170—2015　M12	6	
1	轮　缘	1	
序号	名　称	数量	备注

图 8.5-30　平面二次包络蜗轮工作图

4.7　环面蜗杆、蜗轮的精度

4.7.1　直廓环面蜗杆、蜗轮精度（摘自 GB/T 16848—1997）

本精度适用于轴交角为 90°，中心距为 80 ～ 1250mm 的动力直廓环面蜗杆传动。

1) 术语定义及代号。直廓环面蜗杆、蜗轮及蜗杆副的误差，以及传动的侧隙的术语、定义和代号见表 8.5-48。与圆柱蜗杆、蜗轮精度相同者略去。

表 8.5-48　误差、侧隙的定义和代号

术语、代号	定　义	术语、代号	定　义
蜗杆螺旋线误差 Δf_{hL} ...蜗杆螺旋线公差 f_{hL}	在蜗杆的工作齿宽范围内，分度圆环面上，包容实际螺旋线的与公称螺旋线保持恒定间距的最近两条螺旋线间的法向距离多头蜗杆的螺旋线误差分别由每条螺纹线测得	蜗杆齿形误差 Δf_{f1} ...蜗杆齿形公差 f_{f1}	在蜗杆的轴向剖面上，工作齿宽范围内，齿形工作部分，包容实际齿形线的最近两条设计齿形线间的法向距离
蜗杆一转螺旋线误差 Δf_h 蜗杆一转螺旋线公差 f_h	一转范围内的蜗杆螺旋线误差	蜗杆齿槽的径向圆跳动 Δf_r ...蜗杆齿槽径向圆跳动公差 f_r	在蜗杆的轴向剖面上，一转范围内，测头在齿槽内与齿高中部齿面双面接触，其测头相对于配对蜗轮中心沿径向距离的最大变动量
蜗杆分度误差 Δf_{zL} 蜗杆分度公差 f_{zL}	多头蜗杆每条螺纹的等分性误差在蜗杆喉部的分度圆环面上测得		
蜗杆圆周齿距偏差 Δf_{px} ...蜗杆圆周齿距极限偏差 上极限偏差 $+f_{px}$ 下极限偏差 $-f_{px}$	在轴向剖面内，蜗杆分度圆环面上，两相邻同侧齿面间的实际弧长和公称弧长之差	蜗杆法向弦齿厚偏差 ΔE_{s1} ...蜗杆法向弦齿厚极限偏差 上极限偏差 E_{ss1} 下极限偏差 E_{si1} 蜗杆法向弦齿厚公差 T_{s1}	在蜗杆喉部的法向弦齿高处，法向弦齿厚的实际值与公称值之差以弦长计
蜗杆圆周齿距累积误差 Δf_{pxL} ...蜗杆圆周齿距累积公差 f_{pxL}	在轴向剖面内，蜗杆分度圆环面上，任意两个同侧齿面间（不包括修缘部分），实际弧长与公称弧长之差的最大绝对值	蜗轮法向弦齿厚偏差 ΔE_{s2} ...蜗轮法向弦齿厚极限偏差 上极限偏差 E_{ss2} 下极限偏差 E_{si2} 蜗轮法向弦齿厚公差 T_{s2}	在蜗轮喉部的法向弦齿高处，法向弦齿厚的实际值与公称值之差以弦长计

（续）

术语、代号	定　义	术语、代号	定　义
蜗杆副的蜗轮中间平面偏移 Δf_{x2} 蜗杆副的蜗轮中间平面偏移极限偏差 上极限偏差 $+f_{x2}$ 下极限偏差 $-f_{x2}$	在安装好的蜗杆副中,蜗轮中间平面的实际位置和公称位置之差	蜗杆副的蜗杆喉平面偏移 Δf_{x1} 蜗杆副的蜗杆喉平面偏移极限偏差 上极限偏差 $+f_{x1}$ 下极限偏差 $-f_{x1}$	在安装好的蜗杆副中,蜗杆喉平面的实际位置和公称位置之差
蜗杆副的接触斑点	安装好的蜗杆副,在轻微制动下,转动后,蜗杆、蜗轮齿面上出现的接触痕迹 以接触面积大小、形状和分布位置表示,接触面积大小按接触痕迹的百分比计算确定: 沿齿长方向,接触痕迹的长度 b'' 与理论长度 b' 之比,即 $(b''/b')\times100\%$ 沿齿高方向,接触痕迹的高度 h'' 与理论高度 h' 之比,即 $(h''/h')\times100\%$ 蜗杆接触斑点的分布位置:齿高方向应趋于中间,齿长方向应趋于入口处,齿顶和两端部棱边处不允许接触	主基圆半径误差 Δf_{rb} 主基圆半径公差 f_{rb}	加工蜗杆时,刀具的主基圆半径的实际值与公称值之差

2）精度等级。直廓环面蜗杆、蜗轮和蜗杆传动共分6、7、8三个精度等级,6级最高,8级最低;按照公差的特性对传动性能的主要保证作用,将公差分为三个公差组。

根据使用要求不同,允许各公差组选用不同的公差等级组合,但在同一公差组中,各项公差与极限偏差应保持相同的精度等级。

蜗杆和配对蜗轮的精度等级一般取成相同,也允许取成不相同。对有特殊要求的蜗杆传动,除 F_r、f_r 项目外,其蜗杆、蜗轮左右齿面的精度等级也可取成不相同。

3）蜗杆、蜗轮的检验与公差。根据蜗杆传动的工作要求和生产规模,在各公差组中选定一个检验组来评定和验收蜗杆、蜗轮的精度。当检验组中有两项或两项以上的误差时,应以检验组中最低的一项精度来评定蜗杆、蜗轮的精度等级。蜗杆、蜗轮的公差及极限偏差见表8.5-49。蜗杆副的公差及极限偏差见表8.5-50。

第Ⅰ公差组的检验组:
蜗杆:—。
蜗轮:ΔF_p, ΔF_r。

第Ⅱ公差组的检验组:
蜗杆:Δf_h, Δf_{hL}（用于单头蜗杆）;
　　　Δf_{zL}（用于多头蜗杆）;
　　　Δf_{px}, Δf_{pxL}, Δf_r;
　　　Δf_{px}, Δf_{pxL}。
蜗轮:Δf_{pt}。

第Ⅲ公差组的检验组:
蜗杆:Δf_{f1}。
蜗轮:Δf_{f2}。

当蜗杆副的接触斑点有要求时,蜗轮的齿形误差 Δf_{f2} 可不进行检验。

4）齿坯要求。蜗杆、蜗轮在加工、检验和安装时的径向、轴向基准面应尽可能一致,并应在相应的零件工作图上予以标注。

加工蜗杆时,刀具的主基圆半径对蜗杆精度有较大影响,因此应对主基圆半径公差做合理的控制。主基圆半径公差值见表8.5-51。

蜗杆、蜗轮的齿坯公差包括轴、孔的尺寸、形状和位置公差,以及基准面的跳动。各项公差值见表8.5-51。

表 8.5-49　蜗杆和蜗轮的公差及极限偏差　　　　　　　　　　　　（μm）

名　称		代　号	中　心　距　/mm											
			80~160			>160~315			>315~630			>630~1250		
			精　度　等　级											
			6	7	8	6	7	8	6	7	8	6	7	8
蜗杆螺旋线公差		f_{hL}	34	51	68	51	68	85	68	102	119	127	153	187
蜗杆一转螺旋线公差		f_h	15	22	30	21	30	37	30	45	53	45	60	68
蜗杆分度误差	$z_2/z_1 \neq$ 整数	f_{z1}	20	30	40	28	40	50	40	60	70	60	80	90
	$z_2/z_1 =$ 整数		25	37	50	35	50	62	50	75	87	75	100	112
蜗杆圆周齿距极限偏差		f_{px}	±10	±15	±20	±14	±20	±25	±20	±30	±35	±30	±40	±45
蜗杆圆周齿距累积公差		f_{pxL}	20	30	40	30	40	50	40	60	70	75	90	110
蜗杆齿形公差		f_{f1}	14	22	32	19	28	40	25	36	53	36	53	75
蜗杆径向圆跳动公差		f_r	10	15	25	15	20	30	20	25	35	25	35	50
蜗杆法向弦齿厚上极限偏差		E_{ss1}	0	0	0	0	0	0	0	0	0	0	0	0
蜗杆法向弦齿厚下极限偏差	双向回转	E_{si1}	35	50	75	60	100	150	90	140	200	140	200	250
	单向回转		70	100	150	120	200	300	180	200	400	280	350	450
蜗轮齿距累积公差		F_p	67	90	125	90	135	202	135	180	247	180	270	360
蜗轮齿圈径向圆跳动公差		F_r	40	56	71	50	71	90	63	90	112	80	112	140
蜗轮齿距极限偏差		$\pm f_{pt}$	15	24	25	20	30	45	30	40	55	40	60	80
蜗轮齿形公差		f_{f2}	14	22	32	19	28	40	25	36	53	36	53	75
蜗轮法向弦齿厚上极限偏差		E_{ss2}	0	0	0	0	0	0	0	0	0	0	0	0
蜗轮法向弦齿厚下极限偏差		E_{si2}	75	100	150	100	150	200	150	200	280	220	300	400

表 8.5-50　蜗杆副的公差及极限偏差　　　　　　　　　　　　（μm）

名　称	代　号	中　心　距　/mm											
		80~160			>160~315			>315~630			>630~1250		
		精　度　等　级											
		6	7	8	6	7	8	6	7	8	6	7	8
蜗杆副的切向综合误差	F'_{ic}	63	90	125	10	112	160	100	140	200	140	200	280
蜗杆副的一齿切向综合误差	f'_{ic}	18	27	35	27	35	45	35	55	63	67	80	100
蜗杆副的中心距极限偏移	f_a	+20 −10	+25 −15	+60 −30	+30 −20	+50 −30	+100 −50	+45 −25	+75 −45	+120 −75	+65 −35	+100 −60	+150 −100
蜗杆副的蜗杆中间平面偏移	f_{x1}	±15	±20	±25	±25	±40	±50	±40	±60	±80	±65	±90	±120
蜗杆副的蜗轮中间平面偏移	f_{x2}	±30	±50	±75	±60	±100	±150	±100	±150	±220	±150	±200	±300
蜗杆副的轴交角极限偏差	f_Σ	±15	±20	±30	±20	±30	±45	±30	±45	±65	±40	±60	±80
蜗杆副的圆周侧隙	j_t	250			380			530			750		
蜗杆副的最小圆周侧隙	j_{tmin}	95			130			190			250		
蜗轮齿面接触斑点（%）		在理论接触区上　按高度　不小于85（6级）、80（7级）、70（8级）											
		按宽度　不小于80（6级）、70（7级）、60（8级）											
蜗杆齿面接触斑点（%）		在工作长度上不小于　80（6级）、70（7级）、60（8级）											
		工作面入口可接触较重，两端修缘部分不应接触											

表 8.5-51　蜗杆、蜗轮齿坯和主基圆半径公差　　　　　　　　　　　　（μm）

名　称	中　心　距　/mm											
	80~160			>160~315			>315~630			>630~1250		
	精　度　等　级											
	6	7	8	6	7	8	6	7	8	6	7	8
蜗杆、蜗轮喉部直径公差	h7	h8	h9	h7	h8	h9	h7	h8	h9	h7	h8	h9
蜗杆基准轴颈径向圆跳动公差	12	15	30	15	20	35	20	27	48	25	35	55
蜗杆两定位端面径向圆跳动公差	12	15	20	17	24	25	22	25	30	27	30	35
蜗杆喉部径向圆跳动公差	15	20	25	20	25	27	27	35	45	35	45	60

（续）

名　称	中　心　距 /mm											
	80~160			>160~315			>315~630			>630~1250		
	精　度　等　级											
	6	7	8	6	7	8	6	7	8	6	7	8
蜗杆基准端面圆跳动公差	15	20	30	20	30	40	30	45	60	40	60	80
蜗轮齿坯外径与轴孔的同心度公差	15	20	30	20	35	50	25	40	60	40	60	80
主基圆半径公差	20	30	45	25	40	60	35	55	80	50	80	120

4.7.2　平面二次包络环面蜗杆、蜗轮精度（摘自 GB/T 16445—1996）

该标准规定了平面二次包络环面蜗杆、蜗轮及其蜗杆副的误差定义、代号、精度等级、齿坯要求、检验与公差和图样标注。

1）定义及代号。平面二次包络环面蜗杆副适用的轴交角 $\Sigma=90°$，中心距为 0~1250mm。

蜗杆、蜗轮误差的术语、代号及定义见表8.5-52。

表 8.5-52　平面二次包络环面蜗杆、蜗轮误差的术语、代号及定义

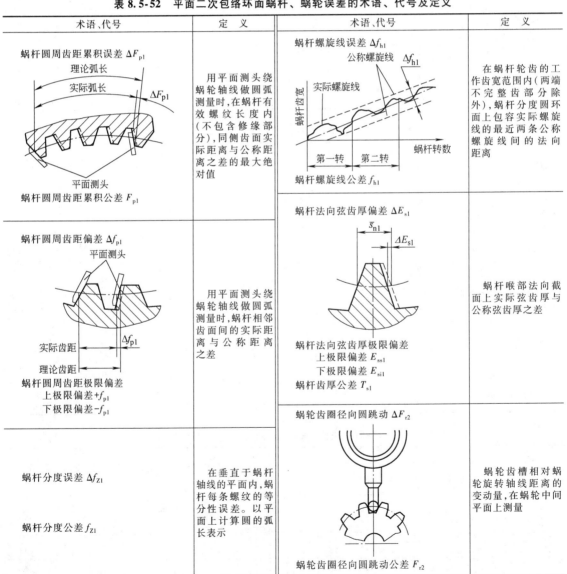

术语、代号	定　义	术语、代号	定　义
蜗杆圆周齿距累积误差 ΔF_{p1} 理论弧长 实际弧长 ΔF_{p1} 平面测头 蜗杆圆周齿距累积公差 F_{p1}	用平面测头绕蜗轮轴线做圆弧测量时，在蜗杆有效螺纹长度内（不包含修缘部分），同侧齿面实际距离与公称距离之差的最大绝对值	蜗杆螺旋线误差 Δf_{h1} 公称螺旋线　Δf_{h1} 实际螺旋线 蜗杆齿宽 第一转　第二转　蜗杆转数 蜗杆螺旋线公差 f_{h1}	在蜗杆轮齿的工作齿宽范围内（两端不完整齿部除外），蜗杆分度圆环面上包容实际螺旋线的最近两条公称螺旋线间的法向距离
蜗杆圆周齿距偏差 Δf_{p1} 平面测头 实际齿距　Δf_{p1} 理论齿距 蜗杆圆周齿距极限偏差 上极限偏差 $+f_{p1}$ 下极限偏差 $-f_{p1}$	用平面测头绕蜗轮轴线做圆弧测量时，蜗杆相邻齿面间的实际距离与公称距离之差	蜗杆法向弦齿厚偏差 ΔE_{s1} $\overline{s}_{n1}$　ΔE_{s1} 蜗杆法向弦齿厚极限偏差 上极限偏差 E_{ss1} 下极限偏差 E_{si1} 蜗杆齿厚公差 T_{s1}	蜗杆喉部法向截面上实际弦齿厚与公称弦齿厚之差
蜗杆分度误差 Δf_{Z1} 蜗杆分度公差 f_{Z1}	在垂直于蜗杆轴线的平面内，蜗杆每条螺纹的等分性误差。以平面上计算圆的弧长表示	蜗轮齿圈径向圆跳动 ΔF_{r2} 蜗轮齿圈径向圆跳动公差 F_{r2}	蜗轮齿槽相对蜗轮旋转轴线距离的变动量，在蜗轮中间平面上测量

（续）

术语、代号	定　义	术语、代号	定　义
蜗轮被包围齿数内齿距累积误差 ΔF_{p2} 蜗轮齿距累积公差 F_{p2}	在蜗轮计算圆上，被蜗杆包围齿数内，任意两个同名齿侧面实际弧长与公称弧长之差的最大绝对值	蜗杆副的中心距偏差 Δf_a 中心距极限偏差 上极限偏差 $+f_a$ 下极限偏差 $-f_a$	装配好的蜗杆副的实际中心距与公称中心距之差
蜗轮齿距偏差 Δf_{p2} 蜗轮齿距极限偏差 上极限偏差 $+f_{p2}$ 下极限偏差 $-f_{p2}$	在蜗轮计算圆上，实际齿距与公称齿距之差 用相对法测量时，公称齿距是指所有实际齿距的平均值	蜗杆和蜗轮的喉平面偏差 Δf_X 蜗杆喉平面极限偏差 上极限偏差 $+f_{X1}$ 下极限偏差 $-f_{X1}$ 蜗轮喉平面极限偏差 上极限偏差 $+f_{X2}$ 下极限偏差 $-f_{X2}$	在装配好的蜗杆副中，蜗杆和蜗轮的喉平面的实际位置与各自公称位置间的偏移量
		传动中蜗杆轴心线的歪斜度 Δf_Y 轴心线歪斜公差 f_Y	在装配好的蜗杆副中，蜗杆和蜗轮的轴心线相交角度之差。在蜗杆齿宽长度一半上以长度单位测量
蜗轮法向弦齿厚偏差 ΔE_{s2} 蜗轮法向弦齿厚极限偏差 上极限偏差 E_{ss2} 下极限偏差 E_{si2} 蜗轮齿厚公差 T_{s2}	蜗轮喉部法向截面上实际弦齿厚与公称弦齿厚之差	接触斑点 蜗杆齿面接触斑点 蜗轮齿面接触斑点	装配好的蜗杆副并经加载运转后，在蜗杆齿面与蜗轮齿面上分布的接触痕迹 接触斑点的大小按接触痕迹的百分比计算确定： 沿齿长方向，接触痕迹的长度与齿面理论长度之比的百分率。即 蜗杆： $b_1''/b_1' \times 100\%$ 蜗轮： $b_2''/b_2' \times 100\%$ 沿齿高方向，蜗轮接触痕迹的平均高度 h'' 与工作高度 h' 之比的百分率。即 $h''/h' \times 100\%$
蜗杆副的切向综合误差 ΔF_{ic} 蜗杆副的切向综合公差 F_{ic}	一对蜗杆副，在其标准位置正确啮合时，蜗轮旋转一周范围内，实际转角与理论转角之差的总幅度值，以蜗轮计算圆弧长计		
蜗轮副的一齿切向综合误差 Δf_{ic} 蜗轮副的一齿切向综合公差 f_{ic}	安装好的蜗杆副啮合转动时，在蜗轮一转范围内多次重复出现的周期性转角误差的最大幅值，以蜗轮计算圆弧长计	蜗杆副的侧隙 圆周侧隙 j_t 法向侧隙 j_n	在安装好的蜗杆副中，蜗杆固定不动时，蜗轮从工作齿面接触到非工作齿面接触所转过的计算圆弧长 在安装好的蜗杆副中，蜗杆和蜗轮的工作齿面接触时，两非工作齿面间的最小距离

注：在计算蜗杆螺旋面理论长度 b_1' 时，应将不完整部分的出口和入口及入口处的修缘长度减去。

2）精度等级。标准根据使用要求，对蜗杆、蜗轮及蜗杆副规定了 6、7 及 8 三个精度等级。按公差特性对传动性能的主要保证作用，将蜗杆、蜗轮和蜗杆副的公差（或极限偏差）分成三个公差组。

第 I 公差组　蜗　杆：F_{p1}。

　　　　　　　蜗　轮：F_{r2}，F_{p2}。

　　　　　　　蜗杆副：F_i。

第 II 公差组　蜗　杆：f_{p1}，f_{z1}，f_{h1}。

　　　　　　　蜗　轮：f_{p2}。

　　　　　　　蜗杆副：f_i。

第 III 公差组　蜗　杆：—。

　　　　　　　蜗　轮：—。

　　　　　　　蜗杆副：接触斑点，f_a，f_{X1}，f_{X2}，f_Y。

3）蜗杆、蜗轮及蜗杆副的检验。

蜗杆的检验：T_{s1}、t_1、ΔF_{p1}、f_{z1}（用于多头蜗杆）Δf_{h1}。

蜗轮的检验：T_{s2}、t_7、ΔF_{p2}、Δf_{p2}、ΔF_r（根据用户要求）。

蜗杆副的检验：对蜗杆副的接触斑点和齿侧的检验：当减速器整机出厂时，每台必须检测。若蜗杆副为成品出厂时，允许按 10%～30% 的比率进行抽检。但至少有一副进行对研检查（应使用 CT_1、CT_2 专用涂料）。

对于蜗杆副的中心距偏差 f_a、喉平面偏差 Δf_{X1} 和 Δf_{X2}、轴线歪斜度 Δf_Y、一齿切向综合误差 Δf_{ic}，当用户有特殊要求时检测；切向综合误差 ΔF_{ic}，只在精度为 6 级，当用户又提出要求时进行检测，其公差值和极限偏差值见表 8.5-53。

4）蜗杆传动的侧隙规定。该标准根据用户使用要求将侧隙分为标准保证侧隙 j 和最小保证侧隙 j_{min}。j 为一般传动中应保证的侧隙。j_{min} 用于要求侧隙尽可能小，而又不致卡死的场合。对特殊要求，允许在设计中具体确定。j 与 j_{min} 与精度无关。具体数值见表 8.5-53。

蜗杆副的侧隙由蜗杆法向弦齿厚的减薄量来保证，即上偏差为 $E_{ss1}=j\cos\alpha$（或 $j_{min}\cos\alpha$），公差为 T_{s1}；蜗轮法向弦齿厚的上极限偏差 $E_{ss2}=0$，下极限偏差即为公差 $E_{si2}=T_{s2}$。蜗杆、蜗轮齿圈坯尺寸和形状公差见表 8.5-54。

表 8.5-53　蜗杆、蜗轮及蜗杆副的公差和极限偏差　（μm）

名　称		代号	中　心　距/mm											
			≥80~160			160~315			315~630			630~1250		
			精　度　等　级											
			6	7	8	6	7	8	6	7	8	6	7	8
蜗杆圆周齿距累积公差		F_{p1}	20	30	40	30	40	50	40	60	70	75	90	110
蜗杆圆周齿距极限偏差		$\pm f_{p1}$	±10	±15	±20	±14	±20	±25	±20	±30	±35	±30	±40	±45
蜗杆分度公差	$z_2/z_1\neq$整数	f_{z1}	10	15	20	14	20	25	20	30	35	30	40	45
	$z_2/z_1=$整数		25	37	50	35	50	62	50	75	87	75	100	112
蜗杆螺旋线误差的公差		f_{h1}	28	40	—	36	50	—	45	63	—	63	90	—
蜗杆法向弦齿厚公差	双向回转	T_{s1}	35	50	75	60	100	150	90	140	200	140	200	250
	单向回转		70	100	150	120	200	300	180	280	400	280	350	450
蜗轮齿圈径向圆跳动公差		F_{r2}	15	20	30	20	30	40	25	40	60	35	55	80
蜗轮齿距累积公差		F_{p2}	15	20	25	20	30	45	25	40	60	40	60	80
蜗轮齿距极限偏差		$\pm f_{p2}$	±13	±18	±25	±18	±25	±36	±20	±28	±40	±26	±36	±50
蜗轮法向弦齿厚公差		T_{s2}	75	100	150	100	150	200	150	200	280	220	300	400
蜗杆副的切向综合公差		F_{iz}	63	90	125	80	112	160	100	140	200	140	200	280
蜗杆副的一齿切向综合公差		f_{iz}	40	63	80	60	75	110	70	100	140	100	140	200
中心距极限偏差		$\pm f_a$	+20 −10	+25 −15	+60 −30	+30 −20	+50 −30	+100 −50	+45 −25	+75 −45	+120 −75	+65 −35	+100 −60	+150 −100
蜗杆喉平面极限偏差		$+f_{X1}$	±15	±20	±25	±25	±40	±50	±40	±50	±80	±65	±90	±120
蜗轮喉平面极限偏差		$\pm f_{X2}$	±30	±50	±75	±60	±100	±150	±100	±150	±220	±150	±200	±300
轴心线歪斜度公差		f_Y	15	20	30	20	30	45	25	45	65	40	60	80
蜗杆齿面接触斑点（%）		在工作齿面上不小于 85（6 级）、80（7 级）、70（8 级）工作面入口可接触较重，两端修缘部分不应接触												
蜗轮齿面接触斑点（%）		在理论接触区上按高度不小于 85（6 级）、80（7 级）、70（8 级）；按宽度不小于 80（6 级）、70（7 级）、60（8 级）												
圆周侧隙	最小保证侧隙	j_{min}	95			130			190			250		
	标准保证侧隙	j	250			380			530			750		

表 8.5-54　蜗杆、蜗轮齿圈坯尺寸和形状公差　　　　　　　　（μm）

名　　称	代号	中　心　距/mm											
		≥80~160			≥160~315			≥315~630			≥630~1250		
		精　度　等　级											
		6	7	8	6	7	8	6	7	8	6	7	8
蜗杆喉部外圆直径公差	t_1	h7	h8	h9	h7	h8	h9	h7	h8	h9	h7	h8	h9
蜗杆喉部径向圆跳动公差	t_2	12	15	20	15	20	35	20	27	40	25	35	50
蜗杆两基准端面圆跳动公差	t_3	12	15	20	17	20	25	22	25	30	27	30	35
蜗杆喉部平面至基准面的圆跳动公差	t_4	±50	±75	±100	±75	±100	±130	±100	±130	±180	±130	±180	±200
蜗轮基准端面圆跳动公差	t_5	30	20	30	20	30	40	30	45	60	40	60	80
蜗轮齿坯外圆径与轴孔的同轴度公差	t_6	15	20	30	20	35	50	25	40	60	40	60	80
蜗轮喉部直径公差	t_7	h7	h8	h9	h7	h8	h9	h7	h8	h9	h7	h8	h9

参 考 文 献

[1] 机械工程手册电机工程手册编辑委员会. 机械工程手册：机械传动卷 [M]. 2 版：北京：机械工业出版社，1997.

[2] 闻邦椿. 机械设计手册：第 2 卷 [M]. 5 版. 北京：机械工业出版社，2010.

[3] 闻邦椿. 现代机械设计师手册：上册 [M]. 北京：机械工业出版社，2012.

[4] 闻邦椿. 现代机械设计实用手册 [M]. 北京：机械工业出版社，2015.

[5] 机械设计手册编辑委员会. 机械设计手册：第 3 卷 [M]. 新版. 北京：机械工业出版社，2004.

[6] 成大先. 机械设计手册：第 3 卷 [M]. 6 版. 北京：化学工业出版社，2016.

[7] 齿轮手册编委会. 齿轮手册 [M]. 2 版. 北京：机械工业出版社，2001.

[8] 朱孝录，鄂中凯，等. 齿轮承载能力分析 [M]. 北京：机械工业出版社，1992.

[9] 朱孝录，等. 齿轮传动设计手册 [M]. 2 版. 北京：化学工业出版社，2010.

[10] 程乃士，等. 减速器和变速器设计与选用手册 [M]. 北京：机械工业出版社，2007.

[11] 张民安，等. 圆柱齿轮精度 [M]. 北京：中国标准出版社，2002.

[12] 宋乐民，等. 齿形与齿轮强度 [M]. 北京：国防工业出版社，1987.

[13] 陈谌闻，等. 圆弧圆柱齿轮传动 [M]. 北京：高等教育出版社，1985.

[14] 邵家辉，等. 圆弧齿轮 [M]. 2 版. 北京：机械工业出版社，1994.

[15] 董学洙. 摆线锥齿轮及准双曲面齿轮设计和制造 [M]. 北京：机械工业出版社，2003.

[16] 王树人. 圆弧圆柱蜗杆传动 [M]. 天津：天津大学出版社，1991.

[17] 王树人，等. 圆柱蜗杆传动的啮合原理 [M]. 天津：天津科技出版社，1982.

[18] 齐毓麟，等. 蜗杆传动设计 [M]. 北京：机械工业出版社，1987.

[19] 王树人. ZC1 蜗杆传动全新技术理论 [M]. 天津：天津科学技术出版社，1992.